Müller · Mikrobiologie pflanzlicher Lebensmittel

T0254115

Mikrobiologie pflanzlicher Lebensmittel

Eine Einführung

von Dr. rer. nat. habil. GUNTHER MÜLLER

Dozent für Mikrobiologie an der Sektion Nahrungsgüterwirtschaft
und Lebensmitteltechnologie der Humboldt-Universität zu Berlin

unter Mitarbeit von

Dr. PETER LIETZ Direktor für Wissenschaft und Technik
im Kombinat Spirituosen, Wein und Sekt, Berlin

Dr. HANS-DIETER MÜNCH Abteilungsleiter im Forschungsinstitut
für Hygiene und Mikrobiologie, Bad Elster

3., völlig neubearbeitete Auflage

Mit 106 Bildern, 4 Farbtafeln und 50 Tabellen

Steinkopff Verlag Darmstadt

Die Verkehrsfähigkeit der in diesem Buch behandelten Erzeugnisse richtet sich jeweils nach den lebensmittelrechtlichen Vorschriften des Landes, in dem sie in den Verkehr gebracht werden. In der Bundesrepublik Deutschland ist nach den Vorschriften des Lebensmittel- und Bedarfsgegenständegesetzes sowie der ergänzenden einschlägigen Spezialverordnungen sowie nach den Beurteilungsnormen und Leitsätzen des Deutschen Lebensmittelbuches zu verfahren (vgl. auch die Textausgaben und Kommentare von W. ZIPFEL, K.-H. NÜSE a. a.).

Steinkopff Verlag

Das Manuskript wurde erarbeitet von:

Dr. *G. Müller:* Kapitel 1 bis 8, 10, 12 bis 15
Dr. *P. Lietz:* Kapitel 11
Dr. *H.-D. Münch:* Kapitel 9

CIP-Kurztitelaufnahme der Deutschen Bibliothek

Müller, Gunther:
Mikrobiologie pflanzlicher Lebensmittel: e. Einf./
von Gunther Müller. Unter Mitarb. von Peter Lietz;
Hans-Dieter Münch. — 3., völlig neubearb. Aufl. —
Darmstadt: Steinkopff, 1983.
 ISBN-13: 978-3-642-87502-1   e-ISBN-13: 978-3-642-87501-4
 DOI: 10.1007/978-3-642-87501-4

© VEB Fachbuchverlag Leipzig
Deutsche Demokratische Republik 1983
Softcover reprint of the hardcover 3rd edition 1983

Lizenzausgabe für den Dr. Dietrich Steinkopff Verlag, Darmstadt
3. Auflage

Gesamtherstellung: VEB Druckhaus „Maxim Gorki", 7400 Altenburg
Redaktionsschluß: 30. 9. 83

Vorwort

Der vorliegende Band ist Bestandteil einer Buchreihe, die außerdem die bereits vorliegenden Bände »Grundlagen der Lebensmittelmikrobiologie« und »Mikrobiologie tierischer Lebensmittel« umfaßt.

Die Gliederung des recht heterogenen Gebietes der Mikrobiologie pflanzlicher Lebensmittel erfolgte nach Lebensmittelgruppen. Dabei wurde auch die direkte Verwertung von Mikroorganismenzellen als Lebens- und Futtermittel sowie die Nutzung von Mikroorganismen zur Herstellung von alkoholischen Getränken, organischen Säuren, Polysacchariden, Fetten, Aminosäuren, Proteinen, Enzymen und Vitaminen einbezogen. Wir gehen dabei von der Voraussetzung aus, daß diese Produkte im wesentlichen aus Rohstoffen pflanzlicher Herkunft gewonnen werden. Damit ergibt sich ein fließender Übergang zu den Zweigen der technischen Mikrobiologie. Da abgesehen von seltenen Ausnahmen alle pflanzlichen Lebensmittel bei der Be- und Verarbeitung mit Trinkwasser in Berührung kommen, wurde diesem lebensnotwendigen Lebensmittel ein eigenes Kapitel gewidmet. Es war naheliegend, auch die Mikrobiologie der pflanzlichen Genußmittel Kaffee, Tee und Tabak sowie der Gewürze mit einzubeziehen.

Ausführliche Darstellungen über die Verfahrensgrundlagen zur Erhaltung von Lebensmitteln, die mikrobiellen Lebensmittelvergiftungen sowie die allgemeine Mikrobiologie sind in dem Grundlagenband zu finden.

Das vorliegende Werk ist in erster Linie als Lehrbuch für die Ausbildung von Fach- und Hochschulingenieuren für die Lebensmittelindustrie gedacht. Um den Umfang in bestimmten Grenzen zu halten, wurden mikrobiologische Methoden der Lebensmitteluntersuchung prinzipiell nicht aufgenommen. Dagegen wurden notwendigerweise technologische Grundlagen berücksichtigt, denn die Mikrobiologie pflanzlicher Lebensmittel kann nur in Verbindung mit der entsprechenden Technologie gesehen werden. Um die dynamische Entwicklung des Wissensgebietes zu verdeutlichen, wurden historische Aspekte im begrenzten Maße einbezogen.

Bei dem Gebrauch der Bakteriennamen wurden nach Möglichkeit Bergey's Manual of Determinative Bacteriology, 8. Aufl. 1975 sowie die Approved Lists of Bacterial Names [338] zugrunde gelegt und für die Hefen BARNETT, J. A. et al.: A guide to identifying and classifying yeasts, Cambridge 1979. Soweit dies nicht möglich war, wurden die Originalbezeichnungen aus der Literatur übernommen. Häufige Synonyme wurden in Klammern gesetzt.

Bei der Auswahl der zitierten Literatur wurden schwerpunktmäßig weniger experimentelle Originalarbeiten, sondern mehr weiterführende Übersichtsreferate berücksichtigt.

Es ist mir ein Bedürfnis, allen zu danken, die mich beim Schreiben des Buches mit

Rat und Tat hilfreich unterstützten. Insbesondere gilt mein Dank Frau *Irene Gühne* für die bewährte technische Assistenz und dem Verlag für die gute Zusammenarbeit.

Seit dem Erscheinen der 1. und 2. Auflage dieses Titels, die in kurzer Zeit vergriffen waren, hat sich ein umfangreicher Wissenszuwachs auf diesem Gebiet ergeben. Daher war eine völlige Überarbeitung des Buches unumgänglich. Der Grundaufbau blieb dabei im wesentlichen erhalten, doch mußten einige zusätzliche Kapitel aufgenommen werden. Hinweise und Änderungsvorschläge für die weitere Entwicklung des Lehrbuches werden gern entgegengenommen.

Gunther Müller

Inhaltsverzeichnis

Einleitung

Die für die menschliche Ernährung dienenden pflanzlichen und tierischen Produkte bezeichnet man allgemein als Nahrungsmittel. Sie bilden zusammen mit den Genuß- und Würzmitteln sowie mit dem Trinkwasser die Kategorie Lebensmittel. Manche Lebensmittel können sowohl zu den Nahrungs- als auch zu den Genußmitteln gerechnet werden, z. B. Kakaoerzeugnisse.

Für die zahlreichen verschiedenen Lebensmittelarten haben Mikroben unterschiedliche Bedeutung. Pflanzliche Produkte tragen im allgemeinen von Natur aus eine Oberflächenflora, die in starkem Maße von den Umweltbedingungen, insbesondere vom Keimgehalt der Luft, des Wassers und des Bodens, beeinflußt wird. Die tieferen Gewebeteile sind dagegen gewöhnlich keimfrei. Tiere tragen ebenfalls Mikroorganismen auf der Haut und haben zusätzlich eine umfangreiche spezifische Mikroflora in den verschiedenen Teilen des Magen-Darm-Kanals, die teilweise mit den Fäzes ausgeschieden wird. Pathogene Mikroorganismenarten vermögen in die normalerweise keimfreien inneren Gewebeschichten tierischer und pflanzlicher Organismen einzudringen.

Bei der Be- und Verarbeitung sowie bei der Lagerung von pflanzlichen und tierischen Rohstoffen kommt es entweder zur Anreicherung oder Verminderung der ursprünglich vorhandenen Mikroflora und gewöhnlich zu zusätzlichen Kontaminationen durch die Transport- und Verarbeitungsgeräte, das Verarbeitungspersonal sowie durch Hilfs- und Zusatzstoffe. Schmier- und Kontaktkontaminationen lassen sich nur bei sorgfältiger Be- und Verarbeitung vermeiden, und Luft und Wasser stellen meist zusätzliche Kontaminationsquellen dar.

Jede Mikroorganismentätigkeit ist mit chemischen und oft auch physikalischen Veränderungen des jeweiligen Lebensmittels verbunden. Meistens sind diese Prozesse unerwünscht und führen zu Qualitätsminderungen, wie Geschmacks- und Konsistenzveränderungen, oder zum völligen Verderb. So wird nach Schätzungen jährlich ein Drittel der Welternte an Kulturpflanzen allein durch Schadpilze vernichtet.

Besondere Aufmerksamkeit gebührt den Mikroorganismenarten, die Lebensmittelvergiftungen verursachen. Sie können bei Mißachtung hygienischer Gesichtspunkte in zahlreichen Lebensmitteln zur Entwicklung kommen und toxische Stoffwechselprodukte bilden, deren Genuß zum Tode führen kann. Durch Lebensmittel können auch pathogene Mikroorganismen auf den Menschen übertragen werden, die Ursache teilweise lebensgefährlicher Infektionskrankheiten sind.

Bei der Herstellung von alkoholischen Getränken, Brot, Käse, Sauerkraut und einigen anderen Lebensmitteln spielen Mikroorganismen eine nützliche Rolle. Ohne ihre Hilfe ist die Veredlung vieler pflanzlicher und tierischer Rohstoffe nicht möglich. In jüngster Zeit werden Mikroorganismen in zunehmendem Maße zur Gewinnung von

Proteinen, Enzymen, Vitaminen, organischen Säuren und weiteren Produkten herangezogen, die entweder direkt als Lebensmittel oder als Futtermittel Verwendung finden oder bei der Bearbeitung und Verarbeitung pflanzlicher und tierischer Rohstoffe zu hochwertigen Lebensmitteln eingesetzt werden.

Manche Lebensmittel werden von sehr zahlreichen verschiedenen Mikroorganismenarten befallen und sind schon in kurzer Zeit völlig verdorben; andere sind dagegen von Natur aus gut gegen mikrobielle Zersetzungen geschützt oder werden nur von wenigen Keimarten angegriffen. Die Struktur und Konsistenz, die chemische Zusammensetzung und der pH-Wert der Lebensmittel sind einige Faktoren, die wesentlichen Einfluß auf die Entwicklungsmöglichkeiten von Mikroorganismen haben, dazu kommen einige äußere Faktoren, wie Luftfeuchtigkeit, Temperatur und Sauerstoffangebot. Jeder pflanzliche und tierische Rohstoff bietet somit im natürlichen Zustand und während der Be- und Verarbeitung den Mikroorganismen andere Voraussetzungen, so daß sich eine getrennte Darstellung empfiehlt.

1. Obst und Obsterzeugnisse

Zum Obst rechnet man die eßbaren, gewöhnlich saftreifen, süßaromatischen Früchte oder Samen mehrjähriger, meist verholzter Pflanzen. Nach dem Bau der Früchte unterscheidet man Steinobst (Kirschen, Pflaumen, Pfirsiche, Aprikosen u. a.), Kernobst (Äpfel, Birnen, Quitten u. a.), Beerenobst (Erd-, Stachel-, Johannis-, Heidel-, Preisel- und Himbeeren, Weintrauben u. a.) und Schalenobst (Wal- und Haselnüsse, Mandeln u. a.). Zu den aus tropischen Gebieten und dem Mittelmeerraum importierten Südfrüchten gehören Orangen, Zitronen, Bananen, Ananas u. a. Ein großer Teil des Obstes wird im frischen Zustand verzehrt, wie das besonders hochwertige und schmackhafte Tafelobst.

Der ernährungsphysiologische Wert des Obstes liegt in seinem Gehalt an Vitaminen, insbesondere Vitamin C, verschiedenen Zuckerarten, Fruchtsäuren und Mineralstoffen.

Von den Südfrüchten abgesehen, erfolgt die Obsternte meist in den Monaten Juni bis Oktober. Für die menschliche Ernährung wird jedoch eine kontinuierliche Versorgung während des ganzen Jahres gefordert. Dem steht gegenüber, daß nur wenige Obstarten, z. B. Kernobst, in frischem Zustand eine ausreichende Lagerfähigkeit aufweisen.

Zahlreiche Obstarten sind leicht verderblich und können nur durch besondere Konservierungsverfahren, wie Trocknen, Gefrieren und Herstellen von Obstkonserven, haltbar gemacht werden. In zunehmendem Maße dient Obst auch als Rohstoff zur Herstellung von Obstsäften, Fruchtsaftgetränken, Süßmosten, Obstmark und Obstmarksäften (Nektaren), Fruchtsirupen, Marmeladen, Konfitüren u. a.

1.1. Frischobst

1.1.1. Mikroflora des frischen Obstes

Alle Pflanzen tragen an der Oberfläche eine mehr oder weniger typische Mikroflora. Diese umfaßt zufällig durch Wind, Wasser, Vögel und Insekten angetragene Keime und solche, die sich dort entwickeln können. Gesunde pflanzliche Gewebe sind im Inneren steril. Es gibt jedoch Ausnahmen, wie die Wurzelknöllchen der Leguminosen, in denen luftstickstoffbindende Bakterien (*Rhizobium*) in Symbiose mit der höheren Pflanze leben. Weiterhin gibt es zahlreiche phytopathogene Bakterien und Pilze sowie Viren, die in gesunde pflanzliche Gewebe eindringen und diese schädigen oder zerstören.

Die natürliche Oberflächenflora hängt in starkem Maße von der Pflanzenart ab. Weiterhin spielen Klima und Standort, z. B. Freiland oder Gewächshaus, eine Rolle. Auch das Entwicklungsstadium, insbesondere der Reifegrad bei Früchten, ist von Bedeutung.

Sich in Bodennähe entwickelnde Früchte, wie Erdbeeren, werden vor allem durch Bodenkeime infiziert. Der Erdboden ist das größte Mikroorganismenreservoir. 1 Gramm Ackerboden enthält bis zu 5 Milliarden Keime, und es gibt kaum eine Mikroorganismenart, die nicht im Boden gefunden wird. Neben vegetativen Bakterien kommen Pilzmycelien und verschiedene Sporenformen vor. Vorwiegend handelt es sich um Saprophyten, Parasiten sind weniger zahlreich.

Durch den Wind können Bodenkeime auch auf das nicht direkt mit dem Boden in Berührung kommende Obst übertragen werden. Besonders trockene, staubige Luft ist stets keimreich. Stark verunreinigte Stadtluft kann bis zu mehrere Tausend Keime je 1 cm^3 enthalten. Dagegen ist Seeluft keimarm. Da die Luft kein eigentlicher Lebensraum für Mikroorganismen ist, schwankt der Keimgehalt sehr stark. Auch hinsichtlich der Keimarten bestehen große Unterschiede. Kokken sind im allgemeinen häufiger vorhanden als Stäbchen, da sie offenbar gegen Austrocknung und gegen Sonneneinstrahlung widerstandsfähiger sind. Letzteres gilt vor allem für pigmentbildende Arten. Am häufigsten sind Pilzsporen, die auf dem Luftwege besonders gut verbreitet werden.

Neben der Luft haben Insekten bei der Übertragung von Keimen auf Obst besondere Bedeutung. Zahlreiche Obstschädlinge stechen die Früchte an und infizieren die inneren Gewebeschichten. Sie übertragen u. a. auch phytopathogene Keimarten.

Zu der natürlichen Mikroflora von Obst und Obstprodukten gehören vor allem Hefen und Schimmelpilze *(Hyphomycetes)*, in geringerem Maße Bakterien. Die Ursache dafür liegt in den *p*H-Werten der Früchte, die durch den Fruchtsäuregehalt allgemein im sauren Bereich liegen. Bakterien bevorzugen *p*H-Werte im Neutralbereich. Eine Ausnahme machen lediglich die Essig- und Milchsäurebakterien, die sich ebenso wie Hefen und Schimmelpilze im sauren Medium besser entwickeln.

Die Oberflächenflora kann bei der Lagerung und Weiterverarbeitung des Obstes eine große Rolle spielen. Zahlreiche auf Früchten gefundene Keimarten sind auch am Verderb derselben beteiligt. Dagegen erweist sich die auf Trauben und zahlreichen anderen Früchten vorkommende Weinhefe, *Saccharomyces cerevisiae* bei der Wein- und Sektherstellung als nützlich.

1.1.2. Resistenz pflanzlicher Organe gegen Mikroorganismen

Ähnlich wie Mensch und Tier haben auch Pflanzen ein genetisch bedingtes, sortenabhängiges natürliches Schutzsystem gegen Mikroorganismen und sind diesen nicht auf Gedeih und Verderb ausgeliefert. Die Keime, die stets in mehr oder minder großer Zahl auf der Oberfläche von Obst und Gemüse vorhanden sind, können nicht ohne weiteres in die tieferen Gewebeschichten eindringen, so daß diese im gesunden Zustand keimfrei sind. Nach den Wirkungsmechanismen läßt sich die mechanische und die chemische Resistenz unterscheiden.

Die *mechanische Resistenz* ist wesentlich durch die Gestaltung der Abschlußgewebe (Verdickung, Verholzung, Verkorkung) bedingt, die außerdem Schutz gegen mechanische Einflüsse und Austrocknen bieten. Mandeln, Hasel- und Walnüsse sind z. B. durch eine besonders harte Schale geschützt. Äpfel, Birnen, Kirschen und alle Beerensorten haben eine kutinisierte, nicht-zellige oberflächliche Deckschicht, die Kutikula. Tritt zusätzlich Wachs aus der Kutikula nach außen, so entstehen hellgraue, matte

Wachsschichten, wie sie bei Pflaumen, Äpfeln und Weintrauben besonders auffällig sind.

Die *chemische Resistenz* ist ebenfalls genetisch bedingt, aber von einer Reihe Faktoren, z. B. dem Alter, abhängig. So sind bestimmte chemische Abwehrstoffe gegen Mikroorganismen in unreifen Früchten in stärkerem Maße enthalten als in reifen. Zu den Substanzen mit unspezifischer Hemmwirkung sind die Fruchtsäuren, wie Citronen- und Äpfelsäure, zu rechnen. Sie wirken durch die Senkung des pH-Wertes im Zellsaft und begrenzen vor allem die Entwicklungsmöglichkeiten zahlreicher Bakterienarten. Dagegen hat die Benzoesäure, die auch als Konservierungsmittel zugelassen ist, hohe antimikrobielle Wirksamkeit. Sie ist in Preiselbeeren bis zu 0,24%, z. T. als Benzoesäure-Glucoseester, sowie in Heidelbeeren, Pflaumen und zahlreichen anderen Früchten enthalten. Salicylsäure, die früher in großem Umfang als Konservierungsstoff für Marmeladen und andere Obsterzeugnisse verwendet wurde, findet sich in geringen Mengen in Weintrauben, Erdbeeren und Himbeeren. Die besonders in unreifen Früchten enthaltenen Gerbstoffe sind ebenfalls für viele Mikroorganismenarten toxisch.

Zu den von zahlreichen Pflanzenarten gebildeten und gegen Mikroorganismen wirksamen Hemmstoffen (Inhibitoren) gehören u. a. die Phytoncide, die teilweise auch zur Gruppe der Antibiotica gerechnet werden. Die chemische Zusammensetzung der Phytoncide ist nur teilweise bekannt. Zum Teil sind es flüchtige Substanzen, wie die ätherischen Öle, die vor allem im Obst verbreitet sind und als Aromastoffe besonders geschätzt werden. Sie kommen z. B. in den Außenschichten der Zitrusfrüchte in besonderen Ölzellen vor. Biegt man eine Orangenschale, so platzen die Ölzellen auf, und man sieht die ätherischen Öle entweichen. Sie sind in der Regel Gemische von zahlreichen Inhaltsstoffen. Neben höheren Alkoholen, Ketonen, Phenolen, Phenolethern, Säuren und Estern sind vor allem aromatische Aldehyde enthalten, vgl. Abschn. 8.1.1. Interessant ist, daß auch das Chlorophyll antibakteriell wirkt. Es hemmt das Wachstum von *Streptococcus pyogenes* bereits in einer Konzentration von 12 µg cm^{-3}.

1.1.3. Mikrobieller Verderb von Obst

Trotz der vorhandenen natürlichen Schutzsysteme ist die Haltbarkeit der Früchte insbesondere im reifen Zustand begrenzt. Empfindliche Obstsorten, wie Erdbeeren und Himbeeren, sind schon nach wenigen Tagen, bei hoher Luftfeuchte und bei ungünstigen Lagertemperaturen sogar schon nach Stunden verdorben. Lagerfähige Obstsorten, wie Kernobst und Nüsse, lassen sich mehrere Monate ohne größere Verluste aufbewahren (siehe Tabelle 1). Die Ursachen des Verderbs sind mannigfaltiger Art. Neben enzymatischen Zersetzungs- und Abbauprozessen spielen zahlreiche Mikroorganismenarten als Fäulniserreger eine ausschlaggebende Rolle. Unsachgemäße Behandlung während und mitunter schon vor der Ernte, beim Transport, bei der Lagerung und im Handel können den Verderb wesentlich beschleunigen. [49, 183, 189, 313].

1.1.3.1. Bedeutung von Verletzungen

Durch Beschädigungen der natürlichen Schutzschichten, z. B. der Kutikula, wird das Eindringen von Mikroorganismen in das Innere der Früchte wesentlich erleichtert und damit der Verderb gefördert. Verletzungen können durch Insektenstiche und Fraßstellen, durch Hagel, Frost und Austrocknen sowie durch weitere verschiedenartige mechanische Beschädigungen verursacht werden. Alle Maßnahmen während der Ernte, des Transportes, der Lagerung und im Handel müssen darauf zielen, die natürlichen Abschlußgewebe der Früchte zu erhalten. Das gilt vor allem für Obst, das längere Zeit gelagert oder über große Entfernungen transportiert werden soll. Druckstellen und offene Verletzungen sind gute Angriffsflächen für die stets vorhandene Oberflächenflora und bieten den Mikroorganismen ausgezeichnete Entwicklungsmöglichkeiten; die Folge ist ein mehr oder weniger starker Verderb.

1.1.3.2.   Bedeutung enzymatischer Prozesse

Für die Lagerfähigkeit des Obstes ist der Reifegrad von entscheidender Bedeutung. Nicht alle Formen des Verderbs sind mikrobieller Natur, sondern autolytisch-enzymatische Prozesse spielen ebenfalls eine große Rolle. Die hauptsächlichen Inhaltsstoffe des Obstes, Zucker, organische Säuren, Aromastoffe, Pectine, Gerbstoffe und mineralische Substanzen, erfahren bei der Reife charakteristische Umwandlungen durch den Einfluß verschiedener Enzyme. Reifes Obst ist besonders reich an Zuckern, Fruchtsäuren und Aromastoffen, außerdem hat es infolge der Umwandlung von Pectinstoffen seine Festigkeit verloren und ist nur sehr begrenzt haltbar. Überreife Früchte haben eine weiche, breiartige Konsistenz, sind meist dunkel verfärbt und von mikrobiell zersetztem Obst kaum zu unterscheiden. Mit dem Fortschreiten des enzymatischen Reifeprozesses verlieren die Früchte ihre natürliche Widerstandsfähigkeit gegenüber Mikroorganismen und sind in zunehmendem Maße dem Verderb ausgesetzt.

Lagerobst muß in halbreifem Zustand geerntet werden, um den enzymatischen Reifeprozeß zu verzögern. Ungünstige Lagerbedingungen, wie zu niedrige Temperaturen oder Sauerstoffmangel, können z. B. bei Äpfeln enzymatische Bräunungen und Gewebeschäden (Fleisch- und Schalenbräune) verursachen, die ebenfalls an Formen des mikrobiell bedingten Verderbs erinnern.

1.1.3.3.   Mikrobielle Zersetzung von Obst (Fäulnis)

Die häufigste Form des Obstverderbs ist die von Mikroorganismen verursachte Fäulnis. Sie fordert jedes Jahr einen großen Teil der Ernte, vor allem von leicht verderblichen Obstarten. Früchte und insbesondere ihre Gewebesäfte sind, abgesehen von den in unterschiedlichen Mengen enthaltenen chemischen Hemmstoffen, günstige Nährsubstrate für die Entwicklung von Mikroorganismen.

Von den zahlreichen auf der Oberfläche der Früchte anhaftenden Mikroorganismen ist ein großer Teil auch an Fäulnisprozessen beteiligt. Vor allem sind es Hefen und Schimmelpilze, die die Zersetzung des Obstes bewirken. Bakterien sind in geringerem Maße beteiligt, da ihnen mit Ausnahme der Milch- und Essigsäurebakterien die sauren Gewebesäfte nicht zusagen.

Nicht selten liegt die Ursache des Verderbs bereits vor der Ernte, ohne daß dies den Früchten beim Einlagern deutlich anzusehen ist. So werden die Früchte mitunter schon während der Entwicklung an der Pflanze durch Mikroorganismen infiziert, während der Verderb erst während der Lagerung auftritt. Aus diesem Grunde müssen zwischen Vorratsschutz und Pflanzenschutz enge Verbindungen bestehen.

Grundsätzlich können die am Verderb von Obst und Gemüse beteiligten Mikroorganismen in phytopathogene, das sind ansteckende Pflanzenkrankheiten verursachende Parasiten, und apathogene Saprophyten (Fäulnisbewohner) unterteilt werden. Für die Lebensmittelmikrobiologie ist eine scharfe Trennung zwischen den beiden Organismengruppen nicht notwendig. Praktisches Interesse verdient die Tatsache, daß Parasiten mitunter die Verderbnisprozesse durch Zerstören des natürlichen Schutzsystems einleiten, während Saprophyten als Sekundärorganismen folgen.

1.1.3.4. Häufige Formen des mikrobiellen Verderbs von Obst

Die Haltbarkeit bzw. der Verderb des Obstes hängt nicht nur von der Fruchtart, dem Reifegrad und Alter, sondern in starkem Maße auch von den zur Entwicklung kommenden Mikroorganismenarten ab. In der Praxis werden an Hand des äußeren Krankheitsbildes oder der Erreger die im folgenden behandelten häufigen Formen des Verderbs unterschieden, wobei die üblichen Bezeichnungen der verschiedenen Fruchtfäulen in wissenschaftlicher Hinsicht teilweise wenig exakt sind [49, 183, 189].

1.1.3.4.1. Naßfäule

Die Naßfäuleerreger lösen enzymatisch die aus Pectinen bestehenden Zwischenlamellen der Zellgewebe auf. Das Stützgewebe verliert dadurch seine Funktion, und der Zellsaft tritt aus. Die zerstörten Gewebe werden gewöhnlich durch Sekundärinfektionen weiter zersetzt und in eine feuchte, breiartige, stinkende Masse verwandelt, durch die die Krankheit auf gesunde Früchte übertragen wird. An Hand der verschiedenen Erreger unterscheidet man zwischen der bakteriellen Naßfäule, die bei Obst selten ist, und der pilzlichen Naßfäule, deren Erreger z. B. *Rhizopus nigricans* und ihm verwandte Pilz-Species sind. Sie kommen u. a. auf Erdbeeren häufig vor.

1.1.3.4.2. Trockenfäule

Im Gegensatz zur Naßfäule haben trockenfaule Früchte eine trockene, mitunter stark gefaltete Oberfläche, und es kommt nicht zum Austritt des Zellsaftes. Die zersetzten Gewebe sind hart (Hartfäule), aber leicht mumifiziert und zeigen im allgemeinen Hohlräume im Inneren oder/und trockene pulverige Gewebereste. Zu den Erregern der Trockenfäulen, die auch unter anderen Bezeichnungen, z. B. als Graufäule, bekannt sind, gehören Pilze verschiedener Gattungen, wie *Alternaria*-, *Gloeosporium*- und *Sclerotinia*-Species.

1.1.3.4.3. Kernhausfäule

Kernhausfäule tritt vor allem bei Äpfeln und Birnen auf. Die Krankheit ist oft schon vor der Ernte zu erkennen. Äußerlich sehen die befallenen Früchte gewöhnlich normal aus. Schneidet man sie auf, so zeigt sich das Fruchtfleisch um das Kerngehäuse, ausgehend vom Kelch, in mehr oder weniger starkem Maße braun verfärbt und zerstört. In den Hohlräumen des Gehäuses sind kleine, meist weiße oder rötliche Wattepolster zu finden. Es sind die Mycelien der Krankheitserreger. Kernhausfäule wird vorwiegend von verschiedenen *Fusarium*-Arten verursacht, weiterhin kommen Vertreter der Gattungen *Botrytis*, *Alternaria*, *Penicillium*, *Trichothecium*, *Cladosporium* sowie weiterer Pilzgattungen in Betracht.

1.1.3.4.4. Bitterfäule

Diese häufige parasitäre Lagerkrankheit trägt ihren Namen aufgrund des widerlich bitteren Geschmacks der befallenen Äpfel und anderen Obstsorten. Die meist schon vor der Ernte vom Holz rindenfauler Bäume infizierten Früchte zeigen in der Regel erst während der Lagerung runde, gelblich-braune, scharf begrenzte Faulstellen, die bald einsinken. Die Erreger breiten sich anfangs weniger an der Oberfläche der Früchte aus, sondern dringen vor allem in die tieferen Gewebeschichten vor. Auf den Faulstellen entwickeln sich kleine, oft in konzentrischen Ringen angeordnete, graugelbe, milchigweiße oder lachsfarbene Pusteln. Sie enthalten die Sporen der Erreger *Gloeosporium perennans* (Hauptfruchtform = *Pezicula malicorticis*), *G. album (P. alba)* und *G. fructigenum* mit *Glomerella cingulata* als Hauptfruchtform. Bitterfäule kann u. a. bei Kirschen zu erheblichen Verlusten führen. Da die erkrankten Früchte eintrocknen und mumifizieren, ist sie zu den Trockenfäulen zu rechnen.

Eine weitere Form der Bitterfäule wird von *Trichothecium roseum* verursacht. Sie bleibt auf die oberen Gewebeschichten der Früchte beschränkt und wird deshalb auch als Schalenfäule bezeichnet. Befallenes Obst trägt auf der Oberfläche kleine, zarte Mycelpolster mit rosafarbenen, mehlartigen Konidienlagern, daher rührt der Name Rosafäule.

1.1.3.4.5. Lagerschorf

Lagerschorf bildet matte, dunkelbraune bis schwarze, anfangs nur wenige Millimeter große, aber gewöhnlich in großer Zahl auftretende schorfartige Flecken auf der Schale. Später sinkt die Schale unter den wachsenden Flecken etwas ein. Die Krankheit wird durch Pilze der Gattung *Venturia* hervorgerufen, deren Nebenfruchtformen vorwiegend in die Gattung *Fusicladium* eingeordnet werden. *V. inaequalis* (= *F. dentriticum*, = *Spilocaea dentriticum*) ist der Erreger des Apfelschorfes, *V. pirina* (= *F. pirinum*) des Birnenschorfes und *V. cerasi* (= *F. cerasi*) des Kirschen- und Pfirsichschorfes. Die Erreger befallen nicht nur das Obst, sondern auch die Blätter und Holzteile der Bäume, wo sie als Rußflecke in Erscheinung treten. Die Krankheit wird durch eiförmige oder etwas keulige, ein- oder zweizellige, etwa 6 μm × 20 μm große Konidien sowie durch Ascosporen übertragen. Wind und Regenwasser spielen bei der

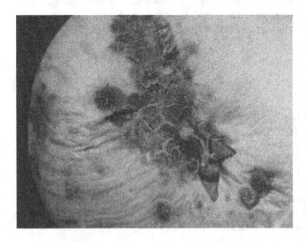

Bild 1. Apfelschorf führt zu verkrüppelten Früchten (etwas vergrößert)

Verbreitung eine große Rolle. Die Infektion der Früchte erfolgt bereits am Baum oder bei der Ernte, doch findet der Pilz auch während der Lagerung als Spät- oder Lagerschorf günstige Entwicklungsmöglichkeiten. Selbst ein sehr geringer, kaum in Erscheinung tretender Spätbefall der Früchte an den Bäumen kann sich im Lager verheerend auswirken. Durch die rissigen Schorfflecke können auch andere Mikroorganismenarten in die Früchte eindringen (Bild 1).

Eine wirksame Bekämpfung des Lagerschorfes kann nur durch rechtzeitiges und gegebenenfalls wiederholtes Spritzen der Obstbäume mit fungiciden Mitteln erfolgen. Tritt die Krankheit trotzdem im Lager auf, so kann sie durch tiefe Lagertemperaturen vermindert werden. Versuche, die Früchte direkt zu desinfizieren, hatten wenig Erfolg, weil die dafür notwendigen Konzentrationen der bisher eingesetzten Desinfektionsmittel zu Schäden an der Fruchtschale führten.

1.1.3.4.6. Braunfäule (*Monilia, Sclerotinia*)

Die Fäule kommt vor allem bei Kern- und Steinobst vor. Es sind zwei Formen der Moniliafäule bekannt. Als *Polsterschimmel* bezeichnet man kleine graugelbe oder gelbbraune polsterartige Mycelien, die sich in mehr oder weniger konzentrischen Ringen (Hexenringe) auf der Oberfläche der befallenen Früchte entwickeln und zahlreiche Konidien tragen (Bild 2). Die erkrankten Gewebeteile sind weich, anfangs hell, später dunkelbraun. Mitunter, vor allem bei Äpfeln, unterbleibt die Polsterbildung. Die Schale der Früchte wird lederartig fest und verfärbt sich dunkelbraun bis blauschwarz, so daß man die Krankheit als *Schwarzfäule* bezeichnet. Meist wird die ganze Frucht befallen, die schließlich eintrocknet oder zur Mumie verhärtet. In mumifizierten Früchten werden sklerotienartige Körper gebildet, die lange Zeit lebensfähig

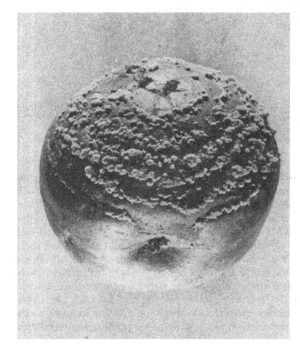

Bild 2. An Moniliafäule (Polsterschimmel) erkrankter Apfel

27

bleiben und außer Konidien auch Apothezien mit Ascosporen bilden. Letztere kommen aber nur selten vor und spielen offenbar im Leben des Pilzes eine untergeordnete Rolle.

Erreger der Moniliafäule, die auch als Spitzendürre bei Obstbäumen auftritt, sind Pilze der Gattung *Sclerotinia*, die früher in die Gattung *Monilia* eingeordnet wurden. *Sclerotinia fructigena* (= *M. fructigena*) ist bei Kernobst, *S. laxa* (= *M. laxa*) bei Steinobst verbreitet. Die Infektion der Früchte erfolgt häufig bereits am Baum, indem durch Wind, Regen und Insekten verbreitete Sporen in Wunden und Insektenstiche eindringen. Braunfäule breitet sich im Lager bei höheren Temperaturen rasch aus und wird direkt von Frucht zu Frucht übertragen, so daß es zur Nesterbildung kommt.

1.1.3.4.7. Grünfäule

Die Grünfäule kommt vor allem bei Kernobst vor. Sie zeigt sich bei Äpfeln anfangs durch hellbraune, glasige Veränderungen der Schale, später brechen aus dem erweichten Fruchtfleisch weißgraue Schimmelpolster durch, die grüne, staubartige Sporenlager tragen.

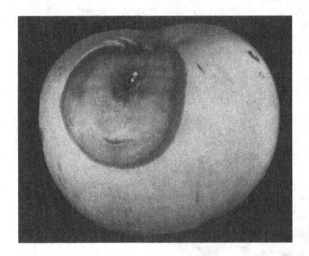

Bild 3. Beginnende Grünfäule am Apfel. Der Erreger ist durch eine Verletzung eingedrungen

Da sich das befallene Fruchtfleisch braun verfärbt, spricht man auch von Braunfäule. Der Erreger, *Penicillium expansum*, vermag nur reife Früchte zu befallen, so daß die Krankheit gegenüber anderen Fäulen erst nach längerer Lagerung auftritt. Die Übertragung der Grünfäule erfolgt durch Konidien, die in großen Mengen gebildet werden und durch Schorfflecke, Bohrlöcher und andere Verletzungen in das Fruchtfleisch eindringen (Bild 3). Bei direktem Kontakt zwischen infizierten und gesunden Früchten wächst der Pilz auch durch die Schale. Mit der Grünfäule verbunden ist ein intensiver Schimmelpilzgeschmack, der sich bereits bei geringfügig befallenen Früchten bemerkbar macht. Etwa 50% der in der Natur vorkommenden Stämme von *P. expansum* bilden das Mycotoxin Patulin (s. unter 1.5.1.1. und 1.5.2.3.). Der Grünfäuleerreger kommt auch auf zahlreichen anderen Substraten vor und kann sich mitunter an den Wänden der Lagerhallen sowie auf dem Verpackungsmaterial entwickeln.

Speziell bei Zitrusfrüchten verbreitete Grünfäulen werden durch *P. digitatum* und *P. italicum* hervorgerufen (Bild 4). Im weiteren Sinne werden zu den Erregern der Grünfäule, die auch bei Gemüse verbreitet sind, alle Pilze gerechnet, die grüngefärbte Mycelien oder Sporen bilden, wie verschiedene Arten der Gattungen *Cladosporium, Trichoderma* und *Verticillium*.

1.1.3.4.8. Graufäule

Die Graufäule befällt verschiedene Pflanzenteile und ist für zahlreiche Nutzpflanzarten von Bedeutung. In Früchte, z. B. Erdbeeren, dringt der pilzliche Erreger häufig vom Kelch her ein und überzieht die Oberfläche mit einem grauen, 1···2 mm hohen Schimmelrasen, der zahlreiche baumartig verzweigte Sporenträger mit unzähligen grauen oder graubraunen Konidien bildet. Die befallenen Früchte sind braun verfärbt und mumifiziert. Außer reifen Früchten werden auch halbreife und grüne Früchte erfaßt. Die Graufäule wird von *Botrytis cinerea* und verwandten Arten verursacht (Bild 5). Die Erreger sind in der Natur weit verbreitet und werden durch hohe Feuchtigkeit und Wärme (Optimum 25 °C) in ihrer Entwicklung besonders begünstigt. Große Schäden verursacht die Graufäule vor allem an Erdbeeren, deren Pflanzen und Früchte vorzugsweise bei feuchtem Wetter befallen werden. Die Krankheit ist auf

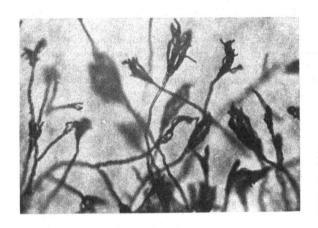

Bild 4. *Penicillium italicum*; Lufthyphen mit pinselförmigen Fruktifikationsorganen. Die grünen Sporen bilden perlenschnurartige Ketten (Vergrößerung 130fach)

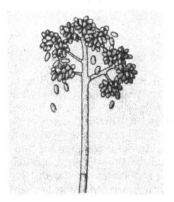

Bild 5. *Botrytis cinerea*; Konidienträger mit Konidien (Vergrößerung etwa 200fach)

unverletzte Früchte durch Konidien, die bei 5···40°C auskeimen und durch Wind, Wasser und Insekten verbreitet werden, oder direkten Kontakt übertragbar. Der Pilz überwintert in Form resistenter Skelerotien.

Eine nützliche Rolle spielt *B. cinerea* als Erreger der Edelfäule bei Weintrauben, einer speziellen Form der Graufäule. Sie bringt die Weinbeeren zum Schrumpfen, so daß sie ähnlich wie Rosinen aussehen und einen hohen Zuckergehalt haben. Aus edelfaulen Beeren werden besonders geschätzte Weine hergestellt.

1.1.3.4.9. Phytophthora-Fruchtfäule

Als Lagerkrankheit befällt die Phytophthora-Fruchtfäule vor allem Kernobst. Die unregelmäßigen, gegen das gesunde Gewebe scharf begrenzten Befallstellen sehen auf der Fruchtschale gelbschaliger Obstsorten schokoladenbraun bis braunrot und bei grünschaligen meist nur wenig dunkler als die gesunde Schale aus. Sie sind häufig etwas wäßrig. Bei hoher Luftfeuchte wird auf den befallenen Stellen ein flacher, weißer Mycelrasen gebildet. Im Innern sind die Früchte braun verfärbt, wobei Fruchtschale, Gefäße und Kerngehäuse dunklere Farbtöne aufweisen. Die Krankheit breitet sich rasch aus. Erkrankte Gewebe bleiben fest, so daß auch völlig verfaulte Früchte ihre ursprüngliche Form noch einige Zeit behalten.

Der Erreger der Phytophthora-Fruchtfäule, *Phytophthora cactorum*, befällt außer den Früchten auch die Obstbäume selbst und ruft hier die Kragenfäule hervor. Bei Erdbeeren verursacht der Pilz die Lederfäule, die durch gummi- oder lederartige Beschaffenheit befallener grüner Beeren gekennzeichnet ist. Erkranken die Früchte erst kurz vor der Reife, so erweichen sie und nehmen rosamilchige bis bläulichrote Farbtöne an. Sie schmecken bitter. Weitere Species der Gattung *Phythophthora* sind ebenfalls gefährliche Krankheitserreger und kommen bei zahlreichen Pflanzenarten, insbesondere Kartoffeln und Tomaten, vor.

Außer durch die aufgeführten wichtigsten Fruchtfäuleerreger, die Jahr für Jahr große Schäden verursachen, kann Obst durch zahlreiche weitere Mikroorganismenarten angegriffen werden und verderben. Das gilt besonders für reife Früchte.

1.1.3.5. Parasitäre Lagerkrankheiten der wichtigsten Obstarten

Die meisten Obst- und Gemüsearten werden von den unterschiedlichsten Mikroorganismenarten befallen. Andererseits kommen einzelne Fäulniserreger bei bestimmten Früchten gehäuft vor, insbesondere solche, die das natürliche Abwehrsystem der betreffenden Obstart leicht überwinden können.

1.1.3.5.1. Kernobst

Kernobst, das in den meisten Ländern der gemäßigten Klimazone die wichtigste Obstart darstellt und in der Weltproduktion hinter den Weintrauben an zweiter Stelle steht, wird von sehr zahlreichen Fäulniserregern befallen. Allein an Pilzen wurden Vertreter von 42 verschiedenen Gattungen gefunden. Die Zahl der Species war noch größer. In kaltgelagertem Kernobst traten auch psychrophile Arten auf. Oft bilden die pilzlichen Schädlinge im Innern der Früchte ein umfangreiches Substratmycel und färben das Fruchtfleisch braun, während die Luftmycelien mit den mehr oder weniger lebhaft gefärbten Sporen gewöhnlich erst später auf der Fruchtschale zur Entwicklung kommen. Doch bestehen hinsichtlich der Anfälligkeit erhebliche Unterschiede zwischen einzelnen Kernobstsorten. Von den verbreiteten Apfelsorten sind Jonathan, Ontario, Blenheim Renette, Baumanns Renette und Golden Delicious relativ widerstandsfähig. Demgegenüber werden Lagerfäulen bei Boskoop, Cox Orangen Renette, Goldparmäne und Landsberger Renette recht häufig beobachtet. Besonders verbreitet sind Braunfäule, Kernhausfäule, Bitterfäule, Grünfäule, Lagerschorf und Phytophthora-Fruchtfäule. Daneben kommen zahlreiche physiologisch bedingte Lagerkrankheiten, wie Herz-, Mark- und Schalenbräune, Stippigkeit und Lentizellenfleckenkrankheit, vor. Naßfäulen sind bei Kernobst wenig verbreitet.

Birnen werden im wesentlichen von den gleichen oder zumindest eng verwandten Erregern wie Äpfel heimgesucht, doch sind sie aufgrund des höheren Zuckergehaltes anfälliger (Bild 6).

Bild 6. Moniliafäule der Birne

1.1.3.5.2. Beerenobst

Beerenobst ist wegen seiner geringen Festigkeit besonders anfällig gegen pilzliche Fäulniserreger und deswegen nur für kurze Zeit lagerfähig. Bei Erdbeeren verursacht vor allem der Grauschimmel (*Botrytis cinerea*) erhebliche Schäden (Bild 7). Er breitet sich rasch von Beere zu Beere aus. Weiterhin ist die Rhizopus-Naßfäule häufig. Die durch den Erreger *Rhizopus nigricans* und ihm verwandte Species befallenen Beeren werden von schmutziggrauen Hyphen mit zahlreichen grauen bis schwarzen Sporenköpfen überzogen. Von der Botrytis-Fäule unterscheidet sich die Rhizopus-Fäule vor allem durch das lockere und höhere Luftmycel auf den matschignassen Früchten und die größeren, kaum staubenden Sporenköpfchen. Weiterhin werden Erdbeeren von dem Pilz *Phytophthora cactorum* angegriffen, der die Lederfäule verursacht. *Alter-*

Bild 7. Vom Grauschimmel und anderen Hyphomyceten befallene Erdbeeren

naria-Arten, die wegen ihrer dunkelbraun bis schwarz gefärbten Sporen zu den Schwärze-Pilzen gerechnet werden, können Bräunungen und Schrumpfungen bei Heidelbeeren hervorrufen. Auf Blaubeeren kommen auch *Gloeosporium fructigenum* und *G. album* vor, die kleine rötliche oder weiße Pusteln auf braunen, eingesunkenen Flecken bilden. Pilze der Gattung *Cladosporium* entwickeln auf Himbeeren dunkelolivgrüne Mycelpolster. Sie werden außerdem auf Weintrauben gefunden, die zusätzlich von zahlreichen weiteren Pilzen, wie *Alternaria-, Botrytis-, Rhizopus-* und *Penicillium*-Arten, befallen werden. *Plasmopara viticola* ist der Erreger des Falschen Mehltaus und *Uncinula necator* der Erreger des Echten Mehltaus, beide verursachen an Weintrauben, vor allem an jungen wachsenden Beeren, und den Rebstöcken verheerende Schäden.

Häufig kommen auf Beerenobst Hefen vor. Einerseits, wie bei der Herstellung von Trauben- und Obstwein, sind sie erwünscht, andererseits spielen sie eine schädliche Rolle und bewirken z. B. die Gärung von Himbeeren, die ebenfalls als Verderb anzusehen ist. In Gärung geratenes Obst ist an dem Geruch nach Ethylalkohol leicht zu erkennen.

1.1.3.5.3. Steinobst

Steinobst ist ebenfalls nur begrenzt lagerfähig. Es wird von Braunfäule, Grünfäule und darüber hinaus von zahlreichen Pilzen der Gattungen *Alternaria, Cladosporium, Rhizopus* sowie *Botrytis* u. a. befallen. Auch Hefen kommen vor, sie bewirken z. B. die Gärung von Kirschen.

1.1.3.5.4. Südfrüchte

Die größten Schäden werden bei den gegen zahlreiche Mikroorganismenarten recht widerstandsfähigen Zitronen und Apfelsinen durch zwei eng miteinander verwandte *Penicillium*-Arten verursacht. *P. digitatum*, das vor allem auf Zitronen vorkommt, ruft die Grünfäule hervor. Die befallenen Früchte zeigen anfangs an den kreisförmigen Befallsstellen der Schale weiße, flache Mycelien, die später vom Zentrum aus durch kräftig olivgrün gefärbte, staubige Sporenteppiche bedeckt werden. Die Naßfäule breitet sich sehr schnell von der Infektionsstelle her aus, und bei Lagertemperaturen um 20 °C kann innerhalb von 3 bis 4 Tagen bereits die ganze Frucht zersetzt sein. Durch den Pectinabbau in den Zwischenlamellen werden die Fruchtgewebe weich. Das gilt insbesondere für die festen Membranen, so daß sich die im gesunden Zustand fest aneinanderhaftenden Segmente der Zitrone bei kranken Früchten leicht voneinander trennen lassen. Die ursprünglich feste Schale wird schwammig und fällt zusammen. Die von *P. italicum* hervorgerufene Naßfäule der Zitrusfrüchte, die seltener Zitronen, sondern vorwiegend Orangen befällt, unterscheidet sich von der Grünfäule durch die mehr grau- bis blaugrünen Sporenrasen. Sie wird deshalb auch als Blaufäule bezeichnet (Bild 8).

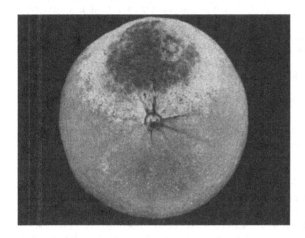

Bild 8. Von *Penicillium italicum* befallene Orange

Außer den beiden *Penicillium*-Species, die bei weitem die gefährlichsten Fäulniserreger sind und die größten Schäden verursachen, kommen auf Zitrusfrüchten seltener *Phytophthora-*, *Sclerotinia-*, *Geotrichum-*, *Fusarium-s* owie *Phomopsis-* und *Diplodia*-Arten vor. Letztere rufen die Stielansatz-Fäule hervor. *Alternaria citri* ist der gefürchtetste Marktschädling von Grapefruits, bei denen er eine Naßfäule verursacht, kommt aber auch bei Apfelsinen vor.

Die Kronenfäule von Bananen, die vor allem an den Schnittstellen auftritt, wird durch *Colletotrichum musae* (= *Gloeosporium- musarum*), *Fusarium roseum*, *Verticillium theobromae* und *Thielaviopsis paradoxa* verursacht. Erreger der Anthraknose von Papaya und Mango ist *Colletotrichum gloeosporiodes*. Die Schwarzfäule der Ananas wird von *Thielaviopsis paradoxa* hervorgerufen [135].

Frostschäden, die sich z. B. bei den sehr kälteempfindlichen Zitronen in Form gelbbrauner bis brauner, fortschreitend größer werdender Flecke auf der Schale äußern, dürfen nicht mit mikrobiellen Schäden verwechselt werden. Die druckempfindlichen Bananen werden weniger durch Mikroorganismen als durch enzymatische Bräunungen und Schwärzungen geschädigt; zu hohe Lagertemperaturen spielen beim Weichwerden eine große Rolle.

1.1.4. Maßnahmen zur Verhinderung des mikrobiellen Verderbs von Frischobst

1.1.4.1. Allgemeine Maßnahmen vor dem Versand und vor der Einlagerung

Viele Erreger von Obstkrankheiten dringen bereits während der Entwicklung in die Früchte ein, während die Schäden in Form von Lagerkrankheiten erst viel später in Erscheinung treten. Daraus ergibt sich, daß die Bekämpfung der Vorratsschädlinge bereits durch geeignete *Pflanzenschutzmaßnahmen*, wie Spritzen oder Stäuben mit chemischen Mitteln, erfolgen muß. Eine richtige Schädlingsbekämpfung erhöht nicht nur die Erträge und die allgemeine Qualität des Obstes, sondern verbessert auch wesentlich die Haltbarkeit. Von großer Wichtigkeit ist weiterhin die Tatsache, daß die saprophytären Erreger der Obstfäulen in gesunde, unbeschädigte Früchte wegen des natürlichen Schutzsystems (s. unter 1.1.2.) nur schwer einzudringen vermögen. Die Eingangspforten werden erst durch *Verletzungen* der natürlichen Schutzschichten geschaffen, wobei selbst winzige, mit bloßem Auge nicht sichtbare Schäden eine große Rolle spielen. Deshalb ist die schonende Behandlung des Obstes schon während der *Ernte* und des Transportes oberstes Gebot. Erdbeeren, Pflaumen und Kirschen sollen mit Stiel gepflückt werden, da der Stielansatz eine Eingangspforte für Mikroorganismen darstellt. Das gilt auch für zahlreiche andere Früchte, z. B. Birnen und Äpfel. Tafelweintrauben sollen bei der Ernte und beim Ausschneiden der schlechten Beeren nur am Stiel angefaßt werden, um den natürlichen Wachsschutz auf den Beeren zu erhalten. Kranke Früchte sind auf jeden Fall auszusortieren und sofort zu vernichten, da sie stets massive Infektionsquellen darstellen.

Spezielle mikrobiologische Probleme werden teilweise durch die modernen maschinellen Ernteverfahren aufgeworfen, so fallen z. B. Kirschen ohne Stiel und mit verstärktem Saftaustritt an (s. auch unter 1.5.1.1.).

Besondere Maßnahmen erfordert der *Transport*, und nicht selten wird der mikrobielle Verderb durch mangelhafte Verpackung wesentlich erhöht. Das Verpackungsmaterial muß stets den jeweiligen Früchten angepaßt sein. Während feste Äpfel und Birnen mehrschichtig transportiert werden können, müssen die druckempfindlichen Pfirsiche einschichtig und jeweils einzeln, durch Schutzpapiere voneinander getrennt, verpackt werden. Dadurch wird gleichzeitig die direkte Übertragung der Fäulniserreger von Frucht zu Frucht, die zur Nesterbildung führt, erschwert. Feste Pappoder Kunststoffschalen, die in jüngster Zeit in zunehmendem Maße zum Transport empfindlicher Früchte, insbesondere Erdbeeren, Verwendung finden, tragen ebenfalls zur Vermeidung mechanischer Beschädigungen bei und verhindern die Übertragung hochinfektiöser Sickersäfte aus naßfaulen Früchten. Verpackungsmaterial soll nach Möglichkeit nur einmalig verwendet werden. Rücklaufverpackung, die gewöhnlich mit Parasiten angereichert ist, muß desinfiziert werden. Darüber hinaus sollen die Transportwege für Obst und Gemüse nach Möglichkeit kurz gehalten werden. Da mit zunehmendem Reifegrad in der Regel die Resistenz des Obstes gegen Mikroorganismenbefall nachläßt, wird für lange Transportwege nur Obst, z. B. Südfrüchte, in halbreifem Zustand ausgewählt.

Auch zur längeren Einlagerung darf nur ausgewähltes und sortiertes Obst, dessen Reifegrad nicht zu weit fortgeschritten ist, Verwendung finden. Kranke und beschädigte Früchte müssen sorgfältig entfernt werden. Grundsätzlich sind relativ große Früchte einer bestimmten Sorte gegen Fäulniserreger anfälliger als mittelgroße und kleine. Weiterhin ist die unterschiedliche Lagerfähigkeit der verschiedenen Sorten zu berücksichtigen. Langsam und schnell reifende Sorten sollen nicht zusammen gelagert werden. Die Lagerräume sind vor Einbringen des Obstes gründlich zu säubern, insbesondere müssen alle Fäulnisreste beseitigt werden. Die Anwendung chemischer Desinfektionsmittel, z. B. Formalin, wirkt sich nach erfolgter Reinigung nicht nur günstig aus, sondern muß für die Lagerung im industriellen Maßstab unbedingt gefordert werden.

1.1.4.2. Spezielle Verfahren zur Konservierung von Frischobst

1.1.4.2.1. Kühllagerung

Von den Faktoren Temperatur, Luftfeuchte und Luftzusammensetzung beeinflußt die Temperatur am stärksten die Haltbarkeit des Obstes. Mit sinkender Temperatur wird die Entwicklungsmöglichkeit der meisten Fäulniserreger herabgesetzt [189, 313]. Fahrzeuge und Räume mit Kühleinrichtungen eignen sich deshalb vorzüglich zum Obsttransport und zur Obstlagerung [267]. Abgesehen von Ausnahmen, wie den Erregern der Bitterfäule (*Gloeosporium fructigenum*) und der Graufäule (*Botrytis cinerea*) sowie anderen psychrophilen Arten (s. Bild 13), sind Mikroorganismen bei Temperaturen unter 10 °C nicht mehr wachstums- und vermehrungsfähig. Sie bleiben aber am Leben, und die Absterbequote ist sehr gering.

Allgemein gilt die Faustregel, daß bei einer Senkung der Temperatur um 10 K die Haltbarkeit von Obst um das 2- bis 3fache verlängert werden kann ($Q_{10} = 2 \cdots 3$). Praktisch bedeutet das z. B., daß Erdbeeren mit einer Haltbarkeitsgrenze von 24 h bei 20 °C bei 0 °C die Haltbarkeitsgrenze erst nach 4 $\cdots$ 9 d erreichen. Die in der Praxis üblichen Kühllagertemperaturen für Obst liegen allgemein zwischen −1 °C und 3 °C. In diesem Temperaturbereich ist der Reifeprozeß stark verlangsamt und die Lagerfähigkeit der meisten Obstarten stark erhöht. Da einige Apfelsorten bei 3 °C, Zitrusfrüchte bei 5 °C und Bananen schon bei 12 °C physiologische Schäden erleiden, die sich z. B. bei Kernobst als Fruchtfleischbräune und bei Zitrusfrüchten u. a. als Schalenbräune äußern, müssen diese Fruchtarten bei entsprechend höheren Temperaturen gelagert werden (Tabelle 1).

Temperaturen unter dem Gefrierpunkt sind insofern gefährlich, als der Zellsaft der Früchte bei etwa −2,5 °C gefriert und dabei die Zellgewebe stark geschädigt oder zerstört werden. Bei der Einlagerung von Birnen ist zu beachten, daß sie im Gegensatz zu Äpfeln im Kühlraum nicht reifen. Zu lange kaltgelagerte Birnen bleiben fest und grün; werden sie in warme Räume gebracht, so bräunt sich ihr Fruchtfleisch sehr schnell.

Gegenwärtig ist zur Verlängerung der Haltbarkeit von Frischobst die Kühllagerung sowie die Kühllagerung in geregelter Atmosphäre (s. unter 1.1.4.2.3.) die in der Praxis am häufigsten angewendete Methode. Bei der Einlagerung sorgfältig ausgewählter Früchte und sachgemäßer Behandlung garantiert dieses Verfahren im allgemeinen gute Erfolge (s. Tabelle 1). Dabei darf jedoch die ständige Kontrolle nicht vernachlässigt werden. Treten Fäulnis- und andere Lagerschäden auf, so kommt es darauf an, sie frühzeitig zu erkennen, um durch geeignete Gegenmaßnahmen, wie Umlagern und Auslesen, größere Verluste zu vermeiden. Zu beachten ist fernerhin, daß faulendes Kistenholz und Stroh sowie Schimmelbildung an den Decken und Wänden der Lagerräume den Geschmack des Obstes beeinträchtigen können. Muffig riechende flüchtige Substanzen werden von zhlreichen Pilzen, wie *Cladosporium*- und *Penicillium*-Arten, sowie von Streptomyceten gebildet. Deshalb muß in Obstlagerräumen für einwandfreie hygienische Bedingungen sowie ausreichende Frischluftzufuhr gesorgt werden.

Tabelle 1. Lagerbedingungen für Obst und Nüsse (nach HENZE *[148])*

Obstart	Kühllagerung			CA-Lagerung[1]			
	Temperatur in °C	relative Luftfeuchte in %	Lagerzeit in d	Temperatur in °C	CO_2 in Vol.-%	O_2 in Vol.-%	Lagerzeit in d
Äpfel							
Boskoop	3···4	92···95	150···180	3···4	2···3	3	180···210
Cox Orange	3···4	90···93	90···120	3···4	2	3···4	150
Jonathan	3···4	90···93	150	3···4	3	3	180
Aprikosen	1···0	90···93	20	0	2,5	2,5	30
Bananen	13···15	95	10	13···15	5···8	4···5	21···28
Birnen							
Gute Luise	−1···0	92···95	120	−1···0	3···4	3	210
Williams Christ	0···1	92···95	60···90	0···1	4	3	90
Erdbeeren	0···2	92···95	5	0	bis 10	1···2	maximal 10
Heidelbeeren	−1···0	90···93	21				
Himbeeren	0	87···90	3				
Johannisbeeren							
rot	0	87···90	35				
schwarz	0	87···90	35				
Kirschen							
süß	0···2	90···93	14	0···2	5···10	3	maximal 28
sauer	−1	90···93	10	0	5	3	21
sauer, ohne Stiel	−1	87···90	maximal 7				
Nüsse	−3···0	65···75	365	−3···0	—	< 1	730
Orangen	6···8	85···90	maximal 150	empfindlich gegen CO_2			
Pfirsiche	−1···0	90···93	14···42	−1···0	2···3	2	42
Pflaumen	−1···1	90···93	7···42	0	3	3	14···42
Stachelbeeren, unreif	0	90···93	28···35				
Weintrauben	−1···−2	95	30···180	−1	3	2	maximal 180
Zitronen	3···4	85···90	21···28	empfindlich gegen CO_2			

[1] Relative Luftfeuchte wie bei Kühllagerung

1.1.4.2.2. Regulierung der Luftfeuchte

Neben dem Faktor Temperatur hat die relative Luftfeuchte erheblichen Einfluß auf die Obstlagerung. Fäulniserreger finden wie alle Mikroben die günstigsten Entwicklungsmöglichkeiten bei einer relativen Luftfeuchte von fast 100%. Mit sinkendem Luftfeuchtegehalt verschlechtern sich die Lebensbedingungen entscheidend, und unter 85% relativer Luftfeuchte können Mikroorganismen im allgemeinen nicht wachsen (s. »Grundlagen der Lebensmittelmikrobiologie«, Abschn. 3.5. [250]). Leider ist die Senkung der Luftfeuchte mit mangelhafter Aromabildung sowie dem Austrocknen und Welken der Früchte verbunden. Äpfel zeigen schon bei etwa 5% Transpirationsverlust Schrumpfungen des Fruchtfleisches. Aus diesem Grunde ist man zu einer Kompromißlösung gezwungen. In der Praxis hat sich eine relative Luftfeuchte zwischen 85% und 95% am günstigsten erwiesen (s. Tabelle 1). Höhere Werte sind bei der Lagerung in geregelter Atmosphäre möglich (s. unter 1.1.4.2.3.). Bei der Regulierung der Luftfeuchte muß beachtet werden, daß der Wassergehalt der Luft in unmittelbarer Umgebung der Früchte und innerhalb der Verpackung gewöhnlich höher liegt als allgemein im Lagerraum und nur durch Luftumwälzung oder andere Maßnahmen gesenkt werden kann. Bei auftretenden Temperaturschwankungen muß darauf geachtet werden, daß es nicht zu Kondenswasserbildung kommt. Im Ausland wird Obst für den Export in Öl- oder Wachspapier eingewickelt und teilweise auch direkt mit einem dünnen Wachs- oder Ölfilm versehen, indem man die Früchte in eine entsprechende Emulsion eintaucht. Der Schutzüberzug soll die Wasserverdunstung verringern und gleichzeitig das Eindringen von Mikroorganismen, insbesondere an verletzten Stellen, erschweren. Bemerkenswert ist die Tatsache, daß die gegen Austrocknung und Mikroorganismenbefall schutzbietende Kutikula von Äpfeln während der Lagerung verstärkt wird, und zwar in trockener Luft stärker als in feuchter.

1.1.4.2.3. Lagerung in kontrollierter Atmosphäre (CA-Lagerung)

Unter *CA-Lagerung* (engl. *controlled atmosphere*), auch *Gaslagerung* oder *Lagerung in kontrollierter (geregelter) Atmosphäre* genannt, versteht man die Aufbewahrung von Lebensmitteln, vor allem frischen Ernteprodukten, in gekühlten gasdichten Räumen oder Behältern, in denen die natürliche prozentuale Zusammensetzung der Raumluft durch Erhöhen des CO_2-Gehaltes und Erniedrigen des O_2-Gehaltes verändert wird. Durch die Regulierung der Lageratmosphäre werden zusätzlich zur Kühllagerung u. a. die folgenden volkswirtschaftlich bedeutenden Vorteile erzielt:

● Verzögerte Reife und 1 bis 2 Monate verlängerte Haltbarkeit.
● Hemmung der Mikroorganismentätigkeit und Senkung der Fäulnisverluste auf die Hälfte.
● Bessere Erhaltung der Qualität, z. B. vermindertes Schrumpfen, und bessere Haltbarkeit nach dem Auslagern [135].

Es sind zwei Verfahrenstypen der CA-Lagerung bekannt. Bei *einseitig kontrollierter (geregelter) Atmosphäre* wird nur die Erhöhung des CO_2-Gehaltes angestrebt. Dabei wird die Atmung des Lagergutes genutzt und der normale CO_2-Gehalt der Luft von 0,03% bis auf etwa 5% durch das natürlich ausgeatmete CO_2 angehoben. Schädliche höhere CO_2-Werte werden durch Frischluftzufuhr ausgeglichen. Bei *zweiseitiger kontrollierter Atmosphäre* wird zusätzlich zur CO_2-Erhöhung eine Verminderung des O_2-Gehaltes auf optimale Werte unter 5% — gegenüber 20,8% in der normalen Atmosphäre — eingestellt. Dazu dienen CO_2-Absorptionsgeräte, engl. Scrubber genannt, die z. B. mit Aktivkohle oder Ca(OH)$_2$ bzw. KOH arbeiten. Bild 9 zeigt das Schema eines CA-Lagerhauses. Weitere technische Details siehe in der Speziallliteratur [148, 267].

Durch den erniedrigten Sauerstoff- und erhöhten Kohlendioxidgehalt der Lageratmosphäre sind sowohl die Sporenkeimung als auch das Wachstum aerober Mikroorganismen gehemmt [420]. Insbesondere werden viele Erreger pilzlicher Lagerfäulen, einschließlich mycotoxinbildender Arten, stark unterdrückt oder völlig gehemmt, z. B. können *Gloeosporium*-Arten nicht wachsen.

Weiterhin sind folgende Fakten mikrobiologisch von erheblicher praktischer Bedeutung. Bei niedrigen Temperaturen werden aerobe Mikroorganismen wegen der besseren Sauerstoffversorgung — mit abnehmender Temperatur nimmt die Sauerstofflöslichkeit zu — im Stoffwechsel gefördert. Sie können größere Zellen bilden

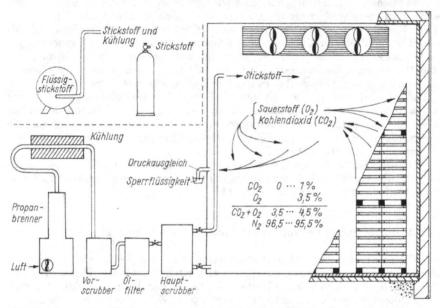

Bild 9. Schema eines CA-Lagerhauses mit zweiseitig kontrollierter Atmosphäre und Zusatzeinrichtungen (Stickstoff) für eine beschleunigte Absenkung des Sauerstoffgehaltes

und der Lebensmittelverderb erfolgt bereits bei wesentlich niedrigeren Keimzahlen als bei höheren Temperaturen [319]. Das Wachstum von psychrophilen anaeroben Bakterien ist dagegen stark reduziert. Somit ist die Kühllagerung bei erniedrigtem Sauerstoffgehalt besonders vorteilhaft. Die CA-Lagerung kann gegenüber der normalen Kühllagerung bei einer etwas höheren relativen Luftfeuchte erfolgen, ohne daß dadurch das Mikroorganismenwachstum wesentlich begünstigt wird.

Nachteilig ist die Herausbildung einer spezifisch adaptierten Mikroflora, die speziell bei der wiederholten CA-Lagerung der gleichen Lebensmittel in einem Lager erfolgt.

Für jede Obstart bzw. -sorte sind spezifische CO$_2$- und Sauerstoffgehalte zu beachten, wenn es nicht zu physiologischen Schäden kommen soll (s. Tabelle 1). Während Erdbeeren 25% CO$_2$ in der Atmosphäre vertragen, erleiden Zitrusfrüchte bereits bei 1% CO$_2$ Zellschäden.

Aufgrund der erheblichen Vorteile, die insbesondere in der gesundheitlich unbedenklichen und dabei ausgezeichneten Qualitätserhaltung bei Verlängerung der Haltbarkeitsdauer liegen, wird die Lagerung in kontrollierter Atmosphäre trotz des erforderlichen Aufwandes in zunehmendem Maße zur Konservierung pflanzlicher Lebensmittel, insbesondere Äpfel und Birnen, eingeführt. Neuere Untersuchungen zeigen, daß das Verfahren auch zur Lagerung von Gemüse, einschließlich Trockengemüse, Gewürzen, Nüssen sowie Frischfleisch, Fertiggerichten, Blumen u. a. gut geeignet ist. In den EG-Ländern betrug im Jahre 1977 die CA-Lagerkapazität etwa 1,3 Mill. Tonnen.

1.1.4.2.4. Chemische Konservierung von Obst

Außer der Lagerung in kontrollierter Atmosphäre hat man zahlreiche chemische Behandlungsverfahren zur Verlängerung der Haltbarkeit von Obst versucht, z. B. die Begasung mit Methylbromid, Ammoniak, Schwefeldioxid, Ozon und Ethylenoxid. Die Erfolge waren recht unterschiedlich. Viele Substanzen, als Beispiel sei das Ozon genannt, wirken nur auf die in der Atmosphäre und auf der Oberfläche der Früchte befindlichen Keime, während die im Inneren wachsenden, z. B. die Erreger der Kernfäule, unbeeinflußt bleiben. Teilweise verursachen die keimtötenden Mittel Farbveränderungen und Schalenschäden, oder die behandelten Früchte nehmen einen Fremdgeschmack an. Weiterhin muß beachtet werden, daß viele antimikrobiell wirksame Mittel für den Menschen giftig sind und mit der Nahrung aufgenommene Rückstände zu Gesundheitsschäden führen können. Ökonomische Gesichtspunkte sind ebenfalls von Bedeutung.

Südfrüchte

Obst aus wärmeren Ländern kann nur bedingt kühl gelagert und transportiert werden, so daß die chemische Konservierung im Vordergrund steht. Zitrusfrüchte werden vor dem Versand in der Regel mit Fungiciden, wie Phenylphenol oder Natriumorthophenylphenolat (SOPP), behandelt. Bewährt hat sich z. B. das Eintauchen für 30···60 s bei 30···35 °C in eine 0,5- ···2%ige o-Phenylphenollösung. Wegen der besseren Wirkung im alkalischen Bereich wird die Tauchlösung durch Zugabe von 0,4% NaOH auf pH 11,7 eingestellt. Außerdem gibt man 1% Hexamethylentetramin zu, um Bräunungen der Fruchtschale zu vermeiden. Nach der Behandlung werden die Früchte mit klarem Wasser abgespült, so daß nur wenige Milligramm Fungicid in der Schale zurückbleiben. Das Verpackungsmaterial (Entwickler, Zwischenlagen, Kisten- und Schachteleinsätze) wird mit Diphenyl, $C_6H_5C_6H_5$, einem leicht flüchtigen Fungicid, behandelt. Die übliche Anwendungskonzentration liegt bei 1···5 g m^{-2} [217]. Durch die Anwendung dieser Fungicide konnten die durch Grün- und Blaufäule verursachten Verluste bei Zitrusfrüchten von durchschnittlich 10% auf etwa 0,4% gesenkt werden. Schimmelpilze können jedoch gegen Diphenyl und o-Phenylphenol resistent werden, und *Alternaria citri*, *Sclerotinia sclerotiorum*, *Trichoderma viride* und andere Pilzarten werden ohnehin nicht gehemmt.
Die LD_{50} von Diphenyl und o-Phenylphenolat beträgt für Ratten bei oraler Gabe 3···5 g je 1 kg Körpermasse. Da die Substanzen nicht in nennenswerten Mengen ins Fruchtfleisch eindringen, sind sie in den meisten Ländern zur Zitrusfruchtkonservierung zugelassen. Die Schalen entsprechend behandelter Früchte sind jedoch nicht genußtauglich und sollten speziell bei Zitronen gekennzeichnet sein.
Der Zitrusfrüchten früher mit einer Wachsschicht aufgetragene Thioharnstoff ist gesundheitlich bedenklich und deshalb nicht erlaubt. Neuere Untersuchungen zeigen,

daß 2-Aminobutan, 5-Aceto-8-Hydroxychinolinsulfat und Benomyl offenbar eine bessere fungicide Wirkung als die bisher bei Zitrusfrüchten üblichen Fungicide haben. Für den Versand von Bananen, deren Fruchtstandachse vor allem von *Colletotrichum musae* und anderen Pilzarten befallen wird, ist ebenfalls der Einsatz von Fungiciden, wie Thiabendazol und Benomyl, erfolgversprechend [27, 135].

Thiabendazol

Benomyl = 1(N-Butylcarbamoyl)-
2-(methoxycarboxamido)-benzimidazol

o-Phenylphenol

Einheimisches Obst

Der Einsatz von chemischen Mitteln für die Behandlung von Lagerobst ist nicht in allen europäischen Ländern gesetzlich zugelassen, er wird aber zunehmend ins Auge gefaßt. Die in der DDR erlaubten Mittel sind im Pflanzenschutzmittel-Verzeichnis [6] bzw. in der Konservierungsmittelanordnung [11] zusammengestellt. Zur Lagerung von Kernobst, wie Äpfel und Birnen, wird der Einsatz von Fungiciden, die teilweise auch zum Spritzen der Obstbäume zugelassen sind, erprobt und mitunter auch bereits praktiziert. Als gut geeignet zur Bekämpfung pilzlicher Lagerfäulen haben sich die Systemfungicide Benomyl, Thiabendazol (TBZ), Thiophanate, Triarimol u. a. herausgestellt, die in die pflanzlichen Gewebe einzudringen vermögen. Als besonders wirksam gilt Benomyl. Es hemmt zahlreiche Fäulniserreger mit großer praktischer Bedeutung, wie *Gloeosporium*-Spezies, *Nectria galligena*, *Pezicula alba*, *Botrytis cinerea*, *Monilia-Species*, einschließlich der für Zitrusfrüchte bedeutungsvollen Pilze *Penicillium digitatum* und *P. italicum*. Die Wirkung ist aber nur sicher, wenn die Früchte unmittelbar nach der Ernte in die Fungicidbrühe getaucht werden. Eine 30···40 °C warme Fungicidbrühe wirkt besser als eine kalte, und bei Zusatz eines Netzmittels sind bereits 0,02% Benomyl in der Lösung ausreichend wirksam [15, 139].
Bei der fungiciden Tauchbehandlung speziell von Kernobst geht man davon aus, daß

● die letzte Vorernte-Lagerspritzung eingespart werden kann,
● die Unterdrückung von mycotoxinbildenden Pilzarten erreicht wird,
● zu beanstandende Rückstandswerte bei sachgemäßer Anwendung nicht zu befürchten sind.

Das Resistenzproblem, z. B. traten nach längerer Anwendung von TBZ bei Zitrusfrüchten resistente *Penicillium*-Arten auf, ist aber noch ungeklärt.
Die Anwendung von Wachs-, Paraffin- oder Mineralölüberzügen gegen Pilzbefall und Austrocknen von Kernobst ergab nicht eindeutig positive Ergebnisse.
Insgesamt muß der Einsatz chemischer Mittel zur direkten Behandlung von Obst aus gesundheitlichen Erwägungen auf ein Minimum begrenzt bleiben und völlig unbedenklichen Konservierungsverfahren, z. B. der Kühl- oder CA-Lagerung, der Vorzug gegeben werden. Zu letzteren muß auch der Zusatz von Trockeneis (festes CO_2) zu Beerenfrüchten gerechnet werden. Seine Wirkung beruht weniger auf dem Kühleffekt, sondern durch die Anreicherung von CO_2 auf etwa 25% (Erdbeeren und Himbeeren vertragen bis zu 70%) wird die Entwicklung von pilzlichen Lagerfäuleerregern gehemmt und der biochemische Alterungsprozeß der Beeren verzögert. Für Erdbeeren werden 4 g und für Himbeeren 6 g Trockeneis je 1 kg Frucht benötigt [140].

1.1.4.2.5. Bestrahlung von Obst

Zu den wenigen Lebensmitteln, für die eine Behandlung mit ionisierenden Strahlen nicht abgelehnt wird, gehören die Erdbeeren. Von einer Expertengruppe der Weltgesundheitsorganisation (WHO) wird zur Verlängerung der Haltbarkeit die Bestrahlung mit einer Dosis bis zu 3,0 kGy uneingeschränkt empfohlen [82, 416]. Dadurch werden u. a. die wichtigsten schädlichen Pilzarten, *Botrytis cinerea* und *Rhizopus nigricans*, abgetötet. Anschließende Kühl- oder CA-Lagerung ist vorteilhaft.

1.1.4.2.6. Heißwasserbehandlung

Das vorwiegend in den Tropen für Mango, Papaya, Melone u. a. angewandte Verfahren stellt eine schonende Pasteurisation — etwa 50 °C für mehrere Minuten — dar. Es wird häufig mit einer chemischen Behandlung der Früchte kombiniert (s. unter 1.1.4.2.4.).

1.2. Trockenobst

1.2.1. Allgemeines

Das Trocknen von Obst und Gemüse zählt zu den ältesten Konservierungsverfahren. Es beruht auf der Tatsache, daß die Entwicklungsmöglichkeiten der Mikroorganismen durch Entzug des lebensnotwendigen Wassers stark eingeschränkt werden.
Aufgrund des Säuregehaltes ist Obst besser zum Trocknen geeignet als Gemüse. Es braucht nicht blanchiert zu werden. Als Rohstoff dienen gesunde und ausgereifte Früchte. Sie werden nach dem Waschen in unterschiedlicher Weise vorbereitet. Zu enzymatischen Bräunungen neigende Früchte, wie Äpfel, werden in gasdichten Räumen mit Schwefeldioxid behandelt oder in 0,5prozentige Sulfitlösung eingetaucht. Die Entfernung der Wachsschicht von Pflaumen, die den Trocknungsprozeß verzögert, erfolgt durch kurzzeitige Behandlung mit kochendem Wasser. Das Schälen von Pfirsichen kann mit Natronlauge oder Dampf erfolgen.
In Gebieten mit starker Sonneneinstrahlung können Früchte direkt an der *Sonne* getrocknet werden, indem man sie auf Holzhorden in dünner Schicht ausbreitet. Auf diese Weise werden vor allem Aprikosen, Feigen, Datteln und Pfirsiche verarbeitet. Rosinen sind getrocknete, dunkelfarbige Weinbeeren mit Kernen. Sultaninen sind hellfarbig und enthalten keine Kerne. Als Korinthen bezeichnet man besonders kleine, fast schwarze Trockenbeeren mit und ohne Kern.
Weinbeeren werden sowohl an der Sonne als auch künstlich getrocknet, ebenso wie Äpfel und Pflaumen.
Die *künstliche Trocknung* erfolgt in den verschiedenartigen Trocknern gewöhnlich bei Temperaturen bis zu etwa 80 °C. Höhere Temperaturen führen aufgrund der Zuckerkaramelisation zu dunkelgefärbten Endprodukten. Die notwendigen Trocknungszeiten liegen bei 16···24 h. Das moderne Gefriertrocknungsverfahren, das vor allem zur Herstellung von Trockengemüse dient, wird offenbar aus wirtschaftlichen Überlegungen zur Trocknung von Obst kaum eingesetzt.
Der Wassergehalt von Trockenobst liegt je nach Sorte zwischen 18···25%, lediglich Weinbeeren enthalten 14···18% Wasser. Das Volumen getrockneter Früchte ist gegenüber frischen um die Hälfte und die Masse um etwa 3/4 reduziert. Durch Pressen in Blöcke wird die Lager- und Transportfähigkeit weiter erhöht.

1.2.2. Mikroflora des Trockenobstes

Die Mikroflora des Trockenobstes ist in starkem Maße von der Qualität der jeweils verarbeiteten Rohware, der Sorte und dem angewandten Verarbeitungsverfahren abhängig. Sie unterliegen dementsprechend großen Schwankungen. Im allgemeinen wird bei einwandfreier Technologie die Zahl der ursprünglich auf den Früchten vorhandenen Keime durch das Auslesen, Waschen und die Behandlung mit Dampf oder Lauge vermindert. Eine weitere Reduzierung der Mikroflora erfolgt durch die Hitzeeinwirkung während des Trocknungsprozesses. Bei der Sonnentrocknung wirkt der UV-Anteil des Sonnenlichtes günstig auf die Keimverminderung. Getrocknetes Obst ist jedoch nicht steril, sondern enthält im allgemeinen einige Hundert bis Tausend lebende Mikroorganismen je Gramm. Höhere Keimzahlen finden sich im Fertigprodukt, wenn unzureichend gewaschen wird, z. B. bei Verwendung zu geringer Frischwassermengen, oder wenn es während des Verarbeitungsprozesses aufgrund mangelhafter Sauberkeit oder technischer Mängel zur Keimanreicherung kommt. Insbesondere bietet der beim Schälen, Halbieren und Zerschneiden der Früchte in Scheiben freiwerdende Zellsaft den anhaftenden Mikroorganismen gute Voraussetzungen zur Vermehrung. Kurze Verweilzeiten in dieser Verarbeitungsstufe sowie die Behandlung mit SO_2 oder anderen keimtötenden Mitteln tragen wesentlich zur qualitativen Verbesserung des Fertigproduktes bei.

Da durch die Hitzeeinwirkung während des Trocknungsprozesses Hefen und vegetative Bakterienzellen in besonders starkem Maße abgetötet werden, sind in getrocknetem Obst an lebenden Keimen vorwiegend Bakterien und Schimmelpilzsporen zu finden. Sie können aber als Dauerform normalerweise auf dem Trockenobst keinen Schaden anrichten.

Ein mikrobieller Verderb von Lebensmitteln kann nur erfolgen, wenn alle Voraussetzungen zum aktiven Stoffwechsel und zur Entwicklung der Mikroorganismen gegeben sind. Dazu gehört u. a. eine ausreichende Wasserversorgung. Entscheidend für die Hemmung des Mikroorganismenstoffwechsels ist weniger der absolute Wassergehalt, sondern der Gehalt an verfügbarem Wasser, der sich im a_w-Wert widerspiegelt [87, 250]. Da die Höhe dieses Wertes im wesentlichen von der Zahl der je Volumeneinheit gelösten Teilchen abhängig ist, spielt im getrockneten Obst vor allem der reichlich enthaltene Zucker eine große Rolle für die Haltbarkeit. In der hohen Zuckerkonzentration ist auch der Grund dafür zu suchen, weshalb Trockenobst mit einem höheren Wassergehalt besser lagerfähig ist als Trockengemüse.

Während der Lagerung des Trockenobstes, die bei niedrigen Temperaturen und geringer Luftfeuchte erfolgen soll, sinkt der Gehalt an lebenden Keimen insbesondere anfangs weiter ab. Es kommt jedoch zur relativen Anreicherung solcher Mikroorganismenarten, die Trockenheit gut überdauern. Dazu gehören außer Bakterien- und Schimmelpilzsporen zahlreiche Kokkenarten. Zusätzliche Kontaminationen können durch das Verpacken bedingt sein. Zu bevorzugen ist eine Verpackung mit wasserdampfundurchlässigem Material, am besten unter Vakuum oder CO_2-Atmosphäre.

1.2.3. Mikrobieller Verderb von Trockenobst

Der mikrobielle Verderb von Trockenobst kommt relativ selten vor. Er tritt ein, wenn der Alarmwassergehalt, der je nach Obstprodukt zwischen 14% und 25% liegt, durch unsachgemäße Trocknung, Verpackung oder Lagerung überschritten wird. Bakterien, die stets auf Trockenfrüchten vorhanden sind, scheiden als Verderbniserreger weitgehend aus, da sie außer durch den zu geringen Gehalt an verfügbarem Wasser durch die sauren pH-Werte gehemmt werden. Gefährlicher sind dagegen die osmophilen Hefen, die bevorzugt auf sauren bis neutralen Medien zur Entwicklung kommen und als Ernährungsspezialisten in Lebensmitteln mit sehr geringem Wassergehalt Schäden verursachen. Sie bewirken das Sauerwerden von Datteln und Feigen, wenn deren Wassergehalt auf Werte über 22% ansteigt. Feucht gelagerte Trockenpflaumen überziehen sie als graue Schicht. Befallene Produkte haben einen hefeartigen, alkoholischen, manchmal auch sauren oder bitteren Geschmack. Zu den häufig auf Trockenfrüchten vorkommenden Hefen gehören u. a. *Zygosaccharomyces rouxii* (= *Sacch. rouxii*, = *Z. japonica* var. *soya*, *Z. barkeri*, *Z. nadsonii*) und *Hanseniaspora valbyensis* [394]. Außer osmophilen Hefen — die Zahl der Arten ist begrenzt — können osmophile Schimmelpilze Schäden bei Trockenobst verursachen. Als wichtigste fäulniserregende Pilze von Trockenpflaumen wurden Vertreter der *Aspergillus-glaucus*-Gruppe (= *Eurotium spec.*), *A. niger*, *Xeromyces bisporus* (= *Monascus bisporus*) und *Penicillium*- sowie *Chrysosporium*-Arten gefunden [287, 375]. In Pflaumen mit einem pH-Wert von 3,8 betrug der minimale a_w-Wert für die Sporenkeimung und das Wachstum bei 25 °C für *X. bisporus* 0,605 und für *Ch. fastidium* 0,686. Sowohl für die ungeschlechtliche als auch für die geschlechtliche Bildung von Sporen waren höhere a_w-Werte erforderlich. Der minimale Wasseraktivitätswert für das Wachstum von *Aspergillus*-Arten betrug 0,738 in Pflaumengewebe mit pH 3,8 und lag damit beträchtlich höher als im neutralen Milieu [287]. Die Haltbarkeit des getrockneten Obstes kann durch Schwefeln oder Pasteurisieren günstig beeinflußt werden. Die Schwefelung wirkt nicht nur keimtötend, sondern verhindert gleichzeitig Verfärbungen. Außerdem bietet sie Schutz gegen Insektenbefall.

Die in jüngster Zeit in einigen Ländern hergestellten Trockenfrüchte (Pflaumen, Rosinen, Feigen u. a.) mit 30···40% Wassergehalt, die sich gut zum direkten Verzehr eignen, erfordern zusätzliche Konservierungsmaßnahmen, z. B. Heißabfüllung in Plastebeutel und anschließende Pasteurisation oder Zusatz von Sorbinsäure. Für höhere Temperaturen und hohe Luftfeuchtigkeit lagerfähiges Trockenobst, wie es z. B. in tropischen Ländern benötigt wird, kann man durch Vakuumtrocknung herstellen. Dabei ist der Wassergehalt des Obstes auf 3···5% zu reduzieren. Durch die Verwendung von wasserdampfundurchlässigem Verpackungsmaterial muß ein Ansteigen des Wassergehalts verhindert werden.

1.3.   Gefrierkonserven

1.3.1.   Allgemeines

Außer der Kühllagerung und der Trocknung gibt es zahlreiche weitere Möglichkeiten, Obst und Obstprodukte vor dem mikrobiellen Verderb zu schützen. In der Praxis hat vor allem die Herstellung von Gefrierkonserven und von Sterilkonserven große Bedeutung erlangt.

Das Schnellgefrieren von Lebensmitteln gehört zu den modernen Konservierungsverfahren. Es eignet sich jedoch nur für solche Lebensmittel, deren biologische, chemische und physikalische Eigenschaften durch das Gefrieren nicht wesentlich verändert werden. Außer Fleisch, Geflügel und Fisch wird vor allem Gemüse und Obst verarbeitet. Durch den Einsatz moderner Bearbeitungslinien und die Schaffung von Lagermöglichkeiten für Gefriergut bis hin zum Verbraucher ist die Produktion von hochwertigen Gefriererzeugnissen in den letzten Jahren ständig angestiegen.

Zur *Herstellung* von Gefrierobst darf nur einwandfreies, gesundes reifes Obst verwendet werden (s. unter 1.5.1.1.), und es dürfen nur solche Sorten zum Einsatz kommen, deren Gefriertauglichkeit vorher überprüft wurde. Die Früchte werden entweder unmittelbar nach dem Waschen und Zerteilen im rohen Zustand verpackt und schnell gefroren, wie das z. B. bei Erdbeeren, Himbeeren, Brombeeren und Kirschen der Fall ist, oder vorgekocht. Letzteres ist für alle Obstarten günstig, die ohnehin im gekochten Zustand verzehrt werden. Teilweise erfolgt der Zusatz von Weißzucker in trockener Form oder als Sirup. Zur Verpackung ist weitgehend wasserdampfdichtes Material geeignet, das ein Austrocknen während der Lagerung verhindert. Häufig werden Schachteln verwendet, die innen mit einem Kunststoffbelag ausgekleidet sind. Das Schnellgefrieren wird bei Temperaturen von $-30\,°C$ und tiefer in geeigneten Anlagen, z. B. Plattengefrierschränken oder kontinuierlich arbeitenden Tunnelgefrieranlagen, durchgeführt. Die Gefriergeschwindigkeit soll mindestens $1\ cm\ h^{-1}$ betragen. Lagerung und Transport der Fertigprodukte müssen bei Temperaturen von mindestens $-18\,°C$ erfolgen, da es andernfalls durch mikrobielle oder chemisch-enzymatische Prozesse zu Qualitätsminderungen kommt. Manche Obstarten sind zur Gefrierkonservierung besser geeignet als zur Herstellung von Sterilkonserven; dazu zählen z. B. Erdbeeren, Himbeeren, Heidelbeeren und Sauerkirschen. Andere Arten, wie Birnen und Pflaumen, werden vorteilhafterweise durch Hitzesterilisation haltbar gemacht.

1.3.2. Mikrobiologie der Gefrierkonserven

1.3.2.1. Einfluß vorbereitender Prozesse auf die Mikroflora

Die dem frischen Obst und anderen pflanzlichen Rohstoffen in mehr oder weniger starkem Maße anhaftende Mikroflora wird beim Herstellungsprozeß von Gefriererzeugnissen zunächst durch das Vorputzen, Waschen und Blanchieren stark vermindert. Sorgfältiges Waschen reduziert die Zahl der anhaftenden Keime um 50 bis 95%. Blanchieren, das aber nur bei wenigen Obstarten erfolgt, führt zum Abtöten aller hitzeempfindlichen Keime. Lediglich die hitzeresistenten Sporen können überleben. Sie machen aber bei Obst im allgemeinen weniger als 1% des Gesamtkeimgehalts aus. Andererseits ist das Blanchieren insofern eine Gefahr, als beim Abkühlen des blanchierten Gutes Temperaturbereiche durchschritten werden, die für die Vermehrung von Mikroorganismen außerordentlich günstig sind. Dazu kommt, daß die natürlichen Abwehrsysteme pflanzlicher Produkte durch das Vorkochen weitestgehend zerstört werden und die Mikroben somit günstige Angriffsmöglichkeiten erhalten. Blanchiertes Obst muß deshalb so schnell wie möglich gefroren oder zumindest unverzüglich auf Temperaturen unter $5\,°C$ abgekühlt werden.

1.3.2.2. Einfluß des Gefrierens auf die Mikroflora

Die konservierende Wirkung des Gefrierens beruht auf der Tatsache, daß selbst psychrophile Mikroorganismen bei Temperaturen unter $-10\,°C$ in der Regel nicht mehr zur Entwicklung kommen (s. Bild 13). Bei Angaben über einige Pilze, die noch bei Temperaturen bis $-18\,°C$ wachsen sollen, handelt es sich um Extremfälle. Während bei der Kühllagerung von Frischobst, die gewöhnlich im Temperaturbereich zwischen $-1\,°C$ und $4\,°C$ erfolgt, noch mit deutlichen mikrobiell verursachten Verlusten gerechnet werden muß, ist der mikrobielle Verderb von Gefrierkonserven — Lagerbedingungen unter $-18\,°C$ vorausgesetzt — ausgeschlossen. Es ist jedoch ein weitverbreiteter Irrtum, daß durch das Gefrieren von Lebensmitteln die darin enthaltenen Keime sämtlich abgetötet würden. Bei der Herstellung von Gefrierkonserven wird lediglich ein Teil der auf den frischen Früchten vorkommenden Mikroorganismen vernichtet, während resistente Formen überleben. Sie können sich nach dem Auftauen wieder vermehren.

Für die Abtötung der Mikroorganismen während des Gefrierens ist sowohl die Gefriertemperatur als auch die Gefrierzeit von entscheidendem Einfluß. Gefrierempfindlich sind die auf Obstprodukten häufig vorkommenden Hefen und Schimmelpilze, während anhaftende Bodenbakterien eine größere Widerstandsfähigkeit haben. Langsames Gefrieren führt zu höheren Absterbequoten als schnelles. Offenbar kommt es dabei neben anderen Auswirkungen zur Bildung großer Eiskristalle in der Zelle, die das Protoplasma in stärkerem Maße zerstören als die beim schnellen Gefrieren entstehenden kleinen Kristalle. Leider werden die pflanzlichen Gewebe durch langsames Gefrieren ebenfalls in starkem Ausmaß geschädigt, und die Fertigprodukte weisen Qualitätsmängel auf. So ist es praktisch nicht möglich, durch langsames Gefrieren keimarme Gefrierkonserven herzustellen. Auch stufenweises Gefrieren führt zu starken Keimverminderungen. Die praktische Anwendung stößt jedoch ebenfalls aus den obengenannten Gründen auf Schwierigkeiten.

Lagerversuche haben gezeigt, daß bei Temperaturen um $-4\,°C$ Mikroorganismen in stärkerem Maße abgetötet werden als bei $-15\,°C$ und bei $-24\,°C$. Für die meisten Mikroorganismenarten gilt bei Temperaturen unter $-10\,°C$, daß mit sinkender Temperatur der Absterbeeffekt abnimmt. Die Lagerung von Gefrierkonserven bei relativ hohen Temperaturen, z. B. um $-10\,°C$, führt somit ebenfalls zu keimarmen Produkten (Tabelle 2). Leider ist diese Tatsache für praktische Zwecke nicht ausnutzbar, da Lagertemperaturen über $-18\,°C$ enzymatische und andere Reaktionen ermöglichen, die Qualitätsminderungen verursachen. So werden z. B. Oxydasen und Peroxydasen, die Bräunungen und Geschmacksverschlechterungen bewirken, durch den Kältetod der Zellen nicht zerstört. Sie sind auch nach dem Gefrieren aktiv, doch beträgt die Geschwindigkeit der enzymatischen Umsetzungen bei $-20\,°C$ nur noch etwa 1% derjenigen bei $+20\,°C$.

Tabelle 2. Bakterienüberlebensrate (in %) in Abhängigkeit von der Lagertemperatur und -zeit (nach GOTLIB [115])

Lager- temperatur in °C	Lagerzeit in Tagen					
	0	115	178	192	206	220
-10	100%	6,1%	3,6%	2,1%	2,1%	2,5%
-15	100%	16,8%	10,4%	3,9%	10,0%	8,2%
-20	100%	50,7%	61,0%	57,4%	55,0%	53,2%

1.3.2.3. Einfluß von Milieufaktoren auf die Mikroflora

Bei der Herstellung von Gefrierkonserven aus Obst ist zu beachten, daß der Zusatz von Zucker das Überleben der Mikroorganismen begünstigt und ihnen einen gewissen Schutz bietet. So wurde festgestellt, daß in gefrorenem, ungesüßtem Orangensaft innerhalb 48 h 97% der Mikroorganismen absterben, während im gleichen Substrat mit 40···50% Saccharosezusatz nach 26 Wochen noch erhebliche Mengen lebender Organismen nachgewiesen werden konnten. Andererseits wirkt sich die Zugabe von Zucker günstig aus, indem unerwünschte enzymatische Prozesse gehemmt werden. Andere bekannte Substanzen mit Schutzfunktion sind Glycerol, Milch und andere kolloidale Lösungen. Es muß damit gerechnet werden, daß zahlreiche lebensmitteleigene Stoffe Schutzwirkungen ausüben.

Weiterhin ist der pH-Wert des Lebensmittels von Einfluß auf die Überlebensrate der Mikroorganismen beim Gefrieren. Saure pH-Werte, wie sie allgemein in Obstprodukten vorherrschen, bewirken höhere Absterbequoten als neutrale oder schwach alkalische. Generell ist bei stark sauren Obstprodukten damit zu rechnen, daß durch den Gefrierprozeß Bakteriensporen überhaupt nicht abgetötet werden, während die sonstige Mikroflora zu 90···99,9% abgetötet wird. Bei schwach sauren Obstarten wird mit einer Absterbequote von etwa 50% gerechnet, ausgenommen wiederum die Bakteriensporen. Zahlreiche Virusarten sind offenbar ebenfalls gefrierresistent.

1.3.2.4. Mikroflora der Gefrierkonserven und ihre Rolle beim Auftauen von Gefriererzeugnissen

Die in Gefrierkonserven gefundene Mikroflora ist im wesentlichen die gleiche, die als natürliche Oberflächenflora auf den eingesetzten Rohstoffen vorkommt, außerdem werden Boden- und Wasserkeime gefunden, die teilweise während der Verarbeitung hinzukommen. In gefrorenem Obst kommen vor allem Hefen der Gattungen *Saccharomyces* und *Cryptococcus* sowie Schimmelpilze der Gattungen *Penicillium*, *Aspergillus*, *Mucor*, *Aureobasidium*, *Rhizopus*, *Botrytis*, *Alternaria* und *Fusarium* vor. An Bakterien sind Vertreter der Gattungen *Bacillus*, *Pseudomonas*, *Lactobacillus* und *Alcaligenes* beteiligt. Es wurden über 100 verschiedene Arten gefunden. Die Keimzahlen unterliegen ebenso wie die Keimarten in Abhängigkeit von der Qualität des Rohstoffs und den Betriebsverhältnissen starken Schwankungen. Hohe Zahlen lebender Keime werden gefunden, wenn faule Obstteile mit zur Verarbeitung gelangen, wenn technologische Mängel bestehen oder wenn den Hygienemaßnahmen nicht die notwendige Aufmerksamkeit gewidmet wird. Rückschlüsse auf die Qualität des eingesetzten Rohstoffs lassen sich durch den quantitativen mikroskopischen Nachweis von Hyphenfragmenten im Fertigprodukt ziehen. Lebensmittelvergiftungen verursachende Keimarten kommen offenbar kaum vor.

Die in Gefrierkonserven überlebenden Keime können nach dem Auftauen zur Entwicklung kommen und Ursache von Qualitätsminderungen sein. Insbesondere bieten lange Auftauzeiten psychrophilen Keimen, z. B. Hefen und Lactobacillen, gute Wachstumsbedingungen. Völliger oder teilweiser Verderb durch Gärungen, Geschmacksbeeinträchtigungen oder andere negative Faktoren sind die Folge. Hohe Raten überlebender Keime führen zu besonders raschem Verderb. Das Auftauen von Gefrierkonserven muß deshalb in kürzester Zeit erfolgen. Außerdem soll zwischen Auftauen und Verbrauch so wenig Zeit wie möglich vergehen. Damit werden gleichzeitig Qualitätsminderungen durch den Ablauf rein chemischer und enzymatischer Prozesse, wie oxydative Bräunungen und Abbau von Vitamin C, weitgehend gemindert [46, 93, 234].

1.4. Obstkonserven, hitzesterilisiert

Sterilkonserven, die auch kurz als Konserven bezeichnet werden, sind Lebensmittel in luftdicht verschlossenen Behältern, die durch Hitzebehandlung (Sterilisation) konserviert wurden. Sie zeichnen sich durch lange Haltbarkeit aus. Als Behälter werden vorwiegend korrosionsbeständige Dosen aus Weißblech oder Aluminium, Gläser unterschiedlicher Größe sowie Verbundfolien verwendet. Von den Haushaltkonserven werden die handelsüblichen Industriekonserven unterschieden, und je nach Füllgut spricht man von Obst-, Gemüse- oder Fleischkonserven usw.

1.4.1. Geschichte und Bedeutung

Konserven, der Begriff leitet sich von dem lateinischen Wort *conservare* = unversehrt erhalten ab, gehören zu den klassischen Produkten der Haltbarmachung. Ihre Entwicklung wird auf den französischen Koch NICOLAS APPERT (1750 bis 1841) zurückgeführt, der im Jahre 1809 einen von Napoleon ausgeschriebenen Preis in Höhe von 12000 Franc für seine Haltbarmachungsmethode von Lebensmitteln durch Erhitzen in Flaschen erhielt [17]. Damit war empirisch das grundlegende Verfahren entdeckt, auf dessen Basis sich später die Konservenindustrie entwickelte. Die wissenschaftliche Erklärung für den Erfolg dieser Haltbarmachungsmethode wurde erst einige Zeit später durch den französischen Naturforscher LOUIS PASTEUR (1822 bis 1895) gegeben, der die Rolle der Mikroorganismen als Erreger von Fäulnis- und Gärungsprozessen und die Möglichkeiten ihrer Abtötung durch Hitze (Pasteurisation) erkannte.

Weitere fundamentale Grundlagen, die zur Entwicklung der industriellen Konservenfertigung führten, waren die Einführung von Blechdosen, die erstmals im Jahre 1814 von DURAND als Behältnisse verwendet wurden, und der Bau von Autoklaven, einer Weiterentwicklung des von DENIS PAPIN (1647 bis 1712), einem französischen Physiker, erfundenen Dampftopfes [149]. Durch die ständig fortschreitende Entwicklung und Verbesserung der maschinellen Einrichtungen wurden die Voraussetzungen für eine wirtschaftliche Großproduktion geschaffen, und die Herstellung von Konserven ist seitdem ständig im Steigen begriffen. Nach Angaben des Statistischen Jahrbuches betrug im Jahre 1981 in der Deutschen Demokratischen Republik die Warenbereitstellung an Obst- und Gemüsekonserven einschließlich Fertiggerichten 380400 t.

Die Vorteile der Sterilkonserven gegenüber anderen konservierten Lebensmitteln liegen in der bedeutend längeren Haltbarkeit, der einfachen Lagerung und den vergleichsweise geringfügigen Veränderungen von Geschmack und Aussehen bei vorzüglicher Erhaltung des Nährwertes. Im allgemeinen sind Sterilkonserven bei ausreichender Erhaltung der Wirkstoffe (Vitamin-B-Komplex, Vitamin C) 9 bis 18 Monate haltbar; doch waren sogar über 10 Jahre alte Konserven noch genußtauglich.

1.4.2. Mikrobiologie der Sterilkonservenherstellung

Die Qualität und Haltbarkeit von Sterilkonserven hängt wesentlich von der Beschaffenheit der zu verarbeitenden Roh-, Hilfs- und Zusatzstoffe, von den Behältnissen sowie von den Herstellungs-, Lagerungs- und Transportbedingungen ab. In mikrobiologischer Hinsicht können aufgrund des Herstellungsprozesses zwei Stufen unterschieden werden, die Stufe vor der Sterilisation und die nach der Sterilisation.

1.4.2.1. Vor der Sterilisation wirksame mikrobiologische Faktoren

1.4.2.1.1. Mikrobiologische Qualität des Füllgutes

Grundsätzlich dürfen zur Herstellung von Sterilkonserven nur mikrobiologisch einwandfreie Rohstoffe Verwendung finden (s. unter 1.5.1.1.). Die Qualität des Endproduktes wird wesentlich von der Qualität des Rohstoffs bestimmt. Spitzenqualitäten können nur bei Einsatz hochwertiger Rohstoffe erzielt werden. Die Verarbeitung minderwertiger, z. B. überlagerter Rohstoffe führt stets zu qualitativ minderwertigen Fertigerzeugnissen.

Hohe Sporenkeimzahlen der Rohware, speziell von hitzeresistenten Bakteriensporen, sind eine der Ursachen für die mangelhafte Haltbarkeit der Fertigerzeugnisse.
Während der Lagerung der Rohware kommt es in der Regel zu einer weiteren Vermehrung, besonders wenn maschinell geerntet wurde, die pflanzlichen Produkte in starkem Maße Verletzungen aufweisen und keine Kühllagerung erfolgt (s. auch unter 1.1.1. und 2.1.).
Die verschiedenen Verarbeitungsstufen der Füllgüter vor der Hitzesterilisation, wie das Waschen, Schälen und Zerteilen von Früchten sowie das Blanchieren von Gemüse, können zu Keimvermehrungen oder auch zu Keimverminderungen führen, wobei die Arbeitsgeräte und Maschinen eine oft unterschätzte Kontaminationsquelle darstellen. Lange Rohrleitungen, tote Winkel und Blindsäcke sowie schwer zu reinigende und zu desinfizierende Maschinenteile bieten den Mikroorganismen Brutstätten, die zur Keimanreicherung und zur laufenden Kontamination des durchfließenden Lebensmittels führen.
Besondere Probleme resultieren aus fehlerhaften Blanchierprozessen. So kann es einmal im Blanchierwasser aufgrund der relativ hohen Temperaturen zur Anreicherung von thermophilen Bacillen kommen, deren Endosporen extrem hitzeresistent sind. Sie können den späteren Sterilisationsprozeß mitunter überdauern (s. unter 1.4.6.1.1.). Zum anderen können sich thermophile sporenbildende Bakterien auch im Blanchiergut selbst vermehren, wenn dieses nach dem Blanchieren längere Zeit ungekühlt stehenbleibt. In einigen Ländern wurden Normen aufgestellt, die den oberen Keimgehalt der Füllgüter von Konserven vor dem Sterilisationsprozeß begrenzen, doch gehen diese Werte für die verschiedenen Lebensmittel weit auseinander. Auch die von verschiedenen Ländern für ein und dasselbe Produkt angegebenen Grenzwerte sind nicht einheitlich. Spezielle Aufmerksamkeit wird den Endosporen der Bacillen und Clostridien gewidmet, die erheblich widerstandsfähiger gegen Hitzeeinwirkung sind als die vegetativen Zellen. Der Sporengehalt soll nach Möglichkeit unter 100 je Gramm Füllgut liegen. Das gilt vor allem für neutrale und schwach saure Lebensmittel. Besonders problematisch sind Füllgüter, in denen *Bacillus stearothermophilus* zur Vermehrung kommt. Es bildet die resistentesten Sporen, die bisher in der Natur bekannt sind. Sie werden durch die übliche Hitzesterilisation nicht mit Sicherheit abgetötet.
Neben der Rohware selbst können auch *Zusatzstoffe*, wie Gewürze und Zucker, einen hohen Gehalt an Mikroorganismen haben und die Ursache von späteren Verderbniserscheinungen sein (s. unter 5. und 8.).

1.4.2.1.2. Mikrobiologische Qualität der Behältnisse

Auch die Dosen und Konservengläser sind stets keimhaltig, und selbst gründlich in industriell üblichen Waschmaschinen gereinigte *Behältnisse* sind nicht frei von lebenden Mikroorganismen. Einwandfrei gereinigte Behältnisse sollen nicht mehr als 1 Keim je 1 cm^3 Behältnisvolumen enthalten (s. unter 1.5.1.4.1.). Stufenkontrollen in der Praxis ergaben bis zu 162 000 koloniebildende Bakterien und 22000 Hyphomyceten je Behältnis. Hohe Keimzahlen wurden vor allem gefunden, wenn Rücknahmegläser in veralteten Waschmaschinen gereinigt wurden.

1.4.2.2. Während der Sterilisation wirksame Faktoren

Die Gesetzmäßigkeiten der Abtötung von Mikroorganismen durch Hitzeeinwirkung wurden bereits in den »Grundlagen der Lebensmittelmikrobiologie« (MÜLLER [250]) ausführlich dargelegt. Im folgenden soll deshalb nur auf die für die Praxis wesentlichen Gesichtspunkte näher eingegangen werden. Außer der Erhitzungstemperatur und der Dauer der Hitzeeinwirkung haben eine Reihe weiterer Faktoren große Bedeutung bei der Herstellung von Konserven. So wird die Temperaturverteilung im Doseninneren von der Art, Größe und Form des Behälters, von der Konsistenz und Wärmeleitfähigkeit des Füllgutes und von der Größe des Kopfraumes beeinflußt. Weiterhin sind die Lage der Dose im Autoklaven und der verwendete Autoklaventyp von Wichtigkeit. Das Überleben von Mikroorganismen beim Einwirken hoher Temperaturen ist außerdem von der Art und Zahl der Keime, vom Entwicklungsstadium und auch von der chemischen Zusammensetzung des Inhalts abhängig. [149, 150, 260, 368, 396]

1.4.2.2.1. Temperatur und Zeit der Hitzebehandlung

Die Zahl der überlebenden Keime im Füllgut nimmt mit zunehmender Erhitzungstemperatur und Erhitzungszeit ab (s. auch [250], Abschnitt 3.3.). Es besteht ein annähernd logarithmischer Zusammenhang zwischen Zeit und Temperatur der Wärmebehandlung und der keimtötenden Wirkung. Früher wurden Konserven in offenen Wasserbädern gekocht, wobei die Temperaturen nicht über 100 °C anstiegen. Das machte lange Erhitzungszeiten erforderlich, und die hitzeresistenten Bakteriensporen wurden nicht sicher abgetötet. Das wurde erst mit Einführung der Autoklaven möglich, die Temperaturen von über 100 °C zulassen. Der Temperatur und Zeit der Wärmebehandlung sind praktisch dadurch Grenzen gesetzt, daß viele Lebensmittel beim Erhitzen unerwünschte physikalische und chemische Veränderungen erleiden, z. B. Aromaverlust, Karamelisation von Zucker, Aminosäuren- und Vitaminzerstörung, Konsistenzveränderungen sowie Auftreten eines Kochgeschmacks. Aus diesem Grunde und auch aus wirtschaftlichen Überlegungen werden heute möglichst schonende Erhitzungsverfahren angestrebt, wie die Hoch-Kurzzeit-Erhitzung, die auch als HTST (High Temperature Short Time)-Verfahren bekannt ist.

1.4.2.2.2. Keimzahl und Keimarten der zu konservierenden Produkte

Die zum Sterilisieren notwendige Hitzebehandlung ist u. a. vom Anfangskeimgehalt, d. h. von der absoluten Zahl lebender Mikroorganismen im Füllgut zu Beginn des Sterilisationsprozesses, abhängig. Je höher der Anfangskeimgehalt liegt, um so längere Erhitzungszeiten sind bei gleichbleibenden Sterilisationstemperaturen notwendig.

Die meisten vegetativen Formen der Mikroorganismen werden bei Temperaturen um 70 °C in wenigen Minuten getötet, doch bestehen zwischen verschiedenen Mikroorganismen-Species qualitative Unterschiede in bezug auf die Einwirkung von Hitze. Auch der physiologische Zustand, wie das Alter der Zellen und der Ernährungszustand, sind von Einfluß. Junge, sich vermehrende Bakterienzellen sind hitzeempfindlicher als alte, ruhende Zellen. Sporen, insbesondere die Endosporen der Bazillen und Clostridien sowie die Ascosporen einiger Pilze, sind dagegen wesentlich hitzeresistenter. Die Ascosporen von *Byssochlamys fulva*, einem auf Früchten und in Obstprodukten vorkommenden Pilz, werden z. B. durch die industriell üblichen Pasteurisationsbedingungen nicht abgetötet. Ihr D-Wert für feuchte Hitze von 88 °C beträgt 10 min. Die Sporen von *Bacillus stearothermophilus* können mitunter sogar Autoklavierungsprozesse überdauern. Ihr D-Wert für feuchte Hitze von 121,1 °C liegt zwischen 4 min und 5 min. Somit spielt neben der Zahl der lebenden Keime vor allem die Art der im jeweiligen Rohstoff vorkommenden Mikroorganismen eine entscheidende Rolle bei der Herstellung von Konserven.

Im Bild 10 sind die Beziehungen zwischen Keimgehalt und notwendiger Erhitzungszeit zum Erreichen der Sterilität von Konserven in Abhängigkeit von der Hitzeresistenz (D-Wert) der Mikroorganismen dargestellt. Die beiden Mikroorganismen-
stämme A und B unterscheiden sich in der Hitzeresistenz. Stamm A hat einen niedrigen D-Wert, Stamm B einen hohen, erkenntlich am Neigungswinkel der Kurve.
Setzt man eine konstante Erhitzungstemperatur (121,1 °C) voraus, so ergibt sich
folgender Tatbestand. Beträgt die Ausgangskeimzahl des Stammes A in einer Dose
10^8 Keime, so wird die Keimzahl 0 nach 10 min Erhitzung erreicht. Sind dagegen
nur 10^4 Keime des gleichen Stammes anfangs enthalten, so wird die Keimzahl 0
bereits nach 5 min erreicht. Für den hitzeresistenteren Stamm B wird dagegen zur
Reduzierung der Ausgangs-Keimzahl von 10^4 auf 0 eine Erhitzungszeit von 12 min
benötigt (vgl. dazu »Grundlagen der Lebensmittelmikrobiologie«, Abschn. 3.3. [250]).

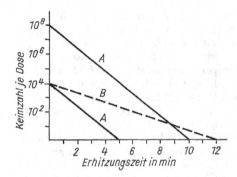

Bild 10. Schema der Beziehungen zwischen
Keimzahl, Hitzeresistenz der Keime A
und B sowie Erhitzungszeit bei 121,1 °C,
vgl. Text

1.4.2.2.3.   Chemische Zusammensetzung der zu sterilisierenden Güter

Außer von der Zeit und der Temperatur der Hitzebehandlung wird das Überleben
der Mikroorganismen in Konserven von der chemischen Zusammensetzung der Lebensmittel, deren Hauptfaktoren gesondert behandelt werden, beeinflußt.

pH-Wert des Mediums

Aufgrund des unterschiedlichen Einflusses des pH-Wertes auf die Entwicklung und
das Absterben von Mikroorganismen kann man die Lebensmittel in 3 Gruppen unterteilen, wobei manche Güter wegen schwankender pH-Werte in mehrere Gruppen ein-
zuordnen sind (Tabelle 3).

Tabelle 3. Einteilung der Lebensmittel nach ihren pH-Werten

Gruppe	Lebensmittel	pH-Wert
Schwach sauer	Fleisch und Fleischprodukte; Fisch; zahlreiche Gemüse-arten, wie Erbsen, Bohnen, Spinat, Spargel und Fertiggerichte	>4,5
Sauer	Vorwiegend Früchte, wie Birnen, Tomaten, Äpfel, Pflaumen	4,0···4,5
Stark sauer	Sauerkraut, Essiggemüse, zahlreiche Obstarten, wie Sauerkirschen, Äpfel, Beerenobst u. a.	<4,0

Die Trennung zwischen schwach sauren und sauren Lebensmitteln ist aus praktischen Erwägungen sinnvoll, da bei pH-Werten unter 4,5 *Cl. botulinum* weder wachsen noch Toxine bilden kann. Im sauren Bereich (pH 4,5···4,0) kommen noch einige hitzeresistente Sporen bildende Bakterienarten, wie *Cl. thermosaccharolyticum*, zur Entwicklung, während im pH-Bereich unter 4,0 endosporenbildende Bakterien im allgemeinen nicht wachsen können oder zumindest ihre Sporen nicht auskeimen.

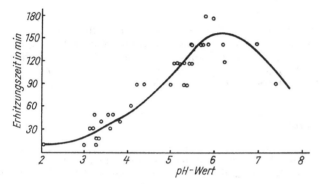

Bild 11. Einfluß des pH-Wertes auf die Hitzeresistenz von *Clostridium-botulinum*-Sporen. Die zur Abtötung einer konstanten Sporenmenge bei 100°C erforderliche Erhitzungszeit wurde in 36 verschiedenen Lebensmitteln (Obst, Gemüse, Fleisch, Fisch und Mischprodukte) ermittelt

Tabelle 4. Sterilisationstemperaturen und -zeiten (Richtwerte) für verschiedene Produkte ($^1/_1$-l-*Konservendosen*)

Produkt	Temperatur in °C	Erhitzungszeit in min		
		Steigen	Halten	Fallen
Apfelmus	100		20	
Pflaumen	100		20	
Birnen	100		25	
Sauerkraut	95		35	
Blumenkohl	116	10	15	10
Brechbohnen	118	10	20	10
Erbsen	118	10	20	10
Rotkohl	118	10	15	10
Champignons	118	10	20	10
Fleisch	121	10	70	10
Hering in Tomatensoße (200-g-Dose)	112	8	45	8

Je niedriger der pH-Wert liegt, um so stärker ist der Absterbeeffekt bei Hitzeeinwirkung auf die im Lebensmittel enthaltenen Keime. Das gilt sowohl für vegetative Keime als auch für Sporen (Bild 11). Am schwierigsten sind deshalb die schwach sauren bis neutralen Lebensmittel zu sterilisieren, zu denen vor allem zahlreiche Gemüse- sowie Fleisch- und Fischprodukte gehören. Sie erfordern im allgemeinen eine Atoklavenbehandlung bei Temperaturen von über 100°C. Dagegen ist für stark saure Güter, wie Beerenobst, eine Erhitzung auf 100°C oder darunter (Pasteurisation) ausreichend (Tabelle 4).

Praktisch macht man sich die erhöhte Hitzeempfindlichkeit von Mikroorganismen bei niedrigen pH-Werten zunutze, indem man schwach saure oder neutrale Produkte mitunter ansäuert.
So versucht man z. B. die Haltbarkeit von Bockwürsten in Dosen, die wegen der Empfindlichkeit der Wursthüllen nicht autoklaviert werden können, durch den Zusatz von Essigsäure zur Lake zu verlängern.

NaCl-Konzentration

Kochsalzkonzentrationen der Lebensmittel, die unter 4% NaCl liegen, wirken sich in vielen Fällen günstig auf die Hitzeresistenz der enthaltenen Mikroorganismen aus, während höhere Konzentrationen die Absterberate vergrößern. Eine praktische Nutzung dieses Effekts ist bei der Konservenherstellung nicht möglich, da der Zusatz von Natriumchlorid zu Lebensmitteln aus ernährungsphysiologischen Gründen begrenzt ist.

Kohlenhydrat- und Fettkonzentration

Hoher Kohlenhydrat- und Fettgehalt steigert ebenfalls die Hitzeresistenz der im Lebensmittel enthaltenen Keime. Doch ist über die praktische Bedeutung dieser Tatsachen noch wenig bekannt. Aufschlußreiche Ergebnisse brachten Versuche mit bakterienhaltigem Fleisch, dessen Fettgehalt variiert wurde. Betrug die Fettkonzentration 15%, so überlebten nach 10 min Erhitzung auf 100 °C 8,8% der enthaltenen Keime, während in fettfreiem Medium unter gleichen Bedingungen nur 1% überlebten. Neben einer rein chemischen Schutzwirkung spielt dabei offenbar die Wärmeleitfähigkeit des Fettes eine Rolle, die 1,8mal schlechter als die von Fleisch ist.

Wassergehalt

Trockene Hitze wird von Mikroorganismen wesentlich besser ertragen als feuchte. Da die meisten zu Konserven verarbeiteten Rohstoffe ohnehin einen hohen Wassergehalt aufweisen, ist allerdings nicht zu erwarten, daß Veränderungen der Wasserkonzentration praktische Auswirkungen bei der Sterilisation haben.

Verschiedene Faktoren

Neben den erwähnten Faktoren sind in der Literatur eine Reihe chemischer Substanzen beschrieben, die ebenfalls positiven oder negativen Einfluß auf die Hitzeresistenz der Mikroorganismen nehmen, dazu gehören u. a. Antibiotica und Extrakte aus eßbaren Pflanzen. Von nativen Eiweißen und Kolloiden ist eine Schutzwirkung bekannt.
Für praktische Zwecke ist es am einfachsten, die chemischen Einflüsse von Lebensmitteln auf die Hitzeresistenz zu bestimmen, indem man bestimmte Keimarten direkt in die Lebensmittel einbringt und nach dem Erhitzen die Überlebens- bzw. Abtötungsrate bestimmt.

1.4.2.2.4 Geschwindigkeit des Wärmedurchgangs

Beim Sterilisieren dringt die Wärme mit unterschiedlicher Geschwindigkeit in das Doseninnere ein. Der Temperaturwert im Autoklavenraum stimmt mit dem im Konserveninneren nicht überein. Im wesentlichen kann der Erhitzungsprozeß in 3 Phasen unterteilt werden, in Steigen, Halten und Fallen. Der Wärmetransport hängt von verschiedenen Faktoren, wie Art des Verpackungswerkstoffs (Glas, Weißblech), Größe und Form des Behälters (Oberfläche), Konsistenz und Wärmeleitfähigkeit des Produktes, Temperaturgefälle zwischen Konserve und Umgebung, ab. Erfolgt der Wärmeaustausch durch Wärmeleitung und nicht durch Konvektion, so werden die Randzonen gegenüber dem Doseninneren erheblich stärkeren Hitzeeinwirkungen ausgesetzt. Dagegen ist der Wärmetransport vom Dosenrand zum Zentrum durch Konvektion bedeutend günstiger. Da für die Abtötung der Keime und damit für die Haltbarkeit der Sterilkonserven die auf das Dosenzentrum einwirkende Wärmemenge maßgeblich ist, lassen sich Güter mit geringer Viskosität und starker Konvektion, z. B. Fruchtsäfte und Früchte mit Aufguß, leichter sterilisieren als solche mit schwacher Konvektion. Zu letzteren gehören breiartige Lebensmittel, wie Fleisch- und Wurstwaren sowie Säuglingsfertignahrung, und Früchte (Paprika, Tomaten u. a.), die sich beim Erhitzen im Aufguß kaum bewegen. Durch den Einsatz von Rotationsautoklaven, in denen die Konserven während der Sterilisation ständig bewegt werden, läßt sich die Konvektion günstig beeinflussen.

Die Wärmeleitfähigkeit hängt in starkem Maße von der Art der Lebensmittel ab. Fett leitet z. B. die Wärme 1,8mal langsamer als Fleisch. Da auch Luft zu den schlechten Wärmeleitern gehört, erweist sich der in jüngerer Zeit zur besseren Erhaltung der Nähr- und Inhaltsstoffe in zunehmendem Maße eingeführte Vakuumverschluß, bei dem die Luft aus dem Kopfraum teilweise durch Evakuieren entfernt wird, hinsichtlich des Wärmedurchganges durchaus von Vorteil.

1.4.3. Sterilisationsregime, Sterilisationswert

1.4.3.1. Sterilisationsregime

Für die Praxis ergibt sich, daß aufgrund der zahlreichen auf die Mikroorganismenabtötung einflußnehmenden Faktoren für die unterschiedlichen Konservenarten verschiedene Sterilisationsbedingungen erforderlich sind. Die für jedes Sterilisationsverfahren wichtigen Parameter Sterilisationstemperatur, Aufheizzeit, Haltezeit und Kühlzeit werden ermittelt und als Sterilisationsregime, auch Sterilisationsformel genannt, festgehalten. So bedeutet das Sterilisationsregime

$$\frac{10 - 15 - 10}{118},$$

daß 10 min aufgeheizt, 15 min bei 118 °C gehalten und 10 min gekühlt wird. Es ist für Rotkohl in 1/1-l-Dosen geeignet, vgl. Tabelle 4.

Zur Sterilisation von Obst und Obstprodukten sind Temperaturen bis 100 °C, für Gemüse, Fisch, Fleisch und daraus hergestellten Produkten von 121 °C üblich, wobei die Erhitzungszeiten (Haltezeiten) stark variieren (s. Tabelle 4).

1.4.3.2. Sterilisationswert (F-Wert)

Um objektive Vergleiche anstellen zu können, dient in der Reaktionskinetik als Maß für den erzielten Sterilisationsgrad der Sterilisationswert oder F-Wert (F = Fahrenheit). Der F-Wert ist die Zeit in Minuten, die einer Erhitzung bei einer bestimmten Temperatur äquivalent ist. Verbreitet ist der F_0-Wert, der sich auf die in den USA übliche Standard-Temperatur von 250 °F = 121,1 °C bezieht. Er gilt nur für $z = 10$

(vgl. Müller [250] Abschn. 3.3.2.3.). Der Einfachheit halber wird in der Literatur der F_0-Wert häufig als F-Wert bezeichnet. Im folgenden wird ebenso verfahren. Anders ausgedrückt ist der Sterilisationswert (F-Wert) die Zeit in min, die man erhält, wenn man die bei einem Sterilisationsprozeß durchlaufenden Reaktionszeiten und -temperaturen auf eine äquivalente blitzartige Erhitzung bei 121,1 °C umrechnet. Der F-Wert ist somit ein Maß für den Sterilisationseffekt bzw. die biologische Stabilität oder Haltbarkeit, aber gleichzeitig für die Wärmebelastung des Gutes.

Mit Hilfe der F-Werte können verschiedene Produkte unabhängig vom Sterilisationsverfahren hinsichtlich des Sterilisationseffektes miteinander verglichen werden. Gleiche F-Werte verschiedener Produkte bedeuten den graduell gleichen Effekt der Mikroorganismenabtötung, wenn die pH-Werte ähnlich sind. Je höher der F-Wert ein und desselben Produktes ist, um so größer ist die biologische Stabilität bzw. Haltbarkeit.

In Tabelle 5 sind empfohlene F-Werte für die Sterilisation verschiedener Lebensmittel aus der Literatur zusammengestellt. Aus den Angaben geht hervor, daß Produkte ähnlicher Art, die von den gleichen Mikroorganismengruppen befallen werden, etwa gleiche F-Werte erfordern und sich Produktgruppen bilden lassen.

Tabelle 5. Für die Sterilisation verschiedener Lebensmittel empfohlene F-Werte (nach Paulus [273] u. a.)

Produkt	F-Wert in min
Bohnen	3,0···6,3
Erbsen	6,0···4,3
Möhren	3,5···10,4
Spargel	2,8···3,3
Gemüsesäfte	4,0···6,0 (10)
Tomatensaft	etwa 0,7
Kartoffeln	3,0···10,8
Fleischwaren	3,9···4,9 (8,0)
Fleischwaren, tropenfest	15,0···30,0

Theoretisch können zur Realisierung der geforderten F-Werte unendlich viele Sterilisationsregime mit variierten Kombinationen von Sterilisationstemperaturen und Haltezeiten gebildet werden. Die endgültige Auswahl der Sterilisationsbedingungen zur Herstellung von Sterilkonserven muß vor allem unter Berücksichtigung der Wärmeübertragungseigenschaften und der Beschränkung von Qualitätsveränderungen des Produktes erfolgen, wobei natürlich das Erreichen der biologischen Stabilität oberstes Gebot ist [273]. Beispielsweise kann theoretisch der für die Haltbarmachung von Tomatensaft erforderliche F-Wert von 0,7 min durch folgende Wärmebehandlungen erzielt werden:

Temperatur in °C:	100	116	118	121	124	127
Haltezeit in min:	90,0	3,3	1,5	0,7	0,32	0,15

In der Industrie wird mit modernen Anlagen meistens im Temperaturbereich von 122···124 °C gearbeitet [174].

1.4.3.3. 12 D-Konzept

Nach dem 12 D-Konzept wird zur Sterilisation eines Lebensmittels mit einem pH-Wert $> 4,5$ eine minimale Erhitzung um das 12fache des D-Wertes von *Clostridium-botulinum*-Sporen gefordert. Dabei geht man davon aus, daß *Cl.- botulinum*-Sporen die hitzeresistentesten pathogenen Keime überhaupt sind, und daß eine Reduktion der Keimzahl um den Faktor 10^{12} ausreichend praktische Sicherheit bietet. Da der D-Wert der *Cl.-botulinum*-Sporen bei 121 °C 0,2 min beträgt, ergibt sich nach dem 12 D-Konzept

$$12 \cdot 0,2 \text{ min} = 2,4 \text{ min}$$

als minimale Haltezeit bei einer Sterilisationstemperatur von 121 °C. Das entspricht einem F-Wert-Bedarf von 2,4 min.

Für Produkte mit pH-Werten unter 4,5 sind so hohe F-Werte nicht erforderlich, da in ihnen weder Sporen von *Cl. botulinum* auskeimen noch vegetative Zellen des Lebensmittelvergifters wachsen können und andere in ihnen auftretende lebensmittelverderbende Mikroben wesentlich niedrigere D-Werte haben.

Die höchsten F-Werte werden für Sterilkonserven gefordert, in deren Füllgütern sich die resistentesten Mikroorganismenformen, das sind die Sporen von *Bacillus stearothermophilus*, mit einem $D_{121} = 4 \cdots 5$ min, entwickeln können (vgl. Tabelle 5). Dazu gehören z. B. Fleischkonserven für tropische Gebiete (unter 37 °C wächst *B. stearothermophilus* nicht).

Vergleichsweise beträgt der F-Wert-Bedarf zur Sterilisation von Johannisbeersaft nur 0,002 min.

Hinsichtlich Einzelheiten zur Technologie der Sterilkonservenherstellung sowie zur Ermittlung der notwendigen Sterilisationsregimes sei auf die fachspezifische Literatur verwiesen. [260, 321, 368, 396]

1.4.4. Mikrobiologische Forderungen für Sterilkonserven

Der Begriff Sterilkonserve ist im mikrobiologischen Sinne des Wortes falsch und führt immer wieder zu Fehleinschätzungen. Während man unter Sterilität die Abwesenheit von lebenden Mikroorganismen versteht, können Sterilkonserven durchaus lebensfähige Keime enthalten. Aus diesem Grunde hat man zunächst die Begriffe »praktische Sterilität« und »kommerzielle Sterilität« eingeführt. Darunter versteht man, daß Konserven nicht völlig frei von lebenden Mikroorganismen sind, daß sich diese aber in dem Füllgut unter einwandfreien Lagerungs- und Vertriebsbedingungen nicht entwickeln können, und daß Enzyme nicht aktiv sind. Da auch diese Bezeichnungen nicht glücklich gewählt waren, werden sie in jüngster Zeit durch die Begriffe *biologische Stabilität* bzw. *Haltbarkeit* oder haltbar ersetzt.

Die mikrobiologischen Forderungen, die an Sterilkonserven gestellt werden, lassen sich wie folgt zusammenfassen:

- Es dürfen weder vegetative Keime noch Sporen von pathogenen oder bedingt pathogenen Mikroorganismen vorhanden sein. Als Mindestforderung wird von seiten der Hygiene die sichere Abtötung von *Clostridium botulinum* verlangt. Die Sporen des Botulismuserregers sind die hitzeresistenteste Form aller bekannten krankheitserregenden Mikroorganismen.
- Es dürfen keine Toxine enthalten sein.
- Es dürfen keine vegetativen Bakterien vorhanden sein.
- Es dürfen keine vermehrungsfähigen Hyphomyceten und Hefen enthalten sein.
- Es dürfen keine sensorischen Abweichungen auftreten.

Damit ist andererseits gesagt, daß hitzesterilisierte Konserven, die Endosporen saprophytärer Bakterien in begrenztem Maße enthalten, keinen Anlaß zu Beanstandungen geben. Voraussetzung für die biologische Stabilität der Sterilkonserven ist aber, daß diese Sporen aufgrund der Milieubedingungen, z. B. $pH < 4,0$, nicht auskeimen und Enzyme nicht aktiv sind. Die Sporenkeimzahl muß unter 100 je Gramm liegen, und Sporen sulfitreduzierender Clostridien dürfen nicht enthalten sein. Zusammenfassend ergibt sich, daß für Sterilkonserven nicht Sterilität, sondern biologische Stabilität zu fordern ist.

1.4.5. Haltbarkeitsgarantie für Sterilkonserven

Die Haltbarkeitsforderungen für Sterilkonserven betragen allgemein 9 bis 24 Monate. In den verschiedenen Ländern bestehen aber unterschiedliche Regelungen. Generell ist die Haltbarkeit abhängig vom Produkt und von der Lagertemperatur. Biochemische Faktoren bestimmen im wesentlichen die Haltbarkeitsgrenze. Obstkonserven und Gemüsekonserven mit niedrigen pH-Werten, z. B. Sauerkraut, haben eine höhere biologische Stabilität als Fleischkonserven und schwach saure Gemüsekonserven. Sie können etwa 3 bis 5 Jahre gelagert werden, vorausgesetzt, die geforderten Lagertemperaturen unter 10 °C werden eingehalten. Selbst 15 Jahre alte Obstkonserven waren noch genußtauglich.

1.4.6. Ursachen des Verderbs von Sterilkonserven

Obwohl Konserven zu den haltbarsten Lebensmittelprodukten gehören, kommen immer wieder Verderbniserscheinungen vor. Am bekanntesten sind die Bombagen. Darunter versteht man Konservendosen, bei denen sich der Deckel oder Boden — oder beide zugleich — durch Gasbildung im Inneren hervorwölbt (Bild 12). Mitunter kann die Gasbildung so stark sein, daß die Dosenwandungen deformiert werden und die Nahtstellen aufreißen. Bei Glaskonserven mit mechanisch fest aufsitzenden Blechdeckeln, z. B. Schraubverschlüssen, können ähnliche Erscheinungen auftreten. Werden die Deckel im wesentlichen nur als Vakuumverschluß gehalten, wie das u. a. bei Haushaltsgläsern üblich ist, so gehen sie durch den Schwund des Vakuums auf. Der Verderb von Konserven ist jedoch nicht in jedem Falle mit einer Gasbildung verbunden, sondern auch äußerlich völlig normal aussehende Sterilkonserven können einen verdorbenen Inhalt aufweisen. Die Ursachen des Verderbs können mikrobieller, chemischer und physikalischer Art sein.

1.4.6.1. Mikrobiologische Ursachen

Durch mikrobielle Zersetzungsprozesse verdorbene Konserven sind in der Regel bereits an dem stark veränderten Doseninhalt erkennbar. Typische Kennzeichen sind weiche Konsistenz, faulig-fäkaler, stinkender Geruch, ekelerregender oder saurer Geschmack, trüber Aufguß und Verfärbungen. Hefe- und Schimmelpilzbefall ist insbesondere bei Obst in Gläsern an der Trübung des Aufgusses, der Bildung einer Kahmhaut oder eines watteartigen Mycels zu erkennen. Die in Konserven von Mikroorganismen gebildeten Gase können Wasserstoff (H_2), Kohlendioxid (CO_2) oder Schwefelwasserstoff (H_2S) sein. In Spinat- und Möhrenkonserven werden unter Umständen Stickoxide gebildet. Gewöhnlich treten Gasgemische auf, und es kommt zur

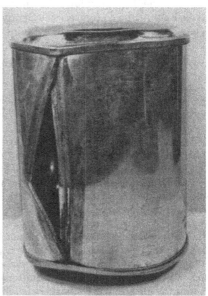

Bild 12. Bombagen, rechts explodiert

Bombagenbildung (s. Bild 12). Lediglich bei der Bildung von Schwefelwasserstoff als einzigem Gas kommt es aufgrund der guten Löslichkeit des H_2S nicht zur Bombagenbildung. Der Verderb durch Mikroorganismen ist die häufigste Ursache für Verluste bei Konserven. Die immer wieder auftretenden Schäden sind erheblich.
Ursächlich kommen vor allem zwei Faktoren für den mikrobiellen Verderb von Konserven in Betracht:

● Die Hitzebehandlung ist nicht ausreichend, so daß Keime im Doseninneren überleben (Untersterilisation),
● Lebende Keime dringen nach der Sterilisation durch undichte Stellen von außen in die Behälter ein (Rekontamination).

1.4.6.1.1. Untersterilisation von Konserven

Technologische Mängel, technische Fehler und menschliches Versagen sind nicht selten die Gründe, daß der Sterilisationsprozeß nicht ausreichend ist und Mikroorganismen, insbesondere im Kern der Dosen, überleben. Dazu gehören das Nichteinhalten der vorgeschriebenen Kochzeiten und -temperaturen, mangelhafte Entlüftung der Autoklaven (Luftpolster), fehlerhafte Kontrollinstrumente u. a. Die Verarbeitung ungeeigneter Rohstoffe mit überhöhten Keimzahlen ist eine weitere Ursache von Schwierigkeiten bei der Sterilisation. So führte die in jünster Zeit in einigen Konservenbetrieben eingeführte Verarbeitung der in landwirtschaftlichen Betrieben vorbereiteten und in Wasser antransportierten Rohstoffe, wie gespitzte Bohnen, enthülste Erbsen, gewürfelte Möhren, nicht selten zu unerlaubten Keimzahlen von über 10^6 je Gramm Rohstoff. Keimanreicherungen während der Verarbeitung, z. B. durch zu lange Standzeiten oder mangelhafte Betriebshygiene, können ebenfalls dazu führen, daß die Fertigprodukte lebende Keime enthalten. Das gilt insbesondere für hitzeempfindliche Füllgüter, wie Spargel und Erdbeeren, die nur schonenden Hitzebehandlungen unterzogen werden können.

Durch Hefen, Schimmelpilze und nichtsporenbildende Bakterien verursachter Verderb von Konserven

In erheblich untersterilisierten Konserven werden nichtsporenbildende Bakterien, Hefen oder Schimmelpilze gefunden. Im allgemeinen liegt eine Mischflora vor.
Es sind einige Bakterienarten bekannt, deren vegetative Zellen relativ hitzeresistent sind und die sehr schonende Sterilisationsbedingungen (Pasteurisation) überdauern. Dazu gehören Vertreter der Gattungen *Lactobacillus*, *Leuconostoc* und einige Kokkenarten, wie *Streptococcus thermophilus*. Heterofermentative Milchsäurebakterien können durch die CO_2-Bildung Bombagen verursachen. Das gleiche gilt für Hefen.
Von Schimmelpilzen, deren watteartige Mycelien meist an der Oberfläche schwimmen, sind nur wenige hitzeresistente Arten bekannt, z. B. *Byssochlamys fulva*, mit der imperfekten Form *Paecilomyces variotii* (siehe Bild 23), *Aspergillus malignus* und eine *Penicillium*-Species. Von diesen Pilzen sind stets nur die Ascosporen hitzeresistent. *A. malignus*, der in Erdbeerkonserven gefunden wurde, kommt offenbar selten vor [175]. Hefen und Schimmelpilze werden vor allem in Konserven mit stark saurem und saurem Inhalt, wie Obstprodukten, gefunden. Bakterien treten mehr in schwach sauren Füllgütern, wie Gemüse-, Fleisch- und Fischerzeugnissen, auf. Eine Ausnahme machen die Milchsäurebakterien, die auch in sauren Produkten, z. B. in Tomatenmark, zur Entwicklung kommen.
Die Entwicklung der stark sauerstoffbedürftigen Schimmelpilze ist in hermetisch verschlossenen Behältern durch das Sauerstoffangebot begrenzt. Sobald der Sauerstoff verbraucht ist, nehmen die Mycellager nicht mehr an Umfang zu, es sei denn, daß die Konservendosen undichte Stellen aufweisen. Dagegen sind die anaerob lebenden Bakterien- und Hefearten von der Sauerstoffversorgung unabhängig. Ihr Wachstum wird nicht oder nur bedingt durch den Sauerstoffgehalt im Konserveninneren begrenzt. Für streng anaerobe Keime ist die Abwesenheit von Sauerstoff sogar eine notwendige Voraussetzung für die Entwicklung.
Für den Verderb von Obstkonserven sei auch auf den Abschnitt 1.5.2. Fruchtsaftverderb verwiesen, da zwischen Obst- und Fruchtsaftverderb viele Gemeinsamkeiten bestehen.

Durch sporenbildende Bakterien verursachter Verderb von Konserven

Spezielle Probleme werfen die Endosporen der Bakterien auf. Während vegetative Zellen im allgemeinen durch die üblichen Sterilisationsbedingungen sicher abgetötet werden, können die Sporen der Bacillen und Clostridien mitunter überleben. Sie sind extrem hitzebeständig und gehören zu den widerstandsfähigsten Formen des Lebens überhaupt.
Aufgrund der unterschiedlichen Temperaturansprüche für das Wachstum kann man zwischen psychrophilen, mesophilen und thermophilen Bakterien unterscheiden (Bild 13). Die sporenbildenden Bakterien gehören nur zu den mesophilen und thermophilen (s. MÜLLER [250], Abschn. 1.3.3.2.). Zwischen beiden Gruppen bestehen Unterschiede in der Hitzeresistenz der Sporen.
Mesophile Sporenbildner. Die Endosporen der mesophilen Bakterien, die sich im Temperaturbereich von $20 \cdots 37\,°C$ optimal entwickeln, sind nicht so hitzeresistent wie die der thermophilen. Weiterhin bestehen erhebliche Unterschiede zwischen

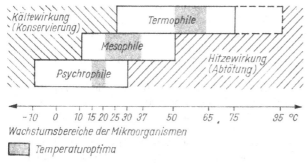

Wachstumsbereiche der Mikroorganismen

<svg>Temperaturoptima</svg>

Bild 13. Wachstumsbereiche der Mikroorganismen.
Die optimalen Temperaturbereiche sind punktiert

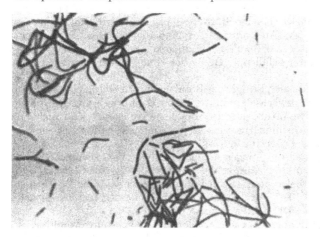

Bild 14. *Bacillus subtilis.* Das stäbchenförmige Bakterium neigt zur Kettenbildung
und bildet Sporen (Vergrößerung 500fach, Gramfärbung)

Sporen verschiedener Species. Während einige beim Erhitzen auf 100 °C schon nach
wenigen Minuten abgetötet werden, können andere langzeitige Hitzeeinwirkungen
in dieser Höhe überdauern. Sie werden erst durch Autoklavieren sicher abgetötet.
Von den gasbildenden aeroben Bacillen sind neben einigen anderen Arten vor allem
B. polymyxa und *B. macerans* wiederholt als Ursache des Verderbs von Erbsen-,
Bohnen-, Spinat-, Spargel- und Tomatenkonserven erkannt worden. Die nichtgas-
bildenen Arten *B. subtilis* (Bild 14), *B. megaterium* und einige weitere werden immer
wieder im Zusammenhang mit dem Verderb von Konserven mit neutralem oder
schwach saurem Inhalt genannt. In stark sauren Produkten kommen *Bacillus*-Arten
jedoch nicht zur Entwicklung. Außerdem finden die aeroben Bacillen aufgrund des geringen Sauerstoffgehaltes der Konserven ungünstige Entwicklungsbedingungen. Das
gilt insbesondere für Konserven mit Vakuumverschluß.
Im Gegensatz zu den aeroben Bacillen finden die anaeroben Sporenbildner der Gattung *Clostridium* hinsichtlich der Sauerstoffkonzentration außerordentlich günstige
Bedingungen in Konserven vor, insbesondere wenn die Behälter evakuiert wurden
oder wenn die zunächst noch vorhandene geringe Sauerstoffmenge durch aerobe Bakterien verbraucht wurde. Anaerobiern kommt deshalb eine besondere Bedeutung als

Verderbniserregern von Konserven zu. In schwach sauren, mitunter auch in sauren verdorbenen Gütern werden vor allem *Clostridium butyricum* und *Cl. pasteurianum* gefunden. Sie sind die Erreger der Buttersäuregärung. Durch diese Bakterien-Arten verdorbene Konserven sind an dem gesäuerten Inhalt zu erkennen. Sie enthalten außerdem die Gase Kohlendioxid und Wasserstoff, die zur Bombagenbildung führen. Die Sporen der genannten beiden Buttersäurebacillen sind jedoch nicht besonders hitzeresistent. Sie werden gewöhnlich nur in Produkten gefunden, die bei Temperaturen unter 100 °C konserviert wurden und die außerdem ausreichend Kohlenhydrate enthalten, z. B. Tomaten, Birnen, Äpfel, Ananas u. a. Dagegen sind die nichtsäurebildenden mesophilen, anaeroben Sporenbildner, die zu den Fäulniserregern im engeren Sinne gelten, vergleichsweise erheblich widerstandsfähiger gegen Hitzeeinwirkungen. Der D-Wert von *Cl.-sporogenes*-Sporen beträgt 0,1···1,5 min bei 121,1 °C. Nichtsäurebildende Clostridien haben deshalb auch größere praktische Bedeutung als säurebildende und werden häufiger als Verderbnisursache genannt. *Cl. sporogenes* und *Cl. putrefaciens*, die zu den häufigsten Verderbniserregern zählen, bilden als Eiweißzersetzer eine Reihe übelriechender Stoffwechselprodukte, wie Indol, Skatol, Schwefelwasserstoff, Mercaptan, Ammoniak u. a. Außerdem bilden sie Wasserstoff und Kohlendioxid, so daß es zur Bombagenbildung kommt. Vorwiegend werden schwach saure bis neutrale Güter befallen, z. B. Fleisch- und Fischerzeugnisse sowie Gemüsekonserven.

Besondere Aufmerksamkeit muß dem Erreger des Botulismus, *Cl. botulinum*, gewidmet werden. Er bildet toxische Stoffwechselprodukte, deren Genuß zu schweren, nicht selten tödlichen Lebensmittelvergiftungen führt. Befallene Konserven sind nicht in jedem Falle an sensorisch wahrnehmbaren Veränderungen des Inhalts zu erkennen. *Cl. botulinum* wächst nicht in Lebensmitteln mit einem pH-Wert < 4,5. Dementsprechend sind Obsterzeugnisse in geringerem Maße als Gemüseerzeugnisse sowie Fleisch-, Fisch- und Milchprodukte gefährdet. Der D-Wert beträgt für *Cl. botulinum* Typ A und B, die von den 6 bekannten Typen für den Menschen große Bedeutung haben, 0,1···0,2 min bei 121 °C. Die Botulinumtoxine wirken als Nervengift. Es sind hitzesensible Proteine, die bei 80 °C in 10 min zerstört werden.

Ein weiterer bedeutungsvoller anaerober sporenbildender Lebensmittelvergifter ist *Cl. perfringens*. Es ist nicht ganz so gefährlich wie *Cl. botulinum*, tritt aber häufiger als Ursache von Lebensmittelvergiftungen auf.

Thermophile Sporenbildner. Die widerstandsfähigsten Formen des Lebens überhaupt sind die Endosporen der thermophilen Bakterien. Sie sind deshalb bei der Herstellung von hitzesterilisierten Gütern besonders gefürchtet [104, 241].

Man unterscheidet 3 verschiedene Typen der Verderbnis von Sterilkonserven durch thermophile Mikroorganismen:

Die *Flachsäuerung*, auch Flat-Sour-Verderbnis genannt, ist den befallenen Konserven äußerlich nicht anzusehen. Deckel und Boden sind flach, lediglich der Inhalt ist durch Milchsäuregärung verdorben. Flachsäuerung wird somit erst nach dem Öffnen der äußerlich völlig normal aussehenden Konservendose bemerkt.

Die Erreger der Flachsäuerung sind verschiedene Bakterien-Species der Gattung *Bacillus*. Neben thermophilen Arten sind auch mesophile beteiligt. Letztere treten jedoch nur bei Störungen im Sterilisationsprozeß auf. Ihre Sporen werden unter normalen Bedingungen abgetötet. Dagegen sind die Sporen der thermophilen Arten extrem hitzeresistent. Sie können mitunter den Sterilisationsprozeß überstehen. Die Erreger der Flächsäuerung sind *Bacillus stearothermophilus*, *B. pepo* und *B. thermoacidurans*. Letzterer ist offenbar identisch mit *B. coagulans*, der die Koagulation kondensierter Dosenmilch verursacht.

Von der Flachsäuerung werden bevorzugt Konserven mit schwach saurem Inhalt befallen. Insbesondere tritt sie bei stark kohlenhydrathaltigen Produkten, z. B. Erbsen und Säuglingsfertignahrung, auf, doch werden auch Fleisch- und Wurstwaren betroffen. Bei Konserven mit saurem Inhalt kommen die Verderbniserreger seltener vor. Sie wurden jedoch auch aus sterilisierten Tomaten isoliert.

Als Kontaminationsquelle kommen vor allem bei Gemüseprodukten Verunreinigungen mit Erde in Betracht, doch werden außerdem kontaminierter Zucker und Stärke genannt. Weiterhin können Kontaminationen durch verunreinigte Blanchierapparaturen und auf dem Luftwege erfolgen.

Die *Verderbnis unter Wasserstoffbildung* wird durch *Clostridium thermosaccharolyticum* verursacht. Sie ist durch die Bombagenbildung bereits äußerlich den befallenen Konserven anzusehen. Außer H_2 bildet *Cl. thermosaccharolyticum* CO_2 und Säure. Das Bakterium gehört ebenfalls zu den Sporenbildnern, jedoch kann es sich — im Gegensatz zu den Arten der vorhergehenden Gruppe — nur bei Abwesenheit von Sauerstoff, also unter anaeroben Verhältnissen, entwickeln. Die Optimaltemperatur liegt zwischen 55 °C und 62 °C. Befallen werden Konserven mit schwach saurem bis saurem Inhalt, Kontaminationsquellen sind die gleichen wie bei der vorhergehenden Gruppe.

Ein weiterer Typ der *Verderbnis von Sterilkonserven* wird von *Desulfotomaculum* (= *Clostridium*) *nigrificans* verursacht, das ebenfalls zu den anaeroben Sporenbildnern gehört. Es unterscheidet sich von den bereits erwähnten thermophilen Arten durch die Bildung von Schwefelwasserstoff. Die befallenen Konserven sind an dem unangenehmen Geruch nach faulen Eiern und der meist etwas abweichenden Färbung zu erkennen. Zur Bombagenbildung kommt es gewöhnlich nicht, da der gebildete Schwefelwasserstoff in Lösung geht oder Sulfide bildet. *D. nigrificans* kommt vor allem in Konserven mit schwach saurem Inhalt, z. B. Erbsen, vor. Als Kontaminationsquelle muß u. a. organischer Dünger angesehen werden. Da die Sporen von *D. nigrificans* bei weitem nicht so widerstandsfähig sind wie die der Flachsäuerungserreger und die von *Cl. thermosaccharolyticum*, kommen sie in den Fertigprodukten nur beim Vorliegen technischer Mängel im Sterilisationsprozeß vor.

Da die optimale Entwicklungstemperatur thermophiler Keime bei Temperaturen über 50 °C liegt, spielen sie vor allem in Ländern mit wärmerem Klima eine besondere Rolle, was insbesondere beim Export von Konserven in tropische Gegenden und für Schiffsverpflegungen zu beachten ist. Außerdem werden überlebende thermophile Keime bei zu langsamer Kühlung der Konserven nach dem Sterilisationsprozeß und bei falscher Lagerung zur Gefahr.

So können z. B. durch die Aufbewahrung von Konserven im Kofferraum von Kraftfahrzeugen oder in Zelten Bedingungen für das Aufkommen einer normalerweise unbedeutenden thermophilen Mikroflora entstehen. Aus diesem Grunde sollen Konserven für die Campingverpflegung, ebenso wie die für tropische Gebiete hergestellten, frei von thermophilen Mikroorganismen sein.

Prinzipiell ist zu sagen, daß nicht jeder Keim, der die Hitzesterilisation überdauert, zum Verderbniserreger wird. Sonst müßte z. B. ein großer Teil der im Handel befindlichen Obst- und Gemüsekonserven, die zu etwa 30···50% lebende Keime enthalten, verderben. Zum Verderb kommt es nur, wenn die überlebenden Keime entsprechende Voraussetzungen zur Vermehrung finden. Die begrenzenden Faktoren sind vor allem der pH-Wert, der z. B. bei Obstprodukten mit pH < 4,0 das Auskeimen der Bakterienendosporen verhindert, und der geringe Sauerstoffgehalt, durch den die Entwicklung aerober Organismen beschränkt wird, andererseits natürlich die Anaerobier gefördert werden. Weiterhin haben Lagerungsbedingungen großen Einfluß. Je niedriger die Lagertemperaturen sind, um so ungünstiger sind die Entwicklungsbedingungen für die Mikroorganismen. Allgemein werden zur Lagerung von Konserven Temperaturen im Bereich von 0···10 °C angestrebt, doch sind gegenwärtig die dazu notwendigen klimatisierten Lagerräume in der Praxis kaum vorhanden. Mitunter sind die überlebenden Keime durch die Hitzebehandlung so geschädigt worden, daß sie sich nur sehr langsam vermehren können. Aus diesem Grunde treten Verderbniserscheinungen manchmal erst nach längerer Lagerung auf.

Von besonderem Interesse ist andererseits die Tatsache, daß die Sporenkeimung verschiedener Bakterienarten durch subletale Hitzebehandlungen günstig beeinflußt wird, wobei verschiedene Faktoren, wie der pH-Wert des Mediums und das Sporenalter, von Einfluß sind.

1.4.6.1.2. Undichtigkeit als Ursache des Verderbs von Konserven (Rekontamination)

Die Haltbarkeit von Konserven ist nur gewährleistet, wenn diese völlig dicht sind und nach der Sterilisation keine neuen Keime von außen in das Doseninnere eindringen können. Undichte Stellen, die wegen der Kleinheit der Mikroorganismen nur die Größe von Poren zu haben brauchen und mit bloßem Auge nicht wahrzunehmen sind, kommen häufig vor. Sie werden in 90% aller Fälle als eigentliche Ursache für den mikrobiellen Verderb angesehen.

Undichte Stellen sind vor allem durch Mängel beim Verschließvorgang [20], z. B. durch falsch eingestellte Verschließmaschinen und nicht maßgerechte Verschlüsse oder Behälter, nicht qualitätsgerechte Dichtungsmassen und nicht einwandfrei gelötete Dosennähte bedingt. Weiterhin spielen mechanische Einflüsse während und nach dem Sterilisationsprozeß eine Rolle. Besonders hohen mechanischen Beanspruchungen, die immer wieder unterschätzt werden, sind die Dosen und Gläser während der Hitzesterilisation im Autoklaven ausgesetzt. Vor allem bei älteren handgesteuerten Anlagen treten stoßartig erhebliche Druckunterschiede zwischen dem Doseninneren und Dosenäußeren auf. Der Wirkdruck (p_W), der sich aus der Differenz zwischen Doseninnendruck (p_D) und Autoklavendruck (p_A) ergibt,

$$p_W = p_D - p_A$$

kann so groß sein, daß die Behältnisse, speziell die Falze und Nähte von Dosen und die Deckel von Gläsern, kurzfristig undicht werden.

Besonders problematisch ist der Kühlprozeß. Durch das Abkühlen ist eine Volumenverminderung des Füllgutes bedingt. Dadurch entsteht ein Unterdruck im Behältnis, und es kann kurzfristig zum Eindringen von Kühlwasser kommen. Um eine Rekontamination des sterilisierten Füllgutes zu vermeiden, muß das Kühlwasser weitgehend keimfrei sein und in mikrobiologischer Hinsicht Trinkwasseransprüchen genügen. Bei der Verwendung von Kühlwasser im Kreisprozeß empfiehlt sich der Zusatz von Desinfektionsmitteln, da es durch Lebensmittelreste, begünstigt durch optimale Vermehrungstemperaturen (25···50 °C), leicht zur Anreicherung von Bakterien einschließlich sporenbildender Arten kommen kann. Es hat sich bewährt, wenn dem Kühlwasser 2···4 mg l^{-1} aktives Chlor zugesetzt werden. Geringere Konzentrationen können zur Selektion chlorresistenter Bakterienstämme führen. Grundsätzlich ist jedoch anzustreben, daß bei der Hitzesterilisation keine plötzlichen Druckunterschiede auftreten und jede Überbeanspruchung der Behältnisse vermieden wird. Dazu bieten sich die in jüngerer Zeit entwickelten programmgesteuerten vollautomatischen Autoklaven an.

Auch beim Transport von leeren oder gefüllten Dosen ist dafür zu sorgen, daß das Behältermaterial schonend behandelt wird und mechanische Deformationen nicht auftreten. Bei der Lagerung ist darauf zu achten, daß diese nur in trockenen Räumen erfolgt, damit jegliche Korrosion des Behältermaterials vermieden wird. Roststellen, die z. B. bei Blechdosen oft hinter den Etiketten auftreten, können ebenfalls zu undichten Stellen führen und das Eindringen von Mikroorganismen ermöglichen.

Die Mikroflora undichter Konserven ist gewöhnlich durch das Auftreten sehr verschiedener Keimarten charakterisiert. Monokulturen können aber ebenfalls vorkommen. Vorwiegend wird eine mesophile Mischflora von nichtsporenbildenden Bakterien, Hefen und Schimmelpilzen gefunden, jedoch können auch endosporenbildende Bakterien vorhanden sein. Dosen sind meist durch gasbildende Mikroorganismen aufgetrieben, da die undichten Stellen aus den oben dargestellten Gründen nur zeitweilig auftreten und später wieder verschlossen werden. Dabei spielt auch das Verkleben der Poren durch das Füllgut eine Rolle. Bei Gläsern mit Vakuumverschluß, z. B. mit Unideckel, ist das Vakuum geschwunden, und die Deckel zeigen oft eine nasenartige Verformung am Rand. Während bei Untersterilisation gewöhnlich große Teile einer Kochung gleichzeitig verderben, treten Schäden durch undichte Behälter meist nur vereinzelt und unregelmäßig auf. Lediglich beim Einsatz von ungeeignetem Material, wie Deckeln mit nicht qualitätsgerechter Dichtungsmasse, kommt es ebenfalls zum Massenverderb.

1.4.6.1.3. Vorprozeßverderbnis von Konserven

Mitunter werden Konserven angetroffen, die leicht bombiert sind, aber keine lebenden Mikroorganismen enthalten. Die Ursache dafür ist eine mikrobielle Gasbildung in den verschlossenen Dosen, wenn diese nicht umgehend sterilisiert werden, sondern längere Zeit in warmen Räumen stehenbleiben. Außerdem kommen als Ursache chemische und physikalische Faktoren in Betracht.

1.4.6.2. Chemische Ursachen für Fehlprodukte bei Konserven

Bombagenbildung bei Konserven wird außer durch Mikroorganismen auch durch rein chemische und physikalische Prozesse verursacht. Da die Fehlprodukte äußerlich kaum zu unterscheiden sind, soll im folgenden kurz auf die chemischen und physikalischen Faktoren eingegangen werden.
Die *Galvanokorrosion* führt durch Säureeinwirkung auf Metalle zur Bildung von Wasserstoff. Sie kommt deshalb ausschließlich bei stark sauren Rohstoffen in Metallbehältern vor. Besonders aggressiv sind Sauerkirschen, Säfte von Zitrusfrüchten und oxalsäurehaltige Gemüse, wie Spinat und Rhabarber. Galvanokorrosion kann auch die Ursache von undichten Dosen sein.
Chemische Reaktionen zwischen dem Füllgut und dem Dosenmaterial können zur Bildung unangenehmer Geschmacksstoffe führen. Die *Marmorierung* der Innenfläche von Weißblechdosen wird durch Einwirken von Schwefelwasserstoff verursacht, der sowohl durch mikrobielle als auch durch rein chemische Prozesse gebildet wird. Schwefelwasserstoff reagiert mit Schwermetallionen. Dabei entstehen meist dunkel gefärbte Sulfide, z. B. Zinnsulfid, das vor allem bei Erbsen sowie bei Ei-, Fleisch- und Fischprodukten in Weißblechdosen vorkommt.

1.4.6.3. Physikalische Ursachen für Fehlprodukte bei Konserven

Durch physikalische Faktoren verursachte Bombagen werden als *Scheinbombagen* bezeichnet, die sich von mikrobiell und chemisch hervorgerufenen durch die fehlende Gasbildung im Doseninneren unterscheiden. Äußerlich sind die Dosen jedoch ebenfalls aufgetrieben.

1.4.6.3.1. Flatterbombagen

Flatterbombagen, die einen federnden Deckel oder (und) Boden aufweisen, entstehen durch nicht maßgerechte, z. B. zu dünne Deckel oder durch Deckel mit zu schwacher Sickenprägung.

1.4.6.3.2. Hitzebombagen

Hitzebombagen sind Konserven, deren Deckel oder Böden oder beide zugleich beim Sterilisieren nach außen gewölbt werden und nach dem Abkühlen in dieser Stellung verbleiben. Als Ursache kommen in Betracht:

- Im Rohstoff gelöste Gase, die beim Sterilisationsprozeß frei werden. Dazu gehören intrazellulare Assimilationsgase (O_2 und CO_2) von Pflanzengeweben und durch Mikroorganismen gebildete gasförmige Stoffwechselprodukte, wie CO_2 und H_2. Geeignete Gegenmaßnahmen sind das Blanchieren, das zum Entweichen gelöster gasförmiger Produkte führt.
- Zu volle Dosen mit zu geringem Kopfraum.
- Falsche Kühlung mit zu geringem Außendruck.
- Überhitzung, z. B. bei fehlerhaft anzeigenden Meßinstrumenten.
- Zu warme Lagerung der Dosen.

1.4.6.3.3. Kälte- oder Frostbombagen

Kälte- oder Frostbombagen treten bei stark wasserhaltigen Gütern auf, wenn der Doseninhalt gefriert und das gegenüber Wasser größere Volumen des Eises die Dosen deformiert. Dabei auftretende undichte Stellen können einen mikrobiellen Verderb nach sich ziehen. Da Frosteinwirkung außerdem zum Erweichen von Obst- und Fleischprodukten sowie zu Geschmacksverschlechterungen führt, dürfen Konserven nicht bei Temperaturen unter dem Gefrierpunkt gelagert werden.

1.4.6.3.4. Quellungs- oder Zellularbombagen

Quellungs- oder Zellularbombagen kommen vor allem bei der Verarbeitung von Hülsenfrüchten, wie Erbsen und Bohnen, vor, wenn diese nicht genügend vorgequollen sind und die Quellung in der verschlossenen Dose weitergeht. Auch sehr kalt und prall eingefüllte Güter, die sich beim Erwärmen ausdehnen, führen zum Auftreiben der verschlossenen Behälter. Sie sind beim Öffnen am aufgehäuften Inhalt erkennbar. Scheinbombagen treten unmittelbar nach dem Sterilisationsprozeß auf, und im Gegensatz zu den mikrobiell und chemisch bedingten echten Bombagen nimmt das Auftreiben der Dosen beim Lagern und Bebrüten nicht zu. Gegen den Genuß des Inhalts von physikalisch bedingten Bombagen bestehen in gesundheitlicher Hinsicht keine Bedenken.

1.4.7. Maßnahmen zur Vermeidung von Konserven-Fehlprodukten

Obwohl Konserven zu den haltbarsten Lebensmitteln überhaupt gehören, geht andererseits aus den vorhergehenden Darlegungen hervor, daß schon die Vernachlässigung nur eines entscheidenden Faktors bei der Herstellung oder Lagerung als Ursache

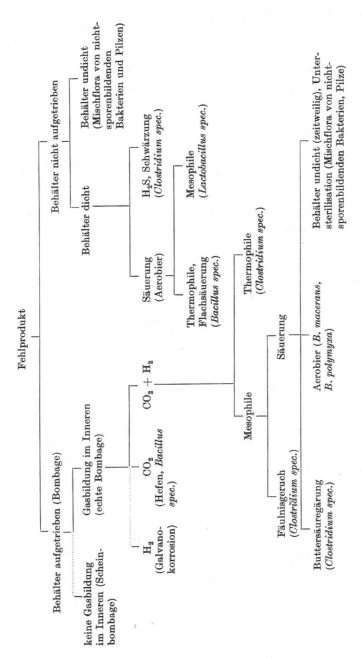

Bild 15. Schema zur Ermittlung der Ursache von Konserven-Fehlprodukten

von Fehlprodukten in Betracht kommt. Da außerdem die Fehlerursache an Hand des Endproduktes nicht in jedem Falle rückwirkend ermittelt werden kann, ist eine ständige mikrobiologische Prozeßkontrolle, beginnend mit dem Rohstoff über alle Fertigungsstufen, die wirkungsvollste Methode zur Vermeidung von Fehlprodukten [92, 243, 301]. Zur Ermittlung der hauptsächlichsten Fehlerursachen gibt Bild 15 Hinweise.

1.5.   Obstsäfte, Süßmoste, Obstnektare und Obstkonzentrate

Zahlreiche Obst- und Wildfruchtarten können zu verschiedenen flüssigen Erzeugnissen verarbeitet werden. Auf mechanischem Wege, z. B. durch Pressen, erhält man Rohsäfte. Diese werden zur Lagerung thermisch oder chemisch konserviert. Obstmark ist ein durch Passieren gewonnenes, meist homogenisiertes, breiförmiges Halbfabrikat, das gewöhnlich thermisch konserviert und aseptisch eingelagert wird. Rohsäfte kommen entweder als geklärte oder keltertrübe *Obstsäfte* (*Fruchtsäfte*) ohne Zusätze zum unmittelbaren Verzehr, oder sie werden unter Zusatz von Zucker und Wasser zu *Süßmosten* verarbeitet. Als Obstnektare bezeichnet man allgemein flüssige Obsterzeugnisse mit einem Saft- oder Markanteil unter 100%. Durch schonenden Wasserentzug werden aus Rohsäften Obstkonzentrate und Aromakonzentrate hergestellt, aus denen nach Bedarf durch Wasserzusatz wieder Obstsäfte gewonnen werden. International haben sich für die verschiedenen Erzeugnisse, die im folgenden — mit Ausnahme der Konzentrate — einfach als Obst- oder Fruchtsäfte bezeichnet werden, keine einheitlichen Bezeichnungen durchgesetzt [222].

Obstsäfte haben eine erfrischende, appetitanregende und durststillende Wirkung. Aufgrund ihres Gehaltes an Vitaminen, Mineralstoffen, Zuckern, Fruchtsäuren, Aromastoffen u. a. sind sie ernährungsphysiologisch wertvoll. Der Trockensubstanzgehalt liegt zwischen 5% und 20%, der Rest ist Wasser.

Die Produktion und der Verbrauch von Obstsäften sind in den einzelnen Ländern unterschiedlich hoch. An der Spitze liegt die Schweiz mit über 30 l je Kopf und Jahr. Dagegen werden in der DDR jährlich etwa 5 l je Kopf der Bevölkerung produziert. An Rohstoffen stehen in den meisten europäischen Ländern Äpfel an erster Stelle, gefolgt von Weintrauben. In Italien, Spanien und anderen Ländern mit entsprechendem Klima werden vor allem Zitrusfrüchte verarbeitet.

Da zwischen den verschiedenen flüssigen Obsterzeugnissen in mikrobiologischer Hinsicht kaum Unterschiede bestehen, werden sie im folgenden gemeinsam abgehandelt, wobei die Obstsäfte und Süßmoste wegen ihrer großen praktischen Bedeutung im Vordergrund stehen. Dagegen werden die alkoholfreien Erfrischungsgetränke (Standard TGL 6801) im Kapitel 10 besprochen.

1.5.1.   Mikrobiologie der Obstsaft- und Süßmostherstellung

Obstsäfte sind aufgrund ihrer chemischen Zusammensetzung ein ausgezeichnetes Nährmedium für Mikroorganismen, insbesondere für Hefen und Schimmelpilze [221]. Sie gehen in rohem Zustand sehr schnell in Gärung über und sind nur in konservierter Form haltbar. Als Begründer der gewerblichen Mostereien gilt der Schweizer MÜLLER-THURGAU, der u. a. Traubensäfte durch Erhitzen in geschlossenen Gefäßen konservierte. 1896 veröffentlichte er sein grundlegendes Werk über »Die Herstellung unvergorener und alkoholfreier Obst- und Traubenweine«. Seitdem sind zahlreiche Verfahren zur Gewinnung und Haltbarmachung von Obst- und Gemüsesäften entwickelt worden [174, 383].

Im folgenden wird auf die Beziehungen zwischen den Mikroorganismen und den einzelnen Verarbeitungsstufen näher eingegangen. Wegen der großen praktischen Bedeutung steht die Herstellung von Apfelsaft im Vordergrund.

1.5.1.1. Bedeutung des Rohstoffs

Zur Herstellung flüssiger Obsterzeugnisse dürfen nur gesunde Früchte eingesetzt werden. Es können Rohstoffe minderer Qualität, z. B. kleine, unansehnliche, als Tafelobst ungeeignete Früchte verwertet werden, doch dürfen die Qualitätsmängel nicht auf mikrobiologische oder biochemische Ursachen zurückgehen.

In jüngster Zeit wird in zunehmendem Maße maschinell geerntetes und in Großbehältern transportiertes Obst industriell verarbeitet. Es unterliegt teilweise erheblichen mechanischen Einflüssen, die zu Beschädigungen und bei dem besonders empfindlichen Beeren- und Steinobst bereits zum Saftaustritt führen. Dadurch kann es bereits während des Transportes und der Lagerung zu intensiven mikrobiellen Prozessen kommen, die die Verarbeitung erschweren. Außerdem enthält das nicht von Hand geerntete Obst gewöhnlich höhere Anteile angefaulter und verdorbener Früchte. Die Verarbeitung von fäulnisbefallenem Obst führt zu geschmacklich minderwertigen, mitunter ungenießbaren Endprodukten, auch wenn mikrobielle Zersetzungserscheinungen nur in geringem Maße vorhanden waren.

Neuere Untersuchungen haben ergeben, daß der aus pilzbefallenen Äpfeln gewonnene Saft meist Mycotoxine enthält. Erstmals wurde im Jahre 1972 Patulin in kanadischem handelsüblichem Apfelsaft nachgewiesen, der aus Äpfeln hergestellt worden war, die mit *Penicillium expansum* befallen waren. Daraufhin durchgeführte Marktanalysen in den USA zeigten, daß 37% der Apfelproben Patulin in Konzentrationen von $40 \cdots 440$ µg l^{-1} enthielten. Analysen in der DDR über einen Zeitraum von 3 Jahren ergaben, daß der Patulingehalt nur in 16% der Apfelsaftproben unter 20 µg l^{-1} lag [228]. International wird gegenwärtig eine Toleranz von 50 µg l^{-1} diskutiert. In diesem Zusammenhang ist von besonderem Interesse, daß 1 kg faules Obst bis zu 1 g Patulin enthalten kann und daß u. a. auch *Byssochlamys nivea* und *Penicillium urticae* in Äpfeln, Birnen, Pfirsichen, Aprikosen, Bananen, Ananas u. a. Obstarten Patulin bilden [113].

Patulin ist wasserlöslich und hitzestabil und wird weder bei der Haltbarmachung der Säfte durch Hitze noch bei der Herstellung von Konzentraten zerstört. Lediglich bei der Herstellung von Obstweinen wird es durch die SO_2-Behandlung und durch den Gärprozeß (SH-Gruppen) zerstört. In Obst- und Traubenwein wurde kein oder nur ein minimaler Patulingehalt gefunden. Aus vorgenannten Gründen sind für das industriell zur Verarbeitung gelangende Obst folgende Forderungen zu erheben:

- Verfaulte Früchte, z. B. sogenannte Mohrenköpfe, und solche mit Faulstellen dürfen nicht verarbeitet werden. Solange automatische Verfahren nicht zur Verfügung stehen, müssen sie durch Auslesen weitgehend entfernt werden.
- Maschinell geerntetes Obst darf nur begrenzt und notwendigerweise (Beeren- und Steinobst) kühl transportiert werden. Es ist, je nach Obstart, in $12 \cdots 48$ h zu verarbeiten.

1.5.1.2. Saftgewinnung und -behandlung

Die auf der Oberfläche der Früchte stets anhaftende natürliche Mikroflora wurde bereits unter 1.1.1. ausführlich behandelt. Vorwiegend handelt es sich um saprophytische Mikroorganismen, deren art- und mengenmäßige Zusammensetzung von der Obstsorte, den Anbauverhältnissen, der Gewinnung und von den Transport- und Lagerverhältnissen abhängig ist. Durch den Waschprozeß wird ein Teil der anhaftenden Oberflächenflora mit dem Schmutz entfernt. Dabei ist für ausreichende Frischwasserzufuhr zu sorgen, um Keimanreicherungen im Waschwasser zu vermeiden. Wie hoch die Keimzahlen des Waschwassers liegen, veranschaulicht Tabelle 6.

Die Ergebnisse stammen aus Betriebskontrolluntersuchungen während der Apfel-saftherstellung. Die Zahl der auf ungewaschenen Früchten vorkommenden Mikro-organismen schwankt sehr stark. Sie liegt zwischen 10^2 bis 10^8 Keimen je Gramm [174]. Durch sorgfältiges Waschen können die Keimzahlen um etwa 90% reduziert werden. Der beim Zermahlen und Pressen der Früchte freiwerdende Zellsaft bietet den Mikro-organismen sehr gute Entwicklungsmöglichkeiten, so daß der Keimgehalt der Maische und des trüben Preßsaftes besonders hoch liegt. Die ursprünglich auf dem Obst vorhandenen Mikroorganismenarten kommen nicht alle gleichermaßen zur Entwicklung. Fruchtsäfte bieten aufgrund ihrer chemischen Zusammensetzung und insbesondere durch ihren niedrigen pH-Wert vor allem Hefen und Schimmel-

Tabelle 6. *Keimgehalt des Waschwassers von Äpfeln zur Saftgewinnung*

Mikroorganismenart	Keimgehalt je 1 cm³ Waschwasser
Hefen	1 804 000
Hyphomyceten	20 000
Bakterien	978 000
Streptomyceten	100

pilzen gute Voraussetzungen zur Vermehrung, während Bakterien und Strepto-myceten sich kaum entwickeln können, jedoch die einzelnen Verarbeitungsstufen bei der Saftgewinnung mitunter überdauern. Wegen der günstigen Vermehrungs-bedingungen wurde vorgeschlagen, zur Apfelsaftherstellung nur Obst zu verwenden, das weniger als 2 Millionen lebende Hefezellen und 0,2 Millionen Schimmelpilzkeime je Gramm enthält. Zahl und Art der vorkommenden Mikroorganismen schwanken beträchtlich. An Hefen wurden vor allem Vertreter der Gattungen *Saccharomyces, Hanseniaspora, Candida, Cryptococcus* und *Rhodotorula* gefunden. Unter den Hypho-myceten stehen die Gattungen *Penicillium, Geotrichum, Mucor, Aspergillus, Bysso-chlamys* und *Phialophora* im Vordergrund. An Bakterien sind in Fruchtsäften ledig-lich Vertreter der Gattungen *Lactobacillus, Acetobacter* und *Bacillus* stärker ver-breitet. Außerdem wurde über das Vorkommen von *Clostridium butyricum* und einiger anderer Arten berichtet. Mit dem Rohstoff eingeschleppte pathogene Mikroorga-nismen haben in den sauren Obstsäften offenbar keine Möglichkeit zur Vermehrung. Allerdings konnten Bakterien der fäkalen Indikatorflora, wie *Escherichia coli* und *Streptococcus faecalis*, mitunter nachgewiesen werden.
Eine intensive Entwicklung von Mikroorganismen führt zu unerwünschten chemischen Veränderungen der Säfte, wie Zuckerabbau, Bildung von Ethylalkohol und Kohlen-dioxid. Da auch die Haltbarmachung der Obstsäfte vom absoluten Keimgehalt abhängig ist, soll die Anreicherung von Mikroorganismen während der Herstellung weitestgehend vermieden werden. Das ist vor allem durch eine schnelle Verarbeitung und durch größte Sauberkeit möglich. Trotzdem lassen sich biochemische Veränderun-

Tabelle 7. *Keimzahlen je 1 cm³ während der Apfelsaftherstellung in zwei verschiedenen Betrieben*

Produkt	Betrieb A	Betrieb B
Maische	430 000	259 000
Trüber Preßsaft	4 830 000	380 000
Filtrierter Saft	288 000	172 000
Pasteurisierter Saft	0	0

gen der Säfte durch Mikroorganismen nicht völlig ausschalten. Das gilt insbesondere für die Verarbeitung von empfindlichen Fruchtsorten, z. B. Himbeeren, die bereits während der Ernte oft von Hefen befallen sind. Aus diesem Grunde ist in einigen Obstsäften ein Ethylalkoholgehalt bis zu 10 g l^{-1} zugelassen.

In Tabelle 7 sind die Keimzahlen während der Apfelsaftherstellung von 2 Betrieben zusammengefaßt.

Wie die Untersuchungen zeigen, kommt es in der ersten Phase der Saftgewinnung zu einer starken Mikroorganismenvermehrung, vor allem von Hefen. Dagegen wird die Zahl der lebenden Keime durch den Klärprozeß vermindert; das gilt sowohl für das Filtrieren als auch für das Zentrifugieren der Säfte, z. B. mit modernen selbstaustragenden Separatoren. Trotzdem ist die Zahl der in geschönten und filtrierten Fruchtsäften enthaltenen lebenden Mikroorganismen erheblich; sie kann wegen der kurzen Generationszeiten bereits nach geringen Verweilzeiten bis zu mehreren Millionen je Kubikzentimeter ansteigen.

1.5.1.3. Safteinlagerung

Da die Erzeugung von Obstsäften und der Konsum zeitlich getrennt liegen, müssen große Saftmengen eingelagert und haltbar gemacht werden. Die Einlagerung erfolgt vorwiegend in Tanks, seltener noch in Glasballons; in verschiedenen Ländern finden außerdem Fässer und Betonbehälter Verwendung. Das größte Problem bei der Safteinlagerung ist das sichere Ausschalten der im frischen Saft enthaltenen Mikroorganismen, die einen schnellen Verderb durch alkoholische Gärung, Verschimmeln, Milchsäuregärung und andere unerwünschte Veränderungen bewirken. Außerdem müssen die Enzyme des Saftes inaktiviert werden, die ebenfalls Qualitätsminderungen, z. B. enzymatische Bräunungen, verursachen können. Zur Haltbarmachung sind zahlreiche Verfahren entwickelt worden, z. B. das CO_2-Druckverfahren nach BÖHI, die Anwendung von Hitze (Pasteurisation, Sterilisation), Kälte (Gefrieren), Strahlen (ionisierende Strahlen und Infrarotstrahlen) und Konservierungsmittel (SO_2, Sorbinsäure), die Entkeimungsfiltration und die Lagerung in Form von Konzentraten. Alle Verfahren haben zum Ziel, daß die im frischen Saft enthaltenen Mikroorganismen abgetötet oder entfernt werden oder zumindest ihre Stoffwechselaktivität weitestgehend gehemmt wird. Im folgenden wird auf einige Haltbarmachungsverfahren (s. auch MÜLLER [250], Kap. 3) näher eingegangen, die gegenwärtig in der Industrie angewendet werden oder prinzipiell von Interesse sind.

1.5.1.3.1. Hitzekonservierung

Die Hitzekonservierung der Obstsäfte hat *zwei Ziele*: Zum einen soll sie vorhandene Mikroorganismen abtöten oder zumindest soweit schwächen, daß sie keine Schäden mehr verursachen können; zum anderen soll sie die Hitzeinaktivierung der im Saft vorhandenen Enzyme bewirken. Die theoretischen Aspekte der Hitzewirkung auf Mikroorganismen wurden bereits in den »Grundlagen der Lebensmittelmikrobiologie« [250] ausführlich dargestellt. Im folgenden soll deshalb nur auf einige für die Praxis wichtige Faktoren eingegangen werden.

Die Wirksamkeit der Hitzebehandlung von Obstsäften ist wesentlich von der Temperaturhöhe und der Dauer der Wärmebehandlung abhängig. Im allgemeinen sind bei Anwendung niedriger Temperaturen längere Einwirkungszeiten notwendig; mit steigender Temperatur kann die Behandlungszeit wesentlich verkürzt werden. Da die Geschwindigkeit der Abtötung von Mikroorganismen mit steigender Temperatur schneller steigt (Q_{10}-Faktor zwischen 7 und 13) als die Geschwindigkeit von chemischen Veränderungen der Säfte (Q_{10}-Faktor zwischen 2 und 4), wird in jüngster Zeit in zunehmendem Maße die Hochtemperatur-Kurzzeit-Erhitzung sowie das Flash- (Blitz-)Verfahren angewandt. Damit werden einerseits unerwünschte Qualitätsverschlechterungen durch chemische Prozesse vermindert, andererseits werden hitzeresistente Mikroorganismen, wie die Ascosporen einiger Hyphomyceten-Arten, sicher vernichtet. In der Praxis sind zahlreiche Anlagen, wie die im Durchlaufverfahren arbeitenden Platten- und Röhrenwärmeaustauscher, bekannt; sie garantieren einen guten Wärmedurchgang. Da die niedrigen pH-Werte der Obstsäfte das Abtöten der Keime durch Hitzebehandlung begünstigen, genügen im allgemeinen Temperaturen zwischen 70 °C und 80 °C bei Erhitzungszeiten im Minutenbereich. Für die Flash-Verfahren, die mit höheren Temperaturen arbeiten, genügen Erhitzungszeiten im Sekundenbereich.

Die hitzebehandelten Säfte müssen in Behältern gelagert werden, die keine Rekontaminationen durch schädliche Mikroorganismen von außen zulassen. Früher wurde in Glasballons mit Gummikappen gelagert, heute werden vor allem Lagertanks von immer größeren Dimensionen eingesetzt. Zwei verschiedene Einlagerungsverfahren haben sich bewährt: Heißeinlagerung sowie HTST-Verfahren mit Rückkühlung und aseptischer Abfüllung.

Heißeinlagerung

Bei diesem Verfahren werden wenig hitzeempfindliche Obstsäfte, z. B. Apfelsaft, unmittelbar nach der Hitzebehandlung (Pasteurisation) im heißen Zustand in die gereinigten und desinfizierten Lagerbehälter eingefüllt, die sich dabei auf 60…68 °C

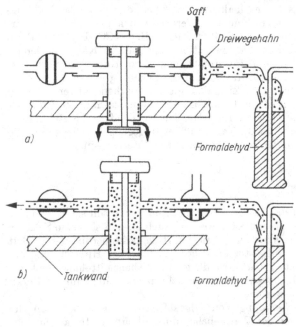

Bild 16. Schaltschema eines sterilisierbaren Tankhahns
a) Füllen (die Pfeile geben den Saftweg an),
b) Sterilisieren des Hahns mit Formaldehyd

erwärmen und nur langsam abkühlen. Dadurch werden möglicherweise noch vorhandene überlebende Mikroorganismen abgetötet oder zumindest stark geschädigt. Geschmacklich und chemisch-physikalisch machen sich allerdings bei diesem Verfahren Nachteile in den Säften bemerkbar. Da beim Abkühlen der Obstsäfte eine Volumenverminderung eintritt, entsteht im Inneren der Lagerbehälter ein Unterdruck, und die Gefahr, daß Luftkeime, insbesondere Sporen von Schimmelpilzen, von außen her angesaugt werden, ist sehr groß.

Deswegen muß den Verschlüssen und Armaturen besondere Aufmerksamkeit gewidmet werden. Hähne und Gärverschlüsse müssen so beschaffen sein, daß Mikroorganismen sie nicht durchdringen oder durchwachsen können (Bild 16). Der in Lagertanks beim Abkühlen der Säfte entstehende Kopfraum wird am besten durch steriles Einleiten von gasförmigem Kohlendioxid oder Stickstoff ausgefüllt. Günstig erweisen sich auch das Einleiten von sterilem CO_2 oder N_2 in die Tanks vor dem Einfüllen des heißen Saftes, da dadurch den fruchtsaftschädigenden aeroben Hyphomyceten der zur Atmung notwendige Sauerstoff entzogen wird. Die Vermehrung der Hefen ist in Abwesenheit von freiem Sauerstoff ebenfalls weitgehend unterbunden,

Bild 17. Schlackenwollefilter
zur Entkeimung von Luft

da der Energiegewinn durch die alkoholische Gärung im Gegensatz zur Atmung nur gering ist. Erfolgt der Druckausgleich in den Tanks durch Einströmen von Luft, so muß diese zumindest durch Vorschalten von EK-Filtern, wie Schlackenwollefiltern (Bild 17) oder Keramik-Filterkerzen, entkeimt werden, da die üblichen Gärverschlüsse keine ausreichende Luftsterilisation garantieren.

Nach dem gegenwärtigen Stand ist die Hitzebehandlung die sicherste und am häufigsten angewandte Methode zur Haltbarmachung von Fruchtsäften. Ihre Vorteile gegenüber anderen Verfahren dürften auch in der nächsten Zeit nicht zu ersetzen sein. Trotzdem sind auch bei der Anwendung des Erhitzungsverfahrens die dargelegten mikrobiologischen Faktoren zu beachten. Ihre Unterschätzung kann zu Rückschlägen und zu erheblichem Verderb führen [84].

HTST-Verfahren mit Rückkühlung und aseptischer Abfüllung

Bei diesem Verfahren werden hitzeempfindliche flüssige Obst- oder Gemüseerzeugnisse einer Hochtemperatur-Kurzzeit-Erhitzung (engl. *high temperature short time*) bei 85···95 °C unterworfen, unmittelbar danach auf Zimmertemperatur oder darunter zurückgekühlt und unter aseptischen (= sterilen) Bedingungen in Lagertanks oder Kleinpackungen abgefüllt. Die Vorteile des auch als KZE (Abk. für Kurzzeiterhitzung) bezeichneten Verfahrens liegen in der hohen Qualität der sehr schonend hitzebehandelten Säfte, die Nachteile in der diffizilen Technologie. Alle Rohrleitungen, Armaturen, Behälter usw., mit denen der sterile kalte Saft in Be-

71

rührung kommt, müssen ebenfalls keimfrei sein. Das erreicht man z. B. bei den mit speziellen KZE-Armaturen ausgerüsteten Tanks einschließlich der Rohrleitungen durch Ausdämpfen, wobei das austretende Kondensat etwa 15 min lang 96 °C haben soll. Vor der eigentlichen Safteinlagerung werden die Tanks noch mit steril filtrierter Luft kaltgeblasen und zur Vermeidung von Rekontaminationen unter geringem Überdruck gehalten. Nach dem Safteinfüllen wird zur Vermeidung oxydativer Prozesse und Schimmelbildung empfohlen, den verbleibenden Kopfraum von etwa 1% des Tankvolumens mit sterilem Stickstoff zu füllen. Technische Details sind in der Fachliteratur [174] ausführlich beschrieben.

Eine mikrobiologische Kontrolle des Tankinhalts, vor allem die ersten 14 Tage nach dem Füllen, ist unerläßlich. Im Gäransatz sichtbare Gasbildung kann auf Kontaminationen durch Hefen hinweisen. Im Verbund geschaltete Tanks lassen sich von einem zentralen Steuerpult mit geringem Aufwand bedienen, wobei zu jeder Zeit aus jedem beliebigen Tank Saft steril entnommen werden kann. Inzwischen ist es auch gelungen, Obstmark und Gemüsesäfte mit Feststoffteilen, z. B. Tomatensaft, in Großbehältern bis zu mehreren Hundert Kubikmetern unter sterilen Bedingungen beliebig ein- und auszulagern.

1.5.1.3.2. Gefrierlagerung und Kühllagerung

Zur Gefrierlagerung eignen sich nur keimarme Obstsäfte, die außerdem keine Trübstoffe enthalten sollen. Man läßt die Säfte bei Temperaturen von $-18 \cdots -20$ °C gefrieren und lagert sie unter gleichen Bedingungen. Durch die Anwendung niedriger Temperaturen wird die Vermehrung der Mikroorganismen unterbunden. Außerdem werden die chemischen und enzymatischen Prozesse in starkem Maße verlangsamt. Da nur ein Teil der lebenden Keime abgetötet wird, hält die konservierende Wirkung nur für die Dauer der Gefrierlagerung an. Außer der Haltbarmachung von Fruchtsäften durch Gefrieren ist die kombinierte Anwendung von Kälte und CO_2-Imprägnierung in Form des abgewandelten, früher üblichen Böнı-Verfahrens sowie die Kühllagerung EK-filtrierter Säfte in Tanks möglich. Die dabei angewendeten Temperaturen liegen über dem Gefrierpunkt, so daß die Säfte flüssig bleiben. Eine langfristige Lagerung von Fruchtsäften bei Temperaturen im Gefrierpunktbereich ist aber ohne zusätzliche Konservierungsmaßnahmen nicht möglich, da kältetolerante Mikroorganismen, insbesondere psychrophile Hefen, zum Verderb führen. Ihr Stoffwechsel wird in diesem Temperaturbereich lediglich verlangsamt, jedoch nicht völlig unterdrückt; das gleiche gilt für die Vermehrung.

Ein in der Sowjetunion verbreitetes Verfahren ist die Kaltlagerung, kombiniert mit Kohlendioxidzusatz, von hitzebehandelten Säften. Der bei 100 °C im Durchlauferhitzer $30 \cdots 40$ s behandelte Saft wird nach dem Rückkühlen in Behälter gefüllt, die mit Dampf sterilisiert wurden. Gelagert wird bei Temperaturen von $-2 \cdots 1$ °C und 1,1 bis 2×10^5 Pa Überdruck von CO_2 im Gasraum.

1.5.1.3.3. Entkeimungsfiltration

Bei der Entkeimungsfiltration werden die vorher separierten und blankfiltrierten Säfte durch feinporige Filter gedrückt, die die Mikroorganismen einschließlich ihrer Sporen zurückhalten. Der keimfrei filtrierte Saft wird dann in sterile Tanks eingelagert. Die Tanksterilisation erfolgt im allgemeinen nach gründlicher Reinigung durch Einleiten von Dampf. Als Entkeimungsfilter, kurz EK-Filter genannt, haben sich Filterplatten aus Asbest und Cellulose bewährt. Die aus unglasiertem Porzellan hergestellten EK-Filter nach BERKEFELD sowie Glasfritten können nicht verwendet werden, da sie zu schnell verstopfen. Die Nachteile der EK-Filtration liegen darin, daß sich Rekontaminationen der Säfte bei der Tankeinlagerung unter den üblichen großtechnischen Bedingungen nur schwer vermeiden lassen. Um die Vermehrung nachträglich eingedrungener Keime, insbesondere von Hefen und Milchsäurebakterien, weitestgehend zu unterdrücken, werden keimfrei filtrierte Säfte bei $-2\,°C$ eingelagert. Als günstig hat sich außerdem erwiesen, wenn die kaltfiltrierten Säfte von unten in Lagertanks gepumpt werden, die nach dem Sterilisieren mit Kohlendioxid gefüllt wurden. Das bei diesem Verfahren im saftfreien Kopfraum der Tanks verbleibende CO_2 unterdrückt die Entwicklung von Schimmelpilzen, die sich bevorzugt auf der Oberfläche des Saftes ausbreiten.

Da weitere Nachteile von nichterhitzten Obstsäften aus der fortdauernden Wirkung safteigener Enzyme resultieren, hat die Einlagerung EK-filtrierter Obstsäfte praktisch an Bedeutung verloren.

1.5.1.3.4. Konzentratlagerung

Die Lagerung und der Transport in Form von Saftkonzentraten hat in jüngster Zeit als qualitätsschonendes sowie raumsparendes und damit wirtschaftliches Verfahren große Verbreitung gefunden. Die Konzentrierung der Säfte erfolgt nach verschiedenen technologischen Verfahren, z. B. bei Apfelsaft im Fallstromverdampfer mit Aromarückgewinnung, wobei der geklärte Saft zur Herabsetzung der Viskosität mit pectinabbauenden Enzymen behandelt werden muß.

Die früher bei der gewöhnlich mehrere Stunden dauernden Enzymrast der Säfte im Bereich zwischen etwa $20\cdots40\,°C$ nicht zu vermeidende Mikroorganismenvermehrung kann nunmehr durch den Einsatz moderner, bei Temperaturen über $50\,°C$ noch wirksamer Enzympräparate vermieden werden.

Die Haltbarkeit von Obstsaftkonzentraten wird vor allem von 2 Faktoren beeinflußt, vom Gehalt an verfügbarem Wasser, gemessen als a_w-Wert, und vom pH-Wert. Je niedriger der a_w- und pH-Wert, um so geringer sind die Möglichkeiten der Entwicklung von Mikroorganismen (s. MÜLLER [250], Abschn. 3.5. und 1.3.3.).

Die a_w-Werte der handelsüblichen Fruchtsaftkonzentrate liegen zwischen 0,73 und 0,94. Bei den fruchtfleischhaltigen Zitrusfruchtprodukten liegen sie gewöhnlich über 0,80 und bei den blanken Konzentraten aus einheimischen Obstarten darunter. Apfelsaftkonzentrate mit 69% Trockensubstanz haben z. B. einen a_w-Wert von $0,76\cdots0,77$, bei Orangenkonzentraten mit 65% Trockensubstanz liegen die a_w-Werte zwischen 0,80 und 0,83. Es gibt nur wenige Mikroorganismenarten, die bei a_w-Werten unter 0,85 noch zur Entwicklung kommen.

Eine zusätzliche selektionierende Rolle spielt der pH-Wert, der bei Obstsaftkonzentraten im allgemeinen zwischen 2,0 und 4,0, bei Konzentrat aus Zitronen unter 2,0 liegt [310]. So gärt konzentrierter Orangensaft mit pH-Werten zwischen $3,0\cdots3,6$ nicht, wenn er mehr als 72% Trockensubstanz enthält. Zitronensaft mit einem pH-Wert unter 2,0 ist gewöhnlich schon mit 60% Trockensubstanz haltbar. Möglicherweise spielen dabei zusätzlich das in Zitronen enthaltene d-Limonen oder andere Substanzen mit mikrobicider Wirkung eine Rolle.

Die Haltbarmachung von Obstsäften durch Zusatz von Zucker, die ebenfalls auf dem Entzug des für Mikroorganismen notwendigen Wassers beruht, ist unter 1.6. beschrieben.

1.5.1.3.5. Chemische Konservierung

Über die Möglichkeiten des Zusatzes von Konservierungsmitteln zu Obstsäften [47] bestehen in den verschiedenen Ländern unterschiedliche gesetzliche Regelungen. Allgemein wird angestrebt, daß die Behandlung mit Konservierungsmitteln unterbleibt, da ausreichende andere Konservierungsmöglichkeiten zur Verfügung stehen. Nach der Konservierungsmittelanordnung [11] dürfen Fruchtrohsäfte, die zum unmittelbaren Genuß (z. B. Apfelsaft) oder zur Herstellung von Süßmosten dienen, nicht chemisch konserviert werden. Zur Konservierung von Fruchtsäften, die für die Weiterverarbeitung, z. B. zu Fruchtsirup, bestimmt sind, kann eines der in Tabelle 8 angegebenen Konservierungsmittel zugesetzt werden (vgl. »Grundlagen der Lebensmittelmikrobiologie« [250], Kapitel. 3 und [217]).

Tabelle 8. Zur Konservierung von Fruchtrohsäften zulässige Höchstmengen an Konservierungsmitteln

Konservierungsmittel	Dosis in mg je 100 g
Ameisensäure	350
Benzoesäure	150
Schwefeldioxid	125
Sorbinsäure	150

Ameisensäure

Die in einigen Ländern, aber z. B. nicht in den USA, zugelassene Ameisensäure wird vorwiegend zur Konservierung von Buntsäften und Obstpülpen eingesetzt. Da bereits 10 g für den Menschen als gefährlich und 50···60 g als tödliche Dosis gelten, wird die Anwendung der weniger toxischen Salze Kaliumformiat und Natriumformiat bevorzugt. Ein Teil der antimikrobiellen Wirkung, der aber erst bei Zugabe größerer Mengen wirksam wird, beruht auf der pH-Senkung. Dadurch werden vor allem zahlreiche Bakterienarten gehemmt. Darüber hinaus haben Ameisensäure und die Formiate einen spezifischen, vor allem fungistatischen Effekt. Sie hemmen u. a. Decarboxylasen und besonders stark Katalasen. Die Wirkung ist im stark sauren Bereich am größten, wo die undissoziierte Form vorliegt. Im schwach sauren bis neutralen Bereich haben Formiate praktisch keine antimikrobielle Wirkung. Die meisten *Fungi imperfecti* werden bei pH 5,0 durch Ameisensäure in Konzentrationen von 1200···5500 mg kg^{-1} gehemmt. Für die meisten Hefen liegt bei pH 3,0 die minimale Hemmkonzentration zwischen 600 mg kg^{-1} und 1600 mg kg^{-1} (vgl. [217]).

Benzoesäure

Benzoesäure, Natriumbenzoat, p-Hydroxybenzoesäure und deren Ethyl- und Propylester sowie deren Natriumverbindungen sind in vielen Ländern schon lange zur Konservierung von Lebensmitteln zugelassen. Ihr Wirkungsspektrum erstreckt sich vor allem auf Hefen und Schimmelpilze, aber auch auf manche Bakterienarten. Ebenso wie Ameisensäure und Schwefeldioxid ist auch Benzoesäure im undissoziierten Zustand, der bei niedrigen pH-Werten vorliegt, am wirksamsten. Nur die undissoziierte Benzoesäure kann im wesentlichen die Zellwand der Mikroorganismen durchdringen und in das Enzymgefüge der Zelle eingreifen. Sie greift offenbar an verschiedenen Stellen des Citronensäurezyklus ein und hemmt die Bernsteinsäure- und α-Ketoglutarsäuredehydrogenase sowie andere Enzyme. Weiterhin wird der Benzoesäure eine Wirkung auf die Zellwand selbst zugeschrieben. Die minimale Hemmkonzentration (MHK) für viele Hefearten liegt im pH-Bereich 2,6···5,0 bei 20 bis 200 mg kg^{-1}, bei Kahmhefen bis zu 700 mg kg^{-1}. Für die meisten Hyphomyceten liegt im pH-Bereich 5,0 und darunter die MHK zwischen 30 mg kg^{-1} und 300 mg kg^{-1}, manche *Penicillium*-Species ertragen bis zu 500 mg kg^{-1}. Die MHK für Bakterien

74

liegt bei pH 5,2···6,0 etwa zwischen 50···500 mg kg^{-1}, die besonders resistenten *Lactobacillus*-Arten werden teilweise erst bei 1800 mg kg^{-1} gehemmt [217, 250]. Der mikrobiologische Nachweis von Konservierungsmittel-Zusätzen in Obstsäften erfolgt durch die Gärprobe, indem man Backhefe zusetzt und im Gärröhrchen die Kohlendioxidbildung prüft.

Schwefeldioxid

Der »Dunst des Schwefels« wurde bereits von den alten Römern zur Weinschönung genutzt. Heute dient Schwefeldioxid zur Desinfektion der Lager- und Versandgefäße. Gewöhnlich finden 2···5%ige wäßrige Lösungen Verwendung, die das früher übliche Abbrennen von Schwefelfäden ersetzen. Als Konservierungsmittel ist SO_2 nur in begrenzten Mengen für Fruchtsäfte zugelassen, die nicht zum unmittelbaren Genuß oder zur Herstellung von Süßmosten bestimmt sind.
Die Wirkung des Schwefeldioxids wird in starkem Maße vom pH-Wert des Mediums beeinflußt. So müssen bei pH 3,5 doppelt bis vierfach so große Mengen an schwefliger Säure zugegeben werden, um den gleichen Effekt wie bei pH 2,5 zu erreichen [312]. Der günstige Einfluß stark saurer Säfte geht darauf zurück, daß mit sinkendem pH-Wert der Anteil an hochwirksamem gelöstem SO_2 und undissoziiertem H_2SO_3 stark ansteigt. Mit steigendem pH-Wert erfolgt dagegen die Dissoziation zu HSO_3^- und SO_3^{--}, die kaum oder gar nicht antimikrobiell wirksam sind (Bild 18). Aus dem

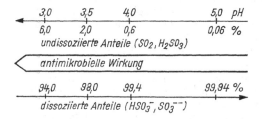

Bild 18. Abhängigkeit der antimikrobiellen Wirkung des SO_2 und H_2SO_3 vom pH-Wert

Bild geht hervor, daß im natürlichen pH-Bereich der Obstsäfte (3,0···4,0) schon Zehntel pH-Differenzen bei der Konservierung mit SO_2 entscheidenden Einfluß auf die Haltbarkeit haben können und daß man durch Senkung des pH-Wertes die Zugabe von SO_2 verringern kann [217, 387].
Außer durch Senkung des pH-Wertes können die zur Fruchtsaftkonservierung notwendigen SO_2-Mengen durch Zugabe von Ascorbinsäure herabgesetzt werden. Das ist von großem praktischem Interesse, da Ascorbinsäure als Vitamin C eine günstige ernährungsphysiologische Wirkung hat, während die Anwendung von SO_2 aus gesundheitlichen Gründen als bedenklich gilt. Im stark sauren pH-Bereich reagiert SO_2 auch schwächer mit Carbonylverbindungen, wie Zucker, Aldehyde, Ketone, so daß es weniger zur Bildung der antimikrobiell unwirksamen Sulfonate kommt.
Vorteilhaft erweist sich die kombinierte Anwendung von Hitze und SO_2. So vermögen bereits geringe Mengen SO_2 die Wirkung der Pasteurisation auf hitzeresistente Hyphomyceten entscheidend zu beeinflussen. In Modellversuchen überlebten bei pH 3,0 nach 10 min Erhitzen auf 85°C ohne SO_2 19% einer vorgegebenen Zahl Ascosporen von *Byssochlamys fulva*, nach Zusatz von nur 1 mg SO_2 je Liter Saft dagegen keine [125].
Im allgemeinen sind Bakterien einschließlich der Milch- und Essigsäurebakterien empfindlich gegen SO_2, während Hefen und Hyphomyceten relativ resistent sind. Unter den Sproßpilzen gelten wiederum die hautbildenden, vorzugsweise aerob lebenden Vertreter der Gattungen *Pichia* und *Hansenula* als besonders resistent, während

die als kräftige Gärungserreger bekannten Arten der Gattung *Saccharomyces* stärker gehemmt werden. Doch gibt es offenbar auch Ausnahmen, wie die im Traubensaft vorkommende Hefe *S. bayanus (= S. oviformis)*, die durch Konzentrationen von $225 \cdots 235$ mg SO_2 je Liter Saft nicht unterdrückt wird. Dagegen werden die meisten Vertreter der Gattung *Saccharomyces* bereits durch SO_2-Konzentrationen zwischen 50 mg l^{-1} und 70 mg l^{-1} Traubenmost gehemmt. Von *Schizosaccharomyces pombe* (= *Sch. liquefaciens*) sind Stämme bekannt, die sogar Traubenmost mit einem Gehalt an freiem SO_2 von $555 \cdots 674$ mg l^{-1} vergären. Für die Praxis verdient die Tatsache besonderes Interesse, daß die Adaption von Hefen an hohe SO_2-Konzentrationen möglich ist. Das gleiche gilt für einige Hyphomyceten, von denen z. B. SO_2-resistente *Mucor*-Arten bekannt sind. Auch das Alter der Mikroorganismenzellen ist von Einfluß; junge Kulturen sind empfindlicher als alte.

Zusammenfassend ist darauf hinzuweisen, daß die Wirkung des Schwefeldioxids und seiner Derivate zur Haltbarmachung von Fruchtsäften nicht überschätzt werden darf. Auf die Anwendung sollte soweit wie irgend möglich verzichtet werden, da bereits geringe Mengen SO_2 zu Gesundheitsstörungen führen können.

Sorbinsäure

Zu den erst in jüngerer Zeit für die Haltbarmachung von Fruchtrohsäften, die nicht zum unmittelbaren Verbrauch bestimmt sind, zugelassenen Konservierungsmitteln gehört die Sorbinsäure. Sie nimmt eine gewisse Sonderstellung unter den Konservierungsmitteln ein, da sie für Mensch und Tier offenbar völlig ungiftig ist und im Stoffwechsel wie natürliche Fettsäuren auf dem Weg der β-Oxydation zu Kohlendioxid und Wasser abgebaut wird. Sorbinsäure entfaltet ihre optimale Wirkung bei stark sauren pH-Werten, wie sie in Obstmuttersäften ohnehin vorliegen. Außer von den Milieubedingungen sind die zur Wachstumshemmung notwendigen Sorbinsäuremengen in starkem Maße von den jeweils vorhandenen Mikroorganismenarten abhängig. Sorbinsäure hemmt vorwiegend Hefen und Hyphomyceten in ihrer Entwicklung und weniger Bakterien [391]. Die in Fruchtsäften bevorzugt als Schädlinge auftretenden Hefen sowie die Hyphomyceten der Gattungen *Mucor* und *Penicillium*, und die wegen ihrer Hitzeresistenz gefürchteten Arten *Byssochlamys fulva* und *B. nivea* werden im pH-Bereich $3,0 \cdots 3,5$ bereits durch Sorbinsäurekonzentrationen von $10 \cdots 250$ mg l^{-1} gehemmt [217]. Es sind jedoch auch Mikroorganismenarten bekannt, die hohe Sorbinsäurekonzentrationen vertragen, z. B. *Lactobacillus plantarum (= Lb. arabinosus)*; andere, wie *Aspergillus niger*, bauen Sorbinsäure auf dem Atmungswege zu Wasser und Kohlendioxid ab [292].

Die zur Entwicklungshemmung von Mikroorganismen in Obstsäften notwendige Sorbinsäurekonzentration kann durch Zusatz von Ascorbinsäure sowie durch Kühllagerung bei Temperaturen um 0 °C herabgesetzt werden.

Verschiedene Konservierungsmittel

Pyrokohlensäurediethylester (PKE) nimmt unter den üblichen Konservierungsmitteln eine Ausnahmestellung ein. Er zerfällt in wäßrigen Medien rasch durch Hydrolyse in Ethylalkohol und Kohlendioxid. PKE wirkt schon in geringen Dosen keimtötend auf Bakterien und Hefen sowie keimhemmend auf Hyphomyceten. Zur Haltbarmachung von Fruchtsäften sollen schon $30 \cdots 50$ mg l^{-1} genügen, und die zur Sterilisation von Fruchtsäften notwendige Konzentration wird mit $200 \cdots 600$ mg l^{-1} angegeben. Der Gärprozeß von Traubensaft konnte aber erst mit Dosen von $50 \cdots 1000$ mg l^{-1} aufgehalten werden. Ein wichtiges Kriterium für die Wirksamkeit des PKE ist die schnelle und gleichmäßige Verteilung im Medium, die wegen der Wasserunlöslichkeit des Esters auf Schwierigkeiten stößt.

Toxikologische Untersuchungen haben erhebliche Bedenken gegen den Einsatz von PKE zur Lebensmittelkonservierung aufkommen lassen, da in PKE-behandelten Fruchtsäften, Weinen u. a. hohe Mengen an Ethylurethan (Ethylcarbamat) nachgewiesen wurden. Diese Substanz gilt als kanzerogen (krebserregend). Die Ethylurethanbildung ist außer von der angewendeten PKE-Menge und dem Ammoniakgehalt des Getränkes vom pH-Wert abhängig. Bei pH 3,0 ist sie am geringsten, und bei einer pH-Erhöhung um 0,5 Einheiten erfolgt eine Verdoppelung der Ethylurethanbildung. Deswegen hat die WHO empfohlen, PKE nur bei Getränken mit pH-Werten unter 4,0 und bis zu einer Höchstmenge von 250 mg l^{-1} einzusetzen. Der Ethylurethangehalt darf 1 mg je 100 l nicht übersteigen [235]. In vielen Ländern, z. B. USA, BRD, wurde die Zulassung von PKE als Konservierungsmittel widerrufen.

In den letzten Jahren wurde eine Reihe weiterer Konservierungsmittel zur Bekämpfung von Mikroorganismen in Fruchtsäften vorgeschlagen. Die großtechnische Anwendung ist gegenwärtig jedoch weder erprobt noch zugelassen.

Die Haltbarkeit von Fruchtsäften kann durch geringe Dosen Vitamin K$_5$ (2-Methyl-4-amino-1-naphthol-hydrochlorid) verbessert werden, insbesondere werden Gärungen unterdrückt. Die zur Unterdrückung des Schimmelwachstums im Apfel- und Traubensaft notwendigen Mengen Vitamin K$_5$ schwanken zwischen 1 mg% und 25 mg% [280]. Am resistentesten erwies sich *Mucor racemosus*, während der extrem hitzeresistente Pilz *Byssochlamys fulva* bereits durch 1···5 mg% Vitamin K$_5$ unterdrückt wird. Ascorbinsäure schwächt die Wirkung von Vitamin K$_5$ ab.

Versuche ergaben, daß Traubensaft in Zisternen durch Zugabe von Allylsenföl in Form einer 10%igen alkoholischen Lösung 2 bis 4 Monate mikrobiologisch stabil gehalten werden kann, wenn eine gleichmäßige Verteilung durch Umpumpen erfolgt [107].

Die Anwendung des gegen Hefen und Hyphomyceten gut, aber gegen Bakterien kaum wirksamen Antibioticums Pimaricin (Natamycin) zur mikrobiologischen Stabilisierung von sauren Getränken wird diskutiert [413]. Da es auch als Medikament in der Humanmedizin Verwendung findet, stößt der Einsatz auf dem Lebensmittelsektor auf Schwierigkeiten.

1.5.1.3.6. Verschiedene Haltbarmachungsverfahren

Außer den beschriebenen hat man eine Reihe weiterer Verfahren zur Haltbarmachung von Fruchtsäften erprobt, die aber praktisch noch keine Bedeutung erlangten.

Die Bestrahlung mit ultravioletten Strahlen (UV) der Wellenlängen zwischen 240 nm und 280 nm, die als stark keimtötend bekannt sind, stößt wegen der geringen Tiefenwirkung besonders bei farbintensiven Fruchtsäften und wegen nachteiliger sensorischer Veränderungen auf Schwierigkeiten. Die Anwendung von β- und γ-Strahlen wurde ebenfalls geprüft, wobei auch kombinierte Verfahren unter Zusatz chemischer Konservierungsmittel in die Untersuchungen einbezogen wurden [102]. Mit 5 kGy bestrahlter und 20 mg l^{-1} Sorbinsäure enthaltender Apfelsaft war steril und zeigte auch nach 180tägiger Lagerung bei Temperaturen zwischen 24 °C und 33 °C keine mikrobiell verursachten Veränderungen. Die Bestrahlung führte jedoch zur Zersetzung der Farbstoffe und der Ascorbinsäure [50].

1.5.1.4. Saftabfüllung in handelsübliche Flaschen

1.5.1.4.1. Flaschenabfüllung

Die in Tanks oder Glasballons gelagerten Obstrohsäfte kommen entweder unmittelbar zum Genuß, wie Apfelsaft. Säurereiche werden unter Zusatz von Zucker und Wasser zu Süßmost verarbeitet. Sie kommen im allgemeinen in Flaschen abgefüllt in den Handel. Beim Bearbeiten, Abfüllen und Verschließen erfolgt eine erneute Anreicherung der Säfte mit Mikroorganismen. Dabei spielen Kontaktkontaminationen durch mikrobiologisch kontaminierte Leitungen, Geräte und Behälter eine große Rolle, in geringem Maße auch Luftkontaminationen. Stehenlassen der Säfte bietet besonders in den warmen Sommermonaten günstige Voraussetzungen zur Vermehrung der Mikroorganismen. Deshalb sollen Bearbeitung und Abfüllung der Säfte so rasch wie möglich erfolgen.

Um eine ausreichende Haltbarkeit zu garantieren, muß der Flascheninhalt durch Heißfüllung oder Überfluten der kaltgefüllten Flaschen mit heißem Wasser pasteurisiert werden.

Die hauptsächlichen Fehlerquellen bei der Abfüllung von Fruchtsäften, die oft Ursachen eines späteren mikrobiellen Verderbs der Ware sind, liegen in mangelhaft gereinigten und stark keimhaltigen Flaschen und in undichten oder nicht desinfizierten Verschlüssen. Außerdem sind Beanstandungen mitunter darauf zurückzuführen, daß bei der Abfüllung die erforderliche Pasteurisationstemperatur nicht eingehalten wurde.

Mikrobiologie der Flaschenreinigung

Auf die Bedeutung der Flaschenreinigung für die Haltbarkeit der Obstsäfte, Süßmoste und zahlreicher anderer flüssiger Lebensmittel, wie Bier, alkoholfreie Erfrischungsgetränke, Milch, Süßmoste, ist in zahlreichen älteren und neueren Arbeiten hingewiesen worden [417]. In 77% der nach der Reinigung untersuchten Flaschen aus 27 Betrieben wurde *Escherichia coli* nachgewiesen [144]. Bei einer bakteriologischen Überprüfung von 235 Flaschen und Gläsern stellte man fest, daß 59,6% ungenügend gereinigt waren und 15,2% Kolibakterien enthielten [86]. Die häufigsten Fehler, die neben nicht einwandfrei arbeitenden Waschmaschinen zu hohen Überlebensraten der Mikroorganismen in gereinigten Getränkeflaschen führen, sind:

● Verwendung ungeeigneter Waschlauge mit unzulänglicher Desinfektionswirkung,
● Unterschreiten der vorgeschriebenen Laugenkonzentration,
● Unterschreiten der notwendigen Laugentemperatur,
● Sekundärkontamination durch keimhaltiges Spritzwasser,
● Mängel der inneren und äußeren Pflege der Flaschenwaschmaschine, z. B. verstopfte oder verzogene Düsen,
● zu kurze Durchlaufzeit.

Zum Unterschreiten der notwendigen Laugenkonzentration kommt es vor allem, wenn die Lauge nicht regelmäßig erneuert wird oder wenn stark verschmutzte Flaschen gewaschen werden, die die Lauge schnell verbrauchen.

Durch Tropfwasser von abgedeckten Kettenbändern können die gewaschenen Flaschen rekontaminiert werden.

Besondere Sorgfalt ist bei der Wiederverwendung von Rücknahmeflaschen erforderlich, die gewöhnlich durch die verbliebenen Saftreste in starkem Maße mit spezifischen Fruchtsaftschädlingen verunreinigt sind.

Die in verschiedenen Ländern und von der Food and Agriculture Organisation (FAO) der UNO aufgestellten Forderungen für den Keimgehalt leerer, gereinigter Getränkeflaschen schwanken von 200 bis 600 lebenden Mikroorganismen je Flasche mit 500 cm³ Inhalt. In modernen vollautomatischen Flaschenwaschmaschinen werden die Flaschen durch alternierende Behandlung mit Reinigungs- und Desinfektionsmitteln unterschiedlicher Temperatur und anschließendes Ausspritzen mit Frischwasser soweit gereinigt, daß folgende allgemein gültige Normen erfüllt werden können:

● Je 1 cm³ Flascheninhalt darf nicht mehr als 1 Keim vorhanden sein.
● Koliforme Bakterien und pathogene Keime dürfen nicht enthalten sein.

Der Restkeimgehalt gewaschener Flaschen muß durch regelmäßige mikrobiologische Untersuchungen von Stichproben kontrolliert werden. Dazu sind die Spülprobe und die Rollkultur geeignet.

Um die überlebenden Keime abzutöten oder zumindest soweit zu schädigen, daß sie nicht mehr vermehrungsfähig sind, sollen die Flaschen bei der Heißabfüllung eine Temperatur von über 60 °C haben und nach dem Abfüllen nicht sofort gekühlt werden. Zu langfristige Wärmeeinwirkung hat jedoch geschmackliche Nachteile der Säfte zur Folge.

Bedeutung der Flaschenverschlüsse

Die Flaschenverschlüsse sind in mikrobiologischer Hinsicht zweifach von Bedeutung. So können keimhaltige Verschlüsse in gleicher Weise wie mangelhaft gesäuberte Getränkeflaschen zur Kontamination der bereits pasteurisierten Fruchtsäfte und Süßmoste führen. Auf Naturkorken wurden bis zu 36 000 Schimmelpilzsporen gefunden. Deswegen sollen alle Verschlüsse, wie Korken, Kunststoffkappen, Kronenverschlüsse u. a., ebenso wie die Verschließmaschinen vor dem Gebrauch keimfrei gemacht werden. Das kann je nach dem verwendeten Material durch Behandlung mit trockener oder feuchter Hitze oder durch chemische Verfahren, z. B. feuchtes Begasen mit Formalin oder SO_2, erfolgen.

Flaschenverschlüsse, die nicht gewaschen werden, müssen unter hygienisch einwandfreien Bedingungen transportiert und gelagert werden; z. B. bewahrt man Kronenverschlüsse vorteilhaft in Plastsäcken auf.

Den Flaschenverschlüssen kommt außerdem insofern eine besondere Bedeutung zu, als durch undichte Verschlüsse nachträglich Keime von außen ins Flascheninnere gelangen können (Bild 19). Dazu trägt besonders der Unterdruck bei, der durch die Volumen-

Bild 19. Schlangenartig im Traubensaft gewachsener Hyphomycet. Der Kronenverschluß der Flasche war nicht dicht

79

verminderung beim Abkühlen heiß eingefüllter Säfte oder Moste im Innern der Flasche entsteht. Die Verwendung von Kronenverschlüssen aus ungeeignetem Material, z. B. mit Papp- und PVC-Einlagen, war früher nicht selten Ursache für mangelhafte Haltbarkeit. So erweichen temperaturunbeständige Kunststoffeinlagen durch den heiß in die Flaschen gefüllten Saft oder beim Pasteurisieren nach dem Berieselungssystem. Sie wölben sich in den Flaschenhals und schrumpfen oder zerreißen dann beim Abkühlen (Bild 20), wodurch ebenfalls Keime eindringen können. Undichte Verschlüsse können auch durch falsch eingestellte oder defekte Verschließmaschinen sowie durch nicht maßgerechte Flaschenhälse verursacht werden.

Zusätzliche Bedeutung haben undichte Verschlüsse wegen des Eindringens von Luftsauerstoff, der für die Vermehrung aerober fruchtsaftschädigender Mikroorganismen unerläßlich ist. Bei der Heißabfüllung werden die Flaschen spundvoll gefüllt, damit eventuell beim Abfüllprozeß in Form von Luftkontaminationen einge-

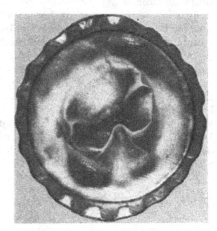

Bild 20. Kronenverschluß mit PVC-Einlage
Links: Einlage durch Heißabfüllung erweicht und hutförmig in den Flaschenmund gezogen
Rechts: Einlage geschrumpft und zerrissen

drungene oder die Flaschenreinigung überlebende Hyphomyceten-Sporen und Hefen durch Sauerstoffmangel in der Entwicklung gehemmt werden. Außerdem wirken Luftpolster wärmeisolierend und begünstigen das Überleben von Restkeimen im Flaschenverschluß und im Bereich der besonders kontaminationsgefährdeten Flaschenöffnung.

Insgesamt ist die Pasteurisation der kaltgefüllten Flaschen in mikrobiologischer Hinsicht günstiger als die Heißabfüllung, da eine Rekontamination der Säfte nach der Entkeimung nur durch grobe technische Mängel erfolgen kann. Die Heißabfüllung ist jedoch technisch einfacher zu lösen. Luftrekontaminationen beim Heißabfüllen lassen sich durch Überdruckbelüftung des Abfüllraumes mit steriler Luft und durch nasse Fußböden weitestgehend vermeiden.

1.5.1.4.2. Aseptische Abfüllung

Bei der modernen aseptischen Abfüllung (vgl. 1.5.1.3.1.) werden vor allem hitzeempfindliche Fruchtsäfte, wie Orangensaft, auch teilkonzentriert, wenige Sekunden in speziellen Röhrenwärmeaustauschern auf etwa 95 °C erhitzt, dann auf etwa 35 bis

20 °C rückgekühlt und unter aseptischen Bedingungen in Einwegverpackungen abgefüllt. Bevor die automatische Anlage in Betrieb genommen wird, muß sie durch Umwälzung von Heißwasser mit 140 °C sterilisiert werden [16]. Als Verpackungsmaterial dienen z. B. Behälter aus heißgesiegelter Verbundfolie (Pappe/Aluminiumfolie/Polyethylenfolie), die meist mit H_2O_2 und anschließend Heißluft sterilisiert werden. Vorgefertigte und zugelieferte Verpackungen werden z. B. in Gaskammern mit Ethylenoxid steril gemacht.

Außer Obstsäften werden auch Gemüsesäfte, z. B. Tomatensaft, und andere Lebensmittel nach diesem Verfahren abgefüllt.

1.5.2. Mikrobieller Obstsaftverderb und seine Erreger

Aufgrund ihrer chemischen Zusammensetzung bieten die verschiedenen flüssigen Obsterzeugnisse einer Reihe von Mikroorganismenarten ausgezeichnete Wachstums- und Vermehrungsbedingungen, während sie für andere ein völlig ungeeignetes Substrat sind. Neben dem Nährstoffgehalt spielt der pH-Wert eine wesentliche Rolle als selektionierender Faktor. Er liegt bei Obstsäften im allgemeinen bei etwa 2···4, wodurch vor allem für Hefen und Schimmelpilze günstige Entwicklungsvoraussetzungen bestehen. Von den Bakterien sind nur wenige Vertreter in der Lage, sich in so sauren Medien zu vermehren.

Außer dem hemmenden Einfluß durch die Verschiebung des pH-Wertes haben organische Säuren zusätzlich eine spezifische Hemmwirkung auf Bakterien, wobei der Effekt der Citronensäure am größten ist. Es folgen Milchsäure, Äpfelsäure und Weinsäure.

Eine gewisse Sonderstellung nehmen offenbar Säfte ein, die mikrobicide Substanzen enthalten, z. B. Zitronensaft, der das zu den Terpenen gehörende d-Limonen enthält [257].

Das Fehlen von Lactobacillen in fruchtfleischhaltigem Pflaumensaft wird ebenfalls auf das Vorhandensein fruchteigener mikrobicider Substanzen zurückgeführt [59] (s. auch unter 1.1.2.).

Jede Mikroorganismengruppe verursacht eine für sie typische Form des Obstsaftverderbs, die gewöhnlich schon an Hand äußerer Merkmale zu erkennen ist.

1.5.2.1. Verderb von Säften durch Bakterien

Als fruchtsaftverderbende Bakterien kommen im wesentlichen nur säurebildende Arten, wie Milch-, Essig- und Buttersäurebakterien, in Betracht. Andere Bakterienarten sind zwar ebenfalls wiederholt in Obstsäften gefunden worden; da sie aber nur selten zur Entwicklung kommen, spielen sie praktisch keine Rolle. Durch Bakterien verdorbene Obstsäfte sind gewöhnlich trüb und mit Milch-, Essig- oder Buttersäure angereichert. Teilweise kommt es zur Gasbildung. Essigsäurebakterien wachsen in Form einer schleimigen Haut, die untergehen kann, an der Oberfläche der Säfte oder als Ring an der Gefäßwand.

Eine Sonderstellung nehmen gesundheitsschädigende Bakterienarten ein. Während man früher annahm, daß diese in den sauren Obstsäften keine Gefahr darstellen, haben inzwischen Modellversuche gezeigt, daß sich Enterobacteriaceen zumindest in schwach sauren Säften vermehren können und daß sie in stark sauren Medien bei niederen Temperaturen längere Zeit am Leben bleiben. So überlebten in Orangensaft (pH 3,1···3,5) eingeimpfte *Enterobacteriaceae* eine 35tägige Lagerung bei 5 °C [239]. Als wichtigste bakterielle Verderbniserreger der Obstsäfte sind die *Milchsäure-*

bakterien anzusehen. Da sie unter Luftausschluß wachsen können, hohe CO_2-Konzentrationen ohne Schädigung ertragen und sich kryophile Arten auch bei niedrigen Temperaturen gut entwickeln können, sind sie vor allem bei der Tanklagerung eine große Gefahrenquelle. Vorwiegend kommen heterofermentative Lactobacillen in Fruchtsäften vor, die neben organischen Säuren auch Ethylalkohol und CO_2 bilden. Einige Milchsäurebakterien führen zum Abbau der im Saft enthaltenen Fruchtsäuren, so wandeln z. B. *Lactobacillus brevis* und *Lb. plantarum* Äpfelsäure zu Milchsäure und Kohlendioxid um. Andere Arten bilden in Zitrussäften u. a. Acetoin und Diacetyl, wodurch ein buttermilchartiger Geschmack verursacht wird [308]. Lactobacillen werden durch die übliche Pasteurisation abgetötet. In Säften, deren pH-Wert unter 3,5 liegt, können sie sich im allgemeinen nicht vermehren.

Essigsäurebakterien wurden als Ursache des Verderbs von doppelt-konzentriertem Orangensaft gefunden, außerdem reichern sie sich leicht in stehengelassener Maische an. Als streng aerobe Organismen können sie jedoch nur zur Entwicklung kommen, wenn eine ausreichende Sauerstoffversorgung gewährleistet ist. Dagegen ist die Abwesenheit von freiem Sauerstoff für die Vermehrung der *Buttersäurebacillen* unbedingt notwendig. Als Sporenbildner sind sie besonders hitzeresistent, doch wird die Sporenkeimung durch pH-Werte unter 4,5···4,0 unterdrückt [28].

1.5.2.2. Verderb von Säften durch Hefen

Hefen finden aufgrund ihrer Ansprüche hinsichtlich pH-Wert, Nährstoffbedarf und Sauerstoffversorgung von den verschiedenen Organismengruppen die günstigsten Wachstums- und Vermehrungsbedingungen in Obstsäften. Sie verursachen Trübungen, bilden Bodensatz sowie Kahmhäute, und ihre Stoffwechselprodukte, insbesondere der durch Zuckervergärung gebildete Ethylalkohol und das Kohlendioxid, sind im Obstsaft unerwünscht, ebenso die von hautbildenden Arten gebildete Essigsäure. Hefen, wie Vertreter der Gattungen *Saccharomyces*, *Hansenula* und *Pichia* (Bilder 21 und 22), sind in der Fruchtsaftindustrie besonders gefürchtet. Sie kommen gewöhnlich bereits in den verschiedenen Stufen der Saftgewinnung vor, treten aber auch oft als Gärungserreger bei der Lagerung der Säfte und in den han-

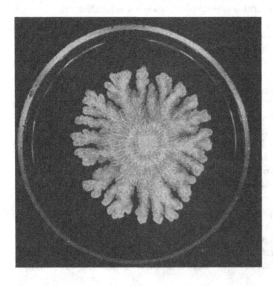

Bild 21. Riesenkolonie auf Würze-Agar von *Pichia spec.*, einer fruchtsaftschädigenden Hefe

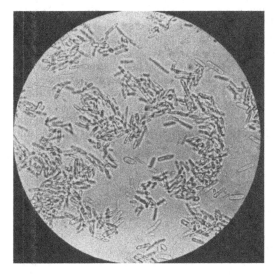

Bild 22. *Pichia farinosa*, eine Kahmhefe mit schwachem Gärvermögen
(Vergrößerung 300fach)

delsüblichen Erzeugnissen auf. Einige Hefearten, die noch bei relativ niedrigen
Temperaturen zur Entwicklung kommen, sind bei der Kaltlagerung von Säften gefürchtet [275, 282]. Da Hefen einschließlich der von verschiedenen Arten gebildeten
Ascosporen nicht hitzeresistent sind, ist die Hitzebehandlung der Fruchtsäfte eine
geeignete Methode zu ihrer Bekämpfung.

1.5.2.3. Verderb von Säften und Mycotoxinbildung durch Hyphomyceten

Hyphomyceten kommen wegen der aeroben Lebensweise bevorzugt an der Oberfläche von Obstsäften, z. B. in Lagertanks, in Form von dichten, watteartigen,
weißen oder gefärbten Mycelien zur Entwicklung. Manchmal sinken die Häute unter,
oder die Deckenbildung bleibt ganz aus, und die Myzelfetzen schwimmen in der
Flüssigkeit. Die von den Pilzen gebildeten Farbstoffe diffundieren teilweise in den Saft
und führen zu Farbänderungen, die aber auch durch den mikrobiellen Abbau der
natürlichen Farbstoffe des Fruchtsafts verursacht werden können. Zahlreiche Hyphomyceten, wie Penicillien und Aspergillen, verursachen den typischen muffigen Schim-
melgeschmack. Außerdem können sie teilweise Fruchtsäuren, wie Citronen- und
Ascorbinsäure, abbauen oder andere organische Säuren, wie Glucon- und Oxalsäure,
biosynthetisieren, wodurch es zu Veränderungen des pH-Wertes und des Geschmacks
der Säfte kommt.
Wenig bekannt ist die Tatsache, daß einige Hyphomyceten, z. B. Vertreter der
Gattungen *Fusarium* und *Mucor*, bei Ausschluß von freiem Sauerstoff gären können
und Ethylalkohol sowie CO_2 bilden. Die submers wachsenden Zellen sind dann hefeartig.
Prinzipiell muß damit gerechnet werden, daß es bei der Entwicklung toxinbildender
Hyphomyceten zur Anreicherung von Mycotoxinen in Obstsäften kommt [249]. Das
sind akut toxische, kanzerogene, teratogene und mutagene Substanzen. Auf Apfelsaft geimpfte mycotoxinbildende Stämme von *Aspergillus flavus* wuchsen gut an
und bildeten bei Zimmertemperatur nach etwa einer Woche bis zu 1,2 µg cm^{-3}
Aflatoxin B$_1$, roter Traubensaft lieferte sogar Werte bis zu 16,7 µg cm^{-3}.

Mit *Penicillium expansum* — etwa 50% der Stämme bilden Mycotoxin — beimpfter Apfelsaft enthielt bis zu 80000 μg l^{-1} Patulin, wobei die oberste Toleranzgrenze mit lediglich 50 μg l^{-1} diskutiert wird. Von 274 untersuchten Apfelsaftproben enthielten 84% Patulin [228], was aber ursächlich stärker aus der Verarbeitung schimmelbefallener Äpfel resultiert (vgl. 1.5.1.1.). Von den zahlreichen weiteren bekannten mycotoxinbildenden Schimmelpilzen (vgl. Tabelle 22, Seite 175) kommt *Paecilomyces variotii* mit seiner Hauptfruchtform *Byssochlamys fulva* häufig unter den Verderbniserregern von Obstsäften vor. Er bildet die Byssochlaminsäure. Einige *Byssochlamys*-Species sind auch als Patulinbildner bekannt [250, 296]. Patulin ist das bisher am häufigsten im Apfelsaft gefundene Mycotoxin, es kommt aber auch in Birnen- und anderen Obstsäften vor.

Byssochlaminsäure   *Patulin*

Da Mycotoxine vom Mycel in das Medium ausgeschieden werden, ist die Konzentration im gesamten Saft gleich hoch. Wenn das oberflächlich gewachsene Mycel abgehoben wird, bleibt das Toxin trotzdem im Saft zurück. Da Mycotoxine in der Regel durch die für Fruchtsäfte zur Konservierung und auch Konzentratherstellung üblichen Erhitzungsverfahren kaum zerstört werden, stellen befallene Säfte eine Gefahr für den Verbraucher dar.

In der Praxis wird auch heute noch der Schimmelbefall von Obstsäften fälschlicherweise oft als »Mucor« angesprochen, obwohl zahlreiche Untersuchungen inzwischen gezeigt haben, daß *Mucor*-Arten nur selten auftreten [331]. Häufig kommen *Penicillium*-Arten, wie *P. notatum* und das von Zitrusfrüchten bekannte *P. digitatum* sowie *Cladosporium*- und *Aspergillus*-Species, vor. Offenbar sind nicht alle in Obstsäften nachgewiesenen Hyphomyceten als Schädlinge bedeutungsvoll. So erwiesen sich von 215 Isolaten nur 8 als direkte und 15 als latente Obstsaftverderber [330].

Als spezielle Schädlinge hitzebehandelter Säfte haben einige thermoresistente Hyphomyceten der Gattungen *Byssochlamys*, *Phialophora* und *Monascus* besondere Bedeutung. So fand man als Verderbniserreger von hitzesterilisierten Obstsäften in Flaschen eine *Phialophora*-Art, die beim Erhitzen auf 71 °C erst nach 21 min abgetötet wurde [166]. Als ähnlich hitzeresistent erwies sich *Monascus purpureus*, der in Israel beträchtlichen Verderb von Traubensaft verursachte. Die Ascosporen von *Byssochlamys fulva* und *B. nivea*, deren imperfekte konidienbildende Stadien in die Gattung *Paecilomyces* eingeordnet werden (Bild 23), können ebenfalls die in der Industrie üblichen Pasteurisationsbedingungen überdauern und zu sporadisch auftretenden Haltbarkeitsproblemen führen. Ihr D-Wert beträgt in sauren Säften bei 88 °C etwa 10 min, er wird aber bereits bei Anwesenheit von 90 μl SO$_2$ je 1 l Saft auf die Hälfte reduziert [179]. Ascosporen von *Byssochlamys*-Arten wurden früher bereits in England als Ursache des Verderbs von Obstkonserven erkannt.

Hitzeresistente Pilze lassen sich am besten durch die moderne Hoch-Temperatur-Kurzzeit-Erhitzung bekämpfen. Eine Hemmung des Wachstums thermoresistenter

Schimmelpilze von Apfelsaft in Flaschen kann durch randvolle Füllung und durch Zusatz von 500 mg L-Ascorbinsäure je Liter Saft erreicht werden [280].

Nicht selten spielt beim Verderb von Obstsäften das komplexe Zusammenwirken mehrerer Faktoren eine Rolle. So können z. B. Hyphomyceten, die durch die Pasteurisation nicht abgetötet wurden und als Sporen in die Getränkeflaschen gelangten, nur zur Entwicklung kommen, wenn eine ausreichende Sauerstoffversorgung, z. B. durch undichte Verschlüsse oder durch einen zu großen Kopfraum im Flaschenhals, garantiert ist. Bakterien kommen oft erst zur Entwicklung, wenn durch Zerstörung oder Abbau der natürlichen Fruchtsäuren ein Anstieg des pH-Wertes vorherging.

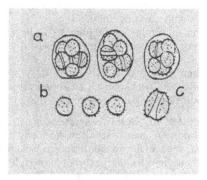 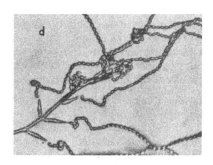

Bild 23. *Byssoschlamys spec.*

a) Asci, b) und c) freie Ascosporen, von oben und von der Seite gesehen, d) Konidienträger und Konidienketten des imperfekten Stadiums (*Paecilomyces spec.*); (Vergrößerung a) und b) etwa 1050fach, c) 1400fach, d) 200fach)

Bei der Herstellung von Süßmosten und anderen Obstnektaren können außer den im Saft bzw. Mark enthaltenen Keimen auch die mit dem Zucker und dem Wasser eingebrachten Mikroorganismen zum Verderb führen.

Um die durch Mikroorganismentätigkeit verursachten Verluste zu vermeiden, empfiehlt sich eine mikrobiologische Prozeßkontrolle der Fruchtsaftproduktion, beginnend mit dem Rohstoff und endend mit dem Fertigerzeugnis. Dadurch ist es möglich, Fehlerquellen frühzeitig zu erkennen und vor allem Großbetriebe in vorbeugender Weise im Sinne des Qualitätssicherungssystems vor Schäden weitestgehend zu schützen.

1.5.2.4. Verderb von Obstsaftkonzentraten

Aufgrund der niedrigen a_w- und pH-Werte von Obstsaftkonzentraten kommen Bakterien nur in Ausnahmefällen als Verderbniserreger vor. Als häufigste Schadorganismen treten osmophile Hefen, insbesondere *Zygosaccharomyces rouxii* und *Z. bailii*, auf. *Z. rouxii* (s. Bild 52) wird vorwiegend in stark konzentrierten, aber nicht chemisch konservierten Säften gefunden, während *Z. bailii* hauptsächlich in weniger stark konzentrierten, zusätzlich chemisch konservierten Säften vorkommt. Im Vergleich zu anderen Hefearten zeichnet sich *Z. bailii* durch eine hohe Resistenz gegen Konservierungsmittel, wie Benzoesäure, Sorbinsäure und schwefelige Säure, aus [310]. Beide Hefearten sind zur alkoholischen Gärung fähig. Durch die CO_2-Bildung gärender Konzentrate kommt es zu einem starken Druckanstieg in verschlossenen Lagergefäßen.

Neben Hefen können osmophile Hyphomyceten, wie *Aspergillus*-Arten der *A.-glaucus*-Gruppe, als Obstsaftkonzentratschädlinge auftreten. Sie wachsen als streng aerobe Organismen nur auf der Konzentratoberfläche. Ihr Auftreten wird begünstigt, wenn die Lagerbehälter, z. B. Tanks, nicht vollständig gefüllt sind und von den Gefäßwänden abtropfendes Kondenswasser zur Bildung einer verdünnten Konzentratschicht an der Oberfläche führt.

Um die Sicherheit bei der Lagerung von Konzentraten gegen mikrobiellen Verderb zu erhöhen, gibt es folgende Möglichkeiten.

● Grundsätzlich ist anzustreben, daß die Konzentrierung und Lagerung der Säfte unter keimarmen Bedingungen erfolgt und die a_w-Werte so niedrig wie möglich liegen. Lokale Entmischungen der Konzentrate, z. B. durch abtropfendes Kondenswasser von den Wandungen der Lagergefäße, sind zu vermeiden.
● Die Lagertemperatur soll in Gefrierpunktnähe, zumindest nicht über 10 °C, liegen.
● Kopfräume in den Lagerbehältern sind zu vermeiden oder mit inerten Gasen, wie CO_2 oder N_2, zu füllen.
● Obstsaftkonzentrate, die aus technologischen Gründen relativ hohe a_w-Werte haben, insbesondere fruchtfleischhaltige, sind zusätzlich chemisch zu konservieren, z. B. durch Zusatz von Benzoesäure, Sorbinsäure oder Schwefeldioxid.

Bei der Rückverdünnung von Obstsaftkonzentraten zur Getränkeherstellung ist zu beachten, daß diese auch nichtosmophile Mikroorganismen enthalten können, die sich in den Konzentraten nicht vermehren und auch nicht zu qualitativen Schädigungen führen. Nach dem Rückverdünnen können diese Keime, insbesondere Hefen, einen schnellen Verderb der Getränke bewirken, wenn sich nicht unmittelbar entsprechende Konservierungsmaßnahmen, z. B. eine Pasteurisation, anschließen.

1.6. Obstsirupe (Fruchtsirupe)

1.6.1. Allgemeines

Obstsirupe sind aus Obstsäften (Fruchtsäften) und Weißzucker durch Aufkochen oder seltener auf kaltem Wege hergestellte dickflüssige Ein- oder Mehrfruchterzeugnisse. Der Obstsaftanteil beträgt mindestens 35%, der Weißzuckeranteil höchstens 65···68% der gesamten eingesetzten Masse. Bei Verwendung von Obstrohsäften säurearmer Früchte ist der begrenzte Zusatz von Milch-, Wein- oder Citronensäure zweckmäßig.

Die *Haltbarkeit* der Obstsirupe beruht auf ihrem geringen Gehalt an für Mikroorganismen verfügbarem Wasser. Der a_w-Wert, der vor allem von der Zuckerkonzentration, der Zuckerart und von dem Gehalt an löslichen Fruchtsaftbestandteilen abhängt, ist sehr niedrig. Zusätzlich wirkt der pH-Wert der Fruchtsirupe, der in der Regel unter 4,5 liegt, als begrenzender Faktor für die Entwicklung der zahlreichen säureempfindlichen Mikroorganismenarten. Somit bestehen zwischen Obstsirupen und Obstsaftkonzentraten (s. unter 1.5.1.3.4. und 1.5.2.4.) viele Gemeinsamkeiten.

1.6.2. Mikrobieller Verderb von Obstsirup

Als nahezu einzige schädliche Organismen kommen für Obstsirupe osmophile Hefen, wie *Zygosaccharomyces rouxii* (s. Bild 52) und *Hansenula anomala*, sowie unter mikrobiologisch günstigen Bedingungen auch einige *Schizosaccharomyces*- und *De-*

baryomyces-Arten in Betracht. Sie gelangen sowohl aus den verarbeiteten Obstmuttersäften als auch aus dem Zucker, der besonders keimhaltig sein kann (s. unter 5.1.5.2.),
in den Obstsirup. Osmophile Mikroorganismen verursachen Gärung und können aufgrund der CO_2-Bildung zur Explosion der Sirupbehälter führen. Besonders gefährdet
sind Ananas- und Erdbeersirup, die sehr leicht ihr Aroma verlieren und deshalb
vorzugsweise auf kaltem Wege hergestellt werden. Die Entwicklung der osmophilen
Hefen geht in den konzentrierten Fruchtsirupen nur langsam vor sich, so daß sich
Verderbniserscheinungen mitunter erst nach längerer Lagerung der Produkte bemerkbar machen. Gewöhnlich beginnt die Gärung von Obstsirupen an der Oberfläche.
Die Gründe dafür sind vielfältiger Natur. So ist an der Oberfläche die günstigste Sauerstoffversorgung gewährleistet, und durch die Feuchtigkeitsaufnahme der hygro-
skopischen Konzentrate aus der Luft bildet sich ein dünner Sirupfilm mit einem
höheren Wassergehalt. Dadurch bieten sich osmophilen Hefen günstigere Wachstums-
und Vermehrungsbedingungen als in den tieferen Schichten. Durch den zunehmenden
Sauerstoffverbrauch stellen sich die Zellen vom oxydativen auf den anoxydativen
Gärungsstoffwechsel um. Das aus dem Atmungsstoffwechsel hervorgehende Wasser
führt zu einer weiteren Verdünnung des Sirups und zur Verringerung der spezifischen
Masse. Damit ist ein Absinken der Hefezellen in tiefere Schichten verbunden, was
durch die Gasbildung sichtbar wird. In der Industrie für alkoholfreie Getränke
kann die Verarbeitung von stark keimhaltigem Fruchtsirup zu großen Schwierigkeiten und finanziellen Einbußen führen.

1.6.3. Möglichkeiten zur Verhinderung des mikrobiellen Verderbs von Obstsirup

Zur Konservierung von Obstsirupen eignen sich verschiedene Konservierungsmittel,
z. B. Sorbinsäure, doch ist der Zusatz nicht in allen Ländern erlaubt. Obstmutter-
säfte, aus denen Fruchtsirupe hergestellt werden, dürfen in begrenztem Umfang
konserviert sein (s. auch 1.5.1.3.5.). Andere Möglichkeiten, Obstsirupe in technischem Maßstab vor mikrobiellen Zersetzungen zu schützen, bestehen in der Kühllagerung, durch die der Stoffwechsel der Mikroben auf ein Minimum reduziert wird.
Gleichzeitig werden damit auch unerwünschte chemische Veränderungen, z. B. der
Farb- und Aromastoffe, vermindert. Die Entkeimung von Obstsirupen durch
Filtration ist nur bei schwach konzentrierten Produkten möglich. Sie hat praktisch
keine Bedeutung. Bei der Hitzekonservierung von Obstsirupen ist zu beachten,
daß die Hitzeresistenz von Hefen mit der Zunahme des Zuckergehaltes ansteigt und
daß die Hitzebehandlung stets zu Qualitätseinbußen führt, was in besonders starkem
Maße für Produkte aus Zitrusfrüchten gilt.

1.7. Fruchtpulver

In jüngerer Zeit werden aus Obst- und Gemüsesäften sowie aus Pürees vorwiegend
im Sprüh- oder Gefriertrocknungsverfahren hochwertige pulverförmige Frucht-
pulver (Obst- oder Gemüsepulver) hergestellt.
Gefriergetrocknete Säfte und Pürees aus schwarzen Johannisbeeren, Sauerkirschen,
Äpfeln, Pflaumen, Aprikosen und Erdbeeren enthalten weniger als 3000 Keime je
Gramm. Sporenbildende Bakterien und Mikrokokken haben die größte Überlebensrate. Milchsäurebakterien und Schimmelpilzsporen erwiesen sich widerstandsfähiger
gegenüber dem Trocknungsprozeß als Hefen. Während einer 6···12monatigen Lagerung der Erzeugnisse sank der Keimgehalt um 10···86% ab. In rekonstituierten
Säften stieg die Keimzahl innerhalb 6 h um das 2···4fache an [72].

1.8. Obstpülpen

Obstpülpen und Obstmark sind nicht zum unmittelbaren Genuß bestimmte Einfrucht-Halberzeugnisse aus frischen, gesunden, gereinigten Früchten, die durch Zusatz von Konservierungsmitteln, durch Gefrieren oder durch Sterilisation haltbar gemacht sind. Sie werden im wesentlichen von den gleichen Mikroorganismengruppen befallen, die auch in Fruchtsäften und Obstnektaren vorkommen, wobei Schimmelbildung und alkoholische oder saure Gärung im Vordergrund stehen (s. auch unter 1.5.). Nach der Konservierungsmittelanordnung sind 1,5 g Benzoe- oder Sorbinsäure oder 1,25 g Schwefeldioxid je Kilogramm Obstpülpe zugelassen, doch dürfte in der Zukunft das Haltbarmachen durch Gefrieren die chemischen Konservierungsmittelzusätze verdrängen.

1.9. Marmeladen, Konfitüren, Gelees, Pflaumenmus

1.9.1. Allgemeines

Konfitüren und *Marmeladen* sind durch Einkochen von ganzen, grob zerkleinerten oder passierten frischen oder durch geeignete Konservierung in frischem Zustand erhaltenen Früchten oder aus Halberzeugnissen, wie Obstpülpen und Obstmark, unter Zusatz von höchstens 55% Zucker (Saccharose) hergestellte, streichfähige Erzeugnisse. Der Zusatz von Obst- oder Mischpectinextrakt, Obstgeliersaft, Stärkesirup, Citronen-, Wein- oder Milchsäure sowie Fruchtrohsaft ist in begrenzten Mengen zugelassen. Konfitüren unterscheiden sich von Marmeladen durch den hohen Gehalt an deutlich zu erkennenden Obststücken.

Obstgelees sind aus dem Saft oder dem wäßrigen Auszug von frischen Früchten oder der Pülpe einer Obstart durch Einkochen mit Zucker gewonnene gallertartige, durchscheinende, streichfähige Zubereitungen.

Pflaumenmus (Zwetschenmus, Zwetschgenmus) wird durch Einkochen des Pflaumenmarks frischer Früchte oder aus getrockneten Pflaumen oder aus einem Gemisch dieser beiden, gelegentlich unter Zusatz von Weißzucker, hergestellt.
Marmeladen, Konfitüren, Gelees und Pflaumenmus sind aufgrund ihres hohen Gehaltes an Zucker, Fruchtsäuren und anderen wasserlöslichen Substanzen sowie aufgrund des geringen Wassergehaltes relativ gut haltbar. Die in den Rohstoffen, wie Obstpülpe, Weißzucker u. a., enthaltenen Mikroorganismen werden durch den Kochprozeß weitestgehend abgetötet. Bei der Verarbeitung chemisch konservierter Halbfabrikate, wie Obstpülpe und Obstmark, wirken Restmengen der Konservierungsmittelzusätze auch im Fertigprodukt hemmend auf die Mikroorganismenentwicklung. Lediglich flüchtige Substanzen, z. B. Schwefeldioxid, entweichen beim Kochen.

1.9.2. Mikrobieller Verderb von Marmeladen, Konfitüren, Gelees und Pflaumenmus

Als Verderbniserreger von Marmeladen, Konfitüren, Gelees und Pflaumenmus treten fast ausschließlich Hyphomyceten der Gattungen *Penicillium* und *Aspergillus* auf, die beim Abfüllen als Luftkontamination auf die Fertigprodukte gelangen. Es handelt sich um osmophile Arten, die an hohe Zuckerkonzentrationen adaptiert sind. Ihre Sporen (Konidien) keimen auf der Oberfläche aus und bilden anfangs weiße, später meist durch intensive Konidienbildung grün bestaubte Kolonien (Bild 24). Begünstigend auf die Entwicklung von Hyphomyceten wirkt die Kondenswasserbildung, die bei unsachgemäßem Verschließen und Kühlen der Behälter auftritt und zu einem dünnen Flüssigkeitsfilm mit geringem Zuckergehalt an der Oberfläche des Gefäßinhaltes führt.

Durch Hefen oder Milchsäurebakterien verursachter Verderb tritt auf, wenn die Erzeugnisse z. B. zur besseren Erhaltung der Aromastoffe nur unzureichend erhitzt wurden. Bei mangelhafter oder unsachgemäßer Reinigung der Abfüllanlagen können Rückstände zur Ausgangsbasis der Vermehrung von Hefen werden, besonders dann, wenn die Anlagen nicht ständig in Betrieb sind. Gelangen die Hefen in das abgefüllte Gut, so verursachen sie gewöhnlich eine langsame Gärung.

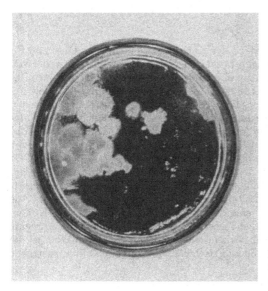

Bild 24. Oberflächenbefall von Marmelade durch Pilze der Gattungen *Penicillium* und *Aspergillus*

1.9.3. Möglichkeiten zur Verhinderung des mikrobiellen Verderbs

Zur Unterdrückung der Schimmelbildung ist eine begrenzte Oberflächenbehandlung der fertig abgefüllten Erzeugnisse, z. B. mit 0,1 g Benzoe-, Ameisen- oder Sorbinsäure je 100 cm², erlaubt. Um die Sekundärkontaminationen beim Abfüllen weitestgehend zu vermeiden, werden folgende Maßnahmen empfohlen:

● Entkeimung der Luft in den Abfüllräumen,
● Verwendung sterilisierter Deckel,
● Pasteurisation der abgefüllten verschlossenen Behälter, z. B. durch Infrarotstrahlen.

Der Entzug des restlichen Sauerstoffs, z. B. durch Verschließen der Behälter im Vakuum, trägt ebenfalls zur Verhinderung des Oberflächenverderbs bei, desgleichen das Ansäuern der Substrate auf pH 3 [224].

2. Gemüse und Gemüseerzeugnisse

Zum Gemüse rechnet man mit Ausnahme der Kartoffel alle nicht zum Obst und Getreide zählenden ein- und mehrjährigen krautigen Nutzpflanzen, die entweder roh, gekocht oder durch andere Verfahren zubereitet dem Menschen als Lebensmittel dienen. Nach den jeweils genutzten Pflanzenteilen unterscheidet man Wurzel- und Knollengemüse (Möhre, Rote Rübe, Sellerie, Schwarzwurzel, Rettich, Radieschen, Kohlrübe u. a.), Zwiebelgemüse (Speisezwiebel, Porree, Schnittlauch), Blatt- und Stengelgemüse (Spinat, verschiedene Salatarten, Spargel, Rhabarber u. a.), Kohlgemüse (Weiß-, Rot-, Grün-, Rosen-, Wirsing-, Blumenkohl, Kohlrabi u. a.), Fruchtgemüse (Tomate, Gurke, Melone, Kürbis, Paprika, Bohne, Erbse u. a.).

Der ernährungsphysiologische Wert des Gemüses liegt vor allem im Vitamin- und Mineralstoffgehalt, während der Nährwert durch den geringen Kohlenhydrat-, Fett- und Eiweißgehalt im Vergleich zu anderen Lebensmitteln gering ist. Als Ausnahmen seien Erbsen und Bohnen genannt, die einen hohen Eiweiß- und Kohlenhydratgehalt haben. Bedeutungsvoll ist ferner der Celluloseanteil für die Anregung der Darmperistaltik. Nach ernährungswissenschaftlichen Gesichtspunkten ist ein Gemüseverbrauch von 100 kg, davon 80 kg Frischware, je Kopf und Jahr anzustreben.

2.1. Mikroflora des Frischgemüses

Viele der prinzipiellen Darlegungen über die Mikrobiologie des Obstes gelten auch für das Gemüse. Während die inneren Gewebeschichten von gesundem Gemüse im allgemeinen keimfrei sind, haften an der Oberfläche zahlreiche Mikroorganismen, die durch den Kontakt mit Boden, Wind, Wasser und durch Tiere übertragen werden. Neben mehr oder weniger zufällig vorhandenen Keimarten finden sich andere, die direkt auf der Oberfläche pflanzlicher Produkte ihren natürlichen Lebensraum haben und sich hier vermehren, z. B. die Lactobacillen, die auf Kohlblättern, Gurken, aber auch auf zahlreichen anderen Gemüsearten stets gefunden werden. Bakterien kommen auf Gemüse besonders häufig vor, da ihnen pH-Werte im Neutralbereich besser zusagen als z. B. den säureliebenden Hefen, die auf Obst häufiger sind. Die Mikroflora des Gemüses umfaßt vor allem Bakterien folgender Gattungen: *Alcaligenes, Flavobacterium, Lactobacillus* und *Micrococcus*. Außerdem kommen zahlreiche Schimmelpilzarten vor, z. B. Vertreter der Gattungen *Penicillium, Fusarium, Alternaria* (Bild 25), *Botrytis, Sclerotinia* und *Rhizoctonia*.

Keimzahlenmäßig bestehen große Unterschiede in Abhängigkeit von Gemüseart, Standort, Klima und Entwicklungsstadium. Auf einem Quadratzentimeter Oberfläche von Salatblättern werden beispielsweise zwischen hundert und Millionen Keime gefunden.

90

Da Gemüse fast ausschließlich in unmittelbarer Nähe des Erdbodens wächst, spielt die Verunreinigung durch Erde eine große Rolle. Besonders an Wurzel- und Knollengemüse, wie Möhren und Sellerie, haften stets große Mengen Bodenorganismen, darunter auch die besonders resistenten Sporen von Bakterien der Gattungen *Bacillus* und *Clostridium*. Durch Staub und durch Spritzwasser, z. B. beim Beregnen, gelangen die Bodenorganismen auch auf nicht direkt im Erdboden wachsende Gemüsearten, wobei die äußeren Pflanzenteile stärker verunreinigt werden als die inneren. So nimmt der Keimgehalt von Salat- und Kohlköpfen von den Außenblättern nach den Herzblättern zu ab. Aus Böden, die durch Fäkalien oder Klärschlamm verseucht wurden, können u. a. humanpathogene Keime auf das Gemüse gelangen. Untersuchungen von Marktgemüse ergaben, daß bis zu 40% der angebotenen Waren *Escherichia coli* enthielten.

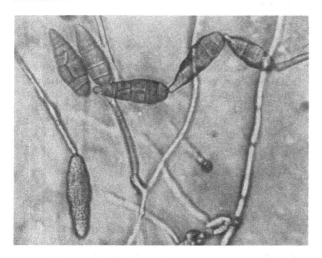

Bild 25. *Alternaria spec.* bildet zu Ketten vereinte längs- und querseptierte große Konidien (600fache Vergrößerung)

Große Gefahren birgt die Verrieselung von ungenügend gereinigtem städtischem Abwasser auf Gemüsefeldern in sich. Sie kann insbesondere zur Übertragung von Darmparasiten führen. *Salmonella typhi*, der Erreger des Typhus, bleibt bis zu 5 Wochen im Boden lebensfähig. Neben Enterokokken und Enterobakterien können auch Wurmeier durch Gemüse übertragen werden und zu Massenepidemien führen. Besonders problematisch ist die Übertragung von Parasiten durch Gemüsearten, die nicht gekocht werden, wie grüner Salat. Aus den genannten Gründen ist das Verregnen von Fäkalabwasser auf Gemüsefeldern grundsätzlich verboten. Auf den zum Zwecke der Abwasserreinigung früher insbesondere um Großstädte angelegten Rieselfeldern dürfen Obst und Gemüse, die zum Verzehr ohne vorherige Erhitzung bestimmt sind, nicht angebaut werden. Beim Anbau von Gemüse, das nur in gekochtem Zustand verzehrt wird, ist die Abwasserberieselung bis spätestens 4 Wochen vor der Ernte einzustellen.

Außer durch Wasser werden auch durch die Luft Keime auf das Gemüse übertragen. Weitere Verunreinigungen erfolgen durch Tiere, insbesondere Insekten oder deren Entwicklungsstadien. So kann z. B. Kohl in starkem Maße mit dem Kot der Raupen des Kohlweißlings (*Pieris brassicae*) angereichert sein.

2.1.1. Natürliche Schutzsysteme gegen Mikroorganismenbefall

Die Resistenz pflanzlicher Organe gegen Mikroorganismenbefall wurde bereits unter 1.1.2. für Obst ausführlich behandelt. Auch die Gemüsepflanzen haben besondere Abschlußgewebesysteme, die sie gegen schädliche Wasserverluste, mechanische Verletzungen und das Eindringen von Mikroorganismen schützen. So haben z. B. fast alle Kohlarten eine feste Kutikula, die außerdem mit einer ausgeprägten Wachsschicht bedeckt ist. Teilweise fallen die Abschlußgewebe durch Farbstoffeinlagerungen ins Auge, z. B. bei der Schwarzwurzel und beim Radieschen. Gegen Mikroorganismen wirksame Hemmstoffe (Phytoncide) sind ebenfalls in zahlreichen Gemüsearten verbreitet. Rettiche (*Raphanus sativus*) enthalten z. B. das Raphanin, ein farbloses Öl, das wahrscheinlich mit dem Sulforaphen identisch ist, und im Knoblauch (*Allium sativum*) kommt das Allicin (s. unter 8.1.1.) vor.

$$CH_3-SO-CH=CH-CH_2-CH_2-NCS$$
Sulforaphen

Die Wurzel von Meerrettich (*Cochlearia armoracia*) scheidet nicht näher bekannte flüchtige Substanzen aus, die das Wachstum von *Bacillus subtilis*, *Escherichia coli* und anderer Bakterienarten hemmen. Kapuzinerkresse (*Tropaeolum majus*) enthält Benzylsenföl, das noch in Verdünnungen von 1 : 20 000 000 im Gastest antibakteriell wirksam ist. Im allgemeinen werden jedoch die im Obst stark verbreiteten ätherischen Öle im Gemüse in geringerem Maße gefunden (vergleiche dazu auch 1.1.2.).

2.1.2. Mikrobieller Verderb von Gemüse

Ähnlich wie Obst ist auch Gemüse nur begrenzt haltbar. Das natürliche Schutzsystem ist bei den verschiedenen Gemüsearten sehr unterschiedlich entwickelt und bietet nur bedingte Abwehrmöglichkeiten gegen den Angriff parasitärer Mikroorganismen. Mit zunehmendem Reifegrad steigt die Anfälligkeit gegen Fäulniserreger. Verletzungen durch Fraß (Insekten und andere Tiere) sowie Beschädigungen während der Ernte, des Transports und der Lagerung bieten zahlreichen Saprophyten Möglichkeiten, in die pflanzlichen Gewebe einzudringen und sich zu vermehren. Die Folge ist stets der mehr oder weniger starke Verderb.

Besondere mikrobiologische Probleme werden durch die zunehmende Einführung maschineller Ernte- und Transportverfahren aufgeworfen. Bei Tomaten, Bohnen und anderen maschinell geernteten Gemüsearten ist der Keimgehalt erheblich höher· als bei den von Hand geernteten. Da das mechanisch geerntete Gemüse außerdem häufig verletzt wird, unterliegt es einem schnelleren Verderb. Die mikrobiologische Qualität von maschinell geerntetem Gemüse hängt vor allem von folgenden Faktoren ab:

● Prozentsatz der Beschädigungen,
● Anteil anhaftender Erde,
● Zeitraum zwischen Ernte und Verarbeitung,
● Temperatur und Luftfeuchtigkeit.

Mechanisch geerntete Tomaten weisen bereits 6···8 h nach der Ernte bei Temperaturen um 20 °C erhebliche mikrobiell bedingte Qualitätsmängel auf.

Weiterhin können Verluste durch tierische Schädlinge sowie durch unerwünschte enzymatische Prozesse verursacht werden. Die Atmungsenzyme der pflanzlichen Gewebe sind auch nach der Ernte des Gemüses weiter aktiv und führen zur Selbsterhitzung. Wird die Atmungsenergie nicht abgeführt, wie das bei zu großer Stapelhöhe der Fall ist, so kann es bei der Lagerung von Spinat, Salat, Kohl und zahlreichen anderen Gemüsearten zu Bräunungen, Schwärzungen und damit verbunden zu erheblichen Verlusten kommen. Enzymatische Schäden haben oft das gleiche Krankheitsbild wie mikrobiell bedingte, und nicht selten verlaufen autolytische Prozesse sowie durch Mikroorganismen verursachte nebeneinander. So wird z. B. die Entwicklung der Mikroorganismen durch das enzymatische Freiwerden des Zellsaftes und durch die Atmungswärme pflanzlicher Produkte gefördert [49, 183]; vgl. 1.1.3.

2.1.2.1.   Häufige Formen des mikrobiellen Verderbs von Gemüse

2.1.2.1.1.   Bakterielle Fäulen

Während die verschiedenen Fäulnisarten des Obstes vor allem durch pilzliche Erreger verursacht werden, spielen Bakterien beim Verderb von Gemüse eine große Rolle. So erregen verschiedene phytopathogene Species der Gattungen *Erwinia* und *Xanthomonas* die weit verbreiteten und gefürchteten bakteriellen Naßfäulen. Sie lösen enzymatisch die aus Pectin bestehenden Mittellamellen der pflanzlichen Gewebe auf, so daß diese ihre Festigkeit verlieren und breiartige Konsistenz bekommen. Der austretende Gewebesaft mit den Bakterienzellen überträgt die Krankheit auf gesunde Pflanzenteile. Andere, saprophytisch lebende Bakterienarten verursachen das Sauer- und Schleimigwerden.

2.1.2.1.2.   Durch Pilze verursachte Fäulnis

Die häufigste durch Pilze hervorgerufene Lagerkrankheit von Gemüse ist die Sklerotinia-Fäule. Sie befällt zahlreiche Gemüsearten, wie Möhren, Rüben, Sellerie u. a., und wird mitunter auch als Braun- oder Weißfäule bezeichnet. Die befallenen Pflanzenteile sind weich und von einem weißen, baumwollartigen Pilzmycel bedeckt, das silberglänzende, kleine tauartige Wassertröpfchen ausscheidet. Später erscheinen die Sklerotien, harte schwarze Mycelkörper von verschiedener Größe und Gestalt, die als Dauergewebe dienen. Aus den Sklerotien entwickeln sich unter günstigen Verhältnissen Apothezien, langgestielte Fruchtkörper mit einer blaßroten, tellerartigen Scheibe von 4···8 mm Durchmesser, die die Ascusschläuche mit den Ascosporen enthält. Als Lagerkrankheit breitet sich der Erreger *Sclerotinia sclerotiorum* durch das Myzel aus, das auch saprophytisch im Erdboden und an den Lagerwänden wachsen kann.

Der an Rüben, Möhren, Spargel, aber auch an zahlreichen anderen Pflanzen vorkommende Wurzeltöterpilz *Rhizoctonia crocorum* überzieht die befallenen Pflanzenteile mit einem dunkelvioletten Mycel und dringt außerdem in die tieferen Gewebe ein. Er bildet gewöhnlich keine Fruchtkörper, sondern wächst nur in Form steriler Hyphen (*Mycelia sterilia*). Als perfektes Stadium wurde *Helicobasidium purpureum* erkannt.

Zu den Schwärzepilzen gehören verschiedene Arten der Gattung *Alternaria*. Sie überziehen die befallenen Pflanzenteile mit ihrem schmutziggrauen Mycel. Die zahlreichen mehrzelligen, in Ketten stehenden Konidien sind anfangs braun, später schwarz gefärbt und gaben der Schwarzfäule ihren Namen.

Die vorwiegend an den Blättern, Hülsen und Samen von Bohnen und Erbsen auftretende Brennfleckenkrankheit verursacht in feuchten Jahren erhebliche Verluste.

Bohnenhülsen, die von *Colletotrichum lindemuthianum* befallen werden, zeigen rundliche, bis zu 1 cm große, eingesunkene braune oder rotbraune Flecken, die oft von einem schwarzen oder rötlichen Rand umgeben sind (Bild 26). Bei starkem Befall können mehrere Flecken miteinander verschmelzen. Alte Flecken bilden kleine, dunkelbraune Punkte, die rötliche oder graue Schleimtröpfchen mit zahlreichen einzelligen, etwas gekrümmten Konidien ausscheiden. Ein ähnliches Krankheitsbild wird bei Erbsen durch *Ascochyta pisi* hervorgerufen.

Außer von den aufgeführten Krankheiten wird Gemüse von zahlreichen Fäulnisarten, wie Graufäule, Grünfäule u. a., befallen, die auch bei Obst vorkommen und bereits in den entsprechenden Kapiteln ausführlich behandelt wurden.

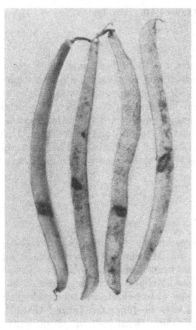

Bild 26. Brennflecken auf Bohnen

Über das Vorkommen mycotoxinbildender Pilzarten bei Gemüse ist noch wenig bekannt. Durch Beimpfen mit *Penicillium-expansum*-Stämmen, die vor allem als Erreger der Grünfäule bei Kernobst Bedeutung haben, ließ sich Patulin in rotem und grünem Gemüsepaprika, Tomaten, Salatgurken, Gemüsegurken und Möhren bei Zimmertemperatur erzeugen. *P. urticae* war nur bei Tomaten zum Wachstum und zur Patulinbildung fähig. Impfversuche mit den gleichen Pilzspecies auf Sellerie, Kohlrabi, Blumenkohl, Rotkohl, Rettich, Zwiebeln, Kartoffeln u. a. blieben ohne Erfolg. Auf Weißkohl wuchs ein *P.-expansum*-Stamm, bildete aber kein Patulin [115].

2.1.2.2.   Parasitäre Lagerkrankheiten der wichtigsten Gemüsearten

Allgemein werden die verschiedenen Gemüsearten von recht zahlreichen Mikroorganismenspecies befallen, doch kommen spezifische Krankheitserreger auf bestimmten Gemüsearten gehäuft vor. Im folgenden sind die häufigsten parasitären Schadformen der wichtigsten Gemüsearten zusammengestellt.

2.1.2.2.1. Spargel und Zwiebeln

Diese zur Pflanzenfamilie der *Liliaceae* gehörenden Gemüsearten werden außer durch bakterielle Naßfäulen durch verschiedene Pilzfäulen geschädigt. Die bei Spargel vorkommende Fusariumfäule zeigt sich anfangs durch weißes, flaumiges Mycel, später werden die befallenen Gewebe naß, weich und rot (*Fusarium culmorum*) oder braun (*F. oxysporum*) gefärbt. Vom Wurzeltöterpilz (*Rhizoctonia crocorum*) befallene Wurzelstöcke liefern kümmerliche, schmutziggelbe und fleckige Sprosse. Phytophthora- und Graufäule kommen ebenfalls vor, sind aber seltener. Auf den Schalen weißer Zwiebeln bildet das mit dem Erreger der Brennfleckenkrankheit von Bohnen verwandte *Colletotrichum circinans* dunkelgrüne bis schwarze »Schmutzflecken«. Dringt der Pilz in tiefere Gewebeschichten ein, so färbt er diese fleckig gelb. Eine vom Hals der Zwiebeln ausgehende Graufäule wird von *Botrytis allii* hervorgerufen. Die von der Halsfäule angefallenen Gewebe sind weich, färben sich bräunlich und schrumpfen ein. Kommen Bakterien hinzu, so gehen sie in Naßfäule über. Die grauen Mycelpolster mit den staubenden Konidien sind erst spät sichtbar und sitzen gewöhnlich unter den äußeren Schalen der Zwiebel. Außerdem bildet der Pilz schwarze, rundliche, bis erbsengroße Sklerotien, die als Dauerorgane besonders widerstandsfähig sind.
Zwiebeln, die auf dem Felde an Gelbstreifigkeit, einer durch Viren verursachten Krankheit, befallen wurden, sind schlecht haltbar, neigen zur Fäulnis und treiben schnell aus.
Erkrankungen der Zwiebeln werden vor allem durch mangelhafte Trocknung, Lagerung in zu hohen Schichten und durch ungenügende Belüftung begünstigt. Das Abschneiden der Schlotten vergrößert durch den austretenden Zellsaft die Infektionsgefahr. Deshalb ist die Trocknung mit natürlicher Narbenbildung zu bevorzugen.

2.1.2.2.2. Tomaten und Paprika

Tomaten und Paprika werden von verschiedenen Schwärzepilzen, wie *Alternaria*- und *Pleospora*-Arten, befallen. *Didymella lycopersici* dringt an der Ansatzstelle der Früchte ein und führt bei Tomaten durch Einsinken der Epidermis zu schwarzgefärbten Flecken mit konzentrischen Kreisen. Die befallenen Früchte trocknen mumienartig zusammen und sind von schwarzbraunen Pyknidien bedeckt. Eine durch *Phoma destructiva* verursachte Schwarzfäule, die ebenfalls vom Stielansatz der Früchte ins Innere eindringt, erzeugt einen schwarzen Kern. Die von *Phytophthora infestans* hervorgerufene Braunfäule der Tomaten, die oft schon an grünen Früchten auftritt, führt zu braunen Flecken auf der Schale. Der Pilz vermag jedoch die unverletzte Epidermis nicht zu durchbrechen und wuchert nur im Fruchtfleisch. Die Infektion erfolgt vom Fruchtstiel oder von den Kelchblättern aus durch Sporen. Diese kommen vor allem auf den Blättern der befallenen Pflanzen zur Entwicklung. Reife Tomaten werden außerdem durch verschiedene pilzliche Erreger der Naßfäule, wie *Rhizopus*-, *Mucor*- und *Gloeosporium*-Arten, befallen, die vor allem durch Risse oder andere Verletzungen eindringen. Hefen können ebenfalls beteiligt sein. Sie werden durch Taufliegen (*Drosophila*) übertragen, die ihre Eier in Tomatenfrüchte ablegen. Häufig sind die Erreger der Fruchtfäulen phytopathogene Arten, die außer in die Früchte bevorzugt in die Blätter und Stengel eindringen und große Schäden an den Pflanzen verursachen.

2.1.2.2.3. Erbsen und Bohnen

Diese Gemüsearten können von zahlreichen Fäulnisarten befallen werden. Neben bakterieller und pilzlicher Naßfäule sowie Graufäule kommen Brennfleckenkrankheit, Schorf und Rostpilzerkrankungen vor. Letztere treten vorwiegend an der Pflanze auf und verursachen bereits vor der Ernte Schäden.

2.1.2.2.4. Möhren und Sellerie

Möhren und Sellerie werden in erster Linie durch *Erwinia carotovora* geschädigt. Die bakterielle Naßfäule, die auch als Weichfäule bezeichnet wird, beginnt gewöhnlich am Rübenkopf und zersetzt unter Bräunung das Innere oder auch den ganzen Körper der Rübe. Unter den Pilzkrankheiten stehen die Sklerotinia-Fäule (Weißfäule) sowie durch *Stemphylium radicinum, Botrytis cinerea, Rhizoctonia carotae* und *Fusarium*-Arten hervorgerufene Fäulen an erster Stelle. Daneben kommen Schwärzepilze, wie *Alternaria radicina* und *Phoma*-Arten, vor. *Ph. rostrupii* erzeugt am oberen Teil der Möhrenwurzel Braunfäule in Form eingesunkener Flecken, die ringförmig zusammen-fließen können und schon während des Wachstums zu erkennen sind. Die Krankheit breitet sich im Lager weiter aus und greift auch auf gesunde Rüben über. Aus Dauer-fruchtkörpern (Pyknidien), die als dunkle Pünktchen auf den erkrankten Rüben zu erkennen sind, werden einzellige, elliptische Sporen abgesondert. *Phoma apiicola* bildet graue bis braune Flecken auf Sellerieknollen. Später entwickelt sich durch Hinzukommen fäulniserregender Mikroorganismen der Knollenschorf, der große Teile oder die ganze Oberfläche erfassen kann. Die meist durch tiefe Risse gekenn-zeichneten Knollen verfaulen entweder bereits im Boden oder im Lager.

2.1.2.2.5. Salat

Blätter und Wurzeln des Garten- und Endiviensalats können schon während der Entwicklung auf dem Felde von zahlreichen Krankheiten, wie bakteriellen Fäulen, Sklerotinia- und Graufäule, befallen werden. Die Schäden treten gewöhnlich schon vor der Ernte auf, können sich jedoch auch bei der Lagerung weiter ausbreiten.

2.1.2.2.6. Kohl, Kohlrabi, Rettich und Radieschen

Diese zur Familie der Kreuzblütler (*Cruciferae*) gehörenden Gemüse werden von bakteriellen Naßfäulen befallen. Die Schwarzadrigkeit oder Adernschwärze, die beim Weißkohl schon während des Wachstums besonders deutlich in Erscheinung tritt, zeigt sich durch die braun bis schwarz verfärbten Gefäßbündel an den vergilbten, später pergamentartig eintrocknenden Blättern. Erreger der Krankheit ist das stäb-chenförmige, bewegliche Bakterium *Xanthomonas campestris*. Der Erreger dringt durch die Wasserspalten (Hydathoden) und Spaltöffnungen der Blätter sowie durch Verletzungen ein und kann bei unsachgemäßer Lagerung zu Verlusten führen. China-kohl und Kohlrüben werden von einer bakteriellen Weichfäule befallen, die gewöhn-lich von den Blattachseln ausgeht und entlang den Blattmittelrippen fortschreitet. Bei Lagertemperaturen von über 20 °C breitet sich die Krankheit rasch aus und führt zum völligen Verderb der Ware. Der Erreger ist *Erwinia carotovora*, ein stäbchen-förmiges Bakterium, das auch bei zahlreichen anderen Gemüsearten als gefürchteter Parasit Lagerkrankheiten verursacht. Gewöhnlich werden die Pflanzen bereits auf dem Acker infiziert und welken, jedoch werden oft unauffällig erkrankte Pflanzen eingelagert. An pilzlichen Parasiten treten verschiedene Schwärzepilze, wie *Alterna*-

ria brassicae, auf. Schwarze Flecken auf den später vergilbten Blättern werden weiterhin von *Peronospora brassicae*, dem Erreger des Falschen Mehltaus, hervorgerufen, der auch in die Lagerräume verschleppt wird und Anlaß zur Fäulnis gibt. An Pilzkrankheiten sind bei verschiedenen Kohlarten weiterhin Graufäule (Erreger *Botrytis cinerea*), *Fusarium*-, *Rhizopus*- und *Rhizoctonia*-Fäule verbreitet.

2.1.3.   Maßnahmen zur Verhinderung des mikrobiellen Verderbs von Gemüse

2.1.3.1.   Allgemeines

Viele der bereits im Kapitel Obst ausführlich behandelten grundsätzlichen Maßnahmen zur Verhinderung des mikrobiellen Verderbs gelten auch für Gemüse [284]. Bereits während der Ernte und des Transports muß darauf geachtet werden, daß das natürliche Schutzsystem erhalten bleibt und mechanische Verletzungen auf ein Minimum begrenzt bleiben. Verletzungen begünstigen erheblich das Eindringen der Erreger in die inneren Gewebeschichten. Vor bzw. zu Beginn der Einlagerung soll durch aktive Belüftung (O_2-Zufuhr) deshalb die natürliche Wundverkorkung gefördert werden.

Nicht selten wird Gemüse, wie Kohl, Gurken u. a., in zu hohen Haufen gestapelt. Die Folge sind Druckstellen, vor allem in den untersten Schichten. Außerdem kommt es zur unerwünschten Selbsterhitzung und den damit verbundenen Nachteilen, wie physiologisch geschwächtes Gewebe, das den Fäulniserregern ebenso wie mechanische Verletzungen als Eintrittspforte dient.

Auch der Reifegrad des Gemüses ist für die Lagerung von Bedeutung. Mit verlängerter Vegetationsperiode wird das Auftreten von Fäulniserscheinungen begünstigt.

Gewaschenes Gemüse, das in jüngster Zeit in zunehmendem Maße vom Handel angeboten wird, bietet Mikroorganismen aufgrund des hohen Feuchtigkeitsgehaltes — vor allem wirken die als Verpackung üblichen Plastebeutel als feuchte Kammer — besonders gute Entwicklungsmöglichkeiten. Es ist nur kurzfristig haltbar.

Die zweckmäßigsten Verfahren zur Verlängerung der Haltbarkeit von Frischgemüse sind die Einhaltung niedriger Temperaturen (Kühllagerung) und geringer Luftfeuchte sowie zusätzlich niedrigem O_2-Gehalt und erhöhtem CO_2-Gehalt in der Luftatmosphäre. Damit werden für die Vermehrung von Mikroorganismen ungünstige Bedingungen geschaffen.

Für die langfristige Lagerung kommen von den Wurzel- und Knollengemüsearten im wesentlichen nur Möhren, Rote Rüben, Sellerie, Schwarzwurzel und Rettich, von Zwiebelgemüse Porree und Speisezwiebeln in Betracht. Außerdem sind zahlreiche Kohlarten gut lagerfähig. Blatt- und Stengelgemüse, wie Spinat und Spargel, sowie Fruchtgemüse, wie Gurken und Tomaten, sind in natürlichem Zustand nur begrenzt lagerfähig. Um den Bedarf im Winter und im Frühjahr zu decken, müssen sie durch besondere Konservierungsverfahren haltbar gemacht werden, die im folgenden ausführlich behandelt werden.

2.1.3.2.   Kühllagerung von Frischgemüse

In der Praxis hat sich die Kühllagerung als günstigste Methode erwiesen, um Frischgemüse über längere Zeiträume ohne größere Verluste aufzubewahren. Zur Einlagerung bestimmte Ware soll bei trockenem Wetter geerntet werden und muß völlig gesund sein. Kranke und beschädigte Stücke sind sorgfältig auszusortieren. Überreifes sowie schon gefrorenes Gemüse ist zur Lagerung nicht geeignet, da es leicht erweicht und bevorzugt von Fäulniserregern angegriffen wird. Weiterhin ist die unterschiedliche Haltbarkeit der verschiedenen Sorten zu beachten. Frühgemüsesorten sind im allgemeinen weniger lagerfähig als späte. Insgesamt spielt die Qualität des einzulagernden Gemüses eine entscheidende Rolle für die Lagerfähigkeit.

Die Einlagerung über längere Zeiträume erfolgte früher vorwiegend in Mieten und Kellern, in jüngerer Zeit setzen sich Lagerhäuser mit Kühleinrichtungen durch.

Für die Mietenlagerung ist außer Wurzelgemüse auch Kohl geeignet. Mieten müssen ausreichend mit Luftkanälen versehen sein. Die Temperatur soll im Inneren 8 °C nicht über- und 0 °C nicht wesentlich unterschreiten, was durch Öffnen bzw. Schließen der Luftkanäle erreicht wird. Entsprechend lange Mietenthermometer ermöglichen die Temperaturkontrolle in den verschiedenen Tiefen. Erdmieten sollen jedes Jahr an einer anderen Stelle errichtet werden, damit es nicht zur lokalen Anreicherung spezifischer Lagerparasiten kommt.

Keller und Lagerräume sind einschließlich der Kisten, Lagergestelle und Lattenroste regelmäßig zu reinigen und zu desinfizieren, z. B. hat sich die Verdampfung von 1,5 l Formaldehyd, 40%ig, je 100 m³ Lagerraum einschließlich Einrichtung bewährt. Man läßt das Desinfektionsmittel mehrere Tage einwirken, danach muß vor Betreten der Räume kräftig gelüftet werden. Für die Kellerlagerung sind mit Ausnahme von Zwiebeln alle Gemüsearten geeignet. Wurzelgemüse und Kohlköpfe mit Strunk werden am besten in Sand eingeschlagen.

Für Weißkohl, der mengenmäßig an der Spitze der Gemüseerzeugung liegt, haben sich Kohlscheunen bewährt, die mit natürlichen Belüftungseinrichtungen versehen sind. Die Kohlköpfe werden mit 3 bis 4 Umblättern gestapelt, dadurch wird einerseits das Austrocknen vermindert und andererseits der Verderb verringert, da man verschimmelte Umblätter beim Auslagern entfernen kann.

Die günstigsten Lagerbedingungen für die meisten Gemüsearten liegen im Temperaturbereich von 0···10 °C bei 92···95% relativer Luftfeuchte (Tabelle 9). Ein höherer Wassergehalt der Luft begünstigt außerordentlich die Entwicklung fäulniserregender Mikroorganismen, während niedrigere Werte zum Welken und Austrocknen des Gemüses führen. Eine Ausnahmestellung nehmen lediglich die Zwiebeln ein, die ihre beste Lagerfähigkeit bei 60···70% relativer Luftfeuchte und Temperaturen zwischen 0 °C und 2 °C haben. Zur Lagerung sind nur gut getrocknete Speisezwiebeln geeignet, deren Schlotten nicht abgeschnitten wurden, sondern abgestorben und vernarbt sind. Dickhalsige Sorten sind nicht lagerfähig, da sie zur Halsfäule durch den Grauschimmel neigen. In der Neuzeit wird in zunehmendem Maße Gemüse, vor allem Feingemüse, aber auch Kohl in Kühlräumen gelagert, deren Temperatur und Luftfeuchte exakt eingestellt werden können. Diese Methode der Frischlagerung ist mit höheren Kosten verbunden, bietet aber andererseits den besten Schutz gegen mikrobiellen Verderb, und die Ware bleibt frisch und ansehnlich.

Zur Vermeidung größerer Verluste ist bei allen Formen der Kühllagerung eine regelmäßige mikrobiologische Überwachung des eingebrachten Gutes erforderlich, denn durch die Senkung der Lagertemperatur wird die mikrobielle Zersetzung nicht unterbunden, sondern nur verzögert. Nicht immer tritt das Schadbild unmittelbar nach erfolgter Infektion in Augenschein, so daß mitunter äußerlich gesund aussehendes Gemüse eingelagert wird, das in Wirklichkeit bereits mikrobielle Erreger von Lagerkrankheiten in sich trägt. Wiederholte Stichproben, die insbesondere bei der Lagerung in Kellern, Scheunen, Lager- und Kühlräumen leicht möglich sind, lassen auftretende Schäden rechtzeitig erkennen. Schnittproben können wertvolle Hinweise über die innere Beschaffenheit und evtl. äußerlich nicht zu erkennende Schäden geben. Von Fäulnis befallenes Gut muß sofort aussortiert werden, da die Erreger durch direkten Kontakt, aber auch auf dem Luftwege, z. B. durch die von Pilzen gebildeten Sporenmassen sowie die bei der Naßfäule austretenden infektiösen Zellsäfte, übertragbar sind. Durch schnelles Aus- oder Umlagern befallener Bestände lassen sich größere Verluste vermeiden. Die Kontrolle einfacher Erdmieten ist wesentlich erschwert,

Tabelle 9. Lagerbedingungen für Gemüse (nach Henze *[148])*

Gemüseart	Kühllagerung			CA-Lagerung[1]			
	Temperatur in °C	relative Luftfeuchte in %	Lagerzeit in d	Temperatur in °C	CO_2 in Vol.-%	O_2 in Vol.-%	Lagerzeit in d
Blumenkohl	0	92···95	20···30	0	5	3	40
Grüne Bohnen	7···8	92···95	10	7···8	3···5	2	14
Gurken	7···10	92···95	10···14	7···10	5	2	14···20
Kohl, weiß und rot	0	bis 90	210···240	0	4	2···3	210···240
Kopfsalat	0	92···95	7···20	0	4	1···2	maximal 20
Möhren	1	92···95	150···180	1	3	2···3	150···180
Paprika	8···9	90···93	maximal 20	7···9	2···3	2	20
Petersilie	−2···−1	bis 95	55	0	10	etwa 11	55
Porree	0	92···95	60	0	3	3	90
Radieschen mit Laub	0	92···95	7	0	5	2	14
Radieschen ohne Laub	0	92···95	40	0	5	2	40
Rosenkohl	−2	92···95	60···90	0	4···5	2···3	60···90
Rote Bete	0	92···95	180				
Sellerieknollen	0	92···95	120···150	0	2···3	4	180···210
Spinat	0	92···95	maximal 7				
Tomaten, 3/4 reif	8···10	80···95	7	14···15	3	4	maximal 14

[1] Relative Luftfeuchte wie bei Kühllagerung

da sie nicht beliebig geöffnet werden können. Mitunter machen sich katastrophale Schäden durch das Einsinken der Mieten an den Fäulnisnestern bemerkbar. Geeignete Hilfsmittel, um mikrobiell verursachte Schäden frühzeitig zu erkennen, sind Mietenthermometer, da die Entwicklung von Fäulniserregern gewöhnlich mit einem Anstieg der Temperatur im Mieteninneren einhergeht, der mit der Außentemperatur nicht korreliert.

2.1.3.3.   Lagerung von Frischgemüse in kontrollierter Atmosphäre (CA-Lagerung)

Noch besser als durch Kühllagerung können mikrobielle Verderbnisprozesse, insbesondere Lagerkrankheiten, durch Lagerung in kontrollierter (geregelter) Atmosphäre, die stets mit Kühlung kombiniert erfolgt, eingeschränkt werden [135, 148, 267]. Das vor allem für Obst praktizierte Verfahren (ausführliche Darstellung unter 1.1.4.2.3.) wird in jüngster Zeit vor allem in den relativ obstarmen Sommermonaten für Gemüse angewendet. In Tabelle 9 sind die Lagerbedingungen für die Gaslagerung einiger Gemüsearten zusammengestellt. Durch den verminderten Sauerstoffgehalt der Atmosphäre bei der CA-Lagerung wird vor allem die Entwicklung von aerob lebenden Pilzen (Hyphomyceten) unterdrückt. Es bestehen jedoch erhebliche Unterschiede im Sauerstoffbedarf der verschiedenen Pilzarten. So werden *Botrytis cinerea* und *Sclerotinia sclerotiorum* bereits bei 1,4% O_2 in der Lageratmosphäre im Wachstum praktisch völlig gehemmt, während *Fusarium roseum*, ebenfalls ein sehr gefährlicher Fäulniserreger, sich unter diesen Bedingungen noch vermehren kann und selbst bei 0,8% Sauerstoffgehalt noch in der Lage ist, Weißkohl zu befallen [3].

2.1.3.4.   Bestrahlung von Gemüse

Die Bestrahlung von Gemüse mit ionisierenden Strahlen hat sich zur Verlängerung der Haltbarkeit kaum durchsetzen können, da die zur Abtötung resistenter Mikroorganismenarten, vgl. »Grundlagen der Lebensmittelmikrobiologie«, Abschn. 3.6. [250], erforderlichen Dosen (D-Werte bis zu 10 kGy) zu hoch sind. Zu den wenigen Lebensmitteln, für die sich eine Bestrahlung praktisch bewährt hat, gehören die Zwiebeln. Um das Auskeimen — und weniger den mikrobiellen Verderb — zu verhindern, wurde die Freigabe einer Dosis von 0,15 kGy mit gewissen Einschränkungen von der WHO empfohlen [82, 416]. Gleiche Strahlendosen sind auch gegen das Keimen von Kartoffeln und zur Reifeunterbrechung von Tomaten geeignet.

2.1.3.5.   Chemische Konservierung von Gemüse

In jüngster Zeit wird zur Verringerung der mitunter hohen Lagerverluste bei Gemüse der Einsatz antimikrobiell wirksamer chemischer Mittel versucht (vgl. auch 1.1.4.2.4.). Bei ihrer praktischen Anwendung müssen die gesetzlichen Bestimmungen des jeweiligen Landes beachtet werden [6, 11].
Bei der Lagerung von Weißkohl in Mieten konnte der Verderb durch Bestäuben mit dem Fungicid Pentachlornitrobenzen (PCNB, Quintozen) vermindert werden. Der Einsatz von 30···50 g Phomasan, einem Stäubemittel mit 25% Wirkstoffgehalt, je 100 kg Kraut senkte die Verluste um 30···50%.

Pentachlornitrobenzen

Die Anwendung von Pentachlornitrobenzen erfordert, daß das Stäubemittel gleichmäßig verteilt wird. Geplatzte Kohlköpfe dürfen nicht behandelt werden, da das in ernährungsphysiologischer Hinsicht nicht unbedenkliche PCNB tief in das Kopfinnere eindringen kann. Bei der Auslagerung des Kohls sind Restmengen des Wirkstoffs vor allem in den Außenblättern enthalten. Diese müssen entfernt werden, ehe der Kohl in den Verkehr gebracht wird.

Die Verwendung von bestäubtem, aber geputztem Weißkohl zur Sauerkrautherstellung soll den Gärverlauf nicht nachteilig beeinflussen [390].

PCNB-Präparate, wie Phomasan, sind in der DDR für die Behandlung von Lagerkohl zugelassen [6], werden aber kaum eingesetzt. In einigen anderen Ländern, z. B. der BRD, sind sie für Lagerkohl nicht zugelassen.

Weitere für die Kohllagerung verwendete Fungicide, wie Benomyl und Thiabendazol (s. auch unter 1.1.4.2.4.), gehören chemisch zur Gruppe der Benzimidazole. Es gibt eine Reihe von Handelspräparaten, wie Benlate, Tecto FL. Ihre Wirkung ist besser als die von PCNB, z. B. werden Pilze der Gattung *Botrytis* gut gehemmt.

2.2. Trockengemüse

Trockengemüse wird aus zahlreichen verschiedenen Gemüsearten, wie Mohrrüben, Kohl, Bohnen und Porree, durch Entzug des Wassers hergestellt. Zur Trocknung dürfen nur frische, gesunde und küchenmäßig geputzte Rohstoffe verwendet werden. Trockengemüse wurde früher vor allem in Kriegszeiten als Armeeverpflegung in größeren Mengen produziert, hatte aber wegen der schlechten Quellungsfähigkeit keinen guten Ruf. Nach Einführung der modernen Gefriertrocknungsverfahren, die qualitativ bessere Produkte ergeben, hat Trockengemüse vor allem zur Herstellung von Trockensuppen Bedeutung gewonnen.

Während Frischgemüse nur begrenzt haltbar ist und über kurz oder lang durch Mikroorganismen zersetzt wird, ist Trockengemüse jahrelang haltbar. Es unterliegt lediglich enzymatischen Umsetzungen. Mikroorganismen können sich unter einwandfreien Lagerungsbedingungen im Trockengemüse nicht entwickeln, da ihnen das lebensnotwendige Wasser fehlt. Teilweise erfolgt zusätzlich eine chemische Behandlung mit keimtötenden Mitteln.

2.2.1. Einfluß des Rohstoffs und der Technik auf die mikrobiologischen Verhältnisse

Die Mikroflora des Trockengemüses besteht im wesentlichen aus den gleichen Organismenarten, die bereits auf dem Rohstoff vorkommen (vgl. 2.1.). Durch die sachgerecht durchgeführten Arbeitsstufen Auslesen, Waschen, Putzen oder Schälen und Blanchieren werden die anfangs recht hohen Keimzahlen — z. B. haben Porree, Möhren und Zwiebeln nicht selten einen Anfangskeimgehalt von $10^6 \cdots 10^7$ je Gramm — vermindert. Das vorwiegend zur Inaktivierung der pflanzeneigenen Enzyme durchgeführte Blanchieren des Gemüses hat auch in mikrobiologischer Hinsicht große Bedeutung. Es tötet normalerweise $90 \cdots 99\%$ der Keime ab. Wenn das blanchierte Produkt aber warm stehenbleibt und nicht unmittelbar weiterverarbeitet wird, kommt es in kurzer Zeit zur Massenvermehrung der überlebenden Keime, insbesondere der hitzeresistenten Bakteriensporen. Weiterhin muß mit Milchsäuregärungen durch *Lactobacillus*- und *Leuconostoc*-Arten gerechnet werden. Erhebliche Kontaminationen können durch unsaubere Förderbänder bedingt sein.

Die Keimzahlreduzierung durch das Trocknen mit Heißluft wird meist überschätzt. Obwohl bei Lufttemperaturen von 80···100°C getrocknet wird, liegt die Temperatur des Gemüses anfangs nur bei 50°C, so daß die thermische Abtötung von Mikroorganismen kaum eine Rolle spielt. Erst gegen Ende des Trocknungsprozesses werden höhere Temperaturen erreicht, aber dann ist der Wassergehalt schon soweit gesunken, daß der Abtötungseffekt auf Mikroorganismen nur gering ist. Bekanntlich ist die sterilisierende Wirkung feuchter Hitze wesentlich größer als die von trockener. Durch die moderne Gefriertrocknung wird ein erheblicher Teil der Mikroflora abgetötet.

2.2.2. Mikroflora des Trockengemüses

Im fertigen Trockengemüse findet man im wesentlichen die Mikroorganismen, die den Herstellungsprozeß überlebten. Es sind vorwiegend Bakterien. Außer den resistenten Sporen verschiedener Species der Gattung *Bacillus* sowie seltener der Gattung *Clostridium* werden vor allem Vertreter folgender Gattungen gefunden: *Streptococcus, Enterobacter, Escherichia, Alcaligenes, Pseudomonas* und *Corynebacterium*. Streptomyceten kommen selten vor. Hefen findet man lediglich bei Gemüsearten, die mit ungenügender Sorgfalt verarbeitet wurden. Auch bei Trockenspargel, der üblicherweise vorher nicht blanchiert wird, sind Hefekeimzahlen von 10000 g^{-1} bekannt. An Schimmelpilzen treten vor allem *Penicillium-, Aspergillus-* und *Neurospora-* Arten auf. Die Keimzahlen schwanken zwischen den verschiedenen Trockengemüsearten und entsprechend den Hygienebedingungen und Herstellungsverfahren sehr stark. Maximal werden bis zu mehreren Millionen lebende Keime je Gramm gefunden [232, 336, 388].
Nach internationalen Standards soll der Keimgehalt von Trockengemüse die in Tabelle 10 zusammengestellten Werte nicht überschreiten.

Tabelle 10. Mikrobiologische Grenzwerte für Trockengemüse
(*nach* KOVATS [190] *und* SKJELKVALE [339])

Keimgruppe	Maximale Koloniezahl je Gramm
Gesamtkeimzahl	100000
Hyphomyceten	300
Coliforme	100
Escherichia coli, Fäkaltyp	10
Bacillus cereus	1000
Sulfitreduzierende Clostridien	100
Staphylokokken	100
Salmonellen	0 in 50 g

Wichtig ist, daß die Fertigprodukte, deren Feuchtigkeitsgehalt unter 10% liegen soll, trocken und kühl gelagert werden. Die relative Luftfeuchte der Lagerräume soll unter 70% liegen, da es sonst zur Vermehrung der vorhandenen Mikroorganismen kommen kann. Bei abgepacktem Trockengemüse ist darauf zu achten, daß keine Kondenswasserbildung auftritt. Die Lagerfähigkeit kann weiterhin verbessert werden, indem man das Trockengemüse in geeigneter Verpackung zusätzlich sterilisiert.
Bei der Entkeimung mit Ethylenoxid in Vakuum-Kammern muß das in Säcken oder Kisten verpackte Trockengemüse einen Feuchtigkeitsgehalt von etwa 10% haben, und die Temperaturen müssen 25···30°C betragen. Nach der Ethylenoxid-Behandlung muß teilweise nochmal nachgetrocknet werden. Sterilität wird durch dieses Verfahren

nicht erreicht, doch werden die Keimzahlen auf einige Prozent des Ausgangswertes reduziert, und hygienisch bedenkliche Keimarten, wie Salmonellen und *Escherichia coli*, werden abgetötet. In jüngster Zeit werden aber gegen den Einsatz von Ethylenoxid auf dem Lebensmittelsektor Bedenken erhoben.

2.3. Gefrierkonserven

Die Verarbeitung von Gemüse zu Gefrierkonserven, sie werden auch als Tiefkühlkost bezeichnet, gewinnt in jüngster Zeit zunehmend an Bedeutung. Dazu kommt der laufend steigende Bedarf an gefrorenen Fertiggerichten mit Gemüsebeilagen. Zahlreiche Gemüse, wie Erbsen, Bohnen, Blumenkohl u. a., lassen sich nach küchenmäßiger Vorbereitung, Vorkochung (Blanchierung) und entsprechender Verpackung im Schnellgefrierverfahren — bei einer Gefriergeschwindigkeit von mindestens 1 cm h^{-1} bis zum Erreichen einer Kerntemperatur von −18 °C — zu Gefriererzeugnissen verarbeiten. Trotzdem spielt auch bei der Herstellung von Gefriergemüse die Auswahl geeigneter Sorten eine entscheidende Rolle.

2.3.1. Einfluß des Rohstoffs und der Technologie auf die mikrobiologischen Verhältnisse

In mikrobiologischer Hinsicht bestehen zwischen Gefrierkonserven aus Obst und aus Gemüse nur geringe Unterschiede. Die prinzipiellen Grundlagen wurden bereits unter 1.3. dargelegt.

Der Keimgehalt der Fertigprodukte wird im wesentlichen durch die mit dem Rohstoff eingebrachten Mikroorganismen und durch die während der Verarbeitung in positivem oder negativem Sinne Einfluß nehmenden technischen Prozesse bestimmt. Keimanreicherungen erfolgen überall dort, wo die Mikroorganismen günstige Möglichkeiten zur Vermehrung finden. Insbesondere ist der beim Zerkleinern von Gemüse, wie Bohnen, Spinat, Möhren u. a., freiwerdende Zellsaft ein ausgezeichneter Nährboden für die Entwicklung von Bakterien. Deshalb müssen alle Maschinenteile, an denen der Gewebesaft anhaftet, einer laufenden Reinigung und Desinfektion unterzogen werden, um Nesterbildungen und Schmierkontaminationen zu vermeiden. Dabei hat sich z. B. das kontinuierliche Besprühen der rücklaufenden Teile von Transportbändern mit gechlortem Wasser als wirksam erwiesen.

Ein großer Teil der lebenden Keime wird durch das bei Gemüseprodukten zur Inaktivierung der Enzyme übliche Blanchieren (Verkochen) abgetötet, doch können mangelhafte Kühlwasserqualität und schlechte Hygieneverhältnisse in den folgenden

Tabelle 11. *Keimgehalt von Erbsen während der Verarbeitung zu Gefrierkonserven (nach* SPLITTSTOESSER *u. a.* [359])

Verarbeitungsstufe	Zahl der lebenden Keime je Gramm
Vor dem Blanchieren	900 000
Nach dem Blanchieren	160
Kühlung	39 000
Ausleseband	34 000
Transportband zum Füller	47 000
Nach dem Verpacken	100 000

Arbeitsstufen zur Rekontamination und erneuten Keimanreicherung führen. Nicht selten ist der Gehalt an lebenden Keimen unmittelbar vor dem Gefrieren wieder auf die vor dem Blanchieren üblichen Werte angestiegen (Tabelle 11). Besondere mikrobiologische Schwierigkeiten und Gefahrenmomente sind mit der in jüngerer Zeit aus arbeitsorganisatorischen und wirtschaftlichen Erwägungen teilweise eingeführten Vorbereitung von Rohstoffen in der Landwirtschaft verbunden. Keimzahlen von 10^6 bis 10^9 je Gramm sind in vorbereiteten Erntegütern bei der Anlieferung zum Verarbeitungsbetrieb nicht selten und führen zu sensorisch minderwertigen und hygienisch nicht einwandfreien Endprodukten.

2.3.2. Mikroflora des Gefriergemüses

2.3.2.1. Keimgehalt

Die in den Fertigprodukten gefundenen *Keimzahlen* unterliegen starken Schwankungen. Unmittelbar nach der Herstellung wurden in 18 Partien Erbsen, Bohnen, Blumenkohl und Spinat Mittelwerte zwischen 1 Mill. und 100 Mill. lebenden Keimen je Gramm gefunden [233]. Handelsübliche, gefrorene Erbsen enthielten zwischen 100000 und 10 Mill. Bakterien je Gramm [405]. Gefriererbsen sollen weniger als 200000 lebende Mikroorganismen je Gramm enthalten, und Produkte mit weniger als 100000 Keimen sind durchaus herstellbar, wenn der Technologie und der Hygiene entsprechende Aufmerksamkeit gewidmet wird [359]. Die Keimzahlen für Spinat liegen dagegen etwas höher. Er ist besonders empfindlich und muß unmittelbar nach der Ernte verarbeitet werden. Nach einer Zusammenstellung [93] liegen die von verschiedenen Autoren für Gefriergemüseerzeugnisse vorgeschlagenen Grenzkeimzahlen zwischen 100000 und 500000 lebenden Keimen je Gramm. Im allgemeinen enthalten gefrorene Gemüseerzeugnisse offenbar größere Mengen lebender Mikroorganismen als Obsterzeugnisse.

2.3.2.2. Keimarten

Hinsichtlich des Vorkommens bestimmter *Mikroorganismenarten* bestehen einige Unterschiede zwischen Obst- und Gemüseerzeugnissen. Während in gefrorenem Obst neben Bakterien häufig Hefen und Schimmelpilze gefunden werden, kommen letztere in Gemüse wegen der höheren pH-Werte nur selten vor. Die Mikroflora der Gemüseerzeugnisse ist sehr artenreich. Vertreter folgender Gattungen kommen vor: *Corynebacterium, Arthrobacter, Enterobacter* (= *Aerobacter*), *Bacillus, Flavobacterium, Pseudomonas* u. a. In gefrorenen Erbsen wurden vor allem Milchsäurebakterien und *Leuconostoc mesenteroides* gefunden, aber auch Hefen und Schimmelpilzkonidien kommen vor. Von über 100 aus gefrorenen Erbsen, Bohnen und Mais isolierten und diagnostizierten Bakterienstämmen gehörten 75% zur Gattung *Corynebacterium*, doch ergaben sich Schwierigkeiten bei der Artdifferenzierung [358]. Bei Untersuchungen über das Vorkommen von Bakterien der *Coli-aerogenes*-Gruppe in gefrorenem Gemüse wurden 53% aller Keime als *Enterobacter* (= *Aerobacter*) *aerogenes* und 25% als Zwischentypen identifiziert [53]. *Escherichia coli* ist auf Gefriergemüse recht selten, beim Auftreten müssen Untersuchungen über die Herkunft erfolgen. Enterokokken wurden ebenfalls gefunden, mit Keimzahlen von $35 \cdots 1800$ g^{-1} bei Erbsen. *Clostridium botulinum*, der Erreger des Botulismus, kommt unter den Bedingungen der Praxis offenbar nicht zur Entwicklung, und auch Salmonellen werden in der Regel nicht gefunden. Die Kontamination von Gefriergemüse mit koagulasepositiven Staphylokokken, denen ebenfalls große Aufmerksamkeit gewidmet wird, ist mit durchschnittlich weniger als 10 je 1 g sehr gering [358].

2.3.2.3. Praktische Bedeutung der Mikroflora von Gefriergemüseerzeugnissen

Zur Gefahr werden die im gefrorenen Gemüse enthaltenen lebenden Mikroorganismen, wenn die Kühlkette nicht eingehalten wird und Möglichkeiten zur Vermehrung bestehen. Psychrophile Keime (vgl. Bild 13), die stets gefunden werden, können sich besonders bei Temperaturen um den Gefrierpunkt des Lebensmittels entwickeln und zu Qualitätsminderungen führen. Deshalb muß das Auftauen von Gefrierkonserven möglichst rasch erfolgen, und aufgetaute Ware muß unmittelbar verbraucht werden, da sie rasch verdirbt. Möglichkeiten zur kurzfristigen Verlängerung der Haltbarkeit bestehen im Aufkochen, das zum Abtöten des größten Teils der überlebten Mikroorganismen führt.

Zusammenfassend kann gesagt werden, daß die Zahl der lebenden Keime in gefrorenen Gemüseerzeugnissen die Qualität des verwendeten Rohstoffs, die Hygieneverhältnisse und die technologischen Bedingungen während der Verarbeitung widerspiegelt. Aus der Art der im Fertigprodukt gefundenen Keime (z. B. Boden- oder Fäkalorganismen) können teilweise Rückschlüsse auf die Herkunft von Verunreinigungen gezogen werden.

2.3.3. Gefrierbrand

Der bei überlagerter Ware auftretende »Gefrierbrand«, der gewöhnlich durch Verfärbungen der Produkte gekennzeichnet ist, wird nicht von Mikroorganismen verursacht. Er entsteht infolge enzymatischer Zersetzungsprozesse und durch Austrocknung an der Oberfläche.

2.4. Gemüsekonserven, hitzesterilisiert

Auf die Mikrobiologie der in luftdicht verschlossenen Behältern hitzesterilisierten Lebensmittel wurde bereits unter 1.4. ausführlich eingegangen. Auf weitere Einzelheiten kann deshalb an dieser Stelle verzichtet werden.

2.5. Sauerkraut

Sauerkraut, auch Sauerkohl genannt, ist ein durch natürliche Milchsäuregärung unter Zusatz von Speisesalz haltbar gemachtes Erzeugnis aus geschnittenem, vom Strunk befreitem Weißkohl. Die natürliche Säuerung ist eines der am längsten bekannten Konservierungsverfahren für Gemüse und wurde wahrscheinlich aus asiatischen Ländern nach Europa übertragen. Die ersten schriftlichen Überlieferungen über das Einlegen von Kohl in Ölkrüge stammen bereits aus der Römerzeit, als Kohl eine wichtige Stellung unter den Arzneipflanzen einnahm.

Der besondere ernährungsphysiologische Wert des Sauerkrauts liegt in seinem hohen Gehalt an Vitamin C. Kapitän Cook erbrachte während seiner Weltumseglung (1872 bis 1875) den überzeugenden Beweis für die Wirksamkeit des Sauerkrauts gegen Skorbut, einer durch Vitamin-C-Mangel verursachten Erkrankung. Er nahm 60 Fässer Sauerkraut aus England mit und gab es regelmäßig an seine Mannschaft aus. Während der 3 Jahre und 18 Tage dauernden Fahrt war unter seinen Seeleuten kein Skorbutkranker zu beklagen. Bemerkenswert ist, daß das Sauerkraut trotz der langen Reise und des steten Klimawechsels haltbar blieb [88, 247].

2.5.1. Bedeutung des Rohstoffs

Die Qualität des Endproduktes hängt in starkem Maße von der Qualität des verwendeten Rohmaterials ab. Zur Sauerkrautbereitung eignen sich vor allem langsam wachsende Kohlsorten mit festen Köpfen und dünnen Blattrippen. Späte Sorten werden bevorzugt, frühe sind weniger geeignet. Es dürfen nur gesunde, voll ausgereifte, nicht geplatzte Köpfe zur Sauerkrautbereitung verwendet werden; nicht ausgereifter Kohl ergibt ein in Farbe und Beschaffenheit fehlerhaftes Erzeugnis. Klima und Düngung, Faktoren, die die Qualität des Rohstoffs beeinflussen, wirken sich auch indirekt auf die Qualität des Fertigproduktes aus. Zu hohe Stickstoffdüngung führt zu lockeren Köpfen und damit zu hohen Abfallquoten bei der Verarbeitung. Außerdem können an den Blättern lockerer Weißkohlköpfe in stärkerem Maße nicht erwünschte Erdbakterien anhaften, die den Verlauf der Sauerkrautgärung ungünstig beeinflussen. Einseitige Stickstoffdüngung soll außerdem einen erhöhten Gehalt des Weißkohls an β-Galacturonasen verursachen. Diese Enzyme begünstigen das unerwünschte Weichwerden des Sauerkrauts.

Aus wirtschaftlichen Gründen strebt man an, die Herstellung von Sauerkraut auf eine möglichst ganzjährige Kampagne auszudehnen. Dazu ist es erforderlich, die Weißkohlköpfe in besonderen Lagerhäusern, Kohlscheunen, Mieten u. a. einzulagern. Um die Inhaltsstoffe des Weißkohls, insbesondere die für den Gärprozeß wichtigen Kohlenhydrate zu erhalten, müssen die optimalen Lagerbedingungen eingehalten werden (s. Tabelle 9). Zu hohe Lagertemperaturen führen zu einem raschen Kohlenhydratabbau, zur Schwarzfärbung der Außenblätter und zur Bildung unerwünschter Geschmacks- und Geruchsstoffe. Neben rein chemischen Prozessen sind an diesen unerwünschten Abbauvorgängen in starkem Maße fäulniserregende Mikroorganismen beteiligt. Diese werden durch hohe relative Luftfeuchte begünstigt. Die Lagerung unter 90% relativer Luftfeuchte führt zum Welken der Kohlköpfe und zu erheblichen Masseverlusten. Um die auch unter günstigen Lagerbedingungen vor allem durch Pilze verursachten Verluste weiter zu reduzieren, werden Fungicide, wie Benomyl- und Thiabendazolpräparate, eingesetzt (s. auch unter 2.1.3.5.).

2.5.2. Chemische Bestandteile des Kohls

Aufgrund seiner chemischen Zusammensetzung bietet Weißkohl gute Voraussetzungen als Nährmedium für die Entwicklung von Mikroorganismen (Tabelle 12).

Die Konzentration der verschiedenen Bestandteile des Kohls schwankt je nach Sorte und Herkunft. So kann der Trockensubstanzgehalt zwischen 5,6% und 9,0% liegen. Der Kohlenhydratanteil, der mit zunehmender Lagerdauer durch Veratmung sinkt, setzt sich zu 85% aus Glucose und Fructose zusammen, der Rest ist Saccharose.

Tabelle 12. Chemische Zusammensetzung des Weißkohls (nach Souci *u. a.* [343])

Bestandteil	Anteil in %
Wasser	92,10
Kohlenhydrate	4,24
Protein	1,37
Fett	0,20
Rohfaser	1,50
Mineralstoffe (Asche)	0,59

Ein großer Teil des Stickstoffs liegt in Form verschiedener Aminosäuren vor, darunter Arginin, Lysin, Leucin und Valin. An Mineralstoffen sind vor allem Kalium, Calcium, Phosphor, Chlor, Schwefel und zahlreiche Spurenelemente, wie Eisen, Mangan, Kupfer, Zink und Iod, enthalten. Die Mineralsalze sichern während der Milchsäuregärung einen guten Pufferungseffekt, so daß der pH-Wert trotz zunehmender Säurebildung gewöhnlich nicht unter 3,4 sinkt.

Außer den in Tabelle 12 genannten Bestandteilen enthält Weißkohl zahlreiche Vitamine. Neben den Vitaminen A, B_1, B_2, B_6, C, E, Nicotinsäureamid und Pantothensäure wurde ein neuer Inhaltsstoff im Weißkohl gefunden, der als *Antimagengeschwürfaktor* bezeichnet wird. Der Vitamin-C-Gehalt schwankt zwischen 30 mg und 70 mg je 100 g Kohl. Er bleibt bei einwandfreier Technologie zum großen Teil im Sauerkraut enthalten.

Da die für die Sauerkrautherstellung wichtigen Milchsäurebakterien besonders hohe Ansprüche hinsichtlich des Nährmediums stellen, kommt der Vielzahl der chemischen Bestandteile des Weißkohls besondere Bedeutung zu.

Ein im Weißkohlsaft gefundenes, nicht näher identifiziertes hitzelabiles Phytoncid hat für den Gärprozeß offenbar keine nachteilige Wirkung.

2.5.3. Technologie der Sauerkrautherstellung

Nach der klassischen Technologie werden die angelieferten Kohlköpfe zunächst 1 bis 2 Tage auf Haufen gelagert. Dabei kommt es zur Selbsterhitzung, und die grünen Blätter werden weitestgehend entfärbt. Von den angewelkten Kohlköpfen werden die äußeren, harten und verschmutzten Blätter entfernt und der feste Strunk maschinell aufgebohrt. Kohlschneidemaschinen mit rotierenden Schneidescheiben hobeln den Kohl zu 1···3 mm breiten Streifen, die gewöhnlich über Förderbänder in Betonsilos eingebracht werden, die mit säurefesten Schutzschichten ausgekleidet sind. Die früher üblichen Holzbottiche werden heute kaum noch verwendet. Bezogen auf Masse sollen dem Kohl 2,3% (1,0···3,0%) Speisesalz zugesetzt und gleichmäßig verteilt werden. Den Geschmacksrichtungen der Verbraucher entsprechend werden teilweise bis zu 5% Speisemöhren oder Äpfel sowie Gewürze zugesetzt. Ist im Silo eine etwa 25 cm hohe Kohlschicht erreicht, so wird festgetreten oder festgestampft, anschließend wird eine weitere gleichmäßige Schicht aufgebracht und wieder festgetreten (Bild 27). Durch das Einstampfen sollen ein schnelles Austreten des Zell-

Bild 27. Füllen eines Krautsilos nach der klassischen Technologie

saftes erreicht und die Luft soweit wie möglich entfernt werden. Beides sind wichtige Voraussetzungen für einen einwandfreien Gärverlauf. Die gefüllten Gärbehälter wurden früher mit einer Zwischenschicht sauberer Kohlblätter abgedeckt und mit Holzbohlen versehen, die durch Steine oder Zementblöcke beschwert werden. Dadurch soll ein möglichst dichter Verschluß erzielt werden, der das Eindringen von Luft (Sauerstoff) verhindert. Der Kohl soll im Saft stehen. Die Gärbehälter sind unterschiedlich groß und fassen bis zu 100 t Kohl.

Bei modernen Verfahren erfolgt die Salzzugabe über Band automatisch zum geschnittenen Kohl. Dieser wird in Netzen von etwa 1 t Fassungsvermögen in die Gärbehälter eingebracht und läßt sich dadurch nach vollendeter Gärung mit Hilfe eines Krans leicht auslagern. Die Silos werden mit Plastefolien und einer darüberstehen-

Bild 28. Moderne Produktionshalle zur Sauerkrautherstellung. Die Silos sind mit wassergefüllten Gummisäcken abgedeckt

den Wasserschicht oder wassergefüllten Gummisäcken sowie flexiblen Kunststoffbehältern verschlossen, so daß das aufwendige Beschweren mit Steinen entfällt (Bild 28). Durch die moderne Technologie und den Einsatz entsprechend hoher Gärbottiche kann sowohl das Festtreten bzw. das teilweise übliche mechanische Einstampfen des Kohls völlig entfallen. In Jugoslawien, besonders in Serbien, werden neben geschnittenem Kohl auch ganze Köpfe Weiß- oder Rotkohl vergoren [276]. Das Salz wird dabei nicht in fester Form, sondern als 6—7%ige wäßrige Lösung zugegeben. Wieweit sich die patentierte lakefreie Vergärung von Weißkohlschnitzeln in Kleinbehältern, die spontan oder mit Zusatz heterofermentativer Milchsäurebakterien erfolgt, praktisch durchsetzen wird, bleibt abzuwarten [123].

2.5.4. Mikrobiologische Stufen der Sauerkrautgärung

Die *Sauerkrautfermentation* ist ein komplexer mikrobiologisch-chemischer Prozeß, der vor allem durch die Faktoren Kochsalzkonzentration, Luftausschluß und Gärtemperatur beeinflußbar ist. Im wesentlichen handelt es sich bei der Sauerkrautgärung um eine *Milchsäuregärung*, und alle technischen Maßnahmen haben das Ziel, die Vermehrung der Milchsäurebakterien zu fördern.

Die grundlegenden mikrobiologischen Untersuchungen über die Sauerkrautfermentation wurden bereits von WEHMER [398, 399] und HENNEBERG [145, 146] durchgeführt. Neben einigen Hefen und Schimmelpilzen beschrieb WEHMER das *Bacterium brassicae*, das große Ähnlichkeit mit dem von HENNEBERG aus sauren Gurken isolierten *Bacillus cucumeris fermentati* hat. Beide Bakterien sind offenbar mit *Lactobacillus plantarum* identisch; nach dem heutigen Wissensstand ist er das wichtigste Milchsäurebakterium der Sauerkrautgärung. Der von HENNEBERG gefundene *Bacillus brassicae fermentatae* gilt nach der neuen Nomenklatur als identisch mit *Lactobacillus brevis*. Neben Lactobacillen sind zahlreiche andere Bakterien sowie Hefen an der Sauerkrautgärung beteiligt.

Die verschiedenen Mikroorganismenarten entwickeln sich gewöhnlich in einer festliegenden zeitlichen Reihenfolge. Jede Organismengruppe bewirkt bestimmte chemische Umsetzungen, die für die Erzeugung von qualitativ hochwertigem Sauerkraut notwendig sind [274]. Können sich unerwünschte Mikrobenarten, z. B. Buttersäurebacillen, zu stark entwickeln, bekommt man ein minderwertiges oder gar verdorbenes Endprodukt.

Die Mikroflora gelangt mit dem Kohl in die Gärbehälter. Eine zusätzliche Impfung ist nicht erforderlich. Die Außenblätter der Kohlköpfe enthalten etwa 2 Mill. Mikroorganismen je Gramm, die Innenblätter dagegen nur 4000 Keime je Gramm [176]. Während die Mischflora der Außenblätter zahlreiche Bakterien- und Pilzarten umfaßt, die durch Wind, Wasser und Insekten mehr oder weniger zufällig dorthin gelangen, besteht die Mikroflora der Innenblätter vorwiegend aus Bakterien der Gattung *Lactobacillus*, die hier ihren natürlichen Lebensraum haben.

Durch Waschen der Kohlköpfe wird die Mikroflora der Innenblätter kaum beeinflußt, während die Keimzahl der auf den Außenschichten haftenden Mikroorganismen reduziert wird; dieser Vorgang wirkt sich günstig auf den Gärprozeß aus. Das Waschen der Kohlköpfe für die Sauerkrautherstellung ist jedoch nur in wenigen Ländern üblich, z. B. in den USA.

1. Fermentationsstufe

Durch das Absterben des Pflanzengewebes, das unmittelbar nach dem Schneiden, Salzen und Einstampfen beginnt, verlieren die Blätter ihre Elastizität. Sie sinken zusammen, und der Zellsaft tritt aus. Dieser Vorgang wird besonders durch das zugesetzte Speisesalz gefördert, weil es den osmotischen Druck des Sickersaftes erhöht. Die entstehende Lake, die neben Kochsalz wesentliche Inhaltsstoffe der pflanzlichen Zellen enthält, ist ein gutes Nährmedium für die Mikroorganismen, die mit dem Kohl in das Silo gelangen.

In der 1. *Fermentationsstufe* entwickelt sich eine *artenreiche Mischflora*. Sie umfaßt vor allem *aerobe Organismen*, die den mit der Luft eingebrachten Sauerstoff verbrauchen. Neben Hefen und Schimmelpilzen kommen in erster Linie *gramnegative Bakterien* vor. Auch *grampositive Bakterien* werden gefunden, darunter aerobe Sporenbildner (Bacillen). Die häufigsten Arten sind verschiedene Species der Gattung *Pseudomonas*, außerdem *Enterobacter cloacae*, ein gas- und säurebildendes Bakterium, und die kräftig gelb gefärbte *Erwinia herbicola* (= *Flavobacterium rhenanum*). Dieses Bakterium zeichnet sich durch die Bildung von Geruchs- und Geschmacksstoffen aus, die sich günstig auf das Endprodukt auswirken. Neben stäbchenförmigen Bakterien treten auch Kokken auf.

Die in der ersten Phase aktive artenreiche Mischflora bildet zahlreiche Stoffwechselprodukte, die wesentlich den Geschmack und Geruch des fertigen Sauerkrauts bestimmen. Neben geringen Mengen Milchsäure entstehen Ameisen-, Essig- und Bernsteinsäure, die teilweise mit dem von Hefen gebildeten Ethylalkohol verestert werden. An gasförmigen Produkten werden Kohlendioxid, Wasserstoff und in geringen Mengen Methan frei. Die Gasbildung zeigt sich in den ersten Tagen der Gärung durch starke Schaumbildung (Bild 29), insbesondere bei Gärtemperaturen um 20 °C.

Bild 29. Starke Schaumbildung durch gasbildende Mikroorganismen während der Sauerkrautgärung

2. Fermentationsstufe

Durch den Stoffwechsel der in der Anfangsphase zur Entwicklung kommenden aeroben Mischflora tritt in zunehmendem Maße Sauerstoffmangel ein, der die rasche Verringerung der ursprünglich zahlreich vertretenen Mikroorganismenarten zur Folge hat. Die rein aerob lebenden Mikroorganismenarten werden allmählich in ihrem Stoffwechselprozeß gehemmt, und die fakultativ anaeroben Milchsäurebildner treten verstärkt in Tätigkeit. Zunächst kommt es zur Anreicherung von *heterofermentativen Milchsäurebakterien*, wie *Leuconostoc mesenteroides* (s. Bild 47) und *Lactobacillus brevis* (s. Bild 32). Die anfangs zur Entwicklung kommende Mischflora wird nicht nur durch den Sauerstoffmangel, sondern auch durch das zugesetzte Kochsalz und durch die zunehmend gebildete Säure gehemmt. Die Milchsäurebakterien werden dagegen durch Kochsalz weniger geschädigt. Außerdem liegt ihr optimaler pH-Bereich, im Gegensatz zu den meisten Bakterienarten, insbesondere den Proteolyten, im sauren Bereich.

In der 2. *Stufe* der Sauerkrautgärung bewirken die heterofermentativen Milchsäurebakterien, daß ein Teil der vorhandenen Kohlenhydrate zu Milchsäure umgesetzt wird, wobei eine Konzentration an Milchsäure bis zu 1,0% erreicht werden kann. Außerdem werden Essigsäure, Ethylalkohol, Kohlendioxid, Mannit, Dextran und Ester gebildet, die wichtige Geruchs- und Geschmacksstoffe für das Endprodukt sind. Die beiden ersten Phasen der Sauerkrautgärung sind nach etwa 3 bis 6 Tagen Gärzeit beendet.

3. Fermentationsstufe

Die 3. Stufe muß als wichtigste Phase der Sauerkrautgärung angesehen werden. Sie ist durch intensive Milchsäurebildung gekennzeichnet. Durch den in den beiden vorhergehenden Stufen erfolgten Sauerstoffverbrauch sowie durch die Wirkung des

110

Kochsalzes und der bereits gebildeten organischen Säuren werden nunmehr die *homofermentativen, nicht gasbildenden Milchsäurebakterien* selektiv gefördert. Es kommt zu einer Massenvermehrung, und je 1 cm³ Lake sind mehrere Millionen Lactobacillen enthalten. Am häufigsten wird *Lactobacillus plantarum* gefunden (Bilder 30 und 31). Das unbewegliche, grampositive, kurze Stäbchen wird als wichtigster Organismus der Sauerkrautfermentation angesehen. Es gehört zu den homofermentativen Milch-

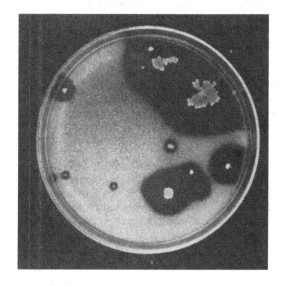

Bild 30. Wachstum von Milchsäurebakterien aus Sauerkraut in einer Petrischale mit kreidehaltigem Agarnährboden. Durch die Milchsäurebildung wird das Calciumcarbonat in der Umgebung der Kolonien aufgelöst, und es entstehen in dem hellen Agarmedium dunkle Höfe (etwas verkleinert)

säurebakterien und bildet aus den vorhandenen Kohlenhydraten nur Milchsäure. Andere organische Säuren treten als Stoffwechselprodukte praktisch nicht auf. Die günstigste Temperatur für die Milchsäurebildung durch *Lactobacillus plantarum* liegt bei der Sauerkrautfermentation zwischen 18 °C und 20 °C. Wird dieser Temperaturbereich in der 3. Fermentationsstufe eingehalten, so ist die Möglichkeit von Fehlgärungen so gut wie ausgeschlossen. Außerdem ist *Lactobacillus plantarum* sehr wider-

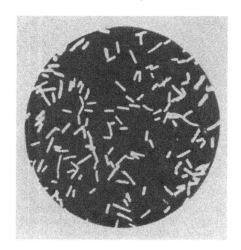

Bild 31. *Lactobacillus plantarum*
Die stäbchenförmigen Zellen liegen einzeln oder zu kurzen Ketten vereinigt
(stark vergrößert)

standsfähig gegen Kochsalz und wird erst bei einer Kochsalzkonzentration von mehr als 12% gehemmt. Dagegen ist das Milchsäurebakterium gegen eine Reihe von Stoffwechselprodukten verschiedener Fäulnisbakterien, wie Indol, Skatol, Indolessigsäure und Indolpropionsäure, relativ empfindlich. Die Grenzkonzentration liegt bei 0,1%. Eng verwandt und wahrscheinlich sogar identisch mit *Lactobacillus plantarum* ist *Bacterium acetylcholini*. Es bildet in Gegenwart von Adenosintriphosphat (ATP) und aktivierter Essigsäure durch enzymatische Acetylierung mittels Cholinacetylase Acetylcholin. Dies ist eine physiologisch aktive Substanz mit blutdrucksenkender und stark muskelkontrahierender Wirkung. Da das im Blut vorkommende Enzym Cholinesterase das Acetylcholin in Cholin und Essigsäure spaltet, hält die Wirkung aber nicht lange an.

Neben den erwähnten stäbchenförmigen Bakterien sind an der 3. Fermentationsstufe die kugelförmigen Arten *Pediococcus cerevisiae* und *Streptococcus faecalis* beteiligt. Besonders bei hohen Gärtemperaturen haben sie größere Bedeutung, in der Regel machen sie aber mengenmäßig weniger als 10% der Mikroflora aus. *P. cerevisiae* ist von den an der Sauerkrautfermentation beteiligten Bakterienarten am wenigsten empfindlich gegen den Einfluß des pH-Wertes und der Kochsalzkonzentration, während *Str. faecalis* am empfindlichsten ist.

Durch die intensive Milchsäuregärung der 3. Stufe steigt der Säuregehalt auf 1,5 bis 2,0% (als Milchsäure berechnet) an. Die Milchsäure ist die wichtigste konservierende Substanz im Sauerkraut. Sie ist die Basis für die Haltbarkeit des Endproduktes. In der Endphase der 3. Fermentationsstufe wird *Lactobacillus plantarum* selbst durch die gebildete Säure in seiner Entwicklung gehemmt und von weniger säureempfindlichen heterofermentativen Milchsäurebakterien abgelöst.

4. Fermentationsstufe

In der letzten Gärungsphase werden aus den restlichen Kohlenhydraten Milch- und Essigsäure, Ethylalkohol, Mannit und Kohlendioxid gebildet. Von den vorhandenen Mikroorganismenarten wird *Lactobacillus brevis* (Bild 32) am häufigsten gefunden. Dieses stäbchenförmige Bakterium ist wahrscheinlich mit dem in der älteren Literatur erwähnten *Lactobacillus pentoaceticus* und dem *Bacillus brassicae fermentatae* identisch. Neben *Lactobacillus brevis* sind an der Endphase der Sauerkrautgärung auch andere *heterofermentative Milchsäurebakterien* beteiligt. Sie sind in der Lage, die

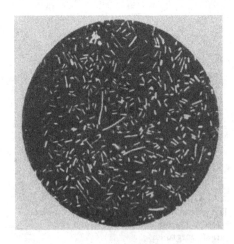

Bild 32. *Lactobacillus brevis*. Die stäbchenförmigen Zellen haben sehr unterschiedliche Größe und Gestalt (stark vergrößert)

schwerer abbaubaren Kohlenhydrate, z. B. die Pentosen Arabinose und Xylose, zu vergären, und spielen außerdem als Aromabildner eine gewisse Rolle. Die *Säurekonzentration* kann in der letzten Gärphase auf über 2% ansteigen, vorausgesetzt, daß der Sickersaft noch ausreichend Kohlenhydrate enthält. Diese hohe Säurekonzentration ist jedoch weniger erwünscht, da das Sauerkraut einen scharfen sauren Geschmack bekommt. Säurekonzentrationen über 2,5% (berechnet als Milchsäure) werden unter natürlichen Bedingungen nicht gebildet, da auch die säureunempfindlichsten Milchsäurebakterienarten in diesen Bereichen in ihrer Entwicklung gehemmt werden (Bild 33).

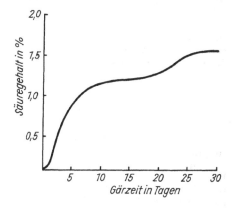

Bild 33. Säurebildung während der Sauerkrautgärung. Der Säuregehalt ist als Milchsäure berechnet

In Tabelle 13 sind die wichtigsten säurebildenden Bakterien der Sauerkrautgärung sowie ihre Stoffwechselprodukte zusammengestellt. Zur besseren Übersicht wurden die in der älteren Literatur zu findenden Artnamen mit aufgenommen.
Der gesamte Gärprozeß der Stufen 1 bis 4 dauert etwa 3 bis 5 Wochen. Frühe Kohlsorten gären kürzer, späte länger. Außerdem soll das Material der Gärbehälter die Gärdauer beeinflussen. Besonders kurze Gärzeiten werden in Holzbottichen erzielt.
Das fertige Sauerkraut soll kühl und unter Luftabschluß gelagert werden. Sein Säuregehalt beträgt normalerweise 1,5···2,2% (berechnet als Milchsäure), nach Standard TGL 24030 werden für Sauerkraut aus frühen Krautsorten 0,8···1,8% und aus späten 1,0···2,4% Milchsäure gefordert. Der pH-Wert liegt etwa zwischen 3,4 und 4,0. Sauerkraut enthält unter diesen Bedingungen Essig- und Milchsäure im Verhältnis 1:4. Liegt jedoch der absolute Säuregehalt höher, dann wird das Verhältnis zwischen Essig- und Milchsäure kleiner. Sauerkraut, das weniger als 1,5% Säure enthält, ist zeitlich nur begrenzt haltbar.
Neben den genannten organischen Säuren sind im Sauerkraut etwa 0,25% Ethylalkohol, Mannit, Dextran und einige andere Stoffwechselprodukte der Mikroorganismen enthalten.

2.5.5. Einfluß äußerer Faktoren auf die Sauerkrautfermentation

Unter natürlichen Bedingungen ist die spontan ablaufende Milchsäuregärung der wichtigste Prozeß bei der Sauerkrautbereitung. Die Erreger, verschiedene Arten von Milchsäurebakterien, können in ihrer Entwicklung durch eine Reihe äußerer Faktoren, z. B. Temperatur, Kochsalzkonzentration und Luftausschluß, beeinflußt werden. Aufgrund der großen praktischen Bedeutung soll im folgenden auf einige der wesentlichsten Faktoren noch einmal besonders eingegangen werden.

Tabelle 13. *Die wichtigsten säurebildenden Bakterien im Sauerkraut und ihre Stoffwechselprodukte*

Species	Stoffwechselprodukte
Lactobacillus brevis	Milchsäure
Bacillus casei[1]	Essigsäure
Betabacterium breve	Ethanol
Bacillus brassicae fermentatae	Kohlendioxid
Bacterium brassicae fermentatae	Dextran
Lactobacillus fermentatae	Mannit
Lactobacillus pentoaceticus	
Lactobacillus plantarum	Milchsäure,
Bacillus cucumeris fermentati	nur sehr geringe Mengen
Bacillus pentosus	Essigsäure und Kohlendioxid
Bacterium acetylcholini	
Bacterium brassicae	
Lactobacillus arabinosus	
Lactobacillus brassicae	
Lactobacillus cucumeris	
Lactobacillus pentosus	
Leuconostoc mesenteroides	Milchsäure
Ascococcus mesenteroides	Essigsäure
Streptococcus mesenteroides	Ethanol
Betacoccus arabinosaceus	Kohlendioxid
Leuconostoc arabinosaceus	Dextran, Mannit
Pediococcus cerevisiae	Milchsäure
Sarcina cerevisiae	Spuren Essigsäure und Kohlendioxid
Micrococcus cerevisiae	
Pediococcus albus	
Pediococcus damnosus	
Streptococcus damnosus	
Streptococcus faecalis	Milchsäure,
Micrococcus ovalis	einige Stämme bilden
Streptococcus ovalis	auch Ameisensäure,
Streptococcus faecium	Essigsäure und Kohlendioxid

[1] Die jeweils eingerückten Artnamen sind teils Synonyme nach BERGEY's Manual [33], teils wahrscheinlich identische Species aus der älteren Literatur, die aber heute nicht mehr eindeutig zu identifizieren sind

2.5.5.1. Bedeutung der Gärtemperatur

Gärtemperatur, Kochsalzkonzentration und Luftabschluß sind die entscheidenden äußeren Faktoren, die auf den Gärverlauf einwirken. Die optimale Gärtemperatur schafft günstige Lebensbedingungen für die Gärungsmikroorganismen und bildet damit eine der grundlegenden Voraussetzungen für einen guten Gärverlauf. Sie hat wesentlichen Einfluß auf die Sauerkrautqualität und bestimmt außerdem die Gärzeit. Theoretisch liegt der günstigste Bereich für die Entwicklung der an der Sauerkrautfermentation beteiligten Lactobacillen bei Temperaturen um 30 °C. Dieser Temperaturbereich garantiert insbesondere eine schnelle Vermehrung der homofermentativen Milchsäurebakterien, ein schnelles Ansteigen des Säuregehaltes und damit kurze Gärzeiten. Leider sind diese Vorteile mit einem erheblichen Nachteil gekoppelt. Das

Fertigprodukt hat ein schlechtes Aroma, weil sich die heterofermentativen Milch-säurebakterien nur unzureichend vermehren. Außerdem begünstigen hohe Tempe-raturen das Weichwerden des Krautes durch autolytisch-enzymatische Prozesse sowie das Auftreten von Schleimsubstanzen. Beschleunigter Abbau der wertvollen Ascorbinsäure und eine schlechte Farbe des Sauerkrauts sind weitere Nachteile, die dieser Temperaturbereich verursacht. Um diese Qualitätsminderungen zu vermeiden, sind in der Praxis Gärtemperaturen zwischen 10 °C und 20 °C üblich. Je niedriger die Temperaturen liegen, um so länger dauert der Prozeß (Bild 34).

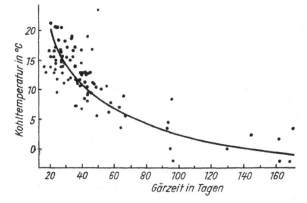

Bild 34. Einfluß der Kohltemperatur auf die Gärzeit. Auf der Abszisse ist die Gärzeit in Tagen aufgetragen, die zur Bildung von 1,8% Säure notwendig ist. Die Ordinate kennzeichnet die mittlere Temperatur des Krautes einen Tag vor dem Einschneiden

Mit steigender Temperatur ergibt sich eine Verkürzung der Gärzeit. Bei Temperatu-ren unter 10 °C beträgt die Gärdauer mehrere Monate. In dem als optimal anzuse-henden Temperaturbereich zwischen 18 °C und 20 °C ist die Fermentation nach etwa 4 Wochen abgeschlossen. Der Grad an Fehlgärungen ist in dieser Temperaturzone gering, da die rasche Vermehrung der Milchsäurebakterien sowie die damit ver-bundene Milchsäureanreicherung zu einer schnellen Herabsetzung des pH-Wertes führt und die unerwünschten eiweißzersetzenden Bakterien (Proteolyten) nicht zur Entwicklung kommen können. Außerdem werden in ausreichendem Maße Aroma-stoffe gebildet. Durch den Stoffwechsel der Mikroorganismen steigt die Temperatur zu Beginn der Gärung etwas an. Gegen Ende des Prozesses sinkt sie wieder ab.
In der Praxis kann die Temperatur des Kohls vor dem Einschneiden beeinflußt und damit der Gärverlauf gesteuert werden. Je mehr sich die Anfangstemperatur dem Optimalbereich nähert, um so schneller vermehrt sich die erwünschte Mikroflora und um so besser ist der Gärverlauf. Durch die Atmung lagernder Kohlköpfe kommt es zu einer Selbsterwärmung, die sich durch Stapelhöhe und Lagerzeit regulieren läßt. Die Temperatur der Räume spielt ebenfalls eine Rolle, Temperaturschwankungen machen sich vor allem in den Außenschichten des eingeschnittenen Kohls und der Kohlköpfe bemerkbar, da Kohl ein schlechter Wärmeleiter ist. Je größer die Gär-behälter sind, um so geringer ist der Einfluß der Raumtemperatur auf das Gärgut. In der kalten Jahreszeit empfiehlt es sich deshalb, der Temperatur der Räume beson-dere Aufmerksamkeit zu schenken und gegebenenfalls zu heizen.
Die Nichteinhaltung der Optimaltemperaturen ist oft die Ursache für das Aufkommen schädlicher Mikroorganismenarten und den Ablauf unerwünschter Stoffwechsel-prozesse. Das Ergebnis ist stets ein minderwertiges, mitunter sogar ungenießbares

Endprodukt. Wird zu kalter oder gar gefrorener Weißkohl eingeschnitten, so erstrecken sich die Gärzeiten über mehrere Monate, und das Endprodukt hat schlechte sensorische Qualitäten. Oft schmeckt es bitter.

Gewöhnlich kann das Kraut nach Abschluß der Fermentation nicht sofort abgesetzt werden, und es ist eine Lagerung erforderlich. Die günstigsten Lagertemperaturen liegen bei etwa 3 °C. Da jedoch die Räume, in denen fertiges und gärendes Kraut lagert, nicht voneinander zu trennen sind, und Kühleinrichtungen wegen der hohen Kosten ausscheiden, wird allgemein in der Praxis im Temperaturbereich unterhalb der optimalen Gärtemperatur gearbeitet und eine etwas längere Gärzeit bevorzugt.

2.5.5.2. Bedeutung der Salzkonzentration

Das bei der Sauerkrautherstellung zugesetzte Speisesalz ist nicht als Konservierungsmittel wirksam. Dazu sind die angewandten Konzentrationen zu gering. Es fördert lediglich die Lakebildung und beeinflußt die am Gärprozeß beteiligte Mikroflora günstig. Kochsalz hat eine selektive Wirkung. Es hemmt unerwünschte Mikroorganismengruppen in ihrer Entwicklung, während die wichtigen Milchsäurebakterien gegen Kochsalz weniger empfindlich sind und somit in ihrer Entwicklung indirekt gefördert werden. Die Milchsäuregärung würde auch ohne die Zugabe von Kochsalz einsetzen, wie das z. B. bei der Silageherstellung der Fall ist. Die Gefahr von Fehlgärungen ist aber dann größer. Ohne Speisesalzzusatz wird die Anreicherung der Milchsäurebakterien in der Anfangsphase verzögert. Eine schnelle Milchsäurebildung ist aber gerade zu Beginn der Sauerkrautgärung wichtig, da sie durch die Senkung des pH-Wertes den weiteren Gärverlauf wesentlich bestimmt. Setzt die Milchsäuregärung nur langsam ein, so können sich z. B. die mit dem Kohl in die Gärbehälter eingeschleppten Erdbakterien in viel stärkerem Maße vermehren. Ihre Stoffwechselprodukte beeinflussen nicht nur die Sauerkrautqualität in negativem Sinne, sondern hemmen auch direkt die Vermehrung der Milchsäurebakterien.

Allgemein ist es üblich, dem Kohl während des Einschneidens 1,5···3,0% Speisesalz zuzusetzen, wobei das Optimum im Bereich zwischen 2,2% und 2,5% liegt. Geringere Konzentrationen begünstigen die heterofermentativen Milchsäurebakterien in stärkerem Maße als die homofermentativen. Als Folge erhält man höhere Gesamtsäure- und pH-Werte, die auf eine vermehrte Bildung der schwach dissoziierten Essigsäure zurückzuführen sind. Außerdem ist die Gefahr, daß das Kraut weich wird, zu groß. Kochsalzgaben über 2,5% entziehen dem Kraut aufgrund der wirksamen osmotischen Kräfte in starkem Maße den Zellsaft und ergeben ein Fertigprodukt mit fester Konsistenz, aber schlechtem Geschmack, da die aromabildende Mikroflora zu stark unterdrückt wird. Weiterhin muß mit dem Auftreten roter Hefen (*Rhodotorula*) gerechnet werden, die dem Sauerkraut eine rosa Färbung geben und es genußuntauglich machen. Aus ernährungsphysiologischen und geschmacklichen Gründen ist ein Kochsalzgehalt unter 2,2% erstrebenswert. Auch als Diätnahrung wird salzarmes Sauerkraut gewünscht, aber die Gefahr von Fehlgärungen ist bei niedrigen Salzgaben relativ groß.

Das zugesetzte Speisesalz soll feinkörnig, weiß, geruchlos und von reinem Geschmack sein. Besonders ist auf die gleichmäßige Verteilung zu achten, da sonst große Konzentrationsunterschiede entstehen, die sich störend auf die Mikroflora der kritischen Anfangsphase der Gärung auswirken. Speisesalz kann neben Natriumchlorid Beimengungen von Calcium-, Magnesium- und Kaliumchlorid enthalten. Calcium- und Magnesiumchlorid führen zur Klumpenbildung und stehen der gleichmäßigen Verteilung entgegen. Magnesiumsalze können die Ursache von bitterem Sauerkraut sein. Der Gehalt an Kaliumchlorid soll unter 1,5% liegen. Stärkere Konzentrationen rufen einen brennenden und kratzenden Geschmack des Fertigproduktes hervor.

2.5.5.3. Bedeutung des Luftausschlusses

Die Milchsäurebakterien gehören zu den fakultativ anaeroben Mikroorganismen, d. h., sie können sich sowohl in Gegenwart als auch bei Ausschluß von Luftsauerstoff entwickeln. Dennoch kommt eine Milchsäuregärung nicht in Gang, wenn man nicht den ursprünglich in den Gärbottichen vorhandenen Sauerstoff durch entsprechende Maßnahmen verdrängt und das erneute Eindringen von Luft während der Gärung verhindert. Die Milchsäurebakterien würden nämlich von aeroben Organismen, insbesondere von Schimmelpilzen und Hefen, verdrängt. Hefen sind aber lediglich in der ersten Gärstufe in begrenztem Maße erwünscht. Sie bilden Aromastoffe, z. B. Ester, und tragen durch den Atmungsstoffwechsel zum raschen Verbrauch des zunächst vorhandenen Luftsauerstoffes bei. Größere Mengen Hefen sind, ebenso wie Schimmelpilze, gefürchtet, da sie durch ihren intensiven aeroben Stoffwechsel in kurzer Zeit relativ große Mengen an Kohlenhydraten abbauen, die dann für die Milchsäuregärung fehlen. Darüber hinaus gibt es zahlreiche Hefe- und Schimmelpilzarten, die Milchsäure assimilieren. Der daraus resultierende pH-Anstieg begünstigt das Aufkommen proteolytischer Bakterien, die den Verderb von Sauerkraut bewirken können. Aus diesem Grunde sind Hefen und Schimmelpilze auch im Fertigprodukt unerwünscht und schädlich. Sauerkraut ist nur so lange haltbar, wie die Milchsäure einen ausreichend niedrigen pH-Wert garantiert.

Die am häufigsten im Sauerkraut gefundenen Pilze gehören zu den Gattungen *Geotrichum, Aureobasidium, Trichosporon, Hansenula* und *Rhodotorula*. Sie kommen vor allem in den oberen Schichten des Gärgutes und überall dort vor, wo sie durch das Vorhandensein von Sauerstoff besonders gute Vermehrungsbedingungen finden. Schimmelpilze sind stets unerwünscht. Sie bewirken nicht nur den bereits erwähnten Abbau der Milchsäure, sondern sie treten auch durch die Bildung unangenehmer Geschmacks-, Geruchs- und Farbstoffe in Erscheinung.

Das dichte Verschließen der Gärbehälter, z. B. mit Plastefolien und wassergefüllten Gummibehältern, das Vermeiden von Kohlhauben, die über den Silorand ragen und nicht in der Lake stehen, sowie das sorgfältige Einstampfen des gehobelten Kohls bei der älteren Technologie sind die besten Maßnahmen, um den Sauerstoff vom Gärgut fernzuhalten. Aerobe Mikroorganismen verbrauchen die im Gärbottich vorhandenen Sauerstoffreste und schaffen somit günstige Bedingungen für die Entwicklung der fakultativ anaeroben Milchsäurebakterien.

2.5.6. Einsatz von Starterkulturen

Um die Qualität des Sauerkrauts zu verbessern und um Fehlgärungen zu vermeiden, wurde vor allem in früheren Jahren das Beimpfen des eingeschnittenen Kohls mit Bakterienreinkulturen empfohlen. Hierbei kamen u. a. Reinzuchten von *Lactobacillus plantarum* und *Leuconostoc mesenteroides* zum Einsatz. Die Anregungen dazu kamen aus der Milchindustrie, wo durch den Einsatz von Milchsäurebakterien als Starterkulturen gute Erfolge erzielt wurden. Die bei der Sauerkrautgärung erzielten Ergebnisse waren unterschiedlich. Die Beimpfung mit *Lactobacillus plantarum* ergab z. B. ein Fertigprodukt mit starkem Kohlgeschmack, während die für das Sauerkraut arteigenen Aromastoffe weitestgehend fehlten. Bessere Ergebnisse brachte der Einsatz von Mischkulturen, in denen auch heterofermentative Lactobacillen enthalten waren.

Im allgemeinen wird heute das Beimpfen mit Reinkulturen für die Sauerkrautherstellung nicht für notwendig erachtet und wegen des zusätzlichen Aufwandes praktisch auch nicht angewendet. Normalerweise sind auf den Blättern der Kohlköpfe alle für die Sauerkrautgärung wichtigen Mikroorganismenarten in ausreichendem Maße vorhanden. Außerdem ist der Anfangskeimgehalt nicht von entscheidendem Einfluß. Vielmehr kommt es darauf an, daß die verschiedenen Gruppen von Mikroorganismen in der richtigen zeitlichen Aufeinanderfolge und in entsprechender Menge zur Entwicklung kommen. Die Sauerkrautgärung ist keine reine Milchsäuregärung homofermentativer Lactobacillen, sondern ein mehrstufiger Prozeß, an dem verschiedene Mikroorganismengruppen beteiligt sind.

Viel erfolgreicher als das Beimpfen des Gärgutes mit Reinzuchten ist das Einhalten der äußeren Faktoren Luftausschluß, Kochsalzkonzentration und Gärtemperatur, die die Sauerkrautgärung wesentlich beeinflussen. Diese Faktoren sind so zu steuern, daß optimale Lebensbedingungen für die erwünschten und ungünstige Verhältnisse für die Entwicklung unerwünschter Mikroorganismen geschaffen werden. Sind diese Voraussetzungen nicht gegeben, so kommen auch künstlich eingeimpfte Reinkulturen nicht zur Vermehrung, sondern sie werden durch andere Mikroorganismenarten verdrängt, denen die vorhandenen Lebensbedingungen besser zusagen. Unter natürlichen Verhältnissen findet ein ständiger Konkurrenzkampf zwischen den verschiedenen Mikroorganismengruppen statt, wobei sich stets diejenigen Keimarten durchsetzen, denen die Umweltbedingungen (Nährstoffangebot, pH-Wert des Milieus, Sauerstoffangebot, Salzkonzentration usw.) die günstigsten Voraussetzungen zum Wachstum und zur Vermehrung bieten. Dabei ist zu berücksichtigen, daß der Stoffwechsel der Mikroorganismen dazu führt, daß sich die Lebensbedingungen ständig verändern. Als Beispiel sei hier nur die Senkung des pH-Wertes durch die von Milchsäurebakterien gebildete Säure angeführt, die letztlich die wesentliche Voraussetzung für die Haltbarkeit des Sauerkrautes ist.

Aus dem oben Gesagten geht hervor, daß auch die Zugabe von alter Sauerkrautlake als Impfmaterial (Starterkultur) nicht zu empfehlen ist. Die Lake von vergorenem Kohl enthält gewöhnlich Mikroorganismenarten, die in den ersten Gärstufen nicht erwünscht sind. Weiterhin können schädliche Organismen übertragen werden, z. B. rote Hefen (Gattung *Rhodotorula*), die in alten Sauerkrautbrühen oft in großen Mengen vorkommen.

2.5.7. Fehlprodukte bei Sauerkraut, ihre Ursachen sowie Möglichkeiten ihrer Verhinderung

Sauerkraut ist langfristig nur bedingt haltbar. Es ist nur lagerfähig, wenn es mehr als 1,5% Milchsäure enthält, der pH-Wert unter 3,8 liegt und durch Ausschluß des Luftzutritts sowie durch niedrige Lagertemperaturen der Stoffwechsel und die Vermehrung der stets enthaltenen milchsäureabbauenden Hefen und Hyphomyceten in engen Grenzen gehalten werden. Fehlerhafte Produkte treten vorwiegend als Folge technologischer Mängel, durch die Verarbeitung ungeeigneter Rohstoffe sowie durch fehlerhafte Lagerung des fertigen Sauerkrauts auf. Sie sind an der anormalen, meist zu dunklen Färbung, dem abweichenden Geruch und Geschmack oder an der unerwünschten strohigen oder weichen, schleimigen Konsistenz zu erkennen. Chemische Analysen entsprechender Produkte ergeben gewöhnlich einen zu geringen Ascorbin- und Milchsäuregehalt, erhöhten Butter-, Essig- und Propionsäuregehalt, hohe pH-Werte sowie gesteigerte Mengen Ammoniak und Schwefelwasserstoff. Die Acetylcholinreaktion verläuft negativ. Die Ursachen für Fehlprodukte sind neben chemischen Faktoren vor allem in Fehlgärungen zu suchen. Darunter sind mikrobiologisch-enzymatische Prozesse zu verstehen, die vom normalen Gärverlauf abweichen. Sie können zum völligen Verderb des Produktes führen. Da auch fertiges Sauerkraut nicht unbegrenzt haltbar ist, sondern von zahlreichen schädlichen Mikroorganismenarten angegriffen und zersetzt werden kann, treten Schäden mitunter erst bei der Lagerung unter ungeeigneten Lagerungsbedingungen oder im Handel auf. Besonders ungünstig wirken sich auf die Lagerfähigkeit des Sauerkrauts zu hohe Lagertemperaturen und Luftzutritt aus [248].

2.5.7.1. Ungenügende Milchsäurebildung

In letzter Zeit treten öfters Fehlprodukte bei Sauerkraut durch ungenügende Milchsäurebildung auf, die offenbar auf eine gehemmte bzw. zu geringe Entwicklung der Milchsäurebakterien zurückzuführen ist. Da die Schwierigkeiten mitunter auch in Betrieben mit einwandfreien hygienischen und technologischen Verhältnissen auftreten, können sie nicht durch die bisher bekannten üblichen Mängel verursacht sein. Wahrscheinlich sind die Ursachen zumindest teilweise im veränderten Rohstoff zu suchen. So ergaben Gärversuche mit 13 verschiedenen Kohlsorten nur bei 11 Sorten Milchsäurekonzentrationen über 1,5%, während bei 2 Hybriden die maximale Säuremenge nur bei etwa 1,1% lag. Chemische Analysen zeigten keine eindeutigen Unterschiede zwischen den verschiedenen Kohlsorten [361].

Bei der Verarbeitung langfristig gelagerten Weißkohls kann die biologisch durch Atmung bedingte Kohlenhydratverarmung eine ungenügende Milchsäurebildung bedingen.

Möglicherweise spielt auch der Mangel an Spurenelementen im Rohstoff eine Rolle. Es ist bekannt, daß Milchsäurebakterien u. a. Mangan benötigen. Weißkohl soll normalerweise 0,8···1 mg Mangan je Kilogramm enthalten, doch sind in trockenen Jahren geringere Werte gefunden worden. Durch Zugabe von Mangansulfat konnte die Milchsäuregärung von manganarmem Kohl bedeutend angeregt werden [363]. Mit Zusätzen anderer Spurenelemente, wie Kupfer, Cobalt, Molybdän, Bor und Zink, wurde dagegen keine eindeutige Förderung erzielt.

Besondere Beachtung muß in diesem Zusammenhang dem in den letzten Jahren erheblich gestiegenen Einsatz chemischer Mittel in der Landwirtschaft geschenkt werden. Auf die Anwendung von Fungiciden zur Vermeidung von Lagerverlusten bei Kohl wurde bereits unter 2.1.3.5. hingewiesen. Phomasan, KP 2 und Quintozen enthalten als fungiciden Wirkstoff Pentachlornitrobenzen (PCNB). Obwohl sich dieses nicht hemmend auf die Sauerkrautgärung auswirken soll, wird vor der Verarbeitung behandelten Kohls abgeraten, da dieser auch nach dem Entfernen der Außenblätter (Umblätter) und dem Putzen Rückstände enthält. Versuche, die Rückstände durch Waschen zu entfernen, zeigten nicht den gewünschten Erfolg. Das wird auf das Eindringen des Wirkstoffs in die Wachsschicht der Kohlblätter zurückgeführt. Thiabendazol (TBZ), das das PCNB weitgehend verdrängt hat, wird während der Sauerkrautgärung abgebaut. Inwieweit die zur Schädlingsbekämpfung eingesetzten verschiedenen chemischen Mittel die Entwicklung der zur Sauerkrautfermentation notwendigen Milchsäurebakterien zu hemmen vermögen, ist bisher nicht bekannt.

2.5.7.2. Buttersäurebildung

In der ersten Gärstufe sind unter den zahlreichen Mikroorganismenarten stets *Buttersäurebacillen* enthalten, die mit der Rohware, vor allem als anhaftende Erdsporen, in die Gärbehälter eingebracht werden. Im normalen Gärprozeß kommen sie kaum zur Entwicklung, da die Sporenkeimung mit sinkendem pH-Wert unterdrückt wird. Buttersäurebildner, wie *Clostridium butyricum* (*Cl. tyrobutyricum*), können nur bei einer verzögerten Milchsäuregärung aufkommen und werden vor allem durch zu hohe Gärtemperaturen begünstigt. Als strenge Anaerobier vermehren sie sich nur bei völ-

liger Abwesenheit von Luftsauerstoff. Neben Zucker vergären sie Milchsäure und deren Salze (Lactate). Das hat zur Folge, daß bei der Sauerkrautgärung der pH-Wert ansteigt. Somit fördern die Buttersäurebildner indirekt das Aufkommen von Proteolyten.
Die gebildete Buttersäure (Butansäure) schmeckt scharf und ranzig. Sie riecht unangenehm und ist stark anhaftend. Als Nebenprodukte der Buttersäuregärung entstehen u. a. Kohlendioxid und Wasserstoff als Gase.

2.5.7.3. Bildung von Eiweißzersetzungsprodukten

Zu den *Eiweißzersetzern* (Proteolyten) gehören zahlreiche Bakterienarten, von denen einige bereits zu Beginn der Sauerkrautgärung vorkommen, z. B. *Enterobacter* (= *Aerobacter) aerogenes*. Sie bilden unangenehm schmeckende und riechende Stoffwechselprodukte, z. B. Indol, Skatol, Schwefelwasserstoff, Ammoniak u. a. Da die Fäulnisbakterien im allgemeinen durch Milchsäure unterdrückt werden, können sie nur bei groben technischen Mängeln auftreten.

2.5.7.4. Verfärbungen des Sauerkrauts

Unerwünschte Verfärbungen des Sauerkrauts haben in letzter Zeit in zunehmendem Maße Schwierigkeiten verursacht. Sie treten besonders bei der Verarbeitung früher Kohlsorten auf. Da die Ursachen für das Auftreten verfärbter Fehlprodukte nur teilweise bekannt sind, können sie nicht mit absoluter Sicherheit vermieden werden. Zahlreiche Mikroorganismenarten sind mehr oder weniger kräftige Farbstoffbildner. Gelangen sie zur Vermehrung, so reichern sich die Farbstoffe an, und das Sauerkraut wird verfärbt. Auch die Stoffwechselprodukte der Mikroorganismen können aufgrund sekundärer chemischer Reaktionen verfärbte Endprodukte verursachen. Das Auftreten von *Saccharomyces exiguus* wird mit der Neigung des Sauerkrauts zu Verfärbungen in Verbindung gebracht. Nichtmikrobielle enzymatisch-oxidative chemische Prozesse sind ebenfalls an der Bildung unerwünschter Farbstoffe beteiligt. Sie treten vorwiegend kurz nach dem Umpacken des Sauerkrauts aus den Silos in handelsübliche Packungen auf. Neben graubraunen und schwarzen Farbtönen kommen vor allem Rotfärbungen vor. [363]

Schwarzwerden

Der Pilz *Aureobasidium pullulans*, der häufig im Sauerkraut vorkommt, bildet braun bis schwarz gefärbte Melanine und ist häufig Ursache von dunkel verfärbten Zonen besonders in den oberen Schichten des Gärgutes (Bild 35).
Schwarzgefärbte Stellen werden außerdem durch schwefelwasserstoffbildende Bakterien hervorgerufen, die stets in geringen Mengen vorhanden sind. Schwefelwasserstoff bildet in Gegenwart von Eisenionen, die z. B. aus Eisenteilen der Gärbottiche stammen können, das kräftig schwarz gefärbte Eisensulfid.

Rotfärbung

Die in der Gattung *Rhodotorula* vereinigten roten Hefen bilden *carotenoide Farbstoffe,* die ihnen eine mehr oder weniger kräftige gelbliche bis korallenrote Färbung verleihen. Zur Massenvermehrung der roten Hefen kommt es aber nur unter aeroben Bedingungen. Weiterhin wirken hohe Kochsalzkonzentrationen der Lake begünstigend. Unsaubere Gärbottiche und die mitunter zur Anregung der Gärung geübte

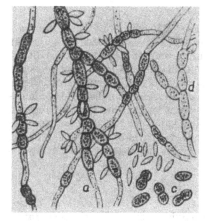

Bild 35. *Aureobasidium pullulans* (= *Dematium pullulans*)
a) Mycel mit dunkel gefärbten Chlamydosporen und Konidien
b) Konidien
c) Chlamydosporen
d) junges Mycel
(Vergrößerung 500fach)

Zugabe von altem, oft große Mengen *Rhodotorula*-Hefen enthaltendem Sauerkrautsaft können ebenfalls zu roten Verfärbungen führen.
Lactobacillus brevis kann aus Krautsaft ein rotes, wasserlösliches Pigment bilden, jedoch nur bei pH-Werten zwischen 5,2 und 6,3. Anaerobe Bedingungen wirken hemmend auf die Farbstoffbildung [362].
Zur Vermeidung von Rotfärbungen des Krautes durch Mikroorganismen werden die Schaffungen anaerober Bedingungen durch eine luftdichte Abdeckung der Silos und das Vermeiden von Hohlräumen im eingeschnittenen Kohl, die gleichmäßige Salzverteilung sowie Sauberkeit und Unterlassen des Beimpfens mit alter Lake empfohlen. Die Rotfärbungen des Sauerkrautes haben nur zum Teil mikrobielle Ursachen. Blaßrote Verfärbungen werden auf Pigmente bestimmter Kohlsorten, wie die Leucoanthocyanidine, zurückgeführt. Weiterhin ist im Weißkohlsaft Kaliumrhodanid $(K^+ [S-C{\equiv}N]^-)$ enthalten, das mit dreiwertigen Eisenionen einen roten Eisenrhodanid-Komplex bildet.

Braunfärbung

Nicht selten treten beim Umpacken des fertigen Sauerkrauts aus den Silos in Fässer oder andere Behälter braune Verfärbungserscheinungen auf, deren Ursache noch nicht völlig geklärt ist. Chemische Untersuchungen entsprechender Produkte zeigten einen erhöhten Gehalt an Ethylalkohol, während der Milchsäure- und Essigsäuregehalt zu niedrig war. Offenbar hatte eine zweite, von Hefen verursachte Gärung stattgefunden [281]. Vielleicht spielen aber auch chemisch-autolytische Prozesse, wie die Oxydation phenolartiger Substanzen, eine Rolle. Auf die Bildung bräunlicher Farbstoffe durch verschiedene Mikroorganismenarten, darunter auch Lactobacillen, muß außerdem verwiesen werden.

Verschiedenartige Verfärbungen

Auf die besonders bei Pilzen verbreitete Farbstoffbildung ist bereits hingewiesen worden. So können *Penicillium*- und *Aspergillus*-Arten grüne Verfärbungen verursachen. Ihr Auftreten ist aber an die Gegenwart von Sauerstoff gebunden und somit gut beeinflußbar. Graue, cremefarbene oder weiße Beläge können durch Hefen verursacht werden.

2.5.7.5. Bitteres Sauerkraut

Als Folge zu niedriger Gärtemperaturen, z. B. bei der Verarbeitung von gefrorenen Kohlköpfen und den damit verbundenen ungewöhnlich langen Gärzeiten, schmeckt das Endprodukt manchmal bitter. Wahrscheinlich wird die Bildung von Bitterstoffen durch psychrotrophe Bakterien verursacht, die sich noch bei Temperaturen unter 5 °C vermehren können. Die Einhaltung der optimalen Gärtemperatur ist eine geeignete Vorbeugungsmaßnahme. Magnesiumsalze können ebenfalls bitter schmekken, wie Magnesiumsulfat, das als Bittersalz bekannt ist. Auf die Verwendung von reinem Kochsalz ist deshalb zu achten. Weiterhin kann der Rohstoff auf den Geschmack des Sauerkrauts Einfluß haben. Die Bodenverhältnisse sowie die Düngung des Bodens sollen indirekt den Geschmack des Kohls und damit des Sauerkrauts beeinflussen.

2.5.7.6. Weiches Sauerkraut

Weiches Sauerkraut tritt vor allem in der warmen Jahreszeit auf. Hinsichtlich Farbe, Geschmack und Geruch unterscheidet es sich kaum von normalen Produkten. Für das Weichwerden kommen verschiedene Faktoren in Betracht, z. B. zu hohe Gärtemperatur, zu niedrige Salzkonzentration, mangelhafter Luftausschluß, aber auch Verwendung von überdüngten Rohstoffen. Ursächlich wird das Weichwerden auf die Auflösung der Pectinverbindungen in den Stützlamellen der Zellgewebe durch autolytisch-enzymatische Prozesse zurückgeführt [88]. Mikroorganismen sollen nicht beteiligt sein. Andererseits sind zahlreiche Mikroorganismenarten, vor allem Bakterien und Pilze, bekannt, die pectinauflösende Enzyme produzieren. Das Reaktionsoptimum für den enzymatischen Pectinabbau liegt im sauren Bereich, das Temperaturoptimum bei 55 °C. Eine wirksame vorbeugende Maßnahme gegen das Weichwerden des Sauerkrauts liegt im Einhalten der optimalen Gärtemperatur. Die Erhöhung der Salzkonzentration ist mit anderen Nachteilen verbunden und deshalb nicht zu empfehlen.

2.5.7.7. Schleimiges Sauerkraut

Schleimiges Sauerkraut entsteht durch Kahmhefen vorwiegend in den oberen Schichten des Gärgutes in Silos und überall dort, wo der Luftsauerstoff Zutritt hat.
Die Sauerstoff benötigenden Kahmhefen bilden einen dichten. grauweißen oder

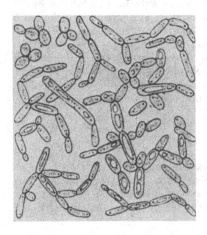

Bild 36. Kahmhefe *Candida valida* (= *C. mycoderma*) bildet Sproßverbände aus langgestreckten Zellen (Vergrößerung 500fach)

cremefarbenen, schleimigen Belag. Als häufigste Arten kommen *Hansenula anomala* und *Candida valida* (= *C. mycoderma*) vor (Bild 36).

Hefen sind nur in der Anfangsphase der Sauerkrautgärung als Sauerstoffzehrer in begrenzter Zahl erwünscht. Kommt es zu einer anhaltenden Massenvermehrung, so wird das Sauerkraut schleimig, und es riecht hefeartig. Kahmhefen bauen Milchsäure ab, der dadurch hervorgerufene Anstieg des pH-Wertes schafft die Voraussetzung für die Entwicklung von Fäulnisbakterien. Die Folge ist stets eine Wertminderung und nicht selten der völlige Verderb des Krautes. Dieser Vorgang kann z. B. in kleinen Handelspackungen mit relativ großer Oberfläche auftreten. Einige Bakterienarten können aus Kohlenhydraten schleimartige Substanzen aufbauen, die als Kapsel die Bakterienzellen umhüllen. So bilden z. B. *Leuconostoc*-Arten aus Saccharose das Polysaccharid Dextran. Andere Bakterienarten bilden eiweißartige Schleimsubstanzen. Massenvermehrungen entsprechender Bakterien können ebenfalls schleimiges Sauerkraut verursachen.

Die beste Möglichkeit, das Schleimigwerden von Sauerkraut zu verhindern, liegt im Luftausschluß, da die schleimbildenden Bakterien Aerobier sind.

2.5.7.8. In Kleinpackungen auftretende Fehler und Möglichkeiten ihrer Vermeidung

Früher wurde das fabrikmäßig, ausschließlich in großen, bis zu 100 t fassenden Gärbehältern erzeugte Sauerkraut für den Handel in kleine Transportfässer umgepackt. In den Transport- und Verkaufsbehältern war das Sauerkraut stets mit Lake bedeckt und unterlag bis zum Konsum nur relativ geringen mikrobiellen Veränderungen. Die in jüngerer Zeit stark verbreiteten Kleinpackungen, bei denen als Verpackungswerkstoff Kunststoffolie verwendet wird, werfen neue mikrobiologische Probleme auf. Beim Abpacken des Sauerkrauts gelangt Luft in die Kunststoffbeutel, und teilweise sind diese selbst luftdurchlässig. Damit werden günstige Voraussetzungen für die stets in geringen Mengen im fertigen Sauerkraut enthaltenen Hefen geschaffen. Es kommt nicht selten zu einer Massenvermehrung der Hefen, die stets eine Qualitätsminderung oder den völligen Verderb des Sauerkrauts sowie das Platzen der Beutel durch Gasbildung (CO_2) zur Folge hat. Gewöhnlich wird zunächst, neben eventuell noch vorhandenen Restkohlenhydraten, von den Hefen die Milchsäure abgebaut. Dadurch steigt der pH-Wert an, und es entstehen günstige Bedingungen für die Entwicklung von Fäulnisbakterien. Bilden sich gasförmige Stoffwechselprodukte, z. B. durch alkoholische Gärung, so werden dicht verschlossene Beutel aufgebläht. Durch den Zutritt von Luftsauerstoff werden außerdem Schimmelpilze zum Wachstum angeregt. Sie bewirken ebenfalls einen Milchsäureabbau, bilden muffige Geruchsstoffe und führen zur Farbveränderung und anderen Nachteilen. Durch Sauerstoff- und Lichtzutritt werden außerdem die Verluste an Vitamin C erhöht.

Zur Qualitätserhaltung und zur Vermeidung von Verlusten von Sauerkraut in Kleinpackungen, insbesondere Beutelware, sind folgende Forderungen zu erfüllen:

● Es darf nur einwandfreies, ausgegorenes Sauerkraut, pH $< 3{,}8$, Milchsäurekonzentration $> 1{,}5\%$, abgepackt werden.

● Der Luftzutritt während der Verpackung und Lagerung ist auf ein Minimum zu begrenzen, evtl. Schutzbegasung mit CO_2 oder N_2.

● Kleinpackungen sollen kühl transportiert und gelagert werden, ähnlich wie küchenfertig verpackte Gemüse; Temperatur etwa 0···3 °C.

● Die Umlaufzeit ist zu begrenzen und zu überwachen (Abfülldatum vermerken!). Bei 0···3 °C beträgt die Lagerfrist etwa 15 Wochen, bei 20 °C nur etwa 1 Woche.

Die Pasteurisation mit Rückkühlung oder scharfe Separation der den Kleinbeuteln zugesetzten Aufgußlake sowie die nachträgliche Pasteurisation abgepackter Ware in entsprechend hitzefesten luftdichten Beuteln haben sich ebenfalls bewährt. Der in manchen Ländern übliche Zusatz von Konservierungsmitteln, wie Sorbinsäure, Benzoesäure und Kaliumbisulfit, ist in der DDR nicht zugelassen. Weitere, mit hohem Aufwand verbundene Möglichkeiten, um die Haltbarkeit von Sauerkraut wesentlich zu verlängern, liegen in der Herstellung von hitzesterilisierten Konserven und gefrorenen Produkten.

2.5.8. Weinsauerkraut, Delikateßsauerkraut

Weinsauerkraut, auch Weinkraut genannt, ist Sauerkraut, dem zur Geschmacksverbesserung vor, während oder nach der Gärung Trauben- oder Apfelwein zugesetzt wurde.
Delikateßsauerkraut wird zur Veredlung des Geschmacks unter Zusatz von natürlichen Gewürzen, Kräutern oder Äpfeln in beliebiger Zusammenstellung hergestellt. In mikrobiologischer Hinsicht weisen Weinkraut und Delikateßsauerkraut keine Besonderheiten auf.

2.6. Saure Gurken und andere milchsauer vergorene Gemüse (Pickles)

Außer Weißkohl können zahlreiche andere Gemüsearten, wie Gurken, unreife Tomaten, Bohnen, Mohrrüben, Kohlrüben und Blumenkohl sowie Oliven, durch natürliche Milchsäuregärung haltbar gemacht werden. Der Prozeß ist ähnlich wie bei der Sauerkrautherstellung. Neben Speisesalz, das man als wäßrige Lösung zufügt, werden zur Veredlung des Geschmacks meist verschiedene Gewürze und Kräuter zugegeben. Teilweise wird der Rohstoff vor dem Einlegen in die Gärbehälter gebrüht. Die Bereitung von Sauergemüse ist in starkem Maße lokalen Gewohnheiten unterworfen.

2.6.1. Saure Gurken (Salzgurken, Dillgurken)

2.6.1.1. Bedeutung des Rohstoffs

Neben Sauerkraut gehören saure Gurken, auch als Salzgurken, Dillgurken, Salzdillgurken oder milchsaure Gurken bezeichnet, zu den am meisten verbreiteten milchsauren Gemüseprodukten. Als Rohstoff werden frisch geerntete, gesunde, ganze Gurken verwendet. Sie sollen möglichst schlank und nicht zu groß sein. Gut geeignet sind Sorten, deren maximaler Durchmesser 4 cm nicht übersteigt. Kurze dicke Gurken sowie Salatgurken sind zum Einlegen nicht geeignet. Der Rohstoff soll gut sortiert sein und darf keine Stiele und Blütenreste enthalten. Das Kerngehäuse soll etwa 10%, aber keinesfalls mehr als 30% der Schnittfläche betragen. Einlegegurken sind im unreifen Zustand zu ernten und möglichst innerhalb 12···24 h zu verarbeiten. Für die Lagerung und den Transport werden niedrige Temperaturen (10 °C) kombiniert mit hoher relativer Luftfeuchte (95%) empfohlen [101].
Die Verwendung einwandfreier und geeigneter Rohstoffe spielt eine ausschlaggebende Rolle bei der Herstellung von Salzgurken. Ungeeignetes Rohmaterial, vor allem überreife und nach der Ernte zu lange gelagerte und selbsterhitzte, kohlenhydratarme (Atmung!) Gurken, sind häufig die Ursache von Fehlgärungen und von mangelhaften Endprodukten.

2.6.1.2. Technologie

Da Gurken — abgesehen von den hier nicht in Betracht kommenden Salatgurken — unmittelbar auf dem Erdboden wachsen, müssen sie besonders sorgfältig gewaschen werden. Die anhaftende Erde enthält in starkem Maße solche Mikroorganismenarten, die den Gärverlauf stören können. Ehe man die ganzen Gurken in Gärbehälter unterschiedlicher Größe einlegt und mit Salzlake übergießt, werden sie mit Ausnahme sehr kleiner Gurken in der Regel maschinell gestichelt. Dadurch können die Salzlake und die Milchsäurebakterien leichter in den Kern eindringen und das während der Gärung gebildete Gas besser entweichen. Die Lake enthält üblicherweise 3···6% Speisesalz. Sie wird durch den austretenden Saft der Gurken, die etwa 90% Wasser enthalten, verdünnt. In den USA wird teilweise mit etwa doppelt so starken Konzentrationen gearbeitet. Bei der Herstellung von Salz-Pickles erfolgt die Salzzugabe stufenweise, und es werden sogar Endkonzentrationen zwischen 15% und 18% eingestellt. Vor dem Konsum muß diesen Gurken ein Teil des Salzes durch Wässern entzogen werden.

Zur Herstellung von sauren Gurken darf nicht zu hartes Wasser verwendet werden, da sonst ein Teil der gebildeten Milchsäure neutralisiert wird. Das verwendete Salz muß von guter Qualität sein, der Carbonat- und Bicarbonatgehalt soll unter 1% liegen. Die Gärbehälter müssen so verschlossen werden, daß keine Luft (Sauerstoff) eindringen kann, andererseits müssen die während der Gärung entstehenden Gase entweichen können. Es ist darauf zu achten, daß die Gurken völlig von der Salzlake bedeckt werden. Im Verlaufe der Gärung muß gegebenenfalls Lake nachgefüllt werden. Zur Geschmacksverbesserung der Salzgurken wird vor allem Dill beim Einlegen zugesetzt, der keine Erdbakterien (keine Wurzeln, gewaschen!) enthalten darf.

2.6.1.3. Fermentation der Gurken

Die unmittelbar nach dem Verschließen der Gärbehälter einsetzende natürliche Fermentation der Gurken ist eine Milchsäuregärung, die sich von der Sauerkrautgärung nur unwesentlich unterscheidet. Von der nach dem Waschen auf den Gurken haftenden Mikroflora kommen in der Anfangsphase verschiedene aerobe Bodenbakterien zur Entwicklung. Sie werden von schwach säurebildenden Bakterien, wie *Streptococcus faecalis*, *Pediococcus cerevisiae* und *Leuconostoc mesenteroides*, abgelöst. Außerdem sind stets verschiedene hautbildende Hefen und mitunter Schimmelpilze beteiligt. Sie bedecken die Salzlake auf den nicht luftdicht verschlossenen Gärbehältern als dicke Kahmhaut (Bild 37). Da Hefen die von den Bakterien gebildete Milchsäure abbauen, müssen Kahmhäute stets entfernt werden.

Die Hauptgärung wird von fakultativ anaeroben homofermentativen Milchsäurebakterien, wie *Lactobacillus plantarum* und *Pediococcus cerevisiae*, durchgeführt. Erstere Spezies ist wahrscheinlich mit dem erstmalig von HENNEBERG aus Salzgurken isolierten *Bacillus cucumeris fermentati* identisch (s. Tabelle 13). Neben homofermentativen Lactobacillen kommen auch heterofermentative vor, wie *Lb. brevis*, der als Endprodukte des Kohlenhydratstoffwechsels außer Milchsäure noch Essigsäure, Kohlendioxid, Ethylalkohol, Dextran und Mannit bildet. Zwischen der Mikroflora verschiedener Gäransätze können sowohl qualitativ als auch quantitativ erhebliche Unterschiede bestehen.

Im Vergleich zur Sauerkrautgärung setzt die Hauptgärung bei Gurken etwas später ein, und die Milchsäurewerte steigen langsamer an, da die Nährstoffe aus dem Zellsaft der Gurken den Mikroorganismen nicht so leicht zur Verfügung stehen wie die des gehobelten Krautes.

Bild 37. Gefaltete Kahm-
haut auf Gurkenlake

Nach etwa 3 bis 6 Wochen, je nach den herrschenden Temperaturen, ist die Gärung beendet. Bei Holzfässern werden nunmehr die Spundlöcher verschlossen, um das Eindringen von Sauerstoff zu verhindern. Da Gurken einen geringeren Kohlenhydratgehalt haben als Weißkohl, ist die zum Schluß der Gärung erreichte Säurekonzentration nicht so hoch wie im Sauerkraut. Sie liegt zwischen 0,8% und 1,5% (berechnet als Milchsäure). Trotzdem ist durch die gebildete Säure eine ausreichende Haltbarkeit der Salzgurken garantiert, vorausgesetzt, daß sie kühl und unter Luftabschluß gelagert werden.

Eine Verlängerung der Lagerfähigkeit kann durch nachträgliches Aufsalzen der Lake auf etwa 7% NaCl-Gehalt erzielt werden. Dies führt zu besserer bakteriologischer Stabilität und Ausschaltung der unerwünschten Hefeentwicklung. Fallen bei der Lagerung die Milchsäurewerte ab, so müssen die sauren Gurken unverzüglich ausgelagert werden, da sonst mit Fehlprodukten, wie hohlen Gurken, zu rechnen ist (s. unter 2.6.1.4.2.).

Wie bei der Sauerkrautgärung zielen auch bei der Gärung der Salzgurken alle technologischen Maßnahmen darauf hin, die Milchsäurebakterien in ihrer Entwicklung zu fördern. Entscheidend für den gesamten Gärverlauf ist eine ausreichende Säurebildung in der Anfangsphase, denn nur durch eine rasche Senkung des pH-Wertes der Lake ist gewährleistet, daß Fäulnisbakterien, z. B. *Bacillus*- und *Clostridium*-Arten, nicht aufkommen. Mitunter ist die Zugabe von geringen Mengen Essig- und/oder Milchsäure zu Beginn der Gärung üblich, und teilweise wird zur Stimulierung der Milchsäurebakterien auch etwas Zucker zugegeben. Die Wirkung dieser Maßnahmen ist jedoch umstritten. So werden durch die Säurezugabe nicht nur die unerwünschten Bakterienarten unterdrückt, sondern auch die ebenfalls unerwünschten Hefen in ihrer Entwicklung gefördert.

Das Beimpfen mit Lake von kräftig gärenden Gurken soll sich günstig auswirken, da die natürliche Mikroflora von Gurken in stärkerem Maße Erdkeime und weniger Milchsäurebakterien enthält. Durch die Ansäuerung mit der zugegebenen Lake wird die Entwicklung der Milchsäurebakterien zu Beginn der Fermentation gefördert und die unerwünschte Mikroflora gehemmt, woraus insgesamt eine Beschleunigung des Säuerungsprozesses resultiert [12].

Generell ist die Anwendung von *Starterkulturen* bei der Herstellung von milchsauren Gurken aussichtsreicher als bei der Sauerkrautproduktion. Nach einem US-Patent [98, 99] werden die Einlegegurken zur Inaktivierung der mazerierenden Enzyme und der anhaftenden Mikroflora blanchiert und nach dem Abkühlen mit Reinkulturen von ausgewählten Milchsäurebakterien beimpft. Empfohlen wird auch eine gelenkte

Milchsäuregärung durch Abspülen der gründlich gewaschenen Gurken mit einer desinfizierenden Chlorlösung, das Ansäuern, Puffern und Durchspülen der Salzlösung mit gasförmigem Stickstoff zur Reduzierung des CO_2-Gehaltes und das anschließende Beimpfen mit Milchsäurebakterien. Mit diesem Verfahren können 50% Kochsalz eingespart werden, die Gärung verläuft schneller und sicherer, und es werden höhere Säurewerte erreicht [9]. Als besonders geeignet werden adaptierte Stämme von *Lactobacillus plantarum* empfohlen.

Wie bei der Sauerkrautherstellung so spielen auch bei der Produktion milchsaurer Gurken die Faktoren Temperatur, Kochsalzgehalt und Luftausschluß eine wesentliche Rolle im Ablauf des Gärprozesses. Die prinzipielle Bedeutung dieser Faktoren für die Entwicklung der Milchsäurebakterien wurde bereits unter 2.5.5. ausführlich behandelt, so daß hier auf die Darlegung weiterer Einzelheiten verzichtet werden kann.

2.6.1.4. Fehlprodukte und ihre Ursachen

Nicht selten kommt es vor, daß saure Gurken Qualitätsmängel aufweisen. Oft ist die Ursache eine mangelhafte Milchsäuregärung, z. B. durch Verwendung ungeeigneter Rohware, oder der Abbau der Milchsäure durch Hefen oder Schimmelpilze. Weiterhin muß auf die Auswirkungen von Schädlingsbekämpfungsmitteln hingewiesen werden. So hemmen z. B. die beim Gurkenanbau als Insekticide eingesetzten Lindanpräparate verschiedene Mikroorganismenarten in ihrer Entwicklung [167]. Die gleiche Wirkung können die zur Desinfektion der Gärbehälter benutzten Mittel haben. Zu hohe Salzkonzentrationen führen aufgrund osmotischer Kräfte zu eingeschrumpften Gurken mit faltiger Oberfläche. Die größten Verluste bei der Herstellung saurer Gurken werden durch weiche und hohle Gurken verursacht.

2.6.1.4.1. Weiche Gurken

Die Ursache für das Weichwerden saurer Gurken, das bis zum völligen Verderb führen kann, war lange Zeit umstritten. Nach neueren Untersuchungen erfolgt ein enzymatischer Abbau der aus Protopectin bestehenden Mittellamellen des Gurkenzellgewebes. Das Stützgewebe verliert dadurch seine Funktion [38]. Außer Pectinasen sind wahrscheinlich Zellulasen beteiligt, die die in der pflanzlichen Zellwand enthaltene Cellulose zu Dextrinen und Glucose abbauen.

Pectinspaltende Enzyme werden von zahlreichen Bakterien, Hefen und Schimmelpilzen gebildet. Außerdem kommen sie im Gewebe höherer Pflanzen vor. Von 1032 Schimmelpilz-Stämmen, die von Gurkenblüten und Gurken isoliert wurden, bildeten die meisten sowohl pectinolytische als auch cellulolytische Enzyme. Sie waren hoch aktiv, 60% der 72 verschiedene Species umfassenden Stämme gehörten zu den Gattungen *Penicillium*, *Ascochyta*, *Fusarium*, *Cladosporium* und *Alternaria* [99]. Von den bekannten pectinolytischen Enzymen wird die Polygalacturonase für das Weichwerden der Salzgurken verantwortlich gemacht. Das Enzym, das die α-(1,4)-glycosidische Bildung der Polygalacturonsäure spaltet, wird vor allem von Pilzen der Gattungen *Penicillium*, *Fusarium*, *Alternaria*, *Mucor*, *Trichoderma* und *Aspergillus* gebildet. Diese konnten in Gurkenblüten, insbesondere im Fruchtknoten, und auf den Früchten, nachgewiesen werden. Die Pilze bzw. die von ihnen gebildeten Enzyme gelangen mit den Früchten und den anhaftenden Blütenresten in die Lake. Sie sind auch unter den Bedingungen der Milchsäuregärung längere Zeit aktiv.

Im Gegensatz zu der früher verbreiteten Ansicht können die von Bakterien und Hefen gebildeten pectinspaltenden Enzyme bei normalem Gärverlauf nicht wirksam werden.

Ihr Wirkungsoptimum liegt im pH-Bereich von 6,0…11,0, während der pH-Wert der Lake durch die Milchsäuregärung auf Werte unter 4,5 gesenkt wird. Ein pH-Anstieg wird aber oft durch milchsäureabbauende Hefen und Schimmelpilze, insbesondere Kahmhefen und *Geotrichum*-Arten, verursacht. Sie sind deshalb besonders gefürchtet. Um die milchsäureabbauende Mikroflora auszuschalten, sind verschiedene Maßnahmen vorgeschlagen worden, z. B. der Einsatz von Konservierungsmitteln, wie Sorbinsäure, Senföle und andere Gewürzextrakte, das Überschichten der Lake mit Paraffinöl und die Bestrahlung mit UV-Lampen.

Um das Weichwerden der Gurken zu vermeiden, erscheinen alle Maßnahmen erfolgversprechend, die zur Ausschaltung des Luftsauerstoffes führen; denn zur Massenvermehrung von Hefen und Schimmelpilzen kann es nur in Gegenwart von Sauerstoff kommen. Weiterhin ist der Zusatz von Weinlaub schon seit langem bekannt. Weinblätter, aber auch die Blätter und Stengel zahlreicher anderer Pflanzen, wie Heidelbeere, Himbeere, Johannisbeere, Rose und Hartriegel, sollen wasserlösliche, tanninartige Hemmstoffe enthalten, die das Weichwerden von sauren Gurken deutlich verzögern, ohne daß die Milchsäuregärung nachteilig beeinflußt wird. Nach neueren Untersuchungen wird diese Wirkung aber angezweifelt. Der teilweise übliche Zusatz von Alaun kann das Weichwerden von Salzgurken ebenfalls nicht verhindern [77].

Auf den Einfluß des Rohstoffs wurde bereits hingewiesen. Das Enzym Polygalacturonase kommt vor allem in ausgereiften Gurken vor, und deshalb sind diese weniger zum Einlegen geeignet als halbreife. Beachtenswert ist in diesem Zusammenhang die Tatsache, daß Gurken auch einen Pectinasehemmstoff enthalten, der in Abhängigkeit von Sorte, Reifegrad, Alter u. a. in unterschiedlichen Mengen vorkommt und offenbar großen Einfluß auf das Weichwerden hat [37].

2.6.1.4.2. Hohle Gurken

Die Ursachen für das Hohlwerden von Salzgurken (Bild 38) sind umstritten, doch spielen offenbar Mikroorganismen eine bedeutende Rolle. Neben pectinabbauenden Arten sollen Gasbildner, z. B. Hefen und Bakterien der Gattung *Enterobacter* (= *Aerobacter*) sowie heterofermentative Lactobacillen, beteiligt sein. Außer einer unterschiedlich starken Auflösung des Kerngehäuses, insbesondere bei Verwendung reifer oder längere Zeit gelagerter Gurken, kann es zu Aufblähungen kommen, z. B. wenn eine harte Schale den Gasaustritt verzögert. Das Anstechen der Gurken vor dem Einlegen kann hier Abhilfe schaffen. Der oxydative Abbau der Milchsäure durch

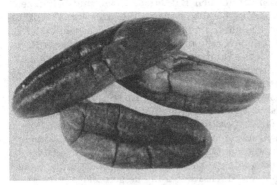 

Bild 38. Hohle Gurken, rechts im Querschnitt

128

Kahmhefen und Schimmelpilze soll Fäulnisbakterien fördern, die ebenfalls für das Hohlwerden der Gurken verantwortlich gemacht werden. Weiterhin soll der Zusatz von Zucker negative Auswirkungen haben. Hohle Gurken können außerdem bereits im Rohstoff vorkommen [45, 100].

Hohle Gurken kommen mitunter bereits vor der Fermentation in der Rohware vor. Die Ursachen für das Hohlwerden milchsauer vergorener Gurken (s. Bild 38) sind umstritten, doch spielen offenbar Mikroorganismen eine bedeutende Rolle. Neben pectinabbauenden Arten sollen Gasbildner, vor allem Hefen, aber auch Bakterien der Gattung *Enterobacter* (= *Aerobacter*) sowie heterofermentative Lactobacillen, z. B. *Lactobacillus brevis*, beteiligt sein. Außer einer unterschiedlich starken Auflösung des Kerngehäuses, insbesondere bei der Verwendung reifer oder längere Zeit gelagerter Gurken, kann es zu Aufblähungen kommen, z. B. wenn eine harte Schale den Gasaustritt verzögert. Das Sticheln der Gurken vor dem Einlegen kann hier teilweise Abhilfe schaffen. Der Abbau der Milchsäure durch Kahmhefen, seltener auch Schimmelpilze, führt zu einem Anstieg des pH-Wertes, und es werden damit Bedingungen für die Entwicklung unerwünschter Fäulnisbakterien geschaffen, die ebenfalls für das Hohlwerden der Gurken verantwortlich sind. Die Hefen selbst bewirken durch enzymatische Prozesse und durch die Gasbildung Strukturveränderungen, wie sie sich im Aufblähen und Hohlwerden manifestieren. Die beschriebene negative Auswirkung des Zusatzes von Zucker zum Salzaufguß kann in der Förderung der Hefen ihre Ursache haben. Durch den teilweise üblichen Zusatz von Essigsäure zur Salzlake zu Beginn des Fermentationsprozesses, die vor allem der Unterdrückung von Fäulnisbakterien dient, werden ebenfalls die Hefen in ihrer Entwicklung gegenüber den Milchsäurebakterien begünstigt, da sie weniger säureempfindlich sind als die Lactobacillen [45, 100, 207]. Trotz der vorliegenden umfangreichen Untersuchungsergebnisse über die Ursachen hohler und weicher Gurken treten Fehlprodukte bei sauren Gurken nach wie vor relativ häufig auf.

2.6.2.   Brühgurken

Brühgurken werden prinzipiell auf die gleiche Weise wie saure Gurken hergestellt, jedoch unter Verwendung von heißem Salzwasser und Zusatz von etwas Speiseessig. Dadurch kommt es zu einer Beschleunigung der Milchsäuregärung, und Fehlprodukte treten in geringerem Maße auf. Werden größere Mengen Essig zugesetzt, so kommt die Milchsäuregärung nicht in Gang.

2.6.3.   Oliven

Oliven sind die Früchte des z. B. im Mittelmeerraum angebauten Ölbaumes (*Olea europaea*). Sie enthalten ein bitteres Glycosid mit bactericider Wirkung, das Oleuropin. Es muß vor der milchsauren Vergärung durch Behandlung mit 0,5···2,0%iger Natronlauge unter Luftzutritt entfernt (verseift) werden. Dabei werden mitunter die natürlich anhaftenden Milchsäurebakterien zerstört, und die Gärung kommt nicht in Gang. Als vorteilhaft erweist sich dann das Beimpfen der gewaschenen und in Salzwasser eingelegten Früchte mit kräftig gärender Lake. Es werden sowohl grüne als auch reife Oliven milchsauer vergoren. Grüne Oliven gären mehrere Monate, reife nur einige Wochen. Der Säuregehalt beträgt 0,7···1,0%, berechnet als Milchsäure. Nach der milchsauren Vergärung, die technologisch der Salzgurkenherstellung ähnlich ist, werden die Oliven gewöhnlich entsteint, mit Mandeln, Gewürzpaprika usw. gefüllt und zu Sterilkonserven verarbeitet.

Eine als »Fischauge« bezeichnete Form der mikrobiellen Verderbnis von Oliven, bei der es zur Bildung von Gasblasen unter der Kutikula kommt, wird durch Hefen, insbesondere *Saccharomyces oleaginosus (= S. cerevisiae), S. kluyveri* und *Hansenula anomala* verursacht. Die beiden *Saccharomyces*-Arten bilden Pectinesterase und Polygalacturonase, die das Weichwerden der Oliven bewirken. Die Enzyme sind im pH-Wert-Bereich 4,0···9,0 und bei Temperaturen von 10···60 °C aktiv [389].

2.6.4.   Verschiedene Sauergemüse

Es gibt zahlreiche weitere Gemüseprodukte, die auf dem Wege der milchsauren Vergärung gewonnen werden. Lokale Verbrauchergewohnheiten spielen bei der Herstellung und dem Konsum eine erhebliche Rolle.

Mixed Pickles sind eine Mischung verschiedener Gemüsearten in Gewürzessig, wobei teilweise auch milchsauer vergorene Produkte zugesetzt werden.

Außer grünen Tomaten lassen sich Möhren, Kohlrabi, Blumenkohl, Kohlrüben und zahlreiche andere Gemüsearten ähnlich wie Gurken milchsauer vergären. Bohnen, die unreifen Hülsen von *Phaseolus vulgaris*, müssen vor dem Einlegen blanchiert werden, um den enthaltenen Giftstoff zu zerstören. Danach werden sie wie Brühgurken (s. 2.6.2.) verarbeitet.

Die für die Tierernährung bedeutungsvolle *Silage* wird ebenfalls auf dem Wege der natürlichen Milchsäuregärung erzeugt. Als Rohstoffe dienen kohlenhydratreiche Futterpflanzen, wie Mais und Kartoffeln. Natriumchlorid darf dabei nicht zugesetzt werden, da es für zahlreiche Tiere schädlich ist [404].

Prinzipiell ist der Gärprozeß aller milchsauren Gemüse und der Silage sehr ähnlich, und auch die auftretenden Fehler haben die gleichen Ursachen. Die grundlegenden mikrobiologischen Vorgänge wurden bereits unter 2.5. und 2.6.1. ausführlich beschrieben, so daß hier auf Einzelheiten verzichtet werden kann.

2.7.   Salzgemüse

Salzgemüse sind aus einer Gemüseart nach entsprechender Vorbereitung (Waschen, Putzen, teilweise Blanchieren) durch Zusatz von Speisesalz haltbar gemachte Halbfabrikate für die industrielle Weiterverarbeitung. Es werden vor allem Brechbohnen, Blumenkohl, Spargel sowie weitere Gemüsearten verarbeitet. Sie werden, je nach Produkt, in 15-···25%ige Kochsalzlösungen eingelegt, so daß die NaCl-Endkonzentration bis zu 20 Masseprozent beträgt.

Die Wirkung des Kochsalzes beruht darauf, daß den Mikroorganismen das notwendige Wasser entzogen wird, also der a_w-Wert gesenkt wird. Da der a_w-Wert einer gesättigten wäßrigen NaCl-Lösung (36%ig) nur etwa 0,75 beträgt, einige Mikroorganismenarten aber noch unter dem a_w-Wert 0,75 wachsen können, ist es durch Zugabe von Kochsalz allein nicht möglich, pflanzliche Lebensmittel sicher vor mikrobiellen Prozessen zu schützen. Eine 20%ige wäßrige NaCl-Lösung hat einen a_w-Wert von etwa 0,88, bei dem sich noch zahlreiche Mikroorganismenarten vermehren.

In der Regel wird in Salzgemüsen die Milchsäuregärung praktisch unterdrückt (vgl. aber Salzgurken, Kap. 2.6.1.). Das Auftreten von Kahmhefen und einigen Hyphomycetenarten an der Oberfläche wird jedoch nicht mit Sicherheit unterbunden. Weiterhin gibt es halophile Mikroorganismen, wie Bakterien der aeroben Gattungen *Halococcus* und *Halobacterium*, die nur in Medien mit mehr als 12% NaCl wachsen. Deshalb soll Salzgemüse bei Temperaturen von 2···4 °C und unter Luftabschluß gelagert werden. Die Lagerzeit ist auf etwa 30 Tage begrenzt.

2.8. Essiggemüse

Gemüse in Essig sind aus einer Gemüseart oder aus Mischgemüse durch Zusatz von
Salz, Essig, Zucker und natürlichen Gewürzen oder natürlichen Aromen in Fässern
oder luftdicht verschlossenen Behältnissen mit oder ohne Erhitzung hergestellte
Erzeugnisse. Essiggemüse, das maximal 2,5% Säure enthalten darf, ist in gleichem
Maße wie milchsaures Gemüse haltbar. Die Essigsäure wird jedoch ähnlich wie Milchsäure von zahlreichen Hefen und Schimmelpilzen abgebaut. Deshalb muß Essiggemüse in verschlossenen Behältern und kühl aufbewahrt werden. Die im Handel
angebotenen Kleinpackungen sind üblicherweise hitzesterilisiert.

2.9. Gemüsesäfte und andere flüssige Gemüseerzeugnisse

2.9.1. Allgemeines

Die durch mechanische Verfahren, wie Pressen oder Passieren sowie Homogenisie-
ren, und/oder enzymatisch aus sauberem, frischem Gemüse gewonnenen Gemüsesäfte
und anderen flüssigen Gemüseerzeugnissen, denen teilweise Kochsalz, Zucker und
organische Säuren zugesetzt werden, haben in mikrobiologischer Hinsicht vieles mit
flüssigen Obsterzeugnissen gemeinsam (vgl. 1.5.). Flüssige Gemüseerzeugnisse sind
jedoch anfälliger gegen Mikroorganismenbefall und schwerer haltbar zu machen
als Obstsäfte. Die wesentliche Ursache dafür liegt in dem geringeren Säuregehalt.
Der pH-Wert der Gemüsesäfte liegt im allgemeinen zwischen 5,0 und 6,5, lediglich
der von Tomatensaft liegt zwischen 4,1 und 4,5. Dadurch finden eine Reihe von
Bakterienarten, z. B. Clostridien und Bacillen, die in den stark sauren Obstsäften
nicht zur Vermehrung kommen, günstige Entwicklungsbedingungen. Außerdem finden anspruchsvolle Mikroorganismenarten, wie Lactobacillen, in Gemüsesäften eine
Reihe essentieller Substanzen, z. B. Aminosäuren und Vitamine, die teilweise in
Obstsäften fehlen oder nur in äußerst geringen Mengen vorhanden sind.

2.9.2. Haltbarmachung

Die Haltbarmachung der Gemüsesäfte erfolgt am günstigsten durch Hochtemperatur-Kurzzeit-Erhitzung. Erzeugnisse mit pH-Werten im Bereich von 4,5···6,5
müssen mindestens mit einem Sterilisationsäquivalent von $F = 4$ sterilisiert werden,
d. h., sie müssen mindestens 4 min auf 121,1 °C erhitzt werden, um Sterilität zu erreichen (vgl. 1.4.3.2.). In der Praxis wird aus Sicherheitsgründen mit F-Werten
von 5···6, bei sehr hohen Anfangskeimzahlen sogar mit $F = 10$ gearbeitet. Um bei
niedrigen Temperaturen Sterilität zu erzielen, muß die Haltezeit entsprechend verlängert werden. Soll z. B. bei 115 °C mit einem Sterilisationsäquivalent $F = 6$ sterilisiert werden, so ist bereits eine Haltezeit von 26 min erforderlich, und bei 105 °C
beträgt sie entsprechend (bei $z = 10$) 260 min. Diese Zeiten sind in der Praxis nicht
anwendbar, und deshalb hat man nach anderen Wegen gesucht. Um die Haltbarkeit von Gemüsesäften mit einem für Obstsäfte üblichen Temperaturregime (Temperaturen um 80 °C, Haltezeiten im Minutenbereich) zu erzielen, ist das Ansäuern
durch Zusatz von stark sauren Obstsäften sowie Milch-, Citronen- oder Ascorbinsäure üblich. Durch die pH-Wert-Senkung wird einmal eine Erniedrigung der
Hitzeresistenz der Mikroorganismen erreicht (vgl. Abschn. 3.3.2.6.1. [250]), zum
anderen können die resistenten Bakteriensporen bei pH-Werten unter 4,0 nicht mehr

auskeimen und somit keine Schäden verursachen. Man kommt dann mit wesentlich niedrigeren F-Werten von etwa 0,7···1,0 aus.

Nach einem englischen Patent werden die frisch gepreßten Gemüsesäfte vor dem Pasteurisieren bei niedrigen Temperaturen einer gesteuerten Milchsäuregärung ausgesetzt, wobei die natürliche Mikroflora, insbesondere die auf den grünen Gemüsebestandteilen vorkommenden Lactobacillen, bei Temperaturen von etwa 35···38°C angereichert werden. Innerhalb der etwa 12 h dauernden Fermentation bildet sich im Gemüsesaft ausreichend Milchsäure, und der pH-Wert sinkt auf Werte zwischen 3,8 und 4,2 ab. [10]

Nach dem sogenannten Laktoferment-Verfahren wird entweder die Gemüsemaische vor dem Pressen oder der Gemüsesaft selbst einer Milchsäuregärung unterzogen, indem man mit Reinkulturen von *Lactobacillus plantarum, Lb. brevis, Lb. delbrückii*, seltener *Leuconostoc mesenteroides* u. a. beimpft. Vorher wird die Maische bzw. der Gemüsesaft pasteurisiert, um die vorhandene unerwünschte Mikroflora des Rohstoffs weitgehend auszuschalten. Die Milchsäuregärung dauert etwa 8···24 h bei 30···45°C, je nach eingesetzter Bakterienart. Sobald der pH-Wert auf 3,8···4,0 abgesunken ist, wird das Produkt pasteurisiert. Das Beimpfen der neuen Charge kann jeweils so erfolgen, daß man sie mit 5···10% eines in der Hauptgärung befindlichen Ansatzes verschneidet. Nach sechs- bis achtmaligem Verschneiden sollte aber wieder von einer Reinkultur ausgegangen werden, um Kontaminationen nicht aufkommen zu lassen und sie nicht weiterzuschleppen. [174]

Tomatenpulpe und analoge Obst- und Gemüseprodukte werden in jüngster Zeit in Großtanks folgendermaßen zwischenkonserviert. Tomaten werden innerhalb von etwa 3 h nach der mechanischen Ernte zu Pulpe verarbeitet und mittels HTST-Verfahren sterilisiert. Danach wird die Pulpe sofort gekühlt und aseptisch in sterile Tanks eingelagert. Zur Sicherheit wird der Kopfraum der Tanks mit sterilem Stickstoff begast. Spezielle Tankventile, die z. B. mit einer Jodoformlösung (20 mg l⁻¹) steril gehalten werden, ermöglichen die beliebige Ein- und Auslagerung der Pulpe. Nach dem gleichen System wurden auch Transporteinrichtungen (Lastkraftwagen, Güterwagen, Schiffstanks) entwickelt. Teilkonzentrierte Produkte sind nach dem gleichen Verfahren lagerbar. [202]

Die durch Wasserentzug hergestellten Produkte, wie Tomatenmark mit 20% Trockensubstanz und Tomatenpaste mit 28% Trockensubstanz (refraktometrisch gemessener Minimalgehalt), sind aufgrund des verbleibenden hohen Wassergehaltes nicht haltbar. Sie werden vorwiegend durch Pasteurisieren oder durch Zusatz chemischer Konservierungsmittel, z. B. Benzoesäure und ihre Derivate, konserviert.

2.9.3.   Mikrobieller Verderb

Als spezielle Schädlinge von hitzekonservierten Gemüsesäften müssen Bakterien der Gattungen *Bacillus* und *Clostridium* angesehen werden, deren resistente Sporen die Erhitzung überdauern und während der Lagerung auskeimen. *Bacillus subtilis, B. coagulans, Clostridium pasteurianum* und einige andere sporenbildende Bakterien, darunter auch thermophile Arten, wurden wiederholt als Ursache des Verderbs von Tomatensaft und anderen Gemüsesäften gefunden. Bei der Herstellung von Tomatensaft können Hyphomyceten durch Säureabbau einen pH-Anstieg verursachen, wodurch günstigere Voraussetzungen für die Entwicklung von Bakterien geschaffen werden. *Geotrichum candidum* begünstigt die Bildung hitzeresistenter Sporen von *B. coagulans* [103].

Tomatenmark und Tomatenpaste sowie Tomatenketchup werden vor allem von Milchsäurebakterien, wie *Lactobacillus plantarum* und *Lb. brevis*, einigen Vertretern der Gattung *Bacillus* sowie Hefearten und an der Oberfläche von zahlreichen Hyphomyceten-Species befallen. Als häufiger Verderbniserreger von pasteurisierten Tomaten- und Tomatenpaprikakonzentraten gilt *Bacillus thermoacidurans*, ein fakultativ thermophiler Sporenbildner, der offenbar mit *B. coagulans* identisch ist. Seine besondere Gefährlichkeit beruht auf der Tatsache, daß er noch bei sehr niedrigen pH-Werten (zwischen 3,7 und 4,5) zur Entwicklung kommt. Der D-Wert für seine Sporen beträgt bei 100 °C in feuchter Hitze 0,1···0,7 min. Subletale Erhitzungsbedingungen führen zu einer vom pH-Wert des Mediums und anderen Faktoren abhängigen Aktivierung der Sporenkeimung [105]. *B. thermoacidurans* bildet kein Gas und gehört zu den Erregern der Flachsäuerung, die vorwiegend bei hitzesterilisierten Obst- und Gemüsekonserven vorkommt. Das Bakterium ist im Erdboden weit verbreitet und gelangt mit dem Rohstoff in das Fertigprodukt.

Bei der Herstellung von Gemüsesäften und Konzentraten muß ebenso wie bei der Gewinnung von Obstmarksäften der Reinigung und Desinfektion besondere Aufmerksamkeit geschenkt werden, da sich die Feststoffe leicht in den Rohrleitungen

Bild 39. Fehlerhaft verschlossene Flasche mit Tomatenmark (nachträglich geöffnet). Die zwischen Flaschenmund und Einlage des Kronenverschlusses sitzenden Markreste ermöglichen das Hindurchwachsen von Mikroorganismen

und Apparaten festsetzen und den Mikroorganismen Schutz bieten. Eine spezielle Kontaminationsquelle stellen Holzgegenstände dar, deren poröse Oberflächen nur schwer zu desinfizieren sind. Die festen Bestandteile von Gemüsemarksäften und -konzentraten können sich beim Abfüllen zwischen Behälter und Verschluß, z. B. zwischen Flaschenmund und Kronenverschluß, festsetzen (Bild 39). Sie ermöglichen das Durchwachsen von Mikroorganismen oder führen zu undichten Stellen [283].

Insgesamt spielen schlechter Rohstoff (vgl. Abschn. 2.1.2.), mangelhafte Hygiene, Untersterilisation und Rekontamination der Substrate nach erfolgter Pasteurisation durch keimhaltige Behälter oder Verschlüsse die gleiche Rolle für die Haltbarkeit der Gemüseprodukte wie für die Obstprodukte. Auch der mikrobiologischen Betriebskontrolle kommt eine gleichgroße Bedeutung zur Vermeidung von Schäden durch mikrobiellen Verderb zu (vgl. Abschn. 1.5.).

3. Kartoffeln und Kartoffelerzeugnisse

3.1. Kartoffeln

3.1.1. Definition und Bedeutung

Kartoffeln sind die verdickten Enden von unterirdischen Ausläufern des Nachtschattengewächses *Solanum tuberosum*. Die Sproßknollen sind vegetative Fortpflanzungskörper, die sich durch ihren besonders hohen Stärkegehalt auszeichnen. Sie werden von einem korkartigen Abschlußgewebe (Periderm) eingeschlossen, das eine lange Lagerzeit ermöglicht. Nach dem Reifezeitpunkt der Knollen unterscheidet man frühe und späte Kartoffelsorten. Entsprechend ihrem Verwendungszweck unterteilt man sie in Speise-, Futter- und Pflanzkartoffeln sowie Kartoffeln für die industrielle Verwertung, z. B. zur Gewinnung von Spiritus, Kloßmehl und Stärke. Die Heimat der Kartoffel ist Südamerika. Etwa um das Jahr 1550 wurde sie durch Spanier nach Europa gebracht und zunächst als Zierpflanze angebaut. Um 1600 begann die Nutzung in England; seit der 1. Hälfte des 18. Jahrhunderts wird der Anbau feldmäßig betrieben.
Die Kartoffel gehört in der DDR zu den wichtigsten Grundnahrungsmitteln, obwohl der Konsum ständig zurückgeht. Der Prokopfverbrauch, ausschließlich der zu Stärkeerzeugnissen verarbeiteten Kartoffeln, belief sich im Jahre 1981 auf 140,8 kg.

3.1.2. Chemische Bestandteile

Die Kartoffel hat wegen ihres hohen Stärkegehaltes sowie ihres Gehaltes an hochwertigem Eiweiß, Vitaminen und Mineralstoffen große Bedeutung für die menschliche Ernährung erlangt. Der *Stärkegehalt* schwankt von 15...21%. Während der Lagerung hydrolysieren Amylasen ständig einen Teil der Stärke zu Zucker, der zur Atmung benötigt wird. Das Kartoffelprotein hat besonders wegen seines hohen Lysin-Gehaltes eine relativ hohe biologische Wertigkeit. In der Kartoffelknolle wurden das Provitamin A sowie die Vitamine B_1, B_2, B_6, C, H, K, Nicotinsäureamid und Pantothensäure nachgewiesen. An *Mineralstoffen* sind hauptsächlich Kalium- sowie Manganverbindungen und andere Spurenelemente von ernährungsphysiologischer Bedeutung. Hinsichtlich ihrer chemischen Bestandteile bieten die Kartoffeln somit günstige Voraussetzungen für das Wachstum und die Vermehrung von Mikroorganismen.

3.1.3. Kartoffellagerung

Die Erntezeit für Kartoffeln erstreckt sich in Mitteleuropa je nach Sorte auf die Monate Juni bis Oktober. Um eine ganzjährige kontinuierliche Versorgung von Mensch und Tier zu sichern, sind geeignete Lagerverfahren erforderlich, die die Erhaltung der vom Verbraucher gewünschten Qualität unter weitgehender Vermeidung von Verlusten garantieren. Die Kartoffellagerung erfolgt in Feld- oder ortsfesten Grabenmieten, Kellern und zunehmend Lagerhäusern, die meist mit Schwerkraft- oder Gebläsebelüftung, teilweise mit Kältemaschinen ausgestattet sind. Während der Lagerung treten durchschnittlich Massenverluste von 8···12% auf, die durch Atmung, Fäulnis und andere Lagerschäden verursacht werden.

3.1.4. Lagerkrankheiten der Kartoffel

Obwohl die Kartoffelknolle durch das sie umschließende Korkgewebe und durch einige Inhaltsstoffe, z. B. Ascorbinsäure, ein wirksames Schutzsystem gegen Mikroorganismenbefall hat, sind die jährlich durch Mikroben verursachten Lagerverluste erheblich. Das gehäufte Auftreten von Lagerkrankheiten hat in der Vergangenheit nicht selten zu Hungersnöten beigetragen. Die häufigsten während der Lagerung von Kartoffeln auftretenden Erkrankungen werden durch Bakterien und Pilze verursacht, die vor allem durch Wundstellen in die Knollen eindringen. Mit den durch die Einführung vollmechanisierter Ernte- und Aufbereitungsverfahren zunehmenden Beschädigungen der Kartoffelknollen hat auch der Grad der Lagerverluste zugenommen. Teilweise befallen phytopathogene Mikroorganismenarten bereits die krautigen Pflanzen und dringen von dort in die Knollen ein. Umfangreiche Literaturübersichten über die Krankheiten der Kartoffel sind außer in Monografien [314] vor allem in der phytopathologischen Literatur zu finden [49, 183]. Im folgenden wird auf einige wichtige Lagerkrankheiten der Kartoffel näher eingegangen, die anhand des äußeren Krankheitsbildes in Naß- und Trockenfäulen unterteilt werden können.

3.1.4.1. Naßfäulen

3.1.4.1.1. Bakterielle Knollennaßfäule

Mit der häufigsten und bedeutungsvollsten Knollennaßfäule steht die Schwarzbeinigkeit der Kartoffelpflanze in direktem Zusammenhang. Die Symptome der Schwarzbeinigkeit sind folgende. Einzelne Triebe oder ganze Pflanzen sterben ab. Am Stengelgrund zeigt sich eine in Naßfäule übergehende Zersetzung, die mit einer schwarzen Verfärbung verbunden ist. Wenn die Erkrankung der Pflanze auf die Knollen übergreift, unterscheidet man zwischen akutem und latentem Befall. Beim akuten Befall, der aus dem symptomlosen latenten durch Belastungsbedingungen, z. B. hohe Temperaturen, ausgelöst wird, verwandelt sich das Knollenfleisch in eine weichfaule breiige Masse. Sie wird zunächst von der verkorkten Schale zusammengehalten. Beim Austreten färbt sich der zunächst kremigweiße bis graue Faulbrei rosa über bräunlichrot bis braunschwarz und nimmt einen muffigen Geruch an. Die Zersetzung der Knollen erfolgt bei feuchter Wärme und Sauerstoffmangel innerhalb weniger Tage. Die Erreger vermehren sich besonders in den Interzellularen des parenchymatischen Gewebes. Durch Pectinabbau werden die Mittellamellen zerstört, und es kommt zur Auflösung des Zellverbandes. Der austretende Zellsaft infiziert die umliegenden Knollen vor allem an wunden Stellen, bei ausreichender Feuchtigkeit auch über die Lentizellen [314].

Der Erreger der Bakteriellen Knollennaßfäule (Bild 40) und Schwarzbeinigkeit der Kartoffel ist *Erwinia carotovora* var. *atroseptica* (= *Pectobacterium carotovorum* var. *atrosepticum*, = *Erwinia phytophthora*). Das gramnegative, fakultativ anaerobe, peritrich begeißelte Bakterium ist $1,5\cdots2,5$ µm $\times$ $0,6\cdots0,8$ µm groß; sein Wachstumsoptimum liegt zwischen 23 °C und 27 °C. Weiterhin kann auch *Erwinia carotovora* var. *carotovora* eine Bakterielle Knollennaßfäule, aber keine Schwarzbeinigkeit verursachen. Darüber hinaus sind in der Literatur weitere Bakterienarten, wie *Pseudomonas spec.*, *Bacillus spec.* und *Clostridium spec.*, als Naßfäuleerreger beschrieben. Diese bilden aber sämtlich keine pectinolytischen Enzyme, und über ihre Verbreitung und Bedeutung liegen bisher keine genauen Angaben vor.

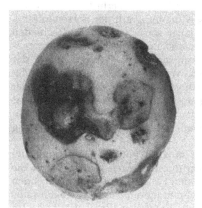 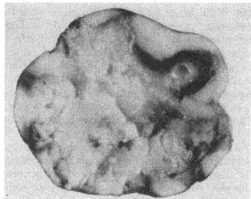

Bild 40. Bakterielle Knollennaßfäule. Links Krankheitsbild an der Kartoffeloberfläche, rechts fortgeschrittener Befall im Knolleninneren

Seit Einführung vollmechanisierter Erntemethoden und den damit verbundenen Beschädigungen der Knollen ist die Bakteriennaßfäule eine der wirtschaftlich bedeutungsvollsten Lagerkrankheiten der Kartoffel. Die Lagerverluste belaufen sich im Mittel auf etwa 5%, können jedoch bei ungünstigen Lagerbedingungen in Einzelfällen bis auf 75% ansteigen [258].

3.1.4.1.2. Wäßrige Wundfäule

Die Erreger dieser Naßfäule dringen durch Verletzungen in die Knollen ein. Die Schale befallener Kartoffeln wird feucht und färbt sich dunkel. Das Knollenepiderm ist straff gespannt und platzt bei Druck auf, wobei wäßriger Saft austritt. Später erweicht das Knollengewebe völlig. Schnittflächen verfärben sich grünlichgrau oder braun und werden schließlich schwarz. Zum gesunden Gewebe hin ist eine deutliche braune Trennungslinie zu erkennen. Meist tritt ein typisch fischartiger Geruch auf. Die Wäßrige Wundfäule tritt gewöhnlich unmittelbar nach der Ernte bei hohen Temperaturen im Lager auf. Hohe CO_2-Konzentrationen werden toleriert.

Der Erreger der Wäßrigen Wundfäule, der zur Klasse *Oomycetes* gehörende Pilz *Pythium ultimum*, ist ein typischer Wundparasit. Er durchwächst die Zellen sowie Interzellularräume und bildet kugelartige Sporangien, die mit Keimschläuchen keimen. Durch die Kopulation von runden, glatten $19\cdots23$ µm großen Oogonien mit den unmittelbar darunter befindlichen Antheridien entstehen rundliche, glatte, dickwandige, einzeln stehende Oosporen. Sie keimen mit einem Keimschlauch aus, an dem bei niedrigen Temperaturen ein Zoosporangium mit Zoosporen entsteht. Die praktische Bedeutung der Wäßrigen Wundfäule ist umstritten.

3.1.4.2. Trockenfäulen

3.1.4.2.1. Fusarium-Trockenfäule

Pilze der Gattung *Fusarium* nehmen in allen Kartoffelbau treibenden Ländern eine führende Rolle als Erreger einer Trockenfäule, die auch als Weißfäule bezeichnet wird, ein. Außerdem treten sie häufig in Kombination mit Naßfäuleerregern auf. Fusarien sind typische Wundparasiten, die stets auftreten und Verluste verursachen. Der Befall hängt im erheblichen Maße vom Beschädigungsgrad, der Sortenanfälligkeit, den Lagerungsbedingungen und der Lagerdauer sowie von den auftretenden Erregerarten ab. Die *Fusarium*-Trockenfäule tritt erst nach zwei- oder mehrmonatiger Lagerung der Kartoffeln auf, und es wird angenommen, daß der Ablauf der Keimruhe bei der Entwicklung eine Rolle spielt. Wahrscheinlich besteht ein Zusammenhang zwischen den chemischen Veränderungen des Zellinhalts während der Keimungsvorbereitung und der Anfälligkeit gegenüber den Fusarien. Weiterhin ist bekannt, daß *Fusarium*-Arten Toxine ausscheiden, die das lebende Gewebe abtöten. In Lagerhäusern tritt die Krankheit besonders bei zu intensiver Belüftung auf.

Die Krankheit zeigt sich an den Kartoffeln zuerst in einer dunklen Verfärbung und Schrumpfung der befallenen Stellen, danach sinken durch starken Wasserverlust die Befallsstellen ein, und es kommt zu einer zunehmenden Faltung der darunterliegenden Gewebe. Auf der Oberfläche entwickeln sich schmutzigweiße oder gelblichweiße bis rötlichweiße Mycelpolster von lockerer oder gallertartiger Beschaffenheit. Im Inneren der Knolle bilden sich unregelmäßige Risse und Hohlräume, die mit Mycel ausgekleidet sind. Verfaultes Gewebe ist nur anfangs feucht, zuletzt aber gewöhnlich hart und trocken (mumifiziert). Es läßt sich zu einem krümelartigen Pulver zerreiben. Das Befallsbild kann in Abhängigkeit von den Lagerbedingungen erheblich variieren. Die *Fusarium*-Trockenfäule (Bild 41) ist wenig geruchsintensiv.

Als Erreger kommen verschiedene *Fusarium*-Species in Betracht. Sie unterscheiden sich makroskopisch durch die unterschiedliche Färbung des Mycels. Unter unse-

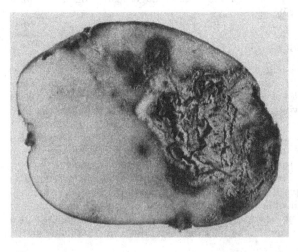

Bild 41. *Fusarium*-Trockenfäule, befallene Kartoffelknolle im Querschnitt. Der Erreger ist durch eine Verletzung eingedrungen

ren Lagerbedingungen dominiert *Fusarium sulphureum*, außerdem kommen *F. s.* var. *coeruleum*, *F. avenaceum* und *F. culmorum* vor. Die beiden letztgenannten Arten verursachen offenbar nur geringe Schäden. Es sind zahlreiche weitere Species bekannt, die aber nur an stark anfälligen Kartoffelsorten als Schädlinge auftreten. Die Erreger der *Fusarium*-Trockenfäule sind regelmäßig im Erdboden und auf den Kartoffelknollen zu finden. Sie werden durch massenhaft gebildete einzellige, rundliche Mikrosporen und typische septierte, sichelförmige Makrosporen verbreitet. Außerdem treten als resistente Dauerorgane ein- bis zweizellige dickwandige Chlamydosporen auf. Sie konnten noch mehrere Jahre nach erfolgtem Kartoffelanbau aus dem Boden isoliert werden. Die Infektion der Knollen hängt nicht ausschließlich vom Kontakt mit dem Erreger ab, sondern günstige Temperatur- und Feuchtigkeitsverhältnisse während der Lagerung ermöglichen erst den Befall. *F. sulphureum* und *F. avenaceum* können bereits bei Temperaturen von 2 °C Infektionen auslösen, *F. s.* var. *coeruleum* dagegen erst bei 8···10 °C. Die letztgenannte Subspezies sowie *F. sulphureum* stellen geringe Ansprüche an die relative Luftfeuchte; bei Werten über 80% wird der Befall wesentlich begünstigt. Außer Verletzungen sollen dann auch Lentizellen, Schorfpusteln, Augen und Keimlinge als Infektionspforten in Betracht kommen. [5]

3.1.4.2.2. Braunfäule (Krautfäule)

Die Braunfäule und die Krautfäule, die vom gleichen Erreger verursacht werden, gehören vor allem in feuchten Jahren zu den wirtschaftlich bedeutenden Kartoffelkrankheiten. Die ersten Anzeichen der etwa seit 1840 in Deutschland bekannten Erkrankungen kann man an den Knollen bereits zur Erntezeit beobachten. Es bilden sich unregelmäßige, leicht eingesunkene Flecken von brauner bis bleigrauer Farbe, die der Krankheit den Namen gaben. Schnittflächen braunfauler Kartoffeln überziehen sich bei etwa 18 °C in feuchtem Milieu innerhalb von 48 h mit einem dichten, weißen, flaumigen Mycel. Die Braun- und Krautfäule wird durch den Pilz *Phytophthora infestans* hervorgerufen. Seine Hyphen wachsen in den Kartoffelpflanzen interzellular im Wirtsgewebe. Haustorien, die er in das Innere der Zellen senkt, dienen der Ernährung. Die Sporangienträger ragen aus den Spaltöffnungen der krautigen Pflanzen heraus. Befallene Gewebe werden braun bis schwarz und sterben ab. Die kranken Knollen sind im Inneren braun marmoriert. Sie werden im Lager nach kurzer Zeit von anderen Organismen befallen, z. B. dem Erreger der Bakteriellen Naßfäule.
Sind über 25% des Gutes befallen, kann eine Überhitzung eintreten, die mit einer Vernichtung des ganzen Lagerbestandes einhergehen kann. Der Pilz überwintert in Knollen, die als Ernterückstände auf dem Feld verbleiben, aber auch in Kellern und Mieten. Entwicklung und Ausbreitung hängen von der Temperatur und der Luftfeuchte ab. Hohe Stickstoffgaben beim Kartoffelanbau führen zu erhöhter Anfälligkeit der Knollen, Phosphordüngung fördert die Widerstandsfähigkeit. Die Entwicklung von *Phytophthora infestans* wird gehemmt, wenn die Pflanzen vom X- oder Y-Virus befallen sind. Um eine Infektion der Knollen durch Kontakt mit krankem Laub zu verhindern, sollen die Kartoffeln erst 3 Wochen nach dem Abtöten des Krautes durch Fungicide geerntet werden.

3.1.4.2.3. Alternaria-Knollenfäule (Dürrfleckenkrankheit)

Der Erreger der Dürrfleckenkrankheit, der vorwiegend an den Blättern der krautigen Pflanze auftritt, kann während der Lagerung der Kartoffeln zu einer Knollenfäule führen. Nach der Ernte zeigen sich an den Kartoffelknollen der befallenen Stauden kleine, dunkle Schalenverfärbungen, die sich allmählich vergrößern. Das kranke Gewebe vertrocknet, sinkt ein und wird von gesunden Teilen wulstartig umschlossen. Da sich die kranken Stellen mitunter hart anfühlen, ist auch die Bezeichnung *Alternaria-Hartfäule* gebräuchlich. Der Erreger ist *Alternaria solani*. Er benötigt zu seiner Entwicklung Temperaturen über 10 °C und tritt besonders in trockenen, heißen Jahren auf. Die Verbreitung erfolgt durch die am Laub in großen Massen gebildeten Sporen, die besonders durch Niederschläge und bei der Ernte auf die Knollen gelangen. Verletzungen der Knollen begünstigen die Infektion.

3.1.4.2.4. Verschiedene Trockenfäulen

Außer den behandelten Lagerkrankheiten gibt es eine Reihe weiterer Erkrankungen der Kartoffeln, z. B. verschiedene Schorfarten, die von *Corynebacterium sepedonicum* verursachte Ringfäule und die von den Pilzen *Phoma exigua* var. *foveata* bzw. *Ph. e.* var. *exigua* hervorgerufene Phoma-Trockenfäule. Die wirtschaftliche Bedeutung dieser Lagerfäulen ist nur schwer zu erfassen.

3.1.5. Maßnahmen zur Bekämpfung mikrobieller Lagerschäden der Kartoffel

3.1.5.1. Allgemeine Maßnahmen

Lagerschäden durch Mikroben können ausschließlich durch sachgemäßen Anbau widerstandsfähiger Kartoffelsorten sowie durch sorgfältige Auswahl des zur Einlagerung vorgesehenen Erntegutes erheblich eingeschränkt werden. Für die Einlagerung eignen sich nur trockene, unbeschädigte, ausgereifte Knollen mit wenig Erdbesatz. Sorgsamer Umgang mit dem Lagergut sowie Auslesen der kranken und beschädigten Knollen vermindern den Verlust durch Fäulnis. Da die meisten Erreger von Lagerkrankheiten als Wundparasiten an verletzten Stellen in die Knollen eindringen, kommt dem Wundabschluß besondere Bedeutung zu. Beschädigtes Erntegut soll unmittelbar nach der Ernte bei Temperaturen um 20 °C etwa 24 h kräftig belüftet werden. Dadurch wird die Bildung eines Wundperiderms sowie einer Korkschicht gefördert und besonders das Auftreten der gefährlichen Bakteriennaßfäule vermindert. Bei der Mietenlagerung ist anzustreben, daß die Mieten jedes Jahr einen anderen Standort erhalten, da durch die Lagerung spezifische Krankheitserreger der Kartoffel angereichert werden, die bei nochmaliger Benutzung desselben Mietenplatzes das neue Lagergut infizieren können.
Für die Lagerräume wird jeweils vor der Einlagerung eine Desinfektion, z. B. durch Ausspritzen mit Kupferkalkbrühe, empfohlen. Um den Fäulnisbefall während der Lagerung einzuschränken, sind ausreichende Belüftung sowie geeignete Temperatur- und Feuchtigkeitsverhältnisse wesentliche Voraussetzungen. Die optimale *Lagertemperatur* liegt bei 3···6 °C. Temperaturen über 10 °C wirken in starkem Maße fäulnisbegünstigend. Die optimale *relative Luftfeuchte* für die Kartoffellagerung liegt bei 90%. Eine hohe Luftfeuchte begünstigt das Wachstum und die Vermehrung von Fäulniserregern, zu trockene Luft der Lagerräume verursacht hohe Masseverluste durch Wasserentzug.
Bei manchen Infektionskrankheiten durchläuft das Lagergut eine Inkubationszeit, während der das Krankheitsbild makroskopisch nicht sichtbar wird, doch kann man durch Schnitte feststellen, ob das Innere der Knollen einwandfrei ist. Bei der Lagerung in Kellern und Lagerhäusern besteht die Möglichkeit, während der Lagerung laufend

Stichproben zu entnehmen und befallenes Lagergut rechtzeitig auszusortieren, so daß sich größere Verluste vermeiden lassen. Bei der Aufbewahrung von Kartoffeln in Erd- oder Grabenmieten machen sich Faulstellen mitunter erst beim Zusammenfallen der Mieten bemerkbar. Hier bietet die Verwendung von Mietenthermometern eine gewisse Sicherheit. Ein starker lokaler Temperaturanstieg läßt auf mikrobiellen Befall schließen. Bei Frost müssen Mieten dicht geschlossen werden. Dabei sammelt sich durch den Atemprozeß der Knollen CO_2 an. Es hemmt das Wachstum aerober Mikroorganismen, fördert jedoch Anaerobier und fakultative Anaerobier, wie *Erwinia*-Arten.

In jüngerer Zeit gewinnt die Lagerung von Kartoffeln in Lagerhäusern immer größere Bedeutung, da die Verluste wesentlich niedriger als in Mieten sind. Besonders bei Einlagerung unter Zwangsbelüftung kann die Ausbreitung von Krankheiten in starkem Maße verhindert werden. Unter Ausnutzung der kalten Außenluft wird die Entwicklung der Fäulniserreger gehemmt. Kranke Kartoffeln mumifizieren und bilden so keine Gefahr für das benachbarte Lagergut.

Im folgenden sind noch einmal wichtige Forderungen zur Vermeidung von Verlusten bei der Kartoffellagerung zusammengefaßt:

● Nur ausgereifte Knollen frühestens 3 Wochen nach Krautabtötung ernten,
● Ernte möglichst bei trockenem Wetter und Temperaturen nicht unter 10 °C,
● Minimale Beschädigung der Kartoffeln bei Ernte, Transport und Einlagerung,
● Ausscheiden fäulnisbefallener Partien von der Einlagerung,
● Desinfektion von Lagerräumen, Lagermaterial und Maschinen vor der Einlagerung,
● Dauerbelüftung (30···100 m³ Luft je 1 m³ Lagergut je 1 h) nach der Einlagerung bei etwa 15 °C bis zur sichtbaren Abtrocknung; danach täglich 4-···6mal Intervallbelüftung (CO_2-Anreicherung und Schwitzwasserbildung vermeiden) bei 10···15 °C zur Förderung der Wundheilung,
● Lagerung bei 3···5 °C, 85···90 % relativer Luftfeuchte und Intervallbelüftung in großen Abständen,
● Regelmäßige Kontrollmaßnahmen,
● Auslagerung, Sortieren und Abpacken nach Erwärmung auf Temperaturen von 8···10 °C.

3.1.5.2. Spezielle Maßnahmen zur Kartoffelkonservierung

3.1.5.2.1. Anwendung chemischer Mittel

Schon vor Jahrzehnten hat man versucht, zur Verhinderung der Fäulnisprozesse bei der Kartoffellagerung trocknende Mittel, wie Torfmull, Kalk, Kieselgur, Schwefelpulver und Talkum, einzusetzen. Auch Dämpfen mit Carbolsäure (Phenol), Bespritzen mit 0,5···5 %iger Salz- oder Schwefelsäure sowie der Einsatz von Phytonciden wurde getestet. In jüngster Zeit wurde die Gaslagerung von Kartoffeln in geregelter Atmosphäre erprobt. Die erzielten Erfolge waren jedoch gering. Eine Erhöhung des CO_2-Gehaltes der Lageratmosphäre und anaerobe Bedingungen wirkten sich fördernd auf die Bakteriennaßfäule aus. Gegenwärtig ist zur Bekämpfung der Lagerfäulen von Speisekartoffeln aus toxikologischen Gründen im wesentlichen nur die Anwendung von Thiabendazol in einigen Ländern zugelassen (vgl. Abschn. 1.1.4.2.4. und 2.1.3.5.). Außerdem stehen bei der Kartoffellagerung chemische Substanzen, die die Atmungsintensität herabsetzen und die Keimung hemmen, im Mittelpunkt des Interesses. Während zum Schutz der Gesundheit des Verbrauchers die Anwendung chemischer Mittel bei Speisekartoffeln stark eingeschränkt ist, stehen für Saatgut zahlreiche chemische Präparate zur Verfügung, mit denen die bakteriellen und pilzlichen Fäulen der Kartoffel bekämpft werden können.

3.1.5.2.2. Anwendung von Strahlen

In zahlreichen Ländern wird der Einsatz von Strahlen zur Verhinderung des Aus-
keimens sowie des Verderbs und des Austrocknens von Kartoffeln und anderen
Lebensmitteln erprobt. Bisher ist nur in einigen Ländern, z. B. UdSSR, Italien und
Kanada, die Bestrahlung von Kartoffeln gesetzlich zugelassen. Eine von der Weltgesundheitsorganisation (WHO) beauftragte Expertengruppe hat im Jahre 1976 die
uneingeschränkte Freigabe von bestrahlten Kartoffeln (Dosis bis 0,15 kGy) und
einigen weiteren Lebensmitteln empfohlen [82, 416]. Als Strahlenquelle haben sich
Co^{60} und Cs^{137} bewährt. Bei dieser niedrigen Strahlendosis wird die Keimung der
Kartoffeln verhindert, aber Mikroorganismen werden nur teilweise abgetötet (vgl.
2.1.3.4.). Außerdem ist zu beachten, daß Kartoffeln kurz nach der Bestrahlung anfälliger gegen Mikroorganismenbefall sind, was sich jedoch später wieder verliert.

3.1.5.2.3. Trocknen und Silieren

Um die Lagerverluste einzuschränken, sind eine Reihe weiterer Verfahren zur Konservierung von Kartoffeln entwickelt worden. Von wirtschaftlicher Bedeutung für
die Tierfütterung sind vor allem die Herstellung von Trockenprodukten, wie Kar-
toffelflocken und Trockenschnitzeln, sowie die Silierung. Trockenkartoffeln enthalten im wesentlichen die bereits auf dem Rohstoff vorkommenden Mikroorganismenarten, aber in geringerer Zahl. Bakteriensporen sind relativ angereichert, da vegetative Zellen eher absterben. Unter Silierung versteht man die Haltbarmachung von
gedämpften Kartoffeln in Silos durch natürliche milchsaure Gärung (vgl. Abschn. 2.5.).
Silierte Kartoffeln müssen ebenso wie Sauerkraut kühl und unter Luftabschluß gelagert werden, da sonst Hyphomyceten und Hefen zum Verderb führen.

3.2. Kartoffelerzeugnisse

3.2.1. Schälkartoffeln

Schälkartoffeln sind rohe Speisekartoffeln, die gewöhnlich in besonderen Schäl-
betrieben zur Versorgung von Großverbrauchern, wie Restaurants, Werkküchen usw.,
maschinell geschält und teilweise auch gleich verputzt werden. Zur Vermeidung von
Bräunungen durch kartoffeleigene Phenoloxydasen während Aufbewahrung und
Transport ohne Wasser werden die geschälten Kartoffeln sulfitiert. Nach einer ver-
bindlichen Richtlinie des Ministeriums für Gesundheitswesen der DDR gelten für
geschälte Kartoffeln folgende Maximalwerte:

● Sulfitkonzentration: 0,8% $NaHSO_3$,
● Tauchzeit: 1 min,
● Aufbewahrungstemperatur: 4 °C
● Aufbewahrungsdauer: 36 h.

Der Transport muß in hygienisch einwandfreien Verpackungsmitteln, z. B. sauberen
Polyethylensäcken, erfolgen.
$NaHSO_3$ hat auch eine antimikrobielle Wirkung, doch ist die wirksame Konzentration
beim Sulfitieren zu gering, um die Mikroorganismenentwicklung auf den geschälten
Kartoffeln zu unterdrücken. Wie enorm hoch die Keimzahlen auf der Oberfläche
der Kartoffeln in einer mechanischen Schällinie sein können, zeigt die Tabelle 14.
Sie enthält auch Angaben über den Keimgehalt der $NaHSO_3$-Lösung aus der Sulfitier-

Tabelle 14. *Ergebnisse mikrobiologischer Stufenkontrollen einer mechanischen Kartoffelschällinie (nach* MÜLLER *[251])*

Produkt	Keimzahlen in Millionen
Kartoffeln, ungeschält, gewaschen	$70 \cdots 100 \ cm^{-2}$
Kartoffeln, geschält	$0,3 \cdots 19,2 \ cm^{-2}$
Kartoffeln, geschält, sulfitiert	$0,3 \cdots 6,2 \ cm^{-2}$
NaHSO$_3$-Lösung aus Sulfitiertrommel	$4,7 \cdots 58,5 \ cm^{-3}$
Wiederverwendete Transportsäcke, Polyethylen	
unbenutzt	$0 \ cm^{-2}$
benutzt, vor der Wäsche	$6,0 \cdots 20,1 \ cm^{-2}$
benutzt, nach der Wäsche	$0,05 \cdots 0,1 \ cm^{-2}$

trommel und von Transportsäcken aus Polyethylen. Die Säcke wurden mehrfach wiederverwendet und vor jeder Neufüllung lediglich mit Wasser unter Zusatz eines Spülmittels (Fit), aber ohne Desinfektionsmittel gewaschen.

Von den auf den geschälten Kartoffeln vorkommenden Mikroorganismenarten stellen aerobe und anaerobe Bakterien den Hauptanteil. Coliforme werden in der Regel auf allen Zwischenstufen in stark schwankenden Zahlen gefunden und auch stets auf dem sulfitierten Endprodukt nachgewiesen. Hefen machen einen sehr geringen Anteil aus, und Hyphomyceten treten so gut wie gar nicht auf.

Werden sulfitierte geschälte Kartoffeln im ungekühlten Zustand oder länger als 36 h gelagert, so kommt es zu einer starken Vermehrung von Bakterien und auch Hefen auf der Oberfläche. Damit verbunden sind biochemische Veränderungen, die erhebliche sensorische Nachteile zur Folge haben. Solche Kartoffeln schmecken nach dem Kochen alt und muffig.

Es ist möglich, Schälkartoffeln durch Zusatz von Antibiotica, Benzoesäure, Sorbinsäure, Ascorbinsäure usw. längerfristig haltbar zu machen, doch sind derartige chemische Zusätze in den meisten Ländern gesetzlich nicht zugelassen.

3.2.2. Vorgekochte geschälte Kartoffeln

Die in manchen Ländern als Vakuum-Kleinpackungen gehandelten vorgekochten geschälten Kartoffeln müssen frei von vermehrungsfähigen pathogenen Mikroorganismen sein. Aus mikrobiologischer Sicht sollte die Lagerzeit auf etwa 3 Wochen begrenzt und Kühllagerung gefordert werden.

Künstlich mit *Salmonella typhimurium, Staphylococcus aureus* und *Clostridium botulinum* beimpfte Packungen, die bei 22 °C gelagert wurden, wiesen nach $36 \cdots 48$ h Keimzahlen der eingeimpften pathogenen Bakterien zwischen $10^7 \cdots 10^8$ je Gramm auf, und Botulinum-Toxin konnte nachgewiesen werden [374].

Zur langfristigen Lagerung von geschälten gekochten Kartoffeln eignen sich Sterilkonserven [272].

3.2.3. Kartoffel-Chips

Kartoffel-Chips sind dünne, in heißem Fett oder Öl geröstete Kartoffelscheiben.

Über den Keimgehalt der Zwischen- und Endprodukte bei der Herstellung von Kartoffel-Chips gibt Tabelle 15 Auskunft. Auf den Zwischenprodukten werden vor allem Bakterien der Gattung *Pseudomonas* sowie *Bacillus subtilis* und Kokken ge-

Tabelle 15. *Ergebnisse mikrobiologischer Stufenkontrollen bei*
der Herstellung von Kartoffel-Chips (nach GOBUN *und*
KOSTROWA [130])

Produkt	Keimzahlen in 10^3 g^{-1}	
	Bakterien	Pilze
Knollen nach dem Waschen	120···600	0···2,2
Knollen nach dem Schälen	100···200	0
Scheiben nach dem Abspülen	250···700	0···0,1
Scheiben nach dem Rösten	0···0,1	0···0,02
Fertigprodukt	0	0···0,17
Fertigprodukt nach 1 Monat Lagerung	0	0···0,1

funden. Coliforme kommen offenbar nicht vor. Die in geringerem Maße als die Bakterien auftretenden Pilze sind Vertreter der Gattung *Geotrichum* und hefeartige Organismen. Beim Fritieren, dem Erhitzen in Fett oder Öl von 140···200°C, wird in der Regel die gesamte Mikroflora der Kartoffelscheiben abgetötet, selten können Bakteriensporen und mitunter Kokken überleben.

Die manchmal auf den Fertigerzeugnissen nachgewiesenen Pilzsporen, z. B. der Gattung *Aspergillus*, stammen offenbar als Sekundärkontamination aus der Luft. Damit wird die Bedeutung einwandfreier Hygieneverhältnisse in den Produktionsräumen unterstrichen. Die Verpackung soll unter aseptischen Bedingungen erfolgen. Eine Schutzbegasung der Packungen mit CO_2 wirkt hemmend auf die Entwicklung aerober Mikroorganismen und vermindert zugleich die Fettoxydation.

4. Speisepilze

4.1. Definition und Bedeutung

Speisepilze sind die eßbaren Fruchtkörper wildwachsender oder kultivierter höherer Pilze, die verschiedenen systematischen Gruppen angehören. Von den mehr als 37500 bekannten verschiedenen Pilzspecies sind schätzungsweise 2000 eßbar, aber nur etwa 25 Arten sind für die menschliche Ernährung von Bedeutung. Die in der Natur wildwachsenden großen Mengen Speisepilze werden bisher nur zum geringen Teil der menschlichen Ernährung zugeführt. Immerhin betrug z. B. der Wert der in einem ertragreichen Jahr in der BRD gehandelten Waldpilze einschließlich der verarbeiteten etwa 80 Mill. DM [48]. Zu den wildwachsenden kommen in zunehmendem Maße kultivierte Pilze. Die Weltproduktion an Zuchtpilzen, vor allem Champignons, wird gegenwärtig auf etwa 1 Mill. t geschätzt.
Pilze bestehen zu etwa 90% aus Wasser, etwa 20···50% der Trockensubstanz sind Rohprotein. In der Aminosäurezusammensetzung sind die Speisepilze eiweißreichen Gemüsen gleichzusetzen. Die Eiweißverdaulichkeit schwankt zwischen 72% und 83%. Der besondere Wert der Pilze liegt in dem delikaten Geschmack, der besonders stark bei einigen Würzepilzen, wie Trüffel, Hallimasch und Stockschwamm, ausgeprägt ist.

4.2. Wildwachsende Pilze

Die vorwiegend in Wäldern und auf Wiesen wildwachsenden Pilze sind entweder humusbewohnende Saprophyten oder holzzerstörende Parasiten, oder sie leben in Symbiose mit den Wurzeln bestimmter Baumarten. Letzteres ist der Grund dafür, daß das Vorkommen mancher Pilzarten an bestimmte Baumarten gebunden ist. Beim Birkenpilz und Lärchenröhrling kommt das auch im Namen zum Ausdruck.
Die eßbaren wildwachsenden Pilze können wie folgt unterteilt werden [231], wobei nur die wichtigsten Arten berücksichtigt werden (s. Übersicht S. 146).
Die Schwierigkeiten, wildwachsender Speisepilze im industriellen Maßstab zu verarbeiten, liegen einmal in dem verstreuten und starken Schwankungen unterworfenen Aufkommen sowie in der Gefahr, daß eßbare Arten mit giftigen verwechselt werden. Es sind eine Reihe verschiedener, z. T. außerordentlich toxischer Substanzen bekannt, deren Vorkommen jeweils an bestimmte Pilzarten gebunden ist. Der grüne Knollenblätterpilz (*Amanita phalloides*) enthält Peptide der Phalloidin- und Amanitingruppe. Bereits der Genuß eines Pilzes kann beim Menschen tödlich sein. Im

1. Klasse: Schlauchpilze (*Ascomycetes*)
   Speise-Morchel (*Morchella esculenta*)
2. Klasse: Ständerpilze (*Basidiomycetes*)

2.1. Ordnung: Nichtblätterpilze (*Aphyllophorales*)
   Familie: Stachelpilze (*Hydnaceae*)
       Habichtspilz (*Sarcodon imbricatus*)
   Familie: Keulenpilze (*Clavariaceae*)
       Krause Klucke (*Sparassis crispa*)
   Familie: Leistenpilze (*Cantharellaceae*)
       Pfifferling (*Cantharellus cibarius*)

2.2. Ordnung: Blätterpilze (*Agaricales*)
   Familie: Dünnblättler (*Agaricaceae*)
       Wiesenchampignon (*Agaricus campestris*)
       Weißer Anischampignon (*Agaricus arvensis*)
       Breitschuppiger Waldchampignon (*Agaricus lanipes*)
       Perlpilz (*Amanita rubescens*)
       Riesenschirmpilz, Parasolpilz (*Macrolepiota procera*)
       Hallimasch (*Armillariella mellea*)
       Stockschwämmchen (*Kuehneromyces mutabilis*)

   Familie: Milchlinge und Täublinge (*Russulaceae*)
       Echter Reizker (*Lactarius deliciosus*)
       Speisetäubling (*Russula vesca*)

2.3. Ordnung: Röhrenpilze (*Boletales*)
   Familie: Röhrlinge (*Boletaceae*)
       Steinpilz, Herrenpilz (*Boletus edulis*)
       Birkenpilz, Kapuziner (*Leccinum scabrum*)
       Rotkappe, Rothäuptchen (*Leccinum aurantiacum*)
       Marone, Braunhäuptchen (*Xerocomus badius*)
       Ziegenlippe (*Xerocomus subtomentosus*)
       Rotfußröhrling (*Xerocomus chrysenteron*)
       Butterpilz, Ringpilz (*Suillus luteus*)
       Sandpilz, Sandröhrling (*Suillus variegatus*)
       Goldgelber Lärchenröhrling (*Suillus grevillei*)
       Schmerling (*Suillus granulatus*)

Fliegenpilz (*Amanita muscaria*) ist das Alkaloid Muscarin enthalten, das durch zweimaliges Kochen der Pilze und Verwerfung des Kochwassers entfernt werden kann. Vor der praktischen Anwendung dieses Verfahrens, das früher auch zur Entgiftung der Frühjahrslorcheln (*Gyromitra esculenta*) diente, muß jedoch dringend gewarnt werden. Immer wieder kommen Pilzvergiftungen vor, die mitunter zum Tode führen. Deshalb sollen nur genau bekannte Pilzarten verzehrt werden, und im Zweifelsfalle sind Pilzsachverständige heranzuziehen.

In vielen Ländern ist der Verkehr mit Speisepilzen und daraus hergestellten Pilzerzeugnissen gesetzlich geregelt. In der DDR ist u. a. festgelegt, daß

● Speisepilze nur in frischem Zustand durch Pilzsachverständige mit Prüfungsnachweis in den Verkehr gebracht werden dürfen,

● nur insgesamt 69 namentlich aufgeführte Pilzarten (als eine Pilzart werden teilweise auch eng verwandte Species einer Gattung verstanden) für den Verkehr zugelassen sind (darunter die in der Übersicht S. 146 aufgeführten Arten) [14, 215, 236].

4.3. Zuchtpilze

Die Kultivierung von Speisepilzen war bereits den alten Griechen und Römern bekannt. Sie bietet eine Möglichkeit, das natürliche Aufkommen zu verbessern und darüber hinaus zur Deckung des Eiweißbedarfs beizutragen [415]. Die Kultivierung kann je nach Pilzart auf der Basis von Holz, Stroh, Stallmist oder auch wertlosen Abfallstoffen, gegebenenfalls unter Zusatz von Kohlenhydraten und Mineralsalzen, erfolgen. Bisher ist jedoch nur die Kultivierung weniger Speisepilzarten mit ökono-

Bild 42. Kompostierung des Champignonsubstrats durch mehrfaches maschinelles Umsetzen in Hallen

misch vertretbarem Aufwand gelungen. In Ostasien, insbesondere in Japan und China, wird seit 2 Jahrtausenden der saprophytisch lebende Shiitake-Pilz (*Lentinus edodes*) in einfachen Verfahren auf Holz kultiviert. Die Jahresproduktion beträgt allein in Japan jährlich etwa 200 000 t. In Europa hat, abgesehen von lokal begrenzten Kulturen bestimmter holzbewohnender Pilze, wie des Stockschwämmchens (*Kuehneromyces mutabilis*) und Austern-Seitlinges (*Pleurotus ostreatus*), auf Baumstümpfen [220], der Kultur des Riesenträuschlings (*Stropharia rugoso-annulata*) auf Stroh und der Vermehrung von Trüffeln (*Tuber melanosporum, T. brumale*) in den Trüffelwäldern Frankreichs, gegenwärtig nur die Champignonkultivierung größere praktische Bedeutung [291, 299].

Als Nährsubstrat wird zur Kultivierung des Kultur champignons *(Agaricus bisporus)* kompostierter Pferdemist verwendet, der teilweise auch durch andere organische Substrate, wie Stroh und Hühnermist, ersetzbar ist (Bild 42). Im Anschluß an die Kompostierung wird das Substrat in geschlossenen klimatisierten Kammern pasteurisiert und verfahrensspezifisch einem mehrtägigen Aufschluß unterworfen, an dem u. a. thermophile Streptomyceten und *Humicola*-Arten beteiligt sind. Das abgekühlte

Substrat wird in stapelbare Holzkisten eingebracht (Bild 43), und der Pilz wird als Reinkultur in Form von Pilzbrut, das ist z. B. auf sterilen Weizenkörnern angezüchtetes Champignonmyzel (Bild 44), durch das sogenannte Spicken in das Substrat eingeimpft. Je 1 m² genügt ¹/₂ l Weizenkörnerbrut. Nach der ausreichenden Mycelvermehrung (Anbrüten) im Substrat, das dauert gewöhnlich 3 bis 4 Wochen bei 18···28 °C, bringt man eine 3···4 cm hohe Deckschicht in Form unsteriler Erde auf. Dadurch wird

Bild 43. Maschinelles Einbringen des fertig aufbereiteten Substrats in Holzkisten

Bild 44. Pilzbrut, auf sterilen Weizenkörnern angezogen

die Fruchtkörperbildung, die in mehreren Ertragswellen erfolgt, angeregt (Bilder 45 und 46). Es gibt zahlreiche technische Varianten des Verfahrens.

Der Kulturchampignon stellt zur Fruchtkörperbildung ähnlich wie andere Zuchtpilze besondere Anforderungen an das Kohlenstoff-Stickstoff-Verhältnis, den pH-Wert und den Feuchtigkeitsgehalt sowie die Temperatur (16 °C) des Substrats. Eine erhöhte Frischluftzufuhr ist zur Beseitigung störender flüchtiger Stoffwechselprodukte des Mycels, z. B. CO_2, erforderlich. Die Champignonkulturen werden in Kellern, Stollen oder neuerdings auch in speziell für diesen Zweck errichteten klimatisierten Gebäuden angelegt. In modernen Betrieben erntet man $12 \cdots 20$ kg m^{-2} Anbaufläche bei einer Erntezeit von etwa 6 bis 15 Wochen. [122, 157, 178]

Bild 45. Auf dem mit einer Deckschicht versehenen Substrat entwickeln sich die Fruchtkörper

In Anlehnung an die bei der Antibioticagewinnung und bei der Back- und Futterhefeproduktion gewonnenen Erfahrungen versucht man in jüngster Zeit Basidiomyceten submers in sterilen oder unsterilen belüfteten Nährlösungen zu kultivieren und auf diese Weise Pilzpulver zum Würzen von Trockensuppen und Soßen herzustellen. Submers gewachsenes Champignonmycel weist jedoch den typischen Pilzgeschmack nur in geringem Maße auf. Offenbar steht die Biosynthese dieser geschätzten Geschmacksstoffe mit der Sporenbildung in Verbindung, die bei submerser Kultivierung unterdrückt wird. Günstigere Ergebnisse wurden mit der Kultivierung von Morchel-Mycel (*Morchella spec.*) erzielt. Das patentierte Submersverfahren wird bereits industriell zur Herstellung von Pilzpulver für Würzzwecke genutzt [48, 212, 291].

Bild 46. Braunhütige Form des Zucht-
Champignons (*Agaricus bisporus*)

4.4. Verderbnis und Haltbarmachung von Speisepilzen

Aufgrund ihres hohen Wassergehaltes und der zarten Struktur sind Speisepilze stark
verderbnisgefährdet. Sie unterliegen leicht autolytischen Abbauprozessen, werden
von Maden zerfressen und durch sekundären Mikroorganismenbefall zersetzt, wobei
vor allem Bakterien und Schimmelpilze auftreten. Speisepilze müssen luftig, locker,
flach und kühl gelagert und transportiert werden. Kondenswasserbildung, z. B. in
Plastesäcken, ist zu vermeiden. Speisepilze sollen möglichst innerhalb 24 h nach der
Ernte angeboten oder verarbeitet werden. Bei 2···4°C beträgt die Haltbarkeit höchstens eine Woche. Nach einem patentierten Verfahren kann die verlustarme Zwischenkonservierung von geputzten, ungewaschenen Pilzen durch Einlegen in eine Natriumchlorid, Natriumbenzoat und Citronensäure enthaltende Lake erfolgen.
Die Haltbarmachung eßbarer Pilze erfolgt auf verschiedene Weise. Für die Herstellung von Sterilkonserven sowie Gefrierkonserven werden die Pilze vorher geputzt,
gewaschen und blanchiert. Marinierte Pilze sind unter Zusatz von Essig, Kochsalz,
Zucker sowie natürlichen Gewürzen hergestellte Sterilkonserven. Getrocknete oder
gefriergetrocknete Pilze werden artenrein oder gemischt, teilweise in gemahlenem
Zustand, in feuchtigkeits- und aromaundurchlässigen Verpackungen mit einem Wassergehalt von 10% gehandelt. Durch Zugabe von 10···20% Kochsalz haltbar gemachte
Salzpilze sind für die industrielle Weiterverarbeitung bestimmt.
Pilzextrakte sind eingedickte Pilzpreßsäfte mit mindestens 20% Pilztrockensubstanz
und höchstens 20% Kochsalz. Die pastenförmigen oder bis zur festen Konsistenz ein-
gedickten Pilzkonzentrate enthalten mindesten 40% Pilztrockensubstanz und höchstens 20% Kochsalz. Durch die Konservierungsverfahren geht ein Teil der geschätzten
Geschmackseigenschaften der Pilze verloren.

5.   Zucker, Süßwaren, Honig

Zucker, Süßwaren und Honig gehören im wesentlichen zu den keimarmen Lebensmitteln. Aufgrund des niedrigen Wassergehaltes und speziell des niedrigen a_w-Wertes werden sie nur bedingt von Mikroorganismen befallen, wobei osmophile Hefen und Schimmelpilze sowie Bakterien der Gattungen *Leuconostoc, Bacillus* und *Clostridium* von besonderem Interesse sind. Sie können vor allem bei der Weiterverarbeitung von entsprechend keimhaltigem Zucker zu erheblichen mikrobiell bedingten Schäden, z. B. in der Getränke- und Konservenindustrie, führen. Darüber hinaus können Mikroorganismen vor allem bei der industriellen Zuckergewinnung zu Produktionsstörungen führen und Zuckerverluste verursachen.

5.1.   Zucker

5.1.1.   Allgemeines

Zucker (Saccharose) wird in Europa vorwiegend aus Zuckerrüben (*Beta vulgaris*) gewonnen, die 15···20% Saccharose enthalten. Die wesentlichen Verfahrensstufen zur Zuckerherstellung sind Waschen, Zerkleinern (Schnitzeln) und Extrahieren der Rüben, Reinigung des Rohsaftes, Einengen des Dünnsaftes zu Dicksaft, Rohzuckergewinnung, Reinigung des Rohzuckers und Gewinnung von Weißzucker, Raffinade usw.
In tropischen und subtropischen Ländern wird der Zucker vorwiegend aus Zuckerrohr gewonnen, seltener ist die Herstellung von Zucker oder Zuckersirup aus Datteln, Zuckerahorn, Zuckerhirse usw.
Der Weltzuckerverbrauch ist in den letzten Jahren stark angestiegen und wurde im Jahre 1980 auf 93 Millionen Tonnen geschätzt.
In den folgenden Ausführungen steht die Rolle der Mikroorganismen bei der Zuckerproduktion aus Zuckerrüben im Vordergrund.

5.1.2.   Bedeutung der Mikroorganismen bei der Zuckerrübenlagerung

Um eine kontinuierliche Versorgung der Zuckerfabriken, insbesondere auch nach Abschluß der Ernte, mit Zuckerrüben (*Beta vulgaris*) zu gewährleisten, müssen diese in der Regel gelagert werden. Dabei entstehen Zuckerverluste durch die Atmung der Zuckerrüben und den Stoffwechsel der auf der Oberfläche haftenden Mikroorganismen. Begünstigt werden die mikrobiellen Saccharoseverluste vor allem durch die mit zunehmender Mechanisierung bedingten Beschädigungen der Zuckerrüben, die ein Eindringen der Mikroorganismen in tiefere Gewebeschichten ermöglichen. Die verlustarme Lagerung von Zuckerrüben ist ein vorrangiges Problem der Zuckerindustrie, und es gibt zahlreiche Versuche zur Lösung. Bewährt haben sich vor allem Verfahren, die gleichzeitig die originäre Atmung der Zuckerrüben und die mikrobielle Stoffwechselaktivität herabsetzen. An erster Stelle steht die Anwendung von Kälte sowie von Kälte kombiniert mit geregelter Atmosphäre, wodurch vor allem aerobe Keime unterdrückt werden (vgl. 1.1.4.2.3. CA-Lagerung). Die Unterdrückung aerober Mikroorganismen ist deshalb so bedeutungsvoll, weil sie — gleiche Zeiteinheit und Keimzahl vorausgesetzt — etwa doppelt so hohe Saccharoseverluste verursachen wie anaerobe. Schwierigkeiten in der technischen Realisierung liegen in dem zur Gaslagerung notwendigen hermetischen Abschluß der großen Zuckerrübenstapel, z. B. durch Abdecken mit Folien, und den relativ hohen Kosten, die man durch Einsatz natürlicher Kaltluft zu senken versucht. Deshalb werden auch unbedeckte Rübenstapel von etwa 5···6 m Höhe nachts kalt belüftet, indem man die natürliche, aber angefeuchtete Kaltluft durch Rohrleitungen von unten in die Stapel einbläst. Dabei werden Temperaturen von 3···5 °C angestrebt.

Um den Einfluß anhaftender Erde mit ihrem hohen Keimgehalt zu senken, werden die Zuckerrüben teilweise auch gewaschen und anschließend trocken geblasen.

Über den Einsatz chemischer Substanzen mit mikrobicider Wirkung, wie Chlor, Schwefeldioxid, Formalin, Kalkpräparate, Maleinhydrazin, Antibiotica u. a. liegen umfangreiche Untersuchungsergebnisse vor [412]. Die praktische Anwendung stößt bisher vor allem durch Rückstandsprobleme und hohe Kosten auf Schwierigkeiten.

Eine Senkung der Lagerverluste kann erreicht werden, wenn anstelle der Zuckerrüben Dicksaft gelagert wird, den man durch Extrahieren der Zuckerrüben und Konzentrieren des gereinigten Extraktionssaftes gewinnt (vgl. Abschn. 5.1.4.).

5.1.3.   Bedeutung der Mikroorganismen bei der Zuckerrübenextraktion

5.1.3.1.   Schädliche Mikroorganismen und ihre Schadformen

Der zuckerhaltige Extrakt, der durch wäßrige Extraktion aus den gewaschenen und zu Schnitzeln zerkleinerten Rüben gewonnen wird, ist ein gutes Nährmedium für zahlreiche Mikroorganismen. Diese gelangen vor allem mit den an den Rüben haftenden Erdresten, deren Anteil in den letzten Jahren durch die Einführung mechanischer Erntemethoden größer geworden ist, und dem Waschwasser (Haftwasser) in die Extraktionsanlagen. Der Keimgehalt kann durch eine entsprechende Rübenaufbereitung, wie Düsenstrahlwäsche und Nachschalten einer Frischwasserbrause, vermindert werden.

Mesophilen Mikroorganismen kommt bei der Rübenzuckergewinnung nur begrenzte Bedeutung zu, da der Extraktionsprozeß gewöhnlich bei höheren Temperaturen erfolgt. Sie können aber bei Stillständen (Havarien) und stark diskontinuierlicher Arbeitsweise im Preßwasser und im Rohextrakt bei Temperaturen unter 50 °C zur Entwicklung kommen. Außerdem treten sie gehäuft in den bei einigen Anlagen, z. B. dänische DdS- und polnische ZUP-Anlage, vorhandenen großen Zwischenbehältern für Rohextrakt auf. Hier kommen bei Temperaturen von 30···40 °C vor allem *Leuconostoc*-Arten zur Vermehrung, und als Stoffwechselprodukt wird u. a. Milchsäure angereichert.

Saccharoseverluste werden häufiger durch thermophile Mikroorganismen verursacht, da diese sich noch bei den im Extraktionsprozeß vorherrschenden Temperaturen von etwa 63···73 °C entwickeln können.

In den Extraktionsanlagen spielt vor allem *Bacillus stearothermophilus* eine große Rolle, dessen Temperaturmaximum bei etwa 75 °C liegt. Seine Sporen haben bei feuchter Hitze von 100 °C einen D-Wert von 459···714 min. *B. stearothermophilus* ist fast der einzige Organismus, der unter normalen Bedingungen in den Extraktionsanlagen als Schädling auftritt. Bei Störungen, die einen Abfall der Temperaturen zur Folge haben, können auch durch andere thermophile Bakterien Verluste verursacht werden, z. B. durch thermophile Stämme von *Bacillus subtilis* (s. Bild 14), deren Temperaturoptimum bei 45 °C liegt, die aber auch bei 55 °C noch zur Entwicklung kommen. Weiterhin können thermophile Stämme von *Bacillus licheniformis*, *B. coagulans, Clostridium thermohydrosulfuricum* und anderen Sporenbildnern als Schädlinge auftreten [181].

Die durch thermophile Arten der Gattung *Bacillus* verursachten Schäden in der Zuckerindustrie beruhen nur zum geringen Teil darauf, daß diese Saccharose zum Aufbau ihrer Zellsubstanz verwerten. Wesentlich größere Verluste werden durch den

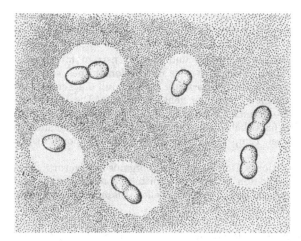

Bild 47. *Leuconostoc mesenteroides*, Tuschepräparat. Die hellen Schleimkapseln sind größer als die Bakterienzellen selbst (stark vergrößert)

Betriebsstoffwechsel verursacht, wobei aus der Saccharose Wasser, Kohlendioxid, Lävan (vor allem durch *Bacillus subtilis*), L(+)-Milch-, Essig- und Ameisensäure sowie Ethylalkohol entstehen. Außer Bacillen und den selten vorkommenden Clostridien können auch thermophile Arten der Gattung *Lactobacillus* auftreten, die ein Wachstumsoptimum von 50···55 °C haben. Sie bilden vorwiegend D(−)-Milchsäure, ebenso wie *Leuconostoc*-Species, die außerdem durch Schleimbildung (Dextran) sehr unangenehm werden können. *Leuconostoc*-Arten ertragen kurzfristig Temperaturen bis zu 90 °C. Bei Temperaturen über 43 °C stellen sie aber bereits ihre Vermehrung ein (Bild 47). Die größten Saccharoseverluste werden durch *B. stearothermophilus* und die thermophilen Varietäten von *B. subtilis* verursacht. 1 Million Zellen dieser Organismen können 5···10 mg Saccharose je Stunde abbauen [79].

Wie hoch die Keimzahlen in verschiedenen Betriebsabschnitten liegen können, zeigt das Beispiel in Tabelle 16.

Die Zahlen stammen aus Untersuchungen eines Betriebes mit einem BMA-Turm als Extraktionsanlage. Dieser Turm ist etwa 13 m hoch und hat einen Durchmesser von etwa 4 m. Die Rübenschnitzel werden kontinuierlich durch eine senkrecht ange-

Tabelle 16. Beispiel einer mikrobiologischen Stufenkontrolle. Koloniezahl aerober Bakterien in ausgewählten Zwischenprodukten (nach MÜLLER [241])

Probe	Koloniezahl je 1 cm³ bei einer Bruttemperatur von	
	55 °C	68 °C
Extraktionswasser	83	0
Zirkulationsextrakt zum Turm	24 408	8 900
Extraktionswasser, BMA-Turm, unten	54 160	29 230
Extraktionswasser, BMA-Turm, unteres Drittel	5 190	2 600
Extraktionswasser, BMA-Turm, Mitte	3 760	820
Extraktionswasser, BMA-Turm, oben	4 430	560
Preßwasser, Sammelkasten	1 110	530
Extrakt	123 100	78 900
Dünnsaft	129	104
Dicksaft	20	13

ordnete Schnecke von unten nach oben bewegt und im Gegenstrom mit Wasser extrahiert. Die Temperatur, gemessen in der Mitte des Extraktionsturmes, soll 72 °C betragen. Bei der Verarbeitung unreifer oder alterierter Rüben muß die Temperatur aber aus verfahrenstechnischen Gründen niedriger gehalten werden. Die Durchlaufzeit der Schnitzel beträgt etwa 60···80 min. Die Tabelle 16 enthält Werte von Proben, die sowohl bei 55 °C als auch bei 68 °C bebrütet wurden. Aus den Untersuchungen geht deutlich hervor, daß bei höheren Temperaturen jeweils weniger Mikroorganismen wachsen können als bei niedrigen.

Man hat versucht, die in Extraktionssäften durch Mikroorganismen verursachten Zuckerverluste an Hand der gebildeten Säure zu ermitteln. Laborversuche mit thermophilen *Bacillus*-Arten ergaben, daß der mikrobiellen Bildung von 1,1 mval Säure ein Verlust von 100 mg Saccharose gleichzusetzen ist.

Tritt in einer Extraktionsanlage eine durch thermophile *Bacillus*-Arten bedingte pH-Absenkung des Extraktionssaftes um 0,5 Einheiten auf, so entspricht das 2,5 mval Säurezunahme je 1 l Saft und einem Saccharoseverlust von 230 mg l^{-1} Saft [182]. Die praktische Berechnung der Saccharoseverluste in Extraktionssäften allein aufgrund des pH-Abfalls ist jedoch nach theoretischen Überlegungen zum Wachstum thermophiler Sporenbildner in Extraktionsanlagen umstritten [89].

5.1.3.2. Maßnahmen zur Verminderung mikrobieller Saccharoseverluste bei der Extraktgewinnung

Um die vor allem durch die Stoffwechselaktivität von Bakterien bei der Extraktgewinnung verursachten Saccharoseverluste möglichst gering zu halten, müssen folgende Bedingungen gegeben sein:

● Bei der Rübenlagerung sind optimale Bedingungen einzuhalten. Damit wird verhindert, daß eine stärkere mikrobielle Kontamination des Extraktes beim Vermischen mit Schnitzeln aus mikrobiell geschädigten Zuckerrüben erfolgt. Aufgrund der bei ZUP- und DdS-Anlagen gegebenen niedrigen Extrakttemperatur (30···40 °C) wirkt sich eine solche mikrobielle Kontamination hierbei besonders negativ aus.

- Es ist zu sichern, daß die Rüben gründlich gewaschen werden und daß das Schwemm- und Waschwasser von den gewaschenen Rüben weitgehend abgetrennt wird. Das geschieht z. B. dadurch, daß die Rüben nach dem Austrag aus der Waschmaschine über einen Rollrost geleitet und dabei mit keimarmem Wasser, notfalls mit Desinfektionsmittelzusatz, abgespült werden.
- In die Extraktionsanlage und ins Preßwasser sind mikrobicide Substanzen, vorzugsweise Formalin, zu geben. Bei Formalin sind als Richtwert $0,030\cdots0,035$ kg dt^{-1} Rüben einzusetzen. Die Zugabe soll stoßweise in Abständen von $4\cdots6$ h erfolgen. Aufgrund der sich ständig und vor allem im Laufe der Kampagne ändernden Bedingungen ist es erforderlich, die mikrobielle Aktivität in der Extraktionsanlage zu kontrollieren, z. B. mit Hilfe des Resazurintestes, durch Bestimmung der Konzentration von L(+)-Milchsäure oder des Keimgehaltes. Entsprechend den Ergebnissen sind die Desinfektionsmittelmengen und deren Zugaberhythmus festzulegen. Im allgemeinen ist gegen Ende der Rübenverarbeitungskampagne mit einer Erhöhung des Desinfektionsmitteleinsatzes zu rechnen.
- Der Extraktionsprozeß soll rasch und kontinuierlich bei möglichst hohen Temperaturen ($>70\,^\circ$C) verlaufen. Bei Störungen und Stillständen sind besondere Maßnahmen zur Begrenzung der mikrobiellen Aktivität durchzuführen, z. B. Zugabe erhöhter Desinfektionsmittelmengen in die Anlage.
- Der Preßwasserkreislauf ist so kurz wie möglich und ohne Zwischenschalten eines größeren Behälters zu gestalten. Eine Hitzebehandlung des Preßwassers mit anschließender Rückkühlung hat sich wegen der mechanischen Störanfälligkeit solcher Anlagen nicht bewährt.
- Die Anlagen dürfen keine toten Räume (Blindsäcke) enthalten, in denen es zu stärkerer Vermehrung von Mikroorganismen kommen kann. Sie müssen so konstruiert sein, daß ein kontinuierlicher Durchfluß gewährleistet wird. Überdimensionierte Extraktbehälter sind zu vermeiden.

Nach polnischen Untersuchungen wird durch richtigen Desinfektionsmitteleinsatz bei der Extraktgewinnung eine Senkung der Saccharoseverluste von $0,655\cdots0,85$ kg t^{-1} Rüben erreicht. Da 1 kg in der Extraktion mikrobiell zerstörter Saccharose aufgrund der entstehenden Produkte, insbesondere organische Säuren, zu weiteren Verlusten von 2,5 kg Saccharose führt, resultiert aus der Formalinbehandlung eine mögliche Ergebnisverbesserung von $1,6\cdots2,1$ kg Weißzucker je 1 t Rüben.
Bei Versuchen in 8 Betrieben der ČSSR wurde durch richtigen Desinfektionsmitteleinsatz eine Senkung der Saccharoseverluste bei der Extraktion zwischen 11,1% und 29,1%, im Mittel von 21%, im Vergleich zum vorherigen Zustand erreicht.
Bei der *Saftreinigung* herrschen alkalische pH-Werte und hohe Temperaturen vor, die den Mikroorganismenstoffwechsel weitgehend unterbinden, und bei dem Eindampfen des Dünnsaftes zu Dicksaft kommen Mikroorganismen wegen der hohen Temperaturen nicht zur Entwicklung.

5.1.4. Mikrobiologische Probleme der Dicksaftlagerung

Seit einigen Jahren wird in Zuckerfabriken verschiedener Länder der Dicksaft in großtechnischem Maßstab in Tanks von hundert bis zu mehreren tausend Tonnen Inhalt gelagert. Die Vorteile des Verfahrens liegen im wesentlichen in der Vermeidung von Saccharoseverlusten bei der Rübenlagerung, der Selbstkostensenkung durch Erhöhung der jährlichen Nutzungsdauer der Anlagen zur Dicksaftaufbereitung sowie durch Senkung der Investkosten für Rekonstruktionen und Neubauten [41].

5.1.4.1. Durch Mikroorganismen verursachte Schäden bei der Dicksaftlagerung

Schäden bei der Lagerung von Dicksaft werden in erster Linie durch Mikroorganismen verursacht. Native, nicht konservierte Dicksäfte mit $50\cdots70\%$ Trockensubstanzgehalt können bei der Lagerung von Hyphomyceten, Hefen und Bakterien befallen werden. Durch den Stoffwechsel der Mikroorganismen treten im wesentlichen folgende Schadformen bei Dicksaft, aber auch generell bei wäßrigen Zuckerlösungen auf:

● Saccharoseverluste durch

Atmung	→ Wasser + Kohlendioxid
Alkoholische Gärung	→ Ethanol + Kohlendioxid (Gas!)
Säurebildung	→ organische Säuren (Milch-, Oxal-, Citronen-, Fumarsäure usw.)
Schleimbildung	→ Dextran, Lävan
Enzymatische Invertierung	→ Glucose, Fructose

● pH-Wert-Veränderung, vor allem durch Säurebildung
● Farbindex-Veränderungen durch Farbstoffbildung
● Verschiedene Schadformen, wie

Bildung von Feststoffen (Mycel) und
Erhöhung der Viskosität durch Bildung von Schleimsubstanzen.

Mikroorganismen können bei Vernachlässigung der Konservierungsmaßnahmen zu Qualitätsminderungen, aber auch zum völligen Verderb lagernder Dicksäfte führen.

5.1.4.2. Bei der Dicksaftlagerung auftretende schädliche Mikroorganismenarten

Von den in der Natur weit verbreiteten Mikroorganismenspecies kommen nur wenige als spezielle Dicksaftschädlinge in Betracht. Die wichtigsten sind osmophile Hyphomyceten der Gattungen *Aspergillus* (Bild 48) und *Penicillium*. Sie befallen vorzugsweise die Oberfläche der Säfte. Außerdem enthalten Dicksäfte stets Sporen aerober

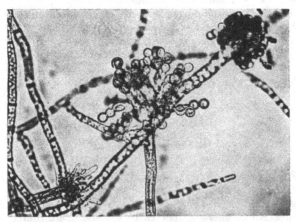

Bild 48. *Aspergillus spec.*, ein Dicksaftschädling; septierte Hyphen und Konidienträger in verschiedenen Entwicklungsstadien (Vergrößerung 500fach)

und anaerober Bakterien, die außerordentlich resistent gegen chemische und physikalische Einflüsse sind, aber als physiologisch inaktive Ruhestadien keine Schäden verursachen.

5.1.4.3. Abhängigkeit des mikrobiellen Dicksaftverderbs von chemisch-physikalischen Faktoren

Das Spektrum der als Dicksaftschädlinge auftretenden Mikroorganismen sowie Qualität und Quantität der Schäden sind im wesentlichen von den folgenden chemisch-physikalischen Faktoren abhängig: Konzentration des Dicksaftes und Lagertemperatur, pH-Wert des Dicksaftes und Sauerstoffzutritt. Zwischen den aufgeführten Faktoren bestehen enge Wechselwirkungen.

5.1.4.3.1. Einfluß der Konzentration des Dicksaftes und der Lagertemperatur

Durch die Konzentration des Dicksaftes und die Lagertemperatur werden vor allem das Artenspektrum und der zeitliche Verlauf des Mikroorganismenbefalls beeinflußt. Während in nichtkonserviertem Dicksaft mit 50% Trockensubstanz zahlreiche verschiedene Mikroorganismen-Species als Schadorganismen auftreten, wird das Mikrobenspektrum mit steigendem Trockensubstanzgehalt (= sinkendem a_w-Wert) kleiner, und Dicksaft mit 70% Trockensubstanz wird nur von osmophilen Pilzen angegriffen. Bei einer Lagertemperatur von 30°C wirken sich unter provozierten Bedingungen Unterschiede der Saftkonzentration nur in geringem Maße auf den zeitlichen Verlauf des Mikroorganismenbefalls aus, und bereits nach 10 Tagen sind sowohl Säfte mit 50% als auch mit 70% Trockensubstanz von Hyphomyceten befallen. Bei niedrigen Lagertemperaturen (15°C, 2°C) wird der Mikroorganismenbefall mit steigenden Trockensubstanz-Werten verzögert (Tabelle 17).

Tabelle 17. Abhängigkeit des Oberflächenbefalls vom Trockensubstanzgehalt bei 2°C Lagertemperatur

Trockensubstanzgehalt in %	Beginn des Oberflächenbefalls in Tagen
50	55···100
55	100···250
60	> 250
> 60	> 400

Den Einfluß der Lagertemperatur auf den Befall der Oberfläche nichtkonservierten Dicksaftes mit 70% Trockensubstanz durch osmophile Hyphomyceten zeigt die Tabelle 18.

Tabelle 18. Temperaturabhängigkeit des Oberflächenbefalls bei Dicksaft mit 70% Trockensubstanzgehalt

Temperatur in °C	Beginn des Befalls in Tagen
30	10
15	55
2	400

5.1.4.3.2. Einfluß des pH-Wertes und des Luftzutritts

Allgemein korreliert im Bereich zwischen pH 7 und 9 mit steigendem pH-Wert eine Hemmung des Oberflächenbefalls durch Pilze, doch ist die Tendenz nicht immer deutlich ausgeprägt. Dabei ist zu beachten, daß die Säurebildung durch Mikroorganismen zu pH-Veränderungen im Dicksaft führt. Durch Ausschaltung des molekularen Sauerstoffs (Luft), z. B. bei Verwendung von Schwimmdachtanks oder Begasung des Kopfraumes im Tank mit Stickstoff, kann die Entwicklung der sauerstoffbedürftigen Hyphomyceten unterdrückt werden.

5.1.4.4. Optimale Lagerungsbedingungen zur Ausschaltung mikrobieller Schäden bei der Tanklagerung von Dicksaft

Die Ausschaltung mikrobieller Schäden bei der Lagerung von Dicksaft in Tanks unter industriellen Bedingungen ist bei Einhaltung folgender Bedingungen (Forderungen) möglich:

● Der *Mikroorganismengehalt* (Keimzahl) des einzulagernden Saftes soll möglichst gering sein.

Maximum: vegetative Keime und nicht hitzeresistente Sporen 0 cm^{-3}, hitzeresistente Sporen 50 cm^{-3}.

● Der *Trockensubstanzgehalt* des Dicksaftes soll möglichst hoch liegen.

Minimum: 67% Trockensubstanzgehalt,
Maximum: 69% Trockensubstanzgehalt.

Kondenswasserbildung an der Saftoberfläche ist wegen des Verdünnungseffektes zu vermeiden.

● Der *pH-Wert* des Dicksaftes soll möglichst hoch liegen, etwa 8,5···9.

● Die *Temperatur* des Saftes soll bei der Einlagerung und während der Lagerung möglichst niedrig liegen.

● Alle *technischen Anlagen,* wie Rohrleitungen, Pumpen, Wärmeaustauscher und Tanks, sind so zu konstruieren, daß während des Betriebes mikrobielle Konta-

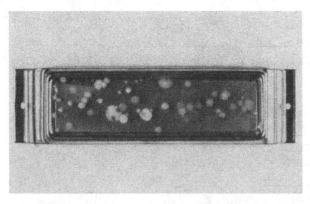

Bild 49. Abklatschspange mit Nähragar zur Prüfung von Desinfektionsmaßnahmen. Die nach dem Bebrüten gewachsenen zahlreichen Mikroorganismenkolonien zeigen, daß die abgeklatschte Oberfläche nicht ausreichend gereinigt und desinfiziert worden war (etwas verkleinert)

minationen ausgeschlossen sind (geschlossenes System, Luftfilter auf dem Tank) und bei Beginn und Schluß des Betriebes Reinigungs- und Desinfektionsmaßnahmen leicht möglich sind (glatte Oberflächen im Tank, keine Blindsäcke).

● Zur Verhinderung des Hyphomycetenbefalls ist die Oberfläche des Saftes während der Lagerung in Abständen von etwa 4 Wochen mit 50 cm³ 30prozentigem Formaldehyd je 1 m² zu besprühen.

Werden die genannten Forderungen, die wegen der geringen Durchmischung des Dicksaftes im Lagertank für jede einzulagernde Charge einzuhalten sind, nicht berücksichtigt, muß in steigendem Maße mit mikrobiell bedingten Saccharoseverlusten, insbesondere mit der Bildung von Invertzucker gerechnet werden (Bild 49), [41]. Prinzipiell ist es möglich, durch Anwendung von Kälte und (oder) chemischen Konservierungsmitteln auch Säfte mit einem Trockensubstanzgehalt $<67\%$ bei Ausschaltung mikrobieller Verluste großtechnisch zu lagern [36].

5.1.5.   Mikrobielle Kontamination des Zuckers

5.1.5.1.   Allgemeines

Der Keimgehalt handelsüblichen Zuckers hängt weniger vom verarbeiteten Rohstoff als von der Technologie der Zuckerherstellung ab, außerdem sind die Lagerungsbedingungen und die Verpackung von Bedeutung [78, 168, 261, 269]. Bei der Rübenzuckergewinnung bieten die feuchtwarme Atmosphäre in der Zuckerfabrik und der an vielen Stellen vorhandene Zucker- und Saftfilm für die Entwicklung von Mikroorganismen günstige Voraussetzungen. Bakterien, Hefen und Schimmelpilze können sich an Decken, Böden, Wänden, Transporteinrichtungen und unsauberen Aggregaten zur Kristallgewinnung und -aufbereitung vermehren und auf direktem oder indirektem Übertragungswege in den Zucker gelangen. Auch beim Kühl- und Trocknungsprozeß, z. B. in der Kühl- und Trockentrommel oder im Wirbelschichtverfahren, nimmt die Keimzahl zu, wenn die eingeblasene Luft nicht vorher entkeimt wird. Thermophile aerobe Keime können besonders mit der Rückführung von Abläufen und Zucker sowie verdünnten Produkten angereichert werden. Alle verdünnten zuckerhaltigen Flüssigkeiten sind gewöhnlich stark keimhaltig und erhöhen vor allem die Keimzahl der Mesophilen. Das gilt sowohl für die diversen Spül- und Waschwässer als auch für das auf den Zentrifugendeckeln stehende Wasser [78]. Während der Lagerung von Weißzucker kommt es je nach den herrschenden Bedingungen zur Verringerung, Erhaltung oder Vermehrung der vorhandenen Mikroorganismen. Unter einwandfreien Bedingungen verringert sich der Keimgehalt. Da vegetative Stadien der Mikroben schneller absterben als widerstandsfähige Dauerformen, führt die Lagerung im allgemeinen zu einer relativen Anreicherung von Sporen. Um Weißzucker und Puderzucker verkaufs- und lagerfähig zu halten, darf nach Standard TGL 3070 der Wassergehalt höchstens 0,08% betragen; Raffinade darf maximal 0,05% und Würfelzucker 0,20% Feuchtigkeit enthalten. Das ist erforderlich, weil die Restfeuchtigkeit als dünne Schicht auf der Kristalloberfläche lokalisiert ist. Das Innere des Zuckerkristalls wird nicht durchsetzt. Die Feuchtigkeitshülle besteht aus einer konzentrierten Zuckerlösung, die das Wachstum vieler Mikroorganismen hemmt. Nur osmophile Organismen, vor allem Hefe- und Hyphomycetenarten, die an hochkonzentrierte Saccharoselösung angepaßt sind, können zur Entwicklung kommen [78, 378]. Das ist insbesondere der Fall, wenn Zucker in feuchter Atmosphäre gelagert oder transportiert wird und wenn es zur Bildung von Kondenswasser kommt.

Die Lagerung von Zucker muß nach Standard TGL 3070 in hygienisch einwandfreien, geruchsfreien, gut lüftbaren Räumen bei einer relativen Luftfeuchte zwischen 40% und 70% erfolgen. Zur Regulierung der relativen Luftfeuchte müssen Zuckerlager beheizbar sein. Die Lagertemperatur muß mindestens 2 K über der Tagesdurchschnittstemperatur liegen. Die täglichen Temperaturschwankungen der Luft im Lager dürfen höchstens ± 5 K betragen. In Zuckersilos kann es bei hoher relativer Luftfeuchte zur Bildung von sirupartigen Belägen an den Wandungen kommen, die die Nährstoffgrundlage zur Vermehrung osmophiler Mikroorganismen, wie Hefen und Hyphomyceten, bilden. Durch diese Mikroorganismen werden nicht nur die angrenzenden Zuckerpartien kontaminiert, sondern es sind auch mikrobielle Zersetzungen der Farbanstriche der Silos möglich. Die relative Luftfeuchte in Zuckersilos soll zur Vermeidung der Mikroorganismenvermehrung 70% nicht überschreiten. Eine weitere Kontaminationsquelle des Zuckers stellt das Verpackungsmaterial dar. Es ist vorwiegend mit mesophilen Mikroorganismen infiziert, jedoch können auch thermophile vorkommen. So fand man in neuen Zuckersäcken bis zu 2,8 Millionen Flat-sour-Bakterien je 100 cm² Gewebe [168].

5.1.5.2. Keimgehalt und Keimarten des Zuckers

5.1.5.2.1. Rohzucker

Rohzucker hat einen relativ hohen Keimgehalt. Die Kristalle sind von einer dünnen Schicht Muttersirup bedeckt, der aufgrund seines Gehaltes an organischen Substanzen und Mineralsalzen das Mikrobenwachstum begünstigt. Rübenrohzucker weist einen hohen Gehalt an Hyphomyceten auf, während der aus Zuckerrohr gewonnene Rohzucker außerdem oft osmophile Hefen in großer Zahl enthält. Wegen des hohen Keimgehaltes ist es nicht vertretbar, Rohzucker als Lebensmittel zum direkten Verbrauch einzusetzen.

5.1.5.2.2. Weißzucker, Raffinade und Puderzucker

Der Gehalt des handelsüblichen Weißzuckers, einschließlich Raffinade und Puderzucker, an lebenden Mikroorganismen unterliegt erheblichen Schwankungen. Wie hoch der Keimgehalt liegen kann, zeigt Tabelle 19, in der die Untersuchungsergebnisse von 25 Zuckerproben, die aus 15 Rübenzuckerfabriken stammen, zusammengestellt sind.
10 Proben enthielten außerdem anaerobe Bakterien, davon 4 Proben Schwefelwasserstoffbildner.

Tabelle 19. Keimgehalt von Weißzucker (nach MÜLLER *und* REUTER [255])

Keimart	Koloniezahl je 10 g Zucker
Hefen	0···160
Hyphomyceten	0···50
Aerobe Bakterien	
Gesamtkoloniezahl	500···5000
Endosporen, mesophile	100···2060
Endosporen, thermophile	40···1440
Schleimbildner	0···180

In Tabelle 20 sind die international allgemein zugelassenen Grenzwerte des Keimgehaltes von Zucker zusammengestellt. In Tabelle 21 sind die mikrobiologischen Forderungen an Zucker nach Standard TGL 3070 für festgelegte Bedarfsträger wiedergegeben. Hier wird weiterhin gefordert, daß Zucker frei von Coliformen und pathogenen Mikroorganismen sein muß.

Tabelle 20. International allgemein zulässiger maximaler Keimgehalt je 10 g Zucker

Keimart	Zulässige Koloniezahl
Hefen	10
Hyphomyceten	10
Bakterien	
Mesophile, insgesamt	200
Sporen thermophiler Aerobier	150
Sporen thermophiler Anaerobier	0

Beim Vergleich der Tabellen 20 und 21 zeigen sich keine wesentlichen Unterschiede. Vergleicht man die Werte der Tabelle 19 mit denen der Tabellen 20 und 21, so ergibt sich, daß die empfohlenen Grenzwerte des Keimgehaltes in der Praxis teilweise überschritten werden. Der aus Zuckerrohr gewonnene Weißzucker (Rohrzucker) enthält im wesentlichen die gleichen Keimarten in etwa gleich hoher Zahl wie der aus Zuckerrüben gewonnene, mitunter sind aber größere Mengen osmophile Mikroorganismen, vor allem osmophile Hefen, enthalten.

Tabelle 21. Mikrobiologische Forderungen je 10 g Zucker nach Standard TGL 3070

Keimart	Maximale Koloniezahl
Mesophile Bakterien, aerob	200
Hefen	10
Schimmelpilze	10
Leuconostoc spec.	30
Osmotolerante Hefen[1]	10
Osmotolerante Schimmelpilze[1]	10

[1] Zusätzliche Forderung für Flüssigzucker

5.1.5.2.3. Flüssige Zucker

Die in jüngster Zeit zur industriellen Weiterverarbeitung zu alkoholfreien Getränken u. a. an praktischer Bedeutung gewinnenden flüssigen Zucker mit einem Wassergehalt von 20···35%, wie Flüssigraffinade, Invertzuckersirup und Flüssigzucker, dürfen nur aus einwandfreien keimarmen Rohstoffen, z. B. Weißzucker, Raffinade, hergestellt werden. Obwohl sie aufgrund des Wassergehaltes den Mikroorganismen bessere Voraussetzungen zur Vermehrung bieten als kristalliner Zucker, sind sie bei hygienischer Produktion, Abfüllung und Lagerung meist keimärmer als handelsüblicher kristalliner Zucker.
Durch die herstellungsbedingte Erhitzung und die teilweise angeschlossene Hochtemperatur-Kurzzeit-Erhitzung liegt der Keimgehalt normaler Produkte unter

2 je 10 cm³ und nicht selten bei 0 in 10 cm³. Die Restflora umfaßt gewöhnlich nur hitzeresistente Endosporen von Bakterien. Höhere Keimzahlen und das Auftreten vegetativer Keime sind in der Regel bedingt durch

● Verwendung nicht einwandfreier Rohstoffe, wie stark keimhaltiger Zucker,
● unsaubere Rohrleitungen, Lagertanks und Transportfahrzeuge,
● Oberflächenverdünnung durch Kondenswasserbildung aufgrund von Temperaturschwankungen im Lagerbehälter.

Auf den Zuckergehalt bezogen soll Flüssigzucker zumindest die in Tabelle 20 zusammengestellten Grenzwerte für den Mikroorganismengehalt nicht überschreiten.

5.1.6. Durch Mikroorganismen des Zuckers verursachte Schäden in der weiterverarbeitenden Industrie und Maßnahmen zu ihrer Verhinderung

Die im Zucker in unterschiedlichem Maße enthaltenen Bakterien, Hefen und Schimmelpilze können bei der Weiterverarbeitung Schäden und Verderbniserscheinungen vor allem in der Süßwaren- und Getränkeindustrie, der obst- und gemüseverarbeitenden Industrie, der Imkerei sowie in der Fleisch- und Fischindustrie verursachen. Während in der Konservenindustrie vor allem die im Zucker enthaltenen thermoresistenten Sporen verschiedener Bakterienarten, wie *B. stearothermophilus, Clostridium thermosaccharolyticum* und *Desulfotomaculum nigrificans,* zu Schäden führen können, haben für die Getränkeindustrie außerdem die osmophilen Hefen sowie schleimbildende Bakterienarten, wie *Leuconostoc mesenteroides,* besondere Bedeutung. In Fruchtsirupen, die einen hohen Zuckeranteil haben, können osmophile Hefen, wie *Kluyveromyces marxianus* (= *Saccharomyces marxianus*), *Hansenula anomala*

Bild 50. Von *Leuconostoc mesenteroides* befallene und durch die Dextranbildung fadenziehende Saccharoselösung

u. a., eine langsam verlaufende alkoholische Gärung verursachen. Aufgrund der CO_2-Entwicklung kommt es zur Schaumbildung, in seltenen Fällen auch zum Platzen der Behälter. Besonders gefährdet sind Sirupe, die sehr leicht ihr Aroma verlieren und deshalb teilweise auf kaltem Wege hergestellt werden, z. B. Ananas- und Erdbeersirup. Limonaden und Fruchtsaftgetränke werden von *Leuconostoc*-Arten befallen. Diese bilden aus Saccharose Dextran, so daß die Getränke dickflüssig und schleimig werden (Bild 50). In der Schokoladen- und Süßwarenindustrie kann die Verwendung ungeeigneten Zuckers zum Verderb der Fertigprodukte führen. Insbesondere verursachen gasbildende Mikroorganismen das Zerplatzen von Marzipanartikeln und das Schmelzen von Zuckerwaren.

In der Imkerei kann das Einfüttern von Zucker mit einem hohen Gehalt an osmophilen Keimen das Absterben ganzer Bienenvölker verursachen [229, 241, 242]. Auch für den Verderb von gesüßter Kondensmilch durch osmophile Hefe hat keimhaltiger Zucker als Kontaminationsquelle Bedeutung.

In der fleischverarbeitenden Industrie wird Zucker bei der Rohwurstherstellung verwendet und Pökellaken zugesetzt; dabei kann es ebenfalls zu Schwierigkeiten kommen.

So ist beispielsweise der Verderb von Rohwurst bekannt, die unter Zusatz von Zucker mit einem hohen Gehalt an proteolytischen Bakterien hergestellt wurde.

Um die Schäden, die bei der Weiterverarbeitung stark keimhaltigen Zuckers entstehen können, möglichst gering zu halten, wurden in zahlreichen Ländern von verschiedenen Industriezweigen Standards aufgestellt, die bestimmte Grenzkeimzahlen des Zuckers festlegen (s. Tabelle 20 und 21 und vgl. [255]).

5.2. Süßwaren

Nur sehr wenige Süßwaren haben einen so hohen Wassergehalt, daß sie die Entwicklung von Mikroorganismen ermöglichen. Das Platzen (Explodieren) von Marzipan- und Persipanartikeln sowie Schokoladenwaren mit Krem- oder Fondantfüllung wird durch die Gasbildung osmophiler Hefen, insbesondere *Zygosaccharomyces rouxii* [35, 411], seltener *Brettanomyces bruxellensis*[1] [424] und anderer Species verursacht; daneben können Bacillen Geschmacksveränderungen bewirken. Geplatzte Marzipan- und Persipanartikel enthalten in der Regel über 10^6 osmophile Hefen je Gramm. Als Erreger der »Wasserflecken« des Marzipans, kugelförmiger, verfärbter Stellen an der Oberfläche und seltener im Inneren von Marzipanrohmassen oder Formstücken, wurden Schimmelpilze der Gattungen *Aspergillus* und *Penicillium* gefunden [410]. In den Füllmassen von Bonbons können osmophile Hefen Gasbildung und Verderb verursachen.

Die Verderbniserreger können mit den Rohstoffen, hefekontaminierter Kondensmilch [424] oder Konfitüre oder während der Verarbeitung durch mangelhaft gereinigte Anlagen und Geräte in die Fertigprodukte gelangen. Hygroskopische Produkte werden bei feuchter Lagerung leicht an der Oberfläche von Mikroorganismen befallen. Möglichkeiten zur Vermeidung des mikrobiellen Verderbs von Süßwaren liegen in der Verwendung keimarmer Rohstoffe, der Hitzesterilisation von Füllmassen, der Schaffung von hygienisch einwandfreien Betriebsverhältnissen und kühlen, trockenen Lagerbedingungen. Für die DDR sind zur Konservierung von Rohmassen und Füllrohmassen der Süßwarenindustrie Benzoesäure, para-Hydroxybenzoesäureester und Sorbinsäure in begrenzten Mengen zugelassen (vgl. MÜLLER [250], Abschn. 3.7.). Während Natriumbenzoat keine ausreichende Wirkung hat,

---

[1] Mit *Dekkera bruxellensis* als Hauptfruchtform

wird das Platzen von Marzipan- und Persipanartikeln durch den Zusatz von 0,1 bis 0,2% Sorbinsäure verhindert. Durch eine regelmäßige gründliche Reinigung der Anlagen und Geräte sowie anschließende Scheuerdesinfektion mit 1%iger Formalinlösung kann die Gefahr der Ausbreitung osmophiler Hefen verhindert werden [35].

5.3.   Honig

Der von Bienen aus dem Nektar verschiedener Blüten oder aus süßen Säften anderer Pflanzenteile gewonnene Honig enthält etwa 70···80% Invertzucker, 20···25% Wasser, bis zu 5% Saccharose, 0,3% Stickstoffverbindungen, 0,1···0,2% organische Säuren und 0,10···0,35% Mineralstoffe; der pH-Wert schwankt zwischen 3,3 und 4,9. Aufgrund der chemischen Zusammensetzung, insbesondere des hohen Zucker- und niedrigen Wassergehaltes, ist Honig im allgemeinen haltbar. Er wird lediglich von osmo-

Bild 51. Schaumgäriger Honig

toleranten Hefen befallen, die die Schaumgärung verursachen. Diese auch als Treiben des Honigs bekannte Erscheinung wurde bereits im Jahre 1910 von NUSSBAUMER [365] beschrieben. Sie tritt sowohl im Wabenhonig als auch im geschleuderten, handelsüblichen Produkt auf. Durch die Gasentwicklung kommt es zur Schaumbildung, die anfangs zum Auftreiben, später zum Platzen der gedeckelten Wabenzellen bzw. der Honigbehälter führt. In Gläser oder andere Gefäße abgefüllter Honig beginnt gewöhnlich in den oberen Schichten zu treiben. Später, mitunter erst im Verlauf von Monaten, werden auch tiefere Zonen befallen (Bild 51). Schaumgäriger Honig hat einen eigenartigen, vom normalen Produkt stark abweichenden Geruch und Geschmack. Die an Hand chemischer Analysen erfaßbaren Veränderungen sind dagegen lediglich gering.
Die Schaumgärung des Honigs ist eine sehr langsam verlaufende alkoholische Gärung, die von osmophilen Hefen verursacht wird. Die Schaumbildung wird durch das im

Verlaufe der Gärung gebildete Kohlendioxid erzeugt; die teilweise vermutete Decarboxylierung von Ameisensäure spielt nur eine unbedeutende Rolle [252]. Alkohol liegt in schaumgärigen Honigen aufgrund der starken Verdunstung in nicht hermetisch schließenden Gefäßen nur in niedrigen Konzentrationen vor.

Als häufigste Erreger der Schaumgärung kommen die früher zur Gattung *Saccharomyces* gerechneten osmotoleranten Hefen *Saccharomyces rouxii* und *Z. bisporus* var. *mellis* in Betracht, daneben kommen auch andere Arten, wie *Z. bailii* und *Z. bisporus*, vor [252] (Bild 52). Aus gärenden indischen Honigen wurde außerdem *Schizosaccharomyces octosporus* isoliert [198]. Teilweise werden die Gärungserreger schon mit dem Blütennektar in den Honig eingebracht.

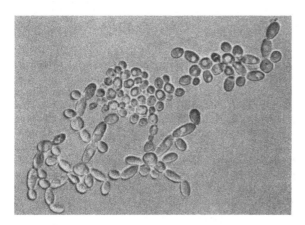

Bild 52. *Zygosaccharomyces rouxii* aus schaumgärigem Honig (Vergrößerung 700fach)

Der kritische Wassergehalt des Honigs liegt je nach Sorte zwischen 18% und 21%. Unterhalb dieser Grenze tritt keine Schaumgärung ein. Dabei muß jedoch berücksichtigt werden, daß durch die Hygroskopizität des Honigs an der Oberfläche verdünnte Zonen entstehen können, die den osmotoleranten Hefen primär Entwicklungsmöglichkeiten bieten. Eine weitere lokale Verdünnung der Zuckerkonzentration erfolgt durch das im Verlaufe der Atmung von den Hefezellen gebildete Wasser. Kristallisiert ein Teil der Glucose aus, so wird die Wasseraktivität des verbleibenden flüssigen Honiganteils ebenfalls erhöht und damit die Mikroorganismenentwicklung begünstigt.

Zur Vermeidung der Schaumgärung von Honig sind verschiedene Maßnahmen erfolgversprechend, wie kühle und trockene Lagerung bei Temperaturen zwischen 8 °C und 10 °C, Vakuumverpackung oder Pasteurisation durch kurzzeitige Erhitzung auf 77···82 °C und sofort anschließende Kühlung.

In handelsüblichem Honig gefundene gramnegative, nichtsporenbildende Bakterien sind offenbar auf Kontaminationen während des Abfüllens zurückzuführen. Versuche mit *Escherichia coli*, *Proteus vulgaris*, *Salmonella typhimurium*, *Serratia marcescens*, *Pseudomonas aeruginosa* u. a. ergaben, daß sie innerhalb 8···34 d im Honig absterben, auch wenn hohe Keimzahlen eingeimpft wurden [385].

Die bakteriostatische Wirkung der Naturhonige, die kaum praktische Bedeutung hat, wird auf die Anwesenheit von Phytonciden sowie auf die Bildung von H_2O_2 durch ein Glucoseoxydasesystem zurückgeführt [407].

6. Getreide und Getreideerzeugnisse

Als Getreide (*Cerealien*) werden Pflanzen aus der Familie der Gräser (*Gramineae*) zusammengefaßt, deren stärkereiche Früchte als Nahrung für Mensch und Tier dienen. Im engeren Sinne werden die Körner der Getreidepflanzen, die uns hier in erster Linie interessieren, als Getreide bezeichnet. Die wichtigsten Getreidearten sind Weizen, Roggen, Mais, Gerste, Hirse und Hafer. Getreide gehört zu den ältesten Kulturpflanzen und wird seit etwa 8 Jahrtausenden angebaut. Es bildet die Grundlage der menschlichen Ernährung und deckt im Weltmaßstab gesehen etwa 50 bis 65% des menschlichen Energiebedarfs. Getreidekörner enthalten außer dem Hauptprodukt Stärke bedeutende Mengen Eiweiß, Mineralstoffe und Vitamine [277]. Sie dienen in erster Linie zur Herstellung von Mehl, Backwaren, Stärke und Nährmitteln sowie als Rohstoff für die Brauerei- und Brennereiindustrie.

6.1. Getreide

6.1.1. Kontamination des Getreides

Während des Wachstums des Getreidekornes entwickelt sich auf der Oberfläche eine epiphytische Mikroflora. Als Nährstoffe dienen die normalen Ausscheidungen der Pflanzenzellen und Oberflächenverschmutzungen, wie Staub. Sekundär erfolgt eine Kontamination der Körner durch Boden- und Luftkeime vor allem während der Ernte. Phytopathogene Mikroorganismen, wie Brandpilze (*Ustilaginales*) und Rostpilze (*Uredinales*) sowie Viren, können die wachsenden Getreidepflanzen und insbesondere die Ähren befallen und Ertrags- sowie Qualitätsminderungen bewirken. Sie haften am Saatgut und werden durch dieses übertragen, wenn es nicht entsprechend behandelt wird. Auf die phytopathogene Mikroflora wird in den weiteren Ausführungen jedoch nicht näher eingegangen.

Bei dem Transport, der Lagerung und der Verarbeitung des Getreides kann es je nach den herrschenden Umweltbedingungen zu Keimvermehrungen oder Keimverminderungen kommen. Wird z. B. bei der Lagerung von Getreide der Sicherheitsfeuchtegehalt überschritten, so kommt es vor allem zur Vermehrung von Pilzen und Bakterien.

Durch die Ausscheidungen von tierischen Getreideschädlingen, wie Insekten, Ratten, Mäusen und Vögeln, kann das Getreide mit Fäkalorganismen, wie *Escherichia coli*, kontaminiert werden. Von salmonellenhaltigem Lagergetreide können durch Insekten Bakterien der Gattung *Salmonella* auf salmonellafreie Getreidebestände übertragen werden. Als mögliche Überträger kommen Kornkäfer (*Calandra granaria*), Reis- und Reismehlkäfer (*Tribolium castaneum*), Getreideblattkäfer (*Oryzaephilus surinamensis*) und weitere Getreideschädlinge in Betracht. Mit Salmonellen kontaminierte gerstehaltige Nahrungsmittel verursachten u. a. in Schweden eine Lebensmittelvergiftung bei Kindern.

6.1.2. Mikroflora des Getreides

Der Keimgehalt der Getreidekörner unterliegt naturgemäß starken Schwankungen. Er ist insbesondere abhängig von der Witterung, speziell vom Feuchtigkeitsgehalt der Körner sowie vom Besatz, darunter versteht man verdorbene oder zerbrochene Körner, Unkrautsamen, Insektenfragmente u. a. Hoher Feuchtigkeitsgehalt und hoher Besatz sind stets mit hohen Keimzahlen verbunden. Diese Faktoren bestimmen gleichfalls die artenmäßige Zusammensetzung der Mikroflora, die nicht konstant ist. Auch der Getreidesorte wird ein Einfluß auf die Mikroorganismenbesiedlung zugeschrieben. Es werden zahlreiche verschiedene Bakterien-, Hyphomyceten-, Hefen- und Actinomycetenspecies auf Getreide gefunden [237, 348, 356]. Prinzipiell wird zwischen der Mikroflora erntefrischen Getreides und der von Lagergetreide unterschieden. In den folgenden Ausführungen stehen Weizen und Roggen im Mittelpunkt, da sie für die menschliche Ernährung die wichtigsten Getreidearten sind.

6.1.2.1. Bakterien

In erntefrischem Getreide stellen Bakterien zahlenmäßig den größten Anteil der Mikroflora. Die Keimzahlen für Weizen schwanken etwa zwischen $0,09 \cdots 3,0 \times 10^6$ g^{-1} und liegen teilweise noch über diesen Werten. Roggen hat mit etwa $0,2 \cdots 12,9 \times 10^6$ g^{-1} in der Regel höhere Keimzahlen als Weizen. In Extremfällen wurden bis zu 272×10^6 Bakterien je Gramm gefunden. Bei der einwandfreien Lagerung von Getreide nimmt die Zahl der Bakterien — außer der von Bakteriensporen — schnell ab.
Unter den zahlreichen auf erntefrischem Getreide gefundenen Bakterienarten stehen mit Abstand im Vordergrund:

● die Gelbkeime.

Sie werden als Leitflora angesehen und machen bis zu 90% der Mikroflora aus. Als Gelbkeime werden gramnegative, nicht sporenbildende Stäbchen bezeichnet, die auf Kulturmedien gelbe Kolonien bilden. Ihre systematische Stellung ist unklar. Ältere Bezeichnungen sind u. a. *Bacterium herbicola* und *Flavobacterium herbicola*. Sie werden auch den Gattungen *Pseudomonas* und *Erwinia* zugeordnet.
Insgesamt kommen Vertreter folgender Bakteriengattungen auf Getreide vor:

Aeromonas,	*Micrococcus,*
Alcaligenes,	*Paracolobactrum,*
Arthrobacter,	*Pediococcus,*
Bacillus,	*Proteus,*
Clostridium,	*Pseudomonas,*
Enterobacter,	*Sarcina,*
Erwinia,	*Serratia,*
Escherichia,	*Staphylococcus,*
Flavobacterium,	*Streptococcus,*
Lactobacillus,	*Xanthomonas.*
Leuconostoc,	

Pseudomonas-Arten nehmen vor allem auf Rohreis in den asiatischen Ländern eine beherrschende Stellung ein [160].

Zu den in hygienischer Hinsicht bedenklichen Keimarten kann folgendes gesagt werden. Coliforme Bakterien werden in etwa 75% der erntefrischen Getreidechargen mit weniger als 10 Keimen je 1 g gefunden. In Lagergetreide liegen die Keimzahlen höher. Die biochemische Differenzierung ergab, daß nur die Coliformen von etwa 2···8% der positiven Proben dem Fäkaltyp *Escherichia coli* zuzuordnen sind. Den Hauptanteil stellt *Aerobacter cloacae*. Untersuchungen über den Gehalt an fäkalen Streptokokken zeigten, daß bei 87% der erntefrischen Getreidechargen die Keimzahl 1 g^{-1} nicht überschritten wird, während bei Lagergetreide in 32% der Proben höhere Keimzahlen gefunden wurden.

Die Sporen des Fadenziehers, *Bacillus subtilis*, die vom Getreide ins Mehl gelangen, den Backprozeß überdauern und dann zum Verderb, z. B. von Weißbrot, führen, wurden schon seit langem im Getreide nachgewiesen. In jüngerer Zeit wird den thermophilen resistenten Bakteriensporen besondere Aufmerksamkeit geschenkt, die z. B. Ursache des Verderbs von Sterilkonserven sein können. Sie können mit dem Mehl in Sterilkonserven mit Soßenanteil übertragen werden. Untersuchungen ergaben, daß Nachmehle und grober Grieß bedeutend mehr thermophile Sporen enthalten als Weizen, Dunst oder Kleie und daß im Mehl des inneren Endosperms sehr wenige Thermophile vorkommen. Daraus schließt man, daß die Mehrzahl der Sporen auf der Oberfläche, in den Aleuronzellen, im darunterliegenden Endosperm und in der Umgebung des Keimes ansitzen. Generell ist die Zahl der Bakteriensporen im Getreide gering. Bei einer Erhitzung auf 100 °C für 5 min überlebt nur 0,1···0,3% der Bakterienflora.

In erntefrischem Getreide deutscher Herkunft lag bei Untersuchungen zahlreicher Proben die Zahl der Sporen mesophiler aerober Sporenbildner im Mittel bei 155 g^{-1}, wobei etwa 70% der Proben weniger als 59 Sporen je 1 g enthielten. Extremwerte lagen bei 16000 Sporen je Gramm. Die Sporen-Keimzahlen thermophiler aerober Bakterien liegen im Getreide zwischen 0 und 360 g^{-1}, mit Mittelwerten um 8 g^{-1}. Es kommen auch »flat-sour«-Sporen vor. Etwa 10% der Chargen sind frei von Sporen thermophiler Aerobier.

Die Zahl der Sporen anaerober thermophiler Bakterien liegt niedriger als die der aeroben thermophilen. Es liegen Zahlen für Schwefelwasserstoffbildner mit einem Mittelwert von 1 bis 2 Sporen g^{-1} vor. Der Extremwert beträgt 5 Sporen g^{-1}. 87% der Getreideproben enthalten keine Sporen anaerober thermophiler H$_2$S-bildender Bakterien, und der Maximalwert liegt bei 1230 g^{-1}. Die Vergleichswerte für Getreide ausländischer Herkunft liegen etwa in der gleichen Größenordnung.

Während bei einwandfreier Lagerung des Getreides die Zahl der vegetativen Bakterien aufgrund des Wassermangels mit zunehmender Lagerdauer stark abnimmt, bleiben die resistenten Bakteriensporen weitgehend erhalten.

6.1.2.2.   Actinomyceten

Actinomyceten kommen auf Getreide in sehr geringen Mengen vor. Es werden im allgemeinen bis zu 50 g^{-1} gefunden, wobei der mittlere Keimgehalt bei Weizen mit 11 g^{-1} genannt wird. Über die Artzugehörigkeit liegen keine exakten Angaben vor.

6.1.2.3.   Hyphomyceten

Nach Untersuchungen an erntefrischem Getreide, die in den Jahren 1955, 1956 und 1962 in der BRD durchgeführt wurden, beläuft sich der Keimgehalt an Schimmelpilzen bei 50···70% der Partien auf 100···32000 Sporen je Gramm. Das Verhältnis von Schimmelpilzen: Bakterien dieser Partien lag zwischen 1 : 0 bis 1 : 100. Nur wenige Getreidepartien dieser Untersuchungen enthielten maximal 64000 Schimmelpilze je Gramm, während in anderen Proben bis zu $3,5 \times 10^6\,g^{-1}$ gefunden wurden. Im Jahre 1959 lag der Mittelwert der Schimmelpilzkeimzahl erntefrischen Getreides bei 56800 g^{-1}, im Jahre 1968 dagegen für Weizen bei 4200 g^{-1} und in den Jahren 1955/56 bei 33000 g^{-1} [348].

Generell ist auf feuchterem Getreide das Keimzahlverhältnis mehr zugunsten der Schimmelpilze verschoben, während bei stärkerem Besatz die Bakterien mehr im Vordergrund stehen.

Nach dem lokalen Vorkommen der Hyphomyceten auf dem Getreidekorn wird zwischen der äußeren und inneren Schimmelpilzflora unterschieden.

6.1.2.3.1. Äußere Schimmelpilzflora

Die äußere Schimmelpilzflora befindet sich einschließlich des Hauptteils der Bakterienflora auf der Oberfläche des Getreidekornes. Zu den noch vor der Ernte auf den Körnern vorhandenen Pilzen, die als Feldpilze bezeichnet werden, zählen vornehmlich Vertreter folgender Gattungen:

- *Alternaria, Fusarium, Helminthosporium, Epicoccum, Cladosporium, Trichoderma, Nigrospora.*

Sie stellen hohe Ansprüche an die relative Luftfeuchte und neigen dazu, von der epiphytischen zur parasitären Lebensweise überzugehen.

Die Intermediärflora, die noch alle Züge der Feldmikroflora trägt, kann auf feuchtem, lagerndem Getreide kurzfristig zur Entwicklung kommen, wenn mit zu hoher Feuchtigkeit gerechnet wurde. Dazu gehören vorwiegend Vertreter folgender Pilzgattungen:

- *Cladosporium, Rhizopus, Aureobasidium, Hyalodendron.*

Als Lagerpilze werden schließlich diejenigen Hyphomyceten bezeichnet, die bei der Lagerung des Getreides mit einem Feuchtigkeitsgehalt von 14···15%, zum Teil sogar bei 13,5%, zur Entwicklung kommen. Sie verdienen besondere Aufmerksamkeit, da sie eine wichtige Ursache des Auftretens von Lagerschäden des Getreides und der Getreideprodukte sind. Zu den Lagerpilzen zählen in erster Linie Vertreter der Gattungen

- *Aspergillus* und *Penicillium.*

Außerdem können Vertreter der Ordnung *Mucorales* aus folgenden Pilzgattungen auftreten:

- *Mucor, Rhizopus, Absidia, Actinomucor, Thamnidium, Zygorrhynchus.*

6.1.2.3.2. Innere Schimmelpilzflora

Zur inneren Mikroflora des Getreidekorns gehören vorwiegend Hyphomyceten, weniger Bakterien. Sie entwickelt sich unter der Epidermis des Getreidekorns. Ihr Anteil ist im Verhältnis zur äußeren Mikroflora nur gering, doch wird ihr eine wesentliche negative Beeinflussung der Lagerfähigkeit des Getreides zugeschrieben. Die innere Schimmelpilzflora besiedelt den Raum zwischen der Epidermis (*Exocarp*) und den sogenannten Querzellen (*Pericarp*), der in reifenden Körnern durch das sich auflösende *Mesocarp* frei wird. Sie haftet an der inneren Oberfläche der Epidermis und beginnt ihre Entwicklung von beiden Kornenden, wobei sie vorzugsweise an den Seiten der Bauchfurche vordringt. Die Hyphen wachsen vorwiegend extrazellulär, vereinzelt dringen sie in die Epidermis ein, und auch in den Querzellen und Aleuron-zellen wurden sie selten nachgewiesen. Wie die Schimmelpilze in das Gewebeinnere gesunder unbeschädigter Getreide-körner einzudringen vermögen, ist nicht genau bekannt. Es wird vermutet, daß zuerst die Blüte des Getreides durch Schimmelpilze kontaminiert wird. Deutliche Anzeichen eines inneren Mycels sind erst in einer späten Phase der Kornentwicklung nachzuweisen. Anschließend breitet sich das Pilzmycel in wenigen Tagen weit aus. Während der Reifephase des Korns, einige Wochen vor der Ernte, bestimmt primär die relative Luftfeuchte der Atmosphäre die Ausbreitung des Mycels, die dann durch das Reifen und Trocknen des Korns begrenzt wird. Zur inneren Mikroflora gehören offenbar in erster Linie Pilze der Gattung

● *Alternaria.*

Daneben werden in wechselnder Menge Arten folgender Pilzgattungen gefunden:

● *Aspergillus, Cephalothecium, Chaetomium, Cladosporium, Fusarium, Helmintho-sporium, Mucor, Penicillium, Rhizopus.*

Offenbar bestehen Beziehungen zwischen der Art des inneren Schimmelpilzbefalls und den qualitativen Eigenschaften des Getreidekorns. So werden in Sommerweizen hoher Qualität vorwiegend *Alternaria*-Arten gefunden, die gewöhnlich nicht als Verderbnisorganismen von Lagergetreide auftreten. Im Inneren der Körner minder-wertiger Partien werden dagegen häufig *Aspergillus*-Arten gefunden, die als Lager-schädlinge des Getreides bekannt sind. Die innere Schimmelpilzflora liegt vorwiegend in Form von Mycel vor. Konidien werden kaum gebildet.

6.1.2.4. Hefen

Der Anteil der Hefen an der Gesamtmikroflora des erntefrischen Getreides beträgt nur etwa 3% und weniger. Im Extremfalle wurden 10000 Hefen g^{-1} gefunden. Über die artenmäßige Zusammensetzung der zu den Gattungen *Saccharomyces, Candida* und *Rhodotorula* zählenden Hefen ist kaum etwas bekannt.

6.1.3. Praktische Bedeutung der Mikroflora des Getreides

Besondere praktische Bedeutung haben die Mikroorganismen bei der Lagerung des Getreides, die zur gleichmäßigen Versorgung der Bevölkerung über das ganze Jahr erforderlich ist. Gegenwärtig werden die von Mikroorganismen und tierischen Schäd-lingen verursachten Getreideverluste im Weltmaßstab auf über 10% geschätzt. Spezielle phytopathogene Keime, wie die Rost- und Brandpilze, die früher bei der Aussaat infizierten Getreides große Schäden verursachten, wurden inzwischen durch das Beizen des Saatgutes mit chemischen Mitteln zurückgedrängt. Entscheidend für die Entwicklung von Mikroorganismen bei der Lagerung von Ge-treide ist dessen Feuchtigkeitsgehalt in Abhängigkeit von der Lagertemperatur. Als ungünstige Lagerbedingungen werden angesehen: Wassergehalt des Getreides über 13%, relative Luftfeuchte über 65%, Lagertemperatur über 5···10 °C. Von besonderer praktischer Bedeutung ist unter diesen Gesichtspunkten die hohe Anpassungsfähigkeit des Mikroorganismenstoffwechsels an die Veränderungen der Umweltfaktoren sowie die Existenz zahlreicher verschiedener Mikroorganismen-gruppen und -arten, die durch unterschiedliche Ansprüche an die Umweltfaktoren charakterisiert sind. Wird z. B. die Sauerstoffkonzentration in der Lageratmosphäre gesenkt, so werden dadurch die unerwünschten streng aeroben Schimmelpilze und Bakterien gehemmt, aber gleichzeitig werden die vorhandenen anaeroben Bakterien gefördert. Die fakultativ anaeroben Bakterien und Hefen können sich dem verringerten Sauerstoffgehalt anpassen, indem sie vom Atmungs- auf den Gärungsstoffwechsel umschalten.

Weiterhin können sich die Mikroorganismen selbst durch ihre Stoffwechselendprodukte günstigere Umweltbedingungen schaffen. So fungieren anspruchslose Mikroorganismengruppen durch die Bildung von Wasser, organischen Säuren usw. sowie durch den enzymatischen Aufschluß von schwer abbaubaren Getreidesubstanzen und die Bildung von Wärme als Schrittmacher für nachfolgende Arten, die unter den Ausgangsbedingungen im latenten Zustand verblieben wären.

Während sich die Mikroorganismen bei einem Feuchtegehalt des Getreides unter 13% nicht entwickeln, können sich bereits bei 13,5% osmophile Hyphomyceten vermehren. Sie wachsen allerdings langsam, und deutliche Schäden des Getreides treten erst bei monatelanger Lagerung in Erscheinung. Mit zunehmendem Feuchtegehalt steigt die Zahl der aufkommenden Pilzarten und ihre Wachstumsgeschwindigkeit, und ab etwa 17···20% Kornfeuchte kommen auch die feuchtigkeitsbedürftigeren Bakterien zur Vermehrung. Begünstigend auf die Mikroorganismenentwicklung wirken weiterhin vor allem Temperaturen über $10\,°C$ (vgl. »Grundlagen der Lebensmittelmikrobiologie« [250]). Roggen mit 18% Feuchte ist bei $20\,°C$ schon nach 10 Tagen stark mikrobiell gefährdet.

Die Folgen des Wachstums von Mikroorganismen auf lagerndem Getreide sind unterschiedlicher Natur. Als wichtigste Schäden sind zu nennen:

● Nährstoffverluste durch den Abbau der Inhaltsstoffe, z. B. Veratmung der Stärke,
● Bildung qualitätsmindernder Geschmacks- und Geruchsstoffe (muffig, dumpf, sauer, gärig),
● Bildung toxischer Stoffwechselprodukte, wie Mycotoxine,
● Verlust der Keimfähigkeit,
● Minderung der Gluteneigenschaften und damit Verschlechterung der Backeigenschaften der aus solchen Partien gewonnenen Mehle,
● Verlust der Fließfähigkeit, z. B. durch Mycelbildung.

Die mikrobiell bedingten Schäden können einmal qualitativer Art sein, so daß man das Getreide nicht mehr für die menschliche Ernährung verwenden kann, zum anderen kann es zum Totalverlust kommen.

Sensorisch geschädigtes Getreide wird oft von Tieren nicht mehr gefressen, und durch mycotoxinbildende Hyphomyceten befallenes kann bei der Verfütterung zu hohen Tierverlusten führen.

Im folgenden wird auf einige mikrobiell bedingte wichtige Schadformen des Getreides ausführlicher eingegangen.

6.1.3.1. Biologische Selbsterhitzung

Wie alle feuchten pflanzlichen Materialien, so kann auch Getreide einer biologischen Selbsterhitzung unterliegen, und sich anschließende chemische Prozesse können sogar zur Selbstentzündung führen. Besonders anfällig ist nicht ausgereiftes Getreide. Eine deutliche Selbsterhitzung von Getreide setzt etwa ab einem Feuchtegehalt von 20% ein (Bild 53). Unter diesem Feuchtigkeitswert kommt es nur zu geringen Erwärmungen. Wird entsprechend feuchtes Getreide auf Haufen gelagert, so erhitzt es sich im Verlaufe von etwa 10 bis 15 Tagen auf Temperaturen von etwa $50···60\,°C$. Bei längerer Lagerung können noch höhere Temperaturen erreicht werden. Die Selbsterhitzung wird einmal durch die natürliche Atmung des Getreidekorns selbst

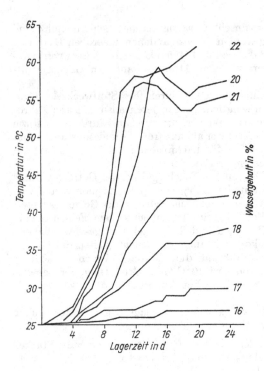

Bild 53. Temperaturverlauf von feucht-
lagerndem Weizen mit unterschiedlichem Wassergehalt

und zum anderen vor allem durch die Atmungswärme aerober Mikroorganismen,
die sich auf und im Korn vermehren, bedingt. Unter anaeroben Bedingungen, bei
denen die Atmung gehemmt ist, findet keine Selbsterhitzung statt.

In der ersten Phase der Selbsterhitzung kommt es zur Vermehrung mesophiler
aerober Bakterien und Hyphomyceten. Daran anschließend geht die mesophile
Mikroflora aufgrund der zu hohen Temperaturen zahlenmäßig zurück, und es kommen
aerobe thermophile Bakterien und Actinomyceten auf. Es sind vorwiegend sporenbildende Arten der Gattungen *Bacillus* sowie *Thermoactinomyces vulgaris*. Getreide,
das einmal einer biologischen Selbsterhitzung unterlegen hat, ist stets an dem hohen
Keimgehalt thermophiler Mikroorganismen wiederzuerkennen.

Die Selbsterhitzung von Getreide ist mit verschiedenartigen Qualitätsverlusten
verbunden. Bereits beim Erreichen von 35 °C treten erste hitzegeschädigte Körner
auf, und bei noch höheren Temperaturen werden sie dunkelbraun bis schwarz. Die
Körner verlieren ihre Keimfähigkeit, der Glutengehalt und der Nährstoffgehalt insgesamt nehmen ab, und es treten deutlich negative sensorische Merkmale in Erscheinung. [241, 354]

6.1.3.2. Mikrobiell bedingte sensorische Veränderungen

Fremdgerüche im Lagergetreide sind hauptsächlich auf die Anreicherung von Stoffwechselprodukten der Mikroorganismen zurückzuführen. Es wurde nachgewiesen,
daß geruchsaktive Substanzen beim Eindringen der Mikroflora in das Getreidekorn
bzw. beim Substratabbau auftreten. Von Schimmelpilzen sind vor allem muffigdumpfe
oder modrige sehr unangenehme Geschmacks- und Geruchsstoffe bekannt.

Durch gaschromatografische und massenspektrometrische Analysen der Stoffwechselprodukte von Pilzen der Gattungen *Aspergillus, Penicillium, Fusarium, Cephalosporium* und *Rhizopus*, die auf Weizen kultiviert worden waren, wurden etwa 30 verschiedene, sensorisch aktive Substanzen identifiziert. Für die pilztypischen Geruchsnoten werden folgende Verbindungen genannt [172]:

pilzartig = Octan-3-ol,
pilzartig-harzig = 1-Octen-3-ol,
modrig-ölig = 2-Octen-1-ol.

Weitere sensorisch aktive Substanzen von Schimmelpilzen sind z. B. 3-Methylbutanol, Octan-3-on, Octan-1-ol, Methylketone, Acetaldehyd, Ethylen und Ethylalkohol.
Von Getreide, auf dem Bakterien der Gattungen *Pseudomonas, Lactobacillus, Propionibacterium, Escherichia, Sarcina, Bacillus* und *Clostridium* kultiviert worden waren, wurden über 100 verschiedene flüchtige Substanzen isoliert. Davon konnte fast die Hälfte identifiziert werden. Als hauptsächliche Stoffwechselprodukte traten auf: Acetoin, Acetoinacetat, Aceton, Methylallylacetat, Vinylacetat, Amine und flüchtige Fettsäuren. Letztere, wie Essigsäure, Isobuttersäure und Isovaleriansäure, werden vor allem von sporenbildenden Bakterien gebildet. Die durch Bakterien bedingten sensorischen Eigenschaften des Getreides entsprechen den Einstufungen sauer, urinartig, fäkal, faulig-stinkig, ölig, ammoniakalisch, aber auch modrig, muffig [173].
Actinomyceten sind für die Bildung erdartiger Geruchsstoffe bekannt. Bei zahlreichen Arten der Gattung *Actinomyces* wurde Geosmin (Trans-1-10-dimethyl-trans-9-Decanol) nachgewiesen, das wie Erde riecht. Weitere von *Actinomyces*-Arten gebildete Stoffe sind 2-Methylisoborneol, das nach Menthol-Kampfer riecht, sowie Sesquiterpenalkohole. Verschiedene Arten der Gattungen *Micromonospora* und *Streptomyces* verursachen einen modrigen Geruch, hervorgerufen durch Mucidon ($C_{12}H_{18}O_6$).
Häufige sensorisch aktive Stoffwechselprodukte von Mikroorganismen sind weiterhin Schwefelwasserstoff und Ammoniak.
Generell ist zu sagen, daß Mikroorganismen nicht nur flüchtige Stoffe mit negativen, unangenehmen Eigenschaften bilden können, sondern daß sie auch zahlreiche positiv zu wertende Geruchs- und Geschmacksstoffe, z. B. Ester mit fruchtiger Note, biosynthetisieren. Teilweise sind die flüchtigen Stoffwechselprodukte bereits in sehr geringen Konzentrationen außerordentlich geruchsaktiv. Die Bildung der sensorisch aktiven Substanzen ist nicht nur abhängig von der Mikroorganismenart, sondern auch vom jeweiligen Substrat, vom Alter und einer Reihe von Umweltbedingungen.

6.1.3.3. Mycotoxinbildung

Die Bildung toxischer Stoffwechselprodukte durch Schimmelpilze, die als Mycotoxine bezeichnet werden, sowie von Substanzen mit Hormoncharakter in Getreide hat in jüngster Zeit besondere Bedeutung erlangt [4, 296, 419].
Ausgelöst wurden die Untersuchungen durch den Massentod von 100000 Truthühnern, die mit toxischem Erdnußmehl gefüttert worden waren. Als Ursache wurde im Jahre 1960 das Aflatoxin beschrieben, das von *Aspergillus flavus* gebildet wird. Aflatoxine sind die stärksten oral wirkenden krebserregenden natürlichen Substanzen. Sie können auch in Getreide und einigen anderen Lebens- und Futtermitteln gebildet werden. Während über ihre toxische Wirkung auf den Menschen bisher nur wenige konkrete Angaben vorliegen, gibt es exakte Werte über die Toxizität für Tiere (s. »Grundlagen der Lebensmittelmikrobiologie«, Abschn. 2.3. [250]). Aufgrund der schlechten Er-

nährungssituation in einigen Ländern hatte die FAO/WHO vor einigen Jahren als tolerierbaren oberen Grenzwert 30 µg kg^{-1} Aflatoxine für Lebensmittel vorgeschlagen. Inzwischen sind in einigen Ländern gesetzliche Regelungen über die Begrenzung des Aflatoxingehaltes in Lebens- und Futtermitteln geschaffen worden, die noch niedrigere Werte vorsehen. Spezielle Aufmerksamkeit wird dem besonders toxischen Aflatoxin B$_1$ gewidmet.

- Die oberste Toleranzgrenze für einige Lebensmittel, vor allem Getreide und Nüsse, liegt international bei 10 µg Aflatoxine je 1 kg, wobei der Gehalt an Aflatoxin B$_1$ nicht über 5 µg kg^{-1} liegen darf.
- Für Futtermittel sind in den westeuropäischen Ländern 10···20 µg kg^{-1} und für Einzelfuttermittel 50 µg kg^{-1} Aflatoxin B$_1$ als Höchstmengen zugelassen, wobei konkrete Festlegungen für die jeweiligen Tiergruppen getroffen wurden.

Vor der Entdeckung der Aflatoxine waren bereits Lebensmittelvergiftungen durch den Genuß verpilzten Getreides u. a. aus der Sowjetunion bekannt geworden. So traten während des 2. Weltkrieges im Gebiet Orenburg Massenerkrankungen auf, als die Bevölkerung gezwungen war, auf dem Feld überwintertes Getreide bzw. daraus hergestelltes Mehl und Brot zu verzehren. Es kam zu zahlreichen Todesfällen.

Als Ursache wurden die Stoffwechselprodukte von *Fusarium graminearum* und *F. roseum* erkannt, die Halm und Korn des Getreides während des Winters bewachsen hatten (Bild 54). Die als Alimentäre Toxische Aleukie (ATA) bezeichnete Krankheit führt zu Schädigungen des Knochenmarks, Dünndarms und Hodens sowie zu spontanen, schwer stillbaren Blutungen, Diarrhoe und Nekrosen der Haut.

Inzwischen konnte eine Reihe von *Fusarium*-Toxinen isoliert und identifiziert werden, wie das T-2 Toxin, HT-2 Toxin, Nivalenol und Diacetoxyscirpenol. Sie gehören chemisch zur Gruppe der Trichothecene.

Diacetoxyscirpenol

R:H

T-2 Toxin

R: O—C—CH$_3$—CH $\big\langle$ CH$_3$ / CH$_3$

Grundgerüst der Trichothecene

Aus den USA ist bekannt geworden, daß 20% der Milchkühe einer Farm verendeten, an die von *Fusarium tricinctum* befallenes Getreide verfüttert worden war. Neben anderen Toxinen konnte in dem verpilzten Futter T-2 Toxin in einer Konzentration von 2 mg kg^{-1} nachgewiesen werden. Fütterungsversuche mit Tauben ergaben für T-2 Toxin eine LD$_{50}$ von 275 mg kg^{-1} Körpergewicht. Subletale Dosen des T-2 Toxins, das auch von anderen *Fusarium*-Arten biosynthetisiert wird, lösen Erbrechen bei Mensch und Tier aus. Trichothecene, von denen etwa 40 Derivate bekannt sind, hemmen spezifisch die Proteinsynthese und greifen selektiv in der Terminationsphase an oder blockieren die Peptidyltransferase an den Ribosomen. Sie können ferner mit den SH-Gruppen wichtiger Enzyme reagieren und dadurch generelle Störungen im Stoffwechsel des Organismus verursachen. Trichothecene werden bei relativ niedrigen Temperaturen gebildet und sind in Europa offenbar vor allem für Mais von Bedeutung [184, 355].

Bild 54. *Fusarium spec.* bildet sichelförmige, gekammerte Konidien (stark vergrößert)

Tabelle 22. Wichtige Mycotoxine des Getreides und ihre Produzenten

Mycotoxin	Pilzart	Häufiges Vorkommen
Aflatoxine	*Aspergillus flavus, A. parasiticus*	Getreide, Futtermittel, Nüsse
Citrinin	*Penicillium citrinum, P. viridicatum, Aspergillus candidus, A. terreus*	Reis, Mehl, Bohnen, Futtermittel
Cyclopiazonsäure	*Penicillium cyclopium, Aspergillus versicolor*	Mehl, Bohnen
Islanditoxin	*Penicillium islandicum*	Reis
Luteoskyrin	*Penicillium islandicum*	Reis, Futtermittel
Maltorycin	*Aspergillus oryzae*	Malzkeime
Ochratoxine	*Aspergillus ochraceus, Penicillium viridicatum, P. cyclopium*	Getreide, Futtermittel
Patulin	*Penicillium expansum, P. urticae, Aspergillus clavatus, A. giganteus, Byssochlamys nivea*	Malz, Weizen
Penicillinsäure	*Penicillium martensii, P. puberulum, Aspergillus ochraceus*	Reis, Mais, Mehl
Rubratoxin	*Penicillium rubrum*	Getreide
Sekalonsäuren	*Aspergillus aculeatur*	Weizen
Sterigmatocystin	*Aspergillus versicolor, A. nidulans, Bipolaris spec.*	Reis, Mehl, Futtermittel
Trichothecene (Diacetoxyscirpenol, Nivalenol, T-2 Toxin)	*Fusarium tricinctum, Fusarium spec., Myrothecium roridum*	Getreide
Zearalenone	*Giberella zea (Fusarium graminearum), G. saubinetti (F. roseum)*	Mais, Weizen, Bohnen, Reis, Futtermittel

175

Weitere sekundäre Stoffwechselprodukte von *Fusarium*-Arten sind die Zearalenone, wie das F-2 Toxin. Sie wirken bei Schweinen wie Östrogen, verursachen Unfruchtbarkeit bei Rindern, Mißbildungen des Skeletts von Ratten und des Geweihs vom Rotwild sowie Aborte [184]. Zu den Zearalenonbildnern zählen *Fusarium graminearum* mit *Gibberella zea* als perfektem Stadium und *F. roseum* mit *G. saubinetti* als perfektem Stadium. Zearalenone wurden u. a. in Mais, Weizen, Reis, Bohnen und Futtermitteln nachgewiesen.

Weitere wichtige Mycotoxine, die von Hyphomyceten in Getreide und Getreideerzeugnissen gebildet werden können, sind in Tabelle 22 zusammengestellt. Mutterkorn, das früher durch den Konsum von Backwaren aus mutterkornhaltigem Mehl zu Vergiftungen führte, hat seit der Einführung der Getreidereinigung keine Bedeutung mehr [40].

6.1.4. Konservierung von Getreide

Ziel der Getreidekonservierung ist es, die Inhaltsstoffe des Getreides in ihrem natürlichen Zustand quantitativ und qualitativ zu erhalten. Dazu ist es erforderlich,

- die Stoffwechselaktivität des Getreidekornes auf ein Minimum zu reduzieren,
- den Stoffwechsel und die Vermehrung der auf und in den Getreidekörnern vorhandenen Mikroorganismen zu hemmen.

Um dieses Ziel zu erreichen, werden verschiedene Verfahren praktiziert, wie Trocknung, Belüftungskühlung, Kühllagerung, Lagerung unter Luftausschluß, chemische Konservierung u. a. Ein besonderes Problem stellt die schnelle Konservierung von feuchtem, erntefrischem Getreide dar, das seit Einführung der Mähdrescher in regenreichen Jahren in großen Mengen anfällt [21, 64, 315].

6.1.4.1. Trocknung und Belüftungskühlung

Die Trocknung des Getreides ist die älteste, wirkungsvollste und auch heute noch weltweit am häufigsten angewendete Methode zur Konservierung von Getreide. Durch die Trocknung wird der a_w-Wert des Getreides gesenkt und damit den Mikroorganismen das notwendige verfügbare Wasser entzogen (vgl. »Grundlagen der Lebensmittelmikrobiologie«, Abschn. 3.5. [250]). Es sind zahlreiche technische Trocknungsverfahren bekannt, auf die hier nicht näher eingegangen werden kann. Weizen und Roggen mit einem Feuchtegehalt unter 13% kann in der Regel langjährig ohne mikrobielle Schäden gelagert werden. Mit über diesen Richtwert zunehmendem Feuchtegehalt werden den vorhandenen Mikroorganismen bessere Entwicklungsbedingungen geboten.

Zu den Pilzen, die die niedrigsten Ansprüche an den a_w-Wert stellen und die schon bei sehr niedrigem Feuchtegehalt in Weizen zur Entwicklung kommen, gehören *Aspergillus restrictus* und *A. repens*. Mit steigender Feuchte des Getreides steigt auch die Zahl der zur Entwicklung kommenden Mikroorganismenarten. Zusätzlich zum a_w-Wert sind die Temperaturverhältnisse für die Vermehrung der Mikroben von großem Einfluß.

Ein technisch und ökonomisch vorteilhaftes Verfahren zur Lagerung von feuchtem, erntefrischem Getreide ist die Belüftungskühlung mit atmosphärischer oder vorgekühlter Luft. Dabei wird gleichzeitig der Kühlungs- und der Trocknungseffekt ausgenutzt. Im Bild 55 ist die Lagerfähigkeit von Getreide in Abhängigkeit vom Feuchtegehalt und der Temperatur dargestellt. Aus den Kurven geht deutlich her-

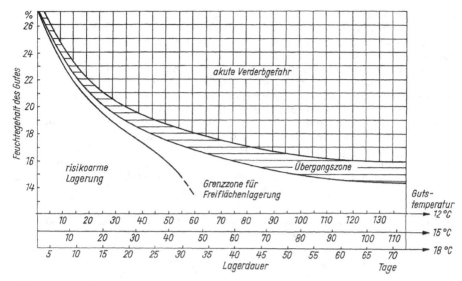

Bild 55. Lagerfähigkeit von Getreide bei Temperaturen von 12 °C, 15 °C und 18 °C mit Belüftungskühlung

vor, wie mit sinkendem Feuchtegehalt und mit sinkender Temperatur die akute Verderbgefahr abnimmt und die Lagerdauer zunimmt. Bei Kornfeuchten über 22% ist mit der Belüftungskühlung keine bedeutende Verlängerung der Lagerdauer möglich. Der rationellste Einsatz liegt im Kornfeuchtebereich von 18···22%. Für die aktive Belüftung liegt der wirkungsvollste Einsatz bei Kornfeuchten von 15···18% [315]. Generell soll Getreide nur belüftet werden, wenn die Luft um 5 K kälter ist als das Getreide und wenn die Luft nur zu 75% gesättigt ist, nachdem sie die Korntemperatur angenommen hat. Die Belüftungskühlung wird meist als Vorkonservierung für feuchtes, erntefrisches Getreide angewandt, der eine thermische Trocknung auf Feuchtegehalte unter 14% folgt. Doch konnte unter Versuchsbedingungen Weizen mit einem Feuchtegehalt von 16···17% bei Lagertemperaturen von 4···8 °C für die Dauer von 1 Jahr ohne Mehlausbeuteverluste bei Erhaltung guter Backeigenschaften gelagert werden.

6.1.4.2. Autokonservierung, Silierung, Begasung mit CO_2 oder N_2, Vakuumlagerung

Wird erntefrisches, feuchtes Getreide in geschlossenen Behältern gelagert, so geschieht folgendes. Durch die Atmung des Getreidekorns und der aeroben stoffwechselaktiven Mikroorganismen wird der Luftsauerstoff in den Körnerzwischenräumen veratmet und durch Kohlendioxid ersetzt. Dieser Vorgang ist unter abgeschlossenen Bedingungen nach wenigen Stunden beendet. Danach können streng aerobe Mikroorganismen, dazu gehören die meisten Hyphomyceten, nicht mehr wachsen. Dagegen kommen fakultativ anaerobe und anaerobe Mikroorganismen, dazu gehören vorwiegend Bakterien und Hefen, zur Vermehrung. Bakterien erfordern aber zum Wachstum allgemein einen höheren a_w-Wert als Pilze. Bei Getreidefeuchten um 25% — dazu wird teilweise sogar Wasser zugesetzt — kommt es zur starken Vermehrung der auf den Körnern in großer Zahl vorhandenen Milchsäurebakterien, und das Getreide nimmt einen sauren Charakter an. Bei pH-Werten unter 4,0 werden auch die Milchsäurebakterien zunehmend durch ihre eigenen Stoffwechselprodukte, vor allem die Milchsäure, gehemmt, und sie unterliegen einem Absterbeprozeß. Weiterhin werden auch die zahlreichen vorhandenen säureempfindlichen Bakterienarten gehemmt, die nicht zu den Milchsäurebakterien zählen. Hefen, die niedrige pH-Werte und anaerobe Verhältnisse tolerieren, sind weiterhin stoffwechselaktiv. Der Gesamtvorgang wird als Autokonservierung des Getreides bezeichnet. Er läuft auch bei 18% Getreidefeuchte ab, aber wesentlich langsamer als bei 25%.

Die praktische Anwendung des Verfahrens erfolgt in Form der Getreidesilierung und der anaeroben Lagerung in säurefesten und luftdichten Silos aus Metall oder Beton. Auch flexible Behälter aus Plastematerial oder Gummi wurden erprobt. In der Regel ist die Getreidesilierung mit einem Druckanstieg verbunden, der auf eine Gasbildung durch heterofermentative Lactobacillen und Hefen sowie auf die Wasserstoffbildung durch nicht näher identifizierte Bakterien zurückgeführt wird.

Tabelle 23. Einfluß des Feuchtegehaltes auf die Bildung von Gärungsprodukten in Getreidesilage; Grünsilage zum Vergleich (nach WEISSBACH [402] *und* LAUBE *u. a.* [201])

Silage aus	H_2O-Gehalt in %	Milchsäure in %	Essigsäure in %	Buttersäure in %	Ethanol in %
Gerste	24,1	0,20	0,16	0,04	0,15
Gerste	36,8	0,30	0,25	0,17	0,23
Roggen	22,3	0,33	0,11	0,03	0,30
Roggen	35,3	0,85	0,33	0,01	0,74
Grünfutter	unbekannt	2,00	0,90	0,02	0,47

Das autokonservierte Getreide unterliegt durch die ablaufenden mikrobiellen Prozesse einer Reihe von Veränderungen, wie Verlust der Keimfähigkeit, Erhöhung der Säurewerte vor allem durch Bildung von Milch- und Essigsäure, sensorischen Veränderungen durch Bildung von geschmacks- und geruchsaktiven Substanzen, z. B. Ethanol, Essigsäure und Buttersäure, sowie dem Dunkelwerden der Körner. Aus diesen Gründen ist autokonserviertes Getreide weder für die menschliche Ernährung noch als Saatgut geeignet. Es wird ausschließlich als Futtergetreide eingesetzt. Dabei ist darauf zu achten, daß bei der Entnahme aus den Gärbehältern kein Luftzutritt erfolgt und daß das silierte Getreide unverzüglich verfüttert wird, da sonst erneute, unerwünschte mikrobielle Prozesse einsetzen können.

Insgesamt ist die Getreidesilierung mikrobiologisch ein der Herstellung von Grünsilage ähnlicher Prozeß, der jedoch mit geringer Intensität verläuft und stark von dem Feuchtegehalt der Getreidekörner abhängig ist. Je höher die Kornfeuchte ist, um so intensiver verläuft die Gärung und um so höher sind die Gärverluste (Tabelle 23). Sie belaufen sich auf 1,5···3,0%, bezogen auf Trockensubstanz, und steigen auf 5% an, wenn die Kornfeuchte 55% beträgt.

Die Bildung von Buttersäure, die z. B. durch die Vergärung von Milchsäure durch streng anaerobe *Clostridium*-Arten erfolgen kann, bedingt eine schlechte Silagequalität. Sie kann auch den völligen Verderb verursachen.

Bei der Lagerung von feuchtem Getreide unter anaeroben Bedingungen ist zu beachten, daß die aerobe Mikroflora bei einem niedrigen Wassergehalt des Getreides, wie 15···18%, nur eine geringe Stoffwechselaktivität aufweist und deshalb anaerobe Bedingungen nur langsam entstehen. Prinzipiell soll der CO_2-Gehalt nicht unter 2% liegen, da sonst Insekten und Milben zur Entwicklung kommen. Die bei niedrigem

Feuchtegehalt im Getreide ablaufenden mikrobiellen Stoffwechselprozesse sind ohnehin gering. Die in jüngster Zeit erprobte Vakuumlagerung von Getreide brachte ebenfalls günstige Ergebnisse, ist jedoch technisch nur mit hohem Aufwand zu verwirklichen [158, 201, 384, 402].

6.1.4.3. Anwendung chemischer Konservierungsmittel

Während für Brotgetreide heute allgemein die Trocknung mit teilweiser vorheriger Kühlbelüftung üblich ist, gewinnt für Futtergetreide die chemische Konservierung mehr und mehr an Bedeutung. Sie bietet den Vorteil, daß feuchte Getreidechargen schnell konserviert werden, ehe Schädigungen durch Schimmelpilze eintreten. Die chemische Konservierung bietet sich vor allem bei extremen Witterungs- und Erntebedingungen an. Dabei steht die Anwendung von Propionsäure im Vordergrund, aber auch andere chemische Substanzen mit konservierender Wirkung werden zunehmend getestet.

6.1.4.3.1. Propionsäure

Propionsäure, Handelsnamen sind Luprosil (BRD) und Propcorn (Großbritannien), hat etwa seit dem Jahre 1970 in einigen Ländern große Bedeutung zur chemischen Konservierung von feuchtem, erntefrischem Getreide sowie von Schrot, Erdnußmehl, Mischfuttermittel usw. erlangt. Teilweise wird es nur zur Zwischenkonservierung vor der anschließenden Trocknung eingesetzt. Die Einsatzmengen richten sich nach dem Feuchtegehalt und nach der vorgesehenen Lagerdauer des Getreides. Die angewandten Konzentrationen liegen etwa zwischen 0,3% und 1,0%. Für eine sechsmonatige Lagerung von Getreide mit einem Feuchtegehalt von 22% genügen 0,6% Propionsäure, wobei auf eine gleichmäßige Verteilung der flüssigen Propionsäure zu achten ist. Sie wird mit Hilfe besonderer Zerstäubungsaggregate erreicht. Propionsäure hat in Abhängigkeit von der Konzentration und den Mikroorganismenarten, auf die sie einwirkt, eine bakteriostatische oder bakericide bzw. fungistatische oder fungicide Wirkung. Im Vergleich zu anderen Konservierungsmitteln ist die antimikrobielle Wirkung der Propionsäure relativ gering. Während z. B. das Wachstum von *Escherichia coli* unter Laborbedingungen bei einem pH-Wert von 6,6 schon durch 13 mg Benzoesäure je 100 cm^3 gehemmt wird, sind bei Propionsäure 104 mg je 100 cm^3 erforderlich. Die Wirkung auf Pilze ist unterschiedlich, je nach Empfindlichkeit der einzelnen Pilzarten, aber allgemein besser als auf Bakterien. Als besonders empfindlich gelten *Aspergillus flavus*, der als Aflatoxinbildner Bedeutung hat, *A. niger* und andere *Aspergillus*-Species sowie Arten der Gattungen Mucor, *Rhizopus* und *Alternaria*. Sie werden in starkem Maße abgetötet. *Fusarium*-, *Penicillium*- und *Cladosporium*-Arten werden gehemmt. Konidien sind empfindlicher als das Mycel. Andererseits sind *Penicillium*-Arten, die auf Nährmedien mit mehr als 5% Propionsäure wachsen, in der Literatur beschrieben. Als Ursache für die hohe Resistenz ist der unterschiedliche Wirkungsmechanismus der Propionsäure zu nennen. Die Hemmwirkung wird einmal darauf zurückgeführt, daß Propionsäure in Konkurrenz zu essentiellen Nährstoffen, wie Alanin und anderen Aminosäuren, steht. Zum anderen wird sie bei hohen Umgebungskonzentrationen, wie sie bei der Konservierung vorliegen, in der Mikroorganismenzelle angereichert und blockiert durch Enzymhemmung den Stoffwechsel. Viele Mikroorganismenarten, z. B. manche Hefen, können Propionsäure in ihren Stoffwechsel einbeziehen und verwerten. Sie sind somit resistent gegen Propionsäure. Propionsäurebakterien bilden Propionsäure als Stoffwechselprodukt.

Propionsäure, die auch als natürliche Komponente im Darm von Wiederkäuern vorkommt, wird vom Organismus zu Brenztraubensäure oxydiert. Toxische Wirkungen sind beim Einsatz niedriger Dosen nicht zu erwarten. Die LD_{50} für Ratten bei oraler Gabe liegt bei $2,6 \cdots 4,3$ g kg^{-1}. Mit Propionsäure behandeltes Getreide darf nur für Futterzwecke eingesetzt werden. Nachteile der Anwendung des Konservierungsmittels liegen einmal in den relativ hohen Kosten für die Propionsäure und zum anderen in der Korrosion von Metallteilen und Beton [21, 217].

6.1.4.3.2. Andere organische Säuren und ihre Salze

Außer Propionsäure hat man auch weitere organische Säuren zur Konservierung von Getreide und Mischfuttermitteln einzusetzen versucht. Nach einem Patent (DBP 1692085) wird dem Getreide zur Verhütung des Schimmelpilzwachstums, bezogen auf Trockensubstanz, $0,1 \cdots 10$ Masse-%, vorzugsweise $0,3 \cdots 1,5$ Masse-% Ameisensäure oder Essigsäure oder ein Gemisch dieser Säuren sowie zusätzlich noch Propionsäure zugefügt. Dabei liegt die dem Getreide zugesetzte wäßrige Lösung nicht über 15 Masse-% des trocknen Getreides und der Gesamtwassergehalt des konservierten Getreides nicht über 50 Masse-%. Die notwendige Konservierungsmittelmenge hängt u. a. vom Feuchtegehalt des Getreides und von der Lagertemperatur ab. Wird zu wenig zugegeben, so wird das Wachstum der Hyphomyceten nicht gehemmt, sondern sogar gefördert. In vielen Fällen sind Säuregemische wirksamer als die einzelnen Säuren. Als besonders wirksam erwiesen sich Mischungen aus 10 bis 70% Ameisensäure und $90 \cdots 30$% Propionsäure oder $50 \cdots 90$% Ameisensäure und $50 \cdots 10$% Essigsäure oder $10 \cdots 30$% Essigsäure und $90 \cdots 70$% Propionsäure; außerdem ternäre Präparate, die unter das Dreieck eines Drei-Phasen-Diagramms mit den folgenden Scheitelpunkten fallen: 10% Ameisensäure/10% Essigsäure/80% Propionsäure; 80% Ameisensäure/10% Essigsäure/10% Propionsäure; 20% Ameisensäure/60% Essigsäure/20% Propionsäure. Ein bevorzugtes ternäres Präparat besteht aus 50% Propionsäure, $10 \cdots 20$% Essigsäure und $40 \cdots 30$% Ameisensäure.

In Kanada wird ein Säuregemisch aus 65% Essigsäure, 32,5% Propionsäure, 2% Buttersäure und 0,5% Ameisensäure unter dem Handelsnamen Chemstor verwendet. Es wird in einer maximalen Konzentration von 2%, bezogen auf Getreide, eingesetzt. Patentiert ist die Anwendung eines Gemisches aus Propionsäure und Sorbinsäure, das bei Mais Schäden des Keimlings verhindert, sowie der Einsatz von Natrium-, Kalium- oder Calciumdiacetat sowie Essigsäure in undissoziierter Form als Bestandteil von genießbaren Komplexsalzen.

6.1.4.3.3. Harnstoff, Thioharnstoff, Ammoniak

Thioharnstoff wurde ebenfalls zur Konservierung von Futtergetreide erprobt, seine Anwendung ist aber wegen kanzerogener Eigenschaften nicht zu befürworten.
Der Konservierungseffekt von Harnstoff nach dem Patent WP A 117171 beruht auf der hydrolytischen Spaltung zu Ammoniak und Kohlendioxid. Sie wird durch das Enzym Urease bewirkt, das von den auf dem feuchten Getreide zur Entwicklung kommenden Bakterien und Schimmelpilzen selbst biosynthetisiert wird.

$$H_2N-CO-NH_2 + H_2O \xrightarrow{\text{Urease}} 2\,NH_3 + CO_2$$

Bereits wenige Stunden nach der Einlagerung feuchten, erntefrischen Getreides unter Zugabe von $2 \cdots 4$% Harnstoff wird soviel Ammoniak gebildet, daß die Entwicklung der Pilze in starkem Maße verhindert und die Vermehrung der Bakterien eingeschränkt wird. Das Getreide soll mindestens 20% Feuchte enthalten und kann bei Feuchten bis zu 30% bis zu 6 Monaten gelagert werden. Die Lagerung kann aerob erfolgen, doch muß das Entweichen des flüchtigen Ammoniaks verhindert werden. Mit Harnstoff konserviertes Getreide erhitzt sich in den ersten Wochen auf 20···45°C. Es ist dunkelbraun verfärbt, soll aber getrocknetem Futtergetreide gleichwertig sein.

Die direkte Behandlung von feuchtem Futtergetreide mit einem Zusatz von etwa 0,5% Ammoniak zum Zwecke der Konservierung ist offenbar schon länger bekannt als die indirekte mit Harnstoff, wobei das Ammoniak entweder gasförmig oder in Form von Ammoniakwasser appliziert werden kann. Ursprünglich stand die Bekämpfung tierischer Schädlinge mit diesem Verfahren im Vordergrund. Von besonderem Interesse sind Hinweise, daß durch eine Ammoniakbehandlung der Aflatoxingehalt von Getreide reduziert werden kann.

6.1.4.3.4. Methylbromid, Ethylenoxid, Phosphorwasserstoff

Diese Gase werden primär zur Vernichtung von Milben, Insekten und Nagetieren bei lagerfestem Getreide eingesetzt, wobei nicht unerhebliche Rückstandsprobleme auftreten können. Gleichzeitig haben diese Substanzen eine mikrobicide Wirkung. Sie steigt mit dem Feuchtegehalt des Getreides, doch steigt damit gleichzeitig die Rückstandsproblematik, so daß eine Konservierung von feuchtem Getreide mit diesen Substanzen nicht in Betracht kommt.

6.1.5. Mikrobiologie der Naß- und Trockenreinigung des Getreides

Bei der Herstellung von Mahlprodukten, wie Mehl oder Grieß, erfolgt zunächst eine Naß- oder Trockenreinigung des Getreides. Es durchläuft Waschmaschine, Schälmaschine, Bürstenmaschine und teilweise den Tarar und die Benetzungsanlage in verschiedenen Kombinationen. Durch starke Luftströme werden Staub-, Fremd- und Schmutzteile entfernt.

Untersuchungen an Weizen deutscher und ausländischer Herkunft ergaben folgendes. Während des früher üblichen, heute aber aus ökonomischen Gründen kaum noch durchgeführten Waschens sowie während des notwendigen Netzens und Abstehens tritt meist eine Zunahme der Bakterien-Keimzahl ein, während die Schimmelpilze teilweise auf 10% der Ausgangskeimzahl zurückgehen. Auf die Zahl der Sporen mesophiler Bakterien hat das Waschen gewöhnlich keinen Einfluß. Durch das anschließende Schälen des Getreides, wobei die Schale, das Bärtchen und teilweise der Keim entfernt werden, kommt es zu einer starken Reduzierung der Mikroflora, und die Keimzahlen der Bakterien und Schimmelpilze gehen zurück. Durch das Bürsten wird ebenfalls eine Verringerung der Mikroflora erreicht, sie ist aber nicht so stark wie beim Schälen. Der Tarar, der teilweise zur letzten Reinigung des Getreides (Abtrennung aller spezifisch leichten Kornbestandteile, Sand und Staub) vor der Vermahlung eingesetzt wird, bedingt gewöhnlich keine wesentliche Veränderung der Mikroflora.

Durch die Benetzung des Getreides, die nicht direkt zur Reinigung gehört, wird die Vermehrung der Mikroorganismen begünstigt. Zusätzlich können von der Netzschnecke starke Kontaminationen ausgehen. In den ersten 6 h Abstehzeit erhöhten sich die Keimzahlen von Weizen, der auf 17% Wassergehalt aufgenetzt worden war, wie folgt: Bakterien um das Zwanzigfache und Hyphomyceten um das Zehnfache der Ausgangswerte (Bild 56). Insgesamt ergibt sich:

● Im Verlauf der Naßreinigung kann die anfangs während des Waschens und Netzens erfolgende Keimzahlerhöhung durch das anschließende Schälen, Bürsten und

Aspirieren nicht wieder voll rückgängig gemacht werden. Besonders für ausländischen Hartweizen, der relativ lange genetzt wird, ergibt sich durch die Naßreinigung eine Keimzahlerhöhung.

● Im Verlauf der Trockenreinigung treten gewisse Schwankungen in der Mikroflora auf, doch weisen die Keimzahlen von Weizen zu Beginn und Ende der Trockenreinigung kaum Unterschiede auf.

Generell wird eingeschätzt, daß bei sachgerechter Handhabung der Naß- und Trockenreinigung eine Verminderung des Keimgehaltes möglich ist [357].

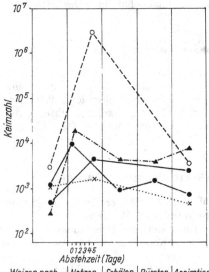

Weizen nach | Netzen | Schälen | Bürsten | Aspiration

●——● Inlandweizen
○---○ Dark Northing Spring
×······× Hard Winter
▲--▲ Manitoba 2

Bild 56. Verlauf der Schimmelpilzkeimzahlen während der Trockenreinigung verschiedener Weizenchargen

6.1.6. Möglichkeiten zur Reduzierung des Keimgehaltes von Getreide

Wie unter 6.1.2. gezeigt wurde, ist Getreide im allgemeinen hochgradig mit Mikroorganismen verunreinigt. Auch bei der Naß- und Trockenreinigung des Getreides vor dem Vermahlen wird in der Regel keine Reduzierung des Keimgehaltes erreicht (s. unter 6.1.5.), und ein großer Teil der Mikroflora geht in die Getreideerzeugnisse, wie Mehl und mehlhaltige Produkte, z. B. Teigwaren, Soßen, Suppen usw., über. Deswegen wird aus allgemein hygienischen Gründen, zur Vermeidung von mikrobiell bedingten Verlusten und von Lebensmittelvergiftungen sowie aus technologischer Sicht zunehmend keimarmes Getreide verlangt. Für besondere Zwecke, z. B. zur Herstellung von Instanterzeugnissen, wird angestrebt, den Keimgehalt des Getreides so weit zu senken, daß daraus Mehl mit weniger als 5000 Keimen je Gramm gewonnen werden kann. Grundsätzlich gibt es mehrere Methoden, den Keimgehalt des Getreides und damit der Getreideerzeugnisse wirksam zu vermindern [13, 356].

6.1.6.1. Erhitzen des Getreides

Durch das Erhitzen des Getreides, das etwa einer Pasteurisation gleichkommt, läßt sich der Mikroorganismengehalt am einfachsten und wirkungsvollsten reduzieren. Weizen, der bei 14% Wassergehalt 6 h auf 60 °C erhitzt und mit chlorhaltigem Wasser genetzt wurde, ergab ein Mehl, dessen Keimzahl nur 1% der unbehandelten Kontrolle betrug. Mitunter bietet sich das Erhitzen des Getreides in Verbindung mit einer Trocknung an. Bereits bei Temperaturen über 40 °C werden viele Hyphomyceten, vor allem wenn sie in der Mycelform vorliegen und soweit sie dünnwandige wasserreiche Sporen bilden (*Fusarium, Rhizopus* usw.), geschädigt. Eine deutliche Reduzierung der Bakterienflora setzt bei Temperaturen über 50 °C ein. Bei der Erhitzung von Getreide mit einem Feuchtigkeitsgehalt über 15% ist es schwierig, zwischen der Keimreduzierung durch Hitzeeinwirkung und der durch Wasserentzug (Trocknung) zu unterscheiden (Bild 57). Durch Erhitzen kann vor allem der Keimgehalt von Futtergetreide gesenkt werden.

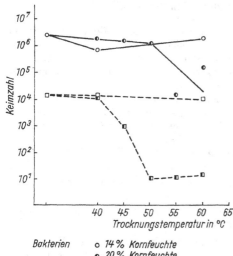

Bakterien   o *14% Kornfeuchte*
           ● *20% Kornfeuchte*
Schimmelpilze   □ *14% Kornfeuchte*
           ■ *20% Kornfeuchte*

Bild 57. Einfluß der Trocknungsbedingungen (Temperatur und Kornfeuchte) auf den Keimgehalt von Roggen

6.1.6.2. Chemische Behandlung

Zur Verminderung der Keimzahl von Getreide wurden verschiedene chemische Zusätze zum Netz- und Waschwasser erprobt. Als wirksam erwies sich der Zusatz von Calciumhydroxid, Wasserstoffsuperoxid, Chlor, Chlordioxid, Brom, Essigsäure und Kombination dieser Substanzen zum Wasch- bzw. Netzwasser. Obwohl z. B. durch Chlor in Konzentrationen von $5 \cdots 25$ g kg^{-1} die meisten Mikroorganismen stark geschädigt bzw. abgetötet werden, ist es nicht gelungen, durch eine rein chemische Vorbehandlung aus Weizen mit hohen Keimzahlen ein Mehl mit einem Keimgehalt unter 5000 g^{-1} herzustellen.

Zum anderen wurde das Begasen des Getreides mit Ethylenoxid oder Propylenoxid versuchsweise durchgeführt. Wenn Weizen mit 13% Wassergehalt 90 min bei 49 °C und einer Ethylenoxidkonzentration von 0,5 g l^{-1} oder 6 h bei 49 °C und einer Propylenoxidkonzentration von $1,5 \text{ g l}^{-1}$ behandelt wurde, so ließen sich daraus Mehle mit einer Gesamtkeimzahl unter 500 g^{-1} gewinnen. Die direkte Behandlung des Mehls ergab eine wesentlich stärkere Schädigung des Glutens als die Behandlung des Getreides.

Es ist denkbar, auch andere keimtötende chemische Substanzen zur Reduzierung des Keimgehaltes von Getreide einzusetzen, doch ist die Behandlung von Lebensmitteln mit Desinfektionsmitteln und anderen aktiven chemischen Substanzen wegen der Rückstandsproblematik in den meisten Ländern gesetzlich nicht erlaubt. Da eingetretene Schäden irreparabel sind und die Beseitigung von Stoffwechselprodukten der Mikroorganismen so gut wie unmöglich ist, wird geschädigtes Getreide im wesentlichen nur als Futtermittel verwendet. Es muß jedoch weitgehend frei von Mycotoxinen sein, da es sonst zu hohen Tierverlusten kommen kann.

6.2. Mehl

6.2.1. Keimzahlen des Mehls und anderer Mahlprodukte

Ein großer Teil der bereits auf dem Getreide vorhandenen Mikroflora wird im Mehl wiedergefunden. Da während der vorschriftsmäßigen Getreidelagerung vorzugsweise die vegetativen Formen der Mikroorganismen absterben, verschiebt sich das zahlenmäßige Verhältnis zwischen den einzelnen Mikroorganismengruppen mit zunehmender Lagerdauer zugunsten der Bakterien- und Schimmelpilzsporen.

Die Keimzahlen des Mehls sind im allgemeinen etwas niedriger als die des Getreides und schwanken in Abhängigkeit von der mikrobiologischen Qualität der vermahlenen Körner sehr stark. Sie liegen etwa im Bereich zwischen $10^3 \cdots 15^5 \text{ g}^{-1}$ und betragen bis zu 5 Millionen je Gramm im Extremfall. Da die Mikroorganismen des Getreides vor allem in den äußeren Schichten der Körner sitzen, hängt der Keimgehalt des Mehls vom Reinigungsgrad der Körner und vom Grad der Ausmahlung ab. So liegt in Auszugsmehlen der Bakteriengehalt etwa nur $1/3$ so hoch wie in Mehlen mit hohem Schalenanteil.

● Allgemein gilt, daß die Keimzahlen direkt proportional mit der Mehlausbeute bzw. dem Aschegehalt der Mahlprodukte steigen.

Während des Mahlens der Getreidekörner erfolgt eine Umverteilung der Mikroflora. Die bei gesunden Körnern vorwiegend auf den Außenschichten aufsitzenden und nach innen abnehmenden Bakterien nehmen in dem Maße ab, wie die Schalenteile und die äußere Samenschicht des Endosperms entfernt werden. Dagegen wird mit dem Aufbrechen und Vermahlen des Korns das Mahl produktzunehmend mit den mehr im Inneren der Körner wachsenden Schimmelpilzen kontaminiert. Dementsprechend ist der relative Keimgehalt an Bakterien bei Schroten am höchsten und bei Mehlen am niedrigsten, während Hyphomyceten im Mehl relativ angereichert werden [348]. Die absolut höchsten Keimzahlen in Mahlprodukten werden in Kleie gefunden, die bis zu 30 Millionen Bakterien und 20 000 Hyphomyceten je Gramm enthalten kann. Für die Gemeinschaftsverpflegung zum Andicken von Soßen usw. eingesetzte Mehle sollen niedrige Keimzahlen, möglichst unter 10^4 g^{-1}, enthalten.

6.2.2. Verfahren zur Reduzierung des Keimgehaltes

Da die meisten Mikroorganismen des Mehles aus dem Getreide stammen, aus dem es gewonnen wurde, ist die beste Möglichkeit zur Herstellung keimarmer Mehle die Vermahlung von keimarmem Getreide. Die Möglichkeiten zur Reduzierung des Keimgehaltes von keimreichem Getreide wurden bereits unter 6.1.6. dargestellt.

Ähnlich wie bei Getreide kann man auch bei Mehl den Keimgehalt durch Lagerung bei erhöhten Temperaturen vermindern. Das Verfahren ist lebensmittelrechtlich unbedenklich, und die Schädigungen des Mehls, speziell des Glutens, sind gering. Beispielsweise konnte Mehl mit 100000 Bakterien je 1 g auf 5000 g^{-1} reduziert werden, wenn es wie folgt gelagert wurde: 105 d bei 27 °C oder 24 d bei 37 °C oder 7 d bei 46 °C oder weniger als 1,5 d bei 52 °C oder weniger als 1 d bei 57 °C. Bei entsprechender Verlängerung einer der vorgenannten Lagerzeiten ließen sich sogar Bakterienkeimzahlen unter 500 g^{-1} erreichen [13].

6.2.3. Keimarten des Mehls

Im wesentlichen treten im frischen Mehl die gleichen Mikroorganismenarten auf, die bereits unter 6.1.2. für Getreide genannt wurden, doch können in Abhängigkeit von den Mahl-, Transport- und Lagerbedingungen auch andere Keimarten vorkommen. Zahlenmäßig sind Bakterien im allgemeinen häufiger als Hyphomyceten und Hefen. Eine Übersicht der in Weizenmehlen aus den Mühlen der USA gefundenen Bakterien gibt die Tabelle 24.

Tabelle 24. Vorkommen verschiedener Bakterienarten im Weizenmehl (nach GRAVES *aus* KOSMINA [188])

Bakterienart	% der Gesamtmenge	Positive Mehlproben in %
Achromobacter spec.	0,7	18,2
Aerobacter cloacae	15,6	54,2
Alcaligenes faecalis	0,4	9,1
Bacillus brevis	0,4	9,1
B. cereus	1,1	18,2
B. circulans	—	—
B. coagulans	0,4	9,1
B. licheniformis	0,4	9,1
B. pumilis	4,1	45,5
B. subtilis	3,3	36,4
B. subtilis var. niger	0,4	9,1
B. spec.	1,1	27,3
Brevibacterium spec.	0,4	9,1
Corynebacterium spec.	0,7	9,1
Erwinia spec.	4,1	54,5
Escherichia coli	1,1	9,1
Flavobacterium spec.	14,6	90,9
Hafnia alvei	28,7	90,0
Leuconostoc mesenteroides	0,7	9,1
Micrococcus candidus	2,9	45,5
M. caseolyticus	1,1	18,2
M. flavus	0,7	18,2
M. freudenreichii	4,0	9,1
M. varians	1,1	18,2
M. ureae	0,4	9,1
M. spec.	1,5	27,3
Paracolobactrum coliforme	0,4	9,1
Pseudomonas spec.	5,6	72,7
Staphylococcus aureus	1,5	18,2
nicht identifiziert	2,2	27,3

Am häufigsten kam *Hafnia alvei* (= *Paracolobactrum aerogenoides*) vor. Es trat in 91% aller untersuchten Proben auf und machte mengenmäßig rund 29% der Bakterienflora aus. Weitere häufige Bakterienarten sind *Flavobacterium spec.* und *Aerobacter cloacae.* Zu den in hygienischer Hinsicht bedenklichen Keimarten müssen *Escherichia coli* und *Staphylococcus aureus* gerechnet werden. Von *Escherichia coli* und fäkalen Streptokokken ist bekannt, daß sie in Mehl und Lagergetreide häufiger vorkommen als auf erntefrischem Getreide. Sie stammen offenbar aus den Fäzes von Warmblütern, wo sie als Darmbewohner regelmäßig vorkommen.

An Bakteriensporen der Familie *Bacillaceae* werden bei Roggen- und Weizenmehlen im Mittel gefunden:

Bacillus-Sporen, mesophil 60 g^{-1},
Bacillus-Sporen, thermophil 30 g^{-1},
Clostridium-Sporen, thermophil, H$_2$Sbildend 0,5 g^{-1}.

An Streptomyceten kommen *Streptomyces albus* und *S. griseus* im Mehl vor.

Von den Hyphomyceten sind etwa 40 Arten bekannt, die mehr oder weniger häufig im Mehl gefunden werden. Zu den vorherrschenden gehören Vertreter der *Aspergillus-glaucus*-Gruppe sowie *A. amstelodami, A. candidus* und *A. flavus.* Gleichfalls häufig sind *Penicillium*-Arten wie *P. cyclopium, P. urticae* und *P. citrinum.*

Zu Sekundär-Kontaminationen des Mehls kann es durch Pilze kommen, die sich aufgrund der günstigen Temperatur- und Feuchtigkeitsverhältnisse in bestimmten Mahlanlagen entwickeln. Manche Autoren sind der Ansicht, daß die Mikroflora des Mehls weniger vom eingesetzten Getreide als durch die Hygieneverhältnisse der Mühle bestimmt wird. Es sind Fälle bekannt, wo das Mahlprodukt höhere Keimzahlen enthielt als das vermahlene Getreide.

Aus umfangreichen Untersuchungen in kanadischen Mühlen geht hervor, daß signifikante Beziehungen bestehen zwischen dem Ausmaß des Insektenbefalls der Mühlen und dem Keimgehalt der Vermahlungsprodukte sowie zwischen dem Schimmelpilz-Keimgehalt des Mehls und dem Gehalt von Insektenfragmenten innerhalb der Vermahlungspassagen. Insekten, die Getreide und Mahlprodukte befallen, tragen wie alle Organismen eine typische Mikroflora auf der Körperfläche, und ihre Exkremente sind massiv keimhaltig. Beim Absterben der Insekten kommt es zu einer Anreicherung von Mikroorganismenarten, die die Körperreste zu zersetzen vermögen.

6.2.4.   Mikrobielle Lagerschäden des Mehls

6.2.4.1.   Allgemeines

Mehl ist gegen Mikroorganismenbefall weniger widerstandsfähig als Getreide, da die natürliche Resistenz der Getreidekörner beim Mahlen zerstört wird. Für die Lagerung des Mehls gelten zur Unterdrückung des mikrobiellen Verderbs im Prinzip ähnliche Bedingungen, wie sie bereits für Getreide dargelegt wurden. Der Feuchtigkeitsausschluß (trockene Lagerung) ist die wirkungsvollste Methode zur Unterdrückung qualitätsmindernder mikrobieller Prozesse. Bei einem Feuchtegehalt des Mehls unter 13···14% ist die Vermehrung der Mikroorganismen unterbunden und der Stoffwechsel stark reduziert. Mit zunehmender Lagerdauer unter diesen Bedingungen nimmt der Keimgehalt des Mehls ab, wobei die gegen Austrocknung relativ empfindlichen Bakterienarten, wie *Pseudomonas spec.*, am ersten absterben. Bei einer generellen oder lokalen Überschreitung der Mehlfeuchte um 1···2%, z. B. durch Wasseraufnahme während der Lagerung bei hoher relativer Luftfeuchte, steigt mit zunehmendem Feuchtegehalt und erhöhter Temperatur die Entwicklung der

Mikroorganismen. Zuerst kommen die weniger feuchtigkeitsbedürftigen Hyphomyceten, später die anspruchsvolleren Bakterien auf. Durch die Atmung aerober Mikroorganismen, die mit der Bildung von Wasser und Wärme einhergeht, wird die Mikroorganismenvermehrung selbst weiter gefördert.

Die häufigsten Formen des mikrobiellen Verderbs von Mehl sind Verschimmeln, biologische Selbsterhitzung, Säuerung, Bitterwerden und Ranzigwerden [40].

6.2.4.2. Verschimmeln und Selbsterhitzung

Das sehr verbreitete Verschimmeln tritt beim Lagern von Mehl ab Werten oberhalb von etwa 75% relativer Luftfeuchte auf. Vor allem durch Pilze der Gattungen *Aspergillus* und *Penicillium* kommt es aufgrund des Mycelwachstums an der Mehloberfläche zur Klümpchenbildung im Mehl, und es treten unangenehme modrige oder muffige Geruchsstoffe auf. Diese sind nicht mehr zu beseitigen und wurden von *Aspergillus-*, *Penicillium-* und anderen Pilz-Arten gebildet. Infolge der Säurebildung aus Kohlenhydraten und der Fettspaltung durch die Hyphomyceten hat verschimmeltes Mehl einen erhöhten Säuregehalt. Auch die Qualität des Klebers verschlechtert sich. Er wird dunkel verfärbt, die Elastizität läßt nach, und er kann nur schwer ausgewaschen werden.

Breiten sich die Schimmelpilze in den tieferen Mehlschichten aus, so kann es durch mangelhafte Ableitung ihrer Atmungswärme zur Selbsterhitzung kommen. Dabei verliert das Mehl außer seinen normalen sensorischen Eigenschaften auch die Schüttfähigkeit durch Klumpenbildung.

6.2.4.3. Säuerung

Die Säuerung des Mehls nimmt im Gegensatz zum Verschimmeln ihren Ausgang in den inneren Mehlschichten. Ursache ist die Vermehrung von säurebildenden Bakterien, wie fakultativ anaeroben Milchsäurebakterien, und anderen Kohlenhydrate vergärenden Arten. Meist liegen Mischkulturen vor, wobei amylasebildende Bakterien Stärke zu Zucker hydrolysieren, der von wesentlich mehr Bakterienarten vergoren werden kann als die relativ schwer abbaubare Stärke. Das Mehl nimmt einen sauren Geschmack und Geruch an, und der Säuregehalt wird erhöht.

6.2.4.4. Bitterwerden und Ranzigwerden

Bitter- und Ranzigwerden sind auf chemisch-enzymatische Veränderungen der im Mehl enthaltenen Fette zurückzuführen, wobei Mikroorganismen beteiligt sein können.

Das Bitterwerden befällt Roggen-Vollkornmehle, seltener Weizenmehle, aber auch Haferflocken. Es wird von Lipoxygenasen (Lipoxydasen) ausgelöst und betrifft den Linolsäure- und Linolensäureanteil des Getreidefettes. Freie Fettsäuren, die z. B. bei der mikrobiellen hydrolytischen Fettspaltung entstehen, werden bevorzugt angegriffen. Die als Primärprodukte der Oxydation entstehenden Hydroperoxide werden offenbar durch die Gegenwart antioxydativ wirksamer Hemmsysteme zu Polymerisationsprodukten mit bitterem Geschmack polymerisiert [304].

Von zahlreichen Bakterienarten ist bekannt, daß sie aus Proteinen enzymatisch Peptide mit bitterem Geschmack bilden können. Möglicherweise kann das Bitterwerden des Mehls auch darauf zurückgeführt werden.

Lipasen von Mikroorganismen können, ebenso wie die originär im Mehl enthaltenen, die Fette des Mahlgutes hydrolytisch in Glycerol und Fettsäuren spalten. Letztere werden durch Mikroorganismen weiter zu Methylketonen abgebaut. In hohen Konzentrationen sind Fettsäuren und Methylketone intensiv unangenehm riechende und schmeckende Substanzen. Der Prozeß wird als Ranzigwerden der Fette bezeichnet. Er hat beim Verderb fetthaltiger Lebensmittel allgemein eine große Bedeutung.

6.2.5. Bedeutung der Mikroflora für die Weiterverarbeitung von Mehl

Die im vorhergehenden Kapitel genannten mikrobiellen Schäden des Mehls führen bei der Herstellung von Backwaren stets zu nachteiligen Veränderungen des Endproduktes. Stark keimhaltige Mehle, insbesondere solche mit einem hohen Gehalt an hitzeresistenten Bakteriensporen, können bei der Weiterverarbeitung zu Backwaren zu Schwierigkeiten führen und z. B. das Fadenziehen von Weißbrot verursachen (s. unter 6.3.5.). Auch bei der Herstellung von Teigwaren, z. B. Makkaroni, kann die Verwendung stark kontaminierter Mehle mikrobielle Probleme verursachen.
Andererseits kommt einigen im Mehl enthaltenen Mikroorganismenarten, wie Hefen und Milchsäurebakterien, bei der Herstellung von Backwaren auf Sauerteigbasis eine positive Bedeutung zu, indem sie für die Lockerung und Geschmacksverbesserung sorgen.

6.3. Backwaren

Backwaren sind aus Mehl und Teigflüssigkeit (Wasser, Milch) unter Zusatz von Salz, Lockerungsmitteln und oft Zusätzen anderer Art (Zucker, Mandeln, Rosinen, Gewürze) durch Teigbereitung, Ausformung und Backprozeß gewonnene Erzeugnisse. Verschiedene Brotsorten, Kleingebäck, Konditorei- und Feinbackwaren, Dauergebäck u. a. Backwaren nehmen bei der Deckung des Gesamtnährstoffbedarfs des Menschen von allen Lebensmitteln den ersten Platz ein.
Bei der Herstellung einiger Backwaren, wie Brot und Hefegebäck, spielen Mikroorganismen einerseits eine nützliche Rolle, indem sie für die Lockerung des Teiges sorgen und dem Fertigprodukt die gewünschte lockere, poröse Konsistenz verleihen. Außerdem sind sie als Bildner von Aromastoffen geschätzt. Andererseits können Mikroorganismen in vielfältiger Weise Qualitätsminderungen von Backwaren verursachen und sogar deren völligen Verderb bewirken.
Die ältesten in den Siedlungen der Steinzeit gefundenen Backwaren waren flache, aus ungegorenem Teig gebackene derbe Fladen. Die Bereitung von Brot mit Sauerteig ist bereits in der Bibel beschrieben. Dagegen ist die Herstellung von Hefegebäck erst seit Ende des 18. Jahrhunderts möglich, als die Produktion von Backhefe aufgenommen wurde.

6.3.1. Teigführung von Backwaren mit Sauerteig

Wird Roggenmehl mit Wasser vermengt und bei nicht zu kühler Temperatur stehengelassen, so erhält man nach einigen Stunden einen spontan gärenden Teig. Durch weitere Zugabe von Mehl und Wasser in regelmäßigen Abständen, das sogenannte Anfrischen, bildet sich schließlich Sauerteig, das älteste und verbreitetste Hilfsmittel zur Bereitung von Roggenbrot. Es verleiht dem Brot die typische lockere, poröse Konsistenz und den säuerlichen, aromatischen Geschmack.

Praktisch verwendet man heute zur Brotherstellung immer weniger Spontansauer, sondern mehr Reinzuchtsauer, die besonders kräftig gas-, säure- und aromabildende Mikroorganismenarten enthalten. Durch entsprechende Teigführungsschemata wird die sinnvolle Vermehrung des Reinzuchtsauers gewährleistet, um mit einer relativ kleinen Menge Anstellgut die Gärung einer möglichst großen Menge Teig zu gewährleisten.

Hinsichtlich der Gärführung bestehen zahlreiche Variationsmöglichkeiten, die ihren Niederschlag in der stets unterschiedlichen Qualität der Fertigprodukte verschiedener Produzenten finden. Die wesentlichen Faktoren, die die Sauerteiggärung als mikrobiellen Prozeß beeinflussen, sind Temperatur, Dauer der einzelnen Gärstufen zwischen dem Anfrischen, Verhältnis zwischen Mehl- und Wasseranteil sowie Einsatz von Hilfsstufen. In der Praxis kommt es darauf an, durch Einflußnahme auf diese äußeren Faktoren die Sauerteigführung so zu leiten, daß auf dem Wege der natürlichen Reinzucht die im Hinblick auf Gas-, Säure- und Aromabildung wertvollen Mikroorganismen in ihrer Entwicklung gefördert und unerwünschte unterdrückt werden.

Es gibt ein- und mehrstufige Verfahren der Gärführung, die sich durch lokale Gewohnheiten und in jüngster Zeit unter Berücksichtigung ökonomischer Faktoren herausgebildet haben. Als Anstellgut für die Lockerung des neuen Teiges dient gewöhnlich der Anstellsauer, ein Teil des alten, bereits kräftig gärenden Teiges. Jede weitere Stufe der Sauerteigführung ist durch eine für sie typische Bezeichnung charakterisiert, die ihre jeweilige Aufgabe und Bedeutung erkennen läßt. In Tabelle 25 ist das Schema einer klassischen vierstufigen Sauerteigführung wiedergegeben.

Bei der arbeitersparenden Kurzsauerführung wird nur mit einer sehr warmen Sauerstufe gearbeitet, die eine kräftige Vermehrung der säurebildenden Bakterien, aber eine schlechte Hefeentwicklung ergibt. Letztere wird beim Teigmachen durch gesonderte Zugabe von Backhefe ausgeglichen.

Bei modernen kontinuierlichen Verfahren der Roggenbrotherstellung werden Sauerteig, Hefe, Malz- und Salzansatz in flüssiger Form in Tanks vorbereitet und mit Dosierpumpen den Teigknetmaschinen zugeführt, in die auch das Mehl und das Wasser automatisch in genau bemessenem Strom zuläuft. Durch Zusätze von Ammoniumchlorid, Zucker und/oder Malzmehl, das ebenso wie die teilweise zugesetzte α-Amylase enzymatisch Stärke zu Zucker hydrolysiert, wird vor allem die Entwicklung der Hefen gefördert.

Eine der Voraussetzungen für die kontinuierliche Brotherstellung ist die ständige Kontrolle der Rohstoffe und des mechanischen Prozesses durch ein zentrales Betriebslabor. Insbesondere muß die Triebkraft des Sauerteiges und der Hefe, bzw. das Porenvolumen des Teiges, ständig überwacht und gesteuert werden. Es gibt zahlreiche technische Varianten der kontinuierlichen Teigbereitung, die meist patentiert sind [19].

6.3.2. Mikroflora des Sauerteiges und ihre Bedeutung

Sauerteig enthält etwa 200 000 bis 10 Millionen Mikroorganismen je Gramm, von denen die Milchsäurebakterien und die Hefen besondere praktische Bedeutung haben. Es ist kein einheitliches Produkt, und die Mikroflora wechselt in Abhängigkeit vom Mehl, vom Wassergehalt, von der Temperatur, dem pH-Wert, der Technologie usw.

Über die zahlreich vorkommenden Lactobacillus-Arten gibt die Tabelle 26 einen Überblick. Am häufigsten werden im Spontansauer gefunden: Lb. plantarum, Lb. brevis und Lb. fermentum. Diese Species haben unter den Bakterien die größte praktische Bedeutung bei der Herstellung von Roggenbrot. Sie entwickeln sich am besten,

*Tabelle 25. Schema einer mehrstufigen Sauerteigführung für 100 kg Mehl
(85% Roggenmehl I + 15% Weizenbrotmehl)*

| Stufe | Zeit | | Zugabe | | |
	von bis		Sauer in kg	Mehl in kg	Wasser in l
Anstellgut	7^{00}...13^{00}		$0,5^1$	—	—
Anfrischsauer	13^{00}...19^{00}		0,5	1,7	1,7
Grundsauer	19^{00}...4^{00}		3,4	13,3	8,8
Vollsauer	4^{00}...7^{00}		25,5	30,0	25,5
Teig	7^{00}...7^{10}		81,0	55,0	24

Zum Vollsauer benötigte Mehlmenge: 45%

[1] Das Anstellgut wird vom Vollsauer abgenommen, bei der Berechnung bleibt es unberücksichtigt

wenn die Kultur ihren Ausgang bei einem pH-Wert von 6,0 nimmt. Durch Milchsäuregärung senken sie den pH-Wert des Teiges, der für Roggenbrot zwischen 4,2 und 4,3, für Roggenmischbrot um 4,4 und für Weizenmischbrot zwischen 4,7 und 4,8 liegen soll. Sobald der pH-Wert des Teiges unter 4,5···4,0 abgesunken ist, wird das Wachstum der Lactobacillen merklich gehemmt. Die Wasserstoffionenkonzentration hat entscheidenden Einfluß auf das physikalische Verhalten des Roggenteiges und wirkt sich insbesondere auf die während der Teigbildung wirksamen Enzyme sowie auf die Quellungsvorgänge aus. Durch die Milchsäurebildung werden zahlreiche für die Teigbereitung unerwünschte Bakterienarten, die im Mehl stets vorhanden sind, unterdrückt und günstige Entwicklungsbedingungen für Hefen geschaffen. Die Temperaturoptima der vorgenannten 3 häufigsten und praktisch wichtigsten Lactobacillen des Sauerteiges liegen zwischen 30°C und 40°C, doch erfolgt auch bei Temperaturen unter 20°C noch eine Säuerung des Teiges. Das Temperaturmaximum für die Säurebildung liegt bei 40···50°C (s. Tabelle 26).

*Tabelle 26. Vorkommen von Milchsäurebakterien in Sauerteig aus Roggenmehl
(nach SPICHER [345])*

Lactobacillus-Species	Menge der isolierten Stämme in %	Verbreitung in den untersuchten Proben in %	Oberer Temperaturbereich für Säurebildung in °C
Homofermentative	54,0		
Lb. delbrückii	4,0	10,1	40···45
Lb. leichmannii	1,8	8,3	40···45
Lb. plantarum	41,1	66,7	40···45
Lb. casei	7,1	19,4	45···50
Heterofermentative	46,0		
Lb. brevis	24,8	50,0	40···45
Lb. fermentum	14,1	19,4	50
Lb. pastorianus	4,9	2,8	45···50
Lb. buchneri	2,2	2,8	40···45

Gesamt-mehlmasse in kg	Gesamt-masse in kg	Temperatur, Anfang der Stufe in °C	Ausbeute[2] in kg	Vermehrung der Stufe, bezogen auf Mehl
1,7	3,4	27	200	
15,0	25,5	30	170	8,8fach
45,0	81,0	28	180	3,0fach
100,0	160,0	28	160	2,2fach

$$^2 \text{ Ausbeute} = \frac{\text{Teigmasse (kg)} \times 100}{\text{Mehlmasse (kg)}}$$

Lb. brevis und *Lb. fermentum* zeichnen sich durch kräftige Aromabildung aus, die wesentlich zu dem typischen geschätzten Geschmack des Roggenbrotes beiträgt. Als heterofermentative Milchsäurebakterien bilden sie außer Milchsäure u. a. die Stoffwechselprodukte Essigsäure, Ethylalkohol, Kohlendioxid und Mannit; während *Lb. plantarum* im wesentlichen nur Milchsäure bildet (Bild 58). Gegenüber erhöhten NaCl-Zusätzen, wie es das sogenannte Salzsauerverfahren erfordert, erweist sich nur *Lb. plantarum* tolerant, während die beiden anderen Arten bereits ab einer Konzentration von 4% NaCl nicht mehr zur Entwicklung kommen [345].

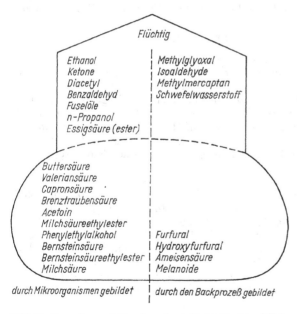

Bild 58. Geruchs- und Geschmacksstoffe im Brot und Teig

Die in Reinzuchtsauern enthaltenen Lactobacillen unterscheiden sich in der Regel deutlich von den in Spontansauern vorkommenden. So wurden in 3 Reinzuchtsauern verschiedener Herkunft folgende Species gefunden:

Reinzuchtsauer A: nur *Lactobacillus fructivorans* und *L. fermentum;*
Reinzuchtsauer B: *Lb. brevis* var. *lindneri* vorherrschend, außerdem zahlreiche andere Arten;
Reinzuchtsauer C: vorwiegend *Lb. brevis, Lb. plantarum, Lb. alimentarius* [355].

Die im Sauerteig enthaltenen Hefen, die sich vor allem im Vollsauer und im Brotteig kräftig vermehren, tragen durch die Stoffwechselprodukte der alkoholischen Gärung, insbesondere durch die CO_2-Bildung, zur Lockerung des Teiges bei. An der Bildung von Aromastoffen, wie Ethanol, Fuselölen, Acetoin und Diacetyl, sind sie ebenfalls beteiligt. Häufig kommen *Saccharomyces cerevisiae, S. exiguus, S. turbidans, S. marchalianus, S. minor* und *Candida (Torulopsis) holmii* als typische Hefearten im Sauerteig vor. In Reinzuchtsauern wurden folgende Hefearten gefunden: *Pichia kudriavzevii (= Candida krusei), Saccharomyces cerevisiae, Pichia saitoi* und *Candida holmii*. Es bestehen enge Beziehungen zwischen dem pH-Wert des Mediums und dem Wachstum der Hefen. Die beiden letztgenannten Arten werden bereits bei pH-Werten unter 4,0 nachhaltig in der Entwicklung gehemmt, während *P. kudriavzevii* auch bei pH-Wert 3,6 noch einen nennenswerten Stoffwechsel hat. Die genannten Hefearten bevorzugen Temperaturen im Bereich 30···40 °C, mit einer oberen Grenze bei 45···50 °C [355].

Im allgemeinen sind im Sauerteig wesentlich weniger Hefen als Bakterien vorhanden. Das Verhältnis Hefe : Bakterien beträgt etwa 1 : 5 bis 1 : 200. Insbesondere bei hohen Temperaturen ist die Zahl der Hefen gering, da diese ein niedrigeres Temperaturmaximum haben als die meisten Lactobacillen [188].

Durch die Art und die Führung des Sauerteiges und die damit verbundenen mikrobiellen Prozesse werden die Eigenschaften des Teiges sowie Geschmack, Porenbildung, Farbgebung, Schnittfestigkeit und Frischhaltung des Brotes wesentlich bestimmt.

6.3.3. Teigführung von Hefebackwaren

Während Brote aus Roggenmehl im wesentlichen durch Sauerteig, teilweise unter Zusatz von Backhefe, gelockert werden, verwendet man zur Herstellung von Backwaren aus Weizenmehl fast ausschließlich Backhefe.

Durch die Einführung der industriell erzeugten Backhefe zur Teiglockerung wurde die Betriebssicherheit wesentlich erhöht. Während man bei der Sauerteiggärung mit allen möglichen Einflüssen rechnen muß und auf die sorgfältige Teigführung zu achten ist, hat man in der Preßhefe eine zuverlässige, lagerfähige, stets gärungsbereite Triebkraft. Fehlprodukte durch unsachgemäße Gare sind damit weitgehend ausgeschlossen.

Je nach Rezeptur und Mehlqualität sowie der gewählten Teigführung rechnet man mit etwa folgenden Hefegaben (bezogen auf das Mehl): Weißbrot 2···3%, Brötchen und Schrippen 3···4%, Kuchen 3···5%, Zwieback 7···9%, Stollen 8···10%. Je »schwerer« ein Teig ist, insbesondere je fetthaltiger, um so höher muß die Hefegabe sein.

Bei der *direkten Teigführung* wird die Preßhefe gleichmäßig im Teig verteilt, dann läßt man etwa 15···60 min bei Temperaturen von 20···30 °C angären (gehen). Dadurch wird die Enzymaktivität der Hefezellen, die sich in der Preßhefe im Ruhezustand befanden, geweckt. Die eigentliche Lockerung des Teiges erfolgt durch die Stückgare nach dem Durchkneten und Ausformen des Teiges im Anschluß an die Angärung.

Die Triebkraft der Hefe beruht auf der Bildung von Kohlendioxid durch die alkoholi-

sche Gärung. Zuerst werden die primär im Teig vorhandenen Zucker Glucose, Saccharose und Fructose vergoren, später auch durch Amylasen aus Stärke gebildete Maltose sowie Glucose. Außer Kohlendioxid entstehen etwa 0,5···1,4% Ethylalkohol. In 1 g Teig sind mehrere Millionen aktiv gärende Hefezellen enthalten.
Bei der *indirekten Teigführung* wird eine geringere Menge Preßhefe als bei der direkten Führung zugesetzt. Diese wird zunächst in einem Vorteig vermehrt, indem man diesen mehrere Stunden bei Temperaturen von etwa 25°C oder über Nacht bei Temperaturen um 20°C führt. Da die direkte Teigführung größere Betriebssicherheit, höhere Ausbeute durch geringere Gärverluste und erheblichen Zeitgewinn bietet, hat sie die früher vorwiegend übliche indirekte Führung fast völlig verdrängt. [19]

6.3.4. Backprozeß und Haltbarkeit von Backwaren

Der Backprozeß verwandelt das gelockerte und geformte fertige Teigstück in ein haltbares, wohlschmeckendes und bekömmliches Lebensmittel. Durch das Backen, das je nach Art und Größe des Teigstückes bei Temperaturen zwischen etwa 100°C und 500°C und Backzeiten zwischen etwa 3 min und 2 h — bei Pumpernickel bis zu 30 h — erfolgt, werden die im Teig enthaltenen Mikroorganismen abgetötet; lediglich hitzeresistente Keime können unter Umständen überleben. Die Haltbarkeit des Fertigproduktes hängt vor allem vom Feuchtigkeitsgehalt und der chemischen Zusammensetzung, von der Struktur, insbesondere von der Beschaffenheit der Kruste, sowie von der Verpackung und den Lagerungsbedingungen ab. Für Brot, die wichtigste Backware für die menschliche Ernährung, beträgt die Gütegewähr unter hygienisch einwandfreien Lagerungsbedingungen bei Temperaturen von 15···20°C und einer relativen Luftfeuchte zwischen 60% und 70% mindestens 2 (Weizenbrot) bis 5 (Roggenvollkornbrot) Tage vom Herstellungstage an, wobei die Haltbarkeitsgrenze in stärkerem Maße durch das Altbackenwerden und weniger durch mikrobiellen Verderb bestimmt wird. Für Schnittbrot wird vom Tage der Verpackung an eine Haltbarkeit von mindestens 5 bzw. 9 Tagen (je nach Mehltype) verlangt. Spezialbrote sind mehrere Monate haltbar (s. unter 6.3.6.).

6.3.5. Mikrobieller Verderb von Backwaren

Backwaren werden von verschiedenartigen Mikroorganismen angegriffen und geschädigt [244]. Diese können bereits mit den Rohstoffen, insbesondere mit dem Mehl, in das Fertigprodukt gelangen oder erst nach dem Backprozeß eindringen. Besonders anfällig gegen mikrobiellen Verderb sind Back- und Konditoreiwaren mit einem hohen Wassergehalt, z. B. Produkte mit Obstbelag oder Kremfüllungen, während Dauerbackware mit einem niedrigen Feuchtigkeitsgehalt, wie Zwieback, Keks u. a., gute Lagerfähigkeit aufweisen.
Neben mikrobiellen Vorgängen spielen vor allem enzymatisch-chemische und physikalische Prozesse, z. B: das Altbackenwerden, eine große Rolle, auf die hier nicht näher eingegangen werden kann.
Bei den im folgenden behandelten Formen des mikrobiellen Verderbs von Backwaren steht das Brot wegen seiner großen praktischen Bedeutung im Vordergrund.

6.3.5.1. Bakterien als Verderbniserreger

Fadenziehen

Die bedeutendste von Bakterien verursachte Verderbnisform des Brotes ist das Fadenziehen. Die befallenen Brote haben eine weiche, feuchte, schmierige, mehr oder weniger gelb bis gelbbraun verfärbte Krume, die beim Auseinanderbrechen oder

Schneiden durch lange, klebrig-zähe, leimartige, elastische Schleimfäden zusammenhängt. Alte Brote verwandeln sich völlig in eine braune, schmierige Masse. Das fadenziehende Brot riecht anfangs obstartig, nicht unangenehm, mit zunehmendem Verderb aber widerlich und ekelerregend. Der Verzehr des vom Fadenzieher befallenen Brotes führt zu Erbrechen und Durchfall. Es werden in der Regel nur Weißbrote und Mischbrote befallen, wobei schwach gesäuerte Teige und große Laibe das Auftreten des Fadenziehens begünstigen. In Broten mit pH-Werten unter 5,0 kommt der Fadenzieher gewöhnlich nicht zur Entwicklung.

Das Fadenziehen des Brotes ist vor allem in Ländern mit subtropischem und tropischem Klima verbreitet. Es wird von einer schleimbildenden Variante des Heubacillus, *Bacillus subtilis*, verursacht. In der älteren und teilweise auch noch in der neueren Literatur wird der Erreger u. a. als *B. mesentericus* (Kartoffelbacillus), *B. mesentericus*, *B. fuscus* und *B. panis* bezeichnet. Nach der modernen Nomenklatur ist aber *B. subtilis* die allein gültige Bezeichnung.

Die Endosporen des *B. subtilis* gelangen vor allem mit dem Mehl und mit wiederverwendetem Altbrot in den Teig bzw. das Brot. Sie sind außerordentlich widerstandsfähig gegen Hitze und können den Backprozeß in der Krume überleben, wenn die Kerntemperaturen nicht über 100 °C ansteigen. Werden die sporenhaltigen Brote bei Temperaturen über 16···20 °C gelagert, so keimen die Sporen in kurzer Zeit zu stäbchenförmigen Zellen aus, die sich unter günstigen Bedingungen stark vermehren. Die Optimaltemperatur für die Vermehrung liegt bei 35···40 °C. Aus diesem Grunde tritt das Fadenziehen des Brotes unter unseren klimatischen Bedingungen fast ausschließlich in den heißen Sommermonaten auf, wenn eine entsprechende schnelle Kühlung nicht gewährleistet ist. Bei Lagertemperaturen unter 16 °C tritt das Fadenziehen praktisch nicht auf, und bei einer Kühlung auf 28 °C wird das Auftreten im Vergleich zu 37 °C deutlich verzögert. Ein erhöhter Feuchtigkeitsgehalt des Brotes, der durch Kühlung und Lagerung bei hoher relativer Luftfeuchte (schwülwarmer Witterung) bedingt sein kann, begünstigt den Fadenzieher. In Weizengebäck mit Zucker und anderen den a_w-Wert erniedrigenden Zusätzen kann er sich wegen des Mangels an verfügbarem Wasser in der Regel nicht entwickeln.

Bacillus subtilis verfügt über proteolytische und amylolytische Enzyme hoher Aktivität. Die Bildung der Schleimstoffe erfolgt offenbar durch die Biosynthese von Polysacchariden aus Stärke über Zucker als Zwischenstufe und von Polypeptiden. Die spezifischen unangenehmen Geschmacks- und Geruchsstoffe des fadenziehenden Brotes werden vor allem auf die Stoffwechselprodukte Diacetyl, Acetoin sowie Acetaldehyd und Isopentanal zurückgeführt. Im Verlauf der Entwicklung des Fadenziehens von Weißbrot bei einer Lagertemperatur von 38 °C steigt innerhalb von 5 Tagen die Konzentration dieser sensorisch aktiven Substanzen wie folgt:

Diacetyl von 0,4 auf 32 mg kg^{-1},
Acetoin von 1 auf 189 mg kg^{-1},
Isopentanal von 2 auf 5 mg kg^{-1},
Acetaldehyd von 7 auf 10 mg kg^{-1} [304].

Das Fadenziehen wird durch folgende Faktoren begünstigt:

● Verarbeitung von Mehl mit einem hohen Gehalt an *Bacillus-subtilis*-Sporen (in Mehlen verschiedener Herkunft wurden zwischen 50 und 5000 Sporen je Gramm gefunden).

● Wiederverarbeitung von Altbrot und Semmelmehl (beim Einweichen und Stehenlassen bei etwa 30···40 °C kommt es zur intensiven Vermehrung des Fadenziehers).

● Mangelhafte Säuerung des Teiges (die optimale Entwicklung von *B. subtilis* erfolgt im Neutralbereich, mit zunehmendem Säuregrad findet eine Hemmung der Vermehrung statt).

- Zu kurze Backzeit (die Abtötung der Bakteriensporen ist von Temperaturhöhe und Erhitzungszeit abhängig).
- Unzulängliche Kühlung der Brote nach dem Backprozeß und Lagerung in feuchter Atmosphäre (die optimale Wachstumstemperatur liegt für *B. subtilis* zwischen 28 °C und 40 °C).

Eine Verhinderung des Fadenziehens ist nur durch kombinierte Maßnahmen zu erzielen, die sich aus den vorgenannten Punkten ableiten lassen [132] (siehe auch die generellen Möglichkeiten zur Verhinderung des Brotverderbs unter 6.3.6.). Um die immer wieder auftretenden hohen Verluste bei dem Einsatz stark sporenhaltigen Mehls zu mindern, empfiehlt sich das Probebacken nach der Expreß-Methode. Aus dem zu prüfenden Mehl wird unter Zusatz von 46% Wasser und 0,5% NaHCO₃ (pH-Wert des Teiges 8···8,2) ein Teig bereitet und bei einer maximalen Kerntemperatur von 80···85 °C gebacken. Das Probebrot wird 14 h bei 37 °C gelagert. Bei normalen Mehlen darf das Fadenziehen unter diesen Bedingungen nicht auftreten.

Pathogene Bakterien

Pathogene Bakterien, wie *B. cereus* und Vertreter der Gattung *Salmonella*, können in kremhaltigen Konditoreiwaren, die unter anderem Milch- und Eiprodukte enthalten, gefährlich werden und Ursache epidemischer Erkrankungen sein [2, 159]. Krems von Konditoreiwaren bieten Bakterien gute Entwicklungsbedingungen und weisen bei Zimmertemperatur schon nach 12stündiger Lagerung nicht selten Keimzahlen um 10^6 g⁻¹ auf, die den Reinheitsforderungen nicht mehr entsprechen.

Blutende Hostien

Außer den genannten können auch einige andere Bakterienarten Schäden verursachen. Hinsichtlich ihrer praktischen Bedeutung spielen diese aber nur eine untergeordnete Rolle. Kolonien von *Serratia marcescens* (= *Bacterium prodigiosum*) rufen rote Flecken auf Backwaren hervor. Im Mittelalter waren »blutende Hostien« Anlaß von Gerichtsprozessen und Todesurteilen [52]. Das stäbchenförmige Bakterium bildet den Farbstoff Prodigiosin. Es gelangt erst nach dem Backprozeß auf die Ware und tritt bei hoher Luftfeuchte auf.

6.3.5.2. Hefen als Verderbniserreger

Die als *Kreidekrankheit* bezeichnete Verderbnis des Brotes wird von verschiedenen Hefe-Arten verursacht. Das befallene Brot ist an den weißen, kreide- bis mehlartig bestaubten Flecken zu erkennen, die vorwiegend an der Oberfläche und an Schnittstellen auftreten. Als Erreger der Kreidekrankheit treten vor allem *Trichosporon variabile* (= *Monilia variabilis*, = *Hyphopichia burtonii*) und *Saccharomycopsis fibuligera* auf. Diese beiden Hefearten sind aufgrund ihrer Fähigkeit, Stärke abzubauen, als spezielle brotschädigende Hefen anzusehen. Im allgemeinen verfügen Hefen nicht über stärkeabbauende Enzyme.

Neben den genannten Arten spielen einige Vertreter der roten Hefen, Gattung *Rhodotorula*, eine begrenzte Rolle als Brotschädlinge. Sie bilden auffallende Farbstoffe und können blaßrote oder auch kräftig rot gefärbte, schleimige Flecken auf Brot verursachen.

Hefeschädlinge gelangen erst nach dem Backen auf das Brot. Die im Teig vorhandenen Hefen können den Erhitzungsprozeß normalerweise nicht überdauern.

6.3.5.3. Schimmelpilze als Verderbniserreger

Die häufigsten und bedeutungsvollsten Backwarenschädlinge, die vor allem in jüngster Zeit bei verpackten Produkten, wie Schnittbrot, Schwierigkeiten bereiten, sind unter den Schimmelpilzen zu finden. Die von ihnen verursachten Verluste sind weitaus größer als die von Bakterien und Hefen hervorgerufenen. Nach Schätzungen gehen 1% Weißbrot und Kleingebäck, 6% Weizen- und Roggenbrote höherer Ausmahlung und bis zu 20% Schwarz-, Vollkorn- und Schnittbrot durch Schimmelbildung verloren.

6.3.5.3.1. Herkunft und Übertragung der Schimmelpilze

Der Befall der Backwaren geschieht in der Regel erst nach dem Verlassen des Ofens, da die im Mehl enthaltenen Sporen der Schimmelpilze durch den Backprozeß abgetötet werden.
Die Kontamination erfolgt

● während des Transportes,
● während des Auskühlens und der Lagerung,
● während des Schneidens und Verpackens.

Außer der Luft (Luftkontamination) sind die Geräte, Maschinen sowie Arbeitskräfte usw. (Kontaktkontamination) die wichtigsten Keimüberträger.

Luftkontamination

Schimmelpilzsporen sind vor allem in der Luft der Bäckereien in großer Zahl vorhanden und setzen sich beim Kühlen und Lagern auf der Backware ab. Untersuchungen in 25 Großbäckereien ergaben, daß das Brot auf dem Wege vom Backofen bis zur Auslieferung Produktionsbereiche durchläuft, die mit einigen wenigen bis zu mehr als 90000 Schimmelpilzsporen je 1 m³ belastet sein können. Bei einem durchschnittlichen Keimgehalt der Luft in Brotlagerräumen von 85 bis 500 Pilzsporen je 1 m³ ist im Verlaufe einer Stunde mit einer Kontamination der Brote von 10 bis 400 Pilzsporen je 100 cm² zu rechnen [353].
Da Luft selbst keinen eigentlichen Lebensraum für Mikroorganismen darstellt, müssen diese aus anderen Ursprungsquellen in die Luft gelangen. Eine der Quellen für die Pilzsporen der Luft in Bäckereien ist das Mehl. Roggen- und Weizenmehl enthalten etwa 10^2 bis 10^4 Sporen je 1 g (vgl. 6.2.). Der Keimgehalt der Luft ist abhängig vom Verschmutzungsgrad der Räume mit Mehl und speziell von Bewegungen und Arbeitsabläufen, die zum Aufwirbeln des Mehlstaubs führen (Bild 59).
Neben dem Mehlstaub müssen Altbrot, Abfälle, Rückstände und besonders verschimmeltes Altbrot als bedeutende Ausgangsquellen für Kontaminationen angesehen werden. Es wurde nachgewiesen, daß in Lagerräumen entsprechender Produkte der Keimgehalt der Luft um das 100- bis 200fache höher liegt als in den Produktionsräumen.
Ein weiterer Ausgangsherd für Pilzkontaminationen sind feuchte Decken, Wände und Fensterrahmen. Die bei der Herstellung von Backwaren auftretenden hohen Luftfeuchten und Temperaturen ermöglichen an vielen Stellen der Betriebsräume das Wachstum von Hyphomycetenkolonien, die dann große Massen von Sporen in die Luft abgeben. Durch Zugluft können die Pilzsporen aus stark kontaminierten Räumen in schwach kontaminierte leicht übertragen werden.
Selbst Reinigungsmaßnahmen können zu einer Erhöhung des Keimgehaltes der Luft führen. So ist das in vielen Betrieben noch übliche Fegen mit dem Besen mit

einer erheblichen Anreicherung der Luft mit Pilzsporen verbunden, indem die bei Luftstille sedimentierten Keime wieder aufgewirbelt werden. Eine ähnliche Wirkung hat das Abblasen der Brotschneidemaschinen mit Preßluft.

Eine massive Einschleppung von Mikroorganismen kann auch von schlecht gewarteten Klima- und Belüftungsanlagen ausgehen, abgesehen davon, daß diese ebenfalls durch Aufwirbeln von Staub (Ventilatoren!) und damit Mikroorganismen wirksam sind. Einmal kommt es beim Ansaugen ungereinigter, stark keimhaltiger Luft zu massiven Kontaminationen; zum anderen können alte feuchte Luftfilter mit den zurückgehaltenen festen oder kondensierten flüchtigen organischen Substanzen als ideale Brutstätten für Pilze dienen. Ihre Sporen werden dann mit dem Luftstrom verbreitet. Auch die Luftwäscher können eine ähnliche Funktion haben. Im Waschwasser finden Mikroorganismen günstige Lebensbedingungen zur Vermehrung, und von hier aus können sie bei der Zerstäubung ungehindert durch den Tropfenabschneider und von dort in die Luftkanäle gelangen.

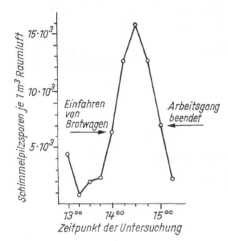

Bild 59. Abhängigkeit des Schimmelpilz-Keimgehaltes der Luft eines Brotlagerraumes vom Arbeitsprozeß

Kontaktkontamination

Beim Schneiden und Verpacken von Brot kommt es neben der Luftkontamination zu einer Kontaktkontamination durch die Geräte, Maschinen, Verpackungsmaterialien und die Arbeitskräfte. Überall dort, wo infolge mangelhafter Reinigung Nährstoffreste zurückbleiben, vermögen sich bei ausreichender Luftfeuchte Mikroorganismen anzusiedeln und Kontaminationsherde zu bilden. Allgemein gilt, daß eine Produktionsanlage um so mehr zur Brutstätte für technisch schädliche Keime wird, je komplizierter ihre Konstruktion und je schwerer ihre Reinigung und Desinfektion sind. Auf den Transportbändern mit rauher Oberfläche und vor allem auf den Holzgestellen und Lattenböden der Lagerräume sowie der Transportmittel kommt es durch Brotrückstände, z. B. Abrieb, häufig zu massiven Anreicherungen von Schimmelpilzen und Hefen. Die beim Brotschneiden zum Benetzen der Messer verwendeten Öle sind gelegentlich bereits bei der Anlieferung übermäßig mit Pilzsporen und Hefen kontaminiert. Im Laufe des Einsatzes werden sie erheblich mit Mikroorganismen angereichert, so daß Keimzahlen bis zu 6000 je 1 cm^3 erreicht werden.

Das Verpackungsmaterial ist bei der Anlieferung, soweit es selbst einwandfrei verpackt ist, keimfrei. Bei unsachgemäßer Lagerung, z. B. wenn es stark verstaubt, wird es ebenfalls zur Kontaminationsquelle.

Untersuchungen in verschiedenartigen Lebensmittelbetrieben haben gezeigt, daß die Hände der Arbeitskräfte in der Regel überaus stark mit Mikroorganismen behaftet sind und gefährliche Kontaminationsquellen darstellen. Dieser Tatsache wird allgemein viel zu wenig Beachtung geschenkt.

Insekten, wie Fliegen und anderes Ungeziefer, sowie Vögel sind ebenfalls als Überträger von Mikroorganismen, darunter pathogener Arten, bekannt [353].

6.3.5.3.2. Auftretende Schimmelpilzarten und ihre Schadformen

Vorzugsweise bei hoher relativer Luftfeuchte und Temperaturen im Bereich von etwa 20···40 °C keimen die auf die Backwaren gelangten Pilzsporen aus und bilden ein weißes, graues oder unterschiedlich gefärbtes, fadenartiges Pilzmycel, das später massenhaft meist lebhaft gelb, rot, grün oder schwarz gefärbte Sporen entwickelt.

Durch den Stoffwechsel der Schimmelpilze werden die Backwaren zersetzt und ungenießbar. Dabei kommt es u. a. zur Bildung nicht näher bekannter Substanzen, die dem Brot einen widrigen, muffigen, modrigen und stickigen Geruch geben, der für den Schimmelbefall typisch ist.

Folgende Pilzarten (*Hyphomycetes*) werden häufig als Schädlinge auf Brot und anderen Backwaren gefunden [294], wobei *Penicillium*- und *Aspergillus*-Arten mengenmäßig an der Spitze stehen:

Alternaria alternata	*Mucor mucedo*
Aspergillus flavus	*M. pusillus*
A. fumigatus	*M. spinosus*
A.-glaucus-Gruppe	*Neurospora sitophila*
A. nidulans	*Penicillium crustosum*
A. niger	*P. expansum*
A. ochraceus	*P. stolonifer*
Cladosporium herbarum	*Rhizopus nigricans*
Geotrichum candidum	*Thamnidium elegans*

Von den zahlreichen bekannten toxinbildenden Hyphomyceten (s. Tabelle 22) können sich einige auf Brot und anderen Backwaren entwickeln und diese mit Mycotoxinen anreichern. Entsprechende Stämme von *P. islandicum* bildeten unter Laborbedingungen in beimpftem Brot Luteoskyrin. In verschimmelten Broten verschiedener Herkunft konnten in 16% der Fälle Aflatoxine nachgewiesen werden. Insbesondere waren davon Mischbrote, weniger Vollkornbrote, betroffen. Verschimmelte Roggen-, Buttermilch- und Toastbrote enthielten kein Mycotoxin. Als Bildner der Aflatoxine B_1 und/oder G_2 wurden Vertreter der Gattungen *Aspergillus* und *Penicillium* ausgewiesen [296, 346] (Bild 60), doch sind nach neueren Untersuchungen *Penicillium*-Arten nicht zur Aflatoxinbildung fähig.

In spontan verschimmelten Broten wurden weiterhin folgende Mycotoxine gefunden: Ochratoxin *A*, produziert von *Aspergillus ochraceus*, und Patulin, produziert von *Penicillium expansum* und anderen *Penicillium*-Arten.

Modellversuche mit beimpften Rührkuchen, hergestellt aus Weizenmehl, Zucker, Eiern, Fett und Wasser, mit abgestuften a_w-Werten ergaben folgendes. Mycotoxinbildende Pilzstämme von *Aspergillus flavus* (Aflatoxine), *A. versicolor* (Sterigmatocystin), *A. ochraceus* (Ochratoxin), *Penicillium chrysogenum* (Citrinin) und *P. expansum* (Patulin) wuchsen bei a_w-Werten von 0,82 und tiefer nicht auf Rührkuchen. Eine höhere Wasseraktivität bewirkte ein ausgeprägtes Wachstum der fünf Pilze und Mycotoxinbildung nach 10 bis 20 Tagen mit Ausnahme der Bildung von Citrinin [295].

Bild 60. *Aspergillus spec.* Die Konidienketten sind zu zylindrischen Kolben vereint (Vergrößerung 80fach)

6.3.6. Möglichkeiten zur Verhinderung des mikrobiellen Verderbs von Backwaren

6.3.6.1. Allgemeine Maßnahmen

Eine Verlängerung der Haltbarkeit von Backwaren kann einmal dadurch erzielt werden, daß man konsequent die Betriebshygiene (Produktionshygiene, Personalhygiene, Hygiene bei Transport und Lagerung der Rohstoffe, der Erzeugnisse und des Verpackungsmaterials) durchsetzt. Weiterhin können durch verfahrenstechnische Maßnahmen, wie Teigführung und Backbedingungen, Erfolge erzielt werden. Darüber hinaus ist der begrenzte Einsatz von chemischen Konservierungsmitteln und speziellen Konservierungsverfahren möglich [245, 246].
Um das Aufkommen mikrobieller Brotschädlinge zu unterdrücken, sind außer den für die Lebensmittelbearbeitung und -verarbeitung allgemein gültigen Hygienemaßnahmen folgende Faktoren zu beachten:

● Nur einwandfreies Mehl verwenden, insbesondere darf Mehl mit hohem Gehalt an hitzeresistenten *Bacillus*-Sporen nicht als Rohstoff zur Weißbrotherstellung eingesetzt werden.
● Brot gut ausbacken. Besonderer Wert muß auf eine feste Kruste mit möglichst wenigen Rissen gelegt werden. Dadurch wird das Eindringen der Schimmelpilze und Hefen durch die relativ trockene Krustenschicht in die feuchtere Krume wesentlich erschwert.
● Der Kühlprozeß muß unter ausreichender Belüftung so schnell wie möglich erfolgen. Schwitzwasserbildung auf der Kruste muß bei der Lagerung unbedingt vermieden werden. Die relative Luftfeuchte in den Lagerräumen soll 60···70% betragen und diese Werte nicht übersteigen.
● Die Lagertemperatur soll niedrig, möglichst unter 20 °C liegen.
● Räume und Einrichtungen, wie Brotwagen, Lagerregale und andere Gerätschaften, sind regelmäßig zu reinigen und zu desinfizieren.

- Abfälle und Reste sind täglich zu entfernen.
- Verschimmeltes Brot darf nicht mit den normalen Transportfahrzeugen und Einrichtungen in Berührung kommen.

Bei der Schnittbrotherstellung werden besondere Anforderungen an die Lufthygiene gestellt, da die wichtigsten Schädlinge Hyphomyceten sind, die in Form von Sporen vorzugsweise auf dem Luftwege übertragen werden.

- Zur Herstellung von Schnittbrot soll das Abkühlen, Schneiden und Verpacken in gesonderten zugluftfreien Räumen erfolgen. Diese Räume, einschließlich der Einrichtungen und Maschinen, müssen täglich gereinigt und wöchentlich desinfiziert werden.
- Belüftung mit keimarmer, z. B. filtrierter Luft, Einsatz von UV-Strahlern, staubanziehende elektrostatische Decken und gleichbleibende klimatische Verhältnisse sind wesentliche Faktoren zur Vermeidung von Schimmelpilzkontaminationen.
- Pasteurisation des verpackten Schnittbrotes bietet die größte Sicherheit gegen mikrobiellen Verderb.

Bei der Herstellung und dem Vertrieb von Konditoreiwaren ist u. a. folgendes zu beachten:

- Krems müssen nach dem Kochprozeß schnell abgekühlt und innerhalb von 24 h nach der Herstellung verarbeitet werden.
- Die Verwendung von Rücklaufkartonagen als einzige Verpackung für Konditoreiwaren, z. B. als Tortenleihverpackung, ist unzulässig. Dagegen ist die wiederholte Verwendung von leicht zu reinigenden Plastbehältern erlaubt.

Die ordnungsgemäße Durchführung der vorgenannten Maßnahmen und die Überwachung der einwandfreien Funktion der Geräte und Anlagen ist durch ein routinemäßiges Betriebskontrollsystem abzusichern.

6.3.6.2.   Kältekonservierung von Backwaren und Zwischenprodukten

Obwohl bei vielen Backwaren die Lagerung bei Zimmertemperatur eine ausreichende Haltbarkeit gewährleistet, kann durch Anwendung von Kälte die Lagerzeit verlängert werden. Das gilt insbesondere für Produkte mit einem hohen Feuchtigkeitsgehalt. Durch Kühllagerung wird der mikrobielle Verderb von Backwaren in der Größenordnung von einigen Tagen verzögert. Durch Gefrieren können Backwaren, wie Brot und Weizenkleingebäck, monatelang frisch gehalten und vor mikrobiellem Verderb und enzymatischen Zersetzungen geschützt werden, das trifft auch für Teig und Halbfertigprodukte zu [366].

6.3.6.3.   Chemische Konservierung

Der Zusatz von Konservierungsmitteln ist in den meisten Ländern gesetzlich begrenzt (vgl. MÜLLER, G. [250], Abschn. 3.7.). Zur Bekämpfung des Fadenziehens ist Calciumacetat gut geeignet; noch besser wirkt allerdings Calciumpropionat. Berechnet auf Gesamtmehl, ist der Zusatz bis zu 0,4% einer dieser Substanzen üblich. Aus Versuchen geht hervor, daß entsprechend behandeltes Brot länger als 21 Tage gelagert werden kann, ohne daß das Fadenziehen auftritt. Es gibt darüber hinaus eine Reihe weiterer Präparate, mit denen ebenfalls das Fadenziehen bekämpft werden kann. Sie sind jedoch in ihrer Wirkung dem Calciumpropionat nicht überlegen.

Zur Bekämpfung der Schimmelbildung ist ebenfalls Calciumpropionat geeignet. Es soll im wesentlichen nur in der warmen Jahreszeit bei der Schnittbrotherstellung Verwendung finden. Unter normalen Lagerungsbedingungen wird die Schimmelbildung des Brotes durch Zusatz von 0,4% Calciumpropionat, berechnet auf Gesamtmehl oder Gesamtschrot, bis zu etwa 9 Tagen unterdrückt. Durch den Einsatz höherer Dosen kann die Haltbarkeit noch verbessert werden, jedoch wirken sich diese Mengen ungünstig auf Volumen, Geruch und Geschmack des Brotes aus. Außerdem bestehen gegen den Einsatz hoher Dosen Bedenken in ernährungsphysiologischer Hinsicht. Es ist prinzipiell anzustreben, daß die Anwendung von chemischen Konservierungsmitteln völlig unterbleibt.

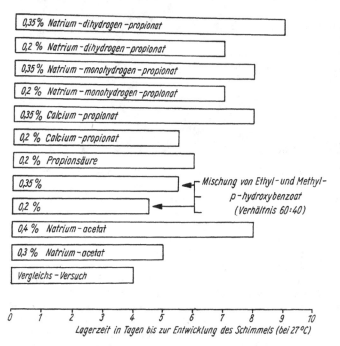

Bild 61. Einfluß einiger chemischer Konservierungsmittelzusätze (in Prozent berechnet auf Mehl) auf die Schimmelpilzbildung bei verpacktem Weizenbrot

In diesem Zusammenhang sind Versuche interessant, bei denen durch Einsatz eines Reinzuchtsauers, in dem neben den üblichen Sauerteigorganismen Propionsäurebakterien angereichert wurden, in der Praxis 14 Tage lagerfestes Brot hergestellt wurde [323].
Neben der Propionsäure und ihren Salzen gibt es eine große Zahl weiterer chemischer Konservierungsmittel, die Schimmelpilze in ihrer Entwicklung hemmen (Bild 61). In ihrer Wirkung dürften sie mit Ausnahme der in einigen Ländern in begrenzter Menge zur Schnittbrotkonservierung zugelassenen Sorbinsäure aber das Calciumpropionat nicht übertreffen [327].
Durch den Zusatz von 0,10···0,13% Sorbinsäure zum Mehl kann der Verderb von Schnittbrot, der in den Sommermonaten bis zu etwa 4% der Gesamtproduktion betragen kann, wesentlich verringert werden. Sorbinsäure wird wie andere alipha-

tische Fettsäuren im Verdauungstrakt quantitativ zu Wasser und Kohlendioxid abgebaut. Bei der Herstellung von Hefebackwaren ist zu beachten, daß Sorbinsäure und ihre Salze, wie das Natrium- und Calciumsorbat, in gleicher Weise wie Propionsäure und Propionate die Hefegärung hemmen. Sorbinsäure wirkt schon in einer Konzentration $> 0,05\%$ (auf Mehl berechnet) und vermindert das Brotvolumen (Bild 62). Diese Nachteile können durch höhere Hefegaben, längere Garzeit oder durch die Verwendung von Sorbinsäure mit einer Korngröße von $100 \cdots 1000$ µm sowie von Sorboylpalmitat, das aber gesetzlich nicht zugelassen ist, weitgehend vermieden werden.

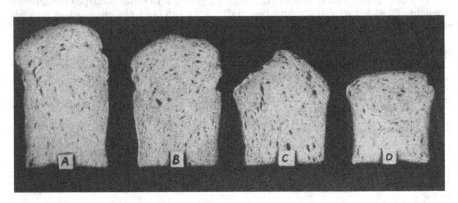

Bild 62. Einfluß von Calciumpropionat (in Prozent berechnet auf Mehl) auf das Volumen von Weizenbrot

(A) Kontrolle ohne Zusatz   (B) mit 0,35% Calciumpropionat   (C) mit 0,2% Calciumsorbat (D) mit 0,35% Calciumsorbat

Sorboylpalmitat ist das gemischte Anhydrid der Sorbinsäure mit der Palmitinsäure. Es hemmt die Teiggärung nicht und setzt die Sorbinsäure erst während des Backprozesses frei. Durch den patentrechtlich geschützten, aber nicht erlaubten Einsatz von Sorboylpalmitat kann die Haltbarkeit von Schnittbrot um das 2- bis 3fache verlängert werden, ohne daß damit sensorische Nachteile verbunden sind.

Gegen den Zusatz von Konservierungsmitteln zum Verpackungsmaterial bestehen in ernährungsphysiologischer Hinsicht geringere Bedenken als gegen den direkten Zusatz zum Brot. Erfahrungen liegen über die Anwendung von Sorbinsäure u. a. aus England vor. Weißbrote, die in Cellulosefilm eingeschlagen wurden, der $4,0 \cdots 6,0$ g Sorbinsäure je Quatratmeter in einer Wachsschicht enthielt, waren bei Lagertemperaturen von $15 \cdots 27\,°C$ 28 Tage ohne Schimmelbefall haltbar. Die in unbehandeltem Cellulosefilm eingeschlagenen Brote waren dagegen nach 14 Tagen bzw. 8 Tagen verschimmelt.

6.3.6.4.   Hitzekonservierung

Beim Verlassen des Ofens sind Backwaren durch die erfolgte Hitzebehandlung im wesentlichen keimfrei. Sie enthalten höchstens lebende *Bacillus*-Sporen, die aber nur in Produkten mit hohen pH-Werten und hohen a_w-Werten, wie Weiß- und Mischbroten, zur Entwicklung kommen. Sieht man vom Fadenzieher ab, so gelangen die häufigsten Backwarenschädlinge, die Schimmelpilze, erst nach dem Backprozeß, z. B. beim Abkühlen, Schneiden und Lagern, auf und in die Erzeugnisse. Man hat versucht, diese sekundären Kontaminationen durch entsprechende Verpackungen auszuschalten. Außerdem erfordert die zunehmende Selbstbedienung aus hygienischen Gründen einen entsprechenden Verpackungsschutz.

Das Verpacken von Brot und anderen Backwaren in Plastebeuteln, Wachspapier, kaschierter Alufolie, Zellglas u. a. birgt folgende Schwierigkeiten in sich. Unter Produktionsbedingungen ist es kaum möglich, Brot so abzukühlen, evtl. zu schneiden und zu verpacken, daß sich keine Keime innerhalb der Verpackungseinheit befinden. Bei der Lagerung der verpackten Brote wird einerseits das Eindringen weiterer Keime unterbunden, andererseits entsteht innerhalb der Verpackungseinheit durch die Verdunstung des im Brot enthaltenen Wassers eine »feuchte Kammer«, die die Entwicklung der vorhandenen Mikroorganismen außerordentlich begünstigt (Bild 63). Bei der Verpackung ganzer Brotlaibe in Plastebeutel kann man durch Löcher in der Plastefolie für einen günstigen Feuchtigkeitsaustausch sorgen. Doch wird damit das weitere Eindringen von Pilzsporen ermöglicht.

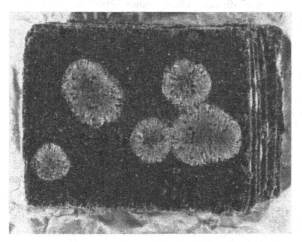

Bild 63. In Alufolie verpackter Pumpernickel nach 9 Tagen Lagerung. Die beim Schneiden ins Innere gelangten Schimmelpilzsporen sind zu Kolonien ausgewachsen (etwas verkleinert)

Um mehrere Monate bzw. Jahre haltbares verpacktes Brot für Spezialzwecke, z. B. als Schiffsverpflegung, herzustellen, sind verschiedene Verfahren bekannt. So wird ganzes oder in Scheiben geschnittenes Brot in hermetische, feuchtigkeitsundurchlässige und wärmebeständige Folien oder andere Verpackungsmaterialien verpackt und anschließend durch eine erneute Hitzebehandlung sterilisiert. Durch die Nachsterilisation werden die während des Abkühlens, Verpackens und gegebenenfalls während des Schneidens auf das Brot gelangten Schimmelpilzsporen abgetötet, und eine Rekontamination wird durch die dichte Verpackung ausgeschlossen. Dieses Verfahren ist sehr sicher, erfordert aber einen hohen Energieaufwand. Nur bei ganzen Brotlaiben sowie für kurzfristig haltbar zu machende, in Spezialfolie aus temperaturbeständigem Polyamid (Rilsam) verpackten Kuchen genügt die Nachsterilisation der Oberfläche im Infrarottunnel bei 160···170 °C für etwa 10 min [423]. Bei Schnittbrot müssen dagegen auch die innen gelegenen Schnittflächen z. B. durch nochmalige Ofenbehandlung hitzesterilisiert werden, da die Pilzsporen beim Schneiden ins Innere gelangen. Deshalb hat man nach anderen Möglichkeiten gesucht.

Die Nachsterilisation von verpacktem Brot durch Strahlenbehandlung oder mit Hilfe von Ethylenoxid hat sich in der Praxis aufgrund des hohen Aufwandes nicht durchgesetzt und stößt auch auf gesundheitliche Bedenken. Praktiziert wird ein Verfahren, bei dem der Brotteig direkt in Blechdosen mit einer kleinen, nach dem Backprozeß verlöteten Öffnung oder in hermetisch verschlossenen Behältnissen mit einem Überdruckventil gebacken und gelagert wird. Man nutzt die Hitze während des Backens zur Sterilisation und vermeidet durch die entsprechende Verpackung eine spätere Rekontamination. Nach einem ähnlichen Prinzip werden die gebackenen Brote in noch heißem Zustand in Versandbehältern verpackt und luftdicht verschlossen. Die Behälter werden vor dem Einlagern der Brote mit Heißluft aus dem Backofen sterilisiert und nach dem Verschließen teilweise zusätzlich evakuiert und dann mit steriler Luft gefüllt. Auch die Entkeimung der Brotoberfläche mit 96%igem Alkohol und die Anwendung von Schutzgasen, wie Stickstoff und Kohlendioxid, ist bekannt. Diese Verfahren haben den Nachteil, daß nur spezielle Behälter verwendet werden können und zusätzliche technische Anlagen erforderlich sind.

Nach einem weiteren Verfahren werden die noch ofenwarmen Brote in eine wasseraufnehmende Hülle eingeschlagen, die mit einem Desinfektionsmittel, wie Wasserstoffperoxidlösung, angefeuchtet wurde. Danach werden die Brote noch im heißen Zustand in eine wasserdampfdichte Kunststoffhülle, z. B. aus Polyethylen oder Polyvinylchlorid, geschlossen und sofort verschweißt. Nachteilig bei diesem Verfahren ist neben der erforderlichen zweifachen Umhüllung der Einsatz eines chemischen Desinfektionsmittels. Schließlich ist es möglich, ofenwarmes Brot sofort in mehrere Schichten wasserdampfdichte Folienblätter, z. B. Zellglas und wachskaschierte Papiere, zu verpacken und zu versiegeln. Diese Verfahren konnten sich in der Praxis nicht durchsetzen, da eine langfristige sichere Haltbarkeit nur durch mehrfache Verpackungsmaßnahmen mit unvertretbar hohem technischem und personellem Aufwand erreicht werden konnte. Einfacher praktizierbar ist das maschinelle Umhüllen der Brote unmittelbar am Ofenausgang mit einem wasserdampfundurchlässigen hitzebeständigen Beutel, z. B. aus Verbund- oder Propylenfolie, und das Verschweißen nach 50···100 s. Anschließend werden die umhüllten ofenwarmen Brote zur Nachsterilisation unter Ausnutzung der eigenen Ofenwärme sofort in Kartonagen verpackt oder auf Horden eng gelagert. Durch den Wrasen, der von den heißen Broten abgegeben wird, entsteht nach dem Einbeuteln im Beutelinneren eine weitgehend wasserdampfgesättigte Atmosphäre. Der ursprünglich vorhandene Luftsauerstoff, der für das Pilzwachstum unbedingt nötig ist, wird weitgehend verdrängt. Nach dem Verschließen, beim Abkühlen der Brote, kondensiert der Wasserdampf innerhalb der Verpackungseinheit. Dadurch kommt es zu einer Volumenverminderung des Gasraums, und das Verpackungsmaterial legt sich eng an das Brot an. Insgesamt wird damit erreicht, daß möglicherweise überlebende, durch die Ofenwärme des Brotes nicht abgetötete Schimmelpilzsporen aufgrund des Sauerstoffmangels in ihrer Entwicklung gehemmt werden. Durch den Sauerstoffausschluß werden gleichzeitig nachteilige chemisch-oxydative Prozesse des Brotes eingeschränkt. Der Zusatz von Amylopectin und Antioxydantien zum Teig wirkt sich weiterhin vorteilhaft aus und verzögert das Altbackenwerden, das aber kein mikrobieller Prozeß ist [246].

6.4.   Teigwaren

6.4.1.   Einfluß der Rohstoffe und der Technologie auf die Mikroflora

Teigwaren sind kochfertige Nährmittel aus Weizenteig, die mit hohem Druck in Matrizen verschiedenartig geformt und anschließend schonend getrocknet werden. Verbreitete Teigwaren sind Nudeln, Makkaroni, Spaghetti usw.

Die Mikroflora der Teigwaren wird im wesentlichen durch zwei Faktoren bestimmt:

● Mikrobiologische Qualität der Rohstoffe,
● Hygieneverhältnisse und Technologie des Herstellungsbetriebes.

So sind in Grieß-, Mehl- und Stärketeigwaren vorwiegend die in Grieß, Mehl und Stärke vorkommenden Mikroorganismenarten enthalten (vgl. Abschn. 6.2. und 6.7.), die ursprünglich meist vom Getreide (s. unter 6.1.) stammen. In Eierteigwaren ist außerdem mit Mikroorganismen tierischer Herkunft, z. B. *Escherichia coli, Salmonella spec.* und *Staphylococcus aureus,* zu rechnen.
Die mit dem Trinkwasser (vgl. Kap. 9.) eingebrachten Keime spielen gewöhnlich eine untergeordnete Rolle. Allgemein werden in mikrobiologischer Hinsicht hohe Anforderungen an die Rohstoffe gestellt. Sekundäre Kontaminationskeime, die sich in den Herstellungsmaschinen, z. B. den Trocknungsanlagen, anreichern können, sind weiterhin von Bedeutung.

Tabelle 27. Mikroflora von Teigwaren ohne Eianteil;
Keimzahlen je Gramm vom Rohstoff und Fertigerzeugnis
(nach CUNEO [71])

Keimgruppe	Spezial-grieß	Teigwaren Trocknungstemperatur	
		50 °C	80 °C
Mesophile Bakterien, insgesamt	125 000	18 000	1 000
Coliforme	1 000	11	0
Escherichia coli	0	0	0
Fäkale Streptokokken	30	62	0
Staphylococcus aureus	10	9	0
Hyphomyceten	4 200	900	0

In Tabelle 27 ist als Beispiel der Keimgehalt von Grieß und daraus hergestellten Grießteigwaren, unterteilt nach Keimgruppen, dargestellt, und Tabelle 28 enthält entsprechende Werte für Eierteigwaren. Die für die Trockentemperaturen 50 °C und 80 °C angegebenen Werte zeigen deutlich den positiven Einfluß der höheren Trockentemperatur, die sich in einem niedrigeren Keimgehalt der Fertigerzeugnisse niederschlägt.
Im allgemeinen enthält die ohne Eizusatz hergestellte Wasserware wesentlich weniger mesophile Bakterien, gemessen als Gesamtkeimzahl, und auch wesentlich weniger

Tabelle 28. Mikroflora von Eierteigwaren, Keimzahlen je Gramm
(nach CUNEO [71])

Keimgruppe	Trocknungstemperatur	
	50 °C	80 °C
Mesophile Bakterien, insgesamt	50 000	8 000
Coliforme	25	0
Escherichia coli	0,3	0
Fäkale Streptokokken, Salmonellen	2 400	0
Staphylococcus aureus	10	0
Hyphomyceten	140	0

fäkale Streptokokken. In den mit Frischei hergestellten Teigwaren wurden in Extremfällen 10⁹ Millionen mesophile Bakterien und 140000 fäkale Streptokokken je Gramm
nachgewiesen. Bei der Verwendung von Trockenei werden so hohe Keimzahlen nicht
gefunden. Hinsichtlich der Hyphomyceten ergeben sich keine eindeutigen Unterschiede zwischen den verschiedenen Rohstoffeinsätzen.

Eine Vermehrung von Mikroorganismen bei der trockenen Lagerung von Teigwaren
ist wegen des geringen Wassergehaltes von maximal 12% bzw. der a_w-Werte von
etwa 0,70 ziemlich ausgeschlossen. Unter einwandfreien Lagerbedingungen ist zu
erwarten, daß empfindliche Keime, wie vegetative Bakterien, schneller absterben
als die gegen Trockenheit resistenteren Bakterien- und Pilzsporen.

Obwohl gesetzliche Festlegungen bisher nicht getroffen wurden,

● soll die Gesamtkeimzahl bei Teigwaren unter 100000 g⁻¹ liegen.

Häufig werden in handelsüblicher Ware jedoch höhere Werte gefunden. So lagen
nach amerikanischen Untersuchungen die Keimzahlen für Bakterien bei 23 untersuchten Teigwarenproben zwischen 900 g⁻¹ und 70 × 10⁶ g⁻¹, wobei 10 Proben mehr
als 100000 Keime je Gramm aufwiesen [71]. 74 Proben von 6 Herstellern der BRD
enthielten je Gramm 530 bis zu 1,4 × 10⁹ aerobe mesophile Bakterien mit einem
Mittelwert von 38,5 × 10⁶ [349].

6.4.2. Problemkeime in Teigwaren

6.4.2.1. Bakterien

Auf das begrenzte Vorkommen von hygienisch bedenklichen Bakterienarten, wie
fäkalen Streptokokken, *Escherichia coli* und Salmonellen, in Teigwaren wurde bereits hingewiesen.

Ein besonderes Problem stellt die Anreicherung von *Staphylococcus aureus* in Teigwaren dar, da es Stämme gibt, die ein hitzestabiles Enterotoxin bilden. *Staph. aureus*
gehört zu den häufigsten Erregern von Lebensmittelvergiftungen (vgl. »Grundlagen
der Lebensmittelmikrobiologie« [250], Kap. 2.2.6.). Es sind Fälle bekannt geworden,
bei denen die in modernen Großbetrieben hergestellten Teigwaren-Erzeugnisse
Staphylokokken-Keimzahlen bis zu 10⁶ je Gramm aufwiesen. Stufenkontrollen
ergaben, daß das eingesetzte Eigelb 10 bis 100 Staphylokokken je Gramm enthielt.
Während des Vorbereitungsprozesses kam es zu einer starken Vermehrung der Staphylokokken. An der Presse wurden Keimzahlen von 10³ bis 10⁴ g⁻¹ nachgewiesen, und
im Trockner wurden nach einer Stunde Werte von 10⁵ Staphylokokken je Gramm erreicht. In Makkaroni und Spaghetti wurden am Ende der Trocknung, nach einer
Trockenzeit von 22 h, Keimzahlen von 10⁶ g⁻¹ erreicht. Während der Lagerung der
Ware starben die Staphylokokken langsam ab, und nach 3 Monaten konnten keine
lebenden Staphylokokken mehr nachgewiesen werden.

Staphylokokken-Enterotoxin konnte in den kontaminierten Teigwaren nicht nachgewiesen werden, und über die Auslösung von Lebensmittelvergiftungen durch den
Verzehr von Teigwaren mit überhöhtem Gehalt an Staphylokokken gibt es bisher
keine Hinweise.

Weitere mikrobiologische Untersuchungen ergaben, daß die angelieferten Eier auf
der Schale mit koagulasepositiven Staphylokokken erheblich kontaminiert waren.
Die Keime wurden beim Aufschlagen in das Eigelb und Eiklar übertragen. Deswegen
wird als Gegenmaßnahme u. a. die Desinfektion der Eischale oder die Pasteurisation
des Eigelbs und des Eiklars unmittelbar vor der Verwendung vorgeschlagen [238].

Der von anderer Seite bei der Herstellung der Eilösung aus Trockenei vorgeschlagene Zusatz von Formalin ist nicht zu empfehlen. Spezielle Probleme können bei der Wiederverwendung von Teigwarenresten, die z. B. als Bruch beim Verpacken anfallen, auftreten. Sie werden gewöhnlich vor der Wiederverwendung in warmem Wasser eingeweicht, und besonders bei längerem Stehenlassen kommt es zur starken Vermehrung von Milchsäurebakterien, Hefen und anderen Mikroorganismenarten sowie zur Anreicherung ihrer Stoffwechselprodukte. Da im Teigwaren-Bruch bis zu 10^6 Staphylokokken je Gramm gefunden wurden, sollte er prinzipiell nicht wiederverwendet werden.

6.4.2.2. Hyphomyceten

44 von 47 Proben von abgepackten Makkaroni, Nudeln, Spaghetti und ähnlichen Erzeugnissen aus dem Handel, die in den USA untersucht wurden, enthielten Pilze der Gruppe *Aspergillus flavus-oryzae*. In den meisten Fällen waren Vertreter dieser Gruppe, zu denen der bekannte Aflatoxinbildner *A. flavus* zählt, vorherrschend. Aflatoxine konnten aber in den stark befallenen Teigwaren nicht nachgewiesen werden. Sämtliche Proben enthielten weiterhin *Penicillium*-Arten, und andere häufig vorkommende Pilze waren Vertreter der *Aspergillus-candidus*- und *A.-glaucus*-Gruppe sowie Arten der Gattungen *Absidia, Mucor, Rhizopus, Syncephalastrum* und *Candida*. Die Keimzahlen lagen zwischen 75 und 1425 g^{-1} [71]. Bei in der BRD durchgeführten Untersuchungen von 87 Teigwarenproben eihaltiger und eifreier Ware aus 10 Betrieben bestand die Schimmelpilzflora teils ausschließlich aus *Aspergillus flavus*, teils wurde diese Art gar nicht gefunden. Nur bei 3 Produkten eines Herstellers konnte Aflatoxin B$_2$ in Spuren nachgewiesen werden. Die Konzentration lag jedoch unter der international allgemein zulässigen Höchstgrenze von 5 mg kg^{-1}. Der eingesetzte Rohstoff war frei von Aflatoxinen. An weiteren Pilzarten kamen Vertreter der Gattungen *Penicillium, Mucor, Cladosporium* und *Rhizopus* vor. Die durchschnittlichen Keimzahlen für Pilze schwanken von weniger als 1 bis 4650 je Gramm Teigwaren [349]. In einem anderen Fall wurden 12,5 µg Aflatoxin je 1 kg getrocknete Spaghettis nachgewiesen. Sie werden als Ursache für die Erkrankung von Kindern angesehen, die davon gegessen hatten.

6.5. Speisegetreide, Speisegetreideerzeugnisse und Getreidefrühstückserzeugnisse

Getreidevollkornerzeugnisse, wie Vollkornschrot für Diätzwecke, kommen häufig ohne besondere Hitzebehandlung zum Verzehr, so daß die enthaltenen Mikroorganismen nicht abgetötet werden. Außerdem sollen manche Erzeugnisse zur besseren Bekömmlichkeit über Nacht bei Zimmertemperatur in Wasser eingeweicht werden, wobei es zu einer Keimanreicherung kommt. Untersuchungen an 184 handelsüblichen Produkten von 5 Herstellern führten zu folgenden Ergebnissen. Die Mehrzahl der Ganzkornerzeugnisse enthielt je Gramm bis 6×10^4 Schimmelpilze, 3×10^6 mesophile Bakterien, 100 aerobe Bakteriensporen, 10 fäkale Streptokokken und 10 coliforme Bakterien, wobei in 12,7% der Proben *Escherichia coli* nachgewiesen wurde. Die geschroteten Produkte wiesen zum Teil einen höheren Gehalt an Bakteriensporen, coliformen Bakterien und fäkalen Streptokokken auf. Ein erhöhter Gehalt an hygienisch bedenklichen Keimen fand sich besonders in Erzeugnissen, die sich aus einer Mischung mehrerer, u. a. nicht dem Brotgetreide zuzurechnenden Getreidearten zusammensetzten.

Einweichversuche ergaben folgendes. Beim Einweichen der Speisegetreideerzeugnisse in Wasser von 20 °C für 18 h kommt es zu einer Vermehrung der mesophilen Bakterien, der coliformen Keime einschließlich *Escherichia coli* und der fäkalen Streptokokken, während sich bei 5 °C nur die fäkalen Streptokokken vermehren sollen. Abgesehen von den mesophilen Bakterien, deren Keimzahl in der Regel bereits vor der Zubereitung höher liegt, wurde in den eingeweichten Erzeugnissen nach 18 h im Mittel aller Befunde bei keiner der vorgenannten Keimgruppen die Keimzahl von 10^5 g^{-1} überschritten. Damit liegen die Erzeugnisse keimzahlmäßig im Rahmen der internationalen Normen. [351, 352]

Andererseits gibt es auch Hinweise, daß in Speisegetreide erheblich höhere Keimzahlen auftreten können. Ein Vollkornprodukt aus geschroteten Körnern von Weizen, Roggen, Gerste, Hafer, Hirse, Buchweizen und Kleie enthielt 300 bis 4000 Staphylokokken, 10^6 bis $1,2 \times 10^7$ aerobe Bakterien und 10^5 bis $6,5 \times 10^5$ Hyphomyceten und Hefen je Gramm. Nach dem vorschriftsmäßigen Einweichen in Wasser stieg die Gesamtkeimzahl schnell auf Werte bis zu einer Milliarde je Gramm an. Staphylokokken, Hefen und Hyphomyceten erreichten die Millionengrenze je Gramm, so daß ein gesundheitliches Risiko, z. B. durch Anreicherung biogener Amine, nicht ausgeschlossen werden kann. [218]

Für *Speisekleie* werden folgende Keimzahlen je Gramm als vorläufige obere Richtwerte empfohlen:

- Gesamtkeimzahl Bakterien, aerob: 1×10^4,
- Coliforme Bakterien: 1
- *Escherichia coli:* in 0,01 g nicht nachweisbar,
- Fäkale Streptokokken: 1×10^2,
- Bakteriensporen, aerob: 1×10^2,
- Schimmelpilze: 1×10^2.

Liegen die Keimzahlen um das 2- bis 9fache höher als der Richtwert, dann sind die Produkte als nachteilig verändert anzusehen. Erzeugnisse mit noch höheren Keimzahlen sind zu beanstanden. [350]

Instant-Getreideprodukte und ähnliche Erzeugnisse

Instant-Getreideprodukte sind hydrothermisch aufgeschlossene feinblättrige oder pulverförmige Erzeugnisse aus Reis-, Hafer- oder Weizenmehl und Zusatzstoffen, die durch Zugabe von Flüssigkeiten, wie Wasser oder Milch, sofort verzehrfähig sind. Da Instant-Getreideerzeugnisse, wie Instant-Reismehl, Instant-Hafermehl und Instant-Mekorna, vorwiegend als Kindernahrung dienen und nicht gekocht werden, müssen an sie besondere mikrobiologische Anforderungen gestellt werden. Nach Standard TGL 25156 werden an Instant-Kindernährmittel auf Getreidebasis folgende mikrobiologische Anforderungen gestellt:

- Mesophile Bakterien, insgesamt: 100000 g^{-1},
- Coliforme: negativ in 1 cm³ 5%iger Aufschwemmung,
- Hefen und Hyphomyceten: je unter 100 g^{-1},
- Pathogene Keime (Salmonellen, Shigellen): in 10 g negativ.

International werden für Instant-Getreideerzeugnisse und ähnliche Nahrungsmittel, wie Corn flakes, Puffreis, Instant-Puddings und Instant-Kakao, leicht lösliche

Mischungen von Gemüsen und Kartoffeln, teilweise die folgenden noch strengeren mikrobiologischen Forderungen vorgeschlagen:

- Gesamtkeimzahl Bakterien, aerob: $< 10^4 \, g^{-1}$
- Bakteriensporen, aerob: $< 10^3 \, g^{-1}$
- Enterobakterien: $< 10 \, g^{-1}$
- Salmonellen: in 25 g negativ
- Fäkale Streptokokken: $< 100 \, g^{-1}$
- Sulfitreduzierende Clostridien: $< 100 \, g^{-1}$
- *Staphylococcus aureus:* $< 100 \, g^{-1}$

Während Instant-Erzeugnisse auf Getreidebasis diesen Forderungen in etwa entsprechen, weisen solche auf Gemüse- und Kartoffelbasis nicht selten höhere Keimzahlen auf.

6.6.   Stärke

Stärke wird aus Mais, Weizen sowie Kartoffeln oder anderen stärkereichen Pflanzenprodukten durch Zerreiben mit Wasser, Bürsten, Sieben, Fluten (Schlämmen) und Trocknen gewonnen.

Beim Quellen von Mais zur Stärkegewinnung findet unter Zusatz von 0,4% SO_2 eine Milchsäuregärung durch homofermentative Lactobacillen statt. Dadurch wird der pH-Wert auf 4,0 gesenkt, und unerwünschte Mikroorganismenarten werden verdrängt [76]. Maisquellwasser (corn steep liquor) ist ein guter Rohstoff zur Züchtung von Mikroorganismen, z. B. zur Erzeugung von Antibiotica und Enzymen.

Entsprechend den eingesetzten Rohstoffen und der Verarbeitung enthält das Endprodukt in unterschiedlichem Maße lebende Mikroorganismen [378]. Weizenstärke ist gegenüber anderen Stärkearten besonders keimreich. 40 untersuchte Proben enthielten je Gramm zwischen 60 Bakterien und 11,8 Millionen Bakterien und 0 bis 120 000 Schimmelpilze, wobei in der Mehrzahl der Proben Mittelwerte von 6 000 Bakterien und 700 Schimmelpilze je Gramm nicht überschritten wurden [344].

Die Weiterverarbeitung stark keimhaltiger Stärke kann zu Schwierigkeiten führen. Aus diesem Grund ist z. B. der Bakteriensporengehalt von Stärke, die in der amerikanischen Konservenindustrie Verwendung findet, durch einen mikrobiologischen Standard wie folgt begrenzt[1] (s. auch S. 58):

- *Gesamtkeimzahl der Sporen thermophiler Bakterien:* Von 5 Proben soll keine mehr als 150 Sporen je 10 Gramm enthalten, und der Durchschnitt aller Proben soll 125 Sporen je 10 g Stärke nicht überschreiten.
- *Flat Sour Sporen:* Von den 5 Proben soll keine mehr als 75 Sporen je 10 g Stärke enthalten, und der Durchschnitt aller Proben soll 50 Sporen je 10 g Stärke nicht überschreiten.
- *Thermophile anaerobe Sporen:* Nicht mehr als 3 (60%) der 5 Proben sollen diese Sporen enthalten.
- *Sporen von H_2S-Bildnern:* Nicht mehr als 2 (40%) der Proben sollen diese Sporen enthalten, und von jeder Einzelprobe sollen nicht mehr als 5 Kolonien je 10 Gramm Stärke gebildet werden.

---

[1] Vom Verfasser etwas gekürzt

7. Fette, Öle und fettreiche Lebensmittel

7.1. Allgemeines

Die natürlichen Fette und fetten Öle pflanzlicher oder tierischer Herkunft sind feste und halbfeste (Fette) oder flüssige (Öle) Triglyceridgemische. Triglyceride stellen Triester des Glycerols mit einer (einsäurige Triglyceride) oder verschiedenen Fettsäuren (gemischtsäurige Triglyceride) dar, jedoch sind nur Fettsäuren mit einer geraden Zahl von Kohlenstoffatomen enthalten. Tierische Fette — außer Seetierfetten und Milchfetten — bestehen vorwiegend aus gesättigten höheren Fettsäuren, wie Palmitinsäure $C_{15}H_{31}COOH$ und Stearinsäure $C_{17}H_{35}COOH$, während pflanzliche Öle vorwiegend ungesättigte Fettsäuren, wie Ölsäure $C_{17}H_{33}COOH$, Linolsäure $C_{17}H_{31}COOH$, Linolensäure $C_{17}H_{29}COOH$, enthalten.
Die als Lebensmittel dienenden pflanzlichen Fette und Öle werden vorwiegend durch Auspressen und/oder Extrahieren fettreicher Rohstoffe gewonnen. Sie enthalten außer Triglyceriden in wesentlich geringeren Mengen eine Reihe anderer organischer Substanzen, wie freie Fettsäuren, fettlösliche Vitamine, Carotenoide und Chlorophyllfarbstoffe, Phosphatide, Kohlenwasserstoffe, Proteine und andere stickstoffhaltige Substanzen. Durch entsprechende Nachbehandlungen (Raffination) werden sie von unerwünschten Geschmacks- und Geruchsstoffen befreit.
In pflanzlichen Rohstoffen kommen Fette und Öle in sehr unterschiedlichen Konzentrationen vor. Während frisches Obst und Gemüse im allgemeinen annähernd fettfrei sind — einen hohen Fettgehalt hat z. B. das Fruchtfleisch von Olive und Avocadobirne —, enthalten besonders Ölsaaten einen hohen Anteil. Sie werden deshalb vorzugsweise zur Speiseölgewinnung genutzt. Auch Nüsse sind besonders fettreich und können bis zu 70% Fettanteile enthalten.
Durch katalytische Hydrierung der ungesättigten Fettsäuren (Fetthärtung) lassen sich die fetten Öle in feste Fette umwandeln. Auf diese Weise und durch die modernen Verfahren der Umesterung von Fetten niederer mit solchen höherer Schmelzpunkte werden wertvolle Rohstoffe günstiger Konsistenz zur Margarineherstellung gewonnen. Die bekanntesten natürlichen Pflanzenfette sind Kokos-, Palmkern- und Kakaofett.

7.2. Mikrobieller Verderb von Fetten und Ölen

Im Vergleich zu zahlreichen anderen Lebensmitteln sind reine Fette und fette Öle in wesentlich geringerem Ausmaß mikrobiellen Verderbniserscheinungen ausgesetzt. Ebenso wie fettreiche pflanzliche Lebensmittel unterliegen sie stärker chemischen Verderbnisprozessen als mikrobiologischen. Die Ursachen dafür sind vielfältiger Natur. Einmal verfügen Mikroorganismen nicht in gleichem Maße über fettabbauende

Enzyme wie über Enzymsysteme zur Kohlenhydrat- und Eiweißverwertung, z. B. sind nur wenige Hefearten bekannt, die über Lipasen verfügen. Zum anderen fehlt den Mikroorganismen in reinen Fetten und Ölen vor allem das lebensnotwendige Wasser, und es besteht Mangel an mineralischen Nährstoffen. Trotzdem wurden im Schweinefett mit 0,3% Wasser lipophile Bacillen, lipasebildende chromogene Mikrokokken und *Aspergillus niger* nachgewiesen.

7.2.1. Ranzigkeit

Verdorbene Fette und Öle werden unabhängig von der Verderbnisursache als ranzig bezeichnet. Sie sind aufgrund des unangenehmen Geschmacks und Geruchs für die menschliche Ernährung unbrauchbar. Fettranzigkeit wird vor allem durch hydrolytische und oxydative Prozesse verursacht, die meist gleichzeitig ablaufen. Gewöhnlich kann beim Ranzigwerden von fetthaltigen Lebensmitteln nicht scharf zwischen rein chemischen und chemisch-enzymatischen Vorgängen unterschieden werden.

Der Fettverderb wird durch zahlreiche Faktoren, wie Licht, Sauerstoff, Feuchtigkeit und katalytisch wirkende Schwermetallionen, z. B. Cu^{++}, beschleunigt. An den enzymatischen Abbauprozessen können nicht nur fettzersetzende Mikroorganismen, sondern auch in den Lebensmitteln enthaltene Enzyme beteiligt sein.

Die verbreitete Säureranzigkeit von Fetten und Ölen wird durch hydrolytische Abspaltung von Fettsäuren aus Triglyceriden verursacht. Entsprechende fettspaltende Enzyme, die Lipasen, sind von zahlreichen Bakterien- und Hyphomycetenspecies bekannt. Die beim Ranzigwerden von Butter freigesetzte Buttersäure ist eine übelriechende wasserlösliche Flüssigkeit mit kratzendem bis brennendem Geschmack. Während das bei der vollständigen enzymatischen Fetthydrolyse anfallende Glycerol von vielen Mikroorganismenarten, ähnlich wie Kohlenhydrate, gut verwertet und weiter abgebaut wird, kommt es zur Anreicherung der relativ schwer abbaubaren Fettsäuren im Substrat.

Fettsäuren mittlerer Kettenlänge mit etwa 4 bis 12 C-Atomen können in einer zweiten Abbauphase von Bakterien und Hyphomyceten, z. B. *Penicillium roquefortii*, durch β-Oxydation zu β-Ketosäuren und anschließend durch Decarboxylierung zu Methylketonen abgebaut werden. An der Reaktion ist das Acetylcoenzym A beteiligt.

$$R-\overset{\beta}{CH_2}-\overset{\alpha}{CH_2}-CHOH-CO \sim SCoA \longrightarrow R-\overset{\beta}{CH_2}-CO-\overset{\alpha}{CH_2}-CO \sim SCoA - 2[H]$$
$$\xrightarrow{H_2O} R-CH_2-CO-CH_3 + CO_2 + HSCoA$$

Methylketon

Die Methylketone sind von hoher sensorischer Intensität. Sie werden neben den Fettsäuren und weiteren organischen Verbindungen für den unangenehmen Geschmack und Geruch ranziger Produkte, man spricht auch von Parfümranzigkeit, verantwortlich gemacht. Andererseits tragen aus Butterfett in geringen Mengen gebildete Methylketone in manchen Käsesorten (Roquefort, Camembert) zur Erzielung erwünschter Geschmacksnoten bei. Sie sind schon in einer Konzentration von weniger als 1 µg je 1 g Fett zu riechen. Die Methylketone können durch pilzliche Reduktasen zu sekundären Alkoholen umgesetzt werden [116].

Eine weitere Ursache der Ranzigkeit von fettreichen pflanzlichen Lebensmitteln ist die Oxydation von ungesättigten Fettsäuren durch pflanzeneigene Lipoxydasen, die zur Bildung von Aldehyden und Ketonen führt. Durch die Gegenwart oder den Zusatz natürlicher Antioxydantien, z. B. Vitamin E, wird die Fettoxydation verzögert.

Beim Verderb phosphatidhaltiger Lebensmittel kommt es durch Hydrolyse zur Bildung von Trimethylamin, $N(CH_3)_3$, aus dem durch Oxydation Trimethylaminoxid entsteht, das den typischen Fischgeschmack bewirkt. Lecithin kommt als wichtiges Phosphatid in Milch, Eigelb, Soja und zahlreichen Gemüsen vor. Als wirksamer Fettemulgator wird es bei der Herstellung von Margarine und Mayonnaise zugesetzt. Außer den genannten kommen in ranzigen Fetten und Ölen zahlreiche weitere Substanzen, wie Mono- und Diglycerole, Oxy- und Hydroxyfettsäuren, sekundäre Alkohole und Lactone, vor.

Ranzigkeit wird von den menschlichen Sinnesorganen intensiv wahrgenommen und als sehr unangenehm empfunden. So können bereits geringe ranzige Fettanteile zur Genußuntauglichkeit fettreicher Lebensmittel, z. B. Butter und Kokosraspeln, aber auch solcher, die insgesamt nur wenig Fettbestandteile enthalten, wie manche Backwaren, führen.

Manche fettzersetzenden Mikroorganismen, z. B. einige Mikrokokken, Bacillen und Hyphomyceten, bilden gelbe, rote oder braune fettlösliche Farbstoffe, die durch Diffusion in das Lebensmittel eindringen und Ursache unerwünschter Verfärbung sind. Da die Farbstoffe als Indikatoren wirken, können Veränderungen des Sauerstoffgehaltes oder des pH-Wertes mitunter zu Farbumschlägen führen.

Der mikrobielle Verderb von Mayonnaise und von mit Mayonnaise hergestellten Salaten kann unter Gasbildung verlaufen. Diese wird durch die Vergärung des Zuckeranteils durch Hefen, z. B. *Zygosaccharomyces (= Saccharomyces) bailii*, oder heterofermentative Lactobacillen verursacht [199].

7.2.2.   Fett- und ölzersetzende Mikroorganismenarten

Unter den Bakterien sind fettzersetzende Arten vor allem in den Gattungen *Bacillus*, *Pseudomonas*, *Micrococcus*, *Serratia* und *Proteus* verbreitet (Bild 64).

Sie verfügen gewöhnlich nicht nur über Lipasen, sondern auch über Enzymsysteme, die zur Eiweißzersetzung führen, und kommen in zahlreichen Lebensmitteln vor. Psychrotrophe *Pseudomonas*-Arten sind besonders beim Verderb kühlgelagerter fetthaltiger Lebensmittel von Bedeutung.

Von den Hefen, die vorzugsweise kohlenhydratreiche Produkte besiedeln, sind nur wenig fettspaltende Species bekannt. Meist handelt es sich um Kahmhefen mit schwach ausgeprägtem Gärvermögen, wie *Saccharomycopsis (= Candida) lipolytica*. Sie können am Verderb von Mayonnaise beteiligt sein.

Unter den Hyphomyceten sind Lipasebildner weit verbreitet, z. B. in den Gattungen *Penicillium*, *Aspergillus*, *Geotrichum*, *Fusarium* und *Cladosporium*. Da sie gegenüber anderen Mikroorganismengruppen geringe Feuchtigkeitsansprüche stellen, spielen sie bei der Zersetzung von Fetten und Ölen sowie fettreichen Lebensmitteln, wie Nüssen, Mayonnaise und Salatsoßen sowie daraus hergestellten Salaten, verschiedenen Backwaren und Ölsaaten, eine bevorzugte Rolle.

7.2.3.   Möglichkeiten zur Verhinderung des mikrobiellen Verderbs von Fetten, Ölen und fettreichen Lebensmitteln

Reine Fette und Öle unterliegen nur in geringem Grade mikrobiellen, sondern stärker chemischen Verderbnisprozessen. Dagegen sind Lebensmittel, die nicht ausschließlich aus diesen Substanzen bestehen, mikrobiell gefährdet und müssen durch entsprechende Konservierungsverfahren haltbar gemacht werden. Vorteilhaft hat sich die Anwendung von Kälte erwiesen, die gleichzeitig unerwünschte chemische Veränderungen verzögert. Für Margarine, deren Fettgehalt mit Ausnahme energiearmer

212

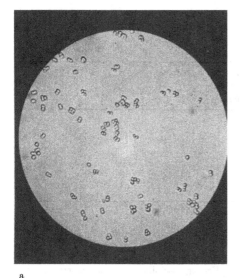
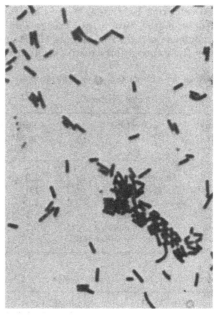

a   b

Bild 64. Fettspaltende Bakterien, aus Margarine isoliert
a) *Micrococcus spec.* b) *Bacillus spec.* (Vergrößerung 1000fach)

Sorten mindestens 80% und deren Wassergehalt höchstens 20% betragen soll, wurden besondere Pasteurisationsanlagen entwickelt. [271]
Bei der Hitzeabtötung von Mikroorganismen in fettreichen Substraten ist zu beachten, daß die D-Werte hier wesentlich höher liegen als in wäßrigen Medien. Für Mayonnaise, die sowohl hitze- als auch kälteempfindlich ist und aufgrund ihrer chemischen Zusammensetzung (bis zu 83% Öl, Essig, Eigelb usw.) besonders leicht von lipolytischen Bakterien sowie Lactobacillen, Hefen, darunter gärende (Gasbildung!) Arten, und Hyphomyceten zersetzt wird [337], ist der Zusatz chemischer Konservierungsmittel, wie Benzoesäure und ihre Derivate, in begrenztem Maße erlaubt [11]. Vorteilhaft wirkt sich eine luftdichte Verpackung ohne Kopfraum aus, da die fettzersetzenden Mikroben im wesentlichen Aerobier sind.

7.3.   Bewertungsgrundsätze für die mikrobiologische Beschaffenheit von Fetterzeugnissen

Der Standard TGL 26428 bewertet Fetterzeugnisse der Öl- und Margarineindustrie nach den Tabellen 29 bis 32, wobei die Tabellen 29, 30 und 31 für Fetterzeugnisse mit einem Fettgehalt < 80% und die Tabellen 29, 30 und 32 für alle übrigen Erzeugnisse gelten. Bei der Bewertung nach diesem Schema müssen die einzelnen Erzeugnisse für jedes Einzelmerkmal mindestens die Note »ausreichend« erhalten. Als Gesamtnote der Bewertung, die sich aus der Summe der Punkte für die Merkmale coliforme Bakterien, Hefen und Hyphomyceten sowie Fettspalter oder Eiweiß-zersetzer ergibt, muß jedes Erzeugnis außerdem mindestens 3 Punkte erreichen. Mayonnaise soll nicht mehr als 10^2 Keime je Gramm enthalten, was bei einwandfreier Herstellung durchaus realisierbar ist.

Tabellen zur mikrobiologischen Bewertung von Fetterzeugnissen

Tabelle 29. Coliforme Bakterien

Punkt-zahl	Bewertung	Konzentration (g oder cm³ Fetterzeugnis)	Colititer	Indoltest
5	sehr gut	1,0	—	—
4	gut	1,0	+	—
3	noch gut	1,0	+	+
2	befriedigend	0,1	+	—
1	ausreichend	0,1	+	+
0	nicht ausreichend	0,01	+	±

Tabelle 30. Hefen und Hyphomyceten

Punkt-zahl	Bewertung	Keimzahl für					
		Erzeugnisse mit Milchzusatz		Erzeugnisse ohne Milchzusatz		energiearme Erzeugnisse	
		Hefen	Hypho-myceten	Hefen	Hypho-myceten	Hefen	Hypho-myceten
3	gut	0···250	0	0···100	0	0···25	0
2	befriedigend	251···1000	1···5	101···500	1···2	26···50	1···2
1	ausreichend	1001···5000	6···20	501···2500	3···10	51···100	3···10
0	nicht ausreichend	>5000	>20	>2500	>10	>100	>10

Tabelle 31. Fettspalter

Punktzahl	Bewertung	Keimzahl
2	gut	0···5
1	ausreichend	6···10
0	nicht ausreichend	>10

Tabelle 32. Eiweißzersetzer

Punkt-zahl	Bewertung	Konzentration (g oder cm³ Fetterzeugnis)	H_2S-Nachweis
2	gut	1,0	±
1	ausreichend	0,1	+
0	nicht ausreichend	0,01	+

8.   Gewürze

Unter Gewürzen verstehen wir ganze Pflanzen oder Pflanzenteile, die wegen ihrer geschmacksverbessernden, appetitanregenden und verdauungsfördernden Wirkung Lebensmitteln zugesetzt werden [325, 397]. Sie erhöhen den Genußwert und gehören zu einer vollwertigen Kost. Gewürze werden frisch oder getrocknet verwendet. Gemahlen kommen sie rein oder als Gewürzmischungen in den Handel. Ihre Wirkung beruht vorwiegend auf dem Gehalt an ätherischen Ölen, Alkaloiden und Gerbstoffen. Viele Gewürze sind aufgrund der pharmakologischen Wirkung ihrer Inhaltsstoffe gleichzeitig Arzneipflanzen. Teilweise müssen sie aus dem Ausland importiert werden, da sie nur unter bestimmten klimatischen Bedingungen wachsen. Lediglich ein kleiner Teil des Sortiments wird durch Eigenaufkommen gedeckt. Daraus ergaben sich früher kirchliche und staatliche Monopole für den Handel mit Gewürzen. Venedig verdankt u. a. dem Gewürzhandel seinen Reichtum.
Aufgrund der jeweils verwendeten Pflanzenteile kann man die Gewürze wie folgt einteilen:

Wurzelgewürze (Meerrettich, Sellerie, Petersilie, Liebstöckel),

Rhizomgewürze (Kalmus, Ingwer),

Zwiebelgewürze (Zwiebeln, Knoblauch),

Rindengewürze (Zimt),

Blattgewürze (Lorbeer, Petersilie, Rosmarin, Salbei, Schnittlauch),

Blütengewürze als Knospen (Gewürznelken, Kapern),
    als geöffnete Blüten (Zimtblüte),
    als Blütennarben (Safran),

Frucht- und Samengewürze (Anis, Fenchel, Koriander, Kümmel, schwarzer und
    weißer Pfeffer, Muskatnuß, scharfer und edelsüßer Paprika, Piment,
    Vanille, Kardamomen),

Gewürzkräuter, von denen meist die gesamten oberirdischen Pflanzenteile genutzt
    werden (Dill, Majoran, Thymian, Bohnenkraut, Estragon, Wermut,
    Beifuß, Pfefferminze).

Gewürze sollen gut verschlossen, kühl und trocken aufbewahrt werden. Die Lagerung über größere Zeiträume — ungemahlene Gewürze können bis zu etwa 18 Monaten gelagert werden — erfolgt am besten im Kühlraum bei Temperaturen von etwa 0 °C und unter Schutzgas (N_2, CO_2). Gemahlene Gewürze sind weniger haltbar als ungemahlene.

8.1. Antimikrobielle Eigenschaften der Gewürze

8.1.1. Gehalt der Gewürze an antimikrobiell wirksamen Substanzen

Schon seit langem ist bekannt, daß verschiedene Gewürze bakterienhemmende Stoffe enthalten. Im Altertum wurden Gewürze und Pflanzenöle zum Einbalsamieren von Leichen verwendet, die dadurch vor Fäulnis geschützt wurden. Zwiebeln und Knoblauch sind altbekannte Mittel aus der Volksheilkunde. Manche mystischen Vorstellungen rankten sich um die Gewürze, die auch heute noch nicht völlig verdrängt sind. So wurde ihnen Wunderkraft zugeschrieben, und die alten Römer hingen Beutel mit Anis in Kopfnähe, um böse Träume zu verscheuchen.
Die chemische Zusammensetzung der antimikrobiell wirksamen Bestandteile von Gewürzen ist bis jetzt nur zum Teil bekannt (Tabelle 33).

Tabelle 33. Antimikrobiell wirksame Substanzen in Gewürzen

Gewürz	Wirksame Bestandteile
Anis	Cresol, Anisaldehyd, Benzoesäure
Gewürznelken	Nelkenöl, Eugenol, Benzoesäure
Gewürzpaprika	Capsaicin (Steroidsaponine)
Knoblauch	Allicin, Allistatin, Acrolein
Kümmel	α- und γ-Terpinen, Carvon
Muskatnuß	Geraniol, Eugenol
Pfeffer	Pfefferöl, Piperin, Piperidin, Citral
Piment	Eugenol, Citral
Thymian	Thymol, γ-Terpinen, Carvacrol
Zimt	Zimtöl, Zimtaldehyd, Benzoesäure, Eugenol, Citral
Zwiebel	Allyl-, Butyl-, Crotonyl- und Phenyl-ethylsenföle

Einige der in Gewürzen vorkommenden Hemmstoffe, wie das im Pfeffer enthaltene Piperin und das Piperidin, zählen zu den Alkaloiden, andere sind Gerbstoffe oder organische Säuren, wie die in Gewürznelken und im Zimt enthaltene Benzoesäure. Bei zahlreichen Gewürzen sind die antimikrobiell wirksamen Substanzen Bestandteile der ätherischen Öle. Das sind leichtflüchtige Gemische verschiedener, oft nahe verwandter Stoffe. Sie enthalten Kohlenwasserstoffe, Alkohole, Aldehyde, Ketone, Phenole und Phenolether sowie Säuren und Ester. Unter den Kohlenwasserstoffen, Alkoholen und Ketonen sind vor allem die Terpene ($C_{10}H_{16}$) und die entsprechenden Terpen-Alkohole und -Ketone verbreitet. Auch schwefelhaltige Verbindungen kommen vor, wie die Senföle, die vor allem in Zwiebel- und Knoblauchgewächsen sowie in Senfkörnern enthalten sind. Teilweise liegen sie als Glycoside vor und werden erst durch enzymatische Spaltung frei. Die im Knoblauch (*Allium sativum*) vorkommenden Substanzen Allicin und Allistatin werden zu den Phytonciden gerechnet, den von höheren Pflanzen gebildeten Antibiotica [381].
In den Gewürzen kommen die ätherischen Öle in besonderen Ölzellen oder Ölgängen vor. Hinsichtlich des Gehaltes bestehen große Unterschiede zwischen den verschiedenen Gewürzsorten. Zu den ölreichsten gehören die Gewürznelken mit 15···17% und die Muskatnüsse mit 16% Ölgehalt. Außer von der Gewürzart ist die Konzentration

$$\begin{array}{c} CH_3 \\ | \end{array}$$

Thymol

Eugenol

$$S-CH_2-CH=CH_2$$
$$|$$
$$S-CH_2-CH=CH_2$$

Allicin

$$CH_2=CH-CH_2-CH_2-N=C=S$$

Crotonylsenföl

Antimikrobiell wirksame Bestandteile der Gewürze

der ätherischen Öle vom Anbau, von der Ernte, vom Alter und von den Lagerbedingungen abhängig. Da die Öle leicht flüchtig sind, müssen Gewürze gut verschlossen und unzerkleinert aufbewahrt werden. Sie sollen erst kurz vor Gebrauch gemahlen werden.

8.1.2. Antimikrobielle Wirkung der in Gewürzen enthaltenen Hemmstoffe

Die in Gewürzen enthaltenen Phytoncide zeichnen sich wie alle Antibiotica durch ihre hohe spezifische Wirkung aus. Sie hemmen das Wachstum verschiedener Mikroorganismenarten in unterschiedlichem Maße. Während die Vermehrung mancher Species bereits durch sehr geringe Hemmstoffmengen völlig unterdrückt wird, werden andere Species auch durch große Dosen in ihrer Entwicklung überhaupt nicht beeinträchtigt (Tabelle 34).

Tabelle 34. Wachstumshemmung verschiedener Mikroorganismen-Species durch Allicin (nach KORZYBSKI und KORYLOWICZ [187])

Mikroorganismen-Species	Wachstumshemmende Konzentration in µg Allicin je 1 cm³ Nährlösung
Staphylococcus aureus	10,0
Micrococcus luteus	3,0
Bacillus subtilis	8,0
Escherichia coli	24,0
Salmonella typhi	15,0
Aspergillus niger	10,0
Penicillium notatum	15,0

Zimt-, Kümmel-, Dill- und Anisöl hemmen besonders Pilze stark. Senföl ist gegen Hefen wirksam, aber kaum gegen Bakterien. Nelken-, Knoblauch- und Zimtöl haben eine starke antibakterielle Wirkung.
Als Vergleichssubstanz für die antimikrobielle Wirkung der verschiedenen ätherischen Öle wird Phenol, ein bekanntes Desinfektionsmittel, herangezogen. Der Phenolkoeffizient gibt den Wirkungsgrad der verschiedenen Substanzen — bezogen auf Phenol — an (Tabelle 35).

Tabelle 35. *Phenolkoeffizient einiger*
ätherischer Gewürzöle (nach HERRMANN [149])

Gewürzöl	Phenolkoeffizient
Anisöl	0,4
Fenchelöl	14,0
Kardamomenöl	10,0
Korianderöl	5,4
Thymianöl	13,4
Wacholderbeeröl	0,1
Zimtöl	7,1
Zitronenöl	0,4

Besonders beachtenswert ist die Wirkung des Thymianöls, das bis zu Konzentrationen von 0,5% im Thymian vorkommt. Thymianöl enthält bis zu 60% Thymol mit einem Phenolkoeffizient von 20. Es wurde früher in der Medizin als Magen- und Darmdesinfiziens eingesetzt.

8.1.3. Einsatzmöglichkeiten von Gewürzen zur Lebensmittelkonservierung

In einem Patent (DRP 69 780) wird ein Gemisch von Essigsäure und Thymianöl als Konservierungsmittel für Räucherwaren vorgeschlagen. Allylsenföl wurde nach Angaben von VIRTANEN schon in den zwanziger Jahren dieses Jahrhunderts in Finnland zur Unterdrückung von Schimmelpilzen bei Silofutter angewandt. Ethylsenföl diente zur Konservierung von Obstsäften (10 mg l^{-1}). Da es langsam zerfällt, traten in den gelagerten Produkten keine nachteiligen Geruchseinwirkungen mehr auf. In der UdSSR wurde der Einsatz von Senfpulver und Allylsenföl unter Zusatz von Essigsäure zur Marinadenherstellung mit gutem Erfolg erprobt. Brot wurde zur Unterdrückung des Schimmelpilzwachstums unter Zusatz von Allylsenföl in gasdichten Beuteln verpackt. Das Senföl verflog nach dem Öffnen der Beutel sehr schnell, ohne einen Nachgeschmack zu hinterlassen.

Insgesamt stößt jedoch die praktische Anwendung von Gewürzen und Gewürzextrakten für Konservierungszwecke auf Schwierigkeiten, denn sie können den Lebensmitteln wegen ihrer starken Würzkraft nur in geringen Dosen zugesetzt werden. Außerdem ist das Wirkungsspektrum eng begrenzt, d. h., sie wirken nur auf bestimmte Mikroorganismen-Species hemmend, während andere völlig unbeeinflußt bleiben. Die antimikrobielle Wirkung der üblicherweise zugesetzten Gewürzmengen sollte nicht überschätzt werden, vor allem nicht bei Fleischwaren.

Die Haltbarkeitsverlängerung von Lebensmitteln durch Gewürzzusätze beruht nur zum Teil auf der Wirkung antimikrobieller Bestandteile. Neben Hemmstoffen enthalten zahlreiche Gewürze Antioxydantien, wie Phenole, Flavonole und Labiatensäure, die den oxydativen Fettabbau verhindern. Das Ranzigwerden besonders von stark fetthaltigen Lebensmitteln wird durch den Zusatz entsprechender Gewürze verzögert.

8.2. Mikroflora der Gewürze und ihre Bedeutung

8.2.1. Keimgehalt der Gewürze

Obwohl zahlreiche Gewürze einerseits antimikrobiell wirksame Substanzen enthalten, können sie andererseits einen hohen Gehalt an Mikroorganismen aufweisen, und nicht selten geht der Verderb von Lebensmitteln ursächlich auf die in den zugesetzten Gewürzen enthaltenen Fäulniskeime zurück. Das gilt vor allem für Fleisch- und Wurstwaren. In Tabelle 36 sind die Keimzahlen verschiedener Gewürze zusammengestellt. Einen besonders hohen Keimgehalt zeigt fast immer schwarzer Pfeffer, während die Keimzahlen zahlreicher anderer Gewürze im allgemeinen unter der Millionengrenze liegen. Keimarm sind in der Regel Gewürznelken, Senfkörner und Muskatnüsse.

Tabelle 36. Keimgehalt der Gewürze

Gewürz	Keimzahl je Gramm Gewürz	
	Bakterien	Hyphomyceten
Bohnenkraut	4 000···1 480 000	0···450
Curry	23 000···17 000 000	0
Gewürznelken	200···33 000	10···100
Ingwer	2 500···60 000	200···2 000
Kardamomen	6 000···700 000	100···230
Knoblauch, frisch	4 500···35 000	0
Kümmel	2 000···9 000 000	300···40 000
Lorbeerblatt	10 000···100 000	350···150 000
Majoran	11 000···7 600 000	300···2 500
Mischgewürz für Brühwurst	61 000···5 000 000	750···1 300
Muskatnuß	1 000···152 000	700···46 000
Paprika, scharf	412 000···11 600 000	0···1 200 000
Paprika, süß	8 000···2 700 000	10···5 000
Pfeffer, schwarz	100 000···704 000 000	10···1 300 000
Pfeffer, weiß	1 000···2 900 000	300···9 000
Piment	10 000···6 000 000	2 000···100 000
Salbei	11 000···270 000	260···20 000
Senfkörner	500···6 000	10···700
Thymian	35 000···2 700 000	12 000···30 000
Zimt	8 000···28 000 000	100···60 000
Zwiebel, frisch	2 000···38 000	0···30

8.2.2.   Keimarten der Gewürze

Besonders problematisch ist der teilweise recht hohe Gehalt der Gewürze an thermoresistenten Bakteriensporen, die nur durch Erhitzen im Autoklav abgetötet werden. Sporen von *Bacillus subtilis* und verwandten Arten sowie die Sporen der anaeroben Clostridien bereiten bei der Herstellung von Koch-, Brüh- und Rohwürsten sowie bei Dosenwürstchen Schwierigkeiten. Stark sporenhaltiger Pfeffer wurde als Ursache für die Bombagenbildung bei Schinkenkonserven und von Fehlfabrikaten bei Rohwurst erkannt. In 28 untersuchten Proben schwarzen Pfeffers, die zwischen 600 und 570 000 Sporen je Gramm, im Mittel 9 200 Sporen je Gramm enthielten, wurden folgende Species gefunden: *Bacillus circulans*, *B. coagulans*, *B. licheniformis* und *B. subtilis* [297]. Der Keimgehalt 15 anderer Proben schwarzen Pfeffers betrug im Durchschnitt 36 089 490 Aerobier je Gramm, davon waren 4 249 160 Bacillensporen [69].

Sporen anaerober Bakterien, die bei der Konservenherstellung als Bombagenerreger gefürchtet sind, kommen vor allem im Majoran, Bohnenkraut, Thymian und Koriander vor.

Außer den sehr widerstandsfähigen Sporen der Bacillen und Clostridien enthalten Gewürze oft zahlreiche nichtsporenbildende Bakterien, darunter Staphylo- und Strep-

tokokkenarten, Vertreter der Gattungen *Pseudomonas, Flavobacterium, Alcaligenes, Klebsiella, Serratia* u. a. Auch Strahlenpilze kommen vor. In fast der Hälfte von 345 untersuchten Gewürzproben aus der Fleischindustrie konnten *Escherichia coli* und in 3 Proben Salmonellen nachgewiesen werden [39].
Während Hefen in Gewürzen relativ selten gefunden werden, kommen Vertreter zahlreicher Schimmelpilzgattungen, wie *Penicillium, Aspergillus, Cladosporium, Scopulariopsis* u. a., vor allem in Form von Sporen vor. Von schwarzem Pfeffer und Paprika wurden vorzugsweise Vertreter der *Aspergillus-glaucus*-Gruppe und *A. restrictus*, aber auch häufig *A. flavus* und *A. ochraceus*, darunter aflatoxinbildende Stämme, isoliert [63].

8.2.3.   Herkunft der Mikroflora von Gewürzen

Teilweise, z. B. bei Ingwer, Zwiebeln und Knoblauch, gelangen die Keime bereits aus dem Erdboden auf die Gewürze. Trocknung, Lagerung und Verarbeitungsprozesse sind weitere Verunreinigungsquellen, wobei sich die jeweiligen Hygieneverhältnisse keimreduzierend oder keimfördernd auswirken. Zahlreiche Gewürze dienen Mikroorganismen, die von den enthaltenen Hemmstoffen nicht unterdrückt werden, als Nährsubstrate, z. B. können Hyphomyceten in feucht lagernden Pfefferkörnern wachsen und diese zersetzen.

8.3.   Entkeimung von Gewürzen

Der hohe Keimgehalt und die daraus resultierenden Schwierigkeiten beim Zusatz zu Lebensmitteln waren der Anlaß, nach geeigneten Entkeimungsverfahren für Gewürze zu suchen.

8.3.1.   Gewürzentkeimung durch Hitze- oder Strahlenbehandlung

Die Sterilisation von Gewürzen durch trockenes Erhitzen ist prinzipiell möglich, doch verlieren die Gewürze dabei einen Teil der Würzkraft, da die leicht flüchtigen ätherischen Öle entweichen. UV-Bestrahlung erwies sich als wenig erfolgreich. Sie erfaßt nur die außen anhaftenden Keime, da die Strahlen nicht in die tieferen Schichten der Gewürze eindringen. Außerdem kommt es zu einer relativen Anreicherung resistenter Bacillensporen, die in geringerem Maße abgetötet werden als die vegetativen Keime [70]. Kathoden- und Röntgenstrahlen zeigen aufgrund des hohen Durchdringungsvermögens eine bessere Wirkung als UV-Strahlen. So konnte durch Strahlungsdosen von $3,0 \cdots 4,0$ kGy die Keimzahl von gemahlenem Gewürzpaprika um $99 \cdots 99,9\%$ erniedrigt werden; zur Abtötung der restlichen Mikroflora, die aus strahlungsresistenten Bacillensporen bestand, mußten die Strahlungsdosen auf $16 \cdots 20$ kGy erhöht werden [382]. Die Bestrahlung von Gewürzen ist jedoch nicht in allen Ländern erlaubt; vgl. »Grundlagen der Lebensmittelmikrobiologie« [250], Abschn. 3.6.).

8.3.2.   Gewürzentkeimung durch Ethylenoxid-Begasung

Ethylenoxid (Oxiran) ist ein süßlich riechendes, farbloses Gas mit mikrobiciden und insekticiden Eigenschaften, das mit Luft entzündliche Gemische bildet und deshalb mit 10% CO_2 gemischt in den Handel kommt.

Zur Entkeimung werden die Gewürze in einen gasdicht verschließbaren Behälter gebracht. Nach dem Entfernen eines Teils der Luft mit einer Vakuumpumpe wird das Ethylenoxid eingeleitet. Je Kubikmeter Raum genügen etwa 500 cm³. Durch 6- bis 7stündige Einwirkung des Ethylenoxids bei Raumtemperatur sterben die meisten Keime ab. Stärkere Konzentrationen und längere Einwirkzeiten führen zu Verfärbungen und Aromaschäden. Sie sind deshalb nicht zu empfehlen. Da Ethylenoxid auch gasdurchlässiges Verpackungsmaterial durchdringt, kann es zur Entkeimung verpackter Gewürze eingesetzt werden. Nach guter Durchlüftung der Packungen ist das Desinfektionsmittel nicht mehr nachweisbar.

$$CH_2-CH_2$$
$$\diagdown O \diagup$$

Ethylenoxid

Ethylenoxid ist nicht nur gegen vegetative Keime, sondern auch gegen die resistenten Bakteriensporen gut wirksam, völlige Keimfreiheit wird jedoch nicht erreicht. In Gewürzpaprika, der mit Ethylenoxid behandelt wurde, konnte die Pilzkeimzahl nur wenig gesenkt werden. Hier erwies sich die Bestrahlung mit 5 kGy als wesentlich effektiver [180].
Die zulässigen Grenzkeimzahlen entkeimter Gewürze liegen bei 1 000 Keime je Gramm. Bei schwarzem Pfeffer, der besonders reich an Sporen ist, werden ausnahmsweise bis zu 3 000 Keime je Gramm toleriert [259, 262].
Wegen der Giftigkeit für den Menschen und der Rückstandsproblematik ist Ethylenoxid zur Gewürzentkeimung nicht mehr in allen Ländern zugelassen.

8.3.3.   Herstellung keimfreier Gewürzauszüge

In jüngerer Zeit werden aus echten Gewürzen durch Extraktion mit organischen Lösungsmitteln in steigendem Maße Gewürzauszüge hergestellt. Ihre Vor- und Nachteile sind umstritten. Einerseits sollen sie ein gleichmäßigeres Würzen ermöglichen, andererseits wird berichtet, daß sie nicht so volle Geschmacksnoten verleihen. In mikrobiologischer Hinsicht ist die Verwendung von Gewürzextrakten günstig zu beurteilen, da sie praktisch keimfrei sind. Sie eignen sich besonders bei der Herstellung von Sterilkonserven zum Würzen hitzeempfindlicher Produkte, z. B. Fisch. Gewürzauszüge, die an Traubenzucker gebunden sind, wirken sich vorteilhaft auf die Umrötung des Fleisches aus, und der sonst übliche Saccharosezusatz kann entfallen. Neben Traubenzucker werden auch Kochsalz und Pflanzenöle als Trägersubstanzen verwendet. [126]

9. Trinkwasser

9.1. Allgemeines zur Mikrobenbesiedelung

Trinkwasser im Sinne dieser Darlegungen wird nicht produziert, wie es sonst für Lebensmittel üblich ist. Es wird dem Wasserhaushalt eines Gebietes entnommen und ihm fast vollständig in mehr oder weniger verunreinigter Form wieder zurückgegeben. So bringt das Trinkwasser einige Besonderheiten mit sich, die nicht ohne Einfluß auf seine Bereitstellung, seine Nutzung und, wie wir sehen werden, auf seine Besiedelung mit Mikroorganismen bleibt.

Definition und Abgrenzungen

Trinkwasser dient der menschlichen Ernährung und unterliegt deshalb den Bestimmungen des Lebensmittelgesetzes. Es wird unmittelbar genossen, dient zur Herstellung zahlreicher Lebensmittel, zur Bereitung unserer Nahrung und zur Reinigung der mit Lebensmitteln in Berührung kommenden Gegenstände. Weiterhin ist es Träger der Desinfektionsmittel und dient oft zum Spülen nach erfolgter Desinfektion. Mikrobiologisch darf Trinkwasser keine pathogenen Keime und keine Mikroben aus menschlichen oder tierischen Ausscheidungen enthalten; darüber hinaus soll es möglichst keimarm sein.
Brauchwasser [134] unterliegt dem direkten oder indirekten Kontakt mit dem Menschen, dient jedoch weder zum unmittelbaren Genuß noch kommt es mit Lebensmitteln in Berührung. Es findet zur Körperpflege, als Badewasser, zum Tränken der Tiere, für die Fischwirtschaft, zum Bewässern von Pflanzenkulturen und für bestimmte Produktionsabläufe (ausgenommen Lebensmittelproduktion) Anwendung. Brauchwasser ist nach Möglichkeit dem Trinkwassernetz zu entnehmen, andernfalls ist es entsprechend aufzubereiten oder nur unter besonderen Bedingungen zu nutzen. Tränkwasser für Tiere erfordert quasi Trinkwasserqualität und sinngemäße Besonderheiten (begrenzter Nitratgehalt bei Jungtieraufzucht usw.).
Betriebswasser schließt bei seiner Nutzung Gefahren für Leben und Gesundheit der Menschen aus, da es ohne näheren Kontakt zum Menschen ausschließlich industriellen Zwecken dient. Trotzdem kann Betriebswasser mikrobiologische Probleme aufwerfen, z. B. Massenentwicklungen von Eisenbakterien oder mikrobielle Aufwüchse in den Rohrsystemen von Kühlkreisläufen.

9.1.1. Bedeutung des Trinkwassers

Durch seinen zwangsläufigen Anteil an anderen Lebensmitteln, seine Bedeutung bei der Herstellung von Lebensmitteln und bei der Reinigung von Bedarfsgegenständen im Sinne des Lebensmittelgesetzes ist Trinkwasser ein absolut unentbehrliches Lebensmittel. Deshalb stellt eine schlechte Trinkwasserqualität, insbesondere eine mikrobielle Verunreinigung des Trinkwassers, eine ständige potentielle Gefährdung der menschlichen Gesundheit dar. Hierbei kann das verunreinigte Trinkwasser einerseits selbst als Gefahrenquelle wirken, andererseits als Vehikel bei der Verbreitung übertragbarer Krankheiten dienen und letztlich in Verbindung mit anderen Risikolebensmitteln (Hackfleisch o. ä.) durch die dann für pathogene Mikroorganismen gegebene Vermehrungsmöglichkeit eine akute Seuchengefahr darstellen.

Im Altertum maß man der Versorgung mit gutem Trinkwasser und zwangsläufig der Beseitigung der Abwässer große Bedeutung bei. Im Römischen Weltreich wurde ein Höchststand erreicht, der erst in der Neuzeit mit moderner Technik und unseren modernen wissenschaftlichen Erkenntnissen übertroffen werden konnte. Mühevolle Brunnen- und Zisternenbauten, technisch bemerkenswerte Stadtversorgungen in Bologna, Sevilla, Karthago, Köln und Trier und besonders die Wasserversorgung der Millionenstadt Rom verdienen noch heute unsere Bewunderung. Etwa 400 km Fernleitung führte über gewaltige Äquadukte Trinkwasser in nahezu verschwenderischer Menge in die Hauptstadt Rom. Der »curator aquarum« verfügte zeitweise über einen Stab von 700 Technikern, Handwerkern und Arbeitern.

Im Mittelalter gingen diese Erkenntnisse sowohl in technischer wie in hygienischer Hinsicht verloren. Die Anlagen verkamen, und die Trinkwasserversorgung lieferte einen nicht geringen Anteil an den grassierenden Seuchen. So starben allein in der Stadt Straßburg durch vier »Wasserepidemien« innerhalb von 70 Jahren 62000 Menschen.

Erst im 19. Jahrhundert war man kommunalpolitisch, ökonomisch und technisch so weit, daß man in den meisten größeren Städten Deutschlands wieder zentrale Wasserversorgungsanlagen baute. Jedoch steckten die Erkenntnisse der Wasserhygiene noch in den Anfängen, und tragische Cholera- und Thyphusepidemien forderten

z. B.	1836 in München	500 Tote,
	1892 in Hamburg	8500 Tote,
	1901 in Gelsenkirchen	2600 Tote,
	1924 in Hannover	300 Tote und
	1948 in Neuötting	94 Tote.

Es war den Arbeiten von Koch, Pettenkofer, Gärtner und Mez vorbehalten, auf die grundlegenden Zusammenhänge von Abwasser, Erdboden, Verunreinigung des Trinkwassers und den aufgetretenen Seuchen hinzuweisen und damit den Kampf für die Reinhaltung unseres Wassers einzuleiten, einen Kampf, den heute Ärzte, Biologen, Chemiker, Wasserwirtschaftler und Techniker immer noch führen. Denn auch aus jüngster Zeit wurden trinkwasserbedingte, von Shigellen, Salmonellen und Enteroviren verursachte epidemiologische Geschehen bekannt.

9.1.2. Herkunft des Trinkwassers

In unserer Republik werden etwa 75% des Trinkwassers aus Grund- und Quellwasser und etwa 25% aus Oberflächenwasser gewonnen. Dieses Verhältnis zugunsten des Grundwassers ist für die Wasserqualität noch überdurchschnittlich günstig. Trotz aller Bemühungen, zur Trinkwassergewinnung vorrangig Grundwasser heranzuziehen, wird sich künftig der Anteil des Oberflächenwassers durch den notwendigen Bau von Trinkwassertalsperren erhöhen. In anderen Ländern (z. B. Australien, Japan, Norwegen) werden bereits über 90% des Trinkwassers aus Oberflächenwasser gewonnen [155]. Das bedeutet natürlich einen besonderen Schutz der Einzugsgebiete bzw. eine sichere Wasseraufbereitung. Mit Kenntnis der Herkunft des Trinkwassers wird klar, daß es nur ein Teil der Gesamtwassergewinnung und damit letztlich ein Glied des Wasserkreislaufes der Erde ist.

Von den Besonderheiten, die diese Verhältnisse für das Lebensmittel Trinkwasser mit sich bringen, seien die drei für diese Darlegungen wichtigsten herausgestellt:

● Das Trinkwasser kann nicht beliebig vermehrt werden. Am Gesamtwasserverbrauch hat die Bevölkerung einen Anteil von nur etwa 10%. Nur der Schutz unseres Trinkwassers und eine Verbesserung der Aufbereitungsverfahren vermögen im Rahmen der allgemeinen wasserwirtschaftlichen Maßnahmen unseren zukünftigen Trinkwasserbedarf zu decken.

● Das Trinkwasser kann andererseits nicht im üblichen Sinne verbraucht, sondern nur gebraucht werden. Als Abwasser werden über 80% dem Wasserkreislauf unmittelbar zurückgegeben. Damit wird einerseits der Abfluß wieder aufgefüllt, und andererseits vermehren sich dabei die Gefahren für unsere Trinkwassergewinnungsanlagen.

● Das Trinkwasser nimmt vor seiner Nutzung durch seine Abhängigkeit vom Wasserkreislauf all jene mikrobiologischen Verunreinigungen auf, die durch die Besiedelungen der natürlichen Ressourcen und deren sekundäre Verunreinigungen durch zivilisatorische Einflüsse gegeben sind.

9.1.3.   Besiedelung der natürlichen Ressourcen

Das atmosphärische, noch nicht kondensierte Wasser enthält keine Bakterien. In den *Niederschlägen* (Regen, Schnee, Hagel) findet man jedoch bereits vor ihrem Auftreffen auf die Erdoberfläche häufig Bakterien — und zwar um so mehr, je inniger der Kontakt der Niederschläge mit Staubteilchen der Luft war. Die Keimzahlen betragen dabei zwischen < 10 und einigen Hundert je Kubikzentimeter.

Die oberflächlich zum Abfluß gelangenden Niederschläge können besonders auf ihren ersten Fließstrecken außerordentlich keimreich sein. Abschwemmungen von landwirtschaftlichen Nutzflächen enthalten oft einige Hunderttausend bis Millionen Keime je 1 cm³. Die sich bildenden *Flüsse* führen je nach den Einschwemmungen recht unterschiedliche Bakterienanzahlen mit sich. In unbeeinflußten Mittel- und Unterläufen von Flüssen und in größeren Strömen nehmen die Keimzahlen bereits wieder ab, da mehrere keimvermindernde Faktoren wirksam werden können. Das sind Verdünnungen mit Quellwasser und anderen keimarmen Zuflüssen, Sedimentation größerer organischer Partikeln und Absterben solcher eingeschwemmter Bakterienformen, die fast kein Anpassungsvermögen zeigen (stenöke Formen).

Da die Selbstreinigungsfaktoren um so deutlicher zu erkennen sind, je länger sie einwirken, sorgen Sedimentation, Aktivität anderer Mikroorganismen, Temperatur, Sonnenlicht, toxische Stoffwechselprodukte, begrenzte Nahrungsgrundlage und z. B. die Sauerstoffspannung im *Wasser in natürlichen und künstlichen Stauhaltungen* für entscheidende Keimzahlverminderungen. Die Mikroflora beginnt, sich in das entstehende biologische Gleichgewicht einzufügen. Die Bakterienverteilung unterliegt bald gewissen Gesetzmäßigkeiten, die Mikrobenbesiedelung übernimmt immer mehr ihre wichtige Rolle bei der Mineralisierung der organischen Substanzen im Gewässer und stellt darüber hinaus eine entscheidende Etappe im Nährstoffkreislauf für die Bioproduktion dar. Wenige Hundert bis einige Tausend Keime je Kubikzentimeter dürften für die standorttypische (autochthone) Mikroflora von größeren Stauhaltungen charakteristisch sein. Extrem hohe Bakterienzahlen beobachtet man jedoch an der Oberfläche des sedimentierten Schlammes.

Die unterirdisch abfließenden Niederschläge speisen das *Grundwasser*. Beim Eindringen in den Boden werden nicht nur Bakterien, sondern auch Nährstoffe durch Filtrations- und Sorptionsvorgänge zurückgehalten. Findet man in der oberflächlichen, biogenen Schicht noch mehrere Millionen Keime in jedem Gramm Boden, so nehmen die Zahlen in Abhängigkeit von der Bodenart mit zunehmender Tiefe stark ab. Im eigentlichen Grundwasser ist mit < 10 bis einige Hundert Keime je Kubikzentimeter zu rechnen. Völlig bakterienfrei wird allerdings auch tieferes Grundwasser nur selten. Die hier dominierenden langsamwachsenden Formen täuschen in vielen Fällen Sterilität vor.

Wir müssen also erkennen, daß das Wasser in allen seinen Formen einen sekundären Biotop darstellt, in dem sich unter natürlichen Bedingungen ein biologisches Gleichgewicht einzupendeln vermag. Fremde Bakterien, die aus dem Boden, von verrottenden Pflanzen und vor allem aus Abwässern in das Wasser gelangen (allochthone Bakterien), als solche zu erkennen, gewinnt im Hinblick auf die Verwendung des Wassers als Trink- oder Brauchwasser entscheidende hygienische Bedeutung.

9.2. Gesamtmikroflora und saprophytische Mikroorganismen

Die mikrobielle Gesamtbesiedelung des Wassers ist außerordentlich vielfältig, was sich aus den unterschiedlichen Mikrofloren der natürlichen Ressourcen, aus den wechselnden Anteilen des Eintrages aus der Luft und den biogenen Bodenschichten, aus den Einschwemmungen von der Erdoberfläche und aus den Abbauvorgängen im Wasser selbst erklären läßt. Diese Vielfalt bedingt ganz unterschiedliche Ansprüche an die Nährstoff-, Temperatur-, Licht- und Zeitverhältnisse und macht es bis heute unmöglich, die Gesamtbesiedelung kulturell zu erfassen. Trotz dieser Schwierigkeiten wurden bereits mehrere Hundert verschiedene Mikroorganismenarten isoliert und bestimmt [75]. Am häufigsten findet man Vertreter der Gattungen *Pseudomonas, Bacillus, Micrococcus, Alcaligenes* und *Flavobacterium*.

9.2.1. Gesamtbakteriengehalt

Einen guten Überblick über die Gesamtzahl der im Wasser vorhandenen Mikroorganismen ermöglicht uns die mikroskopische Direktzählung [75]. Die Membranfilter mit Porengrößen von 0,3···0,6 µm halten effektiv die Mehrzahl aller Bakterien zurück. Unerfaßt bleiben lediglich die allerkleinsten Formen, die Rickettsien, Viren und Bakteriophagen. Sich schwer anfärbende Formen (Mycobakterien, einige Sporenbildner) können durch Phasenkontrast- und UV-Mikroskopie sichtbar gemacht werden. Weitere Differenzierungen sind durch morphologische Unterschiede (Stäbchen, Kokken, Spirillen, Vibrionen, Sporenbildner, Actinomyceten, Hyphomyceten, Hefen) und durch mikrochemische Reaktionen (grampositive und -negative Bakterien, Eisenbakterien) möglich.

Die mikroskopische Direktzählung ermöglicht solch wesentliche Aussagen, daß bei einer unbeeinflußten Mikroflora des Wassers mit bis zu 10% toten Mikroorganismen zu rechnen ist und die Gesamtbakterienzahl drei bis sechs Zehnerpotenzen höher liegt als die kulturell erfaßbare Psychrophilen-Keimzahl.

9.2.2. Psychrophilen-Keimzahl

Unter der Psychrophilen-Keimzahl ist der, wie wir durch die mikroskopische Direktzählung wissen, geringe Anteil psychrophiler, heterotropher und vorwiegend sapro-
phytischer Mikroorganismen zu verstehen, der fähig ist, bei 22 °C auf einem definier-
ten Nährboden (Nähragar, -gelatine, -silikat) innerhalb von 48 h zu Kolonien aus-
zuwachsen, die bei 6facher Lupenvergrößerung sichtbar und damit zählbar sind. Die
unter diesen Bedingungen sich entwickelnden Mikroorganismen sind morphologisch
und systematisch außerordentlich heterogen. Es sind im wesentlichen Kokken, kurze
und lange Stäbchen, Farblose und Pigmentbildner, Fluoreszenten, Proteolyten,
Sporenlose und Sporenbildner, Grampositive und -negative, Aerobier und fakultative
Anaerobier, Denitrifikanten, Pilze usw.

Die Psychrophilen-Keimzahl entspricht in den meisten Fällen den Begriffen »Keimzahl«, »Gesamtkeimzahl«, »allgemeine Keimzahl«, »Heterotrophen-Keimzahl«, »to-
tal count« und »standard plate count«. Psychrophile im hier angewendeten Sinne sind
Mikroorganismen, deren Optimaltemperatur für das Wachstum zwischen 20 °C und
25 °C liegt [379]. Unberücksichtigt bleiben dabei die Kriterien, ob die Keime noch in
Gefrierpunktnähe zu wachsen vermögen und ob sie für bestimmte Stoffwechsel-
leistungen andere Optimaltemperaturen aufweisen.

Farbstoffbildner und Fluoreszenten. Gerade in reinen Gewässern stellen die pigment-
bildenden Keime einen relativ hohen Anteil an der mikrobiellen Besiedelung (in
sauberen Oberflächengewässern etwa 40%) [22]. Die Farbstoffe haben offenbar Stoff-
wechselfunktionen und ermöglichen in nährstoffarmen Wässern auch bei niedrigen
Temperaturen eine relativ hohe Vermehrungsrate. Unter den Pigmentbildnern finden
sich vorwiegend Vertreter der Gattungen *Micrococcus, Sarcina, Pseudomonas, Flavobacterium, Chromobacterium* und *Rhodotorula.*

Proteolyten. Das Vermögen, Gelatine zu verflüssigen, kennzeichnet starke proteolytische Enzymaktivitäten (Proteinasen und Peptidasen). Solche Aktivitäten zur
Proteinhydrolyse sind für mehrere Vertreter der Mikroflora von Oberflächengewässern, in denen ja der Eiweißabbau fast ausschließlich vor sich geht, besonders
charakteristisch. Das betrifft die Arten der Gattungen *Clostridium, Proteus, Pseudomonas* und *Bacillus.*

Sporenbildner. Die Sporenbildner kommen in zahlreichen Arten in humusreicher
Erde, und zwar besonders dort, wo dem Boden stetig organische Rückstände zugeführt werden, vor. Sie gelten als besonders aktiv bei der Zersetzung und Mineralisierung organischer Substanzen. Die Sporenbildung wird durch spezifische Stoffwechsel-
prozesse vor allem bei Nährstoffmangel ausgelöst. Durch Uferauswaschungen, Regen-
einschwemmungen und Sedimentaufwirbelungen werden dem Wasser aus den biogenen Bodenschichten ständig Sporenbildner zugeführt. Von der Gattung *Bacillus*
sind es vorwiegend *B. mycoides* und *B. subtilis*, von der Gattung *Clostridium* häufig
Cl. sporogenes.

Anaerobier. Anaerob wachsende Mikroorganismen werden in Gewässern eigentlich
nur in den Schlammsedimenten gefunden.

Stoffwechselphysiologische Spezialisten. In stehenden Gewässern, Stauhaltungen und
den großen Fließgewässern kann man Kreisläufe der wichtigsten Nährstoffe Kohlen-
stoff, Stickstoff, Schwefel, Phosphor und Eisen beobachten [200]. An den Zerfalls-
und Bildungsprozessen sind physiologische Mikrobengruppen beteiligt, deren Nachweis mit speziellen Nährböden gelingt und deren zahlenmäßiges Verhältnis Rückschlüsse auf die Stoffumsetzungen im Gewässer zuläßt.

Hefen und Schimmelpilze. Die im Wasser gefundenen Pilze bewohnen ursprünglich den Boden, absterbende Pflanzen und Bodenablagerungen. Sie werden eingespült oder gelangen über den Luftweg in das Wasser. Am häufigsten findet man Vertreter der Gattungen *Candida Rhodotorula, Mucor* und *Aspergillus.*

9.3. Indikatoren einer fäkalen Verunreinigung

Das Lebensmittel Trinkwasser darf keine Mikroben aus menschlichen oder tierischen Ausscheidungen enthalten. Einerseits wären bei Nachweis solcher Mikroorganismen die unappetitliche Herkunft und die hygienewidrigen Zustände im Sinne des Lebensmittelgesetzes belegt, andererseits wären dann Indikatoren dafür nachgewiesen, daß ein derartig kontaminiertes Wasser jederzeit darmbewohnende oder -passierende Krankheitserreger enthalten kann. Der Nachweis von Indikatoren einer fäkalen Verunreinigung des Trinkwassers gewinnt seine besondere Bedeutung aus der Tatsache, daß der direkte Nachweis von pathogenen Keimen aus methodischen Gründen nur selten gelingt.

9.3.1. Mesophile und thermophile Mikroorganismen

Erhöht man bei den kulturellen Nachweisen die Bebrütungstemperatur auf 37 °C, so wird für einen großen Teil der Psychrophilen die für das Wachstum noch mögliche obere Temperaturgrenze überschritten. Im unbeeinflußten Wasser werden also weniger Keime als bei der 22-°C-Bebrütung nachgewiesen. Es werden dabei die Keime erfaßt, die zu den Psychrophilen zwar gehören, aber doch ein weiteres Temperaturspektrum ertragen (eurytherme Formen), ferner solche, die ihr Temperaturoptimum eigentlich bereits in diesem höheren Bereich haben, und im verunreinigten Wasser schließlich jene, die als Bewohner menschlicher oder tierischer (Warmblüter) Körperhöhlen an diese Temperatur besonders gut adaptiert sind (hämothermophile Keime 36···37 °C). Alle diese Keime bezeichnet man in der Wassermikrobiologie als *mesophile Mikroorganismen.* Ihr Nachweis in Mesophilen-Titer, -Keimzahl[1] oder -Index macht es bereits möglich, einen Verdacht auf das Vorhandensein einer fäkalen Verunreinigung auszusprechen.

Der Verdacht auf Anwesenheit von Fäkalkeimen erhöht sich wesentlich bei dem Nachweis von *thermophilen Mikroorganismen,* also von Keimen, deren Optimaltemperatur über 40 °C liegt. In der Wassermikrobiologie wählt man eine Bebrütungstemperatur von 44 °C, da die obere Wachstumsgrenze der meisten hämophilen Keime bei 45···46 °C liegt.

9.3.2. Proteusbakterien

Die Vertreter der Gattung *Proteus* gehören zu den Enterobakterien und sind aus mehreren Gründen als sanitäre Organismen gut geeignet. Ihre Anwesenheit verläuft proportional zur organischen Verschmutzung des Wassers [369]. Obwohl man vorwiegend *P. mirabilis* engere Bindungen zur Darmflora von Warmblütern zuspricht und *P. vulgaris* besonders häufig in Abwässern gefunden wird, die reich an organischen Substanzen tierischer Herkunft sind, müssen alle *Proteus*-Arten als außergewöhnlich starke Proteolyten hygienisch bewertet werden.

---

[1] Die zur Psychrophilen-Keimzahl angegebenen synonymen Begriffe werden auch im Sinne der Mesophilen-Keimzahl gebraucht; bei diesen Bezeichnungen ist also die Kenntnis der Bebrütungstemperatur unbedingt erforderlich

9.3.3. Pyocyaneusbakterien

Ps. aeruginosa (Trivialname: Pyocyaneus) ist in Europa der einzige menschen-pathogene Vertreter der Gattung *Pseudomonas*. In den letzten 30 Jahren mehrten sich die Auffassungen, daß der Keim als sanitärer Indikator für eine fäkale und darüber hinaus für eine allgemeine organische Verschmutzung (starker Proteolyt) des Wassers gut geeignet sei, da man mehr und mehr den Darmtrakt von Mensch und Tier als seinen normalen Standort ansieht [328]. Darüber hinaus ist sein Nachweis in bezug auf mögliche antagonistische Wirkungen (Pyocyanasebildner) von Interesse.

9.3.4. Coliforme Bakterien

Die Begriffsbildung der Coliformen ist noch im Fluß, weil einerseits über den indi-katorischen Wert der zur Auswahl stehenden Keime noch unterschiedliche Mei-nungen vertreten werden und andererseits die differenten Untersuchungsmethoden, die kommunalhygienischen Erfordernisse und die moderne Systematik noch nicht in Einklang gebracht werden konnten.

So grenzt man den Begriff »Coliforme« als lactosespaltende Enterobakterien ab und definiert sie folgendermaßen: gramnegative, nicht sporenbildende Stäbchen, aerob oder fakultativ anaerob wachsend, Dextrose innerhalb von 24 h bei 37°C unter Bildung von Säure bzw. Lactose innerhalb von 48 h bei 37°C unter Bildung von Säure vergärend, auf Endoagar innerhalb von 24 h bei 37°C unter Lactosespaltung (roter Hof im Nährboden) wachsend, negativen Cytochromoxydase-Test zeigend. Auf diese Weise werden vor allem die Gattungen *Escherichia* und *Enterobacter* er-faßt.

Alle Koliforme wurden aus menschlichen und tierischen Ausscheidungen isoliert. Somit können sie fäkaler Herkunft sein, und ihr Nachweis führt bei einer bestimmten Häufigkeit zur Beanstandung oder Ablehnung des Trinkwassers.

9.3.5. Fäkalcolibakterien

Die Diskussion um die Begriffe »Fäkalcoli«, »faecal coliform group« und »E. coli« ist aus den gleichen Gründen wie bei der Abgrenzung der Coliformen noch nicht endgültig abgeschlossen. Hier haben sich neben verschiedenen kurzen Bunten Reihen vor allem zwei Methoden durchgesetzt:

- Temperatur-Tests (Anreicherung, Bebrütungen in Selektivnährmedien oder Prüfungen biochemischer Leistungen bei 44···45°C,
- IMVC-Kombinationen, auch: IMViC, IMAC, IMVEC oder Imvoc (Indolreaktion, Methylprobe, VOGES-PROSKAUER-Reaktion und Citratverwertungstest).

Wenn man auf eine Differenzierung der Typen nach dem WILSON-Schema [292] verzichtet und den Nachweis der isolierten Keime als Coliforme voraussetzt, kann man sich auf das Feststellen der *IMVC-Kombinationen* ++——, +——— und —+—— beschränken [143, 270]. Diese Kombinationen entsprechen der Grundform *E. coli* und repräsentieren ihre Fäkaltypen.

Die Fäkalcoli stammen mit Sicherheit aus den Fäkalien von Warmblütern. Ihr Nachweis führt somit zur Beanstandung oder Ablehnung des Trinkwassers.

9.3.6. Enterokokken

Die darmbewohnenden Enterokokken sind grampositive, nicht sporenbildende Kokken, aerob und mehr oder weniger in Kettenform wachsend, resistent gegenüber Natriumacid und Polymyxin-B-Sulfat. Es sind Streptokokken der serologischen Gruppe D. So ist auch die Systematik der fäkalen Streptokokken durch die Bearbeitung mit modernen biochemischen und serologischen Methoden noch keineswegs abgeschlossen [141, 169]. Sicher erscheint inzwischen die Bestätigung der Art *Str. faecium*, die sich durch biochemische Leistungen, durch Abweichungen in der Antigegenstruktur und wahrscheinlich durch weiterreichende ökologische Valenz von den anderen Formen abtrennen läßt.

9.3.7. Clostridien

Der ausgeschiedene Darminhalt ist außerordentlich reich an Anaerobiern. Unter den grampositiven, anaerob wachsenden und sporenbildenden Stäbchen werden die sulfitreduzierenden Clostridien, vornehmlich *Cl. perfringens*, häufig nachgewiesen.

9.3.8. Enteroviren

Im kontaminierten Wasser interessieren in erster Linie die darmbewohnenden bzw. -passierenden menschenpathogenen Viren. Zu den Pikorna-Viren gehören die *Enteroviren* mit den Poliomyelitis-Viren (3 Typen), den Coxsackie-Viren (29 Typen) und den Echo-Viren (32 Typen) [60] sowie die *Maul- und Klauenseuche-Viren.* Darüber hinaus ist mit den *Adenoviren,* dem *Reovirus* und dem Hepatitis-Virus (Inokulationshepatitis-Virus B) zu rechnen [32, 136].
Beim Nachweis von Viren aus dem Wasser ist zu beachten, daß sie sich je nach den Umweltverhältnissen einige wenige bis über 200 Tage im Wasser halten können und sich bei den Wasseraufbereitungsverfahren im Vergleich zu den Bakterien als widerstandsfähiger erweisen.

9.3.9. Bakteriophagen

Der Nachweis von Bakteriophagen im Wasser erlaubt Rückschlüsse auf die Anwesenheit oder auf die kurzzeitig zurückliegende Passage der betreffenden Wirtsbakterien [67]. Die Chlorresistenz der Phagen ermöglicht es sogar, gechlorte Abwässer als solche zu erkennen, wenn Indikatorbakterien nicht mehr nachzuweisen sind [205].

9.4. Qualitätsanforderungen an Trinkwasser

Die mikrobiologischen Qualitätsanforderungen an Trinkwasser sind in ihren Grundzügen bereits durch die Definition des Trinkwassers festgelegt. Es ist üblich und epidemiologisch berechtigt, bei einer größeren Anzahl der mit einem Trinkwasser versorgten Menschen bzw. bei größerer Reinwasserabgabe (m³ d⁻¹) einer Versorgungsanlage auch einen strengeren Maßstab anzulegen; dies bezieht sich auf die Wasserqualität, den hygienischen Schutz, den Umfang und die Häufigkeit der Kontrolluntersuchungen.

Die Angabe von Richtwerten zur Wasserbeurteilung schließt die Gefahr einer unsach-gemäßen Anwendung im Sinne isolierter Betrachtungsweisen und stereotyper Auslegung in sich. Jede Beurteilung muß möglichst viele mikrobiologische, physikalische, chemische und mikroskopisch-hydrobiologische Untersuchungsergebnisse heranziehen, sich auf die Ortsbesichtigung stützen, die hydrologischen und geologischen Verhältnisse berücksichtigen und die Gesamtsituation beachten. Eine Beurteilung über Eignung oder Beanstandung eines Wassers ist also je nach der Fragestellung dem Wasserhygieniker, dem Wasserwirtschaftler oder dem zuständigen Technologen zu überlassen.

9.4.1. Richtwerte zur Beurteilung

Unter *zentralen Trinkwasserversorgungsanlagen* (ZTVA) sind ohne Rücksicht auf die Eigentumsform Anlagen zu verstehen, die mittels eines gemeinsamen Rohrnetzes mehr als zwei bewohnte Grundstücke oder mehr als vier Haushaltungen oder mehr als 20 Personen (Betrieb, Schule, Internat oder dgl.) versorgen. Zur Bewertung der Wasserqualität ist sowohl das ins Netz abgegebene Wasser (z. B. Reinwasser des Wasserwerkes) als auch das im Verteilernetz fließende Wasser heranzuziehen, da letzteres durch mangelhafte Druckverstärkerpumpen, undichte Wasserrohre, defekte Armaturen oder durch mangelhaft ausgeführte Instandsetzungsarbeiten sekundären Verunreinigungsverfahren ausgesetzt ist.
In der Tabelle 37 sind die mikrobiologischen Richt- und Grenzwerte für Trinkwasser enthalten.

Tabelle 37. Mikrobiologische Richt- und Grenzwerte von Trinkwasser (TGL 22433)

	Einheit	Richtwert	Grenzwert
Psychrophilen-Keimzahl	Keime cm^{-3}	< 50	100
Mesophilen-Keimzahl	Keime cm^{-3}	< 5	20
Endoagarkeimzahl	Keime cm^{-3}	n.n.[1]	4
(davon Lactosepositive)		(n.n.)	(n.n.)
Coliformen-Titer[2]	cm^3	> 100	> 100
Fäkalcoli-Titer	cm^3	> 111	> 111
Enterokokken-Titer	cm^3	> 111	> 111
Pathogene Bakterien	—	n.n.	n.n.
Parasiten-Entwicklungsstadien	—	n.n.	n.n.

[1] n.n.: nicht nachweisbar nach den für Wasseruntersuchungen geltenden Analysenverfahren
[2] Titer: Kleinste Menge des untersuchten Wassers, in der noch Bakterien der gesuchten Art nachgewiesen wurden, ein niedriger Titer charakterisiert also einen hohen Bakteriengehalt. Statistisch bearbeitete Angaben zeigen oft Zahlenwerte, die die untersuchten Wassermengen nicht mehr erkennen lassen

Bei ordnungsgemäß aufbereitetem Trinkwasser sind ohne Schwierigkeiten zu erreichen: Psychrophilen-Keimzahl $< 10 \ cm^{-3}$, Mesophilen-Keimzahl $< 1 \ cm^{-3}$, Coliformen-Titer $> 500 \ cm^3$, Enterokokken-Titer $> 500 \ cm^3$ und übrige Fäkalindikatoren-Titer $> 1\,000 \ cm^3$.
Bei *Einzel-Trinkwasserversorgungsanlagen* (ETVA) sind die für die ZTVA genannten

mikrobiologischen Qualitätsanforderungen gleichermaßen zu erheben. Unter Berücksichtigung der örtlichen Verhältnisse können jedoch zugelassen werden: Psychrophilen-Keimzahl bis 500 cm^{-3}, Mesophilen-Keimzahl bis 100 cm^{-3}, Endoagarkeimzahl (davon Lactosepositive) bis 25 cm^{-3} (bis 5 cm^{-3}), Coliformen-Titer > 50 cm^3, Enterokokken-Titer 100 cm^3, Fäkalcoli- und Clostridien-Titer > 100 cm^3. Versorgt eine ETVA als Gemeindebrunnen, öffentlicher Brunnen o. ä. mehr als 20 Personen, so sind die Richtwerte wie für ZTVA anzuwenden.

Unter dem Begriff *Lebensmittelbetriebe* sind in diesem Zusammenhang alle Einrichtungen zu verstehen, die Lebensmittel herstellen (industrielle, landwirtschaftliche, handwerkliche Produktionsbetriebe), verarbeiten (Veredlungsbetriebe, Gaststätten, Gemeinschaftsküchen) oder unverpackte Lebensmittel lagern, transportieren oder handeln. Die Qualität des Trinkwassers dieser Einrichtungen muß einerseits ungeachtet der Herkunft aus ZTVA oder ETVA unbedingt den Qualitätsanforderungen an ZTVA-Trinkwasser entsprechen und andererseits die fachbereich-spezifischen Anforderungen (z. B. Molkereien, Brauereien) erfüllen. So sieht beispielsweise der Fachbereichstandard für Molkereigebrauchswasser neben der Bestimmung der Psychrophilen-Keimzahlen und des Koliformen-Titers den mikrobiologischen Nachweis der Eiweißzersetzer auf Kaseinagar (in 1 cm^3 nicht nachweisbar), der Keimzahl auf Würzeagar (in 1 cm^3 nicht nachweisbar), der Fluoreszenten in alkalischer Milch (in 1 cm^3 nicht nachweisbar) und der anaeroben Sporenbildner (0/5) vor. Die erforderliche Trinkwasser- und fachspezifische Qualität des Brauchwassers muß zu jeder Zeit am unmittelbaren Verwendungsort gewährleistet sein — innerbetriebliche Querverbindungen sind unstatthaft, da sie nicht selten zu Verunreinigungen führen. Unabhängig davon ist nach den Grundsätzen einer wirtschaftlichen Wassernutzung (s. Standard TGL 26565/01 und /10) mit Brauchwasser sparsam umzugehen, die Wiederverwendungsmöglichkeiten zu prüfen und Kreislauftechnologien anzustreben.

9.4.2. Auswahl der mikrobiologischen Kriterien

Zur Kennzeichnung der Gesamtmikroflora, zum Erkennen der saprophytischen Mikroben, zum Nachweis von Fäkalindikatoren und zur Feststellung der jeweils technologisch wichtigen Mikroorganismen steht eine ganze Anzahl mikrobiologischer Kriterien zur Verfügung. Es erscheint wenig sinnvoll und ist für die Mehrzahl der kleineren Laboratorien nicht möglich, sämtliche Kriterien zu bestimmen.

Das verbreitetste und in der Durchführung einfachste Qualitätskriterium ist die *Psychrophilen-Keimzahl*. Mit ihrer Bestimmung kann bereits eine grundsätzliche Aussage über die Trinkwasserqualität gemacht werden. Durch Keimzahlerhöhungen sind allgemeine Kontaminationen durch Einspülungen von der Erdoberfläche zu erkennen; fäkale Verunreinigungen verlaufen in den meisten Fällen ebenfalls parallel zur allgemeinen Erhöhung der Keimzahl, und die Wirkungsweise einer Wasserdesinfektion kann im Normalfall durch die Psychrophilen-Keimzahl kontrolliert werden. Der hygienischen Kontrolle dienen im Routinefall der *Coliformen-Titer*, der *Enterokokken-Titer* und die *Endoagarkeimzahl*. Mit diesem Kriterienkomplex läßt sich eine fäkale Verunreinigung eindeutig erkennen. Wenn darüber hinaus die für die Produktion bestimmter Lebensmittel wichtigen Mikroben beachtet werden, so kann auch über die Eignung des Trinkwassers für diese speziellen Zwecke befunden werden.

Alle anderen Kriterien sollten nur bei bestimmten Fragestellungen herangezogen und von dafür geeigneten Fachkräften bestimmt werden; der Nachweis von pathogenen Keimen bleibt ohnehin den dazu berechtigten Laboratorien vorbehalten.

9.4.3. Betriebliche und staatliche Kontrolle

Wie jeder Produktionsbetrieb ist auch der Wasserlieferer zur *betrieblichen Kontrolle* seiner Einrichtung und der Qualität des abgegebenen Wassers verpflichtet. So haben die VEB Wasserversorgung und Abwasserbehandlung Zentral- und Bereichslaboratorien eingerichtet, die für die betriebseigene Kontrolle der Wasserqualität verantwortlich sind. Verfügt der Lieferer von Trinkwasser über keine eigene Kontrollmöglichkeit, so muß er die Ausführung dieser Untersuchungen mit einer geeigneten Institution vertraglich sichern. Alle nicht staatlichen Laboratorien bedürfen zum mikrobiologischen Arbeiten der Genehmigung durch die zuständige Hygiene-Inspektion und sind verpflichtet, die Hygiene-Inspektion von festgestellten Richtwertüberschreitungen zu informieren.

Die *staatliche Kontrolle* der Trinkwasserqualität obliegt den Hygiene-Inspektionen und richtet sich nach den gesetzlichen Regelungen. Nur die Hygiene-Inspektion ist zur Freigabe, Beauflagung oder Sperrung eines Wassers zu Trinkzwecken berechtigt.

Um vergleichbare Untersuchungsergebnisse zu erzielen, sind die Kriterien bei den betrieblichen und den staatlichen Kontrollen nach einheitlichen Methoden [162] zu bestimmen (Standard TGL 28400).

9.5. Hygiene des Trinkwassers

Außer dem Einhalten bestimmter *Qualitätsanforderungen* an das Trinkwasser muß im Interesse der menschlichen Gesundheit auf das Bereitstellen einer bestimmten *Wassermenge* für den Normalfall und die Deckung des Mindestwasserbedarfes in Notfällen gedrungen werden. Weiterhin muß mit den Methoden der *Epidemiologie* das Geschehen der wasserbedingten gesundheitlichen Schädigungen ständig kontrolliert, der *Schutz der Trinkwassergewinnung*, die *Effektivität der Aufbereitung* und die *Sicherheit der Wasserverteilung* überwacht werden.

9.5.1. Schutzmaßnahmen bei der Trinkwasserversorgung

Neben der einwandfreien Ausführung der Wasserfassung, dem baulichen Zustand der Anlage, neben der Hygiene bei der Förderung, Speicherung und Ableitung des Wassers und neben der Wasserwerkshygiene ist in allererster Linie der genutzte Wasservorrat durch Schutz der Umgebung einer jeden Fassungsanlage zu sichern. Dies bedeutet die Festlegung von Wasserschutzgebieten (Standard TGL 24348). *Wasserschutzgebiete* werden in einem geregelten Verfahren von den Räten der Bezirke und Kreise festgelegt und bestätigt; sie dienen im wesentlichen dem Schutz vor Verunreinigungen, aber auch dem Schutz vor Ergiebigkeitsminderungen des zur Trink- oder Brauchwassergewinnung genutzten Wasservorkommens. Die Fläche eines Wasserschutzgebietes untergliedert man im allgemeinen in drei *Schutzzonen*, in denen abgestufte Maßnahmen, im wesentlichen Nutzungsbeschränkungen, gefordert und durchgesetzt werden müssen. Die *Fassungszone* ($\triangle$ Schutzzone I) dient dem Schutz des Fassungsbereiches vor unmittelbaren Verunreinigungen, ihre Fläche ist in die Rechtsträgerschaft des Wassergewinners zu überführen, und in ihrem Bereich ist jede Nutzung oder Beeinträchtigung, die eine Verunreinigungsmöglichkeit mit sich bringen oder nach sich ziehen kann, zu unterbinden. Die *engere Schutzzone* ($\triangle$ Schutzzone II) hat unter Bezug auf die verschiedenen Komponenten der Reinigungswirkung im gewissen Sinne eine puffernde Funktion, da ihre Ausdehnung so

bemessen sein soll, daß eindringende mikrobiologische Verunreinigungen und abbau-
fähige organische Wasserinhaltsstoffe vor dem Erreichen der Fassungszone zurückgehalten, abgetötet bzw. abgebaut werden. Dazu ist naturgemäß erforderlich, daß
die Fläche der Schutzzone II selbst gewissen Nutzungsbeschränkungen zu unter-
werfen und evtl. bereits in ihrem Bereich bestehende Gefahrenquellen zu beseitigen
sind. Die *weitere Schutzzone* (△ Schutzzone III) dient dem Schutz vor Eindringen
besonders massierter Verschmutzungen, die das Reinigungsvermögen der engeren
Schutzzone überfordern, sowie vor dem Eindringen solch chemischer Verunreinigungen, die einem zu geringen natürlichen Abbau unterliegen (z. B. Mineralöle); sie
umfaßt maximal das ober- bzw. unterirdische Einzugsgebiet.
Die Festlegung der Schutzzonen muß sich in jedem Falle nach den örtlichen hydro-
geologischen und morphographischen Verhältnissen richten und die Besonderheiten
der Wasserfassung berücksichtigen. Für nutzungsfähige Wasservorkommen, die für
eine zukünftige Trink- oder Brauchwassergewinnung vorgesehen sind, sollten rechtzeitig *Wasserschongebiete* ausgewiesen werden.

9.5.2. Aufbereitung des Trinkwassers

Da Rohwasser mit Reinwasserqualität kaum mehr zur Verfügung steht, muß das
Rohwasser zur Gewährleistung der hygienisch und technisch einwandfreien Beschaffenheit in der Regel mehr oder weniger aufbereitet werden.
Bei der *Klärung* werden durch Sieben, Absetzen und Filtern die mechanisch abtrenn-
baren Partikeln aus dem Wasser entfernt, während bei verschiedenen Verfahren des
Stoffaustausches durch Fällung, Flockung, Adsorption, Gasaustausch und Chemika-
lienzusatz die unerwünschten gelösten Stoffe entfernt und gewünschte Stoffe zugesetzt werden. Die Wasserwerke haben demzufolge entsprechend der jeweiligen Roh-
wasserbeschaffenheit mechanische und chemische Aufbereitungsanlagen zur Ent-
säuerung, Enthärtung, Enteisenung, Entmanganung, chemischen Stabilisierung,
Geschmacks- und Geruchsverbesserung, Fluor-Dosierung, Teilentsalzung und zum
Sauerstoffeintrag. Schließlich werden bei der *Desinfektion* die durch die anderen
Aufbereitungsprozesse bereits dezimierten Mikroorganismen restlos entfernt bzw.
abgetötet.

9.6. Desinfektion des Trinkwassers

Trinkwasser muß unter allen Umständen frei von pathogenen Keimen sein. Es darf
keine Mikroorganismen aus menschlichen oder tierischen Fäkalien enthalten und soll
darüber hinaus möglichst keimarm sein. Die Erfüllung dieser Forderungen kann wegen
der unterschiedlichen Herkunft des Wassers durch die üblichen Aufbereitungsverfahren nur unvollständig und nicht zu jeder Zeit garantiert werden. Deshalb ist
eine *Entkeimung* des Trinkwassers durch Entfernen oder Abtöten der in ihm enthaltenen Mikroorganismen (Protozoen, Bakterien, Viren) erforderlich. Für zentrale
Wasserversorgungsanlagen ist gesetzlich festgelegt, daß in folgenden Fällen eine
Desinfektion durchzuführen ist:

● Nachweis von Indikatoren einer fäkalen Verunreinigung,
● Verwendung von Oberflächenwasser als Rohwasser,
● Verwendung von künstlichem oder natürlichem Grundwasser, das wechselnde
  Untersuchungsbefunde aufweist,

- Betrieb von beschädigten Gewinnungs- oder Aufbereitungsanlagen,
- besondere Vorkommnisse, die eine gesundheitsschädigende Verunreinigung des Wasser mit sich bringen können.

Deshalb müssen alle ZTVA mit ständig einsatzbereiten selbsttätig arbeitenden Einrichtungen zur Desinfektion des Wassers ausgerüstet sein.

9.6.1. Physikalische Verfahren

Die *Filtration* durch Medien allerkleinster Porengröße (keramische Filterkerzen, Bakterienfritten, Membranfilter) erlaubt das Entfernen zumindest der größeren Mikroorganismen; die Viren können auf diese Weise aus größeren Wassermengen nicht eliminiert werden.

Das *Abkochen* (10···20 min) ist eine einfache und sichere Vorbeugungsmaßnahme in Notfällen, die jedoch nur bei kleinen Wassermengen (Individualverbrauch) durchführbar ist.

Die *UV-Bestrahlung* setzt völlige Klarheit des zu behandelnden Wassers voraus, da eingeschwemmte Trübstoffe die normalerweise bereits geringe Eindringtiefe der UV-Strahlen bis zur Wirkungslosigkeit herabsetzen können.

9.6.2. Chemische Verfahren

Die *Ozonierung* ist ungeachtet einiger technischer Schwierigkeiten ein sehr wirksames Desinfektionsverfahren. Die übliche Zugabe von 0,5 mg $O_3 \, l^{-1}$ tötet Viren innerhalb von 2 min ab, und das Ozon bleibt auch bei Anwesenheit von Stickstoffverbindungen wirksam. Durch seine Zersetzung $O_3 \rightarrow O + O_2$ gelangen keine fremden Chemikalien in das Wasser, organische Verbindungen werden oxydiert, und Geschmack und Geruch werden nicht nachteilig beeinflußt.

Die *Chlorung* ist in mehreren Modifikationen das gebräuchlichste, billigste und bei richtiger Anwendung ein sehr wirksames Desinfektionsverfahren. Als den Effekt herabsetzende Faktoren sind die Chlorzehrung, die Temperatur- und die pH-Wert-Abhängigkeit zu beachten; üblicherweise kann mit einer sicheren Desinfektion gerechnet werden, wenn am Endstrang des Verteilernetzes noch 0,1 mg l^{-1} wirksames Chlor nachgewiesen werden kann. Freies wirksames Chlor (schnell wirkend) kann als *Chlor-Gas*, Cl_2, direkt oder indirekt, als *unterchlorige Säure*, HOCl, oder als Hypochlorit z. B. *Natriumhypochlorit*, NaOCl, dem Wasser zugesetzt werden. Bei ZTVA ist das indirekte Chlorgas-Verfahren am verbreitetsten, bei ETVA das wegen der pH-Wert-Erhöhung langsamer arbeitende Hypochlorit-Verfahren noch üblich. Gebundenes wirksames Chlor (langsamer wirkend) kann man in Notfällen als Chloramin dem Wasser zugeben. Es entsteht als *Chloramin* (NH_2Cl, $NHCl_2$, NCl_3) beim *Chlor-Ammoniak-Verfahren*, mit dem bei der *Brechpunkt-Chlorung* ein besonders günstiger Effekt erzielt wird. Die besten baktericiden und viriciden Wirkungen werden mit *Chlor-Dioxid*, ClO_2, erreicht, das eine sehr starke Oxydationskraft hat. Die Verwendung von *Chlorkalk*, $CaOCl_2$, ist wegen der pH-Wert-Erhöhung, des geringen Hypochloritanteiles, der Aufhärtung und des Fremdstoffeintrages wenig wirksam und nicht zu empfehlen.

Die *Jodung* und *Bromung*, also der Einsatz der Halogene Jod und Brom in Analogie zum Chlor, sind wirksame, aber unwirtschaftliche Verfahren, so daß sie noch keine Bedeutung gewinnen konnten.

Die *Silberung* beruht auf der oligodynamischen Wirkung der Silberionen auf die Bakterien. Die gleichmäßige Verteilung der Silberionen wird durch elektrolytische Auflösung (Elektro-Cumasina-, *Elektro-Katadyn-Verfahren*), durch Chemikaliendosierung (*Cumasina-* und *Mikropur-Verfahren*) oder durch ein geeignetes silberbehandeltes Filtermaterial (*Sterilit-Verfahren*) erreicht. Beachtet man die herabgesetzte Wirkung bei Anwesenheit von Trübstoffen, einigen organischen Verbindungen und Eisen, so genügen 20···60 μg l⁻¹ Silber, um bei einer Kontaktzeit von wenigen Stunden eine ausreichende Desinfektionswirkung zu erzielen. Empfehlenswert ist die Anwendung besonders bei ETVA und Wasserbunkerungen. Auch die Kombination der oligodynamischen Wirkung der Silberionen mit der oxydativen Wirkung des Chlors hat eine gewisse Bedeutung.

10. Alkoholfreie Erfrischungsgetränke

Zu den alkoholfreien Erfrischungsgetränken gehören nach dem Standard TGL 6801 folgende Produkte:
Ungesüßte kohlensäurehaltige Wässer (Mineralbrunnen, Tafelbrunnen, Tafelwasser, Selterswasser, Sodawasser), fruchtsafthaltige Getränke mit Kohlendioxid, Fruchtsaftgetränke ohne Kohlendioxid, coffeinhaltige Cola-Getränke und coffeinhaltige Limonaden, Limonaden, Brausen und Diabetikergetränke. Obst- und Gemüsesäfte sowie Süßmoste und Nektare werden nicht dazu gerechnet. Sie wurden bereits unter 1.5. und 2.9. besprochen.
Alkoholfreie Erfrischungsgetränke kommen vorzugsweise als Flaschenware, teilweise auch als Faß- oder Tankware, in den Handel. Sie sind zum unmittelbaren Genuß bestimmt. Die geforderte Haltbarkeit liegt je nach Getränk zwischen 14 Tagen und 30 Tagen, für pasteurisierte Fruchtsaftgetränke in Flaschen und anderen Behältnissen beträgt sie 6 Monate. Sie wird im wesentlichen durch die mikrobiologische Qualität der Fertigerzeugnisse bestimmt, die wiederum von der mikrobiologischen Beschaffenheit der zum Einsatz kommenden Roh- und Hilfsstoffe, der Technologie sowie von den Lagerungsbedingungen abhängt [73].
Ähnlich wie die alkoholfreien Erfrischungsgetränke im Sinne des Standards TGL 6801 gibt es in den verschiedenen Ländern zahlreiche alkoholfreie Getränke mit unterschiedlichen Bezeichnungen. Da in mikrobiologischer Hinsicht kaum Unterschiede zwischen den verschiedenen Erzeugnissen bestehen, sollen sie im folgenden gemeinsam abgehandelt werden.

10.1. Ungesüßte, kohlensäurehaltige und kohlensäurefreie Wässer

Aufgrund der unterschiedlichen chemischen Zusammensetzung bieten die alkoholfreien Erfrischungsgetränke den Mikroorganismen sehr verschiedene Entwicklungsmöglichkeiten.
Untersuchungen in der ČSSR zeigten, daß alle Arten natürlicher Mineralwässer an der Quelle zu 99% in hygienischer Hinsicht einwandfrei sind. Sie enthalten lediglich für die Gesundheit unschädliche Eisen-, Schwefel- und Stickstoffbakterien. Diese Mineralisten, die nicht auf energiereiche organische Verbindungen angewiesen sind, bilden die natürliche Mikroflora dieser Wässer. Während des Transportes und beim Abfüllen werden die Mineralwässer jedoch durchlüftet, und dadurch entstehen günstige Vermehrungsbedingungen für aerobe chemoautotrophe Arten. So kann es an den Wänden und Böden von Mineralwasserflaschen zu einem flockenartigen Wuchs oder Ablagerungen von Rost durch Eisenbakterien kommen, die auch sensorische Veränderungen bedingen [371].

236

Weiterhin kommt es vor allem bei dem Abfüllprozeß in Flaschen zu mikrobiellen Kontaminationen, z. B. durch die Füllaggregate, auf dem Luftwege, durch die Flaschen und durch die Verschlüsse. Besonders stickstoffhaltige und auch energiereiche organische Stoffe, wie Eiweiße und Kohlenhydrate, z. B. von Resten des Klebstoffes der Etiketten, die bei unzulänglicher Reinigung in den Flaschen verbleiben, begünstigen die Vermehrung saprophytärer Mikroorganismen.

In kohlendioxidfreiem Mineralwasser können sich vorzugsweise Bakterien stark vermehren. So stiegen die Keimzahlen in hermetischer Verpackung nach 1 bis 6 Monaten Lagerung bei Zimmertemperatur von 1 Keim je 1 cm^3 auf 1000 bis 20000 Keime cm^{-3} an. Die Mikroflora bestand aus Vertretern folgender Gattungen: *Xanthomonas*, *Pseudomonas*, *Alcaligenes* und *Flavobacterium*. *Pseudomonas*-Arten vermehrten sich besser in Wasser mit höherem Mineralsalzgehalt. Luft in den Flaschen beschleunigte die Vermehrung [58]. Kontaminationen durch bedingt pathogene Bakterien, wie *Micrococcus*- und *Bacillus*-Arten, können nicht ausgeschlossen werden, siehe dazu auch die vergleichbaren folgenden Ausführungen über kohlendioxidhaltige Wässer.

Ungesüßte, kohlensäurehaltige Wässer, wie Mineralbrunnen, Tafelbrunnen, Tafelwasser und Selterswasser, sind natürlich mineralhaltige oder mineralisierte Wässer mit Kohlendioxidzusatz. Sie bieten Mikroorganismen aufgrund ihrer Nährstoffarmut ebenfalls kaum Entwicklungsmöglichkeiten, doch können einmal vorhandene Keime gewöhnlich längere Zeit am Leben bleiben. Der Keimgehalt ungesüßter, kohlensäurehaltiger Wässer unterliegt offenbar starken Schwankungen. So waren von 102 Mineralwasserproben, die in der BRD untersucht wurden, 11,8% steril. In 4% der Flaschen lagen die Keimzahlen über 100000 cm^{-3}. Unter den 18 gefundenen Keimarten befanden sich u. a. *Escherichia coli* und *Staphylococcus aureus* [326]. In abgefüllten Mineralwässern griechischen Ursprungs lagen die Keimzahlen meistens nicht über 20000 cm^{-3}, in einigen Fällen bei 80000 cm^{-3} [240]. Von 44 in Frankreich untersuchten Proben, von denen 10 kein Kohlendioxid enthielten, hatten 13 einen Keimgehalt unter 10 cm^{-3}, 3 unter 100 cm^{-3}, 12 unter 1000 cm^{-3}, 4 unter 100000 cm^{-3} und 2 über 100000 cm^{-3}. *Escherichia coli* kam in einer Probe vor, andere Darmbakterien waren in 2 Proben enthalten [57].

Als häufigste Kontaminationsquellen wurden leere Flaschen ermittelt, doch spielen außerdem Flaschenverschlüsse, insbesondere Korken und Schraubverschlüsse, sowie auch die Lagertanks, Transportbehälter und Leitungen, Abfüllanlagen u. a. eine Rolle als Quellen von Verunreinigungen.

Da somit die potentielle Gefahr besteht, daß durch ungesüßte, kohlensäurehaltige oder -freie Wässer die Erreger bakterieller Lebensmittelvergiftungen übertragen werden, müssen sie den gleichen hygienischen Anforderungen genügen, wie sie an Trinkwasser (s. unter 9.4.) gestellt werden.

Zur Entkeimung von Mineralwässern wurden verschiedene Methoden vorgeschlagen, wie Filtrieren, Silberung, Ozonbehandlung und Pasteurisieren, doch bestehen in den verschiedenen Staaten unterschiedliche gesetzliche Regelungen über die Zulassung der Verfahren.

Nach Standard TGL 6801 ist für die DDR die Filtration zugelassen. Zum Abfüllen dürfen nur hygienisch einwandfreie Flaschen und Verschlüsse Verwendung finden (s. unter 1.5.1.4.). Beim Transport und bei der Lagerung dürfen die gefüllten Flaschen keiner direkten Sonneneinstrahlung, Frost- oder Staubeinwirkung ausgesetzt werden. Die Lagerung soll in trockenen, sauberen, dunklen Räumen bei Temperaturen zwischen 2 °C und 16 °C erfolgen, wobei die Haltbarkeit mindestens für 28 Tage gewährleistet sein muß. Um diese Forderungen einzuhalten, ist eine ständige mikrobiologische Betriebskontrolle erforderlich, die sich nicht nur auf die Fertigprodukte, sondern auf alle Stufen der Produktion erstrecken muß.

10.2. Fruchtsaftgetränke, Limonaden und Brausen

Fruchtsaftgetränke und Fruchtsaftlimonaden sind aus Fruchtrohsäften (Fruchtmuttersäften), Fruchtsaftgemischen, Dicksäften oder Fruchtsaftkonzentraten unter Zusatz von Weißzucker, Genußsäuren, geschmackgebenden Stoffen, Trinkwasser oder Tafelwasser und Kohlensäure oder natürlichen, kohlensäurehaltigen Wässern hergestellte Erfrischungsgetränke. Limonaden sind aus natürlichen Essenzen und Genußsäuren oder natürlichen Grundstoffen, Weißzucker, Kohlensäure, Trinkwasser oder Tafelwasser natürlicher Art, teilweise mit geringem Fruchtsaftanteil hergestellte Getränke. Darüber hinaus gibt es den unterschiedlichen Verbrauchergewohnheiten entsprechend in den verschiedenen Ländern zahlreiche alkoholfreie Erfrischungsgetränke, wie Brausen, die den Limonaden entsprechen, aber weniger Zucker und dafür Süßstoff enthalten, coffeinhaltige Getränke u. a. Sie haben eine ähnliche chemische Zusammensetzung.

10.2.1. Bedeutung der Mikroorganismen für Fruchtsaftgetränke, Limonaden und Brausen

In mikrobiologischer Hinsicht sind die zuckerhaltigen Fruchtsaftgetränke bedeutend weniger widerstandsfähig gegen Kontaminationsorganismen als die ungesüßten, kohlensäurehaltigen Wässer. Sie bieten saprophytischen Mikroorganismen gute Wachstums- und Vermehrungsbedingungen und sind somit einem schnellen Verderb ausgesetzt. Das gilt auch für die Limonaden und Brausen, jedoch ist deren Verderbnisgefahr aufgrund des vergleichsweise geringen Nährstoffgehaltes nicht ganz so groß. Als speziell begrenzender Faktor für das Mikroorganismenwachstum ist für alle alkoholfreien Erfrischungsgetränke der niedrige Eiweiß- bzw. Stickstoffgehalt anzusehen. Mikroorganismen verursachen vor allem qualitative Verschlechterungen der Getränke, wie Geschmacksveränderungen, Trübungen und Gärungen. Sie beeinträchtigen die Haltbarkeit der Getränke und können zum völligen Verderb führen. Weiterhin besteht die Möglichkeit, daß gesundheitsschädigende Keime durch Fruchtsaftgetränke und Limonaden übertragen werden. Den verschiedenen Mikroorganismenarten wird eine unterschiedliche praktische Bedeutung beigemessen.

Bakterien

Bakterien können sich in Fruchtsaftgetränken, Limonaden und Brausen nur bedingt entwickeln, wobei der Sauerstoff und der Säuregehalt der Getränke von entscheidendem Einfluß sind. Je niedriger der pH-Wert eines Getränkes liegt, um so geringer sind die Möglichkeiten eines mikrobiellen Verderbs. In imprägnierten Getränken wird das Wachstum aerober Bakterien in dem Maße unterdrückt, wie die CO_2-Konzentration zunimmt und der Gehalt an gelöstem Sauerstoff abnimmt. In Limonaden und Fruchtsaftgetränken kommen hauptsächlich säurebildende Arten, wie Milchsäurebakterien und Essigsäurebakterien der Gattung *Gluconobacter*, als Schädlinge vor. Außer durch den Zuckerabbau bewirken sie durch ihre Stoffwechselprodukte qualitative Veränderungen der Getränke. Heterofermentative Milchsäurebakterien bilden z. B. Diacetyl und Acetoin, die zu geschmacklichen Verschlechterungen führen. Besonders unangenehm wirkt sich das Auftreten von *Leuconostoc mesenteroides* aus. Das früher als *Streptococcus mesenteroides* bezeichnete kugelförmige, stark schleimbildende Bakterium, auch als »Froschlaichbakterium« bekannt, bildet

aus Saccharose Dextran und bewirkt das Fadenziehen. Befallene Getränke bekommen eine zähe, dickflüssige, schleimige Konsistenz.
Auf die Möglichkeiten der Übertragung krankheitserregender Bakterien durch Getränke ist bereits mehrfach hingewiesen worden, doch ist die Gefahr gering, soweit es sich um stark saure Erfrischungsgetränke handelt, da sich humanpathogene Bakterien bei pH-Werten unter 4,0 zumindest nicht mehr vermehren können.

Hefen

Hefen kommen häufig in alkoholfreien Erfrischungsgetränken vor. Hinsichtlich des Nährstoffangebotes und pH-Wertes finden sie außerordentlich günstige Entwicklungsbedingungen. Von allen in Fruchtsaftgetränken und Limonaden vorkommenden Mikroorganismenarten müssen sie als wichtigste Schädlinge angesehen werden. Als häufigste Arten erwiesen sich kräftig zuckervergärende Hefearten, wie *Saccharomyces uvarum* und *S. cerevisiae*, die in 65% der geprüften kontaminierten Erfrischungsgetränke, wie Cola-, Orangen- und Zitronenlimonade, vorkamen. *Sacch. uvarum* wird neuerdings als Synonym für *Sacch. cerevisiae* angesehen, ebenso wie die Limonaden-Verderber *Sacch. italicus* und *Sacch. steineri*. Eine bisher fast ausschließlich in Limonaden gefundene Hefeart ist *Brettanomyces naardensis*. Vereinzelt nachgewiesen wurden weiterhin *Zygosaccharomyces (= Saccharomyces) florentinus*, *Zyg. (= Sacch.) bisporus*, *Zyg. fermentii (= Sacch. montanus)*, *Zyg. (= Sacch.) bailii*, *Torulaspora (= Sacch.) delbrückii (= Sacch. rosei)*, *Candida (= Torulopsis) stellata*, *C. intermedia*, *Hansenula anomala* und *Brettanomyces clausenii*. Da diese Hefearten sich in verschiedenen Limonaden und Fruchtsaftgetränken mehr oder weniger stark vermehren können, müssen sie sämtlich als potentielle Schädlinge von alkoholfreien Erfrischungsgetränken angesehen werden. Andere Hefearten, wie schwach oder nicht gärende Vertreter der Gattungen *Candida*, *(Torulopsis)*, *Cryptococcus* und *Rhodotorula*, die ebenfalls in Erfrischungsgetränken gefunden wurden, müssen zumindest teilweise als mehr oder weniger zufällig anwesende Kontaminanten angesehen werden, da sie in Modellversuchen nach dem Einimpfen in Limonade abstarben [23, 311].
Hefen sind an der Trübung, Bildung von Bodensatz und Gärung der befallenen Getränke zu erkennen. Außerdem kommt es zu geschmacklichen Veränderungen, z. B. durch die Bildung von Ethylalkohol. Da bei der Vermehrung und Gärung der Hefen sowohl Oxydations- als auch Reduktionsprozesse ablaufen, kommt es zu tiefgreifenden chemischen Veränderungen der Aromabestandteile und Farbstoffe. Durch die Entwicklung von Kohlendioxid im Verlaufe des Gärungsstoffwechsels kann der Druck in der Flasche so stark werden, daß beim Öffnen das Getränk übersprudelt oder in selteneren Fällen, z. B. beim Einwirken von sommerlichen Temperaturen und Erschütterungen beim Transport, eine Explosion der Flasche eintritt [74].

Hyphomyceten

Hyphomyceten kommen aufgrund ihres hohen Sauerstoffbedarfs in abgefüllten alkoholfreien Getränken im allgemeinen kaum zur Vermehrung, doch sind einige mikroaerophile Arten bekannt, und Vertreter der Gattungen *Mucor* und *Fusarium* sind unter Sauerstoffausschluß zur alkoholischen Gärung fähig. Schimmelpilzbefall ist an den mitunter kräftig gefärbten Mycelhäuten an der Oberfläche der Getränke oder an den untergetauchten, watteartigen Mycelfetzen in fortgeschrittenen Stadien bereits makroskopisch zu erkennen. Außerdem macht er sich durch den muffigen, phenolartigen Geschmack bemerkbar.

10.2.2. Kontaminationsquellen bei der Herstellung von Fruchtsaftgetränken, Limonaden und Brausen

Während der mikrobielle Verderb von alkoholfreien Erfrischungsgetränken im allgemeinen erst während der Lagerung der für den unmittelbaren Konsum bestimmten Ware in Erscheinung tritt, gelangen die Erreger bereits mit den Rohstoffen und Behältern sowie durch technische Mängel und schlechte Betriebshygiene in die Fertigerzeugnisse (Bild 65).

10.2.2.1. Wasser als Kontaminationsquelle

Dem verwendeten Wasser wird vielfach nicht die nötige Aufmerksamkeit geschenkt. In mikrobiologischer Hinsicht muß das zur Herstellung von Getränken verwendete Wasser oder Tafelwasser den gleichen Anforderungen genügen, wie sie für Trinkwasser gestellt werden (s. unter 9.4.).

10.2.2.2. Zucker als Kontaminationsquelle

Obwohl Zucker, wie Weißzucker, Raffinade und Flüssigzucker, im allgemeinen zu den keimarmen Lebensmitteln zu rechnen ist, kann er mehr oder weniger hohe Keimzahlen aufweisen (s. unter 5.1.5.). Von dem in der amerikanischen Getränkeindustrie eingesetzten Kristallzucker wird gefordert, daß in 10 g nicht mehr als 200 mesophile Bakterien, 10 Hefen und 10 Hyphomyceten enthalten sind. Doch liegt die Keimzahl für Hefen, die als besonders schädlich erkannt wurden, in den handelsüblichen Zuckern mitunter höher. So enthielten von 29 untersuchten Proben 16 mehr als 10 Hefen in 10 g, und in 26 dieser Proben waren schleimbildende Bakterien vorhanden. Ihre Keimzahl betrug maximal 180, im Durchschnitt 52 je 10 g Zucker [255].
Eine besondere Gefahrenquelle stellen die in der Getränkeindustrie verbreiteten Kaltlöseapparaturen für Kristallzucker dar. Es ist eine weit verbreitete Auffassung, daß 65%ige Saccharoselösungen, wie sie in diesen Apparaten hergestellt werden, von Mikroorganismen nicht befallen werden. Es gibt jedoch eine Reihe osmophiler Mikroorganismen, insbesondere Hefen, die sich auch in hochkonzentrierten Zuckerlösungen vermehren können. Aus diesem Grund sollte Zucker nur heiß gelöst und sterilisiert werden, wobei zu beachten ist, daß die Hitzeabtötung osmophiler Hefen von der Konzentration der Zuckerlösung abhängig ist (s. MÜLLER [250], Abschn. 3.3.2.6.2.).
Die Mikrobiologie des in der Getränkeindustrie eingesetzten Flüssigzuckers (Zuckersirup) ist unter 5.1.5.2.3. abgehandelt.

10.2.2.3. Obstsäfte und Obstsirupe als Kontaminationsquellen

Die in Obstsäften und Obstsirupen vorkommenden Mikroorganismenarten wurden bereits unter 1.5. und 1.6. beschrieben. Bei der Herstellung von alkoholfreien Erfrischungsgetränken ist zu beachten, daß Fruchtsirup lebende Mikroorganismen — vor allem werden osmophile Hefen gefunden — enthalten kann. Die Keimzahl ist jedoch in normalen Produkten sehr gering, da die Vermehrung der meisten Mikroorganismen im Sirup durch die hohe Zuckerkonzentration und die Anwesenheit von Konservierungsmitteln weitgehend unterbunden wird. Bei der Herstellung der Fruchtsaftgetränke wird sowohl die hemmende Wirkung des hohen Zuckergehaltes als auch

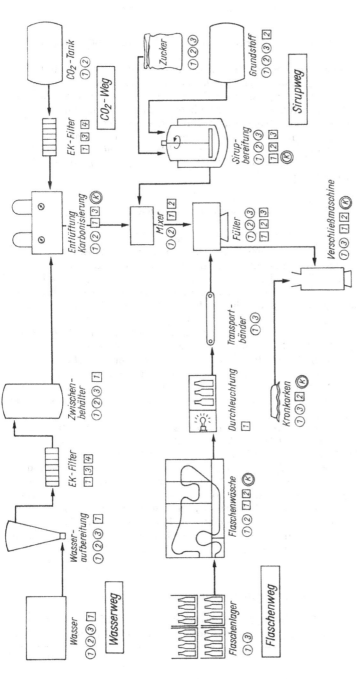

Bild 65. Wichtige Kontaminationsquellen und spezielle kontaminationsbegünstigende Faktoren bei der Limonadenproduktion

Kontaminationsquellen

① Behältnis, Apparat, Rohrleitungen
② Rohstoff (Wasser, CO_2, Zucker, Grundstoff)
③ Luft
Ⓚ Kontrollpunkt für mikrobiologische Stufenkontrollen

Spezielle kontaminationsbegünstigende Faktoren

☐1 Menschliches oder maschinelles Versagen
☐2 Mangelhafte Reinigung bzw. Desinfektion
(z. B. zu niedrige Temperatur oder Laugenkonzentration)
☐3 Entlüftung mangelhaft
☐4 Filter zu alt

der Konservierungsmittel durch die Verdünnung mit Wasser aufgehoben, so daß sich die Mikroorganismen intensiv vermehren können. Pasteurisierte Fruchtrohsäfte werden nach dem Öffnen der Behälter kontaminiert und bieten vor allem Hefen und Hyphomyceten gute Wachstums- und Vermehrungsbedingungen.

10.2.2.4. Limonadengrundstoffe und Fruchtsäuren als Kontaminationsquellen

Natürliche Limonadengrundstoffe, wie Essenzen und Kräuterauszüge, sind Extrakte oder Destillate von Pflanzenteilen. Sie haben einen hohen Anteil an mikrobiciden ätherischen Ölen und teilweise einen Zusatz von Ethylalkohol, so daß sie in mikrobiologischer Hinsicht für die Limonadenherstellung kaum eine Gefahr darstellen. Die wäßrigen Lösungen einiger Fruchtsäuren, die zur Herstellung von Erfrischungsgetränken zugelassen sind, können ebenfalls von Mikroorganismen befallen werden. Sinkt der Säuregehalt von Citronen- und Weinsäurelösung unter 25%, so werden sie von Schimmelpilzen befallen. Milchsäure ist dagegen in 10%igen Lösungen biologisch haltbar [185].

10.2.2.5. Apparate und Leitungen als Kontaminationsquellen

So wichtig die mikrobiologische Qualität der Ausgangsstoffe für den Keimgehalt und die biologische Haltbarkeit der Fertigerzeugnisse ist, so darf dabei die Arbeitsweise im Betrieb und ihre große Bedeutung für die Kontamination der Getränke mit schädlichen Keimen nicht unterschätzt werden. Alle zur Herstellung der alkoholfreien Getränke verwendeten Apparate und Leitungen müssen regelmäßig gründlich gereinigt und desinfiziert werden. Geschieht dies nicht sorgfältig genug, führen zurückbleibende Getränkereste zu einer raschen Keimvermehrung. So stiegen die Keimzahlen bei der Herstellung und Abfüllung eines Orangen-Fruchtsaftgetränkes nach erfolgter Desinfektion der Leitungen und Getränke auf $800\cdots900$ je 1 cm^3 an, während sie vor der Desinfektion 10fach höhere Werte erreichten [417]. Bei der Reinigung und Desinfektion lassen sich Fruchtfleischreste nur sehr schwer entfernen. Sie bieten vor allem an schwer zugänglichen Stellen der Anlagen eine gute Nährstoffbasis zur Mikroorganismenvermehrung und stellen gefährliche Kontaminationsherde dar.

Häufig treten mikrobiologische Probleme beim wechselweisen Abfüllen von alkoholfreien Erfrischungsgetränken und Bier mit den gleichen Flaschenabfüllanlagen auf. Bier enthält stets relativ große Mengen lebender Zellen der Bierhefen (Saccharomyces uvarum = S. carlsbergensis)[1], die als bedeutende Schädlinge alkoholfreier Erfrischungsgetränke bekannt sind (s. unter 10.2.1.). Durch entsprechend zwischengeschaltete Reinigungs- und Desinfektionsmaßnahmen können die mikrobiologischen Probleme, die eine schlechte Haltbarkeit der Flaschenware bedingen, eingeschränkt werden. Besser ist die Abfüllung von Bier und alkoholfreien Erfrischungsgetränken mit getrennten Anlagen. Das Kohlendioxid und die entsprechenden Rohrleitungen müssen keimfrei sein, da sonst mit der Imprägnierung der Getränke eine Keimanreicherung erfolgt (s. Bild 65).

10.2.2.6. Behältnisse als Kontaminationsquellen

Auf die Kontaminationsgefahr durch Getränkeflaschen und Verschlüsse wurde unter 1.5.1.4. ausführlich eingegangen. Fruchtsaftgetränke, Limonaden und Brausen

---

[1] S. Fußnote S. 253

dürfen nur in hygienisch einwandfreie, keimarme Behältnisse (Keimzahl < 1 je 1 cm³ Volumen) abgefüllt werden, und an die (Kronen-)Verschlüsse sind gleiche Anforderungen zu stellen.

10.2.3. Faktoren, die die Haltbarkeit beeinflussen

Wie bereits gezeigt wurde, bestehen bei der Herstellung alkoholfreier Erfrischungsgetränke zahlreiche Kontaminationsmöglichkeiten, und die Endprodukte enthalten gewöhnlich in mehr oder weniger starkem Maße lebende Mikroorganismen, die zum Verderb führen können. Die Haltbarkeitsforderungen für die Fertigprodukte betragen in der DDR nach Standard TGL 6801 bei einer Prüftemperatur von 20 °C ± 2 K 14 Tage für kohlensäurehaltige Fruchtsaftgetränke und Fruchtsaftlimonaden sowie Fruchtsaftgetränke ohne Kohlendioxid in Fässern und Tanks, 20 Tage für sonstige Limonaden und Brausen, 30 Tage für koffeinhaltige Cola-Getränke und 6 Monate für thermisch konservierte Fruchtsaftgetränke ohne Kohlendioxid in Flaschen und anderen Behältnissen. Um diese Minimalforderungen erfüllen zu können, genügt es nicht allein, daß nur biologisch einwandfreie Rohstoffe zum Einsatz gelangen und die Herstellung der Getränke unter hygienisch einwandfreien Bedingungen erfolgt, sondern es ist eine Reihe weiterer Faktoren zu beachten, auf die im folgenden näher eingegangen wird. [185]

10.2.3.1. Bedeutung des Sauerstoffentzugs

Für die Haltbarkeit der Fruchtsaftgetränke und Limonaden ist die weitgehende Ausschaltung des Luftsauerstoffs von entscheidender Bedeutung. Durch den Sauerstoffentzug werden nicht nur unerwünschte oxydative Veränderungen der Getränkebestandteile, z. B. die Zerstörung des Vitamins C, verhindert, sondern vor allem den aeroben Mikroorganismen, einschließlich der besonders schädlichen Hefen, die notwendigen Voraussetzungen zur Vermehrung entzogen. Deshalb sollen die Zuckerlösungen und der Sirup nach dem Erhitzen, das den gelösten Sauerstoff austreibt, möglichst schnell verarbeitet werden. Das Limonadenwasser muß vor dem Imprägnieren mit Kohlendioxid sorgfältig entlüftet werden; es soll praktisch sauerstofffrei sein (vgl. Bild 65). Zu beachten ist, daß poröse Filter und Klärungshilfsmittel, wie Aktivkohle und Kieselgur, bei unzulänglicher Entlüftung zu Beginn der Filtration bis zu 3,5 mg Sauerstoff an 1 l Flüssigkeit abgeben. Das verwendete Kohlendioxid muß sauerstofffrei in den Imprägnierapparat gelangen, und die Füllorgane müssen technisch einwandfrei arbeiten, damit die Luftaufnahme beim Abfüllen auf ein Minimum beschränkt bleibt. Durch die beim Abfüllen freiwerdenden geringen Mengen Kohlendioxid soll der restliche Sauerstoff im Flaschenhals verdrängt werden. Die Flaschenverschlüsse müssen hermetisch schließen. [194]

10.2.3.2. Bedeutung des Kohlendioxids (Imprägnierung)

Die Zugabe von etwa 4···8 g Kohlendioxid je Liter gibt den alkoholfreien Getränken eine besondere Geschmacksnote, es wirkt erfrischend und verlängert die Haltbarkeit. Die hemmende Wirkung des Kohlendioxids auf Mikroorganismen ist schon seit langem bekannt [240]. Während man jedoch früher eine vorwiegend spezifische Hemmwirkung des Kohlendioxids annahm, zeigen neuere Untersuchungen, daß das Kohlendioxid vor allem durch die Verdrängung des Sauerstoffs aeroben Mikroorganismen die notwendigen Lebensbedingungen entzieht. So konnte z. B. die CO_2-Konzentration bei der Druckeinlagerung von Obstsäften nach dem Böhi-Verfahren gesenkt werden, indem man die Säfte vorher entlüftet. Da Anaerobier, z. B. die aerotoleranten Milchsäurebakterien, durch CO_2 nicht in ihrem Stoffwechsel beeinflußt werden, muß durch entsprechende Maßnahmen bereits bei der Herstellung der Getränke dafür gesorgt werden, daß sie nicht in die Fertigprodukte gelangen. Hefen können sich ebenfalls nur bei ausreichender Sauerstoffversorgung intensiv vermehren. Bei Sauerstoffmangel wird der Atmungsstoffwechsel auf Gärung umgeschaltet, was eine wesentlich niedrigere Energieausbeute und Einschränkung der Vermehrung zur Folge hat.

10.2.3.3. Bedeutung des pH-Wertes

Die Bedeutung des pH-Wertes als selektionierender Faktor für das Wachstum von Mikroorganismen wurde bereits für Obstsäfte, Süßmoste und Obstnektare unter 1.5.2. ausführlich behandelt. Die Ausführungen gelten im Prinzip auch für alkoholfreie Erfrischungsgetränke.

10.2.4. Spezielle Verfahren zur Verlängerung der Haltbarkeit alkoholfreier Erfrischungsgetränke

Um den mikrobiellen Verderb von alkoholfreien Erfrischungsgetränken weitestgehend auszuschalten und damit die Haltbarkeit der Fertigerzeugnisse zu verlängern, sind außer den bereits behandelten Möglichkeiten eine Reihe spezieller Verfahren bekannt [47, 174].

10.2.4.1. Pasteurisation

Die Pasteurisation von Fruchtsaftgetränken und Limonaden führt meist zu nachteiligen chemischen Veränderungen der Getränke, die sich z. B. bei der Verarbeitung von Zitrusfruchtprodukten durch unerwünschte Geschmacksbeeinträchtigungen bemerkbar machen. Die durch den hohen Kohlendioxiddruck imprägnierter Getränke verursachten erheblichen Flaschenverluste konnten durch Einführung neuer Verfahren zur Heißabfüllung kohlensäurehaltiger Getränke, wie der »Sterilwarmabfüllverfahren«, weitestgehend eingeschränkt werden [307].

10.2.4.2. Chemische Zusätze

Zur Eindämmung der mikrobiell bedingten Schwierigkeiten bei alkoholfreien Getränken ist teilweise der Einsatz von Konservierungsmitteln und von L-Ascorbinsäure üblich. Generell sollte die Anwendung von Konservierungsmitteln, die in den verschiedenen Staaten durch unterschiedliche Gesetzgebung geregelt ist, auf ein Minimum beschränkt bleiben, da diese Getränke zum einen in relativ großen Mengen und zum anderen vorzugsweise von Kindern konsumiert werden.

Silberpräparate

Der Einsatz von Silberpräparaten nach dem *Katadyn*- und *Cumasina*-Verfahren gilt hinsichtlich der haltbarkeitsverlängernden Wirkung in alkoholfreien Erfrischungsgetränken, die organische Bestandteile enthalten, als umstritten, da das kolloidal verteilte Silber mit zahlreichen organischen Substanzen reagiert und dabei seine biologische Wirksamkeit verliert.

Ameisensäure und Benzoesäure

In der DDR dürfen alkoholfreie Erfrischungsgetränke nicht chemisch konserviert werden. Lediglich für alkoholhaltige Erfrischungsgetränke ist Ameisensäure in einer Konzentration bis zu 0,8 g kg^{-1} zugelassen. Außerdem dürfen Grundstoffe für alkoholfreie Erfrischungsgetränke maximal 1,5 g Benzoesäure oder Ameisensäure oder Sorbinsäure je 1 kg enthalten. Für eingesetzte Obstrohsäfte sind 1,5 g Benzoesäure oder Sorbinsäure oder 3,5 g Ameisensäure oder 1,25 g Schwefeldioxid je 1 kg maximal erlaubt [11]. Für spezielle Erzeugnisse gibt es Ausnahmeregelungen.
Ameisensäure und Benzoesäure sind nur im stark sauren Bereich optimal wirksam. Ihr Wirkungsspektrum erstreckt sich sowohl auf Pilze, einschließlich Hefen, als auch auf Bakterien. Ameisensäure ist bereits in manchen natürlichen Obstsäften und Obstsirupen in geringen Mengen enthalten und wird auch von einigen Mikroorganismenarten als Stoffwechselprodukt gebildet.

L-Ascorbinsäure und Sorbinsäure

Besonderes Interesse verdienen Versuche mit dem Zusatz von L-Ascorbinsäure, die nicht zu den Konservierungsmitteln zählt, sondern als Vitamin C ernährungsphysiologische Bedeutung hat. Der L-Ascorbinsäurezusatz verhindert vor allem die Vermehrung aerober Mikroorganismen. In Erfrischungsgetränken mit pH-Werten unter 3,5 konnte das Wachstum von Hefen, die als bedeutende Schädlinge dieser Getränke gelten, durch Zugabe von 50···150 mg L-Ascorbinsäure je 1 l unterdrückt und damit die Haltbarkeit verlängert werden. Die L-Ascorbinsäurezugabe hatte eine bessere Wirkung als der Zusatz von 10···50 mg l^{-1} Kaliumsorbat. Bei Mineralwässern mit Fruchtsaftzusatz wurden die besten Ergebnisse bei pH-Werten unter 3,5 und der kombinierten Anwendung von 100 mg l^{-1} L-Ascorbinsäure und 30 mg l^{-1} Kaliumsorbat erreicht. Bei der Verwendung von Sirup aus Schwarzen Johannisbeeren, die offenbar eine mikrobicid wirksame Substanz enthalten, konnte auf den Kaliumsorbatanteil verzichtet werden [372, 373].

10.3. Mikrobiologische Forderungen für alkoholfreie Erfrischungsgetränke

Ein hygienisch einwandfreies Getränk muß frei von pathogenen Keimen sein und darf keine giftig wirkenden Stoffwechsel- bzw. Zersetzungsprodukte von Mikroorganismen enthalten. Da auch der Genuß größerer Mengen unspezifischer Keime Beschwerden verursachen kann, muß die Zahl der lebenden Keime begrenzt sein [290, 370]. Das gleiche gilt für den mikrobiellen Verderb von alkoholfreien Getränken, der außer von der Keimart wesentlich von der Zahl der vorhandenen Verderbniserreger abhängt. International bestehen jedoch gegenwärtig für Getränke keine einheitlichen Auffassungen über die maximal zulässige Keimzahl nichtpathogener Mikroorganismen. Die Forderungen gehen von Keimfreiheit bis zu maximal zulässigen Keimzahlen von 1000 je 1 cm^3 (Proben aus dem Handel), jedoch darf man dabei das Alter, die chemische Zusammensetzung des jeweiligen Getränks sowie die technischen Möglichkeiten der Herstellung nicht außer acht lassen [121, 194]. In den besonders anfälligen fruchtfleischhaltigen Erfrischungsgetränken wird bereits eine Hefezelle in 10 cm³ als bedenklich für die Haltbarkeit des Getränkes erachtet. Etwa ab 10^5 Zellen je 1 cm³ treten deutliche sensorische Veränderungen auf.

Nach dem für die DDR geltenden Standard TGL 6801 für fruchtsafthaltige Getränke mit Kohlendioxid und Diabetikergetränke üblicher Zusammensetzung gelten am Produktionstag folgende Grenzwerte:

- Gesamtkeimzahl maximal 100 cm⁻³,
- Hefen maximal 10 cm⁻³,
- Coliforme nicht nachweisbar in 10 cm³.

Für Fruchtsaftgetränke ohne Kohlendioxid, coffeinhaltige Cola-Getränke und coffeinhaltige Limonaden gelten, bezogen auf den Produktionstag, für die Gesamtkeimzahl und Hefen ebenfalls die vorgenannten Grenzwerte, Coliforme dürfen in 100 cm³ nicht nachweisbar sein.

11. Alkoholische Getränke

11.1. Bierherstellung

11.1.1. Allgemeines

Bier wurde bereits von den ältesten Kulturvölkern hergestellt. In den überlieferten schriftlichen Dokumenten aus der Zeit der Sumerer um 3300 v. u. Z. wird schon von der Bereitung eines Getränkes berichtet, das als die Urform unseres jetzigen Bieres angesehen werden kann. Im Verlaufe der letzten 100 Jahre ist es gelungen, auf der Grundlage umfangreicher Untersuchungen wissenschaftlich begründete Technologien zu entwickeln, die es erlauben, den Prozeß der Bierherstellung unter rationeller Nutzung der eingesetzten Roh- und Hilfsstoffe zu beschleunigen.

Bier, ein gegorenes und moussierendes Getränk, wird aus kohlenhydrathaltigen Rohstoffen, wie Malz, Gerste, Weizen, Reis, entöltem Mais, Weizen- oder Maisstärke, Zucker, und aus Hopfen und Wasser unter Zusatz von Hefe hergestellt.

In der DDR werden nach Standard TGL 7764 verschiedene Biersorten produziert, die sich im Geschmack, in der Farbe und besonders im Stammwürzegehalt und damit auch im Alkoholgehalt unterscheiden (Tabelle 38).

Tabelle 38. Übersicht über die in der DDR hergestellten Bierarten

Bierart	Stammwürzegehalt in %
Einfachbiere	2,9···6,2
Schankbiere	8,7···9,3
Vollbiere	11,0···14,3
Starkbiere	15,7···18,3

Den höchsten Anteil an der Bierproduktion in der DDR haben die Biersorten »Vollbier Hell« und »Deutsches Pilsner«. Einfach-, Schank- und Starkbiere werden nur in geringem Umfang hergestellt, wobei ihr Konsum von den Jahreszeiten abhängig ist. Das obergärige Weißbier mit seiner erfrischenden Säure wird beispielsweise in den heißen Sommermonaten bevorzugt, während die Starkbiere »Deutscher Porter« und »Bockbier« dagegen in den kälteren Herbst- und Wintermonaten getrunken werden. Viele der speziellen Biersorten, die meist obergärig hergestellt werden, haben in Mitteleuropa nur noch regionale Bedeutung. Sie werden nur in seltenen Fällen mit

Reinzuchten vergoren, und ihr Charakter ist auf die Tätigkeit verschiedener Mikroorganismen während der Gärung und anschließenden Lagerung zurückzuführen. Von den untergärigen Lagerbieren unterscheiden sie sich in der Rohstoffzusammensetzung, in der Technologie der Sudhausarbeit und in der Gärung und Reifung. In der Regel werden neben Gerstenmalz auch erhebliche Teile an Weizen oder Weizenmalz verwendet. Ein bekanntes obergäriges Bier ist das Berliner Weißbier. Es hat einen Stammwürzegehalt von 8,7···9,3% und wird unter Mitverwendung von Weizenmalz mit einem Anteil von 30% an der Gesamtschüttung eingebraut. Das Bier ist nur schwach gehopft und hat eine stark saure Note. Nach der Abkühlung der gekochten Würze wird mit obergäriger Hefe angestellt, die außerdem Milchsäurebakterien enthält. Es handelt sich hierbei um verschiedene stäbchen- und kokkenförmige Milchsäurebakterienarten. Die Gärung verläuft bei einer Temperatur von 20···25 °C. Vor Beendigung der Gärung wird das Jungbier auf Flaschen oder auf Tanks abgefüllt. Während der Lagerung, die mindestens 3 Monate, möglichst aber mehrere Jahre dauern soll, erfolgt die Vergärung der Zucker und eines großen Teils der Dextrine zu Alkohol, Milchsäure und Kohlendioxid. Der Abbau der Dextrine ist auf die Tätigkeit der verschiedenen Mikroorganismen, speziell der Milchsäurebakterien, in der Mischpopulation zurückzuführen. Nach Beendigung der Gärung und Reifung setzt sich die Hefe-Bakterien-Flora fest auf dem Boden der Gefäßee ab. Gut abgelagertes Weißbier (Sektweiße) ist fast glanzklar und weist ein abgerundetes Aroma, jedoch eine sehr deutliche, aber erfrischende Säurenote auf.

Ein weiteres Spezialbier ist das Brüsseler Lambic, das aus 60% Malz und 40% Rohweizen hergestellt wird. Das Bier ist stark gehopft und unterliegt einer spontanen Gärung, an der verschiedene Hefen und Milchsäurebakterien beteiligt sind. Neben *S. cerevisiae* finden sich spezielle Weinhefen und Vertreter der Gattung *Dekkera* im Geläger der Biere. Die Gärung und Reifung dauert 2 bis 3 Jahre, wobei ein scheinbarer Endvergärungsgrad von 90···100% erreicht wird. Neben diesen Bieren mit einer sehr langen Gär- und Reifungszeit werden in Belgien Biertypen hergestellt, die bei einem niedrigen Vergärungsgrad von etwa 50% schon nach wenigen Tagen Gärung im Transportgebinde fertig zum Ausschank sind.

Zur Beschleunigung des Stärke- und β-Glucanabbaues bei der Würzegewinnung werden im steigendem Maße aus Bakterien (*Bacillus subtilis*) [25, 342, 392, 408] oder Schimmelpilzen gewonnene Enzympräparate eingesetzt. Durch diese Maßnahme kann der Malzanteil bis zu 70% durch unvermälztes Getreide ersetzt werden.

11.1.2.   Rohstoffe und ihre Mikroflora

11.1.2.1.   Malz- und Würzegewinnung

Rohstoffe

Zur Herstellung untergäriger Lagerbiere werden hauptsächlich die Rohstoffe Gerstenmalz, unvermälzte Gerste als Rohfrucht, Reis, Zucker, Hopfen, Enzympräparate und Wasser verwendet. Darüber hinaus werden in verschiedenen Ländern auch entölter Mais oder Weizen in unvermälzter Form verarbeitet. Für die Herstellung von Weißbier gelangt noch anteilmäßig Weizenmalz zum Einsatz.

Malzherstellung

Malz ist gekeimte Gerste oder gekeimter Weizen, bei dem zum Zeitpunkt der optimalen Enzymbildung der Keimprozeß durch Erhitzen des Keimgutes auf 90···105 °C (Darren) unterbrochen wird.

Die Wandlung der in den Rohstoffen vorhandenen Stärke in vergärbare Kohlenhydrate setzt das Vorhandensein amylolytischer Enzyme, vornehmlich α- und β-Amylasen, voraus. Amylasen als auch weitere Enzyme, wie Hemicellulasen, Proteasen, Phosphatasen und Oxydasen, entstehen während der Keimung des Getreides im Korn. In dieser Phase im Gerstenkorn im geringen Umfang gebildete Mono- und Oligosaccharide sowie Aminosäuren sind die Ausgangsstoffe für spezielle Geschmacks- und Farbkomponenten, die hauptsächlich in der Phase des Darrprozesses entstehen. Es handelt sich hierbei um Melanoidine, die dem Malz das typische Aroma und die braune Farbe verleihen.

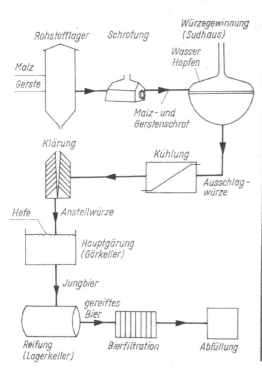

Bild 66. Bierherstellung (technologisches Schema)

Bild 67. Blick in ein Sudhaus mit Würzepfanne

Würzegewinnung

Die Würzegewinnung erfolgt nach folgenden technologischen Verfahrensschritten (Bild 66):

● Zerkleinerung des Getreiderohstoffes (Schrotung),
● Maischen und Extrahieren der Korninhaltsstoffe (Maischprozeß),
● Trennung der Feststoffe von der flüssigen Phase (Läuterung),
● Kochen der Würze mit Hopfen (Kochung),
● Abkühlung der Würze und Abtrennung der Trübungsstoffe (Kühlung und Klärung).

Malz und Rohfrucht werden getrennt geschrotet und in der Regel auch getrennt eingemaischt. Bei klassischer Verfahrensführung enthält das Malzschrot etwa 15% Spelzen, 45% Grieß und 15% Mehl.

Als Maischen bezeichnet man das Mischen des geschroteten Getreides mit Wasser (Maische) bei verschiedenen Temperaturen. Während des Maischens erfolgt der enzymatische Abbau der Stärke, der Proteine und anderer Verbindungen sowie die Extraktion derselben mit Wasser. Das Maischverfahren richtet sich nach dem gewünschten Biertyp und den zur Verfügung stehenden Rohstoffen. Grundsätzlich wird zwischen Dekoktions- und Infusionsverfahren unterschieden [124].

Durch die Wirkung der β-Amylase erfolgt der vornehmliche Abbau der Stärke zu Maltose, dagegen weniger zu Dextrinen (Maltoserast). α-Amylase bildet aus Stärke hauptsächlich Dextrine und nur in geringem Umfang Maltose (Dextrinrast). Durch Verlängerung oder Verkürzung der einzelnen Temperaturstufen wird die Zusammensetzung der Würze in bezug auf den Anteil der durch die Hefe vergärbaren Zucker, wie Glucose, Saccharose, Fructose, Maltose und Maltotriose, sowie den unvergärbaren Dextrinen eingestellt. Das Verhältnis der vergärbaren Stoffe zu den unvergärbaren wird als Endvergärungsgrad bezeichnet.

Die Trennung der gelösten Extraktstoffe (Würze) von den Feststoffen (Treber) erfolgt im anschließenden Läuterprozeß. Hier kommt es darauf an, daß aus den Trebern

Tabelle 39. *Zusammensetzung von Pilsner-Würze*

Bestandteile	Trocken-substanz in %
Maltose	65···70
Maltotriose	10
Saccharose	2···6
Monosaccharide	6···9
Unvergärbare Dextrine	15···20
Gummistoffe	0,2
Mineralstoffe	1,5···2
Pentosane	3,2···3,5
Eiweiß	3···5
Freie Säure als Milchsäure	0,6···0,9

durch Auswaschen mit Wasser von 75 °C möglichst alle löslichen vergärbaren Extraktstoffe für den Prozeß der weiteren Bierherstellung gewonnen werden. Die ausgesüßten Treber stellen ein wertvolles, eiweißreiches Futtermittel dar. Die Würze wird im Anschluß an die Läuterung mit Hopfen etwa eineinhalb bis zwei Stunden gekocht (Bild 67). Dieser Verfahrensschritt hat die Aufgabe, die Hopfeninhaltsstoffe (α-Säuren) umzuwandeln und in Lösung zu bringen. Sie geben dem Bier die Bittere. Daneben werden hohe Anteile koagulierbaren Eiweißes in Form von Eiweißgerbstoffverbindungen ausgeschieden. Die noch vorhandenen Enzyme des Maischprozesses werden zerstört und reduzierende Stoffe, die für die kolloidale Stabilität des Bieres von Bedeutung sind, gebildet. Die gekochte Würze wird anschließend in ein Ausschlaggefäß gepumpt und im nachfolgenden Kühl- und Klärprozeß auf 6···8 °C abgekühlt.

Ein Teil der in der Würze während des Kochprozesses ausgefällten Eiweißgerbstoffverbindungen liegt in Form von Grobtrub vor und kann durch Separation oder durch einfache Sedimentation aus der heißen Würze abgetrennt werden. Im Verlauf der Kühlung der Würze kommt es, beginnend bei einer Temperatur von 65···70 °C, zu einer Ausfällung weiterer Trubbestandteile, die auch als Kühl- oder Feintrub bezeichnet werden. Dieser Feintrub besteht ebenfalls aus Eiweißgerbstoffverbindungen, die sich jedoch hinsichtlich ihres Charakters und ihrer Zusammensetzung vom Grobtrub wesentlich unterscheiden [66, 286]. Ein Teil des Feintrubes setzt sich während der Gärung auf der Oberfläche der Hefezellen ab und kann, wenn er in größeren Mengen in der Würze vorliegt, die Vermehrung und die Gärung der Hefe beeinflussen. Zur Sicherung einer ausreichenden Vermehrung der Bierhefe während der Hauptgärung wird die kalte geklärte Würze mit steriler Luft begast. Der Sauerstoffgehalt der in den Gärkeller fließenden Würze soll 8 mg l^{-1} betragen. Die Zusammensetzung der fertigen Würze vom Typ »Pilsner« enthält Tabelle 39.

11.1.2.2. Mikroflora der Rohstoffe und ihre Bedeutung

11.1.2.2.1. Malz

Die Mikroflora des Malzes als dem Hauptrohstoff wird im wesentlichen durch die Kontamination des Getreides auf dem Feld bestimmt. Dabei haben die Witterungsbedingungen am Ende der Vegetationsperiode einen wesentlichen Einfluß auf die Zusammensetzung und den Keimgehalt der Mikrobenpopulation. Neben Schimmelpilzen werden Hefen und Bakterien gefunden (vgl. Abschn. 6.1.).
Es treten vor allem Schimmelpilze der Gattungen Alternaria, Cladosporium, Fusarium, Aspergillus und Penicillium auf. Bei schlecht getrocknetem Getreide vermehren sich vor allem Aspergillus- und Penicillium-Species. Die Vermehrung der Schimmelpilze ist für die Bierherstellung von unterschiedlicher Bedeutung. Das von Fusarium spec. gebildete T-2 Toxin verzögert das Wachstum der Blatt- und Wurzelkeimbildung, und es kann in diesem Zusammenhang zu einer erheblichen Hemmung der Entwicklung der α-Amylase-Aktivität kommen. Das T-2 Toxin hat eine relativ große Beständigkeit und verschwindet im Verlaufe der Bierherstellung nur zum Teil. Während die T-2 Toxin enthaltende Gerste bei der Mälzung durch ausbleibende Keimung auffällt und dann als solche erkannt nicht mehr für die Bierproduktion eingesetzt wird, kann ein derartiger Befall bei der Verarbeitung ungemälzter Gerste (Rohfrucht) nicht wahrgenommen werden [264]. Bisher untersuchte Mycotoxine, wie Aflatoxin B_1 und Ochratoxin A, scheinen für die Bierherstellung nur von geringer Bedeutung zu sein, da sie im Prozeßverlauf bis zu 80% eliminiert werden.
Verschiedene Schimmelpilze, wie Rhizopus-, Fusarium- als auch Aspergillus-Arten, sind in der Lage, Stoffe zu bilden, die im fertigen Bier noch in geringer Konzentration das gefürchtete Überschäumen verursachen, das zu erheblichen Störungen, vor allem beim Abfüllprozeß, führen kann [8].
Die auf dem Malz und der Gerste vorkommenden Hefen gehören vornehmlich zu den Gattungen Saccharomyces, Candida und Rhodotorula. Der überwiegende Teil dieser Hefen ist weder für die Malz- noch für die Bierherstellung von unmittelbarer Bedeutung. Spätestens während der Würzekochung werden alle mit dem Rohstoff in die Maische eingetragenen Hefen abgetötet. Gelangt mit Gerste- bzw. Malzstaub belastete Luft allerdings in die kalte Würze oder über Apparate und Vorrichtungen des Gär- und Lagerkellers in das Bier, so kann es zu einer Vermehrung gärbeständiger Kontaminationshefen und damit zu einer ernsten Gefährdung für die Bierherstellung kommen. Kontaminationen im Bereich der Würzekühlung und Klärung bedeuten eine Kontamination der Kulturhefen, und dies führt zu einer Belastung der mit dieser Hefe angestellten nachfolgenden Bierchargen.
Auf frisch geernteten Gerstenkörnern werden zwischen 10^5 bis 10^9 Bakterien je Gramm gefunden [137]. In allen Untersuchungsproben wurden Species der Gattungen Pseudomonas und Micrococcus gefunden. Auch Escherichia coli und Erwinia herbicola werden oft nachgewiesen. Die Gesamtkeimzahl reduziert sich erfahrungsgemäß während der Lagerung, doch nimmt sie während der Keimung der Gerste wieder erheblich

zu. Nach dem Darrprozeß befinden sich etwa 20mal mehr Mikroorganismen auf den Malzkörnern als vorher auf dem Rohstoff. Auch Lactobacillen und Pediokokken werden auf den Gerstenkörnern gefunden. Diese Organismen vermehren sich während des Weichens und Keimens so stark, daß der Keimgehalt am Ende der Mälzung etwa 200- bis 300mal höher liegt als auf der Gerste [332]. Verschiedene Autoren fanden Milchsäurebakterien folgender Arten:

Lb. casei
Lb. brevis
Lb. plantarum
Lb. fermentum
Pediococcus pentosaceus
P. acidilactici

Diese Bakterien üben keinen unmittelbaren Einfluß auf die Malz- und Würzebereitung aus. Auch sie werden wie die Hefen während des Kochprozesses abgetötet. Gelangen diese Mikroorganismen über die Luft in die gekühlte Würze oder in das Bier, so kann die Kontamination zu einer ernsten Gefährdung führen.

11.1.2.2.2. Hopfen

Der Hopfen wird in der Regel unmittelbar vor dem Kochprozeß oder während der Würzekochung zugesetzt. Die auf dem Hopfen vorkommenden Mikroorganismen werden durch diesen Kochprozeß weitgehend abgetötet. Eine eventuelle Kontamination des Bieres kann nur dann auftreten, wenn im Zusammenhang mit der Herstellung von Spezialbieren zur Betonung einer hopfenaromatischen Note Naturhopfen dem lagernden Bier zugesetzt wird. Die antibiotische Wirkung der Hopfenbitterstoffe und ihrer Derivate erstreckt sich vor allem auf die grampositiven Bakterien der Gattungen *Lactobacillus*, *Streptococcus*, *Bacillus* und *Mycobacterium*. Die antibiotische Wirkung der verschiedenen Bitterstoffmoleküle wird in erster Linie auf die Anzahl hydrophober Seitenketten zurückgeführt [317].

11.1.2.2.3. Wasser

An die mikrobiologische Qualität des Wassers werden besonders hohe Ansprüche gestellt. Sowohl das unmittelbar in das Produkt Bier eingehende Wasser als Rohstoff als auch das für die Reinigung der Apparate und Vorrichtungen sowie für die Hefebehandlung eingesetzte Wasser müssen Trinkwasserqualität aufweisen (vgl. Kap. 9.). Darüber hinaus sollte das Wasser frei sein von bierschädlichen Mikroorganismen, wie Bakterien der Gattungen *Lactobacillus* und *Pediococcus* als auch Hefen der Gattungen *Saccharomyces* und *Candida*. Milchsäurebakterien verlieren auch nach mehrmonatigem Aufenthalt im Wasser nicht ihre Vermehrungsfähigkeit.

11.1.3.   Gärung und Reifung

Die kalte, geklärte und mit Sauerstoff angereicherte Würze wird im nachfolgenden Prozeß in das fertige Bier umgewandelt. Dazu sind zwei Verfahrensschritte notwendig: Hauptgärung und Nachgärung oder Reifung des Bieres.

11.1.3.1. Bierhefe

Zur Herstellung untergäriger Biere werden Heferassen der Art *Saccharomyces carlsbergensis* verwendet. Diese über Jahrhunderte an die spezifischen Bedingungen der Brauerei adaptierte 1883 von *Emil Christian Hansen* zum erstenmal reingezüchtete Hefe zeigt im Gegensatz zu anderen Hefen bei einer Temperatur von 5···10 °C ein gutes Gärvermögen in Bierwürze.
S. carlsbergensis wurde ebenso wie die gefährliche bierschädliche Hefe im Jahre 1971 zu *S. uvarum* gestellt. Seitdem wird die untergärige Bierhefe sowohl unter dem Namen *S. carlsbergensis* als auch *S. uvarum*[1] geführt. Wenn auch die für die systematische Zuordnung einer Hefe verwendeten physiologischen Eigenschaften gleichermaßen für die bierschädliche Hefe als auch für die Kulturhefe zutreffen, gibt es

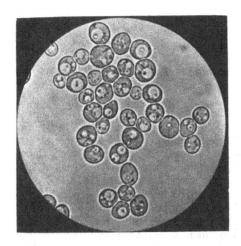

Bild 68. *Saccharomyces carlsbergensis*, am Ende der Hauptgärung (Vergrößerung 700fach)

Eigenschaften, in denen sie sich deutlich voneinander unterscheiden. Dazu gehören neben den morphologischen Eigenschaften vor allem physiologische Merkmale, wie die Bildung von solchen Gärungsnebenprodukten, die die Qualität des Bieres bestimmen. Mit der Kontaminationshefe *S. uvarum* kann kein Lagerbier mit den bekannten und typischen sensorischen Eigenschaften hergestellt werden. Um Verwechslungen zu vermeiden, sollte deshalb der Name *S. carlsbergensis* weitergeführt werden. *S. carlsbergensis* (Bild 68) vergärt Glucose, Saccharose, Maltose, Galactose und Raffinose zu 3/3 [214]. Für den technologischen Prozeß sind verschiedene Merkmale von Bedeutung, nach denen die Brauereihefen bewertet werden. Dazu gehören vor allem die Maltotriosevergärung, die Gärkraft, das Flockungsvermögen und die Bildung von Gärungsnebenprodukten, die den Geschmack beeinflussen.

Maltotriosevergärung

Hefen, die das aus drei Glucosemolekülen bestehende Trisaccharid Maltotriose vergären können, gehören zum Typ »Frohberg«. Die maltotriosenegativen Hefen gehören zum Typ »Saaz« [147]. Frohberg-Hefen werden zur Herstellung heller und dunkler Standardbiere, wie »Vollbier Hell«, »Vollbier Pilsner«, »Deutscher Bock« und »Deutscher Porter«, verwendet. Lediglich für alkoholarme Biere werden Heferassen vom Typ »Saaz« eingesetzt.

---

[1] Neuerdings wird *S. uvarum* auch zu *S. cerevisiae* gestellt

Gärkraft

Eine gute Brauereihefe soll in einer Stunde etwa 230 µg CO_2 je 1 mg Hefetrocken-substanz bilden [154]. Aus diesem Grunde wird für die Auswahl von Heferassen das spezifische Gärvermögen einer Hefe gemessen. In der kontinuierlichen Kultur wird die Gärleistung nach der Formel

$$G_{xh} = \frac{F \cdot (c_{s1} - c_{s2})}{V \cdot x \cdot 100}$$

berechnet.
Dabei bedeuten

F Substratzulauf bzw. -ablauf je 1 h,
c_{s1} Extrakt in g je 100 cm^3 zulaufende Würze,
c_{s2} Extrakt in g je 100 cm^3 Fermentersubstrat,
V Fermentervolumen,
x Zellkonzentration je 1 h,
G_{xh} stellt den in der Zeiteinheit, z. B. in 1 h, von der Zelleinheit, z. B. 10^6 Zellen, vergorenen Extrakt dar.

Flockungsvermögen

Eine weitere wichtige Eigenschaft ist das Flockungsvermögen der Hefe. Während der Hauptgärphase sind die Hefezellen einzeln im Substrat verteilt. Erst gegen Ende der Hauptgärung, wenn ein scheinbarer Vergärungsgrad von etwa 55% erreicht ist, kommt es in der Zellwand der Hefezellen zur Bildung eines Mannan-Eiweiß-Komplexes, und die Hefezellen ballen sich zu großen, 150 bis 200 Zellen umfassenden Klumpen zusammen [285]. Die Flocken sinken rasch zu Boden, da die Rührwirkung, die durch die Kohlensäure ausgelöst wird, nicht mehr ausreicht, um die Hefe in der Schwebe zu halten. Die Gärwirkung der einzelnen Zellen sinkt außerdem in der Phase der Bruchbildung rasch, und die bis dahin stürmisch verlaufende Gärung läßt nach. Das Flockungsvermögen einer Hefe ist genetisch bedingt und wird von 3 Paar polymeren Genen gesteuert. Man unterscheidet zwischen grobflockigen Bruchhefen, feinflockigen Bruchhefen und Staubhefen. Bei den Staubhefen sedimentieren die Zellen erst dann, wenn die vergärbaren Zucker weitestgehend abgebaut sind.
Grobflockige Hefen werden zur Herstellung von Spezialbieren, bei denen eine acht- und mehrwöchige Reifungsphase notwendig ist, eingesetzt. Dagegen werden fein-flockige Bruchhefen zur Herstellung von Lagerbieren, wie »Vollbier Hell« und »Deutsches Pilsner«, verwendet. Staubhefen werden heute nur noch selten, und zwar zur Beseitigung von Gärschwierigkeiten in der Reifungsphase, eingesetzt [124].

Bildung von Stoffwechselnebenprodukten

Unter gleichen technologischen Bedingungen erhält man von verschiedenen Hefe-rassen Biere mit unterschiedlichem Geschmack. Aus diesem Grunde erfolgt die Aus-wahl der Hefe auch unter dem Gesichtspunkt der Geschmacksbildung. Ein wesent-liches Unterscheidungsmerkmal ist deshalb die Bukettbildung der Hefen. Der Ge-schmack des Bieres wird durch eine Vielzahl zum größten Teil noch unbekannter Komponenten bestimmt. Die für den Geschmack wichtigen Stoffwechselprodukte der Hefe sind höhere Alkohole, wie Isoamylalkohol, optisch aktiver Amylalkohol, Isobutylalkohol, Propylalkohol, sowie Ester, Säuren, Schwefelverbindungen, Di-acetyl und Pentandion [263, 289, 302, 414].

Hefearten für spezielle Biere

Zur Herstellung dunkler Biere eignet sich besonders die obergärige Bierhefe *Saccharomyces cerevisiae.* Im Gegensatz zur untergärigen Bierhefe vergärt diese Hefe das Trisaccharid Raffinose nur zu 1/3 und setzt sich nach Beendigung der Gärung an der Oberfläche des vergorenen Bieres ab. Ein weiterer Unterschied besteht darin, daß die Biergärung mit dieser Hefe bei 15···25 °C erfolgt. Es werden unter diesen Bedingungen bedeutend mehr höhere Alkohole und Ester gebildet, als von der untergärigen Bierhefe. Die obergärige Bierhefe wird in Mitteleuropa nur noch zur Herstellung von Spezialbieren, z. B. »Berliner Weißbier«, verwendet. Dagegen werden mit *S. cerevisiae* in den angelsächsischen Ländern hauptsächlich Konsumbiere vergoren.

Eine Nachgärhefe für Deutschen Porter ist *Dekkera bruxellensis.* Das Bier macht unter Verwendung von *S. carlsbergensis* oder auch *S. cerevisiae* eine normale Hauptgärung durch. Zur Ausbildung des typischen Portergeschmacks wird dem Jungbier die Nachgärhefe im Lagertank zugegeben. Diese Hefe hat ebenfalls wie *S. cerevisiae* nur eine lokale Bedeutung. Im übrigen stellt *Deccera bruxellensis* für die Herstellung normaler Lagerbiere eine gefährliche Kontaminationshefe dar und wird deshalb nur noch sehr selten eingesetzt [214].

In diesem Zusammenhang ist auch *S. diastaticus* zu nennen, die zur Nachgärung von Diabetikerbieren Verwendung findet. Diese Hefe vergärt außer den bekannten Zuckern, wie Glucose, Saccharose, Maltose und Maltotriose, außerdem niedere Dextrine sowie Raffinose zu 1/3. Die mit *S. diastaticus* (gilt als Synonym von *S. cerevisiae*) endvergorenen Biere enthalten nur noch wenig Zucker und können deshalb auch von Diabetikern getrunken werden. Wegen der negativen Geschmackseigenschaften wird jetzt allerdings auf die Verwendung von *S. diastaticus* zur Herstellung von Diabetikerbieren verzichtet. Die Vergärung der Bierwürze erfolgt mit hochvergärenden Rassen von *S. carlsbergensis,* wobei während der Gärung Glucoamylase zugesetzt wird, die die in der Würze vorhandenen Dextrine in die von dieser Bierhefe vergärbaren Zucker spaltet.

Hefereinzucht

Die Bierhefe wird in speziellen Reinzuchtanlagen gezüchtet. Die Selektion der Brauereiheferassen erfolgt auf der Basis von Einzellkulturen, die bei einer Temperatur von 8···10 °C kultiviert werden. Die Anzucht der Hefe erfolgt von der 5-cm³- über die 50-cm³-Kultur weiter über Pasteurkolben (1 l) und Carlsbergkolben (5 l) bis zum Reinzuchtzylinder (200···500 l) im Hochkräusenstadium, d. h., die Hefe wird während der Reinzuchtvermehrung in der exponentiellen Wachstumsphase gehalten. Frische, mit Sauerstoff angereicherte Würze wird im Verhältnis 2 bis 3 Teile Würze zu 1 Teil Gärsubstrat zusammengegeben. Man unterscheidet zwischen offenen und geschlossenen Reinzuchtsystemen [96, 320]. Bei den offenen Reinzuchtsystemen wird die Hefe nach dem Carlsbergkolben in offenen, nur mit einem aufgelegten Deckel versehenen 40 l und 150 l großen Gefäßen vermehrt. In die sterilisierten Gefäße wird heiße Ausschlagwürze gegeben, die in den Gefäßen langsam abkühlt. Nach der Abkühlung der Würze wird ein Hefesatz aus dem Carlsbergkolben dazugegeben. Die Zugabe frischer Würze erfolgt wie bereits beschrieben. Die geschlossenen Reinzuchtsysteme bestehen in der Regel aus einem Würzesterilisator sowie einem oder mehreren hermetisch abgeschlossenen Gärzylindern. Die sterilen Gärzylinder werden mit einem Carlsbergkolbensatz beimpft und mit steriler Würze aus dem Würzesterilisator angestellt. Das Würzesubstrat wird im Gärzylinder steril belüftet. Auch in diesem Gärsystem erfolgt die Hefevermehrung im Hochkräusenstadium. Der Hefestamm verbleibt etwa 1 Jahr in einem Gärzylinder, wobei im Abstand von 14 Tagen bis 3 Wochen Hefe entnommen und in die Gärkeller gepumpt wird. Die im Gärzylinder verbleibende Hefe wird mit steriler Würze frisch angestellt.

11.1.3.2. Hauptgärung

Bei diskontinuierlicher Verfahrensführung wird zur Herstellung untergäriger Biere, beispielsweise von »Vollbier Hell« mit einem Stammwürzegehalt von 11,5%, die geklärte, auf etwa 5···7 °C abgekühlte und mit Sauerstoff angereicherte Würze in einen Gärbottich gegeben. Auf 1 hl Würze wird 1 l dickbreiige Bierhefe zugegeben. Dieser Vorgang wird als Anstellen bezeichnet. Die Hefekonzentration beträgt in der angestellten Würze 12 bis 15 · 10^6 Zellen je 1 cm^3. Die Zugabe der Hefe soll so erfolgen, daß die einzelnen Zellen möglichst gleichmäßig in der Würze verteilt sind. Hierbei wirken die Kohlenhydrate zusammen mit dem pH-Wert auf die Hefe entflockend.

Bild 69. Gärkeller (Blick auf einen Gärbottich im Hochkräusenstadium)

Nach dem Anstellen der Würze bildet sich auf der Oberfläche des Würzespiegels eine Schaumschicht, die aus eiweißhaltigen Trubstoffen und Hopfenharzen besteht. Dieser Schaum wird entfernt, da er die Qualität des Bieres negativ beeinflußt. Nach 12···18 h befindet sich die Hefe bereits in der exponentiellen Wachstumsphase; gleichzeitig wird umgepumpt. Der im Anstellbottich verbleibende Bodensatz besteht hauptsächlich aus Trubstoffen und nicht gärfähigen Hefezellen und wird deshalb verworfen. Beim Umpumpen kommt die Würze noch einmal mit dem Luftsauerstoff in Berührung, wodurch die Hefevermehrung und die Gärung angeregt werden. Innerhalb der ersten 24 h bildet sich auf der Flüssigkeitsoberfläche eine weiße Schaumschicht, die auch als Kräusen bezeichnet wird (Bild 69). Diese bestehen aus während der Gärung an die Oberfläche flotierten Eiweißgerbstoffverbindungen, Hopfenharzen und anderen Hopfenbitterstoffen sowie toten Hefezellen. Die Farbe der Kräusen wechselt von weiß bis dunkelbraun. Gegen Ende der Gärung fallen die Kräusen, bedingt durch die geringere CO_2-Bildung, zusammen, und es bildet sich eine tiefbraune Schaumschicht, die Decke. Mit zunehmender Gärintensität steigt die Temperatur im Gärbottich an [124]. Bei kalter Gärführung steigt die Temperatur nicht über 8,5 °C. Bei warmer Gärführung werden Temperaturen von 12 °C und auch mehr erreicht. Die Gärwärme wird über im Bottich befindliche Kühlschlangen oder angeschweißte Kühltaschen abgeführt. Als Kälteträger wird in der Regel auf 1 °C abgekühltes Trinkwasser verwendet. An die Temperaturregelung werden hohe Anforderungen gestellt, da im Temperaturbereich von 8···10 °C die Hefe auf Temperaturänderungen von

256

wenigen Zehntel K sehr empfindlich reagiert. Die höchste Gärintensität wird zwischen dem 2. Tag und dem 5. Tag erreicht. In dieser Phase werden je Tag 1,5···2,0 kg Zucker je 1 hl Bier in Alkohol und Kohlensäure umgewandelt. Bei Verwendung von Bruchhefen kommt es zwischen dem 5. und 6. Tag zu einem Ausflocken der Hefe und damit zu einer beginnenden Klärung des Jungbieres. Gleichzeitig bildet sich schon die oben beschriebene Decke aus. Das Bier wird innerhalb der nächsten 1 bis 2 Tage auf 5···6 °C abgekühlt. Mit einem scheinbaren Extraktgehalt von 3,5···4% wird das Bier in geschlossene Lagertanks oder Lagerfässer umgepumpt. Mit diesem Vorgang, der als Schlauchen bezeichnet wird, ist die Hauptgärung abgeschlossen. Bei diskontinuierlicher Gärführung vermehrt sich die Hefe um das 3- bis 4fache. Wird eine Kontamination der Hefe mit bierschädlichen Organismen im Verlauf der Gärung auf ein Minimum begrenzt oder ausgeschlossen, so kann bei Verwendung von Würzen mit einem Trubgehalt $\leq$ 200 mg l^{-1} die Hefe mindestens 8- bis 10mal verwendet werden. Die im Bottich zurückbleibende Hefe wird in ein Hefeauffanggefäß gepumpt. Ist die Hefe stark mit Trubstoff angereichert, so wird sie mit kaltem Wasser gewaschen und anschließend in kühlbare Hefegefäße gegeben. In diesen Gefäßen wird die Hefe (Bilder 70 und 71) bis zum Anstellen frischer Würze unter Wasser bei Temperaturen von 4···1 °C aufbewahrt. Unter diesen Bedingungen soll die Hefe jedoch nicht länger als 5 Tage gehalten werden, da ihre Gärleistung bei der Lagerung unter Wasser durch Verlust an Reservekohlenhydraten und Enzymeiweiß deutlich absinkt. Muß die Hefe beispielsweise bei größeren Sudpausen länger aufbewahrt werden, so ist sie abzupressen und in geschlossenen Dosen bei −2···0 °C zu lagern.

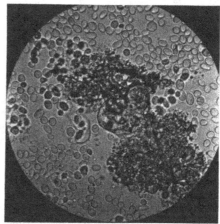

Bild 70. Hefekeller mit Hefewannen

Bild 71. Mit Trubstoffen stark angereicherte Bierhefe (Vergrößerung 300fach)

11.1.3.3. Nachgärung und Reifung des Bieres

Nach der Hauptgärung enthalten »Vollbier Hell« und »Deutsches Pilsner« noch etwa 1% vergärbaren Extrakt. Dieser Extrakt besteht zum größten Teil aus Maltotriose und einem geringen Rest von Maltose. Die Hefekonzentration des in die Lagergefäße geschlauchten Jungbieres beträgt etwa 5 bis $10 \cdot 10^6$ Zellen je 1 cm³. Die Kohlensäurekonzentration liegt bei etwa 2%. Als Lagergefäße verwendet man $10 \cdots 60$ m³ große liegende Stahl- oder Aluminiumtanks (Bild 72). Die Stahlgefäße sind mit

Bild 72. Lagerkeller mit liegenden Lagertanks

einem Auskleidematerial, z. B. Emaille oder Epoxidharz, versehen oder bestehen aus rostfreiem Stahl. Seit einigen Jahren werden auch in verschiedenen Ländern bis zu 1000 m³ fassende, stehende, in Freibauweise errichtete Behälter sowohl für die Gärung als auch für die Reifung und Lagerung des Bieres verwendet [191].

Die Lagerung und Reifung des Bieres erfolgt unter einem Druck von $0,13 \cdots 0,15$ MPa. Dieser Druck ist erforderlich, um das während der Nachgärung entstehende Kohlendioxid zu binden. Laut Standard TGL 7764 soll der Kohlendioxidgehalt 0,38 bis 0,48 g l⁻¹ betragen.

In den ersten Tagen nach dem Schlauchen verläuft die Nachgärung, bedingt durch die noch hohe Temperatur, sehr stürmisch. Die Raumtemperatur im Lagerkeller beträgt $-1 \cdots 2\,°C$, dadurch kühlt sich das Bier in dieser Zeit in Abhängigkeit von der Gefäßgröße bald ab, und die Nachgärung verläuft in den folgenden Wochen gleichmäßig. Die technologisch notwendige Reifungszeit hängt vom Stammwürzegehalt, vom Verlauf der Hauptgärung, von der verwendeten Heferasse und deren physiologischem Zustand, von der Lagerbehältergröße sowie von der Reifungstemperatur ab. Hohe Reifungstemperaturen beschleunigen die Reifungsphase, wirken sich jedoch auf die kolloidale Stabilität negativ aus. Biere mit einem Stammwürzegehalt von 11···12% benötigen bei einem scheinbaren Endvergärungsgrad von 78···80% etwa 42 Tage zur optimalen Reifung. Eine Lagerzeit über diese technologisch notwendige Reifungszeit hinaus ist bei Einhaltung von Temperaturen unter 0 °C möglich. Vor der Abfüllung werden die im unfiltrierten Bier noch vorhandenen Trübungsstoffe durch geeignete Trennvorrichtungen entfernt.

Dazu werden in neuerer Zeit hauptsächlich Kieselgurfilter, Bierseparatoren und Schichtenfilter eingesetzt. Aber auch Massefilter, die als Filtermaterial Baumwollfasern enthalten, kommen noch in vielen Brauereien zur Anwendung.

Nach der Filtration wird das Bier auf Fässer oder Flaschen abgefüllt. Das filtrierte Bier ist gegenüber Sauerstoff sehr empfindlich, das Wachstum von Mikroorganismen, vor allem Kontaminationsorganismen, wird von Sauerstoff begünstigt. Außerdem kann es leicht zur Bildung kolloidaler Trübungen und zu Geschmacksfehlern kommen [124, 400].

11.1.3.4. Schnellgärverfahren

Die klassische diskontinuierliche Brauereitechnologie benötigt für die Gärung und Reifung etwa 50 Tage. Diese technologisch notwendige Reifungszeit bindet sehr viele Grund- und Umlaufmittel. Für diesen Zeitraum müssen Behälter und Kältekapazitäten, umbauter Raum sowie Umlaufmittel für die Halbfertigprodukte in erheblichem Umfang bereitgestellt werden. Es hat deshalb nicht an Bemühungen gefehlt, die technologisch notwendige Gär- und Reifungszeit auf ein Minimum zu reduzieren. Bei den entwickelten Schnellgärverfahren und Reifungsverfahren kann zwischen diskontinuierlichen und kontinuierlichen unterschieden werden. Hauptsächliche Mittel zur Beschleunigung der Gärung und Reifung sind:

● Anwendung hoher Hefezellkonzentrationen,
● Gärung und Reifung bei hohen Temperaturen,
● Anwendung von Rührvorrichtungen,
● Einsatz von Hochleistungsheferassen,
● Anwendung von Druck.

Als Beispiel für ein Schnellgärverfahren, das in der DDR im großtechnischen Maßstab angewendet wird, soll das Druckgärverfahren genannt werden [209, 210]. Die technologisch notwendige Gär- und Reifungszeit beträgt bei diesem halbkontinuierlichen Verfahren für ein 12%iges Bier 13 Tage. Das Verfahren besteht aus 3 technologischen Stufen, der *Propagation*, der *Druckgärung* und der *Reifung*. Die gekühlte und geklärte Würze wird in einer Belüftungseinrichtung mit Sauerstoff angereichert. In der Propagation erfolgt bei einer Temperatur von 8···8,5 °C und einer Verweilzeit von 40 h die Vermehrung der Hefe. Diese Phase ist drucklos. Die Zellkonzentration beträgt 35···45 · 10^6 cm^{-3}. Im Abstand von 15···18 h wird propagiertes Substrat abgezogen und frische Würze zugeführt. Zu jedem Hektoliter zulaufender Würze wird 1/4 Liter dickbreiige Hefe gegeben. Die aus dem Propagationsgefäß ablaufende Bierwürze hat einen scheinbaren Extrakt von 9···10%. Dieses Substrat wird in einen Druckgärbehälter gepumpt, der mit Überdruckventilen ausgestattet ist. In der Druckgärphase wird bei einer Temperatur von 9···10 °C und einem Druck von 0,18 MPa der vergärbare Extrakt bis auf den geforderten Endvergärungsgrad vergoren. Dieser Vergärungsgrad wird nach etwa 5 Tagen erreicht. Während der

Druckgärphase kommt es zu keiner weiteren Vermehrung der Hefe. Dagegen wird die Gärung beschleunigt. Die anfallende Kohlensäure wird über ein Sammelrohr abgeleitet und für weitere Verwendungszwecke aufbereitet. Das fertig vergorene Bier wird anschließend im Wärmeaustauscher auf $3{,}5\cdots4\,°C$ abgekühlt und in Reifungsgefäße umgepumpt. In den Reifungsgefäßen wird der Druck von 0,18 MPa stufenweise auf den Spundungsdruck von $0{,}125\cdots0{,}14$ MPa abgesenkt. Das sich hierbei entbindende Kohlendioxid verringert die zahlreichen Jungbukettstoffe. Nach einer Reifungszeit von 6 bis 7 Tagen weist das Bier die gleichen analytischen und sensorischen Qualitätsmerkmale auf wie ein klassisch vergorenes Bier nach einer Gär- und Reifungszeit von 50 Tagen.

Bei den kontinuierlichen Gär- und Reifungsverfahren unterscheidet man zwischen homokontinuierlichen und heterokontinuierlichen Verfahren [94]. Die homokontinuierlichen Verfahren werden meist als mehrstufige Verfahren mit und ohne Heferückführung in die 1. Stufe betrieben. Die Fermenter (s. Bild 84) sind bei homokontinuierlichen Verfahren mit Rühr- und Umpumpsystemen ausgerüstet. Bei heterokontinuierlichen Systemen werden turmartige Fermenter ein- oder mehrstufig verwendet. Diese Verfahren arbeiten in der Regel mit einer sehr hohen Zellkonzentration ($> 120 \cdot 10^6$ Zellen je cm^3) gegenüber 60 bis 70 $\cdot$ 10^6 Zellen je cm^3 bei klassischen Verfahren. Die Temperaturen liegen bei homokontinuierlichen und heterokontinuierlichen Verfahren zwischen $10\,°C$ und $28\,°C$. Entsprechend liegen die technologisch notwendigen Gär- und Reifungszeiten zwischen 15 Tagen und teilweise weniger als 24 h. Da an die Hefen bei kontinuierlichen Arbeitsweisen hinsichtlich der Gärleistung, der Flockungseigenschaften und der genetischen Stabilität höhere Anforderungen gestellt werden als an Anstellhefen für diskontinuierliche Verfahren, werden für diesen Prozeß Spezialhefen verwendet.

Da die Gär- und Reifungsreaktoren kontinuierlicher Brauereien mindestens 6 Monate in Betrieb sind, werden an die Behälter und Armaturen sowie an die Reinigungs- und Desinfektionssysteme besondere Ansprüche gestellt. Die Aufmerksamkeit wird darauf gerichtet, Kontaminationsorganismen, die eine kürzere Generationszeit als Hefen haben, auszuschließen [51].

11.1.3.5. Vorgänge während der Gärung und Reifung

Die in der gehopften Bierwürze vorhandenen vergärbaren Kohlenhydrate werden im Verlauf der Hauptgärung und anschließenden Reifung in Alkohol und Kohlendioxid umgewandelt. Das fertige 12%ige Bier enthält etwa $3{,}8\cdots4{,}2$ g Alkohol je 0,1 l und $0{,}38\cdots0{,}50\%$ CO_2. Diese Stoffe bestimmen jedoch nicht allein den Geschmack und das Bukett des Bieres. Es sind vor allem die während der Gärung und Reifung gebildeten Nebenprodukte und die übrigen, in kolloidaler Form vorliegenden Inhaltsstoffe, die den Gesamtcharakter eines Bieres bestimmen. Zu den Gärungsnebenprodukten gehören höhere Alkohole, Ester, Diacetyl, Pentandion, Schwefelverbindungen und Aldehyde. Sie werden während der Hauptgärung gebildet. Der Anteil dieser Stoffwechselprodukte ist in entscheidendem Maße vom Stoffwechsel der Hefe abhängig. Die lag-Phase ist durch die Aktivierung des Stoffwechsels und die Aufnahme von Nähr- und Wuchsstoffen durch die Zellen gekennzeichnet. Versuche mit ^{15}N und ^{14}C markierten Aminosäuren haben gezeigt, daß die Aminosäureabsorption mehr vom Gehalt des im Medium vorliegenden Gesamt-α-Aminostickstoffs bestimmt wird, als von der Konzentration der einzelnen Aminosäuren. Die bisherige Vorstellung, daß eine intakte Assimilation bestimmter Aminosäuren durch die Hefen erfolgt, kann nicht mehr aufrechterhalten werden. Die Hefezelle verfügt offensichtlich über ein kompliziertes Transaminasensystem. So wurde die [15]N- Markierung einer bestimmten Aminosäure in allen Aminosäuren der Hefe wiedergefunden. Die Adsorptionsgeschwindigkeit der einzelnen Aminosäuren ist im großen und ganzen der Aminosäurekonzentration im Medium proportional. Bis auf Prolin können von der Hefe alle Aminosäuren assimiliert werden. Es hat sich gezeigt, daß die Glutaminsäure im Aminosäurestoffwechsel der Hefe eine Schlüsselfunktion einnimmt, da während des Wachstums der Hefe bei der Biergärung die Transaminierungsreaktionen über sie ablaufen. Weiterhin ist interessant, daß in der Angärphase, d. h. in den ersten 12 h nach dem Anstellen der Würze, etwa 20% des Glutaminsäurekohlenstoffs der Enzyme von der Glucose und Saccharose der Würze stammen. Von den vergärbaren Kohlenhydraten werden zunächst die Glucose, Fructose und Saccharose verwertet. Erst wenn diese Zucker verbraucht sind, erfolgt die Verwertung der Maltose und Maltotriose. Hierzu müssen von der Hefe erst so wichtige Enzyme wie die α-Glucosidpermease und die α-Glucosidase gebildet werden. Die vorliegenden Untersuchungen haben gezeigt, daß diese Enzyme nach Verwertung der Glucose, Fructose und Saccharose de novo synthetisiert werden. Zwischen der Bildung der α-Glucosidpermease und der α-Glucosidase besteht eine zeitliche Verschiebung von 15 min. Im Gegensatz zur kontinuierlichen Gärung und Reifung wird die Maltotriose bei klassischer diskontinuierlicher Arbeitsweise erst vergoren, wenn auch die Maltose weitgehend aus dem Medium verschwunden ist. Bei ein- als auch mehrstufigen kontinuierlichen Prozessen wird dagegen die Maltotriose bereits in der ersten Stufe von der Hefe mitverwertet.

In den ersten 4 Tagen der Hauptgärung, d. h. parallel zur Vermehrung der Hefe, werden vor allem höhere Alkohole, Diacetyl, Pentandion, Aldehyde und Schwefelverbindungen gebildet. Die höheren Alkohole entstehen einmal durch Transaminierung der aus der Würze aufgenommenen bzw. im Hefepool vorhandenen Aminosäuren in α-Ketosäuren, durch Decarboxylierung und anschließende Reduktion. Weiterhin werden höhere Alkohole in einem Nebenweg bei der intrazellulären Neusynthese der Aminosäuren gebildet.

Im fertigen Bier werden folgende Konzentrationen an höheren Alkoholen gefunden: Amylalkohol (Isoamylalkohol und n-Amylalkohol) 50···60 mg l^{-1}, n-Propanol etwa 10···15 mg l^{-1} und i-Butanol etwa 5···15 mg l^{-1}.

Für die höheren Alkohole liegt der Schwellenwert in der Geschmacksbeeinflussung des fertigen Bieres bei 100 mg je Liter Bier.

Die während der Hauptgärung gebildeten höheren Alkohole werden während der Reifungsphase in ihrer Konzentration kaum verändert.

Diacetyl und Pentandion haben einen wesentlichen Einfluß auf den Biergeschmack. Der Schwellenwert liegt für die Summe der beiden Stoffe bei 0,20 mg l^{-1} Bier. In einem ausgereiften Bier werden aber in der Regel weniger als 0,05 mg l^{-1} Bier gefunden. Während der Hauptgärung steigt der Diacetyl-Pentandion-Gehalt auf Werte von 0,8···1,2 mg l^{-1} und auch darüber an. Der für Diacetyl charakteristische Geruch und Geschmack tritt jedoch in dieser Phase noch nicht auf. Er ist erst nach der Filtration festzustellen, wenn der Gehalt über 0,20 mg l^{-1} liegt, und wird auf die Vorläufer von Diacetyl und Pentandion, das α-Acetolactat und das α-Acetohydroxybutyrat, zurückgeführt. Diese von der Hefe in das Bier ausgeschiedenen Metabolite werden durch oxydative Decarboxylierung in flüchtige Diketone umgewandelt. Durch enzymatische Reduktion wird das Diacetyl in Acetylmethylcarbinol und durch weitere Reduktion in 2.3-Butandiol umgewandelt. Erst diese Endphaseverbindungen haben keinen negativen Einfluß auf den Geschmack des Bieres [227, 406].

Die Geschwindigkeit des Diacetylabbaus ist von Temperatur und Hefezellkonzentration abhängig. Auch die Heferasse hat gewissen Einfluß. Heferassen, die im Verlauf der Hauptgärung sehr viel Diacetyl bilden, bauen dieses Diketon in der anschließenden Reifungsphase auch sehr schnell ab. Dagegen benötigen gärträge Hefen,

die in der Hauptgärung eine niedrigere Diacetylkonzentration erreichen, eine bedeutend längere Zeit für die Reduktion dieses Stoffwechselprodukts.
Die Gesamtmenge an Estern soll nicht mehr als 30 mg l^{-1} betragen. Die Ester werden vor allem während der 2. Phase der Hauptgärung gebildet. Auch in der ersten Phase der Reifung nimmt der Gehalt an Estern zu. Die Bildung dieser Stoffwechselprodukte ist von der Heferasse, der Hefekonzentration sowie der Temperatur abhängig. Bei hoher Temperaturführung sowie bei hohen Hefezellkonzentrationen werden im Bier größere Estermengen gefunden.
An der Aromabildung sind auch die flüchtigen Säuren, wie Iso-Buttersäure, Buttersäure, Iso-Valeriansäure, Capronsäure, Caprylsäure und Caprinsäure, beteiligt. Die Gesamtkonzentration dieser Stoffe beträgt 10···20 mg l^{-1}.
Während der Hefevermehrung und Hauptgärung kommt es zu einer pH-Wert-Verschiebung. Der pH-Wert der Würze von 5,4···5,6 wird innerhalb von 24 bis 48 h auf 4,4···4,5 gesenkt. Der End-pH-Wert eines Lagerbieres liegt zwischen pH 4,1 und 4,4. Während der Reifung ändert sich der pH-Wert kaum. Lediglich bei langer Lagerung kann er durch Autolyse der Hefe um 0,1 ansteigen. Das Kohlendioxid ist im Bier ausschließlich physikalisch gebunden. Für die Kohlendioxidentbindung sowie für die Schaumbildung und Schaumstabilität werden die während der Reifungsphase gebildeten Mikrogasblasen (Gas-Nuclei) verantwortlich gemacht, die eine aus verschiedenen Kolloiden — hauptsächlich Eiweiß- und Hopfenkolloiden — bestehende Hülle haben. Diese Hülle verhindert bei plötzlicher Druckentlastung, z. B. beim Öffnen der Bierflasche, das schnelle Übertreten des physikalisch gebundenen Kohlendioxids in die Gasblasen. Dadurch wird die Voraussetzung für die Ausbildung eines stabilen Schaumes geschaffen.

11.1.3.6. Störungen durch bierschädliche Mikroorganismen

Das Bier kann durch verschiedene Mikroorganismen verdorben werden. Man unterscheidet zwischen bierschädlichen und bierfremden Organismen. Bierschädliche Organismen stellen bierfremde Organismen dar, die durch unerwünschte Geschmacks- und Geruchsstoffbildung oder durch Trübung das Bier verderben.
Zu den bierschädlichen Organismen zählen die gärfähigen elliptischen wilden Hefen, die zur Gattung *Saccharomyces* gehören, und die Lactobacillen, in geringem Umfang auch Essigbakterien. Neben diesen Mikroorganismen kommen in den einzelnen technologischen Stufen, angefangen vom Sudhaus bis zur Abfüllung, verschiedene Hefen, Bakterien und Schimmelpilze vor, die jedoch für die Bierherstellung ohne Bedeutung sind, da sie sich unter den vorwiegend anaeroben Bedingungen des Bieres bei einem pH-Wert zwischen 4,0 und 4,5 und bei einem Alkoholgehalt > 3,0% nicht oder nur unbedeutend entwickeln können.

11.1.3.6.1. Bierfremde Hefen

Zu den gefährlichsten Kontaminationen gehören die sogenannten pastorianen Hefen, verschiedene Rassen von *Saccharomyces cerevisiae* (Weinhefen) und elliptische Heferassen von *S. uvarum*[1]. Kahmhefen, wie *Pichia membranaefaciens*, *Pichia farinosa*, *Hansenula anomala*, *Candida utilis* u. a., können oft im Flaschenbier nachgewiesen werden, wenn die Flaschenabfüllanlagen nicht regelmäßig und gründlich gereinigt werden und sich in den Flaschen außerdem zu viel Luft befindet. Im Prozeß der Bierherstellung können sich diese Hefen wie auch die Schimmelpilze aufgrund der anaeroben Bedingungen nicht vermehren.

---

[1] Vgl. Fußnote S. 253

S. pastorianus stellt eine Kontaminationshefe dar, die keulenförmige, elliptische und auch runde Zellen bildet und dem Bier einen unangenehmen Geschmack und Geruch verleiht. Sie vergärt Glucose, Maltose und Saccharose gut und Raffinose zu 2/3. Lactose und Galactose werden von *S. pastorianus* nicht vergoren. Glucose wird assimiliert, ebenso Maltose, Saccharose und auch Galactose [208, 214]. *S. pastorianus* wird von VAN DER WALT jetzt zu *S. bayanus*[1] gestellt, obwohl *S. bayanus* Raffinose nur zu 1/3 vergärt. Die ursprüngliche *S. pastorianus* II, später *S. intermedius*, jetzt zu *S. cerevisiae* gestellte Hefe tritt in der Brauerei ebenfalls als gefährlicher Bierschädling auf. *S. validus* wurde auch zu *S. uvarum*[1] gestellt. Bierfremde Hefen gelangen meist schon, verursacht durch unsaubere Apparate und Leitungen, auf dem Würzeweg in das Bier. Im Gärkeller adaptieren sie sich an die betrieblichen Bedingungen recht schnell. Handelt es sich um eine frische Hefekontamination, so tritt sie während der Hauptgärung noch nicht in Erscheinung. Durch die sich entwickelnden und in der Überzahl vorhandenen Bierhefezellen werden die den Prozeß störenden Hefekontaminationen in der Angärphase zunächst noch zurückgedrängt und lassen sich deshalb auch am Ende der Hauptgärung kaum nachweisen. Da die überwiegende Zahl der Hefekontaminanten staubigen Flockungscharakter haben, setzt sich nur ein geringer Teil dieser Hefe mit der Kulturhefe ab. Der größte Teil der bierfremden Hefezellen wird mit dem Bier in den Lagertank geschlaucht. Da die im Gärbottich abgesetzte Hefe in der Regel wiederverwendet wird, erfolgt auf diesem Wege eine Kontamination der nachfolgenden Sude und damit eine rasche Ausbreitung der fremden Mikroorganismen im Betrieb.

Nach mehreren Passagen mit der kontaminierten Anstellhefe ist die Kontamination bereits im schlauchreifen Bier durch einfache mikroskopische Kontrolle von Flachpräparaten nachweisbar. Daneben tritt im Jungbier bereits auch schon eine estrige Note auf.

Im Lagerkeller entwickeln sich bierfremde Hefen meist sehr rasch. Besonders gefährdet sind Lagerbiere mit einer Lagerzeit von mehr als 4 Wochen. In der ersten Lagerphase verlaufen die Klärung und Reifung des Bieres normal. Nach 10 bis 14 Tagen nimmt bei Vorhandensein von *S. pastorianus* die Trübung wieder zu, und es bildet sich außerdem ein unangenehmer Geschmack und Geruch. Die mit dem kontaminierten Bier in Berührung gekommenen Apparate, Gefäße und Leitungen müssen anschließend gründlich gereinigt und desinfiziert werden. Außerdem ist es zweckmäßig, das kontaminierte Bier erst im Anschluß an die Filtration der noch nicht kontaminierten Biere zu filtrieren. Auch die Reinigungsgeräte, wie Bürsten und Bälle, müssen anschließend sorgfältig und ausreichend desinfiziert werden. Hat sich aber die Kontamination bereits im Filterkeller und in den Abfüllanlagen festgesetzt, so ist bei allen Bieren mit einem Abfall der Haltbarkeit auf 2 bis 3 Tage zu rechnen, wenn nicht konsequente Reinigungs- und Desinfektionsmaßnahmen durchgeführt werden.

11.1.3.6.2. Durch Bakterien verursachte Störungen im Bier

Eine weitere Gefahr stellen die kokken- und stäbchenförmigen Lactobacillen dar. Sie gelangen ebenfalls wie die Hefen über den Würzeweg, die Anstellhefe und das Wasser (besonders Reinigungswasser) in das Bier. Unsaubere Arbeitskleidung, einschließlich Schuhwerk und Gummistiefel, sind oft ebenfalls die Ursache für die Übertragung von Kontaminationen.

Zu den kokkenförmigen bierschädlichen Mikroorganismen gehören verschiedene

---

[1] Neuerdings als *S. cerevisiae* eingeordnet

Arten der Gattungen *Micrococcus, Pediococcus* und *Sarcina* [80]. Einige wichtige bierschädliche Arten sind:

Micrococcus acerbus   *Pediococcus (= Micrococcus) cerevisiae*
M. *candidus*
M. *conglomeratus*
M. *freudenreichii*
M. *liquefaciens*
M. *luteus*
M. *pituitosus*
M. *varians*

In vielen Brauereien tritt *Pediococcus cerevisiae* als bierschädlicher Organismus auf. Dieser Kokkus bildet im Bier, wie viele andere Kokken, in verstärktem Umfang Diacetyl. In kokkenkontaminierten Bieren konnten bis zu 2 mg Diacetyl je 1 l Bier nachgewiesen werden. Da der Geschmacksschwellenwert für dieses Diketon bei 0,2 mg l^{-1} Bier liegt, macht sich eine derartig hohe Konzentration durch Bildung eines honigartigen und unangenehmen Geruchs und Geschmacks bemerkbar. Bisher wurden vor allem tetraden- und paketbildende Mikrokokken als besonders bierschädlich angesehen. Diese Lehrmeinung ist nicht berechtigt, da sich die meisten Kokken, ob Mono-, Diplo- oder Tetrakokken, an die anaeroben Bedingungen im Bier recht leicht adaptieren können und im Bier Trübungen und Geschmacksveränderungen verursachen. Die Kokken wachsen vorzugsweise in der Gelägerhefe des Gär- und Lagerkellers und sind deshalb hier gut nachweisbar. Liegt eine Kokkenkontamination vor, so kommt es im fertig abgefüllten Bier (unpasteurisiert) nach 5 bis 6 Tagen im Haltbarkeitstest bei 25 °C zur Ausbildung einer Trübung und nachfolgend zu Bodensatz.

Neben den Mikrokokken verursachen *stäbchenförmige Lactobacillen* Trübung und Säurebildung. Die wichtigsten bierschädlichen Arten sind [60]: *Lactobacillus plantarum, Lb. brevis (= Lb. pastorianus), Lb. buchneri*. Diese Organismen verursachen im unfiltrierten gleichermaßen wie im filtrierten und abgefüllten Bier eine Trübung, verbunden mit einer Geschmacksverschlechterung, die auf die Bildung von Buttersäure, Essigsäure, Ameisensäure und Diacetyl zurückzuführen ist.

Die meisten stäbchenförmigen Lactobacillen sind mikroaerophil und siedeln sich gern in Bierleitungen, Pumpen, Filtern, Abfüllanlagen und anderen Apparaten an. Während der Hauptgärung treten sie nur bei sehr massiven Kontaminationen in Erscheinung. Nach der Filtration, wenn das Bier seinen natürlichen Schutz in Form von Bierhefe als Sauerstoffzehrer verloren hat, entwickeln sich die sogenannten Bierstäbchen sehr rasch. Die im fertigen Bier noch vorhandenen Restkohlenhydrate und die Aminosäuren als Stickstoffquelle bieten den Lactobacillen günstige Wachstumsbedingungen.

In der kalten Anstellwürze der Brauerei können stets sogenannte Termo- oder Würzebakterien nachgewiesen werden. Die Organismen stellen keine systematische Gruppe dar. Sie gehören im wesentlichen zu den Familien *Enterobacteriaceae* und *Pseudomonadaceae (Acetobacter, Zymomonas, Flavobacterium)* [33].Die Termobakterien sind gramnegative Kurzstäbchen, 1,0···3 µm lang, kommen als Einzel- und Doppelstäbchen vor und sind während der Wachstumsphase sehr beweglich. Diese Organismen sind nicht gärbeständig, vermehren sich jedoch in der kalten und mit Sauerstoff angereicherten Würze sehr schnell. Mit Beginn der Hefevermehrung und Gärung sterben die Termobakterien ab. Wird die Würze jedoch mit einer gärschwachen Hefe angestellt, die außerdem eine lange lag-Phase benötigt, so kann es bei einer starken Termobakterienkontamination nachfolgend zu Gärstörungen kommen, da diese

Organismen die für das Hefewachstum wichtigen Vitamine und vor allem Aminosäuren verbrauchen. Es entsteht ein Selleriegeruch, der sich auch durch eine längere
Lagerung im Lagerkeller nicht beseitigen läßt.

Bei ungenügender Reinigung und Desinfektion kann *Escherichia coli* auch in das Bier
gelangen. Es sind einige wenige Fälle bekannt geworden, bei denen *E. coli* im Bier
nachgewiesen werden konnte. Die Organismen können auf verschiedenen Wegen,
z. B. auch über die Anstellhefe, in das Bier eingetragen werden. Oft war kontaminiertes Reinigungswasser die Ursache für die eingetragene Kontamination. *E. coli* ist im
Bier (12%iges Lagerbier) aufgrund der ungünstigen pH-Verhältnisse und des relativ
hohen Alkoholgehaltes nicht vermehrungsfähig. Dagegen bleiben *E.-coli*-Keime noch
bis zu 2 bis 3 Wochen lebensfähig [401].

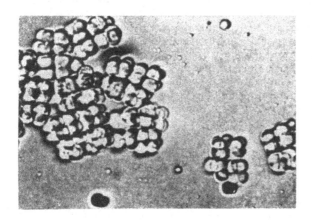

Bild 73. *Sarcina spec.*, die anaeroben Kokken sind zu Pake-
ten vereint
(Vergrößerung etwa 1150fach)

Im technologischen Prozeß der Bierherstellung ist die kalte Würze gegenüber Kontaminationsorganismen besonders gefährdet. Die gärbeständigen Organismen, die
bereits im Prozeß der Würzekühlung und Klärung und der Hauptgärung in das Bier
gelangen, kontaminieren die Hefe und somit alle nachfolgenden mit der kontaminierten Hefe angestellten Sude. Deshalb sollte bei der biologischen Kontrolle in der
Brauerei besonderer Wert auf die Würze- und Hefeuntersuchungen gelegt werden.
Weiterhin ist das Bier nach der Filtration gegenüber allen Fremdorganismen anfällig, da der während der Filtration und Abfüllung eingetragene Sauerstoff von der
fehlenden Hefe nicht mehr verzehrt werden kann.

Mit der Stufenkontrolle lassen sich die Stellen leicht ausmachen, an denen den Prozeß
störende bzw. das Produkt schädigende Kontaminationen in den Betrieb gelangen,
so daß durch gezielte Reinigungs- und Desinfektionsmaßnahmen die biologische
Stabilität des Bieres gesichert werden kann.

11.2. Wein

11.2.1. Allgemeines

Da der Wein ebenso wie das Bier schon von den alten Kulturvölkern hergestellt
wurde, ist es heute schwer, die Wiege des Weinbaus festzustellen. Auf der Grundlage
von Sprachuntersuchungen kommen HEHN und SCHRADER [142] zu dem Schluß, daß

der Weinbau von Vorderasien ausgegangen ist. Die Weinrebenkultur soll im Grenzgebiet der ostasiatischen und vorderasiatischen Wildrebengruppen in Nordwestindien entstanden sein [42].

Wein und weinähnliche Getränke wurden früher, wie auch heute noch, nicht nur aus dem Saft der Weinbeeren, sondern auch aus Früchten, Honig und Pflanzensäften, wie Ahorn und Agave, gewonnen. Von der Weinkultur der Ägypter (3000 bis 2000 v. u. Z.) als auch der Sumerer und Akkader zeugen viele Keilschriftüberlieferungen. Mit den römischen Legionären und Siedlern gelangte der Weinbau nach Mitteleuropa an Rhein und Mosel. Die ersten schriftlichen Überlieferungen über einen Weinbau auf deutschem Boden stammen von AUSONIUS um das Jahr 365 u. Z. Zwischen 900 und 1200 entwickelte sich der Weinbau im Saale-Unstrut-Gebiet und im Elbtal. Im Mittelalter war der Weinverbrauch sehr hoch. Er soll bis zu 150 l je Kopf und Jahr betragen haben. Es wurden hauptsächlich mit Kräutern gewürzte oder mit Honig gesüßte Weine bevorzugt. Im 19. Jahrhundert kam es zu einer epidemischen Ausbreitung von Pilzkrankheiten und parasitierenden Insekten. Dadurch wurde der Weinbau stark dezimiert. In der Deutschen Demokratischen Republik konzentriert sich der Weinbau auf das Saale- und Unstruttal sowie auf das Elbtal. Auf den nur kleinen Weinbauflächen werden jedoch gute Qualitäten erzeugt. Die Anwendung neuester wissenschaftlicher Erkenntnisse und der Einsatz moderner Geräte bei der Bodenbearbeitung und Schädlingsbekämpfung führten zu dieser Qualitätsentwicklung.

Die Bezeichnung der Weine richtet sich vielfach nach der Rebensorte. In der DDR sind folgende Rebensorten im Anbau: *Müller-Thurgau, Weißburgunder, Silvaner, Traminer, Gutedel, Riesling, Portugieser, Ruländer* u. a. Weitere bekannte weiße Rebensorten sind *Blaustengler (Kecknyelü), Dimiat, Furmint, Lindenblättriger (Harslevelü), Mädchentraube (Feteaska, Leanyka), Muskateller, Tausendgut, Sauvignon, Veltliner* u. a. Für die Herstellung von Rotweinen werden die Rebensorten *Blauer Spätburgunder (Pinot noir), Cabernet, Gamza, Kadarka, Mavrud, Pamid* u. a. verwendet.

Außerdem unterscheidet man noch Dessertweine, die auch als Süß- oder Südweine bezeichnet werden und oft bis zu 20 Vol.-% Alkohol enthalten.

Aus Kernbeeren und Steinobst werden die Obstweine, zum Teil unter Zusatz von Zucker und bei Obst- und Beerensüßweinen noch unter Zusatz von Alkohol und Zucker hergestellt [91, 127].

11.2.2.   Technologie der Weinherstellung

11.2.2.1.   Mostgewinnung

Die Gewinnung des Weines umfaßt die Lese der Trauben, die Behandlung des Lesegutes, die Maischegewinnung und Hauptgärung.

Haben die Trauben die Vollreife erlangt, so wird mit der Lese begonnen. Bei den einzelnen Traubensorten erfolgt sie wegen der unterschiedlichen Reifezeit zu verschiedenen Terminen und reicht von Mitte September bis etwa Mitte November. Neben der Hauptlese gibt es noch die Vorlese, bei der beschädigte und kranke Trauben entfernt werden, um gesondert zu Wein ausgebaut zu werden, und die Spätlese. Bei der Spätlese und bei der Auslese werden überreife und edelfaule Beeren geerntet und separat vergoren [106].

In klimatisch besonders begünstigten Weinbaugebieten, wo sehr viele überreife Beeren bzw. edelfaule Beeren auftreten, werden diese rosinenartig geschrumpften Beeren mit sehr hohem Zuckergehalt bei einigen Qualitätsrebensorten gesondert gelesen und verarbeitet. Diese Beerenauslesen und Trockenbeerenauslesen ergeben hervorragende, aber auch sehr teure Weine.

Die Trauben werden nach der Lese sobald wie möglich in großen Behältern — heute meist aus Plasten — zum Kelterhaus befördert, um schnell weiterverarbeitet zu werden. Mit Hilfe einer Traubenmühle, der eine Abbeermaschine vor- bzw. nachgeschaltet ist, werden die Beeren von den Traubenstielen befreit (entrappt) und schonend gequetscht, damit der Saft austreten kann. Man erhält so die Maische, die, je nachdem, ob Weiß- oder Rotwein bereitet werden soll, unterschiedlich weiterverarbeitet wird.

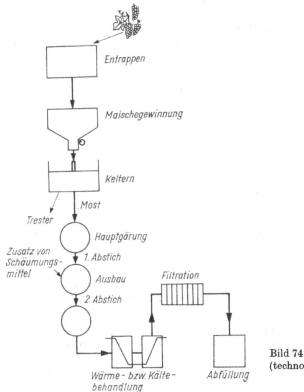

Bild 74. Weinbereitung (technologisches Schema)

Zur Weißweingewinnung wird die Maische möglichst bald auf einer Kelter abgepreßt, wobei Luftzutritt möglichst vermieden wird. Durch Zugabe von schwefliger Säure oder Kaliumpyrosulfit — das sog. »Schwefeln« — werden ungünstige oxydative Veränderungen verhindert.

Bei der Rotweinherstellung läßt man die Maische zunächst etwa 6 Tage in offenen Behältern angären, damit der in den äußeren Zellen der Beerenhaut lokalisierte Farbstoff durch den entstehenden Alkohol ausgelaugt wird; dann wird abgepreßt. Nach neueren Verfahren wird die Rotweinmaische in geschlossenen Behältern auf etwa 50 °C erhitzt und kann dann sofort abgepreßt werden. Auch ohne Alkoholbildung ist der Most tiefrot gefärbt, gleichzeitig gelangt weniger Gerbstoff in den Wein als bei dem alten Verfahren (Bild 74). Die Kelterung, d. h. Trennung des Mostes von den festen Bestandteilen der Maische, erfolgt auf Pressen verschiedener Art, z. B. hydraulischen Korbpressen, horizontalen Kolbenpressen, kolbenlosen Druckluftpressen und kontinuierlichen Schneckenpressen. Je nach Reifegrad der Trauben und je nach Traubensorte erhält man aus 1 dt Traubengut etwa 90 l Maische und beim Keltern 65···80 l (im Durchschnitt 75 l) Most.

11.2.2.2. Gärung

Der gekelterte Most kommt in Gärgefäße (Fässer, Tanks) und beginnt dort zu gären. In der Regel werden geschlossene Gärgefäße verwendet, die mit einem Gärventil oder Gärtrichter versehen sind, um das entstehende Kohlendioxid entweichen zu lassen und den Luftsauerstoff fernzuhalten. Die Hefen, die auf den Schalen der Traubenbeeren haften und in den Most gelangen, leiten die Gärung ein. Unmittelbar nach der Zerkleinerung beginnt während der Kelterung durch das Anreichern der

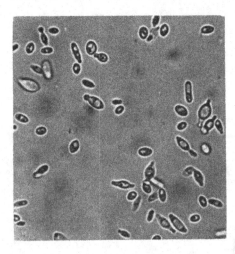

Bild 75. *Hanseniaspora apiculata* (Vergrößerung 700fach)

Traubenmaische und des Mostes mit Sauerstoff die Vermehrung der Hefen. Neben der Weinhefe, *Saccharomyces cerevisiae*, befinden sich auf den Trauben auch andere Hefearten, wie *Hanseniaspora (= Kloeckera) apiculata* (Bild 75), verschiedene Arten der Gattungen *Candida*, *Pichia* und andere. Die letztgenannten Hefearten vermehren sich in der Anfangsphase der Gärung meist schneller als die Weinhefen, und so kommt es zu Beginn der eigentlichen Gärung zu einer Anreicherung dieser Hefen im Most. Bedingt durch die starke Alkoholbildung der Weinhefen und durch den fehlenden Sauerstoff werden die luftliebenden Hefearten zurückgedrängt, und ein großer Teil dieser Hefezellen stirbt ab. Da die Nichtweinhefen jedoch bei einer zu starken Vermehrung im Most dem Wein einen fremdartigen Geruch und Geschmack verleihen, ist der Kellermeister an einer schnellen Angärung durch die Weinhefe interessiert. In manchen Betrieben wird deshalb dem Most Reinzuchthefe zugesetzt. Diese Reinzuchthefen stellen erprobte Heferassen mit guten Gär- und Geschmackseigenschaften dar. Diese Reinzuchthefen sind oft aus der Hefeflora der Beeren bzw. des Weines des jeweiligen Anbaugebietes isoliert worden.
Das Einsatzverhältnis der Reinzuchthefe zum Most sollte nicht geringer als 1:20 sein. Eine Sterilisation des Mostes vor Beginn der Gärung wird nur in Notfällen durchgeführt, wenn der Most durch beschädigte Beeren stark mit weinfremden Mikro-

organismen kontaminiert ist und Gärstörungen oder Geschmacksfehler zu erwarten sind. Durch die Sterilisation werden nicht nur die unerwünschten Organismen, sondern auch die Weinhefen und vor allem auch die für den Säureabbau notwendigen Bakterien abgetötet. Die Weinhefe kann leicht durch Zugabe von Reinzuchthefe ersetzt werden; die übrigen Mikroorganismen, die für den späteren Charakter und das Bukett des Weines mitverantwortlich sind, können nicht zugeführt werden [106].
Bei klassischer Arbeitsweise setzt die Hauptgärung bei einer Temperatur von 15 bis 18 °C ein. In der stürmischen Gärphase kann die Temperatur auch 20 °C übersteigen, wenn der Gärprozeß nicht durch Kühlung gesteuert wird, weil Wärme frei wird. In den älteren Weinkellern erfolgt die Gärung in Fässern, die mit einem Gärverschluß versehen sind. Diese, oft in Felsen geschlagenen Keller, zeichnen sich durch eine gute Temperaturkonstanz und gleichmäßige Luftfeuchte aus. Eine Raum- und Faßkühlung gibt es in derartigen Kellereien nicht. In modernen Betrieben erfolgt die Gärung in kühlbaren Tanks. Der Vergärungsgrad kann durch Zugabe von Kaliumpyrosulfit zum Most geregelt werden. Schwefel hemmt nicht nur die Vermehrung der Bakterien, sondern auch die Gärleistung der Hefe. Dadurch kommt es in Abhängigkeit von der Schwefelmenge zu einer Gärverzögerung und unter Umständen zum Verbleib einer Restsüße im Wein. Der gleiche Effekt tritt ein, wenn die Gärung unter Druck bis zu 0,7 MPa bei einer Temperatur von 15···20 °C durchgeführt wird. Diese Methode wird heute kaum noch angewendet.
In modernen Weinkellern erfolgt die Gärung bei konstanter Temperatur bei gleichzeitiger Abführung der während der Gärung entstandenen Wärme über Wärmeaustauscher oder durch Kühler mit direkter Verdampfung. Durch eine gleichmäßige, gezügelte Gärung werden die Alkohol- und Bukettverluste verringert. Außerdem wird die Autolyse der Hefe verzögert.

11.2.2.3. Ausbau und Lagerung des Weines

Die Beherrschung der biologischen, chemischen und physikalischen Prozesse, die während des Ausbaus der Weine ablaufen, ist für die Sicherung einer hohen Qualität des Endproduktes von großer Bedeutung.
Das saure Kaliumsalz der Weinsäure, Kaliumbitartrat, scheidet mit steigender Alkoholkonzentration in Form von Weinsteinkristallen aus dem Wein aus. In entsprechendem Maße nimmt auch der Gehalt an Weinsäure ab. Vornehmlich durch Milchsäurebakterien wird die Äpfelsäure des Weines in die wesentlich mildere Milchsäure und Kohlendioxid abgebaut. Der biologische Säureabbau kann durch verschiedene Bakterienarten, so durch *Lactobacillus gracile*, *Micrococcus spec.* sowie verschiedene Species der Gattungen *Leuconostoc* bzw. *Pediococcus* herbeigeführt werden. Biologischer Säureabbau und Weinkrankheiten stehen oft in enger Beziehung zueinander.
Kommt es beispielsweise bei einem säurearmen Wein zu einem starken Äpfelsäureabbau, so können sich Acetoin und Diacetyl als Stoffwechselprodukte der Milchsäurebakterien im Wein anreichern und einen unangenehmen Geschmack bilden. Dagegen ist bei vielen Jungweinen mit einem hohen Säuregehalt ein entsprechend starker biologischer Säureabbau notwendig, um die Weine verkaufsfähig zu machen. Der Umfang und zeitliche Ablauf des biologischen Säureabbaus ist von der Sorte und Herkunft des Weines abhängig. Wesentliche Einflußfaktoren auf die Vermehrung und Stoffwechselleistung der Milchsäurebakterien sind die im Most vorhandenen Vitamine und Aminosäuren sowie der Kalium- und Magnesiumgehalt. Auch die Autolyseprodukte der Weinhefe fördern in Verbindung mit einer warmen Lagerung und einem hohen Kalium- und Magnesiumgehalt den Säureabbau.

Nach Beendigung der Gärung werden die Gebinde fast randvoll aufgefüllt, um eine Oxydation der Jungweine zu vermeiden. Nun erfolgt der erste Abstich. Der Wein wird von dem abgesetzten Hefetrub, bestehend aus abgestorbener Hefe, kolloidalen Eiweißstoffen, Weinstein, weinsaurem Calcium und Schmutzresten, abgezogen. Längeres Belassen auf der Hefe kann nachteilig sein, weil die Hefe sich allmählich zersetzt und in Fäulnis übergeht (Hefeböckser). Der Zeitpunkt des ersten Abstichs richtet sich nach dem Zustand des Weines, nach dem erfolgten Säureabbau und dem erreichten Klärungsgrad. Säurearme Weine werden schon bald nach Beendigung der Hauptgärung, etwa November—Dezember, von der Hefe entfernt, um die Säure möglichst zu erhalten. Bei säurereichen Weinen erfolgt der erste Abstich wesentlich später, um durch den damit geförderten Säureabbau die gewünschte harmonische Säure zu erreichen.

Der zweite Abstich (Schönungsabstich) des Weines erfolgt ein bis zwei Monate später und wird meist mit dem Entfernen der Trubstoffe aus dem Wein verbunden, wobei eine Separation oder Filtration vorgenommen wird. Die während des Ausbaus und der Lagerung auftretenden verschiedenen Trübungsstoffe werden durch die Zugabe von Klärungsmittel entfernt. Diese »Schönungsmittel« ziehen die Trubteilchen durch ihre Oberflächenaktivität an oder bilden kolloidale Flockungen, die nun zu Boden sinken. Als Schönungsmittel sind in der DDR nach Standard TGL 28032 zugelassen: Gelatine, Tannin, Hausenblase, Aktivkohle und Bentonit.

Die Blauschönung dient zur Entfernung der im Wein befindlichen Metallsalze. Durch Zugabe von Kaliumhexacyanoferrat können Eisen, Kupfer und Zink in schwerlösliche Salze umgewandelt werden. Bei Vorhandensein von Eisen entsteht das unlösliche Berliner Blau, das sich als blauer Niederschlag absetzt. Dieser Niederschlag muß anschließend (spätestens nach 3 Wochen) durch Filtration entfernt werden. Zur Entfernung eiweißhaltiger Trubstoffe dienen Gelatine, Hausenblase, Bentonit, Tannin, Agar und auch Enzympräparate mit proteolytischer Wirkung [106]. Der fertige Wein wird vor der Flaschenabfüllung nochmals blank filtriert, wobei zur Ausfällung wärmelabiler Eiweißstoffe oft eine Wärme-Kälte-Behandlung durchgeführt wird. Dazu wird der Wein in einem Wärmeaustauscher auf 70···90 °C erhitzt, bei dieser Temperatur 30···40 s gehalten und anschließend auf −4 °C abgekühlt. Der Vorteil dieses Verfahrens besteht darin, daß neben den störenden Eiweißstoffen gleichzeitig Weinstein ausfällt und die Mikroorganismen abgetötet werden.

In einigen Fällen setzt man solchen Weinen, vorausgesetzt, daß sie keimarm sind, auch Sorbinsäure (s. S. 76) bis zu 250 mg je Liter zu. Sorbinsäure wirkt vor allem gegen Hefen und andere Pilze. Der Geschmack wird nicht beeinflußt.

Nach anschließender Schichtenfiltration erfolgt die Abfüllung.

11.2.3.   Technologie der Schaumweinherstellung

Während in Frankreich zur Herstellung von Champagner — die Bezeichnung darf nur für Schaumweine aus streng begrenzten Gebieten Frankreichs benutzt werden — nur ganz bestimmte, vorzugsweise rote Traubensorten, die weiß zu keltern sind, benutzt werden, verwendet man in der DDR fertige, säurereiche, extraktarme Weine, deren Alkoholgehalt nicht über 12 Vol.-% liegen soll, die sogenannten Grundweine (Bild 76). Zur Erreichung eines gleichbleibenden Charakters werden die verschiedenen Sektgrundweine miteinander verschnitten und gut vermischt; das ergibt die Cuvée. Hierzu kommt eine bestimmte Menge in Wein gelöster Zucker und Reinzuchthefe, die an eine kalte Gärführung und einen hohen Alkoholgehalt gewöhnt ist [68]. Die Cuvées + Zucker + Reinzuchthefe werden entweder auf Flaschen oder Stahltanks gefüllt. Bei einer Temperatur von maximal 9···12 °C erfolgt eine langsame

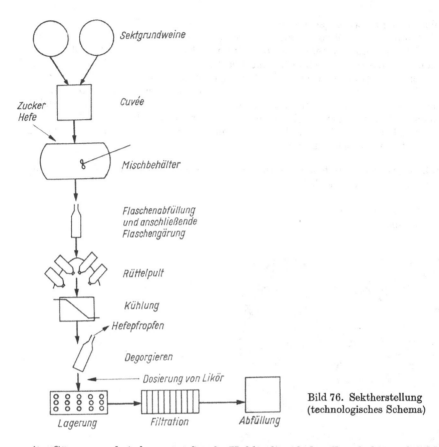

Zucker
Hefe

Sektgrundweine

Cuvée

Mischbehälter

Flaschenabfüllung
und anschließende
Flaschengärung

Rüttelpult

Kühlung

Hefepfropfen

Degorgieren

Dosierung von Likör

Lagerung   Filtration   Abfüllung

Bild 76. Sektherstellung
(technologisches Schema)

zweite Gärung, wobei das entstehende Kohlendioxid den Druck bis auf 0,6 MPa ansteigen lassen kann. Ein großer Teil der entstandenen Gärungskohlensäure wird bei diesem Druck physikalisch gelöst. Nach den Arten der Gärbehälter und der Technologie unterscheidet man zwischen Flaschengärung, Tankgärung und kontinuierlicher Gärung. Die Gärung ist nach 1 bis 2 Monaten beendet. Bei einer Flaschengärung werden die Flaschen bis zu einem Jahr bei einer Temperatur zwischen 8 °C und 10 °C gelagert. Dabei autolysiert ein Teil der Hefezellen, und Hefeinhaltsstoffe treten in den Wein über [81]. Nach beendeter Lagerung wird die Hefe nach verschiedenen Verfahren aus dem Rohsekt entfernt. Zur Einstellung einer bestimmten Süße und Vollmundigkeit erfolgt ein Zusatz von Dosagelikör. Dosagelikör ist ein weingelöster Kandiszucker. Schaumweine mit einer geringen Süße tragen die Bezeichnung — trocken, mit mittlerem Zuckergehalt — halbtrocken und mit viel Zucker — süß. Der fertige Sekt wird auf Flaschen abgefüllt und nach Einhaltung einer kurzen Quarantänezeit in den Handel gebracht.

11.2.4. Mikroflora des Weines

Die Zusammensetzung der Mikroflora des gekelterten Weines ist in erster Linie von der Mikroflora der Trauben abhängig. Auf den Trauben, vor allem auf den geschädigten und oft schon in Fäulnis übergegangenen Beeren, befinden sich neben den

271

für die Gärung notwendigen Weinhefen aber auch andere Hefearten sowie Bakterien und Schimmelpilze. Diese Organismen befinden sich auf dem Boden der Weingärten. Über die Luft, unterstützt von Wind und Regen, gelangen die Mikroorganismen auf die Pflanzen und somit auf die Beeren.

Aber auch die auf den Geräten, in den Leitungen und Gefäßen der Weinkeller befindlichen Mikroorganismen gelangen in den Most und vermehren sich unter günstigen Wachstumsbedingungen rasch. Da die Kellerflora sich bereits an die Betriebsbedingungen adaptiert hat, besteht bei ihr ein Selektionsvorteil.

Ebenso wie bei den Bierhefen unterscheidet man die einzelnen Rassen aufgrund ihrer speziellen technologischen Eigenschaften. Dazu gehören:

- Hohe Gärleistung bei hohen als auch bei niedrigen Temperaturen (Kaltgärhefen),
- hohe Alkoholverträglichkeit,
- gute Absetzeigenschaften,
- Sulfitverträglichkeit und
- Osmophilie.

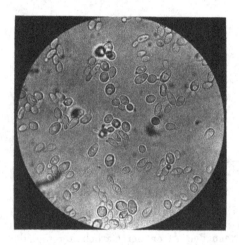

Bild 77. *Saccharomyces cerevisiae*, Weinhefe (Vergrößerung 300fach)

Aus sehr guten Weinen konnten Heferassen isoliert werden, die im Laufe der Zeit durch Kreuzung entstanden sind und sich auf dem Wege der natürlichen Reinzucht durch Selektionsvorteil durchsetzen konnten [128]. Einzelne Heferassen konnten sich an spezifische Verhältnisse adaptieren, so daß Spezialrassen entstanden. Die aus der Mikroflora der Weingärten selektierten Hefen werden nach dem Weinanbaugebiet, z. B. Champagner, Taragoner usw., benannt. Auf den typischen Geschmack und das Bukett des Weines haben jedoch diese Hefen nur einen geringen Einfluß. Das Bukett ist in erster Linie auf die Rebsorte sowie die spezifischen Bodenverhältnisse und klimatischen Bedingungen der Weinberge zurückzuführen. Deshalb erhält man auch nicht bei der Vergärung von Obst- und Beerenmosten mit derartigen Weinheferassen Weine mit dem Bukett oder Geschmack der Weinanbaugebiete, von denen die Hefen stammen.

Die Weinhefen sind Rassen von *Saccharomyces cerevisiae* mit der alten Bezeichnung *S. ellipsoidens* oder *S. cerevisiae* var. *ellipsoideus* (Bild 77). Die Zellform ist meist elliptisch bis länglich oval. Junge Zellen haben meist eine runde bis ovale Form [114]. Sie bilden 2 bis 4 runde leicht oder ovale Sporen, vergären Glucose, Galactose, Saccharose, Maltose und Raffinose zu 1/3, aber keine Lactose.

Die optimale Vermehrungstemperatur liegt zwischen 23 °C und 25 °C, dagegen wird die optimale Gärleistung bei 25···28 °C erreicht. Zur besseren Steuerung des Gärprozesses gehen sehr viele Weinkellereien zu einer kalten Gärführung über. Diese Arbeitsweise hat zur Selektion von sogenannten Kaltgärhefen geführt, die selbst bei Temperaturen zwischen 4 °C und 8 °C die gleichen Alkoholausbeuten liefern wie die Wildstämme bei 25···28 °C. Die Reinzuchthefe wird zunächst in sterilem Traubenmost vermehrt und anschließend dem ausreichend geschwefelten und vorgeklärten Most sofort nach der Kelterung zugesetzt. Ist bei großen Mostmengen eine Pasteurisierung vorgesehen, so benutzt man dazu Plattenerhitzer und hält den Most 1···2 min bei 87 °C. Anschließend wird auf 18 °C heruntergekühlt. Die Zugabe der Hefe erfolgt in der Phase der optimalen logarithmischen Vermehrung, d. h. zu einem Zeitpunkt, in dem sich die Hefe in einem günstigen physiologischen Zustand befindet. Sie kann sich deshalb auch ohne besondere Schwierigkeiten gegenüber der natürlichen Hefeflora und den anderen Mikroorganismen des Mostes durchsetzen. Dadurch ist es möglich, bestimmte Säureverhältnisse im Wein einzustellen und die Tätigkeit unerwünschter Mikroorganismen, speziell auch Hefen, die den Geschmack und das Bukett ungünstig beeinflussen, zurückzudrängen.

Die Herstellung der Trockenbeerenauslese macht die Verwendung osmophiler Hefen notwendig, die Moste mit einem Zuckergehalt bis zu 30% vergären können und hohe Alkoholausbeuten liefern. Solche osmophilen Hefen gehören meist zur Gattung *Saccharomyces* [196].

Untersuchungen über die Mikroflora usbekischer Weine haben gezeigt, daß die qualitative und quantitative Zusammensetzung der Mikroorganismenflora zwischen den einzelnen Weinanbaugebieten sehr unterschiedlich sein kann. So wurden beispielsweise im Anbaugebiet von Samarkand vor allem sporogene Hefen, dagegen bei Taschkent hauptsächlich asporogene Hefen gefunden.

In den verschiedenen Mosten wurden die Hefen *S. uvarum, S. bayanus* (= *S. oviformis*), *S. globosus* und *S. chodati* (= *S. italicus*) gefunden, die neuerdings alle als *S. cerevisiae* eingeordnet werden. Der Anteil der Apikulatushefen *(Hanseniaspora apiculata)* ist im gekelterten Most sehr hoch und kann bis zu 50% der Hefeflora betragen. Die Apikulatushefen vermehren sich im Most zunächst schneller als die Weinhefen und leiten deshalb die Gärung ein. Bei der Weingärung besteht offensichtlich eine Wechselwirkung zwischen den zitronenförmigen Apikulatushefen und den Weinhefen.

Versuche haben gezeigt, daß bei einem geringen Anteil von Apikulatushefen und einem hohen Anteil von Weinhefen die Gärung besser verläuft als bei einer Reinzuchtgärung nur mit Weinhefe. Überragt jedoch der Anteil der Apikulatushefen, so wird in der 1. Phase der Weingärung die Weinhefe unterdrückt, und es kann dabei zu Gärschwierigkeiten verbunden mit der Bildung eines unerwünschten Buketts kommen.

11.2.5.   Weinkrankheiten

Der fertige Wein kann durch unsachgemäße Behandlung, beispielsweise durch mangelnde Sauberkeit bei der Lagerung oder Abfüllung, leicht eine Wertminderung erfahren. Man unterscheidet zwischen Weinkrankheiten und Weinfehlern.

Weinfehler sind durch chemische und physikalische Vorgänge gekennzeichnet, die den Geschmack, Geruch oder das Aussehen des Weines beeinträchtigen können. Zu den Weinfehlern gehören durch Metallionen, Eiweiß oder Weinstein verursachte Trübungen, Farbstiche sowie Geruchs- oder Geschmacksfehler, die auf autolysierte Hefe, Phenol, Trester und Metallionen zurückzuführen sind. Weinkrankheiten dagegen entstehen durch die Tätigkeit von Mikroorganismen. Es sind vor allem die im Verlauf der Weinherstellung in den Wein eingetragenen Mikroorganismen, die während der Lagerung und des Ausbaus des Weines günstige Vermehrungsbedingungen finden. Es kann hierbei zu Trübungen oder zur Veränderung des Geruchs und Geschmacks des Weines kommen. Weinkrankheiten werden sowohl von Bakterien als auch von Schimmelpilzen und Hefen verursacht.

In der Vergangenheit waren es in erster Linie Essigsäurebakterien, die die Weine verdarben. Essigstich tritt besonders bei alkohol- und säurearmen Weinen auf. Dagegen zeigen alkoholreiche, sogenannte schwere Weine eine höhere Stabilität gegenüber diesen Kontaminationsorganismen. Wichtige Vertreter dieser Kontaminationsgruppe sind *Acetobacter aceti* subsp. *orleanensis*, *A. pasteurianus* subsp. *ascendens*, *A. aceti* subsp. *xylinum*. Durch oxydativen Abbau des Alkohols kommt es zur Essigsäurebildung. Steigt der Gehalt an flüchtigen Säuren im Weißwein über 1,0 g l^{-1} und im Rotwein über 1,2 g l^{-1} an, so ist der Wein nicht mehr verkehrsfähig. Da Essigsäurebakterien für ihr Wachstum unbedingt Sauerstoff benötigen, kann einer derartigen Kontamination leicht durch eine möglichst anaerobe Lagerung des Weines bei niedrigen Temperaturen entgegengewirkt werden.

Neben Essigsäurebakterien können auch Milchsäurebakterien, die eigentlich zur erwünschten Mikroflora des Weines gehören, einen sogenannten Milchsäurestich verursachen. Zu den unerwünschten Milchsäurebakterien gehört *Lactobacillus buchneri* (= *Lb. mannitopoeum*). Auch *Lb. plantarum* wird zu den weinschädlichen Mikroorganismen gezählt, da er neben Äpfelsäure auch Weinsäure abbaut.

Auch hier werden hauptsächlich säure- und alkoholarme Weine, die noch dazu längere Zeit bei höheren Temperaturen auf der Hefe gelagert wurden, befallen. Im Gegensatz zu den erwünschten Milchsäurebakterien, die Äpfelsäure in Milchsäure umwandeln, bilden die schädlichen Bakterien die Milchsäure aus Zucker. Dabei sind besonders Weine mit einem relativ hohen Restzuckeranteil gefährdet. Es entstehen hierbei neben der Milchsäure noch weitere Stoffwechselnebenprodukte, die für den unangenehmen Geschmack und Geruch verantwortlich sind. Es sind vor allem Diacetyl, Acetoin, höhere Alkohole, Essigsäureethylester und weitere noch nicht identifizierte Substanzen.

Eine weitere Weinkrankheit ist die Schleimbildung. Das Zähwerden der Weine wird durch eine Mischpopulation verursacht, an der zur Schleimbildung neigende Milchsäurebakterien als auch Schimmelpilze, z. B. *Aureobasidium pullulans*, und Hefen beteiligt sind. Diese Krankheit äußert sich darin, daß der Wein beim Ausgießen aus einem Gefäß Fäden zieht. Ist die Krankheit sehr stark ausgebildet, so wird der Wein dickflüssig, und es treten auch deutliche Geschmacksveränderungen auf.

Neben Bakterien können verschiedene Hefen Weinkrankheiten verursachen. Dazu gehören Kahmhefen als auch verschiedene, meist sehr alkoholresistente Rassen der Gattung *Saccharomyces*. Die an der Deckenbildung auf Weinen beteiligten Kahmhefen gehören verschiedenen Gattungen und Arten an. Eine bekannte Species ist *Pichia membranaefaciens*, die beispielsweise Alkohol, Äpfel-, Essig- und Bernsteinsäure assimiliert und das Bukett des Weines zerstört. Die durch Kahmhefen befallenen Weine schmecken durch die fehlende Säure meist leer und unsauber. Die Bildung einer Kahmhaut deutet auf die Sauerstoffbedürftigkeit dieser Hefen hin. Auch hier werden vor allem Weine mit einem Alkoholgehalt unter 12% am stärksten befallen. Bei der mikroskopischen Untersuchung solcher Weine werden oft neben den Kahmhefen auch die streng aeroben Essigbakterien nachgewiesen. Deshalb tritt bei einer starken Hautbildung häufig auch ein Essigstich deutlich hervor. Bei geringer Kontamination ist es möglich, durch Schwefelung oder durch Sterilfiltration den Wein zu behandeln. Ist der Wein jedoch bereits essigstichig, so kann die entsprechende Charge nur noch für die Weinessigerzeugung verwendet werden.

In abgefüllten Weinen kann es zu Hefetrübungen und auch Bodensatzbildungen kommen, ohne daß eine Kahmhaut entsteht. Diese Erscheinung tritt nicht nur bei restsüßen Weinen, sondern auch bei ausgesprochen trockenen Weinen und alkoholreichen Weinen auf. Untersuchungen haben ergeben, daß es sich in diesen Fällen meist um typische, jedoch um sehr alkoholresistente Weinheferassen handelt. Die zu *Saccharomyces cerevisiae* gehörenden Rassen bauen den im Wein vorhandenen Alkohol ab. Der zur Vermehrung dieser Hefen notwendige Sauerstoff gelangt während der Filtration und Abfüllung in den Wein, so daß die Kontaminationshefen in der abgefüllten Flasche ausreichende Vermehrungsbedingungen vorfinden.

Ein wirksames Mittel zur Verhinderung derartiger Kontaminationen stellt die Pasteurisation mit dem Durchlauferhitzer und anschließende Heißabfüllung in saubere und keimarme Flaschen dar. Auch die Zugabe von Kaliumsorbat hat zu guten Ergebnissen geführt.

11.3. Möglichkeiten zur Erhöhung der biologischen Stabilität alkoholischer Getränke

Bier und Wein können sehr leicht durch die Tätigkeit verschiedener Mikroorganismen verdorben werden. Deshalb ist in Brauereien, Weinkellereien und entsprechenden Abfüllbetrieben der planmäßigen und wirksamen Reinigungs- und Desinfektionsarbeit in Verbindung mit einer zielgerichteten biologischen Betriebskontrolle die größte Aufmerksamkeit zu widmen.

Die wirksamste Methode zur Sicherung einer hohen biologischen Stabilität ist die sorgfältige und sachgemäße Reinigung und Desinfektion. Reinigung und Desinfektion sollten stets in zwei Verfahrensschritten vollzogen werden. Generell wird zwischen einer offenen Reinigung, z. B. für Fußböden, Wände, Transporteinrichtungen, offene Behälter, und einer geschlossenen auch als CIP-(cleaning in place)Reinigung unterschieden. Bei der CIP-Reinigung werden Anlagen mit ihren Apparaten und Rohrleitungen ohne vorherige Demontage als zusammenhängendes System gespült, gereinigt und anschließend desinfiziert.

Wichtige Voraussetzungen für einen maximalen Reinigungs- und Desinfektionseffekt sind:

- Beginn der Reinigung unmittelbar nach der Produktentleerung mit dem Spülen der Anlage
- Einsatz eines wirksamen Reinigungsmittels in Abhängigkeit von Schmutzart und Materialzusammensetzung der Anlage bei Einhaltung der vom Hersteller vorgegebenen Reinigungsmittelkonzentration
- Einsatz eines wirksamen Desinfektionsmittels in der vom Hersteller vorgegebenen Konzentration nach vollzogener Reinigung und eventuell notwendiger Zwischenspülung
- Einbeziehung der Armaturen und Rohrleitungsenden in den Prozeß der Reinigung und Desinfektion
- Sicherung einer hohen Turbulenz der Reinigungs- und Desinfektionsmittellösungen in den Apparaten und Rohrleitungen
- Glatte Oberflächen in den Leitungen und Apparaten; keine Querschnittsänderungen in den Leitungen

Bei Anlagen, die mit einer automatisierten CIP-Anlage gereinigt werden sollen, ist strengstens darauf zu achten, daß Rohrleitungen stets mit Gefälle verlegt sind. Gleichzeitig sind die Schweißnähte so auszuführen, daß die Oberflächen keinen Ansatzpunkt für Produktablagerungen in Form von Hefe und Eiweiß bieten können.

Poröse Schweißnähte und poröse Wandoberflächen in den Apparaten und Leitungen lassen sich kaum in dem erforderlichen Maße reinigen und desinfizieren. In den dort verbleibenden Schmutzschichten werden die dort vorhandenen Mikroorganismen von dem Desinfektionsmittel nicht erreicht, und es kommt zu einer Kontamination der nachfolgenden Bier- oder Weinchargen.

Im Anschluß an die Desinfektion soll die gesamte Anlage mit einem biologisch einwandfreien Wasser gespült werden. Die biologische Betriebskontrolle trägt mit Hilfe einer systematischen Stufenkontrolle und Stichproben zum Nachweis störender Mikroorganismen in den Roh- und Hilfsstoffen, den Halbfertigerzeugnissen, den Fertigerzeugnissen sowie den technischen Einrichtungen wesentlich zur Sicherung einer gleichmäßig hohen Qualität bei. Durch systematische und wirksame Reinigungs- und Desinfektionsmaßnahmen in Verbindung mit einer einwandfreien Filtration der Erzeugnisse kann beispielsweise bei abgefülltem Bier eine Haltbarkeit von mindestens 4 Wochen gewährleistet werden. Werden an das Bier jedoch höhere Haltbarkeits- ansprüche gestellt, z. B. bei Exportbieren (3 Monate und länger), so sind Maßnahmen zur Beseitigung bzw. Abtötung der nach der Filtration und Abfüllung noch vorhan- denen lebens- und vermehrungsfähigen Keime notwendig.

Die Erhöhung der mikrobiologischen Stabilität von alkoholischen Getränken kann durch verschiedene Verfahren realisiert werden[1]:

● Einwirkung von Wärme (Pasteurisation oder Sterilisation),
● Sterilfiltration,
● Zusatz von antimikrobiell wirksamen Substanzen und
● Strahlen.

Eines der am häufigsten angewendeten Verfahren ist die Pasteurisation. Es werden hauptsächlich die vegetativen Formen der Mikroorganismen abgetötet. Die Pasteu- risation kann entweder vor oder nach der Abfüllung erfolgen. Zur Bewertung des Abtötungseffekts der Mikroorganismen in Bier wurde als Maß die Pasteurisiereinheit (1 PE) geschaffen. Als Maßstab für eine Pasteurisiereinheit wurde der bei einer Tem- peratur von 60 °C und einer Zeitspanne von 1 min erreichte Abtötungseffekt gewählt. Die niedrigste wirksame Temperatur für Bier beträgt 46 °C mit einem PE von 0,01, d. h., bei dieser Temperatur sind 100 min notwendig, um die gleiche Wirksamkeit zu erhalten wie bei 60 °C und 1 min Behandlungszeit. Werden die PE-Werte in ein logarithmisch eingeteiltes Temperatur-PE-Diagramm eingetragen, so ergeben sie eine gerade Linie.

Die Pasteurisation der Getränke vor der Abfüllung erfolgt in Wärmeaustauschern, die nach dem Gegenstromprinzip arbeiten. Zur Sicherung einer ausreichenden biolo- gischen Stabilität beträgt die Heißhaltezeit bei 65···70 °C etwa 20 s. Diese auch als Durchflußpasteurisation bezeichnete Technologie setzt jedoch eine einwandfreie Abfüllung voraus, um Kontaminationen auszuschließen. Eine weitere Voraussetzung ist die Bereitstellung von keimarmem Flaschenmaterial. Der Keimgehalt der Flaschen soll möglichst niedrig sein. In den einzelnen Ländern werden verschiedene Richt- werte für gereinigte Flaschen vorgegeben. Sie liegen in der Regel maximal zwischen 200—600 Keimen je 500 cm³ Flascheninhalt (s. unter 1.5.1.4.1.).

In den Bier und Wein abfüllenden Betrieben hat sich als Variante der Durchfluß- pasteurisation die Heißabfüllung bewährt. Das im Durchflußpasteurisator erhitzte Getränk wird heiß in die Flasche gefüllt und kühlt erst anschließend im Stapelraum langsam ab. Diese Technologie hat den Vorteil, daß alle im Verlauf der Abfüllung in das Getränk gelangenden vegetativen Keime abgetötet werden. Es sind jedoch besondere Abfüllanlagen erforderlich. Um eine Oxydation des Bieres zu vermeiden,

---

[1] S. auch Müller [250], Kapitel 3

werden die Flaschen vor dem Füllen evakuiert und anschließend mit CO_2 oder N_2 vorgespannt. Dadurch kann eine durch Oxydation verursachte Geschmacksverschlechterung eingeengt werden. Ein weiterer Nachteil ist die relativ lange Abkühlphase, wodurch ebenfalls Geschmacksveränderungen auftreten können.

Weit verbreitet ist die Pasteurisation in der abgefüllten Flasche. Hier erfolgt die Abtötung der Keime in tunnelförmigen Apparaten durch Berieselung mit heißem Wasser. Anschließend wird mit kaltem Wasser abgekühlt. Bei dieser Arbeitsweise werden ebenfalls alle vegetativen Keime in der Flasche abgetötet. Durch die anschließende Abkühlung ist die Gefahr einer Geschmacksbeeinträchtigung des Bieres jedoch nicht so groß wie bei der Heißabfüllung.

Welche Pasteurisationstechnologie angewendet wird, hängt von den betriebstechnischen Bedingungen und von ökonomischen Gesichtspunkten (Investitionskosten, Energiekosten usw.) ab. Durch Sterilfiltration kann die biologische Haltbarkeit des Getränks ebenfalls erhöht werden. Die Entkeimungsfiltration ist technisch gelöst. Es werden Filterschichten auf der Basis von Cellulose mit und ohne Asbestgaben und Metallsinterfilter verwendet. Diese Entkeimungstechnologie hat sich jedoch in den europäischen Staaten nicht durchsetzen können, da bei der scharfen Filtration nicht nur die Keime entfernt werden, sondern gleichzeitig auch wichtige Geschmacksstoffe und Schaumbildner verlorengehen. Die Entkeimungsfilter werden in der DDR lediglich zur Behandlung kleinerer Getränkepartien eingesetzt. Auch liegen die Kosten für diese Behandlungstechnologie höher als bei der Pasteurisation, und die Gefahr einer Kontamination während der Abfüllung ist nicht zu umgehen, da eine 100%ige Sterilität in den Getränkebetrieben nicht zu erreichen ist.

Zur Erhöhung der biologischen Stabilität wird von verschiedenen Autoren die Zugabe chemischer Konservierungsmittel vorgeschlagen (s. unter 1.5.1.3.5.). Eine gute Hemmwirkung auf verschiedene Hefen, Mikrokokken und Milchsäurestäbchen zeigen einige Benzoesäureester. Dazu gehören n-Heptylparahydroxybenzoat, n-Octyl-3,5-Dihydroxybenzoat und vor allem n-Octyl-3,4,5-trihydroxybenzoat. Der letztgenannte Benzoesäureester erwies sich für den Einsatz im Bier am günstigsten [95]. Er kann mit Kieselgur vermischt bei der Filtration mit zugesetzt werden und wirkt bereits in einer Konzentration von 10 g hl^{-1} im Bier [119, 152, 367].

In der Weinindustrie können im fertigen Wein sehr leicht Hefen auftreten, die durch ihr intensives Wachstum die Haltbarkeit herabsetzen. Hier hat sich der Zusatz von Kaliumsorbat bewährt. Die antimikrobielle Wirkung der Sorbinsäure ist besonders auf die undissoziierten Sorbinsäuremoleküle gegenüber beispielsweise S. cerevisiae, Aspergillus niger und auch Bakterien, wie E. coli, zurückzuführen [219].

Auch die Anwendung von Antibiotica in der Getränkeindustrie wurde bereits mehrfach diskutiert. Antibiotica sollten jedoch grundsätzlich im Interesse der Erhaltung der Volksgesundheit in der Getränkeindustrie nicht angewendet werden, da durch das Entstehen von resistenten Mutanten nicht kontrollierbare Folgen für die Gesundheit der Menschen eintreten können.

Unter diesem Gesichtspunkt ist der Zusatz antimikrobiell wirksamer Substanzen zu Getränken stets problematisch, da hierdurch sehr leicht ernste Mängel in der Reinigungs- und Desinfektionsarbeit der Betriebe verdeckt werden können. So, wie E. coli einen Leitorganismus für fäkale Verunreinigungen im Wasser darstellt, ist das Vorhandensein von nichtpathogenen und damit unschädlichen Fremdorganismen, z. B. Mikrokokken und Lactobacillen, als Hinweis für eine unbefriedigende Reinigungs- und Desinfektionsarbeit zu werten.

Die Anwendung von γ-Strahlen zum Abtöten von Mikroorganismen in Getränken, z. B. in Bier, ist zur Zeit noch nicht realisierbar. Neben Veränderungen im Geschmack, im Geruch und in der Farbe sind es vor allem auch die relativ hohen Kosten, die dieser Technologie entgegenstehen.

11.4. Spiritus

11.4.1. Spiritusgewinnung aus stärkehaltigen Rohstoffen

11.4.1.1. Rohstoffe

Für die Gewinnung von Spiritus zur Branntweinherstellung aus stärkehaltigen Rohstoffen werden nach Standard TGL 8247 hauptsächlich Getreide und Kartoffeln eingesetzt. Roggen und Weizen dienen der Herstellung von Korndestillaten und Branntwein; Hirse, Gerste, Mais, Tapiokamehl und Kartoffeln hauptsächlich für die Herstellung von Branntwein. Das Getreide soll einen möglichst niedrigen Wasser- und Proteingehalt, dagegen einen hohen Stärkeanteil aufweisen.
Wichtige Parameter sind in der Tabelle 40 zusammengefaßt.

Tabelle 40. Stärkehaltige Rohstoffe für die Spiritusgewinnung

	Wasser in %	Rohprotein in %	Rohfett in %	N-haltige Bestand- teile in %	Rohfaser in %	Asche in %
Roggen	13	7···18	1,7···1,9	60···73	1,7	2,0
Weizen	13	7···21	1,0···3,0	60···73	2,5	1,8
Hirse	11···12	9···12	3,0···4,5	bis 71	3,0	1,5···3,0
Mais	12···13	9	bis 5	60···80	2,6	1,4
Gerste	11···13	8···13	2···3	52···58	bis 6,5	2···3
Tapiokamehl	12	0,6	0,4	75···84	2,1	0,6
Kartoffel	68···85	0,7···3,7	bis 0,1	19,5···23	0,3···3,4	0,4···1,9

Die in der Tabelle 40 angegebenen Zahlen stellen Durchschnittswerte dar. Innerhalb der einzelnen Rohstoffe können in Abhängigkeit von der Sorte, dem Anbau und den Wachstumsbedingungen Abweichungen auftreten. Von den stärkehaltigen Rohstoffen werden bevorzugt Roggen, Weizen, Gerste und Kartoffeln verarbeitet. Dabei gelangt die Gerste in erster Linie in Form von Gerstenmalz zum Einsatz. Zur Vermeidung von Stärkeverlusten als auch Kontaminationen durch Schimmelpilze müssen die Rohstoffe trocken gelagert werden. Vor der Verarbeitung werden die Rohstoffe gereinigt.
Zur Umwandlung der in den Rohstoffen vorhandenen Stärke in lösliche vergärbare Zucker werden Amylasen benötigt. Ähnlich wie bei der Bierherstellung wird in vielen Brennereien Gerstenmalz allerdings mit einem bedeutend höheren α-Amylasegehalt als Enzymträger verwendet. Aber auch nicht gedarrtes Grünmalz und mikrobielle Enzympräparate in Form von α-Amylasen aus Bakterien oder Schimmelpilzen werden im verstärkten Umfang eingesetzt. Aufgrund seines hohen Wassergehaltes von 41% ist Grünmalz jedoch nicht lagerfähig und kann deshalb nicht wie Darrmalz bevorratet werden.
Mikrobielle Enzympräparate in Form von Bakterienamylase werden hauptsächlich durch Kultivierung hochproduktiver Stämme von *Bacillus subtilis* gewonnen. Aber auch andere Organismen, wie *Bacillus coagulans*, *Bacillus stearothermophilus* und *Streptomyces diastaticus*, bilden Amylasen, die im Gegensatz zu *B. subtilis* eine höhere Hitzestabilität aufweisen [24]. Die Bakterien-α-Amylase hat vor allem stark verflüssigende Eigenschaften. Es werden besonders Dextrine mit einer Kettenlänge von 6 bis 10 Dextroseeinheiten gebildet. Dagegen entstehen durch die Wirkung der

α-Amylase aus Schimmelpilzen noch Maltose und Dextrose. Pilzmalz wird mit *Aspergillus oryzae* und *A. niger* hergestellt. Diese Schimmelpilze werden zu diesem Zweck auf feuchter Weizenkleie emers bei 33 °C gezüchtet. Nach einer 48- bis 72stündigen Kultivierung ist das Pilzmalz einsatzfertig (s. unter 14.5.). Bei Verwendung von Pilzmalz werden meist höhere Ausbeuten beobachtet als vergleichsweise bei Verwendung von Gerstenmalz.

In modernen Großbrennereien geht man dazu über, α-Amylase vornehmlich aus Schimmelpilzen in gesonderten Fermentern herzustellen. Die gewonnene Kulturlösung wird als Verzuckerungsmittel unmittelbar der Maische zugegeben. Der Vorteil dieser Verfahrensweise besteht darin, daß die aufwendige und teure Aufbereitung bei der Herstellung von Enzympräparaten eingespart wird. Die zum Einsatz gelangenden Schimmelpilze, z. B. *Aspergillus awamori*, bilden neben Amylase auch Glucoamylase, Proteasen und Cellulasen, die die Umwandlung des Mehlkörpers des Getreidekorns in vergärbare Substanz beschleunigen. Mikrobielle Enzymbildner dürfen unter den Bedingungen der Enzymsynthese keine Mycotoxine bilden. Sollten mit einem Enzympräparat, einer Kulturlösung oder sogar mit dem Getreide Mycotoxine in den Maischprozeß gelangen, so passieren diese Stoffe den Gärprozeß und die Destillation ohne deutliche Reduzierung und gelangen in das hochwertige Viehfutter Schlempe. Mit Mycotoxinen verdorbene Schlempe kann in der Tierzucht erhebliche Verluste verursachen.

11.4.1.2. Stärkeaufschluß und Verzuckerung

Die Stärke muß, bevor sie enzymatisch verzuckert wird, zunächst aufgeschlossen werden. Dies erfolgt in der Regel in geschlossenen Gefäßen bei einer Temperatur von über 100 °C unter Druck. Ein bekanntes Stärkeaufschlußverfahren für Getreide

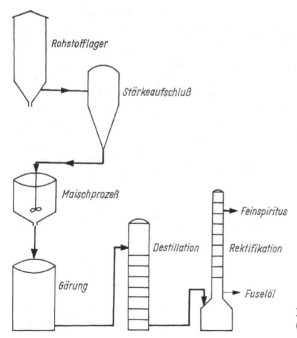

Bild 78. Spiritusgewinnung (technologisches Schema)

und Kartoffeln ist das Hochdruckdämpfen im Henzedämpfer. Bei einem Druck von 0,4···0,6 MPa wird die Maische 45···60 min auf über 100 °C erhitzt. Anschließend erfolgt das Ausblasen aus dem Dämpfer, wobei durch den plötzlichen Druckabfall die aufgelockerten Zellwände auseinanderreißen und die Stärke bei gleichzeitiger Auflockerung des gesamten Maischgutes freigelegt wird (Bild 78) [85].

Die Verzuckerung der Maische erfolgt nach Zugabe von Malz oder mikrobiellen Enzympräparaten bei einer Temperatur von 55···57 °C. Die enzymatische Umwandlung der Stärke in vergärbare Zucker ist eine Gleichgewichtsreaktion, deren Geschwindigkeit mit der Zunahme der Zuckerkonzentration in der Maische abnimmt und nach 30···60 min zum Stillstand kommt. Nach der Zugabe von Hefe in die auf 25···30 °C abgekühlte Maische wird durch die Vergärung von Glucose und Maltose der Rückkopplungseffekt der Zucker wieder aufgehoben. Im Verlauf der Gärung werden die noch vorhandene Stärke sowie die Dextrine von den Amylasen in vergärbare Zucker umgewandelt.

11.4.1.3. Gärung

Im Gegensatz zur Biergärung erfolgt vor der Hefegabe, d. h. vor der Gärung, weder eine Abtrennung der Festbestandteile der Maische noch eine Abtötung der Enzyme des Maischprozesses. Aus diesem Grunde ist auch eine Rückgewinnung der Hefe nicht möglich, und die Maische muß entweder mit frischer Hefe bzw. mit angestellter Maische beimpft werden. Die Vergärung der Maische wird mit *Saccharomyces cerevisiae* vorgenommen. Dabei kann normale Backhefe (s. Kap. 12.), besser jedoch speziell ausgesuchte Brennereihefe, verwendet werden. Die Brennereiheferassen haben gegenüber der Backhefe den Vorteil, daß sie an hohe Alkoholkonzentrationen (bis zu 8%) und an die spezifischen Brennereibedingungen adaptiert sind. Eine Reinzuchtführung, wie sie in der Brauerei vorgenommen wird, ist in der Brennerei, bedingt durch den hohen Feststoffanteil der Maische, nicht möglich. Die Vermehrung der Hefe wird nach dem Prinzip der natürlichen Reinzucht vorgenommen. Da die für die Hefeerführung vorgesehene Maische nicht frei von Bakterien und anderen Fremdorganismen ist, ist ein gewisser Säureschutz der Hefe notwendig. Durch Zusatz von Mineralsäure (meist Schwefelsäure) oder auch Milchsäure zur Hefemaische werden vorhandene fremde Mikroorganismen zurückgedrängt. Ein Teil der fertigen Maische wird in einem besonderen Gefäß mit Säure auf einen pH-Wert von 3,4···3,5 eingestellt und mit frischer Reinzuchthefe aus dem Laboratorium bei 24 °C angestellt. Nach 24 h hat sich unter diesen Bedingungen die Hefe so gut vermehrt, daß damit eine neue Maischecharge angestellt werden kann. In der Praxis hat sich ein halbkontinuierliches Anstellverfahren bewährt, bei dem von einer 20 h alten Maischekultur ausgegangen wird. Von dieser Maische, in der sich die Hefe bereits in der Hauptgärung befindet, werden von der Gesamtmenge 5% abgenommen und in einem besonderen Gefäß mit Schwefelsäure auf einen pH-Wert von 3,0···3,2 eingestellt. Nach einigen Stunden wird mit dieser so behandelten Hefemaische neue, frisch verzuckerte Maische beimpft. Eine etwa 20stündige Angärphase bei 23···25 °C dient hauptsächlich der Vermehrung der Hefe und Aktivierung der Gärung. In dieser Zeit werden 40···50% des Extraktes vergoren. In der anschließenden Hauptgärung steigt die Temperatur auf 30···32 °C an. Parallel zur alkoholischen Gärung erfolgt der Abbau der Grenzdextrine durch die noch in der Maische vorhandenen Enzyme. Voraussetzung für eine reibungslose Nachverzuckerung ist ein pH-Wert > 4,3···4,2 [42].

Bei einer starken Kontamination der Maische durch säurebildende Bakterien kann sowohl die Gärtätigkeit der Hefe als auch die Wirkung der Amylase beeinträchtigt werden. In diesem Fall ist der Zusatz eines Desinfektionsmittels zur Maische notwendig. Gute Erfahrungen wurden bisher mit Formaldehyd gesammelt. Dieses Desinfektionsmittel unterdrückt das Bakterienwachstum, während die Hefe nur wenig beeinträchtigt wird. Es werden etwa $150 \cdots 200 \ cm^3$ einer 40%igen Formaldehydlösung auf 1000 l Brennereimaische gegeben.

11.4.1.4. Destillation und Rektifikation

Die vergorene Maische enthält neben Alkohol und Wasser noch Aldehyde, höhere Alkohole (Fuselöle), flüchtige Säuren, Ester, andere flüchtige Stoffe und die Festbestandteile. Die dem Maischprozeß nachgeschalteten technologischen Stufen Destillation und Rektifikation haben die Aufgaben, den Ethanol quantitativ zu gewinnen und weitgehend von den übrigen flüchtigen Bestandteilen zu trennen. Man unterscheidet zwischen einer periodischen und kontinuierlichen Destillation. Bei der periodischen Destillation wird im Ein- bzw. Doppelblasenapparat durch mehrmalige Destillation der Alkoholgehalt im Rohbranntwein erhöht. Moderne Destilliergeräte bestehen meist aus Kolonnen, die mit 12 und mehr Glockenböden ausgerüstet sind. Mit derartigen Apparaten kann im kontinuierlichen Betrieb ein Alkoholgehalt von 83% erreicht werden. In der anschließenden Rektifikation werden die Nebenprodukte der alkoholischen Gärung abgetrennt. Der Rohbranntwein wird auf 45% verdünnt und dann über die Rektifizierkolonnen langsam destilliert. Im Vorlauf reichern sich die Ester und Aldehyde an. In der Zwischenfraktion wird der noch nicht vollwertige Sekundasprit gewonnen. Anschließend erfolgt die Abtrennung des Feinsprits. Der Nachlauf enthält vor allem die höheren Alkohole [85].
In der abgebrannten Maische sind wertvolle Eiweißstoffe aus den Rohstoffen sowie der Hefe vorhanden. Dieses als Schlempe bezeichnete Abfallprodukt ist deshalb ein wertvolles Futtermittel.

11.4.2. Spiritusgewinnung aus anderen Rohstoffen

Neben Getreide und Kartoffeln sind andere kohlenhydrathaltige Rohstoffe, wie Rüben, Rüben- und Rohrzuckermelasse, Holz, Zellstoffablaugen und auch Obst, wichtige Ausgangsmaterialien für die Spiritusgewinnung. Bei der Verarbeitung von Rüben für die alkoholische Gärung erfolgt die Aufarbeitung ähnlich wie bei der Zuckerherstellung. Die gewaschenen Rüben werden zerkleinert und der zuckerhaltige Saft durch Diffusion oder durch Dämpfen gewonnen. Da der Rohsaft sehr viele Keime, meist Bakterien, enthält, die von der Oberfläche der Rüben stammen, macht sich vor der Gärung eine Sterilisation notwendig. Die Vergärung erfolgt vorzugsweise in großen Rührreaktoren mit Brennereihefe. Die Gärtemperatur liegt bei den verschiedenen bekannten Verfahren zwischen 23 °C und 28 °C. Der Gärverlauf ist bei diskontinuierlicher als auch kontinuierlicher Arbeitsweise, bedingt durch die hohe Gärtemperatur und die Rührarbeit, sehr stürmisch und oft mit einer intensiven Schaumbildung verbunden.
Bei der Verarbeitung von Rüben- und Rohrzuckermelassen ist der relativ hohe Keimgehalt der Melasse zu beachten. In Abhängigkeit von der Herkunft können in der Melasse je 1 kg bis zu 10^7 Bakterien enthalten sein. Es handelt sich dabei überwiegend um sporenbildende Bakterien, die den Saftgewinnungsprozeß in der Zuckerfabrik überstanden haben. Neben *Bacillus subtilis, B. megaterium* und *B. pumilis* werden auch Kokken, Schimmelpilze und osmophile Hefen gefunden. Um Störungen

im Gärverlauf zu vermeiden, ist eine vorherige Keimzahlbestimmung der einzelnen Melassechargen zweckmäßig. Durch die Kalkbehandlung der Rübensäfte in der Zuckerfabrik ist die Melasse normalerweise alkalisch und phosphorsäurearm. Zur Sicherung einer einwandfreien Gärung ist deshalb die Versorgung der Melasse mit Nährstoffen, wie Ammoniumsulfat, Magnesiumsulfat und Superphosphat, Hefe-extrakt oder anderen Nährpräparaten, notwendig. Besonders bei der Vergärung von Rübenmelasse ist auf eine ausreichende Versorgung mit Phosphationen zu achten. Dagegen ist der Stickstoffgehalt der Melasse für die Vermehrung und Gärung der Hefe meist ausreichend. Rüben- als auch Rohrzuckermelassen enthalten aber auch für die Hefevermehrung und Gärung schädliche Stoffe. Dazu gehören flüchtige Säuren, die nicht mehr als 15···20% der Gesamtsäure betragen sollen. Auch ein hoher SO_4-Gehalt kann die Gärung hemmen. In diesem Fall wird eine Oxydation des SO_2 mit $NaClO_3$ zu Sulfat notwendig.

Durch Belüftung kann der Gehalt an flüchtigen Säuren wesentlich reduziert werden. Das Hefewachstum wird bei einer Konzentration von 0,005% negativ beeinflußt.

Bei einem zu hohen Gehalt an Raffinose kann es bei Verwendung von normaler Brennereihefe zu Ausbeuteverlusten kommen. *S. cerevisiae* vergärt Raffinose nur zu einem Drittel. In verschiedenen Ländern, besonders in der Sowjetunion, beschäftigt man sich mit der Züchtung von Brennereiheferassen, die Raffinose vollständig ver-gären können.

Rohrzuckermelassen sind meist mit sporenbildenden anaeroben Bakterien infiziert. Diese Substrate enthalten deshalb oft einen überhöhten Buttersäuregehalt. Durch das Fehlen von Raffinose und einen hohen Anteil von leicht vergärbaren Zuckern werden Rohrzuckermelassen leicht vergoren [85].

11.4.3. Herstellung der Spirituosen

Der durch Gärung gewonnene Alkohol wird zu einem erheblichen Teil für die Her-stellung von Spirituosen verwendet. Nach Standard TGL 8247 sind Spirituosen für den menschlichen Genuß bestimmte Getränke, in denen der durch Destillation aus zuckerhaltigen oder in Zucker verwandelten und vergorenen Rohstoffen gewonnene Alkohol (Ethanol) als wertbestimmender Anteil enthalten ist. Der Alkoholgehalt beträgt 20···50 Vol.-%. Dabei wird das Aroma nicht vom Ethanol, sondern von den bei der Gärung entstandenen Nebenprodukten sowie Geschmacksstoffen, die durch Auszüge und Destillation aus Pflanzen und Früchten erhalten wurden, bestimmt. Weitere Geschmacksträger sind Fruchtsäfte, ätherische Öle und natürliche Essenzen [318, 418].

Dem Destillateur kommt die Aufgabe zu, aus dem breiten Angebot der verschiedenen aromatischen Stoffe die geeigneten Geruchs- und Geschmacksstoffe auszuwählen und zusammen mit Wasser und Alkohol zu den entsprechenden Spirituosen zusammenzu-stellen. Man unterscheidet zwischen Trinkbranntwein, Edelbränden und Verschnitten von Edelbränden, Likören und Punschextrakten sowie nach besonderen Verfahren hergestellten Spirituosen.

Trinkbranntweine stellen Alkohol-Wasser-Gemische mit und ohne Geschmackszu-sätze dar. Dazu gehören z. B. die klaren Trinkbranntweine, wie Wodka, Aquavit, Kümmel und andere.

Edelbrände sind nach TGL 8247 Destillate aus Wein oder aus solchen vergorenen Maischen, die entweder durch die dazu verwendeten Zucker und stärkehaltigen Rohstoffe oder durch das bei ihrer Herstellung angewandte Gärverfahren geeignet sind, dem daraus gewonnenen Destillat einen besonders wertvollen Geruch und Geschmack zu verleihen. Zu dieser Gruppe gehören die Weinbrände, Weinbrand-Verschnitt, Jamaika Rum, Kornbrand, Arrak, Obstbrand und andere. Als Kornbrände dürfen nur Spirituosen bezeichnet werden, deren Ethanol ausschließlich aus Roggen, Weizen oder Gerste hergestellt worden ist.

Liköre entstehen unter Verwendung von Primasprit oder Kornfeindestillat oder Edelbränden mit Zusatz von Zucker oder Zucker und Stärkesirup, Traubenwein, verschiedenen Obstsäften, Pflanzen- und Fruchtauszügen und Destillaten, ätherischen Ölen und natürlichen Essenzen. Man unterscheidet zwischen Fruchtsaftlikören, wie Erdbeerlikör, Kirschlikör u. a., und Fruchtaromalikören, wie Bitter-, Kräuter- und Gewürzlikören, Emulsionslikören und sonstigen Likören und Punschextrakten.

Whisky, Gin, Steinhäger, Korn u. a. gehören zu den Spirituosen, die nach besonderen Verfahren unter Verwendung besonderer Rohstoffe hergestellt werden. Bei Gin und Steinhäger treten die Aromastoffe der Wacholderbeere als Geschmacksträger neben dem Korncharakter in den Vordergrund.

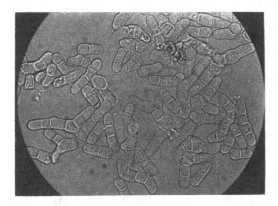

Bild 79. *Schizosaccharomyces pombe*
(Vergrößerung 700fach)

Whisky wird überwiegend aus Gerstenmalz, Roggen und Weizen hergestellt. Neben der weinigen Kornbukettnote tritt ein salzig rauchiger Geruchs- und Geschmackscharakter mehr oder weniger stark in den Vordergrund. Diese Spirituose hat ihre Verbreitung von Irland über Schottland in die ganze Welt genommen. Die rauchige Note stammt vom Rauchmalz. Das für die Whiskyherstellung vorgesehene Malz wird nach der Keimung auf der Darre über schwelendem Feuer getrocknet. Die hierbei entstehenden Raucharomastoffe gelangen bis in das Destillat. Die Lagerung erfolgt in angeräucherten Eichenholzfässern oder in gebrauchten Sherryweinfässern. Hier kommt es zu einer Veresterung der niederen und höheren Alkohole mit den im Whisky enthaltenen Säuren.

Der arteigene Geruch und Geschmack des Rumdestillats sind hauptsächlich auf die Gärungsnebenprodukte der vergorenen Zuckerrohrmelasse zurückzuführen. An der Gärung der Zuckerrohrmelasse, der oft noch ein Teil abdestillierte Schlempe hinzugefügt wird, sind verschiedene Mikroorganismen beteiligt. Die Alkoholbildung erfolgt hauptsächlich durch wärmeliebende Weinhefen und Rassen von *Schizosaccharomyces pombe* (Bild 79). Aber auch Kahmhefen sowie Vertreter der Hefe-Gattung *Hansenula* sind an der biologischen Umsetzung beteiligt. Eine wichtige Rolle bei der Aromabildung spielen die Bakterien, vor allem Vertreter der Gattungen *Acetobacter* und *Clostridium*. Aber auch Lactobacillen und viele andere Arten werden in der gärenden Maische gefunden [373a].

12. Backhefe und Hefeextrakt

12.1. Herstellung von Backhefe

12.1.1. Allgemeines

Back- oder Preßhefe wird erst seit Ende des 18. Jahrhunderts produziert, vorher wurden aber bereits obergärige Bierhefen und Brennereihefen, die als Abfallprodukte in Brauereien und Brennereien anfielen, zu Backzwecken verwendet [55, 186, 192, 291, 293, 303, 329]. Ausgehend vom holländischen Verfahren der Backhefeherstellung, das vermutlich etwa seit dem Jahre 1780 in Schiedam genutzt wurde, fand die Backhefeproduktion 1810 in Deutschland ihren Einzug. Seitdem sind zahlreiche Produktionsstätten entstanden und wesentliche Fortschritte erzielt worden.

Nach dem alten *Wiener Verfahren*, das auch als *Abschöpfverfahren* bezeichnet wird, wurde die Backhefe in Anlehnung an die Spiritusproduktion hergestellt. Die Hauptgärung erfolgte in flachen, unbelüfteten Bütten, und der Gärschaum, der die Hefezellen enthielt, wurde abgeschöpft. Durch Einbringen in kaltes Wasser setzte sich die Hefe am Boden ab. Sie wurde in Beuteln abgepreßt. Wesentliche Fortschritte in der Backhefetechnologie konnten durch Einführung besserer Nährmedien und insbesondere durch die Belüftung der Maische, dem sogenannten *Lufthefeverfahren* (1896), sowie durch den Hefeseparator (etwa 1904) und das *Zulaufverfahren* (1915) erreicht werden.

Der Herstellungsablauf der gegenwärtig vorwiegend üblichen Zulaufverfahren bei der Produktion von Backhefe kann in folgende Stufen unterteilt werden [48]:

- Vorbereitung der Nährmedien und Hilfsstoffe,
- Anzucht der Hefereinkultur über Reinzuchtstufen,
- Stellhefestufen zur Hefevermehrung im Großmaßstab, meist unter Gewinnung von Ethylalkohol als Nebenprodukt,
- Versandhefestufe,
- Abtrennung der Hefezellen von der verbrauchten Würze und Waschen mit Hilfe von Separatoren,
- Entwässern der Hefesahne mit Vakuumdrehzellenfiltern oder Filterpressen bis zur teigigen oder bröckeligen Konsistenz,
- Formen und Verpacken der Preßhefe.

Im Bild 80 sind die verschiedenen Stufen der Backhefeherstellung nach dem Zulaufverfahren schematisch dargestellt.

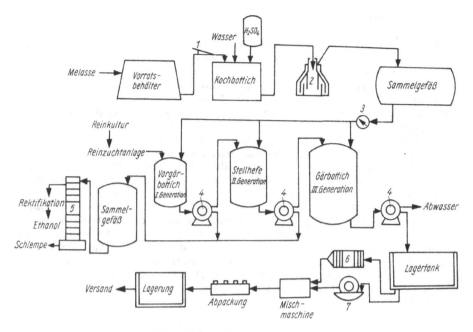

Bild 80. Herstellung von Backhefe (Schema)
(1) Melassewaage (2) Klärschleuder (3) Melasseuhr (4) Separatoren (5) Destillierkolonne
(6) Filterpresse (7) Vakuumfiltration

12.1.2. Stammkultur

Zur Herstellung von Backhefe dienen spezielle Stämme der Kulturhefe *Saccharomyces cerevisiae*, die sich durch gute Triebkraft und Vermehrungsfähigkeit bei höheren Temperaturen, durch lange Erhaltung ihrer enzymatischen Aktivität und durch gute Haltbarkeit auszeichnen. Außerdem müssen sie unter den gegebenen Betriebsbedingungen in kurzer Zeit hohe Ausbeuten bringen.
Die Stammkulturen werden als Einzellkulturen oder Einsporkulturen aus qualitativ hochwertigen Chargen selektiert oder aus entsprechenden Züchtungseinrichtungen bezogen. Sie werden in Form von Reinkulturen gewöhnlich auf Schrägagarröhrchen im Labor gehalten. Diese Dauerkulturen müssen etwa alle 2 Monate überimpft und kontrolliert werden. Dazu muß man einmal die qualitativen Eigenschaften testen, zum anderen ist auf eventuelle Kontaminationen zu achten.
Um das Überimpfen einzuschränken, können die Schrägagarkulturen mit Paraffinöl überschichtet oder mit Paraffin verschlossen im Kühlschrank bei 4°C aufbewahrt werden. Dadurch wird das Austrocknen vermindert. Nach modernen Verfahren werden Stammkulturen in flüssigen Spezialmedien in Ampullen abgefüllt, lyophilisiert, d. h. unter Hochvakuum gefriergetrocknet, und zugeschmolzen. Sie können dann über Jahre bei Zimmertemperatur gelagert werden. Im Gegensatz zu Bakterien lassen sich die relativ großen Hefezellen aber nur schlecht lyophilisieren. Ein großer Teil der Zellen stirbt ab. Außerdem erfordert die Lyophilisation einen hohen technischen Aufwand.
Für die laufende Produktion werden vom Reinzuchtlabor Abimpfungen in flüssigen Nährmedien, z. B. Würze, bereitgestellt.

12.1.3. Nährlösung

Die Nährlösung zur Produktion von Backhefe muß alle Nähr- und Wuchsstoffe enthalten, die *Saccharomyces cerevisiae* zum Wachstum benötigt. Früher wurde vorwiegend Getreide als Rohstoff verwendet. Seit dem ersten Weltkrieg wird fast ausschließlich die wirtschaftlich günstigere Melasse eingesetzt. Zuckerrübenmelasse enthält 47···52% Zucker, vorwiegend Saccharose, 15···22% sonstige organische Stoffe, vor allem Betain, Aminosäuren, Hemicellulosen und organische Säuren, 7···12% anorganische Bestandteile (Asche), vorwiegend Calciumsalze, und zwischen 15% und 25% Wasser. Der Gesamtstickstoffgehalt liegt etwa zwischen 1,5% und 2,5%. Melasse vermag den Kohlenhydratbedarf der Hefe und zum großen Teil auch den Stickstoff-, Mineralsalz- und Wuchsstoffbedarf zu decken. Zur Herstellung der Nährlösung (Melassewürze) wird die Melasse geklärt, um störende Stoffe zu entfernen, verdünnt und sterilisiert. Die Sterilisation ist deshalb erforderlich, weil Melasse in hohen Keimzahlen Mikroorganismen, wie Bakterien der Gattungen *Bacillus*, *Clostridium*, *Leuconostoc* u. a., Hefen und Schimmelpilze enthält, die als störende Kontaminationskeime bei der Backhefeproduktion mit zur Entwicklung kommen können. Weiterhin erfolgt der Zusatz von Stickstoff- und Phosphorverbindungen, wie Ammoniak, Ammoniumsulfat oder -phosphat, Harnstoff, Superphosphat sowie gegebenenfalls von Wuchsstoffen, z. B. Biotin. Die Wasserstoffkonzentration wird bei Stellhefemelassen auf pH-Werte zwischen 4,2···4,8 und bei Versandhefemelassen auf 4,6···5,2 eingestellt.

12.1.4. Reinzuchtstufen

Die Vermehrung der Hefe bis zur fertigen Versandhefe erfolgt bei den nichtkontinuierlichen Verfahren in mehreren Stufen. Da die Hefe der letzten Stufe, also die Versandhefe, gewöhnlich mit Bakterien, wilden Hefen und anderen Mikroorganismen kontaminiert ist, geht man immer wieder von einer Reinkultur aus.

In den Reinzuchtstufen wird die Reinkultur oder Ausgangskultur unter sterilen Bedingungen im Labor bzw. einer Reinzuchtstation in Erlenmeyer-, Pasteur- und Carlsbergkolben und anschließend in einer Hefereinzuchtanlage soweit vermehrt, daß die erste Stufe der Stellhefestation angestellt (beimpft) werden kann (Tabelle 41).

Tabelle 41. Hefevermehrung der Reinzuchtstufen

Stufe	Würzemenge	Zeit in h
Schrägagarkultur ↓		
Erlenmeyer-Kolben ↓	10···50 cm³	48
Pasteur-Kolben ↓	0,5···2,0 l	48
Carlsberg-Kolben ↓	25···50 l	48
Hefereinzuchtanlage 1. Stufe ↓	250···500 l	20
Hefereinzuchtanlage 2. Stufe	2 500···5 000 l	15

Die Hefereinzuchtanlage besteht aus 2 oder 3 geschlossenen Apparaten mit Belüftungs- und Heizsystemen (Bild 81). Sie muß gewährleisten, daß keine Fremdorganismen eindringen können und der Backhefestamm unter optimalen Bedingungen zur Entwicklung kommt. Die Reinzuchtführung erfolgt bis zum Pasteurkolben mit 8- bis 10%iger Malzextraktwürze oder Darrmalzwürze mit Nährsalzzusatz. Danach wird zunächst im Verhältnis 1:1 Melassewürze zugegeben und anschließend im Carlsbergkolben nur noch auf Melassebasis kultiviert. Es muß darauf geachtet werden, daß man jeweils rechtzeitig in die nächste Stufe überimpft, da die Hefe bei Nährstoffmangel Schaden nimmt. Die Temperaturen werden auf 30···33°C gehalten. Dazu sind in den größeren Reinzuchtapparaten Rohrschlangen oder Doppelwandungen eingebaut, mit denen entweder gekühlt oder im Winter geheizt werden kann.

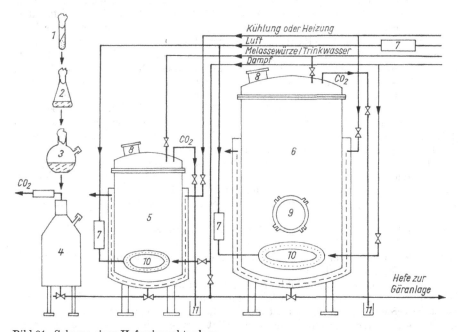

Bild 81. Schema einer Hefereinzuchtanlage

(1) Agarschrägröhrchen (2) Erlenmeyer-Kolben (3) Pasteur-Kolben (4) Carlsberg-Kolben (5) (6) kleiner und großer Reinzuchtapparat (7) Luftfilter (8) Schauglas (9) Mannloch (10) Belüftungsring (11) Flüssigkeitsverschluß

Das Gefäß- bzw. Behältervolumen darf nur zu etwa 1/2 bis 2/3 gefüllt werden, da man mit starken Schaumbildungen rechnen muß. Ab der Stufe Carlsbergkolben wird mit steriler Luft schwach belüftet.
Die Reinzuchtstufen müssen ständig kontrolliert werden, um Kontaminationen rechtzeitig zu erkennen und auszuschließen. Andernfalls würde das Endprodukt, die Versandhefe, in hohem Maße Fremdkeime enthalten. Die gesamte Reinzuchtanlage selbst muß man regelmäßig reinigen und desinfizieren, z. B. mit Dampf.
In den verschiedenen Backhefefabriken variieren die Reinzuchtstufen von dem vorgenannten allgemeinen Schema mehr oder weniger stark. Der Trend geht zu größeren Vermehrungsstufen von 1:10 bis 1:20, während sie bei klassischen Verfahren nur 1:5 bis 1:6 betrugen.

12.1.5. Stellhefestufen

Mit der in den Reinzuchtstufen gewonnenen Hefemasse wird in der Regel die 1. Stellhefestufe beimpft, man bezeichnet das auch als Anstellen. In manchen Backhefebetrieben ist zwischen die Reinzuchtstufen und die Stellhefestufen noch eine Vorgäre mit ein oder zwei Stufen zwischengeschaltet. Man erreicht dadurch, daß eine größere Hefemenge zum Anstellen der Stellhefestufen zu Verfügung steht.

Ziel der Stellhefestufen ist es, die in den Reinzuchtstufen begonnene Hefevermehrung im größeren Maßstab fortzusetzen, um einerseits große Hefemassen zu erzeugen; zum anderen dienen die Stellhefestufen in der Backhefeindustrie gleichzeitig der Erzeugung von Ethylalkohol (Spiritus) (s. unter 11.4.). Je 1 kg Preßhefe werden etwa 1,3 l Ethanol erzeugt. Prinzipiell kann man durch entsprechende Gärführung auch nur Backhefe ohne Spiritus erzeugen, wie das in modernen Backhefefabriken gemacht wird, doch ist die kombinierte Produktion unter Umständen wirtschaftlicher und traditionell eingeführt. Mit Hilfe der Steuerung der Luftzufuhr kann man jeweils das Ausbeuteverhältnis Backhefe:Spiritus steuern, da die Hefe bei Luftmangel (Sauerstoffmangel) gärt und bei reichlicher Sauerstoffversorgung auf Atmung umschaltet. Dieses Phänomen wird als *Pasteur-Effekt* bezeichnet. Unter Gärungsbedingungen wird wenig Zellmasse, aber viel Ethanol gebildet, während bei Atmung aufgrund des höheren Energieaufkommens für die Zelle viel Zellmasse, aber kein Alkohol gebildet wird. Das auf dem Gärungswege gebildete Ethanol kann auf dem Atmungswege wieder als Kohlenstoff- und Energiequelle zum Wachstum genutzt werden. Gewöhnlich wird so gefahren, daß die Maische etwa 3,5% Ethanol enthält.

Im allgemeinen wird mit zwei Stellhefestufen, der 1. und 2. Generation, gefahren. Die Kultivierungszeit beträgt in der 1. und 2. Stellhefestufe etwa 10···20 h. Belüftet wird stündlich mit etwa 10···30 m³ Luft je 1 m³ Gärwürze. Die zugeführte Luft muß möglichst keimarm sein. Sie wird meist filtriert. Die Temperatur wird etwa auf 28 bis 30 °C gehalten.

Da in den Stellhefestufen ständig Melassewürze zugeführt wird, man spricht deshalb auch vom Zulaufverfahren, erhöht sich das Gesamtvolumen zunehmend. Die Vorteile des Zulaufverfahrens bestehen vor allem darin, daß man nur so viel Nährstoffe zulaufen läßt, wie von der Hefe verwendet werden, und daß man gleichzeitig den Hefezuwachs und die Alkoholbildung regulieren kann.

Am Ende der 1. Stellhefestufe werden Volumen um 100000 l mit etwa 28% Trockensubstanz erreicht. Die stufenweise Hefevermehrung (Propagation) kann nunmehr in der bisherigen Weise nicht mehr fortgesetzt werden, da Gärbottiche von noch größeren Dimensionen in der Regel nicht zur Verfügung stehen. Man geht nun folgenden Weg. Die Hefe wird von der vergorenen Maische durch Zentrifugieren abgetrennt. Die alkoholische Maische wird zur Spiritusgewinnung den Destillierkolonnen der Brennerei zugeführt. Die von den Separatoren (Zentrifugen) ablaufende Hefesahne wird in frischem Wasser suspendiert und nochmals separiert, so daß man eine gewaschene Hefesahne oder Hefemilch erhält. Sie besteht aus etwa je 50% Wasser und 50% Hefezellen und kann zum Anstellen der 2. Stellhefestufe verwendet werden. Soll das nicht sofort erfolgen, weil z. B. ein Wochenende dazwischen liegt, so kann die Hefesahne bei 4 °C zwischengelagert werden. Dazu dienen geschlossene Behälter mit Kühlsystem und einem langsam laufenden Rührwerk. Die Hefesahne kann darauf jederzeit in beliebiger Menge entnommen werden. Unter diesen Bedingungen ist sie bis zu einer Woche lagerfähig, während sie bei Zimmertemperatur (etwa 20 bis 25 °C) die Reservestoffe wie das Glycogen rasch abbaut und nur etwa 2 Tage lagerfähig ist.

Die 2. Stellhefestufe oder 2. Generation wird etwa mit der Hälfte der Stellhefe 1 aus einem gleichgroßen Bottich angestellt. Anders gesagt bedeutet das, daß mit der Hefe aus der Stellhefestufe 1 zwei Gärbottiche der Stellhefestufe 2 angestellt werden können, die insgesamt das doppelte Volumen der Stellhefestufe 1 haben. Die 2. Stellstufe wird etwas stärker belüftet als die erste, um eine noch stärkere Hefevermehrung zu erreichen. Am Ende wird die vergorene Maische in gleicher Weise behandelt, wie bei der 1. Stellhefestufe dargestellt. Die gewaschene und gegebenenfalls zwischengelagerte Hefesahne dient zum Anstellen der letzten Gärstufe, der Versandhefestufe.

12.1.6. Versandhefestufe

Die Versandhefestufe unterscheidet sich von Stellhefestufen üblicher Art, indem nunmehr die Erzeugung einer qualitativ einwandfreien, versandfertigen Backhefe im Vordergrund steht. Zum Anstellen werden etwa 20···50% des zu erwartenden Hefezuwachses eingesetzt, so daß es zu einer 2-···5fachen Vermehrung der Hefezellen kommt. Die üblichen Zulaufzeiten der Würze liegen zwischen 10 h und 14 h; der Luftverbrauch je 1 kg neugebildete Hefe beträgt je nach Belüftungssystem zwischen 4 m³ und 13 m³. Der Würzezulauf und die eingeblasene Luftmenge beeinflussen in starkem Maße den Hefezuwachs; sie müssen sehr genau aufeinander abgestimmt sein. Die durch die kräftige Atmung der Hefezellen freiwerdende Energie muß durch Kühlen der Gärbottiche abgeführt werden. Die Würzetemperatur soll zwischen 26 °C und 30 °C liegen und nicht über 33 °C ansteigen.

Wird in Betrieben geringer Wert auf die Spritausbeute gelegt, so kann die vergorene Maische der 2. Stellhefestufe in die Versandhefestufe eingebracht werden. Der Ethylalkohol wird dann bei entsprechender Regulierung des Zulaufs und der Belüftung von der Hefe vollständig assimiliert. Eine Gärung und somit eine Ethanolbildung ist in der Versandhefestufe nicht mehr erwünscht. Bild 82 zeigt die wesentlichen Parameter und ihren zeitlichen Verlauf von einer früher üblichen Versandhefestufe, wobei noch etwas Alkohol gebildet wurde. Die Bildung dieser relativ geringen Alkoholmengen aus den großen Maischemengen durch Destillation ist aber in energetischer

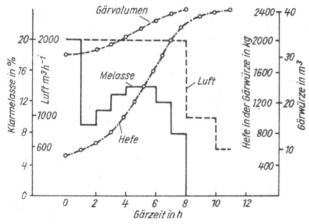

Bild 82. Verlauf einer Versandhefegärung mit Alkoholbildung
Fassungsraum des Gärbottichs: 75 m³
Stellhefemenge: 500 kg
Melasseeintrag: 2500 kg
Geerntete Hefemenge: 2400 kg
Hefezuwachs: 1900 kg
Ausbeute: 76% Preßhefe, 6% Alkohol

Hinsicht unwirtschaftlich. Deshalb wird die Versandhefestufe nunmehr so gefahren, daß die Maische schließlich keinen Alkohol mehr enthält.

Das Kultivierungsverfahren der Versandhefestufe beeinflußt in starkem Maße sowohl die erzielte Ausbeute als auch die Qualität der Backhefe, von der neben einer guten Farbe vor allem eine kräftige und konstante Triebkraft sowie eine gute Haltbarkeit gefordert wird. Diese Eigenschaften sind im wesentlichen durch optimale Züchtungsbedingungen (Nähr- und Wuchsstoffversorgung, Sauerstoffzufuhr, pH-Wert, Temperatur) zu erreichen.

Aus der letzten Gärstufe werden die Hefezellen mit kontinuierlich arbeitenden Separatoren abgetrennt, unter Zusatz von frischem Wasser gewaschen und wiederum separiert. Durch Rahmenfilterpressen oder Vakuumdrehzellenfilter wird die Hefesahne der Separatoren weitgehend vom Wasser befreit. Die mit Hilfe von Strangpressen geformte und verpackte Preßhefe hat einen Wassergehalt von $72 \cdots 75\%$. Sie muß in Kühlräumen gelagert werden. 1 Gramm Backhefe enthält etwa 10^{10} Hefezellen.

12.1.7. Heferückführung mit Schwefelsäurebehandlung und Umzüchtung

Generell gibt es bei der Herstellung von Backhefe zahlreiche Varianten, die von dem angeführten Produktionsschema mehr oder weniger stark abweichen. Besonders die Zahl der Vermehrungs- bzw. Gärstufen schwankt von Betrieb zu Betrieb in Abhängigkeit von der Ausrüstung und anderen Faktoren, z. B. ökonomischen. Der Zukunftstrend geht offenbar in Richtung von reinen Backhefebetrieben ohne Spirituserzeugung.

Da die Anzucht der Hefe aus Reinkulturen über Reinzuchtstufen nicht nur mit hohem Zeitaufwand, sondern auch mit hohem Apparate- und Arbeitskraftaufwand verbunden ist, werden die Hefen aus den Stellhefestufen vorteilhafterweise als Ausgangsmaterial für kleinere Stufen zurückgeführt. Das ist jedoch nur praktizierbar, wenn die Hefe im wesentlichen frei von Fremdkeimen ist. Man erfaßt das durch die biologische Prozeß- oder Betriebskontrolle. Häufig ist die Hefe aber von Bakterien und wilden Hefen kontaminiert (s. unter 12.4.). Letztere vermehren sich schneller als die Kulturhefen und sind deshalb gefürchtet. Sie können nur durch eine gründliche Reinigung und Desinfektion der Anlagen sowie anschließende neue Reinzuchtheranführung bekämpft werden. Eine Rückführung von Anstellhefen, die mit wilden Hefearten oder dem häufigen, submers wachsenden Schimmelpilz *Geotrichum candidum* kontaminiert sind, darf auf keinen Fall erfolgen.

Sind Stellhefen nur mit Bakterien in geringen Keimzahlen kontaminiert oder wird dies zumindest vermutet, so werden sie üblicherweise einer Behandlung mit Schwefelsäure unterzogen. Die Säurekonzentration und die Einwirkzeit wird dabei so gewählt, daß die Bakterien, die in der Regel empfindlich gegen Säuren sind, abgetötet werden, während die relativ unempfindlichen Hefezellen nicht oder kaum geschädigt werden. Üblich ist das Ansäuern auf pH-Werte von $2,0 \cdots 2,5$ und eine Einwirkzeit von $1 \cdots 2$ h. Prinzipiell haben Bakterien in Würze mit relativ hohen pH-Werten günstigere Entwicklungsbedingungen. Auch bei der Backhefeproduktion ohne Spiritusgewinnung treten Bakterienkontaminationen häufiger auf, da die sonst üblichen $3,5\%$ Ethanol in der Maische der Stellhefestufen eine antibakterielle Wirkung haben.

Umzüchtung

Auch Versandhefe kann in gleicher Weise wieder als Stellhefe eingesetzt werden, zusätzlich muß sie aber umgezüchtet werden. Darunter versteht man die Umstellung des Stoffwechsels von Atmung auf Gärung. Sie wird erreicht, indem man die gege-

benenfalls mit Schwefelsäure versetzte Versandhefe unter Sauerstoffmangel in eine
relativ hoch zuckerhaltige, aber nährsalzarme Melassewürze einbringt. Nährsalze
würden eine unerwünschte Vermehrung fördern.

12.2.   Hefebütten, Fermenter, Belüftungssysteme

Die in der Praxis üblichen verschiedenen Verfahren der Backhefeproduktion unterscheiden sich vor allem in den technischen Einrichtungen. Es sind eine Vielzahl von
Behältern (Gärbottiche, Verhefungsbütten) mit etwa 50···400 m³ Inhalt bekannt.
Größere Behälter haben sich nicht bewährt.
Während früher vorwiegend mit offenen Holzbottichen gearbeitet wurde, haben sich
nunmehr geschlossene Hefebütten aus korrosionsfestem Material mit Belüftungs-
und Kühlsystem durchgesetzt, die besseren Schutz gegen Kontaminationen bieten
und aufgrund des eingebauten Meß- und Regelsystems eine exakte Steuerung des
Verfahrens ermöglichen. Um die eingeblasene Luft besser auszunutzen, wurde die
Höhe der Bütten von ursprünglich etwa 4 m auf das etwa Vierfache erhöht. Es gibt
zahlreiche Belüfungssysteme, da die optimale Versorgung der Hefezellen mit Sauerstoff das Hauptproblem darstellt und wesentlich die Wirtschaftlichkeit des Verfahrens
beeinflußt. Prinzipiell nimmt die Hefezelle den notwendigen Sauerstoff nicht direkt
aus der Luft auf, sondern in gelöster Form aus der Nährlösung.

Strahlrohrbelüftung

Die einfachste Form der Bottichbelüftung erfolgt mit gelochten Lufteinleitungs-
rohren. Daraus entwickelte man Systeme, die gleichmäßig an der gesamten Boden-
fläche der Bütte angeordnet sind. An den Luftverteilerrohren wurden besondere
Strahlrohre angeschlossen, die mit Hilfe zahlreicher Löcher, deren Durchmesser
unter 0,5 mm liegt, feine Luftblasen erzeugen. Auf diese Weise erhält die eingeblasene
Luft eine große Oberfläche, und die Lösung des Sauerstoffs in der Nährlösung wird
beschleunigt.

Rotationsbelüftung

Noch feinere Luftblasen und damit eine noch bessere Sauerstoffversorgung der
Hefezellen wird mit Rotationsbelüftungssystemen erreicht. Ein verbreitetes Verfahren
ist die Rotationsbelüftung nach VOGELBUSCH (Bild 83). Bei diesem System wird die
Luft durch eine Hohlwelle zum Boden der Bütte geführt und durch zwei stromlinien-
förmige Drehflügel mit zahlreichen Öffnungen verteilt. Durch die Rotation der Flügel
wird die austretende Luft an den Löchern abgesehert und die Bildung größerer Luftblasen verhindert. Gleichzeitig wird die gesamte Maische in günstige turbulente
Bewegungen versetzt. Aufgrund der besseren Sauerstoffversorgung der Hefe können
mit dem Vogelbuschsystem wesentlich konzentriertere Melassewürzen aerob verheft
werden als mit der einfachen Strahlrohrbelüftung.

Weitere Verfahrenssysteme

In modernen Fermentern, die für zahlreiche Verwendungszwecke auf dem Gebiet
der industriellen Mikrobiologie (vgl. Kap. 14.) eingesetzt werden, ist meist ein ge-
trenntes Belüftungs- und Rührsystem vorhanden (Bild 84). Diese Anlagen können
mit Hilfe moderner Meß- und Regeltechnik mit hoher Präzision und unter Ausschaltung von Kontaminationen gefahren werden und ermöglichen die Schaffung

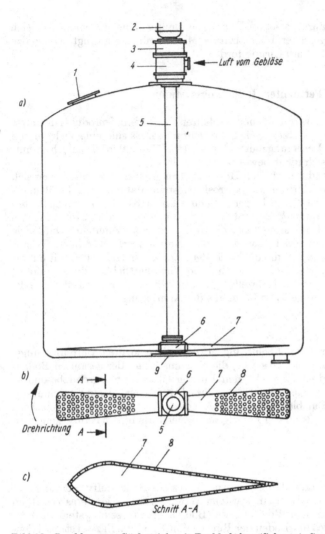

Bild 83. Geschlossener Gärbottich mit Drehbelüfter (Schema), System Vogelbusch
a) Querschnitt des Gärbottichs b) Drehflügel von oben c) Drehflügel im Querschnitt A-A
(1) Mannloch (2) Antriebsmotor (3) Getriebe (4) Lufteintrittskörper (5) Hohlwelle (6) Nabe
(7) Feinstbelüftungsflügel (8) Luftaustrittsöffnungen (9) Fußlager

optimaler Bedingungen (pH-Wert, O_2-Versorgung, Temperatur usw.) für die Mikroorganismen. Die Kühlung, die aufgrund der bei der Atmung der Hefezelle freiwerdenden Energie erforderlich ist, erfolgt durch einen Außenmantel, der z. B. bei der Reinigung günstigere Verhältnisse bietet als die im Tank angebrachten Kühlschlangen. Kühlung ist vor allem beim Wachstum der Hefen in konzentrierten Würzen notwendig, weniger bei der Gärung.
Zur Bekämpfung der Schaumbildung gibt es mechanische Systeme im oberen Teil

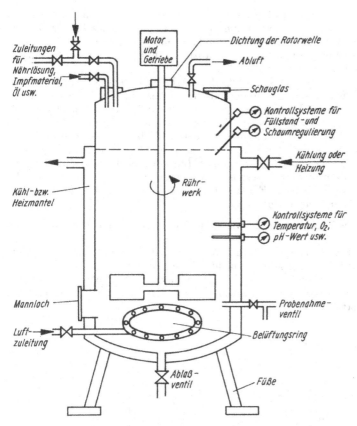

Bild 84. Fermenter (Gärtank) zur submersen Kultivierung von Mikroorganismen (Schema). Es gibt zahlreiche Varianten, die dem jeweiligen Verwendungszweck angepaßt sind, z. B. können an Stelle des Kühl- bzw. Heizmantels im Fermenterinnern Rohrschlangen angebracht sein, und das Rührwerk mit Motor und Getriebe sowie das Belüftungssystem können fehlen. Manche Fermenter haben im Innern Spritzköpfe zur Reinigung und Desinfektion oder sind als Druckgefäße konstruiert. Es existieren zahlreiche Meß- und Steuerungssysteme mit unterschiedlichem Automatisierungsgrad

des Fermenters, häufig werden aber chemische Mittel, wie Pflanzenöle, Sulfonate langkettiger Paraffine und höhere ein- oder zweiwertige Alkohole, eingesetzt.
Es gibt zahlreiche technische Varianten des Fermenters (vgl. Bild 88 und den Tauchstrahlfermenter unter 14.4.2.3.).

12.3. Variierte Zulaufverfahren und kontinuierliche Verfahren

Das in den vorangegangenen Abschnitten beschriebene Zulaufverfahren gilt als das klassische Verfahren der Backhefeherstellung. Es hat eine Reihe von Abwandlungen erfahren, die eine verbesserte Wirtschaftlichkeit zum Ziele haben.

293

Nach dem Heferückführungsverfahren von Sören Sak wird der Nährstoffzulauf im vollen Bottich noch weitergeführt, wenn man nach dem klassischen Zulaufverfahren bereits abbrechen müßte. Das wird dadurch möglich gemacht, daß man im gleichen Maße, wie Würze zuläuft, Maische abzieht. Diese wird separiert, und die Hefesahne wird in den Bottich zurückgeführt.

In der ČSSR versucht man den Abschnitt der stärksten Hefevermehrung dadurch zu verlängern, daß man die ausgegorene Maische halbiert und die beiden nunmehr halbvollen Bottiche unter Zulauf weiterführt. Einer davon wird dann abgeerntet, und der zweite Bottich wird dann wieder halbiert und weitergeführt. Dieses System kann solange erhalten werden, bis die Kontaminationen überhandnehmen.

Auf die Verfahren ohne Alkoholproduktion wurde bereits früher hingewiesen.

Obwohl Versuche zur kontinuierlichen und halbkontinuierlichen Backhefeerzeugung bereits im vorigen Jahrhundert unternommen wurden, konnte ein entsprechendes Verfahren erst im Jahre 1959 in England (Distillers Co.) in die Praxis eingeführt werden [156]. Die Hauptschwierigkeiten bestehen

- in der sterilen Verfahrensweise über längere Zeit, d. h., Vermeiden von Kontaminationen,
- Vermeiden der Katabolitrepression durch Glucose, d. h. es darf eine bestimmte Glucosekonzentration in der Maische nicht überschritten werden,
- Einhaltung einer Reifephase bei vermindertem Nährstoffangebot und reduzierter Belüftung in der Versandhefestufe; dabei vermindert sich der RNS-Gehalt der Hefezellen um etwa 40%.

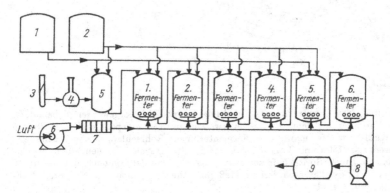

Bild 85. Kontinuierliche Backhefeerzeugung (Schema)
(1) Sterile Nährsalzlösung (2) sterile Masse (3) *Saccharomyces cerevisiae* (4) und (5) Reinzuchtstufe (6) Kompressor (7) Luftfilter (8) Zentrifuge (9) Lagertank der Hefesahne

Nach dem Distillers-Verfahren [266, 334] wird mit 6 in Reihe geschalteten, geschlossenen Tanks (Fermentern) mit 40 m³ Inhalt gearbeitet (Bilder 84 und 85). Die Fermenter haben kein Rührwerk, sind aber mit einem umfangreichen automatischen Kontroll- und Steuerungssystem zur Sterilisation, Belüftung, Temperaturregulierung, Nährlösungszufuhr, pH-Wert-Einstellung, Schaumzerstörung, Kontrolle der Zelldichte usw. ausgerüstet. Aus dem ersten Tank, den man kontinuierlich mit Stellhefe und steriler Nährlösung (Wasser, Melasse, Ammoniumsalze und Phosphat, pH 3,2, 26 °C) beschickt, wird anschließend der 2. bis 6. Fermenter gefüllt. Da außerdem über Dosierungspumpen in die Fermenter 2 bis 5 kontinuierlich frische sterile Nährlösung zuläuft, nimmt die Durchflußgeschwindigkeit ständig zu und die Verweilzeit der

Hefe in dem jeweils folgenden Tank ab. Im 6. Fermenter, dem keine Nährstoffe zugeführt werden, erfolgt die Ausreifung der Hefe bei einer Temperatur von 29°C und mittlerer Luftzufuhr. Nach etwa 27 h, wenn alle Tanks gefüllt sind, können stündlich 25 m³ Hefesuspension mit 70 g Naßhefe je Liter abgezogen werden. Diese Phase dauert 33 h. Danach stoppt man den Zufluß und entleert die Fermenter 1 bis 6 nacheinander, so daß weitere 17 h lang geerntet werden kann. Insgesamt kann auf diese Weise für 50 h ein kontinuierlicher Durchfluß erreicht werden, der sich bei Bedarf bis auf 80 h ausdehnen läßt. Das Abtrennen der Hefezellen aus der verbrauchten Nährlösung kann mit Zentrifugen in der gleichen Art und Weise erfolgen wie bei der diskontinuierlichen Hefeerzeugung, ebenso die weitere Aufbereitung zum Versand (s. Bild 80). Interessant ist, daß die untere Hälfte der Tanks im Freien steht und nur die Oberteile mit den umfangreichen Steuerungssystemen in das Fabrikgebäude ragen.

Neben dem beschriebenen sind noch weitere halbkontinuierliche Verfahren der Backhefeerzeugung aus der UdSSR und ČSSR bekannt geworden [156]. Trotz der Vorteile kontinuierlicher Verfahren gegenüber diskontinuierlichen, siehe die Gegenüberstellung in Tabelle 42, haben sie sich generell nicht durchsetzen können. In zahlreichen Ländern wird nach wie vor mit diskontinuierlichen Verfahren (engl. *batch system*) gearbeitet.

Tabelle 42. Vergleich der diskontinuierlichen und kontinuierlichen Backhefeerzeugung (nach OLSON [266])

	Diskontinuierliches Verfahren	Kontinuierliches Verfahren
Maximal mögliche Hefeproduktion in 168 h in t	225	300
Zur maximalen Produktion benötigte Fermenter in Stück	10	8
Gesamtvolumen der Fermenter in m³	675	540
Wöchentlich je 1 m³ Volumen produzierte Hefe zum Verkauf in kg	340	565
Stündlich produzierte Hefe zum Verkauf (Mittelwert) in kg	1360	1815
Notwendige Arbeitszeit je Tonne Hefe in h	7,0	3,8
Notwendige Energie je Tonne Hefe in kWh	500	430

12.4. Schädliche Mikroorganismen der Backhefe

Bei der Herstellung von Backhefe können eine Reihe schädlicher Mikroorganismen auftreten, die die Qualität des Endproduktes herabsetzen. Durch den sauren pH-Wert der Melassewürze werden bakterielle Infektionen weitestgehend unterdrückt, lediglich Milch- und Essigsäurebakterien sowie Buttersäurebacillen können gelegentlich zur Entwicklung kommen. *Clostridium*-Arten wirken hemmend auf die Hefevermehrung und geben der Backhefe einen unangenehmen, ranzigen Geschmack. Neben diesen Bakterienarten können wilde Hefen, wie schnellwüchsige *Candida-* (= *Torulopsis*)-Species, mit zur Entwicklung kommen. Als schwach gärende Hefen setzen sie die Triebkraft entsprechend verunreinigter Backhefe wesentlich herab. Durch eine ständige mikrobiologische und chemische Betriebskontrolle, vor allem in den Reinzuchtstadien, lassen sich größere Verluste vorbeugend vermeiden. Die abgepackte Preßhefe kann bei längerer und insbesondere unsachgemäßer Lagerung von außen her durch zahlreiche Mikroorganismen befallen und geschädigt werden. *Geotrichum candidum* und zahlreiche andere Schimmelpilzarten geben der Preßhefe einen muffigen Geruch. Verfärbungen treten auf durch *Penicillium-* (grün), *Aspergillus-* (gelb oder grau), *Fusarium-* (rot) und *Aureobasidium*-Arten (braun). Letztere bilden ebenso wie Essigsäurebakterien einen schleimigen Belag.

12.5. Konservierung von Backhefe

Die Konservierung von Backhefe hat eine möglichst lange Lagerung ohne Qualitätsverluste zum Ziel. Sie ist einmal erforderlich, um einen plötzlichen Spitzenbedarf, z. B. in der Weihnachtszeit, zu decken, zum anderen, um Mangelaufkommen, z. B. bei Havarien, zu überbrücken. Außerdem bringt konservierte Hefe, wie Trockenhefe, dem Konsumenten Vorteile, indem er sie langfristig bevorraten kann.

12.5.1. Kühllagerung und Gefrierlagerung

Während Hefesahne selbst im gekühlten Zustand meist nur wenige Tage lagerfähig ist, kann Preßhefe, auf 4 °C gekühlt, mehrere Wochen gelagert werden. Voraussetzung dafür ist aber, daß die Backhefe

● bester Qualität entspricht,
● aus der Versandhefestufe stammt bzw. alkoholfrei angezogen wurde,
● sorgfältig gewaschen wurde,
● nicht durch andere Mikroorganismenarten kontaminiert ist.

Eine über Monate haltbare Backhefe wird durch die Gefrierlagerung erreicht. Dazu wird Preßhefe, die den vorgenannten Qualitätsanforderungen entspricht, im Gefriertunnel bei −30 °C eingefroren. Dabei ist darauf zu achten, daß das Gefrieren möglichst schnell erfolgt und insbesondere der Temperaturbereich um −4 °C schnell durchschritten wird. Andernfalls kommt es im Zellsaft der Hefezelle durch das Ausfrieren von Wasser zur Anreicherung löslicher Stoffe und durch die damit einhergehenden hohen osmotischen Werte zur Denaturierung des Eiweißes bzw. der zelleigenen Enzyme (vgl. »Grundlagen der Lebensmittelmikrobiologie« [250]). Die Bildung großer Eiskristalle und eine dadurch bedingte Zellzerstörung spielen offenbar keine so große Rolle.

Gefriergelagerte Hefe ist nach dem Auftauen nur etwa 4 bis 7 Tage haltbar. Hefen mit einem sehr hohen Eiweißgehalt sind schlechter für die Gefrierlagerung geeignet und zeigen beim Auftauen eine erhöhte Neigung zur Autolyse. Sie werden leicht flüssig.

Generell sind Hefen im Vergleich zu den kleineren Bakterien nur schlecht zur Gefrierkonservierung geeignet, da ein erheblicher Prozentsatz der Hefezellen beim Gefrieren abstirbt. Da Bakterien den Gefrierprozeß besser überstehen als Hefen, wird in Gefrierhefe die Zahl der Bakterienkontaminanten relativ angereichert.

12.5.2. Trockenbackhefe

Da frische Backhefe nur begrenzt transport- und lagerfähig ist, hat man bereits frühzeitig versucht, durch die Herstellung von Trockenhefe ein länger haltbares Erzeugnis zu gewinnen [195]. Dazu wird geeignete Preßhefe, die den unter 12.5.1.

genannten Anforderungen entsprechen muß, bei Temperaturen zwischen 30 °C und 40 °C schonend, am besten unter Vakuum, getrocknet. Trockenhefe darf nur noch etwa 7···10% Wasser enthalten, da nur bei diesem niedrigen Feuchtegehalt Autolyse nicht eintritt. Die zur Trocknung vorgesehene Hefe soll reich an dem Reservekohlenhydrat Trehalose sein, da der Zelltod getrockneter Hefe durch den durch Atmung bedingten Energiemangel eintreten kann. Man erreicht das, indem man die zur Trocknung vorgesehene Hefe mit einem Eiweißgehalt von nur 30···36% anzieht. In der Regel ist eine eiweißarme Hefezelle kohlenhydratreich, wenn man von generellen Mangelzuständen absieht. Die Trockenhefe soll eine möglichst kleine Oberfläche ohne Risse haben, da die Kohlenhydratveratmung proportional der Oberfläche ist. Günstig sind kugelförmige oder zylindrische Granulate mit einem Durchmesser von etwa 1,5···2,0 mm.

Die Trockenhefe soll luftdicht, am besten in Blechdosen verpackt werden. Ihre Haltbarkeit ist temperaturabhängig und beträgt bei 21 °C mindestens 9 Monate und bei 32 °C etwa 8 Monate. Durch Sauerstoffzutritt wird die Haltbarkeit wesentlich verkürzt. Ihre enzymatische Aktivität beträgt gegenüber frischer Backhefe nur 60···80%, da ein Teil der Hefezellen durch den Trocknungsprozeß abstirbt. Vor dem Gebrauch soll die Trockenhefe zur Reaktivierung des Stoffwechsels etwa für eine Stunde in einer 3%igen Zuckerlösung von etwa 25 °C suspendiert werden.

Von allen angewandten Konservierungsverfahren hat die Trocknung die größte Bedeutung, da Trockenbackhefe ohne besondere Anforderungen an die Lagerungsbedingungen langfristig aufbewahrt werden kann. Sie ist zum Transport unter extremen klimatischen Bedingungen geeignet und wird vor allem zur Versorgung tropischer Gebiete sowie von Schiffsbäckereien eingesetzt.

12.6.   Hefeextrakt

Hefeextrakt ist ein flüssiges, pastöses oder pulverartiges Erzeugnis aus den Inhaltsstoffen von Hefezellen, das wegen seines kräftigen bratenartigen Aromas ähnlich wie Fleischextrakt vor allem zum Würzen von Speisen eingesetzt wird. Hefeextrakt kann aus allen industriell gewonnenen Hefen, wie Backhefe, Brennereihefe und Eiweißhefe, hergestellt werden. Ursprünglich wurde Bierhefe verwendet, die jedoch zunächst durch Waschen von den Hopfenbitterstoffen befreit werden muß. Dabei gehen wertvolle Hefeinhaltsstoffe verloren. Geschmack und chemische Zusammensetzung des Hefeextraktes sind vom Herstellungsprozeß abhängig, bei dem die Hefeinhaltsstoffe durch Zerstören der Zellwand freigesetzt werden und ihr typisches Aroma erhalten. Der ursprüngliche Hefegeschmack geht dabei verloren.

Nach der unterschiedlichen Herstellung unterscheidet man verschiedene Produkte, wie Hefehydrolysat, Plasmolyseextrakt und Autolyseextrakt. Es gibt auch kombinierte Verfahren der Herstellung. Hefehydrolysat wird auf einfachste Weise durch Salzsäurehydrolyse gewonnen. Da dabei die wertvollen Vitamine der Hefe zerstört werden, ist das Verfahren wenig geeignet. Hefethermolysat und Plasmolyseextrakt werden durch Kochen der Hefezellen bzw. Behandlung mit hypertonischen Kochsalzlösungen gewonnen. Autolyseextrakt oder Hefeautolysat, die die größte praktische Bedeutung haben, werden durch den natürlichen Abbau der Hefe durch zelleigene Enzyme gewonnen. Im allgemeinen geht man von Hefemilch einer Stellhefe aus, die auf pH-Wert 4···6 eingestellt wird. Um den Plasmolyseprozeß zu beschleunigen, wird Kochsalz zugegeben. Zur Vermeidung von Bakterienkontaminationen hat sich die Zugabe von 0,02% Methanol bewährt, das dann beim Eindicken wieder verdampft. Um das Austreten der Zellinhaltsstoffe zu verbessern, wird an die eigentliche Autolysephase noch eine Diffusionsphase bei 70 °C für 12 h angeschlossen.

Danach werden die Hefezellwände durch Zentrifugation abgetrennt und der Dünnextrakt im Vakuum-Umlaufverdampfer konzentriert.

Bezogen auf Trockensubstanz enthält Hefeextrakt etwa $30 \cdots 50\%$ Aminosäuren, $10 \cdots 25\%$ Kohlenhydrate (Glucose), $10 \cdots 20\%$ Natriumchlorid, $20 \cdots 30\%$ Asche, 1% Lipoide sowie die Vitamine B_1 (Thiamin), B_2 (Riboflavin) und Nicotinsäureamid (vgl. auch Tabelle 44). Die dunkle Farbe ist durch Melanoidine und karamelisierten Zucker bedingt. Hefeextrakt wird zum Würzen und Aufwerten des Nährstoffgehalts von Speisen sowie als Zusatz zur Nährmedienherstellung in der Mikrobiologie verwendet. Er ist billiger als der für gleiche Zwecke verwendete, aber vitaminärmere und Kreatinin enthaltende Fleischextrakt.

13. Kaffee, Tee, Kakao, Tabak

Im folgenden werden einige Lebensmittel behandelt, die — mit Ausnahme des Kakaos — aufgrund ihres Alkaloidgehaltes weniger als Nahrungs-, sondern mehr als Genußmittel geschätzt werden.

13.1. Kaffee

Als Kaffeebohnen bezeichnet man die fermentierten Samen der strauchartigen Kaffeebäume, Gattung *Coffea*, die als wichtigste tropische Nutzpflanzen in Plantagen angebaut werden. Die anregende Wirkung des Kaffees beruht auf dem Gehalt an Coffein, das je nach Sorte in Konzentrationen von $1 \cdots 2{,}5\%$ enthalten ist.

13.1.1. Fermentation des Kaffees

Die Gewinnung der Kaffeebohnen erfolgt hauptsächlich nach dem trockenen Verfahren (Trocknen der Kaffeekirschen, bis sich die Samen leicht herauslösen lassen) oder nach dem nassen Verfahren, bei dem die von der Fruchtschale befreiten Bohnen in Wasserbecken einem Fermentationsprozeß unterworfen werden. Durch die 6 bis 48 h dauernde Fermentation wird das der Hornschale anhaftende Fruchtfleisch in einen Brei verwandelt, der sich dann mit Wasser leicht abspülen läßt. Während der Zersetzung des Fruchtfleisches herrschen gramnegative, lactoseabbauende Bakterien der Gattungen *Erwinia* und *Escherichia* vor. Diese Organismen wurden auch an unbeschädigten Kaffeekirschen und im Plantagenboden gefunden. Besondere Bedeutung hat *Erwinia dissolvens*, da sie von den zahlreichen am Fermentationsprozeß beteiligten Mikroorganismenarten als einzige pectinolytische Enzyme bildet. Die gegen Ende der Fermentation auftretenden Milchsäurebakterien spielen offenbar eine unbedeutende Rolle [114]. Außer Mikroorganismen sind am Fermentationsprozeß auch pflanzeneigene Enzyme beteiligt. Nach einer neuen Methode wird ein von Pilzen gewonnenes pectinolytisches Enzym zur Entfernung des Fruchtfleisches eingesetzt.

Die fermentierten und gewaschenen Kaffeebohnen werden getrocknet und maschinell von der Hornschale befreit. Sie kommen als grüner Kaffee in den Handel. Der typische Geschmack, das Aroma und die braune Farbe des Röstkaffees werden erst durch den Röstprozeß — Erhitzen des grünen Kaffees in rotierenden Trommeln bis auf etwa 220 °C — gebildet.

13.1.2.   Mikrobielle Schäden des Kaffees

Der Geschmack des Kaffees kann durch Bohnen, es genügen 1 bis 2 Stück je 1 kg, die von Bakterien der Gattung *Xanthomonas* befallen sind, beeinträchtigt werden. Äußerlich lassen sich befallene Bohnen von gesunden nicht unterscheiden. Die gramnegativen aeroben Stäbchen leben saprophytisch im abgestorbenen Fruchtfleisch und verursachen durch ihre Stoffwechselprodukte den »erbsigen« Geschmack. Die Kontamination der Kaffeebohnen erfolgt bei der Eiablage von Fruchtfliegen, die mit Xanthomonaden kontaminiert sind. Durch die Bekämpfung der Fruchtfliegen geht der Befall zurück.

13.2.   Tee und Teepilz

13.2.1.   Tee

Als Tee werden die Blätter und Blattknospen des Teestrauches, *Camellia sinensis*, bezeichnet. Aufgrund seines Coffeingehaltes, der zwischen 2,8% und 4% schwankt, gehört Tee zu den Genußmitteln [360]. Man unterscheidet im wesentlichen fermentierten oder schwarzen Tee und unfermentierten oder grünen Tee. Die Aufbereitung der Blätter für schwarzen Tee läuft in mehreren Stufen ab. Nach dem Anwelken und Rollen der Blätter folgt die etwa 3 h dauernde Fermentation. Dabei bilden sich ätherische Öle, und der Gerbstoffgehalt geht zurück. Während des anschließenden Trockenprozesses färben sich die Blätter schwarz. Die Fermentation beruht hauptsächlich auf der Aktivität pflanzlicher Enzyme; Mikroorganismen können jedoch Geschmack und Qualität des schwarzen Tees beeinträchtigen. Verschiedene Species der Pilzgattungen *Aspergillus*, *Penicillium* und *Rhizopus* können Fäulnisschäden verursachen.

13.2.2.   Teepilz

Vorwiegend in einigen asiatischen Ländern wird aus erkaltetem gezuckertem Teeaufguß unter Zusatz des Teepilzes (engl. *tea fungus*) das säuerlich-aromatische Fermentationsgetränk Kombucha oder Hongo hergestellt. Der Teepilz ist eine symbiontische Mischkultur aus Hefen der Gattung *Saccharomyces*, Essigsäurebakterien, z. B. der schleimbildende *Acetobacter aceti* subsp. *xylinum*, und einigen weniger bedeutungsvollen Bakterienarten. Von dem 1 bis 2 Tage fermentierten und somit fertigen Getränk wird der Teepilz jeweils auf neuen Aufguß überimpft. Durch die Bildung eines antibiotischen Stoffes soll er das Aufkommen von Fremdorganismen unterdrücken. Die antimikrobielle Wirkung der gebildeten Essigsäure dürfte ebenfalls von Bedeutung sein.

13.3.   Kakao

Kakao wird durch Mahlen der fermentierten Kakaobohnen, der Samen des Kakaobaumes, *Theobroma cacao*, gewonnen. Obwohl Kakao das Alkaloid Theobromin enthält, wird er weniger zu den Genußmitteln, sondern aufgrund seines hohen Nährwertes in erster Linie zu den Nahrungsmitteln gerechnet [211].

13.3.1. Fermentation des Kakaos

Nach dem mechanischen Entfernen des Fruchtfleisches werden die Kakaobohnen in Haufen, Gräben oder Schwitzboxen einem spontanen Fermentationsvorgang unterworfen. Dieser hat das Ziel, die noch anhaftenden Fruchtfleischreste zu entfernen, den Keim im Samen abzutöten und Aroma, Geschmack und Aussehen der Bohnen zu verbessern. Während der 3- bis 13tägigen Fermentation ist zeitweiliges Umschaufeln erforderlich, um das Samengut zu belüften und die Temperaturen niedrig zu halten. An der Fermentation sind sowohl Mikroorganismen als auch pflanzliche Enzyme beteiligt. Zu Beginn des Prozesses weisen die Kakaobohnen durch den Kontakt mit dem Boden und der Luft eine artenreiche heterogene Mikroflora auf. Hefen machen am 1. Fermentationstag 40% der gesamten Mikroorganismen aus, der Rest sind Bakterien (Vertreter der Gattungen *Flavobacterium*, *Alcaligenes* und *Proteus*) und wenige Pilzspecies, wie *Aspergillus-*, *Mucor-*, *Penicillium-* und *Rhizopus-*Arten. Die Hefen vergären die im Fruchtfleisch enthaltenen Zucker zu Ethylalkohol und Kohlendioxid. Es werden die Arten *Torulaspora delbrückii (= Saccharomyces rosei)*, *Hansenula anomala*, *Pichia fermentans* und in geringerem Maße auch einige andere Species gefunden [225]. In der 2. Phase des Fermentationsprozesses herrschen Essigsäurebakterien, Milchsäurebakterien und aerophile, pseudomycelbildende Hefen, wie *Pichia kudriavzevii (= Candida krusei)*, vor [230]. Sie bauen einen Teil der in der 1. Phase biosynthetisierten Stoffe ab, z. B. oxydieren Essigsäurebakterien den von den Hefen gebildeten Alkohol zu Essigsäure. *Geotrichum candidum* und *Candida valida (= C. mycoderma)* sind wegen ihrer pectinolytischen Aktivität von Bedeutung [61]. Im weiteren Verlauf der Fermentation verringert sich durch den Nährstoffmangel und Temperaturanstieg bis auf etwa 50 °C die Zahl der beteiligten Mikroorganismen, und die Aktivität pflanzlicher Enzyme tritt in den Vordergrund. In der letzten Phase, der Trocknung, können Fäulnisschäden durch Pilze entstehen. Außerdem wirken Aktinomyceten schädlich, wenn sie in größerer Menge vorkommen und einen muffigen Geruch der Bohnen verursachen.

13.3.2. Keimgehalt des Kakaopulvers

Der Keimgehalt des handelsüblichen Kakaopulvers unterliegt starken Schwankungen. 36 untersuchte Proben von 10 Herstellern enthielten zwischen 100 und 27000 Bakterien je Gramm, wobei die Keimzahl von 86% der Proben unter $9300 \ g^{-1}$ lag. Es wurden nur Vertreter von zwei Bakteriengattungen gefunden. Sämtliche Proben enthielten Bacillen, vorwiegend *Bacillus licheniformis*, *B. cereus*, *B. megaterium* und *B. subtilis*; in 9 Proben wurden außerdem Mikrokokken, wie *Micrococcus luteus*, nachgewiesen [120]. Die im Kakaopulver enthaltenen hitzeresistenten Bakteriensporen können bei der Herstellung von Kakaotrunk zu Schwierigkeiten führen. Die antimikrobielle Wirkung des Kakaos ist offenbar gering und erstreckt sich nur auf bestimmte Mikroorganismen, wie die pathogenen Bakterienart *Salmonella thyphimurium* [54].

13.4. Tabak

Als Tabak bezeichnet man die getrockneten und fermentierten Blätter von *Nicotiana tabacum* (Virginischer Tabak) und *Nicotiana rustica* (Bauern- oder Veilchentabak). Sie enthalten das in kleinen Dosen erregend wirkende Alkaloid Nicotin und werden als Genußmittel zu Kau- oder Pfeifentabak sowie zu Zigarren und Zigaretten verarbeitet [83].

13.4.1. Fermentation des Tabaks

Nach der Ernte und Trocknung werden die Tabakblätter der Fermentation unterworfen, deren Ziel eine Verbesserung der Struktur, der Abbau von Eiweißstoffen, die Regulierung des Zucker-Stärke-Verhältnisses und die Bildung von Aromastoffen ist. Dazu werden die Tabakblätter angefeuchtet und in Stapeln von 1···20 t mit einem Wassergehalt von 30···40% einem Selbsterhitzungsprozeß unterworfen. Die Temperatur steigt auf 50°C, maximal auf etwa 70°C, an. Die Vorgänge während des Fermentationsprozesses sind noch nicht völlig geklärt. Wahrscheinlich spielen Bakterien und blatteigene Enzyme eine Rolle. In aktiv fermentierendem Tabak wurden bis zu 700 Millionen Bakterien je Gramm gefunden, darunter *Micrococcus bicolor*, *Bacillus sphaericus* und *Staphylococcus spec.* [165]. Sterilisierter Tabak erhitzt sich nicht. Neuere Untersuchungen zeigen, daß sich durch Zusatz von thermophilen Bacillen, wie *B. subtilis* und *B. circulans*, die Aromabildung beschleunigen und unter bestimmten Bedingungen die Rauchqualität verändern läßt [97].

13.4.2. Durch Mikroorganismen verursachte Schäden des Rohtabaks und der Tabakerzeugnisse

13.4.2.1. Allgemeines

Wie alle Kulturpflanzen, so kann auch die Tabakpflanze von Mikroorganismen befallen werden, die den Ertrag verringern und die Qualität der Tabakerzeugnisse mindern. Sowohl bei der Anzucht der Pflanzen als auch im Feldbestand treten verschiedene Pilz-, Bakterien- und Virenerkrankungen auf.
Seit dem Jahre 1959 werden in Europa schwere Anbauschäden durch den aus Übersee eingeschleppten phytopathogenen Pilz *Peronospora tabacina* verursacht. Der Erreger der endemisch auftretenden Blaufäule wird vor allem durch die in Massen gebildeten Konidien übertragen. Das Mycel breitet sich interzellular in den Geweben der Tabakpflanzen aus, sendet Haustorien in die Zellen und bildet zunächst an den Blättern unscharf begrenzte Flecken. Begünstigt durch hohe Luftfeuchtigkeit wird an den Blattunterseiten ein dichter weiß-bläulicher Pilzrasen mit Massen von Konidien gebildet, nach dem die Krankheit benannt wurde. Die Blattflecken reißen im Alter auf und entwerten die Blätter. Es kann zum völligen Absterben der Pflanzen kommen. Der Blauschimmel des Tabaks hat in der DDR, BRD, Frankreich und anderen Ländern Verluste bis zu 50% der Jahresernte verursacht, und es sind sogar Totalausfälle bekannt geworden.
Während der Trocknung des Tabaks und der Lagerung des fermentierten Rohtabaks überwiegen die Pilzerkrankungen. Die Erreger infizieren häufig die Tabakpflanzen bereits auf dem Feld, entwickeln sich aber meist erst bei genügender Feuchtigkeit und mangelnder Belüftung während des Trockenvorganges. Auch Tabakfertigwaren können bei feuchter Lagerung von Schimmelpilzen befallen werden.
Aufgrund der charakteristischen, muffig riechenden Stoffwechselprodukte, die von pilzlichen Schädlingen befallenen Tabaken und Tabakwaren anhaften, wird diese Schadform auch als Muff bezeichnet.

13.4.2.2. Grauschimmel

Grauschimmel wird durch den Pilz *Botrytis cinerea* hervorgerufen. Er ist in europäischen Ländern die häufigste und wirtschaftlich wichtigste Erkrankung während der Trocknung. Das Krankheitsbild wird in Form grauer, bräunlicher oder graugrüner

Rasen, die von dem konidientragenden Mycel gebildet werden, sichtbar. Sklerotien, die seltener vorkommen, rufen einen schwarzen Belag hervor (Bild 86). Grauschimmel wird auch als »Dachfäule« oder »Dachbrand« bezeichnet. Man unterscheidet die nasse und die trockene Fäule. Die Naßfäule tritt zu Beginn des Trockenprozesses auf, wenn die Tabakblätter einen hohen Wassergehalt haben und sich die Luftfeuchte infolge mangelnder Belüftung erhöht. In diesem Stadium kann sich der

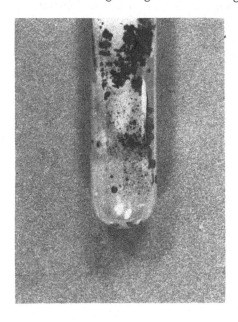

Bild 86. *Botrytis cinerea*
bildet schwarze Sklerotien

Erreger schnell ausbreiten. Er dringt in die Blätter ein und zerstört die Zellen. Dabei wird das Gewebe weich und zerfällt. Auch die Schnüre können mit aufgelöst werden. Der eigentliche Dachbrand, die trockene Fäule, tritt auf, wenn bereits getrocknete Blätter bei zu hoher Luftfeuchte und ungenügender Durchlüftung wieder Wasser anziehen. Dabei werden die Blätter infolge des Befalls brüchig und krümelig. An Grauschimmel erkrankte Blätter können sekundär von anderen Fäulniserregern befallen werden. Durch Dachfäule verursachte Schäden werden eingeschränkt, indem man die Tabakblätter nicht zu dicht fädelt und für ausreichende Belüftung sorgt.

13.4.2.3. *Sclerotinia* und andere Pilzschädlinge

Der Befall durch den weißen Schimmel *Sclerotinia libertiana* beginnt an den Hauptrippen, von wo aus sich die Blätter mit weißem Mycel überziehen. Später bilden sich schwarze Fruchtkörper aus. Bei genügender Belüftung und mit zunehmender Austrocknung der Blätter geht der Befall zurück. Fermentationstemperaturen über 40 °C töten den Pilz ab.
Auf geschädigten, durch Hitzebehandlung getrockneten Tabakblättern wurden in den USA besonders häufig *Aspergillus repens, A. niger, A. ruber* und *Penicillium*-Species gefunden; während ungeschädigter Tabak neben den ebenfalls häufigen *Aspergillus*- und *Penicillium*-Arten auch Species der Gattungen *Alternaria, Cladosporium, Fusarium* und *Rhizopus* häufig enthielt [403].

13.4.3. Konservierung von Tabakwaren und Tabakfolie

Zum Schutz von Tabak und Tabakwaren gegen Schimmelbefall, der nur bei zu feuchter Lagerung auftritt, werden verschiedene chemische Konservierungsmittel eingesetzt. In der DDR sind für Tabakwaren (Kau-, Schnupf-, Pfeifentabak), außer Zigarren und Zigaretten, sowie für Tabakfolie (Schneide-, Um- und Deckblattfolie) maximal 5,0 g Benzoesäure oder Benzoesäurehydroxyester oder 2,0 g Sorbinsäure je 1 kg zugelassen [11].

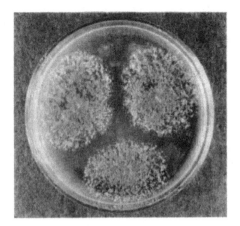

Bild 1. Dreipunktkolonie
von *Trichoderma spec.*

Bild 2. Dreipunktkolonie
von *Scopulariopsis brevicaulis*

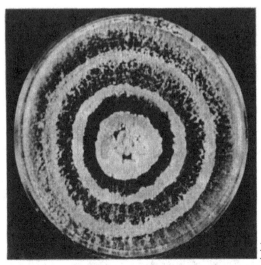

Bild 3. Riesenkolonie
von *Verticillium spec.*

Bild 4. Moniliafäule der Birne

Bild 5. Moniliafäule des Apfels

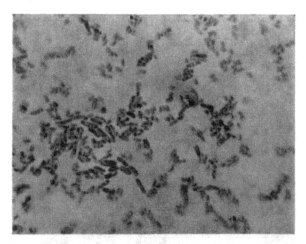

Bild 6. *Bacillus subtilis,* Sporenfärbung.
Die vegetativen Zellen sind rot und die Sporen grün gefärbt
(Vergrößerung 900fach)

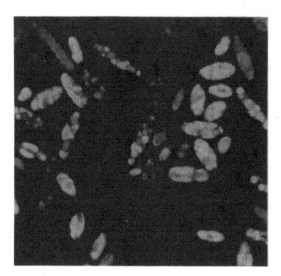

Bild 7. Hefen im Fluoreszenz-
mikroskop, Acridinorangefärbung
(Vergrößerung 900fach)

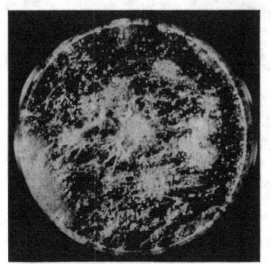

Bild 8. Riesenkolonie von
Neurospora crassa

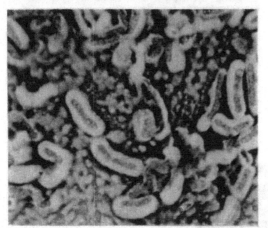

Bild 9. *Bacillus spec.* Kapselfärbung.
Stäbchenförmige Bakterien (rot) mit
Schleimkapseln (farblos) umgeben
(Vergrößerung 2000fach)

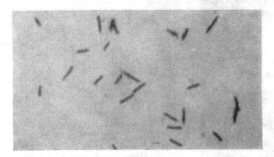

Bild 10. Gramfärbung,
gramnegative Stäbchen

14. Nutzung von Mikroorganismen zur Gewinnung von organischen Säuren, Polysacchariden, Fetten, Aminosäuren und Proteinen, Enzymen und Vitaminen

14.1. Herstellung von organischen Säuren mit Mikroorganismen

Die Bildung von organischen Säuren als sekundäre Stoffwechselprodukte ist bei Mikroorganismen außerordentlich verbreitet. Bakterien bilden vor allem Essig-, Milch-, Butter- und Propionsäure und sind teilweise nach diesen hervorstechenden Merkmalen benannt worden (Gattung *Acetobacter* = Essigsäurebakterien, Gattung *Propionibacterium* = Propionsäurebakterien). Unter den Hyphomyceten gibt es zahlreiche Arten, die Oxal-, Fumar-, Äpfel-, Citronen-, Aconit-, Glucon-, Itacon- und Kojisäure sowie weitere organische Säuren bilden [226]. Der Mensch hat im Verlauf von Jahrtausenden gelernt, die natürliche Säuerung von Lebensmitteln durch Mikroorganismen zur Veredlung und Konservierung, z. B. bei der Herstellung von Sauermilcherzeugnissen und Sauerkraut, zu nutzen. Außerdem werden vor allem Essig-, Milch- und Citronensäure in größeren Mengen mit Hilfe von Mikroorganismen hergestellt und für Ernährungszwecke in der Lebensmittelindustrie eingesetzt [291].

14.1.1. Herstellung von Essigsäure

14.1.1.1. Historisches

Die Bereitung von Essig aus vergorenen alkoholischen Getränken, insbesondere Wein, war bereits im Altertum den Chinesen, Babyloniern, Assyrern und Ägyptern bekannt. Bis zum frühen Mittelalter wurde Essig haushaltsmäßig durch Stehenlassen von Wein oder Bier in offenen Gefäßen hergestellt. Er fand nicht nur zum Würzen und Konservieren von Speisen sowie als Erfrischungsgetränk Verwendung, sondern wurde auch als Arzneimittel geschätzt. Die Essigindustrie entwickelte sich Ende des 14. Jahrhunderts in der Gegend von Orléans in Frankreich. Nach dem Orléans-Verfahren wurde Essig hauptsächlich aus Wein in horizontal liegenden Weinfässern unter Luftzutritt hergestellt. Eine wesentliche Verkürzung der Herstellungszeit wurde durch Einführung des Schnellessigverfahrens durch SCHÜZENBACH (1793 bis 1869) erzielt, dem das Generatorverfahren folgte. Diese Oberflächenverfahren, bei denen die Essigsäurebakterien auf einem Trägermaterial haften, über das eine Ethanollösung rieselt, wurden in jüngster Zeit durch Submersverfahren mit geschlossenen, belüfteten Tanks (Acetatoren) abgelöst.
Der Prozeß der Essigsäurebildung hat von jeher zahlreiche Forscher beschäftigt. KÜTZING wies im Jahre 1838 nach, daß die Bildung von Essigsäure durch lebende Organismen der Essighaut erfolgt, doch hat LIEBIG seine Entdeckung bestritten.

Vorher hatte bereits BOERHAVE (1668 bis 1738) erkannt, daß die »Essigblume« Luft und Wärme benötigt. PASTEUR bestätigte in den 1868 veröffentlichten »Etudes sur le vinaigre«, daß die Essigsäuregärung ein biologischer Prozeß ist. HANSEN isolierte im Jahre 1879 Essigsäurebakterien und nannte sie *Bacterium aceti* und *Bact. pasteurianum*. Sie werden jetzt zur Gattung *Acetobacter* gerechnet [68, 193, 291, 347].

14.1.1.2. Zur Essigherstellung eingesetzte Mikroorganismenspecies

Die Essigsäurebakterien werden gegenwärtig in die beiden Gattungen *Acetobacter* und *Gluconobacter* unterteilt, die jeweils mehrere Species mit zahlreichen Synonymen umfassen [250]. Zu den industriell eingesetzten Schnellessigbakterien zählen leistungsfähige Stämme von *A. aceti*, die hohe Konzentrationen von Essigsäure und Ethanol vertragen und einen geringen Nährstoffbedarf haben. *A. aceti* subsp. *orleanensis* und *A. pasteurianus* hatten für die älteren Verfahren Bedeutung. *A. aceti* subsp. *xylinum* bildet nur wenig Essigsäure, dafür schleimige Massen und übelriechende Stoffwechselprodukte. Es wird deshalb als unerwünschte Kontamination angesehen.

14.1.1.3. Chemie der Essigsäuregewinnung

Als Ausgangsprodukt zur Essigsäuregewinnung ist Ethylalkohol (Ethanol) erforderlich. Dieser wird gewöhnlich durch Vergärung von Kohlenhydraten mit Hilfe von Hefen, z. B. *Saccharomyces cerevisiae*, gewonnen (vgl. Abschn. 11.4.):

$$C_6H_{12}O_6 \rightarrow C_2H_5OH + 2\ CO_2$$
Glucose   Ethanol   Kohlendioxid

Der Ethylalkohol wird von Essigsäurebakterien über Acetaldehyd als Zwischenstufe zur Essigsäure (Ethansäure) oxydiert:

$$C_2H_5OH + O_2 \rightarrow CH_3COOH + H_2O$$
Ethanol   Sauerstoff   Essigsäure   Wasser

Wie aus der Summenformel hervorgeht, entsteht die Essigsäure durch einen aeroben Prozeß, zu dem molekularer Sauerstoff erforderlich ist. Als Endprodukt treten neben Essigsäure in geringen Mengen Aldehyde, Ester und Acetoin auf, die als Geschmacksstoffe Bedeutung haben [18, 250].

Früher wurde Essig vorwiegend aus minderwertigem Wein und aus Bier gewonnen. Zur Herstellung von Spezialessigsorten werden vor allem im Ausland auch heute noch besondere Rohstoffe verwendet, nach denen das Endprodukt benannt ist, z. B. Weinessig (in Frankreich und Italien), Malzessig (England), Rosinen- und Honigessig.

Als Rohstoff für die modernen Schnellessigverfahren wird gegenwärtig fast ausschließlich billiger Spiritus eingesetzt, der gewöhnlich aus der Gärungsindustrie (Kartoffel- oder Getreidesprit) bezogen wird, doch kann auch synthetischer Ethylalkohol Verwendung finden. Er wird in Form wäßriger Lösungen mit Konzentrationen von etwa 4···11 Vol.-% verwendet. Da sich Essigsäurebakterien in reinen wäßrigen alkoholischen Lösungen nicht vermehren können, werden als organische Kohlenstoffquellen Melasse, Rohrzucker oder Glucose und als anorganische Nährsalze Ammonium- und Kaliumphosphat, Magnesiumsulfat und als Spurenelement Manganionen zugesetzt. Zur Wirkstoffversorgung dienen Malz- oder Hefeextrakt.

14.1.1.4. Technologie der Essigherstellung

14.1.1.4.1. Orléans-Verfahren

Unter natürlichen Bedingungen bilden Essigsäurebakterien auf zahlreichen alkoholhaltigen Pflanzensäften unter Luftzutritt eine Haut und oxydieren den Ethylalkohol zu Essigsäure. In Wein, Bier und angegorener Obstmaische setzt in Gegenwart molekularen Sauerstoffs die Essigsäurebildung gewöhnlich spontan ein und führt meist zu unerwünschten Veränderungen. Bei dem alten Orléans-Verfahren wurden liegende Fässer von 200···500 l Inhalt etwa zu Zweidrittel bis Dreiviertel mit einem Gemisch aus Wein und Essig gefüllt und zum Zwecke des besseren Luftzutritts 5 bis 10 cm über der an der Oberfläche schwimmenden Essigbakterienhaut mit Löchern versehen. Etwa im wöchentlichen Rhythmus wurden 10% des Faßinhaltes als Weinessig abgezapft und durch frischen Wein ersetzt. Dabei mußte man achtgeben, daß die Essigbakterienhaut nicht zu Boden sank und die Temperaturen bei etwa 20 °C lagen. Der gewonnene Essig wurde mehrere Monate zur Reifung gelagert. Er zeichnete sich durch sein besonders gutes Aroma aus. Nach dem Orléans-Verfahren wurde mehrere Jahrhunderte lang in der Essigindustrie gearbeitet. Heute hat es nur noch historische Bedeutung.

14.1.1.4.2. Schnellessigverfahren

Bei diesem in Deutschland entwickelten Geheimverfahren, das im Jahre 1823 von Schüzenbach zum Kauf angeboten wurde, rieselt die ethanolhaltige Maische in einem turmartigen Essigbildner von oben über eine hohe Schicht von Buchenholzspänen, während von unten frische Luft zuströmt. Die zu Rollen gewundenen Späne sind etwa 30···40 cm lang, 3···4 cm breit und ruhen auf einem durchlochten Boden. Sie dienen den Essigsäurebakterien als Unterlage mit großer Oberfläche und werden von ihnen in dichter Schicht besiedelt. Die Verwendung von Füllkörpern, wie abgebeerten Weintraubenrispen und Reisigbündeln, zur Vergrößerung der aktiven Oberfläche, war bereits im 17. Jahrhundert bekannt. Bei der Inbetriebnahme der Essigbildner kann mit einer Reinkultur, z. B. von *A. aceti*, beimpft werden. Das Schüzenbach-Verfahren arbeitete diskontinuierlich mit einer stoßweisen Berieselung und Entnahme.
Eine Weiterentwicklung des nicht mehr praktizierten Schüzenbach-Verfahrens stellt das kontinuierliche Generator-Verfahren dar. Im Frings-Generator wird die Maische in einem mehrtägigen Kreisprozeß wiederholt über die Essigbakterien auf den Buchenholzspänen geleitet. Sie wird mit einer Maischepumpe aus dem Auffanggefäß am Boden des Generators zu einem rotierenden Sprührad an der Oberfläche transportiert und gleichmäßig verteilt. Die Luftströmung und die Intensität der Oxydation, die unter starker Wärmebildung verläuft, werden mit Hilfe von Ventilatoren, die filtrierte Luft zuführen, geregelt, Kühlschlangen sorgen für die Wärmeabführung (Bild 87). Die aus Lärchen- oder Eichenholz gebauten Frings-Generatoren haben ein Volumen von 5···60 m^3. Sie arbeiten mit Ausbeuten von 85···90% des theoretisch Möglichen. Aus Maische mit 11 Vol.-% Alkohol und 8 g Essigsäure je 1 l wird Essig mit 107 g l^{-1} Essigsäure und 0,3% Alkohol gebildet. Der Essig wird aus dem Sammelbehälter am Boden des Generators in einen Tank abgezogen und gelagert. Großraumessigbildner nach Frings, mit denen jahrzehntelang ohne Erneuerung des Füllkörpers produziert werden kann, sind in der Essigindustrie auch heute noch zu finden. Sie werden jedoch fortschreitend durch das moderne Submersverfahren verdrängt.

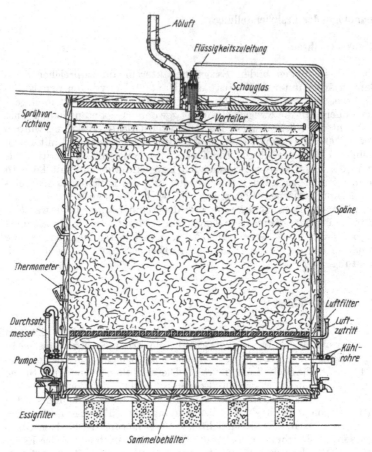

Bild 87. FRINGS-Essig-Generator (schematischer Querschnitt)

14.1.1.4.3. Submersverfahren

Bei dem von HROMATKA und EBNER [90] entwickelten Submersverfahren wird die
Maische, die 8···12% Ethanol, Essigsäure und Nährsalze als wäßrige Lösung enthält,
in einem geschlossenen säurebeständigen Tank mit Belüftungs- und Kühlsystem
(Acetator) mit *A. aceti* beimpft und unter ständiger Belüftung bei Temperaturen
zwischen 28 °C und 30 °C gehalten (Bild 88). Sinkt der kontinuierlich gemessene
Alkoholgehalt auf Werte zwischen 0,1% und 0,3% ab, so wird durch eine Ausstoß-
automatik etwa 40···50% des Acetatorinhalts entnommen und durch frische Maische
ersetzt. Dabei darf die Belüftung nicht unterbrochen werden, da die Essigsäurebakterien schon durch 10···20 s dauernden Sauerstoffmangel geschädigt werden.
Obwohl Essigsäurebakterien gegen hohe Säurekonzentrationen empfindlich sind,
ist es gelungen, Stämme an etwa 13% Essigsäure zu adaptieren, so daß man mit dem
Acetator Essig entsprechender Konzentration herstellen kann. Das technisch hoch-
entwickelte Belüftungssystem saugt die Luft selbständig an und ermöglicht durch
feine Verteilung der Gasblasen in der Maische eine 70- bis 80%ige Ausnutzung des

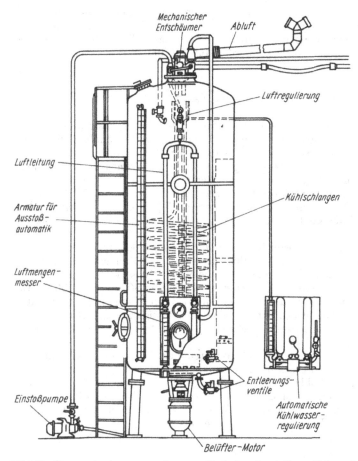

Bild 88. FRINGS-Acetator zur submersen Essigsäureherstellung (Schema)

zugeführten Sauerstoffs durch die Essigbakterien. Auftretende Schaumbildung, die zu Störungen führen kann, wird mit Hilfe eines patentierten mechanischen Entschäumers im Kopfraum des Acetators bekämpft. In einem Acetator mit einem Füllvolumen von etwa 50 m³ können täglich etwa 12 m³ 12%iger Spritessig produziert werden.

In den letzten Jahren ist das Submersverfahren in zahlreichen Varianten, die sich vor allem im Belüftungssystem und in der Verfahrensführung unterscheiden, weiterentwickelt worden. So wird z. B. in den USA kontinuierlich Apfelessig mit dem Cavitator produziert, einem Fermenter, der durch einen Hohlrührer belüftet wird. In England wurde ein Turmfermenter aus Propylen mit 3000 l Inhalt entwickelt.

Die Vorteile des Submersverfahrens gegenüber dem älteren Oberflächenverfahren der Essigherstellung bestehen im geringen Platzbedarf, hohen Automatisierungsgrad, hohen Ausbeuten (96···97% des theoretisch möglichen Wertes) in kurzer Zeit und der Möglichkeit zur Arbeitsunterbrechung. Nachteile sind der höhere Energiebedarf und der Verlust eines Teils der frei in der Flüssigkeit schwebenden Essigbakterien, die jeweils mit dem fertigen Essig abgezogen werden. Da sie eine Trübung des Essigs bewirken, müssen sie durch Filtration entfernt werden. Insgesamt wiegen jedoch die Vorteile des Submersverfahrens die Nachteile auf. In Submersanlagen mit einem Füllvolumen zwischen 3 m³ und 48 m³ können täglich zwischen 750 l und 12000 l 12%iger Spritessig produziert werden. [68, 90, 193, 291]

14.1.1.5. Aufbereitung und Verwendung des Essigs

Der nach den verschiedenen Herstellungsverfahren gewonnene Essig unterliegt bis zum fertigen Erzeugnis noch verschiedenen Behandlungen. Gewöhnlich wird Essig aus hochwertigen Rohstoffen, z. B. Weinessig, einem Reifeprozeß durch Lagerung unterworfen, um eine Aromaverbesserung zu erzielen. Im Schnellverfahren gewonnener Essig kann durch Zugabe von Würzstoffen zu Gewürz-, Kräuter- oder Estragonessig aufgebessert werden. Dunkelfärbungen, die durch Eisen und Tannin aus den Behältern herrühren, können durch Schönen mit K_4 [Fe(CN)$_6$] beseitigt werden. Bakterienzellen und andere Trübstoffe werden z. B. durch Kieselgur- oder EK-Filtration entfernt.

Um eine lange Haltbarkeit zu erreichen, wird der Essig vor oder nach dem Abfüllen pasteurisiert. Dazu genügen kurze Erhitzungszeiten im Temperaturbereich von 60···65 °C. In einigen Ländern ist auch die chemische Konservierung, z. B. durch Silberionen (Katadynverfahren) oder Zugabe von 50 mg SO_2 je 1 l, üblich. Der Säuregehalt des Speiseessigs wird durch Verschneiden mit Wasser auf etwa 5···10% eingestellt. Konzentrierter Essig, wie die über 50% Essigsäure enthaltende Essigessenz, kann durch Gefrieren und anschließendes Abfiltrieren der Eiskristalle gewonnen werden.

Essig wird im Haushalt und in der Lebensmittelindustrie in großem Umfang zum Ansäuern und Würzen von Speisen, insbesondere Salaten, sowie zur Konservierung von Gemüse, wie Blumenkohl und Gurken (Essiggemüse), Pilzen und Fischprodukten sowie zur Herstellung von Senf und Mayonnaise verwendet. Der mit Hilfe von Essigsäurebakterien erzeugte Essig wird als Gärungsessig bezeichnet, doch wird auch synthetisch gewonnener Essig für Speisezwecke verwendet.

14.1.1.6. Essigschädlinge

14.1.1.6.1. Schädliche Mikroorganismen

Mikrobielle Schäden werden vor allem bei der Essigherstellung nach dem Oberflächenverfahren durch Bildung von Schleimsubstanzen und durch den Abbau von Essigsäure verursacht. Obwohl verschiedene Essigbakterienarten Schleimsubstanzen bilden können, werden größere Schwierigkeiten offenbar nur durch *Acetobacter aceti* subsp. *xylinum* hervorgerufen. In Essigbildnern, z. B. im FRINGS-Generator, kann durch Schleimsubstanzen die Belüftung und die Essigbildung stark vermindert werden.

Zahlreiche Mikroorganismen, darunter Hyphomyceten, Kahmhefen und Essigsäurebakterien, können Essigsäure, wenn sie in verdünnter Form vorliegt, oxydativ zu Kohlendioxid und Wasser abbauen:

$$CH_3COOH + 2 O_2 \rightarrow 2 CO_2 + 2 H_2O$$

Während der Essigherstellung tritt ein Essigsäureabbau auf, wenn Alkoholmangel besteht oder wenn übermäßig belüftet wird.

14.1.1.6.2. Tierische Schädlinge

In den Essigfabriken und ihrer Umgebung treten oft verschiedene Arten Milben und Essigfliegen *(Drosophila)* massenhaft auf. Sie lassen sich durch Insekticide relativ leicht bekämpfen. Essigälchen *(Anguillula aceti)* (Bild 89) können in die Essigbildner mit Ausnahme der Submersanlagen eindringen, sich dort vermehren und erhebliche Schwierigkeiten verursachen. Die etwa 2 mm langen und 0,04 mm dicken viviparen Nematoden sind zwar für den Menschen unschädlich, doch verursachen sie Trübungen sowie Geschmacks- und Geruchsfehler des Essigs. Sie können durch Erhitzen auf 54 °C oder durch Schwefeldioxidbehandlung abgetötet werden und lassen sich relativ leicht abfiltrieren.

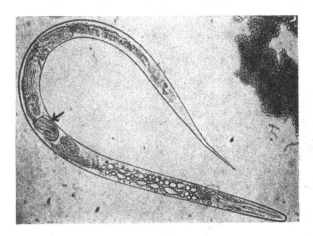

Bild 89. Essigälchen *(Anguillula aceti)*; weibliches Tier mit Jungen (→) in verschiedenen Entwicklungsstadien (Vergrößerung 120fach)

14.1.2.   Herstellung von Milchsäure

14.1.2.1.   Historisches

Die Milchsäure wurde 1780 von C. W. SCHEELE entdeckt, und C. BLONDEAU wies 1847 nach, daß sie durch Gärung entstehen kann. L. PASTEUR stellte fest, daß die Gärung durch ein Bakterium bewirkt wird, und J. LISTER, der es aus spontan gesäuerter Milch isolierte, nannte es *Bacterium lactis.* LÖHNIS ordnete *B. lactis* aufgrund der kugelförmigen, zur Kettenbildung neigenden Zellen in die Gattung *Streptococcus* als *Str. lactis* ein. Es sind zahlreiche weitere Bakterienarten bekannt, die Kohlenhydrate zu Milchsäure vergären können. Milchsäure wird bereits seit dem Jahre 1881 mit Hilfe von Milchsäurebakterien industriell erzeugt. Da die chemische Synthese verfahrenstechnisch schwierig und teuer ist, wird Milchsäure auch heute noch ausschließlich auf gärungstechnischem Wege gewonnen.
Die natürliche Säuerung von Lebensmitteln durch Milchsäurebakterien, z. B. die Herstellung von Sauerkraut, ist eines der ältesten Konservierungsverfahren und schon seit Jahrhunderten bekannt (vgl. Abschn. 2.5.).

14.1.2.2. Zur Milchsäureherstellung eingesetzte Mikroorganismenspecies

Zur großtechnischen Herstellung von Milchsäure eignen sich nur homofermentative Milchsäurebakterien, die wenig Nebenprodukte bilden. Verwendet werden Stämme von *Lactobacillus delbrückii* (Bild 90), *Lb. bulgaricus* und *Lb. leichmannii*, die keine hohen Nährstoffansprüche stellen und in kurzer Zeit große Säuremengen bilden. Bevorzugt werden thermophile Stämme, die sich für Fermentationstemperaturen um 50 °C eignen. Durch die hohe Gärtemperatur werden die Buttersäurebakterien unterdrückt, die als schädliche Fremdorganismen den Gärverlauf erheblich stören können. Bei der Verwendung spezieller Rohstoffe können auch andere Species zum Einsatz kommen, z. B. verwertet *Lb. plantarum (Lb. pentosus)* Pentosen, und *Streptococcus lactis* sowie *Lb. casei* werden zur Vergärung von Molke eingesetzt. Milchsäurebildende Pilze, wie *Rhizopus oryzae*, werden bisher zur industriellen Herstellung von Milchsäure nicht verwendet [291].

Bild 90. *Lactobacillus delbrückii*, bildet Stäbchen unterschiedlicher Länge (stark vergrößert)

14.1.2.3. Chemie der Milchsäuregewinnung

Milchsäure (α-Hydroxypropionsäure) wird unter anaeroben Bedingungen aus Glucose nach folgender Bruttoformel gebildet:

$$C_6H_{12}O_6 \rightarrow 2\,CH_3-CH(OH)-COOH$$
Glucose   Milchsäure

Einige Milchsäurebakterien bilden optisch inaktive D,L-Milchsäure, die auch als Gärungsmilchsäure bezeichnet wird. Doch gibt es *Streptococcus*- und *Bacillus*-Arten, die vorwiegend L(+)-Milchsäure und *Leuconostoc*- und *Lactobacillus*-Species, die vorwiegend D(−)-Milchsäure biosynthetisieren (vgl. »Grundlagen der Lebensmittelmikrobiologie« [250]).

Um die relativ schwierige Isolierung der Milchsäure aus der Fermentationsbrühe sowie ihre Reinigung zu erleichtern, ist es vorteilhaft, mit relativ einfach zusammengesetzten Maischen und reinen Rohstoffen zu arbeiten. Neben Rüben- und Rohrzuckermelasse wird vor allem Stärke eingesetzt, die man aus Kartoffeln oder Getreide (Mais) gewinnt. Sie muß vor der Vergärung verzuckert werden. Dazu eignen sich z. B. mikrobielle Amylasen (s. 14.5.2.3.1.) und Malz. Die Verwendung anderer billiger kohlenhydrathaltiger Abfallprodukte, wie Molke, Sulfitablaugen und Abfälle der Zitrussaftgewinnung, ist ebenfalls möglich.

312

Bei der Vergärung von Melasse und Stärke, die am häufigsten eingesetzt werden, müssen zur Deckung des Mineralstoffbedarfs der Milchsäurebakterien Nährsalze, z. B. $(NH_4)_2SO_4$ und $(NH_4)HPO_4$, zugegeben werden. Außerdem ist auf die optimale Versorgung mit essentiellen Substanzen zu achten, da Milchsäurebakterien recht anspruchsvolle Organismen sind. Bewährt hat sich die Zugabe von Malz und Maisquellwasser (engl. *corn steep liquor*). Zu Beginn der Fermentation wird der pH-Wert der Maische auf Werte zwischen etwa 5,5 und 6,0 eingestellt. Während der Fermentation muß die gebildete Milchsäure laufend durch Zugabe von Kalkmilch, Kreide oder Magnesiumcarbonat neutralisiert werden, da sie mit steigender Konzentration eine Schädigung der Milchsäurebakterien bewirkt. Es wird angestrebt, den anfänglich eingestellten pH-Wert während der Fermentation zu halten.
Zur Aufarbeitung der Fermentationsbrühe wird gewöhnlich nach dem Abtrennen von Trübstoffen Schwefelsäure zugesetzt. Dabei fällt Calciumsulfat aus, und die Milchsäure liegt in freier Form vor. Der Gips wird abfiltriert und das milchsäurehaltige Filtrat im Vakuum eingeengt. Dabei werden gleichzeitig enthaltene flüchtige Säuren, wie Essig- und Propionsäure, entfernt. Die Beseitigung von Farbverunreinigungen, insbesondere Eisen- und Kupferverbindungen, erfolgt mit Hilfe von Aktivkohle und Blutlaugensalz. Um Salze zu entfernen, wird eine Behandlung mit Ionenaustauschern durchgeführt. Störende Geschmacks- und Geruchsstoffe können mit Hilfe von Kaliumpermanganat oder Wasserstoffsuperoxid entfernt werden. Wesentlich reinere Milchsäure erhält man durch Veresterung mit Ethanol, Destillation des Milchsäureesters und anschließende Hydrolyse [291].

14.1.2.4. Technologie der Milchsäureherstellung

Ein Fließschema zur Herstellung von Milchsäure aus Melasse mit *Lb. delbrückii* ist im Bild 91 dargestellt. Aus dem Vorratstank (1) wird die Melasse über eine Dosiereinrichtung (2) in den Misch- und Sterilisationstank (3) gepumpt und mit Nährsalzen (4), (5) und $CaCO_3$ (6) angereichert. Die Anzucht des Impfmaterials erfolgt aus einer Reinkultur von *Lb. delbrückii* (19) als Agarstichkultur über Flüssigkeitskulturen steigenden Volumens (20) bis (24), wobei die folgende Stufe jeweils etwa 10mal so groß wie die vorhergehende ist. Bei laufenden Verfahren kann dann auch mit einem Teil der Endstufe beimpft werden. Die Bruttemperatur beträgt 49···50 °C, die Brutzeit jeweils etwa 2 Tage je Stufe. Die eigentliche Fermentation erfolgt in geschlossenen Fermentern (7) aus Metall mit etwa 20···100 m³ Inhalt, früher wurden auch offene Holzbottiche verwendet. Sie sind mit einem Rührwerk ausgerüstet, damit die zugegebene Kreide mit der Maische ständig gut vermischt wird und keine lokalen Übersäuerungen auftreten. Es darf jedoch nicht zuviel Sauerstoff in das Medium gelangen, da sonst oxydative Stoffwechselprodukte begünstigt werden, die zu Lasten der Milchsäurebildung gehen. Zur Regulierung der Gärtemperatur, die 50 °C betragen soll, wird mit Hilfe von Rohrschlangen im Fermenterinneren anfangs beheizt. Später, wenn der Bakterienstoffwechsel auf Maximalwerte ansteigt, wird gekühlt. Die Fermentationszeiten betragen je nach Kohlenhydratkonzentration (5···18%) etwa 2 bis 7 Tage. Die Fermentationsbrühe wird neutralisiert und zur Abtrennung der Bakterienzellen filtriert (8). Das Filtrat wird in einem Tank mit Rührwerk (9) mit Schwefelsäure (10) versetzt und anschließend der ausgefallene Gips mit einem Vakuumdrehzellenfilter (11) ausgeschieden. Das Rohfiltrat, das etwa 12···14% Milchsäure enthält, wird anschließend einer mehrstufigen Reinigung (12) bis (15) unterzogen und im Vakuumverdampfer (16) auf die gewünschte Konzentration eingeengt. Vom Lagertank (17) erfolgt das Abfüllen (18) zum Versand.
Es werden Ausbeuten von 95% Milchsäure, berechnet auf die eingesetzte Kohlenhydratmenge, erzielt. Homofermentative Lactobacillen bilden außer Milchsäure

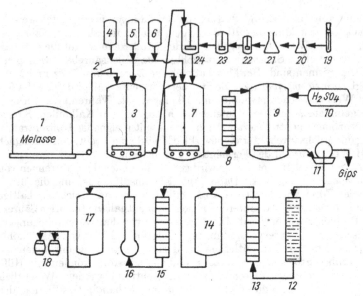

Bild 91. Fließschema der Milchsäureherstellung aus Melasse mit *Lb. delbrückii* (Erläuterungen im Text)

etwa 2% Essig- und Propionsäure sowie sehr geringe Mengen Ameisen-, Butter- und Brenztraubensäure als Nebenprodukte.

Neben dem geschilderten diskontinuierlichen Verfahren, das in der Praxis in variierter Form angewandt wird, gibt es auch kontinuierliche Verfahren zur Milchsäureherstellung, z. B. auf Molkebasis [193, 223, 291].

14.1.2.5. Verwendung der Milchsäure

Die in der Lebensmittelindustrie verwendete Gärungsmilchsäure muß einen hohen Reinheitsgrad haben und insbesondere frei von gesundheitsschädigenden Stoffen sein (Milchsäure E). Sie wird wegen ihres angenehmen sauren Geschmacks vor allem zur Herstellung von Limonadengrundstoffen, Essenzen und Sirupen sowie in begrenztem Maße in der Marmeladen- und Fruchtgetränkeindustrie verwendet. Aufgrund ihrer antimikrobiellen Wirkung wird sie zur Konservierung von Fisch, Oliven und anderen Lebensmitteln eingesetzt. Calciumlactat dient als Backhilfsmittel.

14.1.3. Herstellung von Citronensäure

14.1.3.1. Historisches

Die Citronensäure wurde im Jahre 1784 von Scheele entdeckt. Er isolierte sie aus Zitronensaft, in dem etwa 7···9% Citronensäure enthalten sind.

```
    CH₂-COOH
     |
HO-C-COOH
     |
    CH₂-COOH        Citronensäure (2-Hydroxypropantricarbonsäure)
```

WEHMER beschrieb im Jahre 1893, daß verschiedene Schimmelpilze Zucker zu Citronensäure umsetzen. Obwohl bereits im gleichen Jahre die technische Herstellung von Citronensäure mit Hilfe von Pilzen versucht wurde, dauerte es noch drei Jahrzehnte bis zur industriellen Entwicklung und Durchsetzung eines Fermentationsverfahrens. Mit der Aufnahme der ersten mikrobiellen Produktion durch eine amerikanische Firma wurde das italienische Monopol der Herstellung von natürlicher Citronensäure aus Zitrusfrüchten gebrochen. Im Jahre 1930 betrug die Weltproduktion 13250 t Citronensäure, davon wurden bereits 40% auf dem Gärungswege produziert. Es wird geschätzt, daß Mitte der 70er Jahre die Weltproduktion etwa 500000 t jährlich betrug und ausschließlich auf fermentativem Wege gewonnen wurde. In zahlreichen Ländern, z. B. UdSSR, USA, Kanada, BRD, ČSSR und Japan, existieren Produktionsanlagen.

Neben dem ursprünglichen Oberflächenverfahren, bei dem der citronensäurebildende Pilz in flachen, mit Nährlösung gefüllten Schalen kultiviert wird, hat sich in jüngerer Zeit auch das Submersverfahren in belüfteten Tanks durchgesetzt. Es ist energieaufwendiger, bietet aber bessere Möglichkeiten der Automatisierung. Die submerse Citronensäuregewinnung mit Hilfe von Hefen, Hyphomyceten oder Bakterien auf der Basis von n-Alkanen, die offenbar mit der Proteingewinnung (s. unter 14.4.) kombiniert werden kann, hat sich bisher industriell noch nicht durchsetzen können. [230, 279, 291, 305, 324]

14.1.3.2. Zur Citronensäureherstellung eingesetzte Mikroorganismenspecies

Die von WEHMER ursprünglich als *Citromyces pfefferianus* und *C. glaber* beschriebenen citronensäurebildenden Pilze wurden später von THOM als *Penicillium*-Spezies identifiziert. Sie haben ebenso wie zahlreiche weiter Hyphomyceten, die Citronensäure aus Zuckern bilden, z. B. *Penicillium luteum, Paecilomyces variotii* und *Mucor pyriformis*, keine industrielle Bedeutung erlangt. Die großtechnische Produktion von Citronensäure erfolgt heute fast ausschließlich mit *Aspergillus niger*. Durch Selektion und Anwendung von Mutagenen wurden sowohl für das Oberflächen- als auch für das Submersverfahren Hochleistungsstämme gezüchtet, die mit verschiedenen Nährsubstanzen, vorwiegend dienen Zuckerrüben- oder Zuckerrohrmelassen als Rohstoff, hohe Ausbeuten an Citronensäure liefern [7, 133]. Manche Bakterien und Pilze bilden Citronensäure aus Kohlenwasserstoffen. Mit Hefen, wie *Saccharomycopsis* (= *Candida*) *lipolytica*, lassen sich z. B. aus Hexadekan bereits nach kurzen Fermentationszeiten beachtliche Ausbeuten an Citronensäure erzielen, so daß diese Verfahren möglicherweise zu ernsthaften Konkurrenten der Melassevergärung werden können [1].

14.1.3.3. Chemie der Citronensäuregewinnung

Ausgangssubstanz für die Gewinnung von Citronensäure ist vorwiegend Saccharose. Es werden verschiedene Stoffwechselwege der Bildung von Citronensäure aus Hexosen diskutiert. Experimentelle Ergebnisse lassen den Schluß zu, daß *A. niger* die Citronensäure auf dem Wege des Tricarbonsäurezyklus (Citronensäurezyklus) akkumuliert. Zunächst entsteht aus der Hexose Brenztraubensäure. Diese wird decarboxyliert und in Acetylcoenzym A überführt. Aus Oxalessigsäure und Acetylcoenzym A entsteht schließlich Citronensäure [250].

Anfangs konnten rentable Ausbeuten nur mit reinen Glucose- oder Saccharoselösungen, denen Nährsalze zugesetzt waren, erzielt werden. Der Einsatz billiger zuckerhaltiger Abfallprodukte, z. B. Melasse, ist in starkem Maße von der Regulierung des Spurenelementgehaltes abhängig. Besonders Schwermetalle, wie Mangan- und Eisenionen, aber auch Molybdän- und Kupferionen stören die Citronensäure- synthese, wenn sie nicht in optimaler Konzentration vorliegen. Bahnbrechend für den Einsatz insbesondere der Zuckerrübenmelasse als billigem Rohstoff war die Ein- führung von Kaliumhexacyanoferrat (II), durch das störende Melassebestandteile ausgefällt und außerdem die Struktur des Pilzmycels (Faltung der Pilzdecke beim Oberflächenverfahren bzw. Form der Pellets beim Submersverfahren) beeinflußt werden (Bild 92). Obwohl in der Industrie vorwiegend mit Zuckerrübenmelasse gearbeitet wird, ist der Einsatz von Zuckerrohrmelasse und anderen kohlenhydrat- reichen Rohstoffen nach entsprechender Vorbehandlung ebenfalls möglich. Die Citronensäureproduktion aus Kohlenwasserstoffen durch Mikroorganismen ist noch nicht reif für die großtechnische Anwendung.

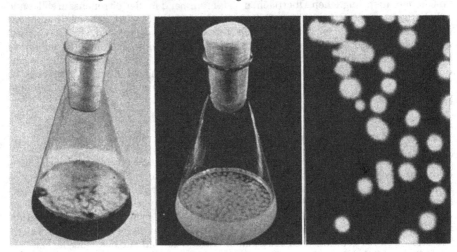

Bild 92. Verschiedene Kultivierungsverfahren von *Aspergillus niger*
Links: Oberflächenverfahren mit einer Pilzdecke. Mitte: Submersverfahren (Schüttelkultur); Mycel in Form kugelförmiger Pellets im Medium. Rechts: Pellets, vergrößert

Besondere Bedeutung für die Wachstumsphase (Mycelbildung) des Pilzes hat die optimale Versorgung mit N-Quellen und essentiellen Substanzen, die z. B. in Form von Hefeextrakt oder Bierwürze zugegeben werden. Teilweise muß das Fermenta- tionsmedium mit Spurenelementen ergänzt werden. Beim Einsatz reiner Zucker ist die Zugabe von NH_4NO_3, KH_2PO_4 und $MgSO_4$ oder entsprechender Substanzen er- forderlich. Auf eine Erhöhung der Ausbeuten durch Anwendung von Enzyminhibi- toren und -stimulatoren wird insbesondere in der Patentliteratur hingewiesen. Von wesentlicher Bedeutung ist die pH-Wert-Einstellung des Gärsubstrates. Bei 15% Zucker enthaltenden Zuckerrübenmelassegärlösungen muß der pH-Wert vor der Beimpfung zwischen 6,5 und 7,5 liegen. Bei verdünnten Melasselösungen kann von einem niedrigeren pH-Wert ausgegangen werden, und aufgrund der geringeren Puf- ferkapazität des Mediums wird im Gärverlauf schnell ein Azidätsgrad erreicht, der für die Citronensäureakkumulation optimal ist. Im geeigneten Stadium der Mycel- entwicklung kann konzentriertere Melasselösung zugeführt werden.
Aus der fermentierten Nährlösung wird die Citronensäure gewöhnlich durch Zugabe von Kalkmilch als schwerlösliches Calciumcitrat heiß ausgefällt, abfiltriert und ge- waschen. Das Calciumcitrat wird entweder getrocknet oder durch Zugabe von Schwe-

felsäure wieder zur Citronensäure umgesetzt. Dabei fällt Gips aus, der wiederum abfiltriert wird.

$$2\,C_6H_8O_7 \quad + \; 3\,Ca(OH)_2 \; \rightarrow \; Ca_3(C_6H_5O_7)_2 + 3\,H_2O$$
Citronensäure   Kalkmilch   Calciumcitrat   Wasser

$$Ca_3(C_6H_5O_7)_2 + 3\,H_2SO_4 \quad \rightarrow \quad 2\,C_6H_8O_7 \quad + \; 3\,CaSO_4$$
Calciumcitrat   Schwefelsäure   Citronensäure   Gips

Das citronensäurehaltige Filtrat (Rohlauge) wird anschließend gereinigt und bis zur Ausscheidung der Citronensäurerohkristalle eingeengt. Durch Umkristallisieren der abfiltrierten Rohkristalle erhält man reine Präparate.

14.1.3.4.   Technologie der Citronensäureherstellung

14.1.3.4.1.   Oberflächenverfahren

Ein stark vereinfachtes Fließschema der Herstellung von Citronensäure nach dem Oberflächenverfahren zeigt Bild 93. Die mit Kaliumhexacyanoferrat(II)vorbehandelte Melasse wird aus dem Lagertank (1) über eine Dosiereinrichtung (2) in den Nähr-

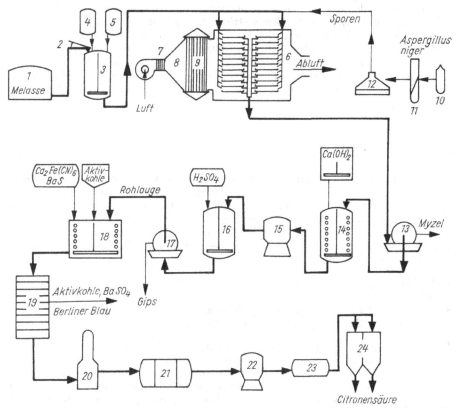

Bild 93. Fließschema der Citronensäureherstellung nach dem Oberflächenverfahren (Erläuterungen im Text)

lösungskocher (3) gepumpt, mit Wasser auf 15% Zuckergehalt verdünnt und nach Zugabe von Nährsalzen (4), (5) sterilisiert. Die abgekühlte Nährlösung wird in sterile Aluminiumschalen etwa 10 cm hoch eingefüllt. Diese sind etwa 2 m × 2,5 m groß und sind in sterilen Brutkammern (6) mit einer Temperatur von 28···30 °C gestapelt, in die ständig sterile (7), befeuchtete (8) und angewärmte Luft (9) eingeblasen wird. Nach Beimpfung der Schalen mit Konidien eines Hochleistungsstammes von *Aspergillus niger* (10), (11), (12) bildet sich in etwa 24 h auf der Nährlösung eine geschlossene Myceldecke (s. Bild 92), und im Verlaufe von etwa 7 bis 10 Tagen werden, bezogen auf eingesetzten Zucker, etwa 70···95% Ausbeute an Citronensäuremonohydrat erzielt. Der Rest wird im wesentlichen für das Pilzwachstum benötigt. Die fermentierte Kulturbrühe, die etwa 15···20% Citronensäure enthält, wird aus den Gärschalen abgezogen und filtriert (13). Das abgepreßte und getrocknete Mycel kann als Viehfutter Verwendung finden. Die vom Mycel befreite Kulturbrühe wird in einem beheizten Fällbehälter (14) mit Kalkmilch versetzt. Das ausgefallene Calciumcitrat wird mit einer Filternutsche oder Zentrifuge (15) abgetrennt, gewaschen und in einem Zersetzungsbehälter (16) mit Schwefelsäure in dosierter Menge versetzt. Dabei fällt Gips aus, den man abfiltriert (17). Die vom Filter ablaufende, braune Citronensäure-Rohlauge muß noch durch Zugabe von Aktivkohle gereinigt werden; Eisen- und andere Schwermetallionen fällt man als Berliner Blau, und durch Zusatz von Bariumsulfid erfolgt die Entfernung überschüssiger Schwefelsäure (18). Nach dem Abfiltrieren (19) der ausgefüllten Verunreinigungen wird die entfärbte klare Citronensäurelösung durch Eindampfen konzentriert (20), feinfiltriert und unter Kühlung zur Kristallisation (21) gebracht. Über Zwischenschaltung eines Voreindickers werden die Citronensäurekristalle abzentrifugiert (22), gewaschen, getrocknet (23) und über Zwischenlager (24) zum Versand gebracht. Gegebenenfalls ist eine weitere Reinigung, z. B. durch Umkristallisation, erforderlich. Die Ausbeuten an Citronensäuremonohydrat betragen beim Oberflächenverfahren je 1 m² Myceldecke mehr als 1 kg je Tag [193, 230, 291, 305, 324].

14.1.3.4.2. Submersverfahren

Ähnlich wie bei der Herstellung von Essigsäure ist es auch gelungen, Citronensäure im submersen Verfahren zu gewinnen. Die Vorteile liegen im geringeren Raumbedarf, in kürzeren Fermentationszeiten, der geringeren Kontaminationsgefahr und besseren Möglichkeiten zur Automatisierung und Einschränkung der Handarbeit. Obwohl WEHMER bereits im Jahre 1912 den Anstoß zur submersen Herstellung von Citronensäure gab, ist die technische Verwirklichung erst etwa ein halbes Jahrhundert später gelungen. Voraussetzung dazu war:

● die Züchtung von *A.-niger*-Stämmen, die submers hohe Citronensäureausbeuten liefern,
● die Entwicklung von Fermentern, in denen das submerse Mycelwachstum bei ausreichender Sauerstoffversorgung möglich ist.

Bei der Entwicklung der Fermentationstechnik für das Submersverfahren waren in weit höherem Maße als beim Oberflächenverfahren biochemische und technische Probleme zu lösen. Insbesondere der Patentliteratur ist zu entnehmen, daß aufgrund biochemischer Kenntnisse bei der Anzucht des Impfmaterials für die Betriebsgärung wie auch direkt im Produktionstank Nährstoffe, *p*H-Wert und Belüftung zielgerichtet variiert und außerdem durch Zusatz spezifischer Enzyminhibitoren oder -stimulatoren optimale Bedingungen für die Citronensäureakkumulation hergestellt werden.

Gewöhnlich wird beim Submersverfahren in zwei Stufen gearbeitet (Bild 94). Die erste Stufe umfaßt die Anzucht des Pilzmycels in nährstoffreichen Medien, wobei früher die Bildung kugelförmiger Pellets (s. Bild 92) bevorzugt wurde. Da im Kern der Pellets Mangelerscheinungen der Nährstoffversorgung auftreten können, werden neuerdings lockere Mycelien angestrebt, die eine bessere Sauerstoffversorgung und einen besseren Austausch von Stoffwechselprodukten mit dem Medium gewährleisten.

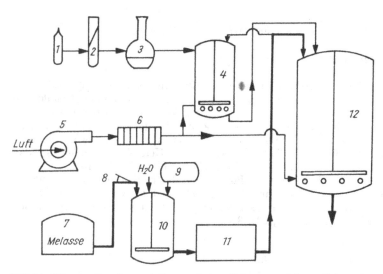

Bild 94. Citronensäurefermentation nach dem Submersverfahren (Schema)
(1) bis (4) Impfgutanzucht von *Aspergillus niger* (1 Sporenkonserve, 2 Schrägagarkultur, 3 Schüttelkultur, 4 Kleinfermenter) (5) Kompressor (6) Luftfilter (7) Melassetank (8) Dosiereinrichtung (9) Zusätze (10) Mischtank (11) Sterilisator (12) Großfermenter

In der zweiten Verfahrensstufe erfolgt die eigentliche Fermentation in Tanks bis zu etwa 200 m³ Inhalt aus rostfreiem Stahl. Sie sind mit einem Rührwerk und Belüftungssystem ausgerüstet (s. Bild 84). Der Luftbedarf je Stunde wird mit 0,2···0,6 m³ Luft je 1 m³ Fermentationsmedium angegeben. Der geregelten Luftzufuhr wird besondere Bedeutung beigemessen. Es sollen rH-Werte von 20 bis 23 eingehalten werden. Als Kohlenhydratquellen werden Melasse, Zucker, Stärke u. a. eingesetzt, die entsprechend vorbehandelt und teilweise mit Nährstoffen ergänzt werden müssen.
Die Fermentationszeit beträgt ungefähr 3 bis 6 Tage. Die Aufarbeitung der Fermentationsbrühe erfolgt ähnlich wie beim Oberflächenverfahren [s. Bild 93 ab (13)].
Während die Ausbeuten beim Submersverfahren früher niedriger als beim Oberflächenverfahren lagen, werden nunmehr Ausbeuten von über 80%, bezogen auf eingesetzten Zucker, erzielt. [193, 230, 291, 305]

14.1.3.5. Verwendung von Citronensäure

Große Mengen Citronensäure werden in der Lebensmittelindustrie verbraucht. Sie dient z. B. zur Herstellung von Fruchtsaftgetränken, zum Ansäuern von Limonaden, Brausepulvern, Fruchtbonbons, Marmeladen, Fruchtsirupen, Eiskrems, Würzen, Soßen u. a. Wegen ihrer konservierenden Wirkung wird sie u. a. Fischprodukten zugesetzt. Außerdem dient sie zum Verhindern von Verfärbungen bei Krabbenfleisch; zum Vermeiden oxydativer Bräunungserscheinungen bei geschälten Birnen und anderen Obstarten, als Backhilfsmittel sowie für verschiedene Zwecke in der Tierernährung.

Citronensäure wird in den als Lebensmittelzusatz üblichen geringen Konzentrationen gut vertragen, und das Einsatzgebiet erweitert sich laufend.

14.2. Herstellung von Polysacchariden mit Mikroorganismen

14.2.1. Allgemeines

Die Bildung von Polysacchariden ist bei allen Mikroorganismengruppen mehr oder weniger verbreitet, bei einigen Arten aber besonders stark ausgeprägt. Gelbildende Polysaccharide sind für verschiedene Einsatzgebiete, z.B. in der Industrie und Medizin, von Interesse und werden in zunehmendem Maße praktisch genutzt. Auf dem Lebensmittelsektor werden schon seit langem der aus bestimmten Algen gewonnene Agar sowie die Alginate verwendet, z. B. als Geliermittel zur Herstellung von Marmeladen und als Stabilisator für Margarine, Speiseeis und Soßen (s. auch unter 15.3.2.). Neuerdings werden in einigen Ländern weitere Polysaccharide mit Hilfe von schleimbildenden Bakterien und Pilzen großtechnisch hergestellt und für verschiedene Zwecke, darunter auch auf dem Lebensmittelsektor, eingesetzt, und andere befinden sich noch in der Entwicklung. [29, 203, 291, 340]

14.2.2. Herstellung von Dextran

Dextrane sind aus D-Glucose aufgebaute Polysaccharide. Sie enthalten zum größten Teil 1,6-glucosidische Bindungen, außerdem sind noch 1,4- und 1,3-Bindungen vorhanden.

Zur industriellen Herstellung von Dextran werden bestimmte Stämme von *Leuconostoc mesenteroides* und *Leu. dextranicum* eingesetzt. Als Nährmedium dient eine 10···20%ige Saccharoselösung mit Zusatz von Nährsalzen, Hefeextrakt oder Maisquellwasser und Pepton. Aus Glucose wird kein Dextran gebildet. Wichtige Spurenelemente sind Eisen und Mangan. Die Fermentation erfolgt in Fermentern mit Rührwerk, aber ohne Belüftung, bei etwa 25 °C und dauert etwa 2 Tage. Als Nebenprodukte fallen große Mengen Fructose an, da von dem Disaccharid Saccharose nur die Glucose für die Biosynthese von Dextran genutzt wird. Außerdem entstehen Milchsäure sowie Ethanol oder Essigsäure.

Das Dextran wird mit Hilfe von Methanol oder Aceton ausgefällt, abgetrennt, wieder in Wasser gelöst und durch erneute Fällung gereinigt. Schließlich wird es sprühgetrocknet. Bezogen auf den Glucoseanteil der Saccharose beträgt die Ausbeute etwa 60···70%. Teilweise werden Dextrane nicht direkt mit den *Leuconostoc*-Stämmen, sondern mit dem von ihnen gewonnenen Enzym Dextransaccharose produziert. Dazu werden die Bakterien-Stämme in einer Nährlösung vermehrt und die Zellen anschließend abfiltriert. Das Filtrat enthält das Exoenzym Dextransaccharase und wird direkt zur Biosynthese des Polysaccharids verwendet. Die abfiltrierten Bakterienzellen können in frische Nährlösung übergeführt und erneut vermehrt werden. Dextran wird als Verdickungs- und Geliermittel in der Backwaren-, Getränke- und Süßwarenindustrie sowie bei Speiseeis zur Verhinderung der Kristallbildung eingesetzt. Weiterhin ist es für andere Industriezweige sowie für die Medizin als Blutplasmaersatz von Interesse [29, 291].

14.2.3. Herstellung weiterer Polysaccharide

Neben Dextran werden in einigen Ländern bereits weitere mikrobielle Exopolysaccharide produziert, wie das Xanthan und das Pullulan.

Xanthane sind Polysaccharide aus β-1,4-glycosidisch gebundenen Glucoseketten mit Mannose und Glucuronsäure. Zur Produktion werden Bakterienstämme von *Xanthomonas campestris* herangezogen.

Pullulane sind Polysaccharide aus α-1,4- und α-1,6-Glucopyranosyl-Einheiten mit Galactose und Mannose in geringen Mengen. Sie werden von dem Pilz *Aureobasidium pullulans (= Pullularia pullulans)* gebildet, der auch als »Schwarze Hefe« bekannt ist. Die industrielle Herstellung von Xanthan und Pullulan erfolgt ähnlich wie die von Dextran. Beide Substanzen, die als helles Pulver gehandelt werden, bilden in Wasser hochviskose pseudoplastische Lösungen. Da sie im menschlichen Verdauungstrakt kaum abgebaut werden, nimmt man sie als Zusatz für energiereduzierte Lebensmittel. Sie dienen außerdem als Verdickungs- und Geliermittel, als Aromastabilisierungsmittel, Emulsions- und Trübungsstabilisator vor allem für Soßen, Salatmayonnaisen und Puddings. Aus Pullulan können dünne Folien hergestellt werden, die als Verpackungsmaterial von Lebensmitteln mit verzehrt werden können.

An der Entwicklung weiterer Verfahren zur Produktion von gelbildenden Polysacchariden mit Hilfe schleimbildender Mikroorganismen wird gegenwärtig intensiv gearbeitet [203, 291, 340].

14.3. Fettgewinnung aus Mikroorganismen

Zahlreiche Bakterien, Hefen, Hyphomyceten und Algen können Fett biosynthetisieren und in beträchtlichen Mengen in ihren Zellen speichern. Mikroskopisch sind die im Protoplasma eingelagerten Fetttröpfchen an der starken Lichtbrechung zu erkennen (Bild 95). Besonders im 1. und 2. Weltkrieg hat man in Deutschland und Schweden versucht, den Mangel an pflanzlichen und tierischen Fetten und Ölen durch die Fettproduktion mit Hilfe von Mikroorganismen zu überwinden [291].

Zur Fettherstellung sind neben Hyphomyceten, wie *Geotrichum candidum* sowie verschiedene Species der Gattungen *Mucor, Fusarium, Penicillium* und *Aspergillus*, besonders Hefen, z. B. *Rhodotorula glutinis, Trichosporon pullulans, Metschnikowia*

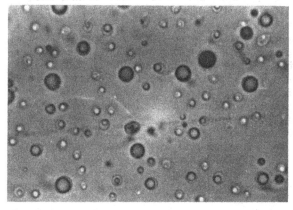

Bild 95. Hefezellen mit Fetttröpfchen im Innern, die teilweise fast die ganze Zelle ausfüllen (Vergrößerung etwa 700fach)

pulcherrima (= Candida pulcherrima) und *Saccharomyces cerevisiae*, geeignet. Bakterien, die ebenfalls große Mengen Fett enthalten können, haben sich dagegen für die technische Gewinnung weniger bewährt. Algen können unter bestimmten Bedingungen bis zu etwa 75% Fett in der Trockensubstanz enthalten (vgl. Kapitel 15.).

Zur Massenproduktion fettreicher Mikroorganismenzellen sind besondere Kultivierungsverfahren notwendig. So muß der Stickstoff- und Phosphatgehalt des Nährmediums relativ niedrig gehalten werden. Für *Rh. glutinis* erwies sich das Verhältnis N:C von 1:66 als optimal.

Als billige kohlenhydrathaltige Rohstoffe können zur Fettgewinnung Melasse, Abwässer der Celluloseindustrie, Holzhydrolysate, Molke usw. eingesetzt werden. Organische Stickstoffquellen, wie Harnstoff, Harnsäure und Aminosäuren, führen zu höheren Fettausbeuten als anorganische.

Die Fettbildung in den Zellen setzt erst ein, wenn der größte Teil der Stickstoffverbindungen, die zur Bildung der Zellsubstanz notwendig sind, aus der Nährlösung verbraucht wurde. Der Bedarf an mineralischen Nährstoffen wird durch Zugabe von Phosphor- und Magnesiumsalzen sowie weiterer, zur Mikroorganismenkultivierung allgemein erforderlicher Nährsalze gedeckt. Bei minimalem Phosphatgehalt ist die Fettausbeute größer als bei Phosphatüberschuß.

Theoretisch können unter Berücksichtigung des Energiepotentials aus 100 g Glucose etwa 40 g Fett gebildet werden. Da ein Teil des Zuckers zur Atmung und zum Aufbau der Mikroorganismenzellsubstanz verbraucht wird, liegen die Ausbeuten unter diesem Wert.

Die Fettbiosynthese ist in starkem Maße sauerstoffabhängig. Die verschiedenen bekanntgewordenen technischen Verfahren, wie Boden-, Pfannen- oder Trommelverfahren, haben stets eine optimale Sauerstoffversorgung der aeroben fettbildenden Mikroorganismen zum Ziele. Durch ein belüftetes zweistufiges Submersverfahren im Großtank (Fermenter), wobei in der ersten Stufe im Verlauf von 12···14 h ein kräftiges Wachstum der Hefe erfolgt und in der anschließenden, etwa 50 h dauernden Phase bei stark verlangsamtem Wachstum die Fettbiosynthese gefördert wird, lassen sich *Rhodotorula*-Hefen mit etwa 42% Fett und 23% Eiweiß erzielen. Um optimale Fettausbeuten zu erreichen, sind allgemein relativ lange Kultivierungszeiten von etwa 7 bis 10 Tagen notwendig. Kontinuierliche Kultivierungsverfahren, wie sie zur Produktion von Futter- und Backhefen bekannt sind, wurden zur Gewinnung von Fetthefen ebenfalls ausgearbeitet. Der mit verschiedenen Kultivierungsverfahren unter Einbeziehung unterschiedlicher Mikroorganismenarten und -stämme erreichte maximale Fettgehalt beträgt 74% Gesamtlipid, bezogen auf Trockensubstanz. Er wurde mit *Rhodotorula gracilis* erzielt.

Alle Hefefette weisen einen hohen Gehalt an freien Fettsäuren auf (SZ 28···110), und der Gehalt an unverseifbaren Stoffen ist mit etwa 3···20% relativ hoch. Hefefett enthält vor allem Palmitin-, Öl-, Laurin- sowie Linol- und Linolensäure. Das Verhältnis zwischen gesättigten und ungesättigten Fettsäuren läßt sich durch die Kultivierungsbedingungen beeinflussen.

Die Aufarbeitung des Fettes aus den durch Filtrieren oder Zentrifugieren vom Nährmedium befreiten Mikroorganismenzellen erfolgt gewöhnlich vor oder nach Autolyse durch Extraktion mit organischen Lösungsmitteln, vorzugsweise Ether und anschließende Reinigung. Soweit das bisher eingeschätzt werden kann, sind auf mikrobiellem Wege erzeugte Fette für den Menschen ernährungsphysiologisch unbedenklich. Bei der Verwertung der gesamten Mikroorganismenzelle für Ernährungszwecke wirkt sich neben dem Fettanteil vor allem der Gehalt an Protein und Vitaminen vorteilhaft aus.

Die bei der Produktion von Futterhefe auf der Basis von Erdöldestillaten als Nebenprodukt anfallenden Biolipidextrakte, die u. a. Phosphatide, Fette, Fettsäuren und

Sterole enthalten, sind als Nahrung weniger geeignet und finden in der Industrie Verwendung.

Die Gründe, warum trotz der vorhandenen Verfahren eine industrielle Fettgewinnung zur menschlichen Ernährung auf Mikroorganismenbasis — von Notzeiten abgesehen — gegenwärtig nicht erfolgt, sind vielfältiger Natur. Als wichtigste sind zu nennen:

● Ausreichende Produktion traditionell für Ernährungszwecke genutzter tierischer und pflanzlicher Fette,
● lange Kultivierungszeiten und damit verbunden hohe Kosten.

14.4. Herstellung von Aminosäuren und Proteinen mit Mikroorganismen

14.4.1. Bevölkerungswachstum und Eiweißbedarf

Für die Ernährung der Menschen wird täglich eine Menge von 1···2,3 g Eiweiß je 1 kg Körpergewicht zur Aufrechterhaltung des normalen Proteinstoffwechsels für notwendig erachtet. Eiweiß kann durch keine anderen Nährstoffe ersetzt werden. Von den 22 Aminosäuren, die die Grundbausteine der Proteine sind, gelten folgende 10 für den Menschen als essentiell: Arginin, Histidin, Isoleucin, Leucin, Lysin, Methionin, Phenylalanin, Threonin, Tryptophan und Valin. Sie müssen regelmäßig in der Nahrung enthalten sein, während die übrigen Aminosäuren durch Transaminierung vom Körper selbst biosynthetisiert werden können. Eiweißmangel und speziell der Mangel an den vorwiegend nur in tierischen Lebensmitteln enthaltenen, in pflanzlichen Produkten zum Teil fehlenden essentiellen Aminosäuren führt besonders im Wachstumsalter zu schweren Erkrankungen (Kwashiorkor) und vermindert die physische und psychische Leistungsfähigkeit Erwachsener.

Gegenwärtig besteht weltweit gesehen ein erhebliches Defizit an Nahrungseiweiß. Es wird auf 10 bis 25 Millionen Tonnen im Jahr geschätzt. Etwa 50% der 4,7 Milliarden Menschen, die auf der Erde leben, leiden an chronischem Eiweißmangel. Etwa ein Drittel ernährt sich eiweißarm, und nur der restliche Teil, der vorwiegend in den entwickelten Industrieländern lebt, wird ausreichend mit Eiweiß versorgt [284, 365]. Bis zum Jahre 2000 wird mit einem Anstieg der Weltbevölkerung auf 6,5 Milliarden Menschen gerechnet, wobei in den technisch wenig entwickelten Gebieten Asiens, Afrikas und Südamerikas, die am stärksten von Eiweißmangel betroffen sind, die höchsten Bevölkerungszuwachsraten erwartet werden. Die Deckung des weltweiten Defizits an Eiweißnahrung ist eines der vorrangigsten Probleme unseres Jahrhunderts.

14.4.2. Mikroorganismen als Produzenten von Protein (Single cell protein)

Gegenwärtig werden für die menschliche Ernährung fast ausschließlich Proteine aus Lebensmitteln tierischer und pflanzlicher Herkunft, wie Fleisch, Milch, Eier, Sojabohnen und Nüsse, genutzt. Beim Vergleich der proteinsynthetischen Leistung schneiden jedoch tierische und pflanzliche Organismen gegenüber Mikroorganismen außerordentlich schlecht ab. In Tabelle 43 sind die Proteinsyntheseleistungen von Rind, Sojabohnen und Hefen unter optimalen Entwicklungsbedingungen angegeben. Hefezellen enthalten etwa 50% Protein, bezogen auf Trockenmasse, und eignen sich gut als Futtermittel. Ihr ernährungsphysiologischer Wert wird außer vom Pro-

Tabelle 44. Chemische Zusammensetzung von Trockenhefen in Abhängigkeit vom eingesetzten

Rohstoff	Wasser in %	Rohprotein in %	Rohfett in %	Phosphat (P_2O_5) in %
Getreide	5,8	48,5	6,9	2,5
Melasse	8,8	43,5···56,6		2,6···2,9
Sulfitablauge	6···8,5	46···57,5	4···8,2	2,7···4,8
Bierhefe	5,0	48,4		3,5

Tabelle 43. Vergleich der Proteinsyntheseleistung tierischer und pflanzlicher Organismen mit Hefen

Organismenart	Proteinsynthese in 24 h
Rind von 500 kg	0,5 kg
Sojabohnen (500 kg)	40 kg
Hefen (500 kg)	50000 kg

teingehalt durch den Gehalt an Vitaminen und weiteren Inhaltsstoffen bestimmt (Tabelle 44).

Die bei der Bier- und Spiritusherstellung als Nebenprodukt anfallende Hefe wird schon lange als Futtermittel verwendet. Die ersten Futterhefefabriken, die Jahreskapazitäten bis zu 10000 t Trockenhefe hatten, wurden im Jahre 1915 basierend auf den Arbeiten von M. DELBRÜCK, W. HENNEBERG u. a. in Deutschland errichtet, als durch den Krieg der Import überseeischer pflanzlicher Eiweißfuttermittel ins Stocken geriet. Wesentliche technische und technologische Fortschritte führten in den dreißiger Jahren zu kontinuierlichen Verhefungsverfahren billiger Abfallrohstoffe, wie Sulfitablaugen der Zellstoffindustrie. Sie trugen gleichzeitig zur Minderung der Abwasserbelastung bei. Im Jahre 1964 betrug die Weltproduktion an Futterhefe 187700 t. Seitdem ist eine erhebliche Zunahme der Produktion zu verzeichnen. Für die UdSSR war im Jahre 1980 die Erzeugung von mehr als 1 Mill. Tonnen Futterhefe vorgesehen. Gegenwärtig wird in den RGW-Ländern der Bau von weiteren Werken mit einer Jahresproduktion von 300000 t Futterhefe geplant.

Die Vorteile der mikrobiellen Proteinproduktion gegenüber der bisher üblichen Erzeugung liegen in der Unabhängigkeit des Verfahrens von Primärprodukten aus der Landwirtschaft, da man aufgrund jüngst erzielter Forschungsergebnisse als Rohstoffe auch unkonventionelle Substrate, wie Erdölprodukte (n-Paraffine), Erdgas (Methan) und Methanol, einsetzen kann. Die Nutzung von Mikroorganismen zur Eiweißproduktion ist somit nicht vom Klima abhängig. Außerdem lassen sich die Verfahren zur Massenzüchtung von Mikroorganismen leicht automatisieren und mit relativ wenig Arbeitskräften betreiben. Gegenwärtig werden in vielen Ländern umfangreiche Forschungsarbeiten zur Erschließung mikrobiellen Proteins, das auch als Einzeller-Protein, engl. *single cell protein*, abgekürzt SCP, bezeichnet wird, durchgeführt [30, 177, 213, 291, 293, 298, 316].

14.4.2.1. Zur Eiweißgewinnung eingesetzte Mikroorganismenspecies

Obwohl Bakterien schneller wachsen und somit eine höhere Proteinsyntheseleistung haben als Hefen, außerdem einen höheren Eiweißgehalt aufweisen, z. B. beträgt der Gehalt an Rohprotein bei *Lactobacillus fermentum* 87%, *Escherichia coli* 82%, gegen-

Asche in %	Aneurin (B₁) in mg %	Lactoflavin (B₂) in mg %	Nicotinsäure in mg %	Pantothensäure in mg %	Ergosterol in %
6,8	2,6	5,0	56,8	8,9	0,3
5,9···7,2	6,0···7,2	3,9···4,5	47,6	3,2	0,5···0,8
6,6···10	0,5···3,5	3,9···6,7	42,7···70	2,3···9,9	0,3···0,5
6,7	5,9···8,3				0,2

über 45···55% bei Hefen, wurden sie bisher zur Proteingewinnung industriell offenbar nicht eingesetzt. Die Ursachen sind wahrscheinlich darin begründet, daß sich Bakterienzellen aufgrund ihrer geringen Größe technisch nur schwer aus den Nährmedien abtrennen lassen, daß manche Bakterien stark toxische Substanzen bilden können und daß eine Reihe von Krankheitserregern zu dieser Mikroorganismengruppe zählt. Außerdem können Hefen im Gegensatz zu Bakterien unter halbsterilen Bedingungen kultiviert werden, da der niedrige pH-Wert des Nährmediums ertragsmindernde Bakterienkontamination weitgehend ausschließt.
Wieweit zukünftig Bakterien bei der Eiweißsynthese aus Substraten praktisch eine Rolle spielen, die von Hefen als Energie- und Kohlenstoffquellen nur schwer oder gar nicht verwertet werden, wie Methan, Wasserstoff kombiniert mit Kohlendioxid, Erdgas und verzweigte Kohlenwasserstoffe, bleibt abzuwarten (Tabelle 45).
Zur mikrobiellen Eiweißerzeugung kommen vorwiegend Hefen, seltener Hyphomyceten zum Einsatz. Im allgemeinen wird nicht mit Reinkulturen gearbeitet. *Saccharomyces*-Arten, die als Back-, Bier- und Weinhefen große Bedeutung haben, sind zur Nähr- und Futterhefeerzeugung nur bedingt einzusetzen, da sie relativ hohe Nährstoffansprüche stellen. Als besonders geeignet hat sich *Candida utilis (= Torulopsis*

Tabelle 45. Zur Biomassegewinnung eingesetzte wichtige Rohstoffe und Mikroorganismenarten (nach REHM *[291])*

Substrat	Mikroorganismenarten	Ausbeuten in kg Hefetrockensubstanz je kg Substrat
Melasse	*Candida utilis, C. tropicalis, Saccharomyces spec.*	0,25···0,33
Molke	*Pichia kudriavzevii (= Candida krusei), C. fragilis, Saccharomyces fragilis u. a.*	0,03
Sulfitablauge	*Candida utilis, C. tropicalis*	0,008
Kartoffelabwässer	*Saccharomycopsis fibuliger, Candida utilis*	0,035
Holzhydrolysate	*Candida utilis*	0,3
Cellulose	*Cellulomonas spec., Trichoderma viride, Saccharomyces cerevisiae, Candida utilis*	?
Methanol	*Candida boidinii, Pseudomonas spec., Methylomonas spec.*	0,25···0,5
Methan	*Methanomonas spec.*	0,3···1,4
n-Paraffine	*Saccharomycopsis (= Candida) lipolytica, C. tropicalis, Trichosporon japonica, Pseudomonas spec.*	1,0

utilis) erwiesen. Diese »Futterhefe« in engerem Sinne kann Ammoniumsalze, Nitrate, Harnstoff und Aminosäuren als Stickstoffquellen nutzen, benötigt keine essentiellen Substanzen, wie Vitamine, ist schnellwüchsig und liefert hohe Ausbeuten. Weiterhin können auch andere *Candida*-Arten als anspruchslose, robuste Eiweißbildner industriell eingesetzt werden. *C. tropicalis* kann neben Hexosen auch die Pentose Xylose (Holzzucker) verwerten, was bei der Verhefung von Sulfitablaugen von besonderer Bedeutung ist. Neben einigen weiteren Hefearten hat man auch Hyphomyceten, wie den Milchschimmel *Geotrichum candidum (= Oospora lactis)*, zur Eiweißsynthese einzusetzen versucht [7, 192, 291, 295].

Der Vorteil von Algen gegenüber den heterotrophen Mikroorganismen, nicht auf eine organische Energie- und Kohlenstoffquelle angewiesen zu sein, sondern das in der Luft ausreichend vorhandene CO_2 mit Hilfe von Lichtenergie verwerten zu können, läßt sich bisher wirtschaftlich nur bedingt nutzen (s. Kap. 15.).

14.4.2.2. Rohstoffe zur mikrobiellen Proteinsynthese

Als Rohstoffe zur mikrobiellen Eiweißsynthese für Futterzwecke wurden bisher vorwiegend billige kohlenhydrathaltige Abfallsubstrate der Industrie, wie Molke, Melasse, Kartoffel- und Getreideschlempen, Sulfitablaugen, Stroh- und Holzhydrolysate, eingesetzt. Kohlenhydrathaltige Abwässer der obst- und gemüseverarbeitenden Industrie, der Stärkeindustrie sowie in Mühlen anfallende Rückstände der Getreidebearbeitung sind ebenfalls geeignet. Diese Abwässer werden bei der Verhefung gleichzeitig einer notwendigen biologischen Reinigung unterzogen [110]. Weiterhin versucht man Gülle bei der Biomasseproduktion zu verwerten und damit gleichzeitig das mit der Einführung der Großstallungen entstandene Problem zu lösen. Der Einsatz von Erdölprodukten und Erdgas, der in jüngster Zeit spektakuläres Aufsehen erregte, hat mit dem Anstieg der Erdöl- und Erdgaspreise wieder an Bedeutung verloren. Dafür stehen Methanol [376] und andere Alkohole sowie Cellulose [43, 138] im Mittelpunkt weiterer Diskussionen. Seitdem die Erzeugung von mikrobiellem Protein für die menschliche Ernährung (Nährhefe) an Interesse gewinnt, ist auch die Verhefung wertvollerer Rohstoffe, wie Rohzucker, Zuckerrübensaft und Ethanol, in Erwägung gezogen worden.

Sulfitablaugen

Sulfitablaugen sind seit Jahrzehnten der gebräuchlichste Rohstoff zur Futterhefegewinnung. Sie fallen in den großen Zellstoffabriken in der Größenordnung von 1000 m³ je Tag und darüber an, und ihre Beseitigung war für diesen Industriezweig lange Zeit ein großes Problem. Sulfitablaugen enthalten an Zuckern die Hexosen Glucose, Mannose, Galactose und die Pentosen Xylose und Arabinose. Der Gesamtzuckergehalt schwankt zwischen 2% und 4%. Nadelholzablaugen, bei denen der Hexoseanteil 75% des Gesamtzuckergehaltes beträgt, werden zweckmäßigerweise zunächst mit *Saccharomyces*-Arten auf Spiritus vergoren. Die nach der Spiritusdestillation zurückbleibende pentosehaltige Schlempe wird anschließend mit *Candida*-Arten verheft. Buchenholzablaugen werden dagegen nicht vergoren, da sie nur wenig Hexosen enthalten und der Pentoseanteil etwa 75% des Gesamtzuckergehaltes ausmacht.

Vor der Verhefung müssen die Sulfitablaugen einer Vorbehandlung unterzogen werden. Üblicherweise werden durch mehrstündige Heißbelüftung ein Teil des SO_2, Furfurol und andere störende flüchtige Substanzen ausgetrieben, der *p*H-Wert durch

Zugabe von Kalkmilch von etwa 2 auf 4 bis 5 angehoben und als Nährstoffe die Elemente K, Mg, P und N in Form von Mineralsalzen zugegeben. Teilweise erfolgt eine Klärung der Würzen.

Melasse

Melasse ist ein weiteres Abfallprodukt, das in allen Rübenzuckerfabriken in großen Mengen anfällt und sich gut als Rohstoff für die Erzeugung von Futterhefe oder Backhefe (s. Kap. 12.) eignet.

Kohlenwasserstoffe, Methanol, Ethanol

Zahlreiche Mikroorganismenarten einschließlich der technisch gut beherrschbaren Hefen sind unter aeroben Bedingungen in der Lage, aliphatische Kohlenwasserstoffe sowie Methanol und Ethanol als Kohlenstoff- und Energiequelle zu verwerten [333]. Sogar synthetische Kohlenwasserstoffe, wie Gatsch und Kogasin, können anstelle von Kohlenhydraten zur Massenkultivierung von Hefen eingesetzt werden. Die großen Erwartungen, die man an Erdölprodukte, wie n-Paraffine und Gasöl, als Rohstoffe für die mikrobielle Proteinsynthese gestellt hat, sind jedoch nicht erfüllt worden. International haben viele Betriebe die geplante Produktion überhaupt nicht aufgenommen oder die bereits begonnene wieder stillgelegt. Außer toxikologischen Aspekten dürfte dabei vor allem der Rohstoffpreis von bestimmendem Einfluß sein. Gegenwärtig wird die Rohstofffrage bei der Biomasseproduktion lebhaft diskutiert [291, 298].

In der DDR ist der Bau einer Anlage mit einer Kapazität von 55000 t je Jahr zur Produktion von »fermosin«-Futterhefe aus Erdöldestillaten unter Einsatz von *Candida spec.* geplant. Das Verfahren wurde gemeinsam mit der UdSSR entwickelt, wo ebenfalls der Bau einer Anlage geplant ist [26].

Im Jahre 1980 wurde in Billingham, Nordostengland, die Produktion von eiweißreichem Futter mit Hilfe von Bakterien auf der Basis von Methanol als Kohlenstoffquelle und Ammoniak als Stickstoffquelle aufgenommen. Der Produktionsstamm ist eine künstlich gezüchtete Mutante von *Methylophilus methylotrophus*, dem auf dem Wege der Gentechnologie das Glutamatsynthese-Gen durch das Glutamatdehydrogenase-Gen eines *Escherichia-coli*-Stammes substituiert wurde. Die Mutante verwertet Methanol effektiver als der Ausgangsstamm. Das neue Produkt »Proteen« enthält über 70% Protein und ist reich an den Aminosäuren Lysin und Methionin. Die Kapazität der Anlage beträgt 50000···70000 t je Jahr [409].

14.4.2.3.   Technik der mikrobiellen Proteingewinnung

Die vorwiegend zur Proteinsynthese eingesetzten Hefen biosynthetisieren nur bei ausreichender Sauerstoffversorgung vertretbare Mengen an Zellmasse und Protein. Bei Sauerstoffmangel werden die in den Nährlösungen enthaltenen Kohlenhydrate auf dem Gärungswege abgebaut, und es entstehen große Mengen Ethylalkohol. Die optimale Belüftung der Würzen bei vertretbaren Kosten war eine der Hauptschwierigkeiten bei der Entwicklung der Verfahren zur mikrobiellen Proteingewinnung. Anfangs wurden die zur Backhefeherstellung üblichen technischen Einrichtungen übernommen, sie brachten aber keine durchschlagenden Erfolge. Erst in den dreißiger Jahren wurden Hefebütten entwickelt, mit denen eine wirtschaftliche Belüftung der Würzen zur Proteinproduktion möglich wurde (s. Bilder 83 und 97). Durchschnittlich rechnet man, daß bei der Verhefung kohlenhydrathaltiger Würzen die Emulsion aus Hefe — Würze — Luft in den Verhefungsbottichen etwa 65···75% Luft enthält. Es muß ein Gleichgewicht zwischen Schaumbildung und Schaumzerfall bestehen, das im wesentlichen durch verschiedene Methoden der Luftzufuhr und der Turbulenz der Würze in Bottichen von bestimmter Form und Größe geschaffen wird. Die Futterhefegewinnung erfolgt in kontinuierlichen Verfahren, wobei ständig frische Würze zuläuft und Hefe geerntet wird; die Zugabe von Anstellhefe ist in der Regel nur zu Beginn des Prozesses erforderlich. Da es durch die Atmungsenergie der Mikroorganismen zur Erwärmung der Würze kommt, muß für eine Temperaturregulierung gesorgt werden.

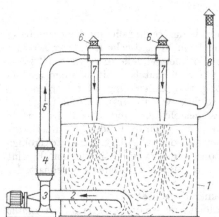

Bild 96. Schema des Tauchstrahlfermenters

(1) Fermenter (Festdachtank) (2) Saugrohr
(3) Kreiselpumpe (4) Kühler (5) Druckrohr
(6) Frischlufteintritt (7) Fallschacht
(8) Abluftaustritt

Es sind verschiedene, meist patentierte Fermentersysteme bekannt, wie das VOGEL-BUSCH-System (s. Bild 83), das Mammutpumpen-System oder Umlaufbegasungsverfahren (s. Bild 97), die WALDHOF-Bütte und viele andere. In der DDR wird vorwiegend das vom VEB IZ Böhlen entwickelte Tauchstrahlbegasungsverfahren angewandt [164]. Es ist ein Umwälzverfahren mit äußerem Kreislauf (Bild 96). Aus dem Tauchstrahlfermenter wird die Maische mit einem zentralen Saugrohr (2) abgesaugt und mit einer speziellen Kreiselpumpe (3) über eine Druckleitung (5) mit Kühlsystem (4) und die Begasungseinrichtungen zurück in den Tauchstrahlfermenter (1) gepumpt. Er wird auch als Reaktionsbehälter oder biochemischer Reaktor bezeichnet. Die Frischluft (6) wird in der Begasungseinrichtung in einem rohrartigen Fallschacht (7) mit dem Flüssigkeitsstrom mitgerissen und gelangt mit dem Tauchstrahl aufgrund der vorgewählten Dimensionen fein dispergiert bis auf den Reaktorboden. Das homogene Frischluft-Flüssigkeitsgemisch tritt im freien Fall mit hoher Geschwindigkeit unmittelbar über dem Füllstandsniveau des Fermenters aus dem Fallschacht aus. Die Abluft (8) wird nach oben abgeführt. Die Zahl der Begasungseinrichtungen kann je nach Größe des Fermenters variiert werden.
Mit dem Tauchstrahlbegasungsverfahren kann stündlich bis zu 14 kg Sauerstoff je 1 t Maische eingetragen werden. Damit und aufgrund des geringen Energieverbrauchs ist das Verfahren allen anderen weit überlegen. Mit dem Mammutpumpen-System werden vergleichsweise nur Werte von 2,5···3,5 kg erreicht.
Mit dem Tauchstrahlbegasungsverfahren werden Reaktorgrößen mit über 2000 m³ für möglich erachtet. In kleineren Dimensionen können mehrere Reaktoren übereinander angeordnet werden.
Die mittleren Verweilzeiten der Würze, die durch kontinuierlichen Zu- und Abfluß geregelt werden, liegen je nach Kohlenhydratgehalt und Belüftungssystem etwa bei

2...6 h. Aus der verheften Würze wird die Hefe durch Separatoren oder Vakuumdreh-zellenfilter abgetrennt und gewaschen. Die Trocknung erfolgt nach vorhergehender Thermolyse der Hefezellen mit Walzen- oder Zerstäubungstrocknern. Futterhefe besteht somit aus toten Hefezellen, aus denen die Inhaltsstoffe leicht freiwerden. Im Bild 97 ist die klassische Herstellung von Eiweißhefe aus Sulfitablauge oder Schlempe schematisch dargestellt. Anstelle des Mammutpumpen-Fermenters, bei dem die Frischluft in die äußeren Mammutpumpen-Rohre von unten eingeblasen wird, kann nunmehr vorteilhafterweise ein Tauchstrahlfermenter Verwendung finden, so daß man danach mit einer Separationsstufe auskommt. Weitere technische Details, insbesondere die Konstruktion der verschiedenen Fermentertypen, sowie die Techno-logie der Proteingewinnung auf der Basis Kohlenwasserstoffe, Methanol usw. sind in der Spezialliteratur zu finden [192, 291, 293].

14.4.2.4. Ausbeuten

Je nach Rohstoffquelle werden mit dem Tauchstrahlbegasungsverfahren Raum-Zeit-Ausbeuten bis zu 15 kg Hefetrockensubstanz (HTS) mit etwa 50% Eiweiß je Tonne Fermenterinhalt und Stunde erreicht. Der Fermenterablauf enthält bis zu 5% HTS, so daß er in einer Separationsstufe aufkonzentriert werden kann. Bei der Verhefung von Kohlenhydraten werden 12 kg HTS je Tonne Fermenterinhalt und Stunde bei einer Energieausnutzung von über 2 kg kWh^{-1} erreicht. Bei dem Einsatz von Kohlen-hydraten wird unter günstigen Bedingungen mit einem Ertrag von 0,5 kg Zellmasse mit 50% Proteingehalt je 1 kg eingesetzter Glucose gerechnet. Auf Kohlenwasserstoff-basis können etwa doppelt so hohe Ausbeuten, 1 kg Kohlenwasserstoff = 0,5 kg Protein, erzielt werden. In Abhängigkeit von der eingesetzten Mikroorganismenart lassen sich aus 1 kg Methanol 0,25...0,5 kg HTS und aus 1 kg Methan 0,3...1,4 kg HTS erzeugen.

14.4.2.5. Einsatzmöglichkeiten für Einzeller-Protein

Sieht man von der medizinischen Verwendung der Hefe als *Faex medicinalis* ab, so wird Hefeprotein bisher vorwiegend nur über den Umweg des Tiermagens der mensch-lichen Ernährung zugängig gemacht, wobei man aus 100 kg Futtereiweiß lediglich 12...15 kg Nahrungseiweiß in Form von Fleisch erhält. Doch hat man bereits im 2. Weltkrieg in Deutschland versucht, auf Molkenbasis gezüchtete Nährhefe in Form von Pilzwurst und Eiweißwurst direkt zur menschlichen Ernährung einzusetzen. In England wurde zur gleichen Zeit Hefeprotein, das in Jamaika aus Zuckerrohr-melasse gewonnen worden war, dem Brot zugesetzt. Der Zusatz von Nährhefe zu Gebäck, Schmelzkäse, Schokolade und Diätlebensmitteln ist ebenfalls versucht worden.

Neuerdings kann man SCP extrahieren, die Nucleinsäuren vermindern, die Proteine härten, zu Lebensmitteln verspinnen und aromatisieren. Sie werden als texturierte Lebensmittel (engl. *texture microbial protein* = TMP) bezeichnet.

Geschmack, Geruch, Struktur und nicht zuletzt Verbrauchergewohnheiten sind die Faktoren, die einem breiten Einsatz von Einzeller-Protein für die menschliche Ernährung Schwierigkeiten bereiten. Gegenwärtig wird angestrebt, Proteinextrakte aus Hefe- und anderen Mikroorganismenzellen zu gewinnen, die bessere geschmack-liche Eigenschaften sowie einen höheren Nährwert als Hefezellen haben und sich zur Herstellung neuer hochwertiger Eiweißlebensmittel eignen. Die Herstellung der Extrakte erfolgt durch enzymatische Autolyse, Plasmolyse oder kombinierte Ver-

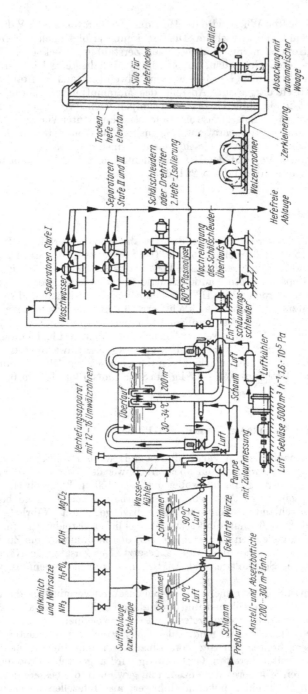

Bild 97. Fließschema der Produktion von Eiweißhefe aus Sulfitablauge oder Schlempe

fahren (s. auch 12.6.). Außer vom Proteingehalt wird der ernährungsphysiologische Wert von Hefen durch den Gehalt an Kohlenhydraten, Vitaminen und teilweise auch an Fetten bestimmt (s. Tabelle 44).

14.4.3. Herstellung von Aminosäuren mit Bakterien

Schon seit langem ist bekannt, daß von manchen Mikroorganismen Aminosäuren biosynthetisiert und in das Kulturmedium ausgeschieden werden, aus dem man sie isolieren kann. Weiterhin können Aminosäuren durch Extraktion aus Proteinhydrolysaten, durch Anwendung immobilisierter Enzyme sowie durch chemische Synthese hergestellt werden. Besonders in Japan sind industrielle Verfahren zur Herstellung von Aminosäuren entwickelt worden. Neben Glutaminsäure, die als Speisewürze zunehmende Bedeutung erlangt, ist vor allem die Synthese essentieller Aminosäuren, z. B. Lysin, von großer praktischer Bedeutung. Sie werden vor allem zur Aufwertung den Futtermitteln zugesetzt, die arm an essentiellen Aminosäuren sind. Dadurch kann der Verbrauch an Futtermitteln reduziert bzw. eine bessere Massezunahme der Tiere erzielt werden.
Zur Biosynthese haben sich Bakterienarten, wie *Corynebacterium glutamicum* und *Brevibacterium flavum* bewährt. Da die Wildstämme aufgrund einer Feedback-Hemmung nur geringe Anreicherungen von Aminosäuren im Medium zeigen, werden vorwiegend Mutanten zur Produktion eingesetzt. Im Jahre 1974 betrug der Marktwert der in Japan produzierten Aminosäuren bereits 300 Mill. Dollar. An der Spitze der Erzeugung standen L-Lysin mit 15000 t und L-Glutaminsäure mit 100000 t. [30, 153, 291, 421, 422]

14.4.3.1. Herstellung und Verwendung von L-Glutaminsäure

HOOC—CH$_2$—CH$_2$—CH(NH$_2$)—COOH

Glutaminsäure (α-Aminoglutarsäure)

Früher wurde Glutaminsäure ausschließlich aus eiweißreichen pflanzlichen Produkten, z. B. Weizen- oder Maisgluten, Soja- und Erdnußmehl, durch Hydrolyse mit Salzsäure und Extraktion gewonnen. Dabei erhält man das razemische Gemisch, aus dem die L-Glutaminsäure isoliert werden muß. D-Glutaminsäure ist geschmacklich inaktiv und kann zum Würzen von Speisen nicht eingesetzt werden.
Die Herstellung von L-Glutaminsäure auf mikrobiologischem Wege erfolgt mit verschiedenen Bakterienarten, die als Vertreter der Gattungen *Brevibacterium*, *Arthrobacter* oder *Corynebacterium* beschrieben wurden. Zur Fermentation mit *Brevibacterium glutamicum* dient Glucose als Kohlenhydratquelle, der Stickstoffbedarf wird durch Ammoniumsalze gedeckt. Außerdem muß die Nährlösung noch verschiedene Mineralsalze und Biotin (maximal 5 μg l^{-1}) enthalten. Bei den in Japan entwickelten Verfahren wird submers unter kräftiger Belüftung in Fermentern von 50 m^3 Inhalt und mehr gearbeitet. Nach etwa 70stündiger Fermentation bei Temperaturen um 30 °C werden Ausbeuten von 500 g L-Glutaminsäure je 1 kg eingesetzte Glucose erzielt. Es sind zahlreiche patentierte Verfahren zur Herstellung von L-Glutaminsäure bekannt, die sich vorwiegend hinsichtlich der eingesetzten Bakterien-Species und Nährmedien unterscheiden (Tabelle 46).
Neben Glucose können auch Stärkehydrolysate, Melasse und langkettige, gesättigte Kohlenwasserstoffe als Kohlenstoffquellen herangezogen werden. Durch Zugabe von chemischen Vorstufen (Präkursoren), z. B. Fumar- und Citronensäure, die den Biosyntheseweg verkürzen, versucht man die Ausbeuten zu erhöhen. Durch die Ein-

Tabelle 46. Herstellung von Aminosäuren mit Bakterien aus verschiedenen
Kohlenstoffquellen (nach REHM [291])

Aminosäure	Bakterienart	C-Quelle	Ausbeute in g l^{-1}
L-Arginin	Brevibacterium flavum	Glucose	29
L-Citrullin	Brevibacterium flavum	Glucose	30
	Brevibacterium flavum	Essigsäure	15
L-Glutaminsäure	Corynebacterium glutamicum	Glucose	30···50
	Brevibacterium flavum	Glucose	
	Brevibacterium flavum	Essigsäure	98
	Arthrobacter paraffineus	n-Paraffine	62
	Brevibacterium spec.	Benzoesäure	80
L-Histidin	Brevibacterium flavum	Glucose	10
L-Homoserin	Corynebacterium glutamicum	Glucose	15
L-Isoleucin	Brevibacterium flavum	Glucose	15
L-Leucin	Brevibacterium lactofermentum	Glucose	28
L-Lysin	Corynebacterium glutamicum	Glucose	39
	Brevibacterium flavum	Glucose	32
	Brevibacterium flavum	Essigsäure	61
	Brevibacterium lactofermentum	Ethanol	66
L-Methionin	Corynebacterium glutamicum	Glucose	2
L-Ornithin	Corynebacterium glutamicum	Glucose	26
	Brevibacterium flavum	Essigsäure	30
L-Phenylalanin	Brevibacterium flavum	Ethanol	12
	Arthrobacter paraffineus	n-Paraffine	15
L-Prolin	Brevibacterium flavum	Glucose	29
	Corynebacterium acetoacidophilum	Ethanol	22
L-Threonin	Brevibacterium flavum	Glucose	18
	Brevibacterium flavum	Ethanol	33
L-Valin	Brevibacterium flavum	Essigsäure	20
	Brevibacterium lactofermentum	Glucose	23

führung mehrstufiger und kontinuierlich arbeitender Verfahren wird eine größere
Wirtschaftlichkeit angestrebt.

Im Weltmaßstab werden jährlich mehr als 100000 t L-Glutaminsäure konsumiert.
Der Bedarf steigt jährlich um etwa 10···15%. L-Glutaminsäure und Natriumglutamat
werden hauptsächlich zum Würzen von Speisen, wie Suppen und Fleisch, verwendet
und kommen gewöhnlich als Gemisch mit Kochsalz und anderen Würzsubstanzen
in gelöster oder fester Form in den Handel. L-Glutaminsäure soll als Lebensmittelzusatz die Lernfähigkeit geistig zurückgebliebener Kinder erheblich verbessern und
zur Behandlung der Epilepsie mit Erfolg eingesetzt werden.

Wegen akuter Reaktionen empfindlicher Personen nach dem Genuß stark glutamat-
haltiger Speisen in China-Restaurants (China-Traveller-Disease) wurde von der
FAO/WHO die akzeptierbare tägliche Aufnahmemenge mit 120 mg kg^{-1} allgemein
für die Bevölkerung festgelegt. Von der Verwendung von Glutamat für die Nahrung
von Kindern unter 1 Jahr ist abzusehen.

Besonderes Interesse verdient die L-Glutaminsäure als Grundsubstanz zur Herstellung von anderen Aminosäuren aus α-Ketosäuren durch Transaminierung. Bei diesem Verfahren wird die Aminogruppe der L-Glutaminsäure enzymatisch durch Umaminierung auf eine α-Ketosäure übertragen (Bild 98). Entsprechende Transaminasen werden z. B. von *E. coli* und *Serratia marcescens* gebildet. Aus der Ketoglutarsäure läßt sich durch andere Mikroorganismenarten wieder L-Glutaminsäure zurückgewinnen. Auf diesem Wege lassen sich L-Tryptophan, L-Leucin, L-Valin, L-Threonin und andere Aminosäuren herstellen.

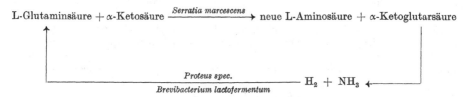

Bild 98. Gewinnung neuer Aminosäuren aus L-Glutaminsäure und α-Ketosäuren (Schema)

14.4.3.2. Herstellung und Verwendung von L-Lysin

$$H_2N - CH_2 - CH_2 - CH_2 - CH_2 - CH(NH_2) - COOH$$
Lysin (α, ε-Diamino-n-Capronsäure)

L-Lysin wird mikrobiell durch verschiedene Verfahren gewonnen, die auch miteinander gekoppelt werden können. Aus Diaminopimelinsäure, die man rein chemisch oder auf biosynthetischem Wege mit *Escherichia coli* gewinnt, läßt sich L-Lysin durch enzymatische Decarboxylierung herstellen. Die dazu notwendige Diaminopimelinsäuredecarboxylase wird z. B. von *Enterobacter (= Aerobacter) aerogenes* gebildet. Von manchen Hefen wird L-Lysin intrazellulär angereichert, wenn sie in einer belüfteten Nährlösung submers kultiviert werden, die α-Aminoadipinsäure oder α-Ketoadipinsäure enthält. Die Ausbeuten liegen bei 50···75%, bezogen auf Ketoadipinsäure, wobei der L-Lysingehalt der Hefezellen bis zu 20% der Trockenmasse beträgt. Schließlich kann L-Lysin auf fermentativem Wege mit *Corynebacterium glutamicum* oder *Brevibacterium flavum* aus Glucose oder Melasse hergestellt werden, wobei man Ausbeuten bis zu 44 g l⁻¹ nach 60stündiger Fermentation erzielt. Ausbeuten bis zu 61 g l⁻¹ Medium werden mit *B. flavum* aus Essigsäure erhalten, und *B. lactofermentum* liefert mit Ethanol bis zu 66 g Lysin je Liter Fermentationsmedium.

L-Lysin gehört zu den essentiellen Aminosäuren, die in vielen pflanzlichen Lebens- und Futtermitteln, z. B. Getreide, nicht in ausreichendem Maße enthalten sind. Das mikrobiell gewonnene L-Lysin wird vorwiegend für Futterzwecke eingesetzt, wobei eine besondere Aufarbeitung der gewonnenen lysinreichen Mikroorganismenzellen nicht erforderlich ist. Als Zusatz und Ergänzung lysinarmer Futtermittel bewirkt es eine erhebliche Eiweißaufwertung im Sinne der biologischen Wertigkeit. Lysin hat vor allem zur industriemäßigen Erzeugung von Geflügelfleisch auf Getreidebasis und zur Steigerung der Legeleistung von Hennen wirtschaftliche Bedeutung. Weitere Möglichkeiten der Gewinnung von Aminosäuren mit Hilfe von Bakterien sind in Tabelle 46 zusammengestellt.

14.5. Nutzung und Herstellung von Mikroorganismenenzymen

14.5.1. Direkte Nutzung enzymchemischer Leistungen lebender Mikroorganismen für die menschliche Ernährung

Seit Menschengedenken sind natürliche Verfahren der Aufbereitung, Umwandlung und Veredlung pflanzlicher Rohstoffe verbreitet, in denen die enzymatischen Leistungen der Mikroorganismen genutzt werden. Hefen sind als bekannteste Gärungsorganismen bei der Herstellung von alkoholischen Getränken, wie Wein, Bier und Sake, unentbehrlich und spielen auch bei der Bereitung von Brot, Käse und anderen Lebensmitteln eine wichtige Rolle. Essigsäurebakterien werden zur Gewinnung von Speiseessig genutzt, Milchsäurebakterien sind bei der Herstellung von Sauerkraut, Silage, Schwarzbrot, Joghurt, Quark, Käse und zahlreichen Milchprodukten beteiligt. Hyphomyceten finden vor allem im asiatischen Raum seit alters her zur Fermentation vorwiegend pflanzlicher Rohstoffe, wie Reis und Sojabohnen, Anwendung.

Tabelle 47. In asiatischen Ländern fermentierte pflanzliche Rohstoffe

Produkt	Rohstoff	Mikroorganismen	Land
Miso	Reis, Sojabohnen, Gerste	*Aspergillus oryzae (A. soyae), Zygosaccharomyces rouxii (= Saccharomyces rouxii, = Z. soya)*	VR China, Japan
Natto	Sojabohnen	*Bacillus subtilis (B. natto)*	Japan
Ragi	Reis	*Mucor spec., Hansenula anomala, Rhizopus oryzae*	VR China, Indonesien
Shoyu (Sojasauce)	Reis, Sojabohnen, Weizen	*Aspergillus oryzae (A. soyae), Saccharomyces rouxii, Lactobacillus spec.*	VR China, Philippinen, Japan, auch in USA
Sufu	Sojabohnen	*Actinomucor spec., Mucor spec.*	VR China
Tamarisauce	Reis, Sojabohnen	*Aspergillus tamarii*	Japan
Tempeh	Sojabohnen	*Rhizopus stolonifer, R. oryzae, R. oligosporus, R. arrhizus*	Indonesien

Verglichen mit ostasiatischen Verhältnissen (Tabelle 47) spielt die Nutzung von Mikroorganismen auf dem Lebensmittelsektor in Europa eine bescheidene Rolle [151, 291, 316]. Koji in Japan und Chou in China sind Pilzkulturen, die aufgrund ihrer hohen enzymatischen Aktivität in Form von Starterkulturen insbesondere zur Aufbereitung schwer verdaulicher Pflanzenproteine und zur Stärkehydrolyse auch gegenwärtig in großem Umfang benötigt werden.
Koji ist eine Kultur von *Aspergillus oryzae*, die folgendermaßen hergestellt wird. Geschälter, gewaschener Reis wird eingeweicht, mit Dampf sterilisiert und in Schalen beimpft. Nach etwa 2tägiger Bebrütung bei Temperaturen um 35 °C sind die Reiskörner völlig vom Pilzmycel durchwachsen. Koji wird noch vor der Sporulation des Pilzes, wenn die Enzymbildung am größten ist, geerntet.
Zur industriellen oder haushaltmäßigen Herstellung von Miso, einem bedeutungsvollen Lebensmittel in Japan und der VR China, wird Koji unter Zugabe von etwas

Speisesalz mit Sojabohnen, die zu Grieß gemahlen, in Wasser eingeweicht und mit Dampf sterilisiert worden waren, gemischt. Die Fermentation findet in Stufen statt. Nach 7 Tagen Bebrütung bei 28 °C wird die Temperatur für etwa zwei Monate auf 35 °C erhöht. Der in der Anfangsphase wachsende *A. oryzae* wird später, wenn anaerobe Bedingungen eintreten, durch Hefen, wie *Zygosaccharomyces rouxii*, sowie Milchsäurebakterien abgelöst. Nach Abschluß der Fermentation erfolgt eine mehrwöchige Nachreifung bei Raumtemperatur. Das Endprodukt kommt pastenartig in den Handel und wird in Kombination mit anderen Lebensmitteln verzehrt. Es gibt zahlreiche Variationen der Misoherstellung.

14.5.2. Enzymgewinnung mit Hilfe von Mikroorganismen

14.5.2.1. Allgemeines

Aufgrund der Erkenntnis, daß Enzyme auch unabhängig von der lebenden Zelle wirken, war es naheliegend, zellfreie Enzympräparate für technische Zwecke zu gewinnen. Anfangs wurden vorwiegend enzymhaltige Produkte aus tierischen Drüsen, z. B. Pankreas-Enzyme, und Pflanzen auf ihre Brauchbarkeit getestet. So erhielt L. WALLERSTEIN bereits im Jahre 1911 für ein pflanzliches Proteinase-Präparat (Papain) ein Patent zur Entfernung oder Verhinderung von Eiweißtrübungen im Bier erteilt.

In den beiden letzten Jahrzehnten hat man sich intensiv und mit großem Erfolg um die Gewinnung mikrobieller Enzyme bemüht. Während die Herstellung von Enzympräparaten aus pflanzlichen und tierischen Rohstoffen, z. B. Pankreasdrüsen, begrenzt ist, lassen sich Enzyme durch Kultivierung von Mikroorganismen in beliebiger Menge und zu vertretbaren Kosten gewinnen. Entsprechend gereinigt und aufbereitet, z. B. als Trockenpräparate in Pulverform, lassen sie sich unter geeigneten Bedingungen monatelang lagern. Das hat dazu geführt, daß in den letzten Jahren in zunehmendem Maße mikrobielle Enzympräparate für industrielle Zwecke produziert werden und besonders in den verschiedenen Zweigen der Lebensmittelindustrie zum Einsatz gelangen. Allein in Japan wurden bereits im Jahre 1974 über 12000 t verschiedene Enzympräparate hergestellt. Umfangreiche Produktionen sind auch aus anderen Industriestaaten bekannt. In der DDR ist die industrielle Enzymproduktion ebenfalls aufgenommen worden.

Durch den dosierten Einsatz spezifischer Enzympräparate mit bekannter Wirkung lassen sich viele biologische Prozesse, die bisher mit lebenden Mikroorganismen durchgeführt wurden, besser beherrschen.

Die meisten aus Mikroben hergestellten Enzyme gehören zur Gruppe der Hydrolasen und Oxydasen. Sie werden teilweise von den lebenden Zellen als extrazelluläre Enzyme in das Kulturmedium ausgeschieden und dann aus den Filtraten gewonnen, teils müssen sie als intrazellulär gebildete Enzyme aus den Mikroorganismenzellen aufgearbeitet werden.

Die als wäßrige Lösungen eingesetzten Enzyme der 1. Generation können nur einmal eingesetzt werden. Sie gelangen in das Endprodukt und gehen damit verloren. Es war daher naheliegend, die Enzyme an bestimmte Träger zu binden oder in Strukturen einzuschließen, um sie für längere Zeit in wirksamer Form zu erhalten. Diese immobilisierten Enzyme, sie werden auch als Enzyme der 2. Generation bezeichnet, gewinnen in Forschung und Praxis zunehmend an Bedeutung. In der Zukunft wird mit einer 3. Enzymgeneration gerechnet, die Mehrschrittreaktionen katalysiert und damit den Ablauf ganzer Stoffwechselketten möglich macht.

Für technische Zwecke kommen auf dem Lebensmittelsektor z. Z. vorwiegend Enzym-präparate der 1. Generation zum Einsatz, die einen begrenzten analytischen Rein-heitsgrad haben und meist Mischpräparate darstellen. Die weitere Reinigung ist mit hohen Kosten verbunden und meist nicht notwendig.

Im folgenden wird anhand einiger Beispiele ein kurzer Überblick über die Möglich-keiten der Gewinnung und des Einsatzes mikrobieller Enzyme auf dem Lebensmittel-sektor gegeben. Auf die umfangreiche Spezialliteratur sei verwiesen [31, 118, 171, 291, 303, 377].

14.5.2.2. Technologie der mikrobiellen Enzymgewinnung

14.5.2.2.1. Stammauswahl

Zur industriellen Herstellung von Enzymen aus Mikroorganismen werden besonders geeignete apathogene Stämme verschiedener Species von Streptomyceten, Bakterien, Hefen und Hyphomyceten eingesetzt, die durch systematische Auslese (screening) aus natürlichen Substraten isoliert wurden. Kräftige Amylasebildner konnten in Abwässern der Stärkeindustrie, Pectinasebildner auf faulendem Obst und Cellulase-bildner auf verrottetem Holz gefunden werden. Durch künstliche züchterische Maß-nahmen, z. B. den Einsatz mutationsauslösender Substanzen, wird versucht, zu noch leistungsfähigeren Stämmen zu kommen, die den natürlichen überlegen sind [7].

14.5.2.2.2. Kultivierung

Hat man einen geeigneten enzymbildenden Mikroorganismenstamm zur Verfügung, so müssen als nächstes optimale Kultivierungsbedingungen geschaffen werden. Dabei sind zahlreiche Faktoren, wie Temperatur, Belüftung, chemische Zusammensetzung des Nährbodens und pH-Wert, zu berücksichtigen.

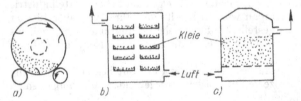

Bild 99. Verschiedene Oberflächenverfahren zur Enzymgewinnung mit Mikroorganismen auf festen Substraten (Schema)
a) Trommelverfahren b) Hordenverfahren c) Hochschichtverfahren

Bei dem früher fast ausschließlich, aber auch heute noch vor allem in der UdSSR üblichen Oberflächenverfahren (Emersverfahren) erfolgt die Kultivierung der Enzym-bildner auf festen Substraten, meist auf sterilisierter, angefeuchteter und mit zu-sätzlichen Nährstoffen angereicherter Kleie. Diese wird beimpft und als mehrere Zentimeter dicke Schicht in temperierte Brutkammern auf ruhende, horizontal gestapelte Horden oder in rotierende Trommeln eingebracht. Außerdem gibt es Hochschichtverfahren (Bild 99).

Für die moderne submerse Herstellung von Enzymen werden Fermenter mit einer Größe bis zu etwa 100 m³ und darüber und flüssige Nährmedien eingesetzt (s. Bild 84).

Die Belüftung erfolgt durch Einblasen steriler Luft. Teilweise sind Rührwerke erforderlich. Die Temperaturregelung erfolgt durch Heizschlangen im Tank oder durch einen Doppelmantel. Die Nährlösungen werden entweder durch direktes Erhitzen im Tank oder in besonderen Anlagen sterilisiert. Da Submersverfahren raumsparend sind, Arbeitserleichterungen bieten, eine bessere Kontrolle der Kulturbedingungen, wie pH-Wert und Temperatur, sowie die Ausschaltung unerwünschter Fremdorganismen mit größerer Sicherheit gewährleisten als Emersverfahren, finden sie trotz des notwendigen höheren technischen Aufwandes in immer stärkerem Maße Anwendung. Zur Beimpfung der Großfermenter erfolgt die stufenweise Anzucht des enzymbildenden Mikroorganismenstammes in kleineren Vorfermentern.

14.5.2.2.3. Aufbereitung der Kulturmedien

Die Aufbereitung der enzymhaltigen, festen oder flüssigen Kulturmedien erfolgt meist in mehreren Stufen durch Extraktion, Einengung, z. B. im Vakuum, Fällung mit organischen Lösungsmitteln oder anorganischen Salzen sowie Reinigung und Trocknung (Bild 100). Zur Gewinnung intrazellulärer Enzyme müssen die Zellen mechanisch, chemisch oder enzymatisch aufgeschlossen und die Zelltrümmer und Nucleinsäuren durch Zentrifugieren bzw. fraktioniertes Fällen entfernt werden. Die festen Kultursubstrate vom Oberflächenverfahren werden gewöhnlich mit Wasser bei einer Temperatur von $25 \cdots 40\,°C$ extrahiert und daraus die Enzyme mit Alkohol oder Aceton gefällt. Zur Reinigung der Enzyme werden mitunter fraktionierte Fällungsverfahren, aber auch Ionenaustauscher eingesetzt. Die standardisierten Präparate kommen entweder flüssig oder häufig in pulverisierter Form in den Handel. Den teilweise hohen Keimgehalt der Rohenzympräparate, es wurden bis zu 10^8 Sporen je Gramm nachgewiesen, versucht man durch Bestrahlung mit Gamma-Strahlen oder Anwendung mikrobicider chemischer Substanzen, z. B. Ethylenoxid, zu vermindern.

14.5.2.3. Einsatz von Enzymen in der Lebensmittelproduktion

Beispiele für die industriell aus Mikroorganismen hergestellten Enzyme und deren Anwendung in der Lebensmittelindustrie enthält Tabelle 48. Da die Wirkung der Enzyme in starkem Maße pH-Wert-abhängig ist, wurden die jeweiligen optimalen pH-Werte mit vermerkt. Zur Verhinderung der Kältetrübung in Bier sind beispielsweise nur proteolytische Enzyme geeignet, die im pH-Bereich von 4 bis 5 wirken. Weiterhin muß die unterschiedliche Temperaturempfindlichkeit der Enzyme bei der praktischen Anwendung Berücksichtigung finden. Für den Einsatz in Bäckereien eignet sich beispielsweise Pilz-α-Amylase, die im Gegensatz zur Bakterien-α-Amylase hitzestabil ist und durch den Backprozeß inaktiviert wird.
Die handelsüblichen Enzympräparate für den Einsatz in der Lebensmittelindustrie und als Verdauungshilfen zur Unterstützung des intestinalen Enzymsystems bei Verdauungsstörungen sind meist Enzymgemische und keine hochgereinigten Substanzen. Sie enthalten außerdem verschiedene Begleitenzyme, z. B. haben Amylasen meist proteolytisch wirkende Anteile.
Generell ist bei der Anwendung von mikrobiellen Enzymen auf dem Lebensmittelsektor zu beachten, daß sie als Fremdstoffe gelten. Dementsprechend sind die lebensmittelgesetzlichen Regelungen einzuhalten.
Neben den in Tabelle 48 genannten Einsatzgebieten werden mikrobielle Enzyme in zahlreichen anderen Industriezweigen, z. B. als Waschmittelzusatz, sowie in der Medizin als Verdauungshilfe und für chemisch-analytische Zwecke eingesetzt.

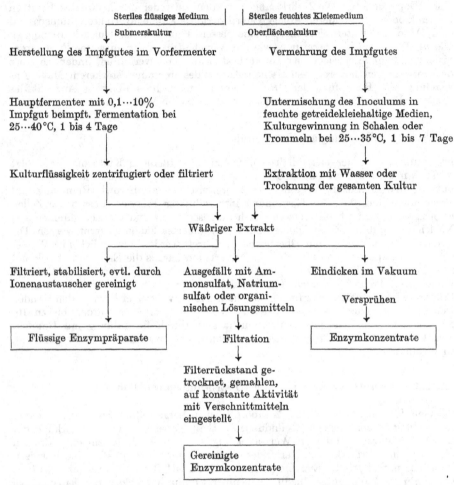

Enzymbildender Mikroorganismenstamm
(Schrägagar- oder lyophilisierte Kultur)

| Steriles flüssiges Medium | Steriles feuchtes Kleiemedium |

Submerskultur — Oberflächenkultur

Herstellung des Impfgutes im Vorfermenter — Vermehrung des Impfgutes

Hauptfermenter mit 0,1···10% Impfgut beimpft. Fermentation bei 25···40°C, 1 bis 4 Tage

Untermischung des Inoculums in feuchte getreidekleiehaltige Medien, Kulturgewinnung in Schalen oder Trommeln bei 25···35°C, 1 bis 7 Tage

Kulturflüssigkeit zentrifugiert oder filtriert — Extraktion mit Wasser oder Trocknung der gesamten Kultur

Wäßriger Extrakt

Filtriert, stabilisiert, evtl. durch Ionenaustauscher gereinigt

Ausgefällt mit Ammonsulfat, Natriumsulfat oder organischen Lösungsmitteln

Eindicken im Vakuum

Versprühen

Flüssige Enzympräparate — Filtration — Enzymkonzentrate

Filterrückstand getrocknet, gemahlen, auf konstante Aktivität mit Verschnittmitteln eingestellt

Gereinigte Enzymkonzentrate

Bild 100. Schema der Enzymgewinnung nach dem Oberflächen- und Submersverfahren (nach UHLIG [386])

14.5.2.3.1. Amylasen

Stärke besteht aus Amylose, kettenförmigen Molekülen von D-Glucose in α-1,4-Bindung und dem durch α-1,6-Bindungen verzweigten Amylopectin. Da sie zur enzymatischen Hydrolyse mit Amylase in hydratisierter Form vorliegen muß, wird sie mit Wasser bei Temperaturen von 70···80°C »verkleistert«.
Die Stärke hydrolysierenden Enzyme lassen sich aufgrund ihrer unterschiedlichen chemischen Wirkung unterteilen.
Die von *Bacillus subtilis* und anderen Species gebildete *Bakterien-α-Amylase*, die zur ersten Stufe der Stärkeverzuckerung eingesetzt wird, zerlegt die kettenförmigen, unverzweigten Moleküle der Amylose in Dextrine von 10 bis 12 Glucose-Untereinheiten.

Sie ist besonders hitzebeständig, so daß bei Temperaturen von 70 bis 90°C mit hoher Reaktionsgeschwindigkeit gearbeitet werden kann. Die Wirkung der Bakterienamylase ist am Viskositätsabfall (Verflüssigung) der verkleisterten Stärke erkennbar. *Pilz-α-Amylase*, die langsamer als Bakterien-Amylase, aber noch bei relativ niedrigen *p*H-Werten wirkt, kann ebenfalls zur Hydrolyse verkleisterter Stärke eingesetzt werden. Sie spaltet Amylose und Amylodextrine zu Dextrinen und Maltose, die z. B. wichtige Bestandteile der Bierwürze sind.

Die ebenfalls von Pilzen, wie *Aspergillus-*, *Rhizopus-* und *Saccharomycopsis*-Arten, gebildete *Glucoamylase* (Amyloglucosidase) baut Dextrine, die z. B. durch Bakterien-Amylase aus Stärke gewonnen wurden, bis zur Glucose ab. Glucoamylase greift Dextrine vom nichtreduzierenden Ende an, spaltet α-1,4-Bindungen rasch und langsam auch α-1,3- und α-1,6-Glucanbindungen.

Anwendung

Amylasen werden vor allem im Gärungsgewerbe zur Verzuckerung stärkehaltiger Rohstoffe eingesetzt. In zahlreichen Ländern verdrängen sie zunehmend das Malz in den Brennereien und Brauereien, das durch die billigere Rohfrucht ersetzt wird. Durch den gezielten Einsatz spezifischer Enzyme läßt sich der Abbau der stärkehaltigen Rohstoffe zu Dextrinen oder Zuckern steuern. Durch Anwendung von Amylasen, kombiniert mit β-Glucanase, wird eine Viskositätssenkung wäßriger Getreideextrakte erreicht, was außer für die Herstellung von Bier bei der Produktion von Kaffee-Ersatz-Extrakt von Bedeutung ist [253]. Bakterienamylase kann weiterhin zur Garvorbehandlung von Reis und anderen Getreidearten angewendet werden. Dabei wird die Verdaulichkeit erhöht, eine Verkürzung der Garzeit und eine Volumensteigerung erreicht. Als Hilfsmittel in der Bäckerei bewirkt sie die Beschleunigung der Gärführung und eine bessere Konsistenz (Porenvolumen) und Farbe sowie einen angenehmeren Geruch und Geschmack. Weiterhin verzögert sie das Altbackenwerden von Backwaren, insbesondere von Weizen- und Roggenbrot.

Die früher großtechnisch durch Hydrolyse von Stärke mit Salzsäure bei 140°C hergestellten, bitter schmeckenden, dunkel gefärbten Dextrose- und Stärkehydrolysate werden nunmehr enzymatisch in reinerer Form und mit höheren Rohstoffausbeuten gewonnen. Durch den Einsatz spezifischer Enzyme lassen sich Produkte mit einem bestimmten Maltose-Glucose-Verhältnis herstellen.

Pilz-α-Amylasen werden auch zur Herstellung von Maltosesirup und als Backhilfsmittel verwendet sowie zur Entfernung von Stärketrübungen in Fruchtsäften (Apfelsaft), Wein, Bier und Pectinlösungen aus Apfeltrester eingesetzt [108, 161].

14.5.2.3.2. Pectinasen (Pectinesterase und Polygalacturonase)

Pectine sind Gemische hochmolekularer Polygalacturonsäuren, die teilweise oder völlig mit Methanol verestert sind. Sie bilden mit Wasser in Gegenwart von Zucker und Säure Gele, was bei der Herstellung von Marmelade oder Gelee erwünscht ist, dagegen bei der Gewinnung und Konzentrierung von Fruchtsäften stört. Pectin bildet die Mittellamellen pflanzlicher Zellen.

Man kann die pectinspaltenden Enzyme in 2 Gruppen einteilen, die eigentlichen Pectinasen und die Pectinesterase.

Die eigentlichen Pectinasen spalten die kettenförmigen Pectinmoleküle an den glycosidischen Bindungen hydrolytisch zu Galacturonsäureeinheiten sowie Zwischen- und weiteren Abbauprodukten. Aufgrund der spezifischen Wirkungen wird in dieser Gruppe zwischen Polygalacturonase, Polymethylgalacturonase, Pectinlyase und

Tabelle 48. Beispiele für industriell mit Mikroorganismen hergestellte Enzyme und deren Anwen-
[291, 309, 377, 386]

Enzym	Substrat Spaltung	pH-Wert-Optimum
Bakterien-α-Amylasen (Bakterienproteasen)	Amylose und Amylodextrin zu Dextrinen	5,5···7,0
Pilz-α-Amylasen (Proteasen, β-Glucosidase)	Amylose, Amylodextrin zu Dextrinen und Maltose	5,0···6,5
Glukoamylase (α-Amylasen, Trans-glucosidasen)	Dextrine zu Glucose	4,2···5,0
Pectinasen (Proteasen, Cellulasen)	Pectine zu Galacturonsäure und Methanol	3,5···4,5
Invertase	Saccharose zu Glucose und Fructose	4,5
Lipasen	tierische und pflanzliche Öle und Fette zu Fettsäuren und Glycerol	4,5···7,0
Cellulasen (Hemicellulasen, Pento-sanasen, Pectinasen)	native Cellulose bzw. Cellulosederivate zu Glucose	4,5···5,0
β-D-Galactosidase, Lactase	Lactose zu Glucose und Galactose	6···7 4,5···5
Glucoseoxydase	oxydiert β-D-Glucose zu Gluconsäure	5,5
Bakterienproteasen	Proteine zu Peptiden und Aminosäuren	6···11
Pilzproteasen (Amylasen, Cellulasen)		2···3 4,5···5,5 6···7
Mikrobielles Lab, Rennin	Dicklegung der Milch	4,6···5,5 5,0···6,0

340

dung in der Lebensmittelindustrie (die häufigsten Begleitenzyme sind in Klammern angegeben)

Mikroorganismus	Verwendung
Bacillus subtilis *B. stearothermophilus*	Verflüssigung von verkleisterter Stärke und stärke-haltigen Rohstoffen in Brennerei und Brauerei, Sirupherstellung
Aspergillus oryzae *Rhizopus delemar* *Aspergillus niger*	Herstellung von Maltosesirup, als Backhilfsmittel (seit 1918) und in Brennereien (seit 1940)
Aspergillus niger *Aspergillus oryzae* *Rhizopus delemar* *Saccharomycopsis spec.*	Herstellung von kristalliner Glucose und glucosehaltigem Sirup aus Stärke (seit 1940), nach Einwirkung von Bakterien-α-Amylase
Aspergillus niger *Aspergillus oryzae* *Trichoderma spec.*	Herstellung und Klärung von Fruchtsäften (seit 1930), Herstellung von Fruchtsaftkonzentraten, Obstnektaren und Gemüsehydrolysaten
Aspergillus oryzae *Aspergillus niger* *Saccharomyces cerevisiae*	Herstellung von Pralinen- und Bonbonfüllungen, Kunsthonig, Eiskrem, Marmelade
Aspergillus niger *Rhizopus spec.*	Käsereifung, Bildung von Aromastoffen (seit 1952)
Myrothecium verrucaria *Stachybotrys atra* *Trichoderma viride* *Sporotrichum pulverulentum*	Aufschluß von cellulose- und hemicellulosehaltigem Material, Bereitung von Pflanzenextrakten, Säften, Fruchtsaftkonzentraten, Trockenpulvern und Schnellkochgerichten
Saccharomyces fragilis *Aspergillus spec.*	Hydrolyse von Lactose, zur Herstellung von Diätmilchprodukten und Eiskrem
Aspergillus niger *Penicillium notatum* *P. amagasakiense*	Entfernung von Sauerstoff oder Glucose zur Konservierung von Lebensmitteln, z. B. Eipulver (seit 1952), Bier (seit 1955), Mayonnaise
Bacillus subtilis *Bac. stearothermophilus*	Fleisch- und Fischverarbeitung, als Zartmacher (Tenderizer), zur Käsereifung
Aspergillus niger *Aspergillus oryzae* *Rhizopus spec.*	Beseitigung von Eiweißtrübungen in Wein und Bier, Herstellung von Miso, Soja- und Worcestersauce, Verdauungshilfe, Kaugummizusatz
Mucor pusillus *Mucor miehei* *Endothia parasitica*	Ersatz von natürlichem Kälberlab (seit 1962)

Pectatlyase (Pectinsäurehydrolase) unterschieden, weitere Unterteilungen sind möglich.
Die zweite Gruppe umfaßt die Pectinesterase. Sie bewirkt die Abspaltung der Methylgruppen und wird auch als Pectinmethylesterase bezeichnet. Sie erniedrigt den Veresterungsgrad unter Freisetzung von Methanol.
Die vorwiegend mit Hyphomycetenstämmen verschiedener Species und Gattungen, meist im Oberflächenverfahren gewonnenen Pectinase-Präparate sind Gemische verschiedener Pectin depolymerisierender und Ester spaltender Enzyme, die daneben gewöhnlich noch Cellulasen und Hemicellulasen sowie Proteinasen und Amylasen enthalten. Durch die Wahl geeigneter Stämme und Kulturbedingungen lassen sich Präparate gewinnen, die spezifisch auf natürliche Substrate wirken.

Anwendung

Pectinasen werden vorwiegend in der Fruchtsaft- und Weinindustrie eingesetzt. Sie verbessern die Preßbarkeit von Beerenobst, wie Johannis- und Stachelbeeren sowie Weintrauben, so daß bis zu 20% höhere Saftausbeuten erzielt werden. Außerdem lassen sich die mit pectinolytischen Enzymen behandelten Säfte leichter filtrieren und klären. Zur Klärung von Apfelsaft, in dem die Trübung durch Pectine stabilisiert wird, kommen Pectinasen schon seit dem Jahre 1930 zur Anwendung. Die modernen Verfahren zur Herstellung von Fruchtsaftkonzentraten, z. B. Apfelsaftkonzentrat, setzen eine weitgehende Pectinspaltung voraus, da unbehandelte Konzentrate einen zu hohen Viskositätsgrad haben und ausfallendes Pectin stört. Durch den Einsatz von geeigneten mazerierenden Enzymgemischen, wie Pectinasen und Cellulasen, die die pflanzlichen Gewebe und teilweise auch die Zellen selbst zerstören, lassen sich homogene Obst- und Gemüsebreie sowie Säfte ohne Kochprozeß bei Temperaturen zwischen 30 °C und 40 °C herstellen. Dabei sind die erzielten Rohstoffausbeuten auch bei der Verarbeitung sehr faserhaltiger Gemüsesorten mit fester Struktur sehr hoch, und Vitamine sowie temperaturempfindliche Geschmacksstoffe bleiben erhalten.
Ein weiteres Anwendungsgebiet ist die Herstellung von kandierten Früchten. Durch den Enzymeinsatz kann die Zuckerdiffusion erheblich beschleunigt werden. Neuerdings wird der Einsatz spezieller pectinolytischer Enzyme zur Gewebeerweichung bei der Herstellung schnellkochender Erbsen, Bohnen und Linsen vorgeschlagen [109, 309].

14.5.2.3.3. Cellulasen

Cellulasen katalysieren die Hydrolyse von Cellulose. Man unterscheidet 3 Gruppen von Cellulasen. Die Komponente C_1 wirkt auf native Cellulose, die Komponente C_x setzt durch chemische Behandlung hergestellte wasserlösliche Cellulosederivate um, und Cellobiase (β-Glucosidase) spaltet Cellobiose. Die vorwiegend aus Pilzen gewonnenen Cellulasepräparate enthalten gewöhnlich alle drei Komponenten und als Begleitenzyme Hemicellulasen und Pectinasen. Sie werden vorwiegend als mazerierende Enzyme zur Hydrolyse pflanzlicher Gewebe eingesetzt. In der Brauerei werden sie als Maischezusatz, um die Freisetzung vergärbarer Kohlenhydrate zu steigern, angewendet. Weiterhin werden sie bei der Herstellung von Gemüse- und Obstmazeraten sowie Trockenpulvern aus Gemüsen, z. B. Tomaten, Mohrrüben, Zwiebeln, Spinat, und Obst, z. B. Äpfeln, Pfirsichen und Orangen, zur Klärung von Zitrussäften und Konzentraten, bei der Bereitung von Pflanzenextrakten und zur Vorbehandlung von Schnellkochgerichten aus Getreide verwendet. In Japan werden Cellulasen als Hilfsstoffe zur Gewinnung von Sojaeiweiß, von Agar und Alginsäure aus Algen sowie von Suppen und Soßen aus Pilzen eingesetzt.

Da Cellulose von allen organischen Substanzen am häufigsten auf der Erde vorkommt und leicht zu reproduzieren ist, z. B. besteht Stroh zu 30···45% aus Cellulose, wird ihr für die Zukunft eine große Rolle als Rohstoffquelle vorausgesagt. Cellulose wird u. a. als Ausgangssubstrat zur Herstellung von Proteinen (SCP) (vgl. Abschn. 14.4.) sowie Polysacchariden, Glucose und anderen Grundsubstraten für Fermentationsverfahren angesehen. Verglichen mit anderen Substraten ist der enzymatische Aufschluß natürlicher Cellulosequellen, wie Holz und Stroh, aber kompliziert [291, 309].

14.5.2.3.4. Invertase

Invertase katalysiert die Hydrolyse des Disaccharids Saccharose zu Glucose und Fructose. Während Invertase von Hefen der Gattung *Saccharomyces* das Saccharose-molekül von der Fructoseseite angreift, wirkt die Invertase von *Aspergillus*-Arten von der Glucoseseite. Invertase kann in Form immobilisierter Zellen oder als immobilisiertes Enzym eingesetzt werden.

Da Invertzucker weniger zur Kristallisation neigt als reine Saccharose, wird Invertase dazu eingesetzt, die unerwünschte Kristallbildung in hochkonzentrierten Saccharose-produkten zu vermeiden. Als Beispiele für den Einsatz von Invertase seien die Herstellung von halbflüssigen oder flüssigen Pralinen- und Bonbonfüllungen, Marzipan, Eiskrems, Likören, Zuckersirup und Kunsthonig genannt.

14.5.2.3.5. Glucoseoxydase

Glucoseoxydase katalysiert in Gegenwart von Wasser und Luftsauerstoff die Oxydation von Glucose zu Gluconsäure. Das gleichzeitig gebildete Wasserstoffperoxid wird durch das Enzym Katalase, welches in den meisten Glucoseoxydase-Präparaten enthalten ist, zu Wasser und Sauerstoff gespalten. Die beiden Reaktionsstufen ermöglichen somit entweder die Entfernung von Glucose oder von Sauerstoff.

Glucoseoxydase wird in der Getränkeindustrie bei oxydationsempfindlichen Produkten, wie Bier und Fruchtsäften, zur Beseitigung geringer Mengen molekularen Sauerstoffs aus Kleinpackungen (Flaschen) eingesetzt. Auch bei anderen Lebensmitteln, wie Röstkaffee, Mayonnaise, Vollmilchpulver und geschmolzenen Schlachtfetten, hat sich die Anwendung von Glucoseoxydase zur Sauerstoffbeseitigung bewährt, besonders zur langfristigen Lagerung verpackter Produkte. Bei der Herstellung von Eipulver können reduzierende Zucker entfernt werden, die zu Verfärbungen und anderen Nachteilen führen.

14.5.2.3.6. Proteasen

Proteasen oder Proteinasen katalysieren die Hydrolyse von Proteinen zu Peptiden und (oder) Aminosäuren. Es sind zahlreiche Bakterien- und Pilzproteinasen mit teilweise hoher Wirkungsspezifität bekannt.

Das bisher größte Anwendungsgebiet haben Proteinasen als Zusätze zu Wasch- und Spülmitteln gefunden. Sie zeigen sehr gute Wirkung bei der Beseitigung von Eiweiß-verschmutzungen. Auch bei der Verarbeitung tierischer Produkte in der Fleisch-, Fisch- und Milchindustrie kommen in zunehmendem Maße Proteinasen, z. B. als Zartmacher (Tenderizer) für Fleisch, Reifungsbeschleuniger für Fleisch und Fisch

(Hering) sowie Labpräparate zur Milchgewinnung zum Einsatz. Obwohl pflanzliche Produkte allgemein ärmer an Proteinen sind als tierische, haben sich auch auf diesem Sektor Einsatzmöglichkeiten für Proteasen gefunden, z. B. werden sie beim Maischen von Rohfrucht, zur Beseitigung von Eiweißkältetrübungen in Bier und zur Verkürzung der Knetzeit bei Teigen aus Weizenmehl mit hohem Glutengehalt genommen.

14.6. Vitamingewinnung mit Mikroorganismen und Einsatz der Vitamine

14.6.1. Allgemeines

Chemische Analysen zeigen, daß Mikroorganismenzellen erhebliche Mengen Vitamine enthalten (s. Tabelle 44). Während die vitaminheterotrophen Organismen auf die Zufuhr der Vitamine von außen angewiesen sind und somit nur in vitaminhaltigen Nährsubstraten wachsen, können die vitaminautotrophen Species Vitamine selbst biosynthetisieren. Ihre Nutzung zur Vitaminproduktion ist somit naheliegend. Obwohl für zahlreiche Vitamine Herstellungsverfahren mit Hilfe von autotrophen Mikroorganismen bekannt sind, werden aus ökonomischen Gründen gegenwärtig nur einige, wie Riboflavin, Vitamin B_{12} und in geringem Maße auch Provitamin A (β-Caroten), industriell durch mikrobielle Biosynthese gewonnen. Bei der Herstellung von Vitamin C ist eine mikrobiologische Synthesestufe zwischengeschaltet, und Ergosterol, das als Provitamin des Vitamin D_2 Bedeutung hat, wird aus Hefen gewonnen. Die Herstellung der übrigen Vitamine erfolgt wirtschaftlicher durch Isolierung aus vitaminreichen pflanzlichen oder tierischen Rohstoffen oder durch Chemosynthese. [112, 129, 291]

14.6.2. Herstellung von β-Caroten und Vitamin A

Von dem im Pflanzen- und Tierreich weit verbreiteten α-, β- und γ-Caroten stellt β-Caroten das bedeutungsvollste Provitamin des Vitamin A dar. Es wird im menschlichen und tierischen Organismus enzymatisch unter Anlagerung von 2 Molekülen Wasser in 2 Moleküle aktives Vitamin A umgewandelt, während aus α- und γ-Caroten nur je ein Molekül gebildet wird.

β-Caroten

β-Caroten wird von zahlreichen Mikroorganismen, vor allem Algen, Streptomyceten, *Mycobacterium*-, *Rhodotorula*- und *Blakeslea*-Arten, gebildet. Zur industriellen Produktion können plus- und minus-Stämme von *Blakeslea trispora* als Mischkultur herangezogen werden. Die Nährmedien enthalten gewöhnlich Kohlenhydrate, Lipoide, β-Ionon und Tween. Durch Zugabe von Kohlenwasserstoffverbindungen (5% Kerosin) und Präkursoren konnte die Ausbeute bis zu etwa 3 g l^{-1} gesteigert werden. Nach etwa 3- bis 6tägiger submerser Fermentation wird das β-Caroten aus den abfiltrierten und bei etwa 50 °C im Vakuum getrockneten Pilzmycelien mit Petrolether extrahiert. Gegenwärtig wird β-Caroten auf chemischem Wege billiger produziert als auf mikrobiologischem. Nach einem polnischen Patent (48 642, 1964) wird ein wäßriger Möhrenbrei zunächst 2 Tage mit *Saccharomyces*-Hefen vergoren. Danach läßt sich das Caroten mit Pflanzenöl besser extrahieren als aus unvergorenem Material. Ein etwas ähnliches Verfahren (DDR-Patent 43 064, 1966) arbeitet mit Milchsäurebakterien. Vitamin-A-Mangel führt u. a. zu Epithelverhornungen (Xerophthalmie), Nachtblindheit und Störungen der Geschlechtsfunktion. Der Tagesbedarf für Erwachsene beträgt etwa 1,5···2,0 mg. Das fettlösliche, kräftig blutrot gefärbte β-Caroten ist als Lebensmittelfarbstoff zugelassen. [65, 112, 129, 163, 291]

14.6.3. Herstellung von Riboflavin (Lactoflavin)

Riboflavin (= Lactoflavin) gehört zum Vitamin-B_2-Komplex und wird häufig als eigentliches Vitamin B_2 bezeichnet. In den meisten Lebensmitteln ist es in gebundener Form als Flavinmononucleotid oder Flavin-Adenin-Dinucleotid bzw. Flavoprotein enthalten. Als prothetische Gruppe der Flavinenzyme spielt Riboflavin eine wichtige Rolle bei der Wasserstoffübertragung in der Atmungskette. Es ist Bestandteil von etwa 60 Enzymen.

Riboflavin

Riboflavin wird von zahlreichen Bakterien *(Corynebacterium, Escherichia, Leuconostoc usw.)*, Hefen *(Candida, Hansenula, Rhodotorula, Saccharomyces usw.)*, Hyphomyceten *(Aspergillus, Penicillium, Mucor usw.)* und höheren Pilzen *(Agaricus, Pleurotus usw.)* gebildet. Für die industrielle Produktion von Riboflavin werden nur die beiden eng verwandten Pilz-Species *Ashbya (Nematospora) gossypii* und *Eremothecium ashbyii* eingesetzt. Sie werden im Submersverfahren in verschiedenen Nährmedien unter Belüftung kultiviert. Als C-Quellen werden Kohlenhydrate, wie Glucose oder Saccharose, mitunter auch Fette verwendet. Dazu kommen anorganische Salze, Spurenelemente sowie verschiedene, die Ausbeute steigernde Zusätze, z. B. Aminosäuren oder Peptone, Ammoniumacetat, Tween 80. Auch Maisquellwasser, Destillationsrückstände, Rindfleischextrakt und Weizenkeimlinge haben sich bewährt. Zur Schaumbekämpfung wird Sojaöl zugesetzt. Die Fermentation dauert etwa 2 bis 7 Tage bei Temperaturen zwischen 26 °C und 28 °C, wobei die Riboflavinbiosynthese erst nach einer Phase intensiver Zuckerassimilation erfolgt. Das wasserlösliche Riboflavin wird sowohl in der Nährlösung als auch im Mycel angereichert. Aus dem

Mycel wird es mit Dampf extrahiert. Die Isolierung des Riboflavins aus der wäßrigen Lösung erfolgt nach der Filtration durch Einengen bis zur Konzentration etwa 2,5% und anschließende Auskristallisation. Die Adsorption an Aktivkohle, Abtrennung der Aktivkohle durch Filtration und anschließende Eluierung mit 5- bis 10prozentiger wäßriger Pyridinlösung ist ebenfalls möglich. Die Ausbeuten können bis zu 5 g Riboflavin je Liter Nährmedium betragen.

Riboflavin wird für pharmazeutische Zwecke, als Futterzusatz für Geflügel und Schweine sowie zum Vitaminisieren und Färben (orangegelb) von Lebensmitteln eingesetzt. Der Tagesbedarf des Menschen beträgt 1 mg. [112, 129, 291]

14.6.4.   Herstellung von Vitaminen der B_{12}-Gruppe

Als Vitamin-B_{12}-Gruppe wird eine Reihe chemischer Substanzen mit ähnlicher Struktur bezeichnet, die sich durch ihre spezifische Wirkung gegen die perniziöse Anämie, eine schwere Störung der Bildung roter Blutkörperchen, auszeichnet. Vitamin B_{12} kann als Coenzym die Verschiebung von Carboxylgruppen innerhalb eines Moleküls katalysieren.

Vitamin B_{12}

Vitamin B_{12} wurde im Jahre 1948 erstmalig in kristalliner Form aus Leber isoliert. Während es offenbar von Tieren und höheren Pflanzen nicht biosynthetisiert werden kann, sind zahlreiche Mikroorganismenarten in der Lage, Verbindungen mit Vitamin-B_{12}-Wirkung aufzubauen. Sie sind vor allem in Abwasser und Faulschlamm enthalten. Vitamin B_{12} biosynthetisierende Mikroorganismenarten werden sehr häufig unter den Bakterien und Streptomyceten, aber auch unter den Hefen und Hyphomyceten gefunden. Zur industriellen Produktion erwiesen sich Stämme von *Propionibacterium freudenreichii (= P. shermanii)*, *Pseudomonas denitrificans*, *Bacillus megaterium* und einiger weiterer Bakterienarten sowie von *Streptomyces olivaceus* als besonders geeignet.

Die Biosynthese des Vitamin B_{12} durch Mikroorganismen erfolgt in drei Phasen:

● Biosynthese des Corrin-Rings,
● Einbau des Cobalt-Ions in das Ringsystem,
● Biosynthese des vollständigen Vitamin B_{12}.

Es sind zahlreiche Nährmedien beschrieben worden, die zur industriellen Herstellung von Vitamin B_{12} Verwendung finden. Als C-Quelle werden vorwiegend Glucose, seltener Stärkeprodukte eingesetzt, außerdem werden meist Hefe- oder Malzextrakt, Maisquellwasser oder Schlempen zugesetzt. Zur Deckung des Stickstoffbedarfs eignen sich Sojamehl, Pepton, Caseinhydrolysate, Hefeextrakt und Ammoniumsalze. Weiterhin müssen fehlende Mineralstoffe zugesetzt werden, insbesondere Cobaltionen, die als Zentralatom in das Vitamin-B_{12}-Molekül eingebaut werden. Natriumfluorid und andere, die Cobamid-Bildung hemmende Substanzen dürfen im Medium nicht enthalten sein. Als Vorstufen zur Erhöhung der Ausbeuten hat sich der Zusatz von 5,6-Dimethylbenzimidazol sowie L-Threonin und Methionin bewährt.

Die Fermentation erfolgt im Submersverfahren, wobei die Luftzufuhr entsprechend dem Bedarf des verwendeten Mikroorganismenstammes geregelt wird. Für die Kultivierung der anaeroben Propionibakterien hat sich der Einsatz von Röhrenfermentern bewährt, die etwa 8- bis 10mal so hoch wie breit sind. Die Fermentationszeiten betragen zwischen 6 h *(Bacillus megaterium)* und mehreren Tagen *(Streptomyces olivaceus)*. Je Liter Nährmedium werden von besonders aktiven *Propionibacterium*-Stämmen bis zu 50 mg Vitamin B_{12} biosynthetisiert. Vitamin B_{12} wird von den Mikroorganismen gewöhnlich intrazellular angereichert und kaum in das Nährmedium ausgeschieden. Man kann die Mikroorganismenzellen aus der Fermentationsbrühe abfiltrieren und getrocknet als Futterzusatz verwenden. Zur Herstellung von reinem Vitamin B_{12} sind mehrere Verfahren bekannt, z. B. werden die aufgeschlossenen Zellen mit Methanol extrahiert und aus dem gereinigten und eingeengten Extrakt kristalline Präparate gewonnen. Außer durch die direkte Produktion auf fermentativem Wege kann Vitamin B_{12} auch als Nebenprodukt gewonnen werden, z. B. aus dem Mycel von Streptomyceten bei der Produktion von Streptomycinen, Tetracyclinen und anderen Antibiotica. Weiterhin wird die Herstellung aus Faulschlamm versucht, der bei der Klärung fäkaler Abwässer in großen Mengen anfällt und reich an Vitamin B_{12} ist.

Vitamin-B_{12}-Präparate werden als Futterzusatz und in gereinigter Form in der Humanmedizin zur Bekämpfung der perniziösen Anämie eingesetzt. Der Tagesbedarf des Menschen liegt bei 0,001 mg. [117, 129, 278, 291]

14.6.5. Herstellung von Vitamin C (L-Ascorbinsäure)

Vitamin C, die L-Ascorbinsäure, ist in der Natur weit verbreitet, besonders im Frischgemüse und Obst. Es verhindert den Skorbut, eine früher vor allem bei Seefahrern verbreitete Avitaminose. Im Gewebe ist L-Ascorbinsäure eine wichtige Redoxsubstanz.

Bei der industriellen Herstellung von Vitamin C oder L-Ascorbinsäure geht man von D-Glucose aus, die in der 1. Stufe chemisch-katalytisch zu D-Glucitol (D-Sorbit) reduziert wird. In der 2. Verfahrensstufe erfolgt eine fermentative Wasserstoffabspaltung am C-5-Atom des D-Glucitolmoleküls mit Hilfe von Essigsäurebakterien, z. B. *Acetobacter aceti* oder *Gluconobacter oxydans*, und es entsteht L-Sorbose. Schließlich wird in der 3. Verfahrensstufe, die mehrere Teilstufen umfaßt, auf chemischem Wege L-Sorbose über 2-Keto-L-gulonsäure zur L-Ascorbinsäure oxidiert.

Die biologische Oxydation des Glucitols zur Sorbose erfolgt im Submersverfahren unter kräftiger Belüftung bei etwa 20 °C innerhalb von 2 bis 3 Tagen mit Ausbeuten über 90%. Das Fermentationsmedium enthält 15...20% Glucitol und Maisquellwasser oder Hefeextrakt, teilweise mit wenigen Zusätzen. Nach dem Abzentrifugieren der Bakterienzellen, die als Futter verwendet werden, wird filtriert und das

CH$_2$OH   CH$_2$OH   CH$_2$OH   O=C⌐

HO—C—H   HO—C—H   C=O   C—OH

HO—C—H   HO—C—H   HO—C—H   C—OH

H—C—OH $\xrightarrow[\text{chemisch}]{+H_2}$ H—C—OH $\xrightarrow[\substack{Acetobacter\\spec.}]{-H_2}$ H—C—OH $\xrightarrow[\text{chemisch}]{-H_2}$ H—C—⌐

HO—C—H   HO—C—H   HO—C—H   HO—C—H

CHO   CH$_2$OH   CH$_2$OH   CH$_2$OH

D-Glucose   D-Glucitol   L-Sorbose   L-Ascorbinsäure (Vitamin C)

entfärbte Filtrat im Vakuum bei etwa 60 °C eingeengt. Beim anschließenden Kühlen fällt die Sorbose leicht in kristalliner Form aus.

Es gibt zahlreiche Versuche zur Vereinfachung der Ascorbinsäureherstellung auf fermentativem Wege.

Vitamin C wird zahlreichen Lebensmitteln, vor allem pflanzlichen Produkten, als Antioxydans zugesetzt. Dadurch können z. B. bei der Verarbeitung von Birnen Bräunungsreaktionen verhindert werden. Außerdem dient es zur Aufbesserung des Vitamingehalts, z. B. von Obstsäften.

Der Tagesbedarf des Menschen liegt bei 75 mg, kann aber bei Belastung bis auf das Zehnfache ansteigen. Vitamin-Mangel führt u. a. zu Skorbut und setzt die Abwehr-kraft des Körpers gegen Infektionskrankheiten herab. [112, 197, 291, 393]

14.6.6. Herstellung von Ergosterol und Vitamin D$_2$

Ergosterol (früher Ergosterin) ist das Provitamin des Vitamin D$_2$.

Ergosterol

Es ist im Mutterkorn, in den Fruchtkörpern zahlreicher höherer Pilze, im Mycel von Hyphomyceten, z. B. *Aspergillus fischeri*, sowie in größeren Mengen in Hefezellen enthalten. Industriell wird es aus Hefen, insbesondere *Saccharomyces cerevisiae (= S. uvarum, S. carlsbergensis)*, gewonnen, deren Zellmasse bis zu 10% Ergosterol enthalten kann. Durch Kultivierung in stickstoff- und lipoidarmen Nährmedien mit assimilierbaren Di- und Trisacchariden sowie Ethanol lassen sich bei starker Belüftung und hohen Temperaturen in der Endphase besonders hohe Ergosterolkonzentrationen erzielen. Zur Herstellung des Vitamin D$_2$ werden die aus der Nährlösung abgetrennten Hefezellen mit Kalilauge autolysiert und mit Ether extrahiert. Der Etherextrakt wird eingeengt und der Rückstand aus Alkohol umkristallisiert. Durch UV-Be-strahlung des reinen Ergosterols oder der Hefezellen wird die Bindung zwischen den

Kohlenstoffatomen 9 und 10 im Ring B des Ergosterols aufgespalten, und es entsteht das Vitamin D_2.

Der tägliche Bedarf des erwachsenen Menschen beträgt durchschnittlich 0,025 mg Vitamin D_1; Mangel führt zu Rachitis. [112, 291, 393]

14.6.7.   Einsatz von Vitaminen in der Lebensmittelproduktion

Vitamine werden einerseits für therapeutische Zwecke benötigt, zum anderen werden sie in zunehmendem Maße Lebens- und Futtermitteln zugesetzt. Die Anwendung auf dem Lebensmittelsektor erfolgt mit dem Ziel:

● den biologischen Wert der Lebensmittel zu erhöhen, insbesondere durch die Verarbeitung auftretende Vitaminverluste auszugleichen,
● die Haltbarkeit zu verlängern und die Qualität zu erhalten, wobei die bakteriostatische und antioxydative Wirkung einiger Vitamine, z. B. Vitamin C, ausgenutzt wird,
● Lebensmittel zu färben, z. B. durch Zusatz von Riboflavin oder Caroten.

Die Vitaminisierung von Lebensmitteln, die gesetzlich geregelt ist, erfolgt vor allem bei Säuglings- und Kindernahrung, Margarine und im Ausland bei hellem Mehl und daraus hergestellten Backwaren. Weiterhin werden Vitamine in beachtlichen Mengen als Zusatz zum Futter, besonders in der Geflügel- und Schweinemast, verwendet [112].

15. Gewinnung und Verwertung von Algen und Algenprodukten für Nahrungs- und Futterzwecke

15.1. Allgemeines

Algen sind vorwiegend im Wasser lebende, einzellige oder vielzellige autotrophe Organismen von verhältnismäßig einfacher Organisation und unterschiedlicher Größe. Sie unterscheiden sich von den meisten anderen Mikroorganismen durch ihren Chlorophyllgehalt und stehen den pflanzlichen Organismen nahe. Es wird geschätzt, daß die im Süß- und Salzwasser lebende Gruppe der Algen, die mikroskopisch kleine Einzeller, aber auch bis zu 300 m lange Riesentange umfaßt, jährlich etwa die gleiche Menge Kohlendioxid assimiliert und organische Substanzen biosynthetisiert, wie die höheren Pflanzen. Somit ist der Gedanke, Algen für Ernährungs- und Fütterungszwecke zu nutzen, recht naheliegend. Einen Vergleich des Nährstoffgehaltes von Algen und grünen Blättern höherer Pflanzen bietet Tabelle 49.

Tabelle 49. Bestandteile der Algen und Blätter höherer Pflanzen in Prozent (bezogen auf Trockensubstanz)

	Meeresalgen	Chlorella	Blätter
Kohlenhydrate	20···50	10···25	35···70
Rohprotein	5···35	45···55	15···50
Fette	1···7	7···20	5···20
Asche	15···45	2···19	3···15

Für die menschliche Ernährung kann die Verwendung bestimmter Algen aufgrund ihres Gehaltes an Proteinen, Kohlenhydraten, Lipiden, Vitaminen und Mineralstoffen eine wertvolle Ergänzung der Nahrung darstellen. In jüngster Zeit gewinnen aus Meeresalgen hergestellte Produkte, wie Agar und Alginate, als Gelierungsmittel für die Lebensmittelproduktion zunehmendes Interesse. [34, 111, 204, 254, 341, 380]

15.2. Gewinnung von Algen

15.2.1. Gewinnung von Meeresalgen (Tang)

Die wirtschaftliche Gewinnung und Nutzung von Meeresalgen erstreckt sich bisher vorwiegend auf die relativ großen Tange, die vor allem in den Küstenzonen Asiens geerntet werden. Aus dem Pazifik stammen die Riesentange der Gattungen *Macrocystis*, *Ecklonia*, *Nereocystis* u. a.

Neben der Gewinnung wildlebender Meerestange, wie Vertreter der zu den festsitzenden Braunalgen zählenden Gattungen *Laminaria, Alaria* und *Undaria,* wird vor allem in Japan die Kultivierung von verschiedenen Arten Meeresalgen betrieben. So erfolgt die Vermehrung der flächenartigen, aus einer Zellschicht (in der Form ähnlich wie Bild 102) bestehenden Rotalgen der Gattung *Porphyra* (jap. Nori) auf Netzen, die im küstennahen Flachwasser auf langen Bambuspfählen gespannt werden. Von September bis April können die schnellwachsenden, niedrige Wassertemperaturen bevorzugenden Rotalgen etwa sechsmal geerntet werden (Bild 101). Seitdem bekannt ist, daß *Conchocelis* lediglich eine Entwicklungsphase von *Porphyra* ist, wird diese in Form verzweigter Fäden in Austernschalen in großen Bassins kultiviert. Sie bildet das Impfmaterial für die Netzkulturen.

Wo *Porphhyra*-Arten schlecht wachsen oder wenn die *Porphyra*-Saison zu Ende ist, werden *Monostroma latissima* (Bild 102) und seltener *M. nitidum* kultiviert.

Darüber hinaus gibt es eine Reihe weiterer Meeresalgen, die ebenfalls in Küstenzonen kultiviert werden, und ihre Zahl wächst ständig an.

Bild 101. Netze zur Kultivierung von Algen (*Monostroma*), bei Ebbe

Bild 102. *Monostroma latissima;* Japan

Der größte Teil des Phytoplanktons des Meeres besteht aus mikroskopisch kleinen Algen, die bisher nur indirekt über den Fischmagen für Nahrungs- und Futterzwecke genutzt werden. [206, 216]

15.2.2. Massenkultivierung einzelliger Grünalgen

Während die Nutzung der relativ großen Meeresalgen auf dem Lebens- und Futtermittelsektor schon seit Jahrtausenden erfolgt, steckt die wirtschaftliche Verwertung der mikroskopisch kleinen Algen noch in den Anfängen. Trotzdem gibt es, z. B. in Japan, bereits Fabriken, die *Chlorella*-Produkte für spezielle Zwecke der Lebensmittelherstellung produzieren, und auch die FAO und WHO versuchen, die Mikroalgen zur Ernährung hungernder Menschen nutzbar zu machen.

Bild 103. *Scenedesmus acutus*. Rechts: in Teilung (Vergrößerung 1 000fach)

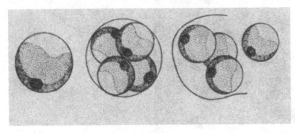

Bild 104. *Chlorella vulgaris*. Links: Einzelzelle
Mitte: Bildung von 4 Aplanosporen. Rechts: freiwerdende Aplanosporen
(Vergrößerung 750fach)

In den letzten Jahrzehnten hat man in zahlreichen Ländern versucht, einzellige Grünalgen der Gattungen *Chlorella, Scenedesmus, Chlamydomonas* u. a. unter künstlichen Bedingungen zu kultivieren (Bilder 103 und 104) [111, 291, 364]. Es ist eine Reihe von Verfahren zur Kultivierung von Algen in Behältern aus Glas, Kunststoff oder Beton entwickelt worden (Bild 105). Als Nährlösungen dienen mineralische Salzlösungen, wie sie auch zur Hydrokultur höherer Pflanzen dienen. Da Algen im Gegensatz zu den meisten anderen Mikroorganismen Chlorophyll haben und photosynthetisch Kohlenhydrate biosynthetisieren, benötigen sie CO_2 und Lichtenergie. Sie sind somit nicht auf organische Kohlenstoffquellen angewiesen. Außer dem natürlichen Sonnenlicht wird auch der Einsatz künstlicher Lichtquellen zur Massenkultivierung von Algen erprobt. Die Ernte der einzelligen Grünalgen aus der Nährlösung erfolgt mit Hilfe von Zentrifugen und anschließender Trocknung in ähnlicher Weise wie bei der Futterhefegewinnung. Um die Verdaulichkeit zu erhöhen, werden die Zellwände vor dem Trockenprozeß durch eine Hitzebehandlung (Kochen) zerstört. Die zu erzielenden Erträge je Hektar werden bei ganzjähriger Produktion, z. B. in Afrika und Mittelamerika, auf 70 t Algentrockensubstanz jährlich geschätzt.

Spezielle Kultivierungsverfahren von *Chlorella*-Arten werden in Japan durchgeführt. So wird in einem Werk *Chlorella vulgaris* in einem mit Glas überdachten Rundbecken mit technischer Essigsäure als hauptsächlicher Kohlenstoffquelle mixotroph kultiviert, so daß auf die aufwendigen CO_2-Eintragungssysteme verzichtet werden kann. Nach einem anderen Verfahren wird *Chlorella ellipsoidea* rein heterotroph — also ohne Sonnenlicht als Energiequelle — in Fermentern von etwa 50 m³ Inhalt diskontinuierlich bei 30 °C kultiviert. Als Kohlenstoff- und Energiequelle wird dem Nährmedium 2···3% Glucose und als Stickstoffquelle Harnstoff zugegeben. Nach 1- bis 3tägigem Wachstum werden je 1 l Kulturflüssigkeit bis zu 50 g Algentrockenmasse erreicht. Die abzentrifugierten Algen werden mit heißem Wasser extrahiert.

Bild 105. Anlage zur Kultivierung einzelliger Algen in Trebon/ČSSR

Der gereinigte Extrakt enthält u. a. Polyamine wie das Spermidin [Mono(γ-aminopropyl)-putrescin]. Es sind wichtige Wachstumsfaktoren für Lactobacillen. Sie werden gegenwärtig ausschließlich bei der Joghurtbereitung eingesetzt. Durch Zugabe des Algenextraktes wird die Generationsdauer der relativ langsam wachsenden Lactobacillen unter sonst gleichen Bedingungen um die Hälfte verkürzt, was einer Verdopplung der Zellzahl je Zeiteinheit gleichkommt [364].
Die Nutzung von Mikroalgen in der Tierernährung wird in einigen Ländern angestrebt. In der UdSSR wird dazu *Dunaliella salina* und in den USA *Spongiococcum excentricum* kultiviert und z. B. dem Hühnerfutter beigemischt.
Aussichtsreich wird die Gewinnung von protein- und vitaminreichen Futtermitteln einschließlich Fischfutter aus Algen auf der Basis von Abwasser als Nährsubstrat eingeschätzt. Es gibt in verschiedenen Ländern Anlagen, in denen man Algen meist in Mischkultur mit aeroben Bakterien (als CO_2-Lieferanten) in Abwässern, die reich an organischen Stoffen sind, kultiviert. Damit wird gleichzeitig die notwendige Reinigung der Abwässer erreicht [395].
Insgesamt gesehen sind die hohen Kosten der Algenkultivierung, die u. a. durch den notwendigen technischen Aufwand zur Regulierung von Temperatur, pH-Wert, Nährstoffgehalt und Zellkonzentration der Nährlösung bedingt werden, bisher der Gewinnung von Grünalgen in großtechnischem Maßstab hinderlich.

15.3. Verwertung von Algen und Algenprodukten für Nahrungs- und Futterzwecke

15.3.1. Direkte Nutzung von Meeresalgen als Lebensmittel

Weltweit gesehen spielen Algen in der menschlichen Ernährung keine bedeutende Rolle, da sie schwer verdaulich sind, einen strengen, spinatartigen Geschmack haben und die Produktionskosten hoch sind. Der Konsum von Meeresalgen beschränkt sich im wesentlichen auf einige asiatische Länder sowie Polynesien, Australien und die Pazifikküste Südamerikas. [206, 216, 254, 256]

In Japan, dem wohl bedeutendsten Land der Algenverwertung, werden hauptsächlich Rotalgen, z. B. *Porphyra*- und *Rhodymenia*-Arten, sowie Braunalgen, z. B. *Laminaria*- und *Undaria*-Arten, aber auch Grünalgen, z. B. *Monostroma*-Arten, roh oder gekocht als Gemüse konsumiert. Getrocknete und pulverisierte Braunalgen, z. B. *Laminaria japonica*, finden als Zusatz zu Fischgerichten, Suppen und Soßen sowie zur Gebäckherstellung Verwendung. Algentee wird ebenfalls aus einigen Braunalgen-Arten bereitet (Bild 106). Auch Süßigkeiten werden aus besonders zuckerhaltigen Meeresalgen bereitet.

Ein typisches Handelsprodukt ist Hoshi-nori. Es wird folgendermaßen hergestellt. Die geernteten Rotalgen der Gattung *Porphyra* (Nori) wäscht man sorgfältig mit Meerwasser und schneidet sie anschließend maschinell in kleine Stücke. Diese werden in Frischwasser suspendiert und in flache rechteckige Holzrahmen gegossen, die auf flachen Sieben liegen. Auf diese Weise entstehen auf den Sieben rechteckige, feuchte

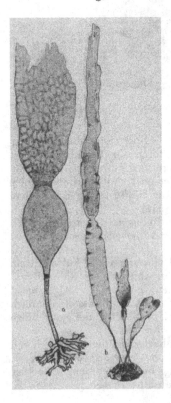

Bild 106. Braunalgen
a) *Laminaria sinclairii*
b) *L. saccharina*, mit Rhizoiden an einem Stein befestigt

Platten (sheets) aus Nori. Diese werden mit Heißluft getrocknet und können danach als Hoshi-nori von den Sieben abgenommen werden. Eine Platte (sheet) mißt etwa 20 cm × 18 cm und wiegt etwa 3 g. [380]
Der durchschnittliche Tagesverbrauch an Meeresalgen je Einwohner und Tag liegt in Japan bei fast 100 g und ist damit recht beachtlich.
In Alaska und Kanada sowie in Schottland wird die vitaminreiche Rotalge *Rhodymenia palmata* aus dem Meer gesammelt und in getrockneter Form als Dulse gehandelt. Sie dient u. a. zur Bereitung von Salat, Keksen, Soßen und enthält etwa 25% Protein in der Trockensubstanz.
In der UdSSR wird *Laminaria japonica* als Meereskohl zu Konserven verarbeitet. Eine Auswahl der zahlreichen Meeresalgen und ihrer Produkte, die für die menschliche Ernährung genutzt werden, ist in Tabelle 50 zusammengestellt.

Tabelle 50. Meeresalgen und ihre Produkte für die menschliche Ernährung (nach LOOSE *u. a.* [216])

| Produkt | Algengattungen bzw. -arten | | |
	Rotalgen	Braunalgen	Grünalgen
Aonori			*Monostroma*
Awo-nori			*Enteromorpha*
Cochayugo		*Durvilla antarctica*	
Dulse	*Rhodymenia palmata*		
Funori	*Gloiopeltis*		
Hijiki		*Hizikia fusiforme*	
Hondawara		*Sargassum*	
Hoshi-nori	*Porphyra*		
Kausam		*Alaria*	
Kombu		*Laminaria, Alaria*	
Laverbread	*Porphyra*		
Lechuga des samba			*Ulva*
Miru			*Codium*
Sarumen		*Alaria*	
Seatron		*Nereocystis luetkeana*	
Wakame		*Undaria*	

15.3.2. Gewinnung und Verwendung von Alginsäure, Alginaten und Agar

Bis zu 40% der Trockensubstanz von Meeresalgen besteht aus Alginsäure, einem Polysaccharid, in dem D-Mannuronsäure und L-Guluronsäure 1,4-glycosidisch miteinander verknüpft sind. Sie wird großtechnisch durch sodaalkalische Extraktion von Braunalgen, z. B. *Macrocystis pyrifera*, gewonnen. Alginsäure sowie ihre Salze und Ester, die Alginate, haben wegen ihrer ausgeprägten gelbildenden Eigenschaften praktische Bedeutung. Sie können bis zur 300fachen Menge ihrer Eigenmasse Wasser aufnehmen. Da Alginate außerdem leicht verdaulich sind, werden sie in der Lebensmittelindustrie als Stabilisatoren für Margarine, Schlagsahne, Speiseeis, Krems, Pudding, Soßen, Mayonnaise, Kakao und andere Milchmixgetränke sowie als Gelierhilfe zur Herstellung von Gelees und Marmeladen eingesetzt. Als Überzugsmasse zur Oberflächenkonservierung finden sie vor allem für zubereitete Fleisch-, Fisch- und Obstspeisen Verwendung. Eßbare Wursthüllen lassen sich ebenfalls aus Alginaten herstellen. Weiterhin dienen sie zur Klärung von Bier, Wein und Likör. Neuerdings spielen Alginate eine Rolle als Appetitzügler für Schlankheitskuren.

Agar, früher auch als Agar-Agar bezeichnet, ist das schon am längsten aus Meeresalgen gewonnene und verwertete chemische Produkt. Es ist ein Polysaccharid mit Galactose als Grundbausteinen. Wäßrige Lösungen mit 1% Agar werden bei Temperaturen zwischen 80°C und 100°C verflüssigt und bilden feste Gele beim Abkühlen unter etwa 40°C. Agar wird hauptsächlich aus Rotalgen (Agarophyten) der Gattungen *Gelidium*, *Gracilaria* und *Ahnfeltia* durch mehrstündiges Kochen mit Wasser und anschließende Heißfiltration sowie Trocknung in Form von Platten, strickartigen Strängen oder Pulver gewonnen. Die klassischen Herstellungsländer sind Japan, Indonesien, Sri Lanka und einige weitere asiatische Länder.

Da der Bedarf sowohl an Alginaten als auch an Agar ständig steigt, haben in jüngerer Zeit zahlreiche Küstenländer in Europa, Afrika, Nord- und Südamerika die Produktion aufgenommen.

Auf die Verwendung von Grünalgenextrakt als Wachstumsfaktor für Lactobacillen bei der Joghurtherstellung wurde bereits unter 15.2.2. hingewiesen.

Die als Filtriermittel bei der Herstellung von Wein, Bier, Fruchtsäften u. a. verwendete Kieselgur besteht aus den sedimentierten Schalen abgestorbener einzelliger Kieselalgen, die bergbaumäßig in bestimmten Gebieten gewonnen werden.

Außer auf dem Lebensmittelsektor werden Algenprodukte in der Pharmazie, Medizin und anderen Gebieten eingesetzt, z. B. enthalten zahlreiche Rot- und Grünalgen des Meeres intensiv gegen Würmer wirksame Substanzen (Anthelmintica), wie die Kaininsäure. In der Mikrobiologie dient Agar als 1,5- bis 3prozentiger Zusatz zur Verfestigung von Nährböden. [111, 204, 206, 216, 254]

15.3.3. Verwendung von Algen als Futtermittel

Als Futtermittel werden vom Sturm an den Strand geworfene oder bei Ebbe geerntete Seetange schon seit Jahrhunderten genutzt. Auf den Orkneyinseln stellen Meeresalgen ein wichtiges Futter für Schafe dar. Aus Braunalgen der Gattungen *Laminaria*, *Ascophyllum* und *Fucus* hergestelltes Algenmehl findet als Futterzusatz, z. B. für Schweine und Geflügel, Verwendung.

Die Gewinnung von mikroskopisch kleinen Grünalgen als Futtermittel, z. B. als Nebenprodukt bei der Abwasserreinigung, wurde bereits unter 15.2.2. erwähnt.

Literaturquellenverzeichnis

[1] ABBOTT, B. J.; GLEDHILL, W. E.: The extracellular accumulation of metabolic products by hydrocarbon degrading microorganisms. Adv. Appl. Microbiol. **14** (1971) S. 249—388

[2] ACHTZEHN, M. K.; BENDER, U.; PLAGE, E.: Hygienisch-epidemiologische Probleme kremhaltiger Backwaren. Bäcker u. Konditor **18** (1970) S. 35 bis 37

[3] ADAIR, C. N.: Influence of controlled-atmosphere storage conditions on cabbage post-harvest decay fungi. Plant Dis. Rep. **55** (1971) S. 864 bis 868

[4] AJL, A.; CIEGLER, A.; KADIS, S.: Microbial toxins, Vol. I bis VI. New York—London: Academic Press 1970, 1971

[5] Akademie der Landwirtschaftswissenschaften der DDR (Hsg.): Pathogene Fusarien an der Kartoffelknolle. Berlin: Tagungsber. Nr. 157, Akademieverlag 1978

[6] Akademie der Landwirtschaftswissenschaften der DDR (Hsg.): Pflanzenschutzmittel-verzeichnis. Berlin: VEB Deutscher Landwirtschaftsverlag 1982

[7] ALICHANJAN, S. I.: Grundlagen der Genetik und Züchtung industriell genutzter Mikro-organismen. Jena: VEB Gustav Fischer Verlag 1972

[8] AMAHA, M., u. a.: Gushing inducers produced by some mould strains. Proc. Europ. Brew. Con. Amsterdam: Elsevier 1974, S. 381 bis 398

[9] ANDRES, C.: Controlled fermentation reduces salt usage, improves pickle quality and profitability. Food Processing **38** (1977) 50, 52

[10] Anonym: Konservierungsmethode von Gemüsesäften. Flüssiges Obst **31** (1964) S. 212

[11] Anonym: Konservierungsmittelanordnung. Gesetzblatt der DDR Teil II, Nr. 13 vom 13. 2. 1967

[12] Anonym: Die Säuerung von Gurken im alten Aufguß. Przemysl Spozywczy **24** (1970) S. 452 (poln.)

[13] Anonym: Verminderung des mikrobiellen Befalls von Weizen und Mehl. Mühle u. Misch-futtertechnik **109** (1972) 116 bis 167

[14] Anonym: Anordnung über den Verkehr mit Speisepilzen und den daraus hergestellten Pilzerzeugnissen. Gesetzbl. DDR Teil I, Nr. 2 v. 17. 1. 1974

[15] Anonym: Die chemische Behandlung von Obst zur Lagerung. Internat. Z. Landw. **6** (1974) 712 bis 715

[16] Anonym: Keimfreies Abpacken im Durchflußverfahren konservierter Fruchtsäfte. Industr. Obst- u. Gemüseverwertung **63** (1978) 408 bis 410

[17] APPERT, N.: L'art de conserver, pendant plusieurs années, toutes les substances animales et végétables. Paris: Patris & Cie. 1810

[18] ASAI, T.: Acetic acid bacteria: Classification and biochemical activities. Tokyo: Univ. Tokyo Press 1968

[19] AUERMANN, L. J.: Technologie der Brotherstellung. Leipzig: VEB Fachbuchverlag 1977

[20] AULICH, W.: Das Verschließen von Blechdosen, die dabei auftretenden Fehler und deren Beseitigung. Lebensmittel-Ind. **19** (1972) S. 229 bis 234, 275 bis 278

[21] Autorenkollektiv: Internationales Symposium 5.—10. 3. 1973. Paris: Inst. Nat. Rech. Agron. 1973

[22] BABENZIEN, H.-D.: Hydrobakteriologische Untersuchungen im Stechlinsee. Limnologica **2** (1964) 1, S. 9 bis 34

[23] BACK, W.; ANTHES, S.: Taxonomische Untersuchungen an limonadenschädlichen Hefen. Brauwissensch. **32** (1979) S. 145 bis 154

[24] BARFOED, H.: Die Verwendung von Enzymen bei der Herstellung von Dextrose und Stärkesirup. Stärke **19** (1967) Nr. 1, S. 2 bis 8

[25] BARFOED, H.: Enzymatische Methoden zur Stärkeverflüssigung. Die Stärke **19** (1967) Nr. 9, S. 291 bis 295

[26] BAUCH, J., u. a.: Verfahren zur Gewinnung von »fermosin«-Futterhefe aus Erdöldestillaten. Chem. Techn. **30** (1978) S. 284 bis 287

[27] BEAUDOIN, CH.; CHAMPION, J.; MALLESSARD, R.: Essais de traitements des bananes au thiabendazole. Fruits **24** (1969) S. 89 bis 99

[28] BEERENS, H.: Survie des bactéries anaérobies dans le jus de pommes et de raisins. Ann. Inst. Pasteur Lille **11** (1960) S. 151 bis 166

[29] BEHRENS, U.; RINGPFEIL, M.: Mikrobielle Polysaccharide. Berlin: Akademie Verlag 1964

[30] BEKER, M. E.: Einführung in die Biotechnologie. Moskau: Pischtschewaja Promyschlennost 1978 (russ.)

[31] BEKER, M. E. (Hsg.): Biotechnologie mikrobieller Synthesen. Riga: Sinatne 1980 (russ.)

[32] BERG, G.: Die Virusübertragung auf dem Wasserweg. Arch. f. Hyg. u. Bakt. **149** (1965) Nr. 3/4, S. 310 bis 335

[33] BERGEY's Manual of determinative bacteriology, 8th Ed. Baltimore: Williams & Wilkins Co. 1975

[34] BHATTACHARJEE, I. K.: Microorganisms as potential sources of food. Adv. Appl. Microbiol. **13** (1970) S. 139 bis 161

[35] BLASCHKE-HELLMESSEN, R., TEUSCHEL, G.: Saccharomyces rouxii BOUTROUX als Ursache von Gärungserscheinungen in geformten Marzipan- und Persipanartikeln und deren Verhütung im Herstellerbetrieb. Nahrung **14** (1970) S. 249 bis 267

[36] BLÜMKE, R.; MÜLLER, G.: Vergleichende Laboruntersuchungen zur Langzeitwirkung von Formalin, quarternären Ammoniumverbindungen sowie einer Kombination beider auf Leuconostoc dextranicum und Bacillus polymyxa. Lebensmittelind. **26** (1979) S. 107 bis 109

[37] BOCK, W.: Möglichkeiten zur Verhinderung des Weichwerdens von Salzgurken während der Milchsäuregärung. Konservenumschau, Beiheft 6 (1969) S. 106 bis 124

[38] BOCK, W.; KRAUSE, M: Neuere Erkenntnisse über das Weichwerden von Salzgurken. Konservenumschau **2** (1966) S. 55 bis 63

[39] BODROSSY, L.: Verminderung des Infektionskeimgehaltes von Gewürzen der Fleischindustrie. Húsipar **9** (1960) S. 160 bis 164 (ung.)

[40] BOGDANOW, W. M., u. a.: Technische Mikrobiologie der Lebensmittel. Moskau: Pischtschewaja Promyschlennost 1968 (russ.)

[41] BOHN, K., u. a.: Zuckerfabrikation mit Dicksaftlagerung. Lebensmittelind. **20** (1973) S. 509 bis 515; **21** (1974) S. 35 bis 39

[42] BÖHRINGER, P.: in »Die Hefen« Bd. 2 »Technologie der Hefen«. Nürnberg: Verlag Hans Carl 1962

[43] BOMAR, M. T., u. a.: Produktion von proteinreichem Substrat aus Cellulose und cellulosehaltigen Stoffen. Ber. Bundesforschungsanst. Ernährung Karlsruhe, **2** (1980) S. 1 bis 192

[44] BONDE, G. J.: Bacterial indicators of the water pollution. Kopenhagen: Teknisk Forlag 1962

[45] BORG, A. F.; ETCHELLS, J. L.; BELL, T. A.: Bloater formation by gas-forming lactic acid bacteria in cucumber fermentations. Bacteriol. Proc. **56** (1956) S. 28

[46] BORGSTROM, G.: Microbiological problems of frozen food products. Adv. Food Res. 6 (1955) S. 163 bis 230

[47] BORGSTRÖM, G.: Preservation of fruit juices by chemical preservatives and miscellaneous other methods. In: TRESSLER, D. K.; JOSLYN, M. A.: Fruit and vegetable juice. Westport, Conn.: Avi Publ. Co. 1961

[48] BÖTTICHER, W.: Technologie der Pilzverwertung. Stuttgart: Eugen Ulmer Verlag 1974

[49] BRAUN, H.; RIEHM, E.: Krankheiten und Schädlinge der Kulturpflanzen und ihre Bekämpfung, 8. Aufl. Berlin—Hamburg: Verlag Paul Parey 1957

[50] BREGVADZE, U. D.: Verlängerung der Lagerzeit von Apfelsaft durch Behandlung mit Gammastrahlen und Sorbinsäure. Konserv. i ovoscesus. prom. 2 (1963) S. 9 bis 11 (russ.)

[51] BRUNNER: Kontinuierliche Fermentation als biologisches Fließgleichgewicht. Int. Fachz. Brau-, Gär- und Kältetechnik 18 (1965) S. 177 bis 182, 189 bis 194

[52] BURGER, G.: Das Blutwunder in der Geschichte. Ein Beitrag zur Monographie von Serratia marcescens. Schriftenreihe Gesch. Naturwiss. Technik, Med. 2 (1965) S. 127 bis 139

[53] BURTON, M. O.: The types of coli-aerogenes organism occuring in frozen vegetables. Can. J. Public Health 40 (1949) S. 361 bis 363

[54] BUSTA, F. F.; SPECK, M. L.: Antimicrobial effect of cocoa on salmonellae. Appl. Microbiol. 16 (1968) S. 424 bis 425

[55] BUTSCHEK, G.; KAUTZMANN, R.: Backhefefabrikation. In: REIFF, F., u. a.: Die Hefen, Bd. II, Technologie der Hefen. Nürnberg: Verlag Hans Carl 1962

[56] BUTTIAUX, R.: Surveillance et control des eaux d'alimentation. III. Rev. d'hygiene 2 (1958) S. 170 bis 194

[57] BUTTIAUX, R.: La surveillance bactériologique des eaux minérales en bouteilles et en boîtes. Ann. Inst. Pasteur Lille 11 (1960) S. 23 bis 38

[58] BUTTIAUX, R.; BOUDIER, A.: Das Verhalten von autotrophen Bakterien in Mineralwasser in hermetischer Verpackung. Ref. Fruchtsaftindustrie 6 (1961) S. 301

[59] ČAGA, S.; DONČEVA, CV.; KAMBUROVA, ST.: Die Restmikroflora in fruchtfleischhaltigem Pfirsich- und Pflaumensaft. Wiss. Abhandl. Forschungsinst. Konservenind. Plovdiv 3 (1965) S. 131 bis 135 (bulg.)

[60] CARLSON, S.: Bedeutung, Aufgaben und Ziel der Virusforschung in der Wasserhygiene. Gas- und Wasserfach 106 (1965) Nr. 12, S. 325 bis 329

[61] CARMARGO, R. DE; LEME, J. jr.; MARTINELLI, FILHO, A.: General observations on the microflora of fermenting cocoa beans (Theobroma cacao) in Bahia (Brazil). Food Technol. 17 (1963) S. 116 bis 118

[62] CARRIERE, A.: Inauguraldissertation Nr. 975, Humboldt-Universität zu Berlin 1959

[63] CHRISTENSEN, C. M., u. a.: Microflora of black and red pepper. Appl. Microbiol. 15 (1967) S. 622 bis 626

[64] CHRISTENSEN, C. M.: Storage of cereal grains and their products. St. Paul, Minnesota: American Ass. Cereal Chemists 1974

[65] CIEGLER, A.: Microbial carotenogenesis. Adv. Appl. Microbiol. 7 (1965) S. 1 bis 35

[66] CLERCK, J. DE: Lehrbuch der Brauerei, Band 1, 2. Auflage. Berlin: Versuchs- und Lehranstalt für Brauerei 1964

[67] COETZEE, O. J.: Bakteriophagen als Indikatoren fäkaler Wasserverunreinigung. Gesundheits-Ingenieur 83 (1962) Nr. 12, S. 371 bis 372

[68] CONNER, H. A.; ALLGEIER, R. J.: Vinegar: Its history and development. Adv. Appl. Microbiol. 20 (1976) S. 82 bis 198

[69] CORETTI, K.: Der Keimgehalt von Gewürzen. Fleischwirtschaft 7 (1955) S. 305 bis 308

[70] CORETTI, K.: Gewürzentkeimung — eine hygienische Notwendigkeit. Zur Entkeimung von Gewürzen durch UV-Bestrahlung. Fleischwirtschaft 7 (1955) S. 386 bis 389

[71] CUNEO, R.: Hygieneprobleme bei der Konstruktion von Maschinen und Trocknern für die Teigwarenindustrie. Getreide, Mehl, Brot 28 (1974) 132 bis 136

[72] CVETKOVA, L. M.: Mikrobiologische Untersuchungen von sublimationsgetrockneten Obst- und Beerenpürees und Säften mit Fruchtfleisch. Konservn. i ovoščesušil. promyšl. 26 (1971) 32 bis 34 (russ.)

[73] DAHLMANN, W.: Tafelwässer, Limonaden und Brausen. Leipzig: VEB Fachbuchverlag 1959

[74] DAMM, H.: Die Infektion bei der Herstellung von Fruchtsaftgetränken und Limonaden und ihre Vermeidung. Naturbrunnen 10 (1960) S. 275 bis 279, 304 bis 305

[75] DAUBNER, I.: Mikrobiologie des Wassers, 2. Aufl. (Hsg.): GRAHNEIS, H.; MÜNCH, H.-D. Berlin: Akademie-Verlag 1981

[76] DAVIS, J. G.: The lactobacilli, II. Applied aspects. Progr. Industr. Microb. 4 (1963) S. 95 bis 136

[77] DEÁK, T.: Effect of brine composition on the fermentation of cucumbers. Acta Alimentaria 2 (1973) S. 303 bis 317

[78] DEVILLERS, P.: Origine des contaminations microbiennes des sucres. Ind. Aliment. Agric. Paris 80 (1963) S. 705 bis 713, 921 bis 923

[79] DEVILLERS, P.: Mikrobiologische Studien in französischen Zuckerfabriken. Z. Zuckerind. 6 (1956) 590 bis 593

[80] DICKSCHEIT, R.: Inauguraldiss. Humboldt-Universität zu Berlin 1956

[81] DICZASHVILI, N. D.; RODOPULA, A. K.: Der Einfluß der Hefen auf die aromabildenden Stoffe des Champagners. Vinodelie i vinogradarstvo 4 (1980) S. 48 bis 49

[82] DIEHL, J.-F.: Neuere Entwicklungen auf dem Gebiet der Lebensmittelbestrahlung. ZFL 31 (1980) S. 85 bis 88

[83] DIETZE, G., u. a.: Tabakfachbuch, Leipzig: VEB Fachbuchverlag 1953

[84] DITTRICH, M.: Hinweise für die Tanklagerung von Fruchtsäften. Lebensmittel-Ind. 10 (1963) S. 360 bis 362

[85] DREWS, B.; FOTH, G.: Die Praxis des Brennereibetriebes auf wissenschaftlicher Grundlage. Berlin: Verlag Paul Parey 1951

[86] DRUX, A.; BAUER, H. J.: Erfahrungen bei der hygienischen Überwachung von Getränkeflaschen und Konservengläsern. Lebensmittel-Ind. 11 (1964) S. 309 bis 311

[87] DUCKWORTH, R. B.: Water relations of foods. London–New York–San Francisco: Academic Press 1975

[88] DURACH, W.: Zum Problem des Weichwerdens von Sauerkraut. Industr. Obst- u. Gemüseverwertung 37 (1952) S. 417 bis 423

[89] DZIENGEL, A.; MAUCH, W.: Theoretische Betrachtungen zum Wachstum thermophiler Sporenbildner in Rübenschnitzelextraktionsanlagen. Zuckerind. 104 (1979) S. 711 bis 719

[90] EBNER, H.: Ullmanns Encyklopädie der technischen Chemie. Weinheim–New York: Verlag Chemie 11 (1976) S. 41 bis 55

[91] EDELÉNYI, M. (Hsg.): Borászati mikrobiológia. Budapest: Mezögazdasági Kiado 1978

[92] EISNER, M.: Bedeutung der bakteriologischen Kontrolle bei der Herstellung von Lebensmittelkonserven. Industr. Obst- u. Gemüseverwertung 51 (1966) S. 62 bis 64

[93] ELLIOT, R. P.; MICHENER, H. D.: Microbiological process report, microbiological standards and handling codes for chilled and frozen foods. A review. Appl. Microbiol. 9 (1961) S. 452 bis 468

[94] EMEIS, C. C.: Die kontinuierliche Kultur von Mikroorganismen. Monatsschr. Brauerei 18 (1965) S. 224 bis 228

[95] EMEIS, C. C.: Vergärung höherer Kohlenhydrate in der Würze. Monatsschr. Brauerei 24 (1971) S. 310 bis 313

[96] ENGAN, S.; AUBERT, O.: Relations between fermentation, temperature and the formation of some flavour components. European Brewery Convention 1977.

[97] ENGLISH, C. F.; BELL, E. J.; BERGER, A. J.: Isolation of thermophiles from broadleaf tobacco and effect of pure culture inoculation on cigar aroma and mildness. Appl. Microbiol. 15 (1967) S. 117 bis 119

[98] ETCHELLS, J. L.; BELL, T. A.; COSTILOW, R. N.: Pure culture fermentation process for pickled cucumbers. U. S. Patent No. 3403032, 1963

[99] ETCHELLS, J. L., u. a.: Populations and softening enzyme activity of filamentous fungi on flowers, ovaries and fruit of pickling cucumbers. Appl. Microbiol. 6 (1958) S. 427–440

[100] ETCHELLS, J. L., u. a.: Pure culture fermentation of brined cucumbers. Appl. Microbiol. 12 (1964) S. 523 bis 535

[101] ETCHELLS, J. L., u. a.: Influence of temperature and humidity on microbial, enzymatic, and physical changes of stored, pickling cucumbers. Appl. Microbiol. 26 (1973) 943 bis 950

[102] FARKAS, J.; VAS, K.; KISS, I.: Über die Wirkung ionisierender Strahlen auf Farbe und Geschmack von einigen Fruchtsäften. Fruchtsaftind. 6 (1961) S. 350 bis 358

[103] FIELDS, M. L.: The effect of Oidium lactis on the sporulation of Bacillus coagulans in tomato juice. Appl. Microbiol. 10 (1962) S. 70 bis 72

[104] FIELDS, M. L.; FINLEY, N.: Studies on heat responses of bacterial spores causing flat sour spoilage in canned foods. III. Univers. Missouri Coll. Agricult. Exper. Stat. Res. Bull. 807 (1962)

[105] FIELDS, M. L.; JENNE, C. R.: Studies on the heat responses of bacterial spores causing flat sour spoilage in canned foods. I. and II. Univ. Miss. Coll. Agric. Exp. Stat. Res. Bull. 805 und 806 (1962)

[106] FISCHLER, M.: Entkeimungsversuche von Obst- und Traubenweinen. Wein und Rebe (1929/1930) S. 403
[107] FLAUMENBAUM, B. L.; ZWERKOVA, A. S.; NESTERJUK, I. G.: Die Erhöhung der mikrobiologischen Stabilität von Weintraubensaft bei der Lagerung in Zisternen. Konservn. i ovoščesušil. promyšl. 32 (1977) S. 21 bis 22 (russ.)
[108] FOGARTY, W. M.; KELLY, C. T.: Starch-degrading enzymes of microbial origin. Progr. Industr. Microbiol. 15 (1979) S. 87 bis 150
[109] FOGARTY, W. M.; WARD, O. P.: Pectinases and pectic polysaccharides. Progr. Industr. Microbiol. 13 (1974) S. 59 bis 119
[110] FORAGE, A. J.; RIGHELATO, R. C.: Microbial protein from carbohydrate wastes. Progr. Industr. Microbial. 14 (1978) S. 59 bis 94
[111] FOTT, B.: Algenkunde. Jena: VEB Gustav Fischer Verlag 1971
[112] FRAGNER, J. (Hsg.): Vitamine, Chemie und Biochemie. Bd. 1 1964, Bd. 2 1965. Jena: VEB Gustav Fischer Verlag
[113] FRANK, H. K.: Occurence of patulin in fruits and vegetables. Ann. Nutr. Aliment. 31 (1977) S. 459 bis 465
[114] FRANK, H. A.; LUM, N. A.; DE LA CRUZ, A. S.: Bacteria responsible for mucilage-layer decomposition in kona coffee cherries. Appl. Microbiol. 13 (1965) S. 201 bis 207
[115] FRANK, H. K.; ORTH, R.; FIGGE, A.: Patulin in Lebensmitteln pflanzlicher Herkunft. Z. Lebensmittel-Untersuch.-Forschung S. 111 bis 114
[116] FRANZKE, CL.; THURM, V.: Zur Bildung von Methylketonen aus Fettsäuren durch Penicillium roqueforti. Nahrung 14 (1970) S. 279 bis 291, 293 bis 296
[117] FRIEDMANN, H. C.; CAGEN, L. M.: Microbial biosynthesis of B_{12}-like compounds. Ann. Rev. Microbiol. 24 (1970) S. 159 bis 208
[118] FRITSCHE, W.: Biochemische Grundlagen der Industriellen Mikrobiologie. Jena: VEB Gustav Fischer Verlag 1978
[119] Siehe [373 a]
[120] GABIS, D. A.; LANGLOIS, B. E.; RUDNICK, A. W.: Microbiological examination of cocoa powder. Appl. Microbiol. 20 (1970) S. 644 und 645
[121] GEHRING, A.: Weitere Untersuchungen über die Haltbarkeit von Fruchtsaftgetränken. Naturbrunnen 11 (1961) S. 146
[122] GEISS, E.: Die Champignon-Kultur. Stuttgart: Eugen Ulmer Verlag 1961
[123] GELBRICH, D.: Verfahren zur Herstellung von Sauerkraut. Deutsche Lebensmittelrundschau 66 (1970) S. 183
[124] GEYER, H. J.: Über den enzymatischen Stärkeabbau beim Maischen und seine Auswirkungen auf das Bier. Brauwiss. 24 (1971) 12, S. 444 bis 453
[125] GILLESPY, T. G.: Studies on the mould Byssochlamys fulva. Ann. Rept. Fruit Veg. Preserv. Res. Stat. Campden, Univ. Bristol (1936/37) S. 68 bis 75; (1939) S. 68 bis 79; (1940) S. 54 bis 61; (1946) S. 13 bis 19
[126] GISSKE, W.: Keimfreie Gewürzpräparate für die Herstellung von Fleischgerichten und Wurstwaren. Fleischwirtschaft 6 (1954) S. 280, 285 und 286
[127] GOLLMICK, F.; BOCKER, H.; GRÜNZEL, H.: Das Weinbuch. 5. Aufl. Leipzig: VEB Fachbuchverlag 1980
[128] GOMES, M. J. V.; OLIVEIRA, M. M. F.; DE VAZ: Ausgewählte Hefen für die Klärung des Portweines. Anais do Instituto do Vinho do Porto (1963/64) S. 51 bis 105
[129] GOODWIN, T. W.: Vitamins. In: RAINBOW, C., und A. H. ROSE: Biochemistry of industrial microorganisms. London—New York: Academic Press 1963
[130] GORUN, E. G.; KOSTRAVA, E. I.: Mikrobiologische Bewertung von »knackigen Kartoffeln«. Konservn. i ovoščesušil. promyšl. 27 (1972) S. 26 bis 27
[131] GOTLIB, M. A.: Influence du froid sur la vie microbienne des aliments. Rev. Conserve (France) 3 (1951) S. 45 und 46
[132] GRADEL, A.; LANGE, P.; SCHNEEWEISS, R.: Untersuchungen zur Hitzeresistenz von Sporen des Fadenziehers. Bäcker u. Konditor 24 (1976) S. 297 bis 300
[133] GRADEL, A.; KOCH, R.: Die Züchtung und Testung von Aspergillus-niger-Stämmen für die technische Zitronensäuregärung. Biol. Rundschau 4 (1966) 2, S. 86 bis 99
[134] GRAHNEIS, H.; HORN, K. (Hsg.): Taschenbuch der Hygiene, 3. Auflage. Berlin: VEB Verlag Volk und Gesundheit 1979

[135] HAARD, N. F.; SALUNKHE, D. K.: Symposium: Postharvest biology and handling of fruits and vegetables. Westport Connecticut: The AVI Publ. Co. 1975

[136] HABS, H.; SEELIGER, H.: Bakteriologisches Taschenbuch 38. Aufl., Leipzig: Verlag Johann Ambrosius Barth 1967

[137] HAIKARA, A.; MÄKINEN, V.; HAKULINEN, R.: On the microflora of barley after harvesting during storage and in malting. European Brewery Convention, 1977

[138] HAN, Y. W.: Microbial utilization of straw. Adv. Appl. Microbiol. 23 (1978) S. 119 bis 153

[139] HANSEN, H.: Nacherntebehandlung von Kernobst. Obstbau 4 (1979) S. 327 bis 329

[140] HANSEN, H.: Maßnahmen zur Verbesserung der Qualitätserhaltung von Beeren- und Kernobst. Besseres Obst 24 (1979) S. 207 bis 208

[141] HEESCHEN, W.; TOLLE, A.; ZEIDLER, H.: Zur Klassifizierung der Gattung Streptococcus. Zbl. Bakt. Abt. I, Orig. 205 (1967) 1/3, S. 250 bis 259

[142] HEHN, V.: Kulturpflanzen und Haustiere in ihrem Übergang aus Asien nach Griechenland und Italien sowie in das übrige Europa, 6. Aufl. Berlin: Gebr. Borntraeger 1894, zit. nach [127]

[143] HEINRICH, H., u. a.: Vorschlag zu einheitlichen Verfahren für die bakteriologische Wasseruntersuchung. Z. ges. Hyg. 12 (1966) 6, S. 393 bis 408

[144] HEINRICH, H.; SINZ, V.: Hygienisch-bakteriologische Untersuchungen über Flaschenspülanlagen. Lebensmittel-Ind. 10 (1963) S. 19 bis 22

[145] HENNEBERG, W.: Zur Kenntnis der Milchsäurebakterien der Brennereimaische, der Milch, des Bieres, der Preßhefe, der Melasse, des Sauerkohls, der sauren Gurken und des Sauerteiges sowie einige Bemerkungen über die Milchsäurebakterien des menschlichen Magens. Zbl. Bakt. Abt. II, 11 (1903) S. 154 bis 170

[146] HENNEBERG, W.: Das Sauerkraut. Deutsche Essigindustrie 20 (1916) S. 133 bis 136, 141 bis 144, 152 bis 155, 160 und 161, 166 bis 170, 176 und 177, 184 und 185, 192 bis 194, 199 bis 202, 207 bis 209, 215 und 216, 223 bis 225

[147] HENNEBERG, W.: Handbuch der Gärungsbakteriologie, 2. Aufl. Berlin: Verlag Paul Parey 1926

[148] HENZE, J.: Bau und Einrichtung von Lagerräumen für Obst und Gemüse. Hiltrup: KTBL-Schriften-Vertrieb im Landwirtschaftsverlag 1972

[149] HERRMANN, J.: Lehrbuch der Vorratspflege. Berlin: VEB Deutscher Landwirtschaftsverlag 1963

[150] HERSOM, A. C.; HULLAND, E. D.: Canned foods — an introduction to their microbiology. London: J. A. Churchill Ltd. 5. Ed. 1963

[151] HESSELTINE, C. W.: A millenium of fungi, food, and fermentation. Mycologia 57 (1965) S. 149 bis 197

[152] HINNEKENS, H.; VERNEULEN, F.: Zugabe von Hydroxybenzoaten insbesondere von n-Oktyl-3, 4, 5-Trihydroxybenzoat. Int. T. Brown Mout. 26 (1966/67) S. 175 bis 178

[153] HIROSE, Y.; SANO, K.; SHIBAI, H.: Ann. Rep. Ferment. Proc. 2 (1978) S. 155 bis 189

[154] HLAVACEK, F.; KAHLER, M.: Zur Beurteilung der Brauereihefen. Brauwelt 103 (1963) 42, S. 783 bis 788

[155] HORN, K.: Kommunalhygiene. Berlin: VEB Verlag Volk und Gesundheit 1969

[156] HOSPODKA, J.: Industrial application of continuous fermentation. In: MALEK, I., und Z. FENCL (Hsg.): Theoretical and methodological basis of continuous culture of microorganisms. Prague: Publ. House Czechoslovak Academy of Sciences 1966

[157] HUNTE, W.: Champignon — Anbau im Haupt- und Nebenerwerb. Berlin: Verlag Paul Parey 1961

[158] HYDE, M. B.: Stockage du grain en silos étanches, ou sous vide. Bull. Anciéns Élèves de l' École de Meunerie, Paris (1973) S. 117 bis 122

[159] IENISTEA, C., u. a.: Untersuchungen zum Vorkommen von B. cereus in Konditoreiwaren. Nahrung 12 (1968) S. 795 bis 798

[160] IIZUKA, H.; KOMAGATA, K.: On the studies of microorganisms of cereal grain. Part IV. Pseudomonas isolated from rice, with reference to the taxonomical studies of the fluorescent group of genus Pseudomonas. Nippon Nogeikagaku Kaishi 37 (1963) S. 77 bis 80 (jap.)

[161] INGLE, M. B.; ERICKSON, R. J.: Bacterial α-Amylases. Adv. Appl. Microbiol. 24 (1978) S. 257 bis 278

[162] Institut für Wasserwirtschaft (Hsg.): Ausgewählte Methoden der Wasseruntersuchung, Bd. 2. Jena: VEB Gustav Fischer Verlag 1970

[163] ISLER, O. (Hsg.): Carotenoids. Basel—Stuttgart: Birkhäuser Verlag 1971

[164] JAGUSCH, L.; SCHÖNHERR, W.: Das Tauchstrahlbegasungsverfahren — ein neues ökonomisches Verfahren mit vielen Einsatzmöglichkeiten. Chemische Technik 24 (1972) S. 68 bis 72

[165] JENSEN, C. O.; PARMELE, H. P.: Fermentation of cigar-type tobacco. Ind. Eng. Chem. 42 (1950) S. 519 bis 522

[166] JENSEN, M.: Experiments on the inhibition of some thermoresistent moulds in fruit juices. Ann. Inst. Pasteur Lille 11 (1960) S. 179 bis 182

[167] JOHNSTON, M. R.: Lindane residue in cucumber fermentation. Food Res. 22 (1957) S. 331 bis 341

[168] KAC, V. M.; NACHODKINA, V. Z.; KOROBEJNIKOVA, L. A.: Thermophile Mikroorganismen in der Raffinade und den Produkten der Raffinerien. Sachar. Prom. 39 (1965) S. 168 bis 172 (russ.)

[169] KALINA, A. P.: Biologie und Systematik der Enterokokken. Moskau: Ministerstvo zdravoochranenija SSR, Moskovskij naučnoissledovatel'skij institut vakcin i syvorotok im. I.I. Mečnikova 1968 (russ.)

[170] KALINA, G. P.: Methoden der sanitär-bakteriologischen Untersuchung äußerer Medien. Moskau: Izdatel'stvo Medicina 1966 (russ.)

[171] KALUNJANZ, K. A.; GOLGER, L. I.: Mikrobielle Fermentpräparate. Moskau: Pischtschewaja promyschlennost 1979 (russ.)

[172] KAMINSKI, E.; STAWICKI, ST.; WASOWICZ, E.: Volatile flavour substances produced by moulds on wheat grain. Acta Alimentaria Polonica 1 (1975) S. 153 bis 164

[173] KAMINSKI, E., u. a.: Volatile flavour compounds produced by bacteria cultivated on grain media. Acta Alimentaria Polonica 5 (1979) S. 263 bis 274

[174] KARDOS, E. (Hsg.): Obst- und Gemüsesäfte, 2. Aufl. Leipzig: VEB Fachbuchverlag 1979

[175] KAVANAGH, J.; LARCHET, N.; STUART, M.: Occurrence of a heat-resistant species of Aspergillus in canned strawberries. Nature, London 198 (1963) S. 1322

[176] KEIPPER, C. H.; FRED, E. B.; PETERSON, W. H.: Microorganisms on cabbage and their partial removal by water for the making of sauerkraut. Zbl. Bakt. Abt. II, 86 (1932) S. 143 bis 154

[177] KHARATYAN, S. G.: Microbes as food for humans. Ann. Rev. Microbiol. 32 (1978) S. 301 bis 328

[178] KINDT, V.: Champignons selbst angebaut, 2. Aufl. Berlin: VEB Deutscher Landwirtschaftsverlag 1971

[179] KING, A. D.; MICHENER, H. D.; ITO, K. A.: Control of Byssochlamys and related heat-resistant fungi in grape products. Appl. Microbiol. 18 (1969) S. 166 bis 173

[180] KISS, I., u. a.: The use of irratiated ingredients in food processing; in International Atomic Energy Agency: Food preservation by irradiation, Vol. I. Vienna (1978) S. 263 bis 274.

[181] KLAUSHOFER, H.; PARKKINEN, E.: Zur Frage der Bedeutung aerober und anaerober thermophiler Sporenbildner als Infektionsursache in Rübenzuckerfabriken. Z. Zuckerind. 15 (1965) S. 582 bis 585

[182] KLAUSHOFER, H.; POLLACH, G.: Zur Frage des Zuckerverlustes durch hochthermophile Mikroorganismen in Extraktionsanlagen von Rübenzuckerfabriken. Zucker 25 (1972) S. 157 bis 165; 388 bis 395

[183] KLINKOWSKI, M.; MÜHLE, E.; REINMUTH, E.; BOCHOW, H.: Phytopathologie und Pflanzenschutz, Bd. I, II und III. 2. Aufl. Berlin: Akademie-Verlag 1974, 1976

[184] KOCH, H. A.; KNEIST, S.; RADEMACHER, K.-H.: Trends in der Mykotoxinforschung. Lebensmittelind. 27 (1980) S. 451 bis 454

[185] KOCH, R.: Mikroorganismen in der Getränkeindustrie und ihre Bekämpfung. Berlin: KDT 1966 (Bericht über die 2. zentrale Fachtagung der Industrie alkoholfreie Getränke)

[186] KONOWALOW, S. A.: Biochemie der Hefen, 2. Aufl. Moskau: Pischtschewaja Promyschlennost 1980 (russ.)

[187] KORZYBSKI, T.; KURYLOWICZ, W.: Antibiotica. Jena: VEB Gustav Fischer Verlag 1961

[188] Kosmina, N. P.: Biochemie der Brotherstellung. Leipzig: VEB Fachbuchverlag 1977

[189] Kotte, W.: Krankheiten und Schädlinge im Obstanbau und ihre Bekämpfung. Berlin—Hamburg: Verlag Paul Parey 1958

[190] Kovats, I.: Über die mikrobiologischen Probleme der Trockengemüseprodukte. Elelm. Ipar 24 (1970) S. 318 bis 320 (ung.)

[191] Krauss, G.: Neuentwicklungen in der Technologie der Bierproduktion. Tagesztg. Brauerei 70 (1973) 10/11, S. 37 bis 40

[192] Kretzschmar, H.: Hefe und Alkohol sowie andere Gärungsprodukte. Berlin—Göttingen—Heidelberg: Springer-Verlag 1955

[193] Kretzschmar, H.: Technische Mikrobiologie. Anwendung in Forschung, Industrie und Abwassertechnik. Berlin—Hamburg: Verlag Paul Parey 1968

[194] Kretschmer, K.-F.: Beiträge der Mikrobiologie für die Bier- und Limonadengüte, 2. Teil: Mikrobiologie der Limonadenherstellung. Brauwelt 103 (1963) S. 854 bis 861

[195] Krüger, M.: Aktive Trockenhefe — Probleme ihrer Herstellung und Anwendung. Lebensmittel-Ind. 17 (1970) S. 298 bis 302

[196] Kudrjawzew, N. J.: Die Systematik der Hefen. Berlin: Akademie-Verlag 1960

[197] Kulhánek, M.: Fermentation processes employed in Vitamin C synthesis. Adv. Appl. Microbiol. 12 (1970) S. 11 bis 33

[198] Kumbhojkar, M. S.: Osmophilic yeasts in indian honeys. Curr. Sci. 38 (1969) S. 347 und 348

[199] Kurtzmann, C. P.; Rogers, R.; Hesseltine, C. W.: Microbiological spoilage of mayonnaise and salad dressings. Appl. Microbiol. 21 (1971) S. 870 bis 874

[200] Kusnezow, S. I.: Die Rolle der Mikroorganismen im Stoffkreislauf der Seen. Berlin: VEB Deutscher Verlag der Wissenschaften 1959

[201] Laube, W.; Weissbach, F.: Beiträge zur Methodik der Gärfutteruntersuchung und zur Durchführung von Silierversuchen. Z. landw. Versuchs- u. Untersuchungswesen 10 (1964) S. 155 bis 168, 503 bis 521

[202] Lawler, F. K.: Advances in handling fruits and vegetables prior to processing. Food Engineering 45 (1973) S. 100 bis 102

[203] Lawson, C. J.; Sutherland, I. W.: in Rose, A. H. (Hsg.), Economic microbiology. London—New York: Academic Press 1978

[204] Leigh, A. M.: Alginates in modern food production. Gordian 77 (1977) S. 39 bis 42, 44

[205] Lenk, V.: Über die Bedeutung des Nachweises von Salmonellaphagen und Escherichia coli als Indikator für das Vorkommen von Salmonellabakterien. Zbl. Bakt. Abt. I, Orig. 200 (1966) S. 353 bis 368

[206] Levring, T.; Hoppe, H. A.; Schmidt, O. J.: Marine algae, a survey of research and utilization. Hamburg: Cram, de Gruyter & Co. 1969

[207] Liepe, H.-U.; Junker, M.: Mikrobiologische und chemische Ergebnisse bei Reihenuntersuchungen von Salzgurken unter verschiedenen Herstellungsmethoden. Ind. Obst- u. Gemüseverwertung, Braunschweig 62 (1977) S. 231 bis 234

[208] Lietz, P.: Isolierung der Hefeart Saccharomyces pastorianus aus Bier. Zbl. Bakt. Abt. II, 118 (1964) S. 383 bis 386

[209] Lietz, P.: Verfahren zur Verkürzung der Gär- und Reifungszeit in der Brauerei. Lebensmittel-Ind. 12 (1965) S. 379 bis 382

[210] Lietz, P.: Verfahren zur Verkürzung der Gär- und Reifungszeit von untergärigen Bieren. DDR-Patent 53983, 1967

[211] Lindner, M. W.: Kakao und Kakaoerzeugnisse. Berlin: A. W. Hayn's Erben 1953

[212] Litchfield, J. H., in Peppler, H. J.: Microbial Technology. New York—Amsterdam—London: Reinhold Publ. Corp. 1967

[213] Litchfield, J. H.: Comparative technical and economic aspects of single-cell protein processes. Adv. Appl. Microbiol. 22 (1977) S. 267 bis 301

[214] Lodder, J. (Hsg.): The yeasts, a taxonomic study, 2. Aufl. Amsterdam—London: North-Holland Publ. Comp. 1971

[215] Lohwag, K.: Zusammenstellung der Marktpilze verschiedener Länder. Nahrung 12 (1968) S. 713 bis 738

[216] Loose, G.; Hoppe, H. A.; Schmid, O. J.: Meeresalgen für die menschliche Ernährung. Botanica Marina Suppl. 9 (1966) S. 1 bis 46

[217] Lück, E.: Chemische Lebensmittelkonservierung. Berlin—Heidelberg—New York: Springer-Verlag 1977
[218] Ludwichowski, G.; Uhrig, Ch.: Mikrobiologische und hygienische Aspekte einiger Reformhausprodukte. Archiv Lebensmittelhyg. 30 (1979) S. 176 bis 179
[219] Lukas, E.-M.: Zur Kenntnis der antimikrobiellen Wirkung der Sorbinsäure, 2. Mittlg. Zbl. Bakt. Abt. II, 117 (1964) S. 486 bis 524
[220] Luthardt, W.: Kulturanweisung zur Züchtung holzbewohnender Speisepilze. Steinach: Selbstverlag 1961
[221] Lüthi, H.: Microorganisms in noncitrus juices. Adv. Food. Res. 9 (1959) S. 221 bis 284
[222] Lüthi, H.: Tolérances mikrobiologiques pour les jus de fruits. Ann. Inst. Pasteur Lille 11 (1960) S. 149 bis 150
[223] Malek, I.; Fencl, Z.: Theoretical and methodological basis of continuous culture of microorganisms. Prague: Publ. House Czechoslovak Academy of Sciences 1966
[224] Maltschewsky, N.: Über die aus Fruchtgelees und Konfitüren isolierten Schimmelpilze. Z. f. Lebensmitt.-Untersuchg. u. Forschung 102 (1955) S. 236 bis 243
[225] Martelli, H. L.; Dittmar, H. F. K.: Cacao fermentation. Appl. Microbiol. 9 (1961) S. 370 und 371
[226] Martin, S. M.: Production of organic acids by moulds. In: Rainbow, C., and A. H. Rose: Biochemistry of industrial microorganisms. London—New York: Academic Press 1963
[227] Masschelein, Ch.: Geometrie der Großraumgefäße und ihr Einfluß auf die Funktion der Hefe. Brauwelt 115 (1975) S. 608 bis 617
[228] Meyer, R. A.: Zum Vorkommen des Mykotoxins Patulin in Obst und Obstprodukten. Lebensmittelind. 25 (1978) S. 224 bis 225
[229] Meyerhoff, G.; Müller, G.: Vernichtung von Bienenvölkern durch Hefeinfektion des Zucker-Winterfutters. Ustav vedecko-techn. Inform. MZLVH (1965) S. 125 bis 130
[230] Miall, L. M.: in Rose, A. H. (Hsg.): Economic microbiology. London—New York: Academic Press, Vol. II, 1978, S. 47 bis 119
[231] Michael, E.; Hennig, B.; Kreisel, H.: Handbuch für Pilzfreunde, I. Bd. 4. Aufl. Jena: VEB Gustav Fischer Verlag 1979
[232] Michels, J. M.: Die mikrobiologische Qualität von Trockengemüse. Z. Lebensmittel-Technol. u. Verfahrenstechnol., Coburg, 29 (1978) S. 14 bis 18
[233] Michener, H. D., u. a.: Zeit-Temperatur-Toleranz gefrorener Lebensmittel. XXII. Die Beziehung des Bakterienbefalls zur Temperatur. Z. Lebensmittel-Untersuch.-Forschung 114 (1961) S. 225
[234] Michener, H. D.; Elliot, R. P.: Microbiological conditions affecting frozen food quality, in Arsdel, W. B. van; Copley, M. J.; Olson, R. L.: Quality and stability of frozen foods. New York: Wiley Co. 1969
[235] Millies, K.: Zur Frage nach der Bedenklichkeit der Verwendung des Pyrokohlensäure-diäthylesters zur Kaltentkeimung von Getränken. Flüssiges Obst 42 (1975) S. 123 bis 124
[236] Ministerium für Gesundheitswesen (Hsg.): Lebensmittelgesetz, 5. Aufl. Berlin: Staatsverlag der DDR 1978
[237] Mischustin, E. N.; Triswjatskij, L. A.: Mikrobiologie von Getreide und Mehl. Moskau: Chleboizdat 1960 (russ.)
[238] Mohs, H.-J.: Staphylokokken in Teigwaren und ihre Bekämpfung. Getreide, Mehl, Brot 26 (1972) S. 250 bis 252
[239] Mossel, D. A. A.; de Bruin, A. S.: The survival of Enterobacteriaceae in acid liquid foods stored at different temperatures. Ann. Inst. Pasteur Lille 11 (1960) S. 65 bis 72
[240] Moutoussis, C.; Papavassiliou, J.; Samaraki, V.: Bakteriologische Untersuchung von Mineralwasser. Fruchtsaftind. 6 (1961) S. 300
[241] Müller, G.: Die praktische Bedeutung der thermophilen Mikroorganismen. Biol. Rundschau 1 (1964) S. 155 bis 164
[242] Müller, G.: Mikroorganismen als Schädlinge in der Imkerei. Garten und Kleintierzucht, C Imker 4 (1965) 8, S. 6 und 7
[243] Müller, G.: Mikrobiologische Betriebskontrolle in der bulgarischen obst- und gemüse-verarbeitenden Industrie. Lebensmittel-Ind. 12 (1965) S. 184 bis 186
[244] Müller, G.: Die Ursachen des mikrobiellen Brotverderbs. Bäcker u. Konditor 15 (1967) S. 101 und 102

[245] MÜLLER, G.: Die allgemeinen Möglichkeiten zur Bekämpfung des Brotverderbs. Bäcker. u. Konditor 15 (1967) S. 132 und 133

[246] MÜLLER, G.: Spezielle Möglichkeiten zur Bekämpfung des Brotverderbs. Bäcker u. Konditor 15 (1967) S. 167 und 168

[247] MÜLLER, G.: Mikrobiologie des Sauerkohls. Lebensmittelind. 15 (1968) S. 21 bis 25

[248] MÜLLER, G.: Fehlprodukte bei Sauerkohl und Maßnahmen zu ihrer Verhinderung. Lebensmittelind. 15 (1968) S. 105 bis 107

[249] MÜLLER, G.: Toxinbildende Schimmelpilze in Lebensmitteln pflanzlicher Herkunft. Lebensmittelind. 18 (1971) S. 289 bis 294

[250] MÜLLER, G.: Grundlagen der Lebensmittelmikrobiologie. 5. Aufl. Leipzig: VEB Fachbuchverlag 1983

[251] MÜLLER, G.: unveröffentlicht

[252] MÜLLER, G.; FEILER, E.: unveröffentlicht

[253] MÜLLER, G.; FLOSS, A.; MROZEK, E.: Enzymeinsatz zur Steigerung der Produktion von Kaffee-Ersatz-Extrakt. Lebensmittelind. 27 (1980) S. 220 bis 226

[254] MÜLLER, G.; MÜLLER, CH.: Möglichkeiten zur Nutzung und Verwertung von Algen. Biol. Schule 16 (1967) S. 222 bis 229

[255] MÜLLER, G.; REUTER, D.: Zur Mikrobiologie des Zuckers. Nahrung 12 (1968) S. 115 bis 127

[256] MÜNTZ, K.: Algen als potentielle Rohstoffe für die Nahrungsmittelproduktion. Lebensmittel-Ind. 18 (1971) S. 52 bis 56

[257] MURDOCK, D. I.; ALLEN, W. E.: Germicidal effect of orange peel oil and D-limonene in water and orange juice. I. Fungicidal properties against yeasts. Food Technol. 14 (1960) S. 441 bis 445

[258] NAUMANN, K.: Naßfäuleerreger an Kartoffeln — ihre Differenzierung und Lokalisation. Berlin: Tag.-Ber. Nr. 140 der AdLW DDR 1976, S. 13 bis 33

[259] NECHOTENOVA, T. I., u. a.: Sterilisation von Gewürzen durch Äthylenoxid. Konservn. i ovoscesus. promyslennost. 16 (1961) S. 23 bis 24 (russ.)

[260] NEHRING, P.; KRAUSE, H.: Konserventechnisches Handbuch der Obst- und Gemüseverarbeitungsindustrie, 15. Aufl. Braunschweig: G. Hempel Verlag 1969

[261] NICHOLES, P. S.: The distribution of airborn mesophilic bacteria, yeasts and moulds in sugar factories. J. Amer. Sugar Beet Technol. 12 (1964) S. 666 bis 671

[262] NIEMANN, H.-E.: Mikrobiologische Untersuchung über die Mikroflora von Gewürzen und deren Entkeimung mit Äthylenoxid. Diplomarbeit Sekt. Nahrungsgüterwirtsch. Lebensmitteltechn. Humboldt-Universität zu Berlin 1969

[263] NORDSTRÖM, K.: Svensk kemist tidskrift. Inauguraldiss. 76 (1964) 9, S. 1 bis 34

[264] NUMMI, M.; NIKU-PAAVOLA, M.-L.; ENARI, T. M.: Der Einfluß eines Fusarium-Toxins auf die Gerstenmälzung. Brauwiss. 28 (1975) S. 130 bis 133

[265] NUSSBAUMER, Th.: Beitrag zur Kenntnis der Honiggärung nebst Notizen über die chemische Zusammensetzung des Honigs. Z. Unters. Nahrungsmitt. 20 (1910) S. 272 bis 277

[266] OLSON, A. J. C.: Manufacture of baker's yeast by continuous fermentation. Plant and Process. Internat. Sugar J. 62 (1960) S. 213 bis 217, 247 bis 251

[267] OSTERLOH, A.; GRÖSCHNER, D.: Lagerung von Obst und Gemüse. Berlin: VEB Deutscher Landwirtschaftsverlag 1975

[268] OSTERWALDER, A.: Von Kaltgärhefen und Kaltgärung. Zbl. Bakt. Abt. II, 90 (1934) S. 226 bis 249

[269] OWEN, W. L.: The microbiology of sugars, sirup and molasses. Minneapolis: Barr-Owen Res. Enterprices 1949

[270] PARR, L. W.: Coliform intermediate in human faeces. J. Bact. 36 (1938) S. 1 bis 18

[271] PAUL, W.; ERNST, G.: Anlage für die Margarinepasteurisation. Lebensmittel-Ind. 11 (1964) S. 53 bis 55

[272] PAULUS, K.: Die Hitzesterilisation von Kartoffeln. Ind. Obst- u. Gemüseverwertung 56 (1971) S. 189 bis 194, 215 bis 219

[273] PAULUS, K.: Bedeutung einer produktspezifischen Technologie bei der Sterilisation von Lebensmitteln. Z. Lebensmittel-Technol. u. -Verfahrenstechnik 30 (1979) S. 174 bis 178

[274] PEDERSON, C. S.: Sauerkraut. Adv. Food Res. 10 (1960) S. 233 bis 291
[275] PEDERSON, C. S.; ALBURY, M. N.; CHRISTENSEN, M. D.: The growth of yeasts in grape juice stored at low temperature. Appl. Microbiol. 9 (1961) S. 162 bis 167
[276] PEDERSON, C. S.; NIKETIC, G.; ALBURY, M. N.: Fermentation of the yugoslavian pickled cabbage. Appl. Microbiol. 10 (1962) S. 86 bis 89
[277] PELSHENKE, P. F.: Brotgetreide und Brot, 5. Aufl. Berlin—Hamburg: Verlag Paul Parey 1954
[278] PERLMAN, D.: Primary products of metabolism, in ROSE, A. H. (Hsg.): Economic microbiology. London—New York: Academic Press 2 (1978) S. 303 bis 326
[279] PERLMAN, D.; SIH, C. J.: Fungal synthesis of citric, fumaric and itaconic acids. Progr. Industr. Microbiol. 2 (1960) S. 167 bis 194
[280] PETER, A.: Ergebnisse von Untersuchungen zur Hemmung der Schimmelpilzentwicklung in Fruchtsäften durch Zusatz von L-Askorbinsäure. Fruchtsaftind. 11 (1966) S. 53 bis 59
[281] PETERSON, W. H.; FRED, E. H.: An abnormal fermentation of sauerkraut. Zbl. Bakt. Abt. II, 58 (1923) S. 199 bis 204
[282] PEYNAUD, E.; DOMERCQ, S.: Candida vanriji, dans des jus de raisin conservés à basse température. Arch. Mikrobiol. 47 (1964) S. 219 bis 224
[283] PFAFF, G.: Mikrobiologische Überwachung der Tomatensaftproduktion. Diplomarbeit Landw.-Gärtn. Fak. Humboldt-Universität zu Berlin 1965
[284] PFAFF, G.: Tendenzen bei der Ausnutzung nicht herkömmlicher Rohstoffquellen für die Gewinnung von Eiweiß und für die Produktion simulierter Nahrungsmittel. Übersichtsinformation vom ZIBL 5 (1968) S. 1 bis 24
[285] PIENDL, A.: Brauereitechnologische Faktoren und Bruchbildung der Hefen. Interlaken: European Brewery Convention 1969
[286] PIENDL, A.; GEIGER, E.; HOFFMANN, H.: Über das Vorkommen von Äthanol und alkoholischen Begleitstoffen in Bier, Wein und Spirituosen, Brauwiss. 30 (1977) S. 33 bis 42
[287] PITT, J. I.; CHRISTIAN, J. H. B.: Water relations of xerophilic fungi isolated from prunes. Appl. Microbiol. 16 (1968) S. 1853 bis 1858
[288] PORTNO, A. D.: Pasteurisation and sterilisation of beer. A review. J. Inst. Brew. 74 (1968) S. 291 bis 296
[289] PORTNO, A. D.: New systems of continuous fermentation by yeast. J. Inst. Brew. 73 (1967) S. 43
[290] PRÈVOT, A. R.; THOUVENOT, H.: Bakteriologische Untersuchungen der Verunreinigung von Mineralwässern, Limonaden und ihren Ausgangswaren. Fruchtsaftindustrie 6 (1961) S. 301
[291] REHM, H.-J.: Industrielle Mikrobiologie, 2. Aufl. Berlin—Heidelberg—New York: Springer-Verlag 1980
[292] REHM, H.-J.; NIMMERMANN-VAUPEL, CH.; WALLNÖFER, P.: Zur Kenntnis der antimikrobiellen Wirkung der Sorbinsäure. V. Mittlg. Abbau und Veratmung von Sorbinsäure durch verschiedene Mikroorganismen. Zbl. Bakt. Abt. II, 118 (1964) S. 472 bis 482
[293] REIFF, F.; KAUTZMANN, R.; LÜERS, H.; LINDEMANN, M.: Die Hefen, Bd. II, Technologie der Hefen. Nürnberg: Verlag Hans Carl 1962
[294] REISS, J.: Die Schimmelpilze des Brotes. Zbl. Bakt. II. Abt., 128 (1973) S. 685 bis 728
[295] REISS, J.: Mycotoxins in foodstuffs. Z. Lebensmittel-Untersuch.-Forschung 167 (1978) S. 419 bis 422
[296] REISS, J. (Hsg.): Mykotoxine in Lebensmitteln. Stuttgart, G. Fischer Verlag 1981
[297] RICHMOND, B.; FIELDS, M. L.: Distribution of thermophilic aerobic sporeforming bacteria in food ingredients. Appl. Microbiol. 14 (1966) S. 623 bis 626
[298] RINGPFEIL, M. (Hsg.): Fragen der Mikrobiologie und wissenschaftliche Grundlagen der mikrobiologischen Industrie. Abhandl. Akad. Wiss. DDR, Abt. Mathem., Naturwiss., Tech. 1975, Nr. 1, Berlin 1978
[299] ROBINSON, R. F.; DAVIDSON, R. S.: The large-scale growth of higher fungi. Adv. Appl. Microb. 1 (1959) S. 261 bis 278
[300] ROELOFSON, P. A.: Fermentation, drying and storage of cacao beans. Adv. Food Res. 8 (1958) S. 225 bis 296
[301] ROGATSCHEWA, A. I.: Mikrobiologische Kontrolle der Konservenproduktion. Moskau: (1953) (russ.)

[302] ROSCULET, G.: Brew. Digest. **45**, S. 64 bis 66, 68, 70, 72

[303] ROSE, A. H.; HARRISON, J. S. (Hsg.): The yeasts, Vol. III, Yeast technology. London—New York: Acad. Press 1970

[304] ROTHE, M.: Aroma von Brot. Handbuch der Aromaforschung. Berlin: Akademie-Verlag 1974

[305] RUDY, H.: Fruchtsäuren, Wissenschaft und Technik. Heidelberg: A. Hüthig Verlag 1967

[306] RUMMEL, W.: Die Gurkenkonservierung. Braunschweig: G. Hempel Verlag 1953

[307] RUSACK, K.: Das »Sterilwarmabfüllverfahren« zur Abfüllung von CO_2-haltigen Getränken. Brauwelt **103** (1963) S. 1381 bis 1384

[308] RUSHING, N. B.; SENN, V. J.: Effect of citric acid concentration on the formation of diacetyl by certain lactic acid bacteria. Appl. Microbiol. **8** (1960) S. 286 bis 290

[309] RUTTLOFF, H., u. a.: Industrielle Enzyme. Leipzig: VEB Fachbuchverlag 1978

[310] SAND, F. E. M. J.: Recent investigations on the microbiology of fruit juice concentrates; in: Internationale Fruchtsaftunion, Wissenschaftlich-Technische Kommission: Technologie der Fruchtsaftkonzentrate — Chemie der Fruchtsaftbestandteile, XIII, Wien. Zürich: Juris Druck und Verlag 1973

[311] SCHARA, A.: Über die Isolierung zweier Hefearten aus Limonaden und ihre Rückwirkung auf diese Naturbrunnen **12** (1962) S. 316 bis 324

[312] SCHELHORN, M. VON: Untersuchungen über Konservierungsmittel. VIII. Wirksamkeit und Wirkungsbereich der schwefligen Säure. Dtsch. Lebensmittel-Rdsch. **47** (1951) S. 170 bis 175

[313] SCHELHORN, M. VON: Control of microorganisms causing spoilage in fruit and vegetable products. Adv. Food Res. **3** (1951) S. 429 bis 482

[314] SCHICK, R.; KLINKOWSKI, M.: Die Kartoffel — ein Handbuch, Bd. I und II. Berlin: VEB Deutscher Landwirtschaftsverlag 1961/1962

[315] SCHIMPFKY, S.: Die Lagerfähigkeit von erntefrischem Getreide mit und ohne Vorkonservierung. Getreidewirtschaft **2** (1972) S. 42 bis 43

[316] SCHLEGEL, H. G.; CLAUS, D.; LAFFERTY, R. M.: Mikroorganismen im Dienste der menschlichen Ernährung. Zbl. Bakt. Abt. I, Orig., **212** (1970) S. 303 bis 317

[317] SCHMALRECK, A. F., u. a.: Structural features determining the antibiotic potencies of natural and synthetic hop resins, their precursors and derivatives. Can. J. Microbiol. **21** (1975) S. 205 bis 212

[318] SCHMIDT, J.: Spirituosen-Warenkunde. Leipzig: VEB Fachbuchverlag 1959

[319] SCHMIDT-LORENZ, W.: Physiologie des Wachstums von Mikroorganismen bei tiefen Temperaturen. Archiv Lebensmittelhyg. **23** (1972) S. 268 bis 272

[320] SCHNEGG, H.: Die Hefereinzucht. Nürnberg: Verlag Hans Carl 1952

[321] SCHORMÜLLER, J.: Die Erhaltung der Lebensmittel. Stuttgart: Verlag F. ENKE 1966

[322] SCHUBERT, R. H. W.: Die coliformen Bakterien in der Wasserdiagnostik und ihre Differenzierung. Z. Hyg. **142** (1956) S. 476 bis 486

[323] SCHULZ, A.: Untersuchungen über die antibiotische Wirkung von Propionsäurebakterien auf den Brotschimmel. Brot und Gebäck **13** (1959) S. 141 bis 144

[324] SCHULZ, G.; RAUCH, J., in Ullmanns Encyklopädie der technischen Chemie. München: Verlag Urban u. Schwarzenberg **9** (1975) S. 624 bis 636

[325] SCHULZE, W.: Gewürze und sonstige Würzmittel. 6. Aufl. Leipzig: VEB Fachbuchverlag 1960

[326] SEELIGER, H. P. R.; WERNER, H.: Über die gegenwärtige hygienische und bakteriologische Qualität von Heilwässern, Mineralwässern und Limonaden in der Bundesrepublik Deutschland. Fruchtsaftindustrie **6** (1961) S. 300

[327] SEILER, D. A.: Factors affecting the use of mould inhibitors in bread and cake. In: Microbial inhibitors in food. Stockholm—Göteborg—Uppsala: Almqvist u. Wiksell 1964, S. 211 bis 220

[328] SELENKA, F.: Der quantitative Nachweis von Pseudomonas aeruginosa im Oberflächenwasser. Arch. Hyg. Bakt. **144** (1966) 8, S. 627 bis 634

[329] SEMICHATOWA, H. M.: Backhefen. Moskau: Pischtschewaja Promyschlennost 1980 (russ.)

[330] SENSER, F.; REHM, H.-J.: Über das Vorkommen von Schimmelpilzen in Fruchtsäften. Dtsch. Lebensmittel-Rdsch. **61** (1965) S. 184 bis 186

[331] Senser, F.; Rehm, H.-J.; Rautenberg, E.: Zur Kenntnis fruchtsaftverderbender Mikroorganismen. II. Schimmelpilzarten in verschiedenen Fruchtsäften. Zbl. Bakt. II. Abt. 121 (1967) S. 736 bis 746

[332] Sheneman, J. M.; Hollenbeok, C. M.: Proceedings American Soc. Brew. Chemists. (1960)

[333] Shennan, J. L.; Levi, J. D.: The growth of yeasts on hydrocarbons. Progr. Industr. Microbiol. 13 (1974) S. 1 bis 57

[334] Sher, H. N.: Manufacture of baker's yeast by continuous fermentation, S.C.I. Monograph 12 (1961) S. 94

[335] Siegfried, R.: Fusariumtoxine (Trichothecentoxine) in Futtermais. Landwirtsch. Forschung, Sonderheft 34/I (1977) S. 37 bis 43

[336] Silverman, G. J.; Goldblith, S. A.: The microbiology of freeze-dried foods. Adv. Appl. Microbiol. 7 (1965) S. 305 bis 334

[337] Sinell, H. J.; Baumgart, J.: Zur Mikrobiologie der Mayonnaise und einiger Delikatessen auf Mayonnaisebasis. Alimenta 5 (1966) S. 1 bis 8

[338] Skerman, V. B. D.; McGowan, V.; Sneath, P. H. A. (Hsg.): Approved lists of bacterial names. Internat. J. Syst. Bact. 30 (1980) S. 225 bis 420

[339] Skjelkvale, R.: The bacteriology of dehydrated vegetable products. Nordisk Veterinaermedicin 24 (1972) S. 645 bis 650

[340] Slodki, M. E.; Cadmus, M. C.: Production of microbial polysaccharides. Appl. Microbiol. 23 (1978) S. 19 bis 54

[341] Snyder, H. E.: Microbial sources of protein. Adv. Food Res. 18 (1970) S. 85 bis 140

[342] Sorensen, S. A.: Microbial enzyms for brewing. Process Biochem. 5 (1970) 4, S. 60 bis 62

[343] Souci, S. W.; Fachmann, W.; Kraut, H.: Die Zusammensetzung der Lebensmittel. Stuttgart: Wissenschaftl. Verlagsgesellschaft 1962

[344] Spicher, G.: Ergänzende Untersuchungen über die Mikroflora von Weizenstärken. Zbl. Bakt. Abt. II, 113 (1960) S. 666 bis 671

[345] Spicher, G.: Ergebnisse neuerer mikrobieller Sauerteigstudien. Deutsche Lebensmittel-Rundschau 62 (1966) S. 43 bis 46, 78 bis 81

[346] Spicher, G.: Untersuchungen über das Vorkommen von Aflatoxinen im Brot. Zbl. Bakt. Abt. II, 124 (1970) S. 697 bis 706

[347] Spicher, G.: Geschichtlicher Überblick über die Essigsäurebakterien und die Technologie der Essigfabrikation unter besonderer Berücksichtigung der Arbeiten von Wilhelm Henneberg. Zbl. Bakt. Abt. I, Ref. 227 (1972) S. 310 bis 326

[348] Spicher, G.: Schimmelpilze in Getreide und Cerealien. Alimenta 3 (1974) S. 108 bis 121

[349] Spicher, G.: Zur Frage der Hygiene von Teigwaren. Getreide, Mehl, Brot 30 (1976) S. 303 bis 308; 32 (1978) S. 161 bis 164

[350] Spicher, G.: Merkpunkte für die Beurteilung der hygienisch-mikrobiologischen Qualität von Speisekleie. Merkblatt Arbeitsgemeinschaft Getreideforschung e. V. Detmold, Nr. 86 1979

[351] Spicher, G.: Zur Frage der mikrobiologischen Qualität von Getreidevollkornerzeugnissen. Dtsch. Lebensmittel-Rundschau 75 (1979) S. 265 bis 273

[352] Spicher, G.: Einige Beobachtungen über das Verhalten der Mikroflora von Speisegetreide und Speisegetreideerzeugnissen beim Einweichen. Getreide, Mehl, Brot 34 (1980) S. 329 bis 333

[353] Spicher, G.: Zur Aufklärung der Quellen und Wege der Schimmelkontamination des Brotes im Großbackbetrieb. Zbl. Bakt. Hyg., I. Abt. Orig. B 170 (1980) S. 508 bis 528

[354] Spicher, G.; Bolling, H.: Ursachen und Auswirkungen der Selbsterhitzung des Getreides. Getreide u. Mehl 17 (1967) S. 27 bis 31

[355] Spicher, G.; Schröder, R.: Die Mikroflora des Sauerteiges. Z. Lebensmitt. Unters.-Forschung 167 (1978) S. 342 bis 354; 170 (1980) S. 119 bis 123

[356] Spicher, G.; Weipert, D.: Die Mikroflora des Getreides im Reinigungs- und Vermahlungsdiagramm, II. Mitteilung. Zbl. Bakt. II. Abt., 129 (1974) S. 102 bis 114

[357] Spicher, G.; Zwingelberg, H.: Die Mikroflora des Getreides im Reinigungs- und Vermahlungsdiagramm, III. Mitteilung. Zbl. Bakt. II. Abt. 127 (1972) S. 789 bis 805

[358] Splittstoesser, D. F.: The microbiology of frozen vegetables. Food Technol. 27 (1973) S. 54, 56, 60

[359] SPLITTSTOESSER, D. F.; WETTERGREN, W. P.; PEDERSON, C. S.: Control of microorganisms during preparation of vegetables for freezing. II. Peas and corn. Food Technol. 15 (1961) S. 329 bis 334

[360] STAHL, W. H.: The chemistry of tea and tea manufacturing. Adv. Food Res. 11 (1962) S. 201 bis 262

[361] STAMER, J. R., u. a.: Fermentation patterns of poorly fermenting cabbage hybrids. Appl. Microbiol. 18 (1969) S. 323 bis 327

[362] STAMER, J. R.; HRAZDINA, G.; STOYLA, B. O.: Induction of red color formation in cabbage juice by Lactobacillus brevis and its relationship to pink sauerkraut. Appl. Microbiol. 26 (1973) S. 161 bis 166

[363] STEINBUCH, E.: Verfärbungen von Sauerkraut, Ursachen und Möglichkeiten ihrer Verhütung. Beiheft Nr. 1, Konservenumschau, Inst. Obst- und Gemüseverarbeitung Magdeburg (1969) S. 139 bis 154

[364] STENGEL, E.: Anlagentypen und Verfahren der technischen Algenmassenproduktion. Berichte Dtsch. Bot. Ges. 83 (1970) 1, S. 589 bis 606

[365] STEPTSCHKOW, K. A.; RAKITIN, W. JU.: Mikrobiologisch synthetisiertes Eiweiß als Nahrungseiweißquelle. Lebensmittel-Ind. 14 (1967) S. 365 bis 368

[365a] STOLP, H.: Über das Zusammenwirken von Bakterien und Insekten bei der Entstehung einer Geschmacksbeeinträchtigung des Kivu-Kaffees und die Rolle von Bakteriophagen bei der Aufklärung der Zusammenhänge. Z. Lebensmittel-Untersuch.-Forschung 116 (1961/62) S. 206 bis 207

[366] STORK, F.: Das Frosten von Backwaren. Bäcker-Ztg. 13 (1964) S. 13 bis 17

[367] STRANDSKOV, F. B.; HAUFT, C.; BOCKELMANN, J. B.: The practical application of the staypro-WS-7 process of beer packing. Wallerstein Lab. Comm. 31 (1968) S. 117 bis 125

[368] STUMBO, C. R.: Thermobacteriology in food processing. London: Academic Press 1965

[369] STURDZA, S. A.: Proteuszahlbestimmungen in Schmutzwässern. Städtehygiene 13 (1962) 9, S. 180 bis 182

[370] STURM, G.; WIENRICH, E.: Über die Bedeutung mikrobiologischer Befunde bei Limonaden und Fruchtsaftgetränken. Naturbrunnen 12 (1962) S. 242 bis 248

[371] ŠVORCOVÁ, L.: Mikrobiologische Problematik energiearmer Getränke. Lebensmittelind. 24 (1977) S. 556 bis 560

[372] ŠVORCOVÁ, L.: Der Einfluß von Askorbinsäure und Kaliumsorbat auf die Vermehrung von Hefepilzen in Mineralwässern mit Geschmack. Lebensmittelind. 25 (1978) S. 123 bis 125

[373] ŠVORCOVÁ, L.: Einfluß von Askorbinsäure, Kaliumsorbat und pH-Wert auf nichtsporulierende Bakterien in alkoholfreien Getränken. Lebensmittelind. 26 (1979) S. 170 bis 172, 219 bis 222, 367 bis 370

[373a] SWIRIDA, W. G.; BURATSCHEWSKI, I. I.; LEWINA, N. N.: Erzeugung von Rum aus Rohrzuckermelasse. Spirtowaja Promyschlennost 29 (1963) S. 19 bis 22 (russ.)

[374] TAMMINGA, S. K., u. a.: Microbial spoilage and development of food poisoning bacteria in peeled, completely or partly cooked vacuumpacked potatoes. Archiv Lebensmittelhyg. 29 (1978) S. 215 bis 219

[375] TANAKA, H.; MILLER, M. W.: Microbial spoilage of dried prunes. Hilgardia 34 (1963) S. 167 bis 181

[376] TANI, Y.; KATO, N.; YAMADA, H.: Utilization of methanol by yeasts. Adv. Appl. Microbiol. 24 (1978) S. 165 bis 186

[377] TAYLOR, M. J.; RICHARDSON, T.: Applications of microbial enzymes in food systems and biotechnology. Adv. Appl. Microbiol. 25 (1979) S. 7 bis 31

[378] THAYSEN, A. C.; GALLOWAY, L. D.: The microbiology of starch and sugars. London: Oxford Univ. Press 1930

[379] THIMANN, K. V.: Das Leben der Bakterien. Jena: VEB Gustav Fischer Verlag 1964

[380] TOKIDA, J.; HIROSE, H. (Hsg.): Advance of phycology in Japan, Kap. 8. Jena: VEB Gustav Fischer Verlag 1975

[381] TOKIN, B. P.: Phytonzide. Berlin: VEB Verlag Volk und Gesundheit 1956

[382] TÖRÖK, G.; FARKAS, J.: Versuche zur Verminderung des Keimgehaltes in gemahlenem Gewürzpaprika durch ionisierende Strahlung. Központi Élelmiszeripari Kutatóintézet Közleményei 3 (1961) S. 1 bis 7

[383] TRESSLER, D. K.; JOSLYN, M. A.: Fruit and vegetable juice. Processing technology. Westport, Conn.: AVI Publ. Co. 1961

[384] TRISVJATSKIJ, L. A.: Lagerung von Getreide. Moskau: Kolos 1966 (russ.)

[385] TYSSET, C.; DURAND, C.: Survival of non-sporing gram-negative bacteria in commercial honey. Bull. Acad. Vet. Fr. **46** (1973) S. 191 bis 196

[386] UHLIG, H.: Die Entwicklung der technischen Enzymchemie. Naturwissenschaften **57** (1970) S. 261 bis 267

[387] VAS, K.; INGRAM, M.: Preservation of fruit juices with less SO_2. Food Manuf. **24** (1949) S. 414 bis 416

[388] VAUGHN, R. H.: The microbiology of dehydrated vegetables. Food Res. **16** (1951) S. 429 bis 438

[389] VAUGHN, R. H. u. a.: Fermenting yeasts associated with softening and gas-pocket formation in olives. Appl. Microbiol. **23** (1972) S. 316 bis 320

[390] VOGEL, G.; NEUBERT, P.: Ergebnisse bei der Anwendung von Phomasan (Pentachlornitrobenzol) zur Kopfkohllagerung. Deutscher Gartenbau **11** (1964) S. 205 bis 208

[391] VOGEL, J.; PRAHL, L.: Sorbinsäure als Konservierungsmittel. Leipzig: VEB Fachbuchverlag 1969

[392] VOLSANSKIJ, M. J.: Effektivität des Einsatzes von Fermentpräparaten bei der Alkoholherstellung aus landwirtschaftlichem Rohstoff. Fermentnaja i spirtowaja promyschlennost **37** (1971) S. 43 bis 45 (russ.)

[393] WAGNER, A.; FOLKERS, K.: Vitamins and coenzymes. New York—London—Sidney: Interscience Publ. 1964

[394] WALKER, H. W.; AYRES, J. C.: Yeasts as spoilage organisms. In: ROSE, A. H., und J. S. HARRISON: The Yeasts. London—New York: Academic Press 1970, Vol. 3, S. 463 bis 527

[395] WATSON, A. SH.: Aquaculture and algae culture. Food Technology Rev. No. 53. Noyes Data Corp., Park Ridge, N. J. 1979

[396] WEBB, F. C.: Biochemical engineering. London: D. van Nostrand Comp. 1964

[397] WEBER, R.: Pflanzengewürze und Gewürzpflanzen aus aller Welt, 2. Auflage. Wittenberg: A. Ziemsen Verlag 1967

[398] WEHMER, C.: Die Sauerkrautgärung. Zbl. Bakt. Abt. II, **10** (1903) S. 625 bis 629

[399] WEHMER, C.: Untersuchungen über Sauerkrautgärung, Zbl. Bakt. Abt. II, **14** (1905) S. 682 bis 713, 781 bis 800

[400] WEINFURTNER, F.: Die Technologie der Gärung. Das fertige Bier. Stuttgart: F. Enke Verlag 1963

[401] WEINFURTNER, F.; ESCHENBECHER, F.; THOSS, G.: Über »Termobakterien« und ihren Einfluß auf die Wuchsstoffverhältnisse in der Würze. Brauwelt **102** (1962) S. 1485 bis 1489

[402] WEISSBACH, F.: Die Silierung von Feuchtgetreide. Feldwirtschaft **8** (1967) S. 298 bis 300

[403] WELTY, R. E.; LUCAS, G. B.: Fungi isolated from flue-cured tobacco at time of sale and after storage. Appl. Microbiol. **17** (1969) S. 360 bis 365

[404] WETTERAU, H.: Silageherstellung. Berlin: VEB Deutscher Landwirtschaftsverlag 1973

[405] WHITE, A.; WHITE, H. R.: Some aspects of the microbiology of frozen peas. J. Appl. Bacteriol. **25** (1962) S. 62 bis 71

[406] WHITE, F. H.; WAINWRIGHT, T.: Analysis of diacetyl and related compounds in fermentations. Journal Institute Brewing **81** (1975) S. 37 bis 52

[407] WHITE, J.; JONATHAN, W.; SUBERS, M. H.: Honey inhibine. IV. Destruction of the peroxide accumulation system by light. J. Food Sci. **29** (1964) S. 819 bis 828

[408] WIEG, J.: Naarden Nachrichten **21** (1970) S. 4 bis 6

[409] WINDASS, J. D., u. a.: Improved conversion of methanol to single-cell protein by Methylophilus methylotrophus. Nature **287** (1980) S. 396 bis 401

[410] WINDISCH, S.; NEUMANN, I.: Über die »Wasserflecken« des Marzipans und ihre Entstehung. Z. Lebensmitteluntersuch. -Forschung **129** (1965) S. 9 bis 16

[411] WINDISCH, S.; NEUMANN, I.: Über Vorkommen und Nachweis von Saccharomyces rouxii im Marzipan und kritische Betrachtungen zur Methodik. Süßwaren **10** (1966) S. 314 bis 318

[412] WÖHLERT, W.: Anwendung von Chemikalien bei der konservierenden Zuckerrübenlagerung. Fortschrittsberichte Landwirtschaft u. Nahrungsgüterwirtschaft **7** (1969) 6, S. 1 bis 60

371

[413] WOLLER, R., u. a.: Pimaricin — ein Konservierungsstoff für Fruchtsäfte und Wein? Flüssiges Obst, Bad Homburg **45** (1978) S. 424 bis 427

[414] WOLTER, H.; LIETZ, P.; BEUBLER, A.: Influence of temperature and yeast strain on the formation of fermentation amylalkohol, isobutanol and ethylacetate in fermenting malt wort. Folia Microbiologica **11** (1966) S. 210 bis 214

[415] WORGAN, J. T.: Culture of the higher fungi. Progr. Industr. Microbiol. **8** (1968) S. 73 bis 140

[416] World Health Organization (Hsg.): Wholesomeness of irradiated food. Technical Report Series 604, Genf 1977

[417] WUCHERPFENNIG, K.; FRANKE, I.: Über die Zu- und Abnahme der Keimzahlen bei der Bearbeitung und Abfüllung von Fruchtsaft, Süßmost und Fruchtsaftgetränken. Flüssiges Obst **31** (1964) S. 285 bis 300, 339 bis 346

[418] WÜSTENFELD, H.; HAESELER, G.: Trinkbranntweine und Liköre. Berlin: Verlag Paul Parey 1964

[419] WYLLIE, TH. D.; MOREHOUSE, L. G. (Hsg.): Mycotoxic fungi, mycotoxins, mycotoxicoses. New York—Basel: Marcel Dekker, Inc. Bd. I bis III, 1978

[420] YACKEL, W. C. u. a.: Effect of controlled atmophere on growth of mould on synthetic media and fruit. Appl. Microbiol. **22** (1971) S. 513 bis 516

[421] YAMADA, K.: Bioengineering report — Recent advances in industrial fermentation in Japan. Biotechnol. Bioengin. **19** (1977) S. 1563 bis 1621

[422] YAMADA, K. u. a. (Hsg.): The microbial production of amino acids. Tokyo—New York—London—Sidney—Toronto: Kodansha Ltd., John Wiley So.; Haksted Press 1972

[423] ZBORALSKI, U.: Haltbare Kuchen- und Schnittbrotverpackung. Getreide, Mehl, Brot **27** (1973) S. 213 bis 216

[424] ZELLER, M.: Hefeinfizierte Kondensmilch als Ursache von Fehlfabrikaten bei Schokolade. Arch. Lebensmitt.-Hygiene **14** (1963) S. 6 bis 10

Sachwortverzeichnis

Bildquellenverzeichnis

ALLGEIER, R. J.; HILDEBRANDT, F. M.: Adv. Appl. Microbiol. **2** (1960) 178: Bild 88
Archiv des Bereiches Mikrobiologie und Biochemie der Humboldt-Universität zu Berlin: Bilder 48, 60, 64a und 95
BERGANDER, E.: Biochemie und Technologie der Hefe. Dresden und Leipzig: Verlag Theodor Steinkopff 1959: Bild 97
FEILER, E.: Bild 52
FITTING, H., u. a.: Lehrbuch der Botanik, 26. Aufl. Stuttgart: G. Fischer Verlag 1954: Bild 103
FOTT, B.: Algenkunde. Jena: VEB Gustav Fischer Verlag 1971: Bilder 104 bis 106
GLAUBITZ, M.; KOCH, R.: Atlas der Gärungsorganismen, 3. Aufl. Berlin: Verlag Paul Parey 1965: Bilder 35 und 36
GÜHNE, I.; MÜLLER, G.: Bilder 1 bis 4, 6 bis 8, 12, 14, 17, 19, 24, 25, 26, 37, 38, 49, 51, 63, 64b, 86 und 92
HARRE, W.: Bilder 42 bis 46
HENZE, J.: Bau und Einrichtungen von Lagerräumen für Obst und Gemüse. Landwirtschaftsverlag Hiltrup 1972: Bild 9
HERRMANN, J.: Lehrbuch der Vorratspflege. Berlin: VEB Deutscher Landwirtschaftsverlag 1963: Bild 11
JÖRGENSEN, A.; HANSEN, A.: Mikroorganismen der Gärungsindustrie, 7. Aufl. Nürnberg: Verlag Hans Carl 1956: Bild 89
KNÖLL, H. aus RIPPEL-BALDES, A.: Grundriß der Mikrobiologie, 3. Aufl. Berlin—Göttingen—Heidelberg: Springer-Verlag 1955: Bild 73
LEMBKE, A.; DELITSCH, H.: Ergebnisse der theoretischen und angewandten Mikrobiologie, Bd. 1. Neudamm: J. Neumann 1953: Bild 23
LEVRING, T.; HOPPE, H. A.; SCHMIDT, O. J.: Marine Algae. Hamburg: Cram, de Gruyter a. Co. 1969: Bilder 101 und 102
LIETZ, P.: Bilder 22, 66 bis 72, 74 bis 79
MENDAU, P.: Bilder 47 und 54
MÜHLE, E.: Phytopathologisches Praktikum, 3. Aufl. Leipzig: S. Hirzel Verlag 1965: Bild 5
MÜLLER, G.: Bilder 10, 13, 15, 16, 18, 21, 27, 30, 50, 65, 81, 84, 91, 93, 94, 96, 98 und 99
NAUMANN, K., AdLW der DDR, Institut für Phytopathologie Aschersleben: Bilder 40 und 41
OLSON, A. J. C.: Internat. Sugar J. **62** (1960) 213: Bild 85
ORLA-JENSEN, S.: The lactic acid bacteria, 2nd Ed. Kobenhavn: 1942: Bilder 31, 32 und 90
OTTAWAY, F. H. J.: Brot und Gebäck **12** (1958) 204: Bilder 61 und 62
PEDERSON, C. S.: Adv. Food Res. **10** (1960) 233: Bilder 29 und 33
PETERSON, W. T.; FRED, E. H.: Zbl. Bakt. Abt. II, **58** (1923): Bild 34
PFAFF, G.: Bilder 20 und 39
REHM, H.-J.: Industrielle Mikrobiologie. Berlin—Heidelberg—New York: Springer-Verlag 1967: Bilder 80 und 87
REIFF, F., u. a.: Die Hefen, Bd. II. Nürnberg: Verlag Hans Carl 1962: Bilder 82 und 83
VEB Kelterei und Konserven-Kombinat Sohland/Spree: Bild 28
ROHRLICH, M.; BRÜCKNER, G.: Das Getreide, 2. Aufl. Berlin—Hamburg 1966: Bild 58

387

Schimpfky, S.: Getreidewirtschaft 2 (1972) 42 bis 43: Bild 55
Spicher, G.: Alimenta 3 (1974) 109 bis 121: Bild 56; Zbl. Bakt. Hyg., I. Abt. Orig. B 170 (1980) 508 bis 528: Bild 59
Spicher, G.; Bolling, H.: Getreide u. Mehl 17 (1967) 27 bis 31: Bild 53
Spicher, G.; Weipert, D.: Zbl. Bakt. Abt. II 129 (1974) 102 bis 114: Bild 57, verändert

Farbfotos:

Afifi, S. A.: Bild 7
Blümke, R.; Ost, I.: Bilder 9 und 10
Gühne, I.: Bilder 1 bis 5 und 8
Ost, I.: Bild 6